“矿产(能源)资源勘察工程”国家级教学团队建设基金
中国地质大学(武汉)“十一五”精品教材建设基金
教育部“资源勘查工程特色专业”建设基金
联合资助

石油及天然气地质学

何 生 叶加仁 徐思煌 王芙蓉 主编

中国地质大学出版社
ZHONGZHUO DIZHI DAXUE CHUBANSHE

图书在版编目(CIP)数据

石油及天然气地质学/何生，叶加仁，徐思煌，王芙蓉主编．—武汉：中国地质大学出版社，2010.9 (2016.7重印)

ISBN 978-7-5625-2370-3

Ⅰ.石…

Ⅱ.①何…②叶…③徐…④王…

Ⅲ.石油天然气地质-高等学校-教材

Ⅳ.P618.130.2

中国版本图书馆 CIP 数据核字(2010)第 151536 号

石油及天然气地质学　　何　生　叶加仁　徐思煌　王芙蓉　主编

责任编辑：张晓红　王凤林　　责任校对：戴莹

出版发行：中国地质大学出版社(武汉市洪山区鲁磨路 388 号)　　邮编：430074

电话：(027)67883511　传真：67883580　　E-mail：cbb @ cug.edu.cn

经　销：全国新华书店　　http：//www.cugp.cn

开本：787 毫米×1 092 毫米 1/16　　字数：612 千字　　印张：23.875

版次：2010 年 9 月第 1 版　　印次：2016 年 7 月第 2 次印刷

印刷：湖北省睿智印务　　印数：5000—7000册

ISBN 978-7-5625-2370-3　　定价：46.00 元

前　言

《石油及天然气地质学》是由"矿产(能源)资源勘察工程"国家级教学团队建设基金、中国地质大学(武汉)"十一五"精品教材建设基金和教育部"资源勘查工程特色专业"建设基金共同资助出版的普通高等教育教材,教材力求全面反映近十年来油气地质学研究的新进展,适用于资源勘查工程(油气方向)、石油工程、海洋科学与工程、煤及煤层气工程、钻井工程、地球物理勘探等相关专业四年制本科教学。

石油和天然气地质学是指导油气勘探和开发的一门综合性科学;是自 19 世纪中叶以来近 150 年油气勘探和开发的实践和理论及方法的不断总结。1921 年 Emmons 的《Geology of Petroleum》出版标志着石油地质学作为一门独立学科的诞生,1931 年 Emmons 出版了该书第二版;1954 年 Levorsen 的《Geology of Petroleum》问世标志着石油地质学理论走向系统化;这之后国外有许多不同版本的《石油地质学》出版,如:1967 年 Levorsen 出版《Geology of Petroleum》第二版;1963 年土田定次郎著(1974 年纪文荣译)《石油地质学》(日);1981 年 Hobson 和 Tiratsoo 的《Introduction to Petroleum Geology》;1983 年 Chapman 的《Petroleum Geology》;1985 年 North 的《Petroleum Geology》;1985 年和 1998 年 Selley 的《Elements of Petroleum Geology》等。

20 世纪 50 年代以来,我国出版了许多石油和天然气地质学教材,如:1951 年孟尔盛著《石油地质学》;1959 年北京地质学院 Γ. E. 梁步兴(前苏联)和潘钟祥主编《石油地质学原理》;1961 年北京石油学院主编《石油地质学》;1979 年西北大学石油地质教研室编写《石油地质学》;1981 年和 1989 年张万选和张厚福主编《石油地质学》第一版和第二版;1983 年王尚文主编《中国石油地质学》;1986 年潘钟祥主编《石油地质学》;1986 年陈荣书和袁炳存主编《天然气地质学》第一版;1988 年包茨主编《天然气地质学》;1989 年陈荣书主编《天然气地质学》第二版;1989 年戴金星、戚厚发、郝石生主编《天然气地质学概论》;1992 年戴金星、裴锡古、戚厚发主编《中国天然气地质学》;1994 年陈荣书主编《石油及天然气地质学》;1999 年张厚福等主编《石油地质学》;2004 年张金亮和常象春主编《石油地质学》;2005 年翟光明和高维亮主编《中国石油地质学》;2005 年陈昭年主编《石油与天然气地质学》;2006 年蒋有录和查明主编《石油天然气地质与勘探》。上述诸多石油和天然气地质学的教材都为不同时期我国油气地质专门人才的培养发挥了或正在发挥着重要的作用。

本教材在编写过程中参考了国内外大量的文献资料以及许多有代表性的石油和天然气地质学教材。教材编写既有继承又有发展,教材的知识体系继承了 1986 年潘钟祥教授主编出版的《石油地质学》和 1994 年陈荣书教授主编出版的《石油及天然气地质学》,教材内容补充了近十年来油气地质研究的新成果和油气勘探技术方法的重要进展,较为系统地介绍了含油气系统和油气成藏动力场、非常规油气聚集和非常规油气资源的内容及研究进展。教材的内容包括经典内容和扩展内容。教材的经典内容是在原教材内容的基础上,对许多内容进行调整、修改和补充完成的;经典内容体系为:首先介绍油气藏的基本要素,然后认识油气的生成、运移、聚集和油气藏形成,再到学习油气在地壳中的分布规律。教材的扩展内容包括含油气系统与盆地模拟、非常规含油气系统和非常规油气资源以及油气勘探与油气资源评价。本教材的核心内容是油气藏及其形成原理。教材整体内容体系是首先回答油气藏是什么，然后回答油气藏是如何形成和分布的，再回答通过何种理论及技术方法、怎样研究和寻找油气藏。

本教材由中国地质大学(武汉)何生、叶加仁、徐思煌和王芙蓉主编。全书包括绪论和第一章～第十章，编写分工为：绪论、第一章、第三章、第四章和第九章由何生、陈振林、许浚远编写；第六章、第七章、第八章和第十章由叶加仁、张树林、周江羽编写；第五章由徐思煌编写；第二章由王芙蓉编写；教材全文由何生统稿和定稿。新编配套的《石油及天然气地质学实习指导书》也同时出版。

感谢中国地质大学(武汉)教务处、资源学院和石油系领导在教材编写过程中给予的关心和支持。初稿完成后承蒙陈荣书教授在百忙中审阅，提出了许多宝贵的建议和修改意见，在此表示衷心的感谢！对在教材编写过程中的资料收集整理和图件清绘以及文字校对工作中付出辛勤劳动的郭小文、杨兴业等博士和硕士研究生表示衷心的感谢！

本教材编写过程中参考和引用了大量的文献资料，在教材所附的主要参考文献中未能全部列出，在此谨向文献作者、有关单位和出版单位一并表示衷心的感谢！

由于编者水平有限，书中错误和不妥之处在所难免，敬请读者批评指正。

编者

2010 年 5 月

目　　录

绪 论

第一节 石油及天然气地质学的内容

石油(Petroleum)被称为工业的血液和黑色金子。石油和天然气作为优质的能源和重要的化工原料,其产品被广泛地应用于工业、农业和国防以及人类日常生活的各个方面,可以说,油气是人类现代社会和现代文明的重要物质基础;油气也是当今国际政治、经济、军事和外交关注的焦点,是关系到国家安全的重要战略资源。为了更好地指导油气资源的勘探与开发,人们高度重视油气地质研究及油气藏的形成和富集规律的研究,并使其发展成为一门独立地研究石油及天然气地质理论和解决应用问题的地质科学。

一、石油及天然气地质学的概念

石油及天然气地质学(Petroleum Geology)是一门综合性的科学,它既包括了地质科学,也包括了许多相关应用科学技术。从目前的学科划分,它属于矿产地质科学中一个独立分支学科,是资源勘查工程(油气地质方向)和石油工程相关本科专业的专业基础理论课程,也是海洋地质与资源、煤及煤成气工程、油气井工程和地球物理学等本科专业的主要课程。从石油及天然气地质学课程本身可理解为它是研究地壳中的油气藏及其形成原理和分布规律的地质科学。通过石油及天然气地质学的课堂理论教学与实验实习教学,使学生掌握石油及天然气地质学课程的系统知识、基本理论和基本技能,理解石油及天然气地质学的特点、知识体系的内涵及外延、主要研究方向以及分析和解决问题的思想、方法和技术,在此基础上初步建立从事油气地质及勘查工作的专业思维模式,为后续的专业学习打下坚实的基础。

二、课程体系和具体内容

石油及天然气地质学的教学是围绕油气藏这一核心内容展开的,本教材涵盖了其经典内容和扩展内容。经典内容包括三部分:油气藏的基本要素、油气藏形成原理和油气分布规律。油气藏的基本要素包括油气藏中的流体(气、油、水)、储集层、盖层、圈闭和油气藏;油气藏形成机理包括烃源岩和油气成因、油气运移和聚集、油气藏形成及破坏;油气分布规律包括含油气盆地、盆地中的油气聚集单元和油气在时、空、深上的分布规律。扩展内容包括:含油气系统和盆地模拟、非常规含油气系统和非常规油气资源以及油气勘探基本程序和油气资源评价方法。

课程重点介绍石油天然气地质学的经典内容,适当介绍扩展内容以及近十多年来油气地质学的重要进展,简要介绍油气勘探任务及资源评价基本方法。课程体系和内容主线为:油气藏的基本要素→形成原理→分布规律→含油气系统和盆地模拟→非常规含油气系统和非常规油气资源→油气勘探与油气资源评价。本课程的教材除绪论外,共分十章,可分为六个相互联系的部分。第一部分为油气藏的基本要素,包括油气藏中的流体(第一章)、储集层和盖层(第二章)、圈闭和油气藏(第三章);第二部分为油气藏形成原理,包括油气成因和烃源岩(第四章)、油气运移(第五章)、油气藏形成与破坏(第六章);第三部分为油气藏的分布规律,即油气聚集单元与油气分布(第七章);第四部分为含油气系统与盆地模拟(第八章);第五部分为非常规含油气系统和非常规油气资源(第九章);第六部分为油气勘探与油气资源评价(第十章)。

三、课程的特点

石油及天然气地质学是一门涉及面宽,综合性强的学科。这是因为:①油气藏形成时间漫长,地质过程非常复杂,难以重建;②成烃物质复杂,油气成因和成分组成复杂;③油气流动性造成生成地点与聚集地点常常不一致。学习石油及天然气地质学需要的基础知识有:数学、物理学、化学、物理化学、生物学,要求有扎实的基础地质学科的知识和技能,包括构造地质学、矿物岩石学、沉积学、地层古生物学、岩相古地理学、有机地球化学、流体力学、地球物理学和计算机应用技术等。构造地质学、矿物岩石学、沉积学、有机地球化学、流体力学和计算机应用技术六门课程的相关知识和技能是学习石油及天然气地质学最重要的基础。

本课程的教学突出基本知识、基本理论和基本技能三基的教学内容。系统介绍石油及天然气地质学范畴内的基本概念、油气藏形成过程和基本的研究方法和技术,把课堂理论教学与实验实习教学即动手能力的培养有机结合起来,理论教学与实验实习和习题教学课时比例为3∶1。

第二节 近代油气勘探和工业发展简史

石油及天然气地质学的形成和发展与近代油气勘探和开发的生产实践息息相关,相互促进;与地球物理勘探技术和有机地球化学的现代测试分析技术的发展密切相关;与计算机应用和大型专业应用软件的开发和推广紧密联系。油气勘探促使石油及天然气地质学成为一门具有完整理论体系和方法技术的地质学科,而石油及天然气地质的研究和学科的进展又大大促进了基础地质学的发展,石油及天然气地质学理论和技术的不断发展有效地指导了油气资源的勘探和发现。近代油气勘探和工业发展大致可从1859年算起,经历了以下五个阶段。

一、原始直接找油阶段(1859—1900年)

尽管世界许多国家的油气勘探、开发利用和研究有更悠久的历史,但目前比较公认的是将1859年作为近代油气工业的开端,具有标志性的事件是在这一年由Colonel Drake在美国宾夕法尼亚州钻的一口找油井涌出了原油。实际上,这口井的钻探技术采用的是中国的钢绳冲击顿钻(cable drilling tool)技术,该技术是由在美国修铁路的中国技工传入美国的。欧美各国经历第一次产业革命后,对能源的需求有明显的增长,同时资金的累积和技术的发展为油气勘探准备了必要的条件。Drake所钻油井的成功(其钻深仅21.69m,产油量只有69.5L/d)为美国新兴的资产阶级提供了新的生财之道,引起了轰动效应,那时在美国掀起一个找油热潮,对美国以及世界的油气勘探都起到了十分明显的促进作用。

该阶段油气勘探的基本特点是主要依靠地表油气显示,直接在油气显示所在的地方进行钻探,没有进行较为系统的地质工作,也未对地下产油的地质条件开展分析研究,勘探效率很低,油田开发处于盲目状态,油气产品中只能提炼利用煤油,因而成本较高,发展较慢。该阶段石油生产国只有美国、俄罗斯、墨西哥、罗马尼亚、中国、德国、阿根廷、加拿大、印尼、秘鲁、意大利、澳大利亚12个国家。1900年世界石油产量仅2 043×10^4t。

这一时期石油地质科学和勘探技术开始萌芽,19世纪60年代,加拿大地质家亨特(T. S. Hunt)提出了背斜理论的雏形,但并未很快得到应用;19世纪末,旋转钻机、牙轮钻头、泥浆工艺和固井技术已应用于钻探;短距离的铸铁输油管线开始出现等。

二、背斜学说找油阶段(1901—1925年)

该阶段由于内燃机的发明和推广(1870—1908年),石油产品得到有效利用,对石油的需求大增。此阶段,美国的怀特(White)1885年提出的"背斜学说"即背斜控油理论及找油方法已被石油勘探公司普遍接受,并利用地质测量圈定背斜构造。同时,钻井技术的进步有可能钻达较深部位保存良好的背斜油气藏。其结果大大加快了发现油气田的进程。第一次世界大战(1914—1918年)证明以石油产品为燃料动力的内燃机船舰具有马力大、速度快的特点,在战争中发挥了重要作用。有人甚至说:"盟军是由石油的浪潮送到胜利彼岸的。"这就极大刺激了对石油产品的需求和石油工业的发展。战后,各主要资本主义国家除在本土大力发展油气勘探外,还大大加强海外殖民地的油气勘探,发现了一大批大油气田,出现第一次发现高潮,为迅速发展的油气工业提供了充足的储量资源。

1917年美国石油地质学家协会(American Association of Petroleum Geologists, AAPG)的成立和美国石油地质学家协会杂志(AAPG Bulletin)的出版,对石油地质学的诞生起到了重要的促进作用。1921年Emmons出版的《石油地质学》一书,就是对这个阶段油气勘探成果的初步总结,也是标志石油地质科学走上独立发展的里程碑。该阶段美国石油工业发展迅速,到1923年,石油产量达到1×10^8t的高水平。世界范围内先后有近30个国家加入油气生产国行列。

这一阶段石油科技进步主要表现在石油地质理论已被广泛地用来指导发现背斜构造油气藏,旋转钻井系列技术进一步快速发展,较长距离的输油管道建成。

三、地球物理勘探找油气阶段(1926—1960年)

该阶段汽车工业的迅速增长和二次世界大战极大地刺激了石油工业的高速发展。从1926年开始先用重力测量,后用地震法查明地下构造;从1927年开始电法测井逐渐形成商业化的技术用来解释地下的含油层,使得覆盖区找油工作成为可能。油气勘探迅速向平原区推进,进而逐步向沙漠、极地、海洋推进,极大扩展了油气勘探领域,发现了众多的大油气田,使二次大战(1937—1945年)前后出现了第二次发现大油气田的高潮。北非、中东、前苏联的乌拉尔—伏尔加油气区和中亚—土库曼油气区、南美委内瑞拉、亚太地区的印度尼西亚诸盆地、澳大利亚诸盆地、我国的松辽盆地发现陆相大庆油田(1959)和扶余油田(1959)等都是这一时期的重要成果,全世界产油气国家增加到60多个。到1960年世界石油产量达10.7×10^8t,其中美国占3.81×10^8t,居首位;中东、北非占2.63×10^8t;前苏联占1.48×10^8t。1960年9月14日,石油输出国组织"欧佩克"(OPEC, Organization of the Petroleum Exporting Countries)成立,其目的是保卫标价,夺回本国石油主权。

由于油气勘探的快速进展,累积了大量新资料,除背斜和断层圈闭外,更多的非构造圈闭即地层、水动力和复合圈闭逐步被发现;同时测井、试油、测试和实验室分析化验技术的应用,油气成因的深入研究和地下油气输导层中油气运移和聚集的流体力学环境研究的重要进展，不断深化了对油气藏形成和分布规律的认识。1940 年和 1953 年 Hubbert 将水动力学的概念和方法引入石油地质学，用来解释地下油气在输导层中的运移指向，并在 AAPG Bulletin 上发表了以“Entrapment of Petroleum under Hydrodynamic Conditions”为题目的研究论文。1958 年由 Weeks 编辑的《Habitat of Oil》论文集，较集中反映了这一时期油气勘探和地质研究的成果。

这一时期出版了众多的石油地质学著作。其中尤以 A. I. Levorsen 的《Geology of Petroleum》(1954)最为重要，它将这一分支科学总结提升到新的高度，标志着石油地质学的理论趋于系统化，为培养两代油气地质学家和工程师作出了重要贡献。

1937 年由前苏联学者和 1954 年由加拿大地质学家 Gussow 提出了油气差异聚集原理。在这一时期，前苏联油气地质研究也有很大进展，出版了大量石油地质论著。其中 Cokojiob 教授的两部著作《石油起源的概念》(1948)和《油气运移》(1956)，博大精深，充分反映了前苏联这一时期石油地质研究所达到的科学水平。其中《油气运移》一书至今仍被广泛引用。Брод 和 Epemehko 合著的《石油及天然气地质学原理》曾由原北京地质学院石油教研室译为中文作为石油地质学的教材，对我国油气地质人才的培养起了重要作用。

这一阶段出现了一系列的石油技术革新，主要是反射地震勘探技术和测井技术、涡轮钻井和定向井技术、钻机向大型化和自动化发展、海上钢结构重力钻井平台、自升式钻井平台和座底式钻井驳船，注水采油即二次采油技术，汽油炼制工艺技术的飞跃发展和焊接技术推动了储运技术的进步等。

四、协同勘探找油气阶段(1961 — 1979 年)

该阶段发现油气田的难度和成本明显增加，另外勘探方法、测试技术日益现代化。为了综合利用各种技术和方法，提高勘探成功率，特别强调进行区域性综合研究，多兵种协同勘探和滚动勘探，使油气勘探以前所未有的规模，向沙漠、极地、海洋方向推进，注重隐蔽的岩性圈闭和复合圈闭油气藏、盆地深部、多旋回复合盆地以及复杂构造背景下的油气勘探。该阶段在西西伯利亚盆地、阿拉斯加、麦肯齐三角洲、北海和撒哈拉沙漠都有重要油气田(区)发现，波斯湾海域和马拉开波湖区，亚太地区的澳大利亚、马来西亚、菲律宾和印度尼西亚等都有新的勘探进展。我国 20 世纪 60 — 70 年代，在松辽盆地、渤海湾盆地等取得了许多重大发现，如胜坨油田(1962)、孤岛油田(1968)、任丘油田(1975)和高升油田(1975)的发现等。20 世纪 70 年代，世界大油田发现率一度出现明显下降。1975 年以前，美国一直处于世界石油生产的领先地位，1975 年前苏联产量达到 4.91×10^8 t，超过美国(4.67×10^8 t，最高年份为 1970 年，达 5.31×10^8 t)，此后，一直领先。这一时期世界石油总产量 1969 年超过 20×10^8 t，达 21.235×10^8 t；1979 年第一次突破 30×10^8 t，达 31.171×10^8 t。

这一时期石油地质理论出现了多项重要的突破，这一过程，首先从石油有机成因开始突破。20 世纪 60 — 70 年代，欧、美一批石油地质和地球化学家，从干酪根天然热降解和热模拟实验两个途径获得相同的结果，使干酪根晚期生油说取得了重大突破，发展为具有独立证据的石油成因理论，为定量计算生烃潜量提供了一种可靠的新方法。现代测试技术的广泛应用出现了一类新的交叉学科——石油有机地球化学、分子地球化学和稳定同位素地球化学，它们在油气成因研究和油气源对比以及烃源岩评价和指导油气勘探方向等方面取得了卓越的成效。

在这些进展中，Tissot 和 Welte(1978；1984 第二版)合著的《Petroleum Formation and Occurrence》、Hunt(1979；1996 第二版)著的《Petroleum Geochemistry and Geology》可以说是油气地质和地球化学由定性向定量化过渡时期最具代表性的卓越著作。随着高分辨率数字地震和测井技术以及计算机处理和解释技术的发展，Vail、Mitchum 和 Brown 等人(1977)合著出版了论文集《Seismic stratigraphy - applications to hydrocarbon exploration》(C. E. Payton, ed.，AAPG Memoir 26)，以此为标志，一门新的勘探地震学与沉积地层学交叉的边缘学科——地震地层学诞生了，它大大提高了利用地震资料提取沉积学信息方面的应用水平，有力地指导了地层划分对比、判断沉积环境、预测岩相岩性以及岩性和不整合圈闭油气藏的勘探和发现。我国陆相油气勘探的巨大成功，促使陆相生油理论得到了不断的完善，深化了对陆相断陷盆地油气富集规律的认识。

这一阶段技术革命的中心是计算机技术在石油工业各个领域的广泛应用。标志性的石油新技术有数字地震勘探技术、数字测井技术、涡轮井和定向井以及水平井钻井技术、海上半潜式钻井平台和动力定位钻井船技术、三次采油技术、连续催化重整炼油工艺、几百万米输油气管线的建成等。

五、深化勘探找油气阶段(1980 年至今)

这一阶段由于局部战争、世界经济衰退或增长加快等原因导致油气短缺或生产相对过剩，造成油价大起大落，使世界石油工业波浪式发展。为适应世界经济增长的要求，世界石油产量的总趋势是螺旋式上升，而且油价总的也是在螺旋式攀升。1979 年世界石油产量突破 30×10^8t，1980 年回落到 30×10^8t 以下，80 年代后期出现一个低谷，1990 年重新超过 30×10^8t。21 世纪初以来，由于世界经济增长加快，油价处于高位并不断上涨，油气勘探明显升温，投资加大，但由于油气勘探的高风险领域不断增加，难度增大，勘探成本也在不断提高。

这一阶段油气勘探的显著特点是向深层、深水、超深水、低渗透和非常规等新领域进军，大大地加强了油气地质的综合研究和强化高新技术的应用，注重深化勘探和精细勘探。我国这一时期重点在西部深层和海上加快油气勘探，取得了一批重大的发现，不仅弥补了东部储量和产量的减少，还保证了油气产量稳定上升，1985 年我国原油产量为 1.237×10^8t，2006 年为 1.808×10^8t。在东部老油区，岩性、不整合、断块和复杂构造控制的隐蔽圈闭和油气藏逐步成为主要勘探目标。进入 21 世纪以来，我国南方叠合盆地海相地层分布区的油气地质研究和油气勘探得到极大的重视和加强，投入了前所未有的勘探和研究工作量。与此同时，我国东部老油区推行了精细勘探和深部勘探，新发现了可观的油气储量，稳定了东部的油气产量。

进入 20 世纪 80 年代以来，3 500～4 000m 以下的深层油气勘探被进一步强化，深层次生孔隙形成和储层预测研究得到高度重视，人们相信在地温梯度较低的盆地，6 000～10 000m 的深层有可能发现油气藏，尤其是大型的天然气藏。美国已发现的西部盆地埋深在 8 000m 以下的碳酸盐岩气田可能是目前世界上最深的气田，美国的华盛顿油田油层埋深 6 540m；俄罗斯的滨里海盆地液态烃保存深度达 7 000m；我国黄骅坳陷千米桥潜山油气藏埋深 4 600m；塔里木盆地东河 14 号石炭系砂岩油藏埋深 6 131m；四川盆地冯家湾潜伏构造石炭系灰岩气藏埋深 5 309m；2002 年以来，准噶尔盆地腹部探井深度一般在 4 000～6 500m，发现油藏最深可达 6 090m。近 10 年来，世界上油气勘探的重大发现中有部分是与深部油气勘探获得成功有关。

从20世纪80年代开始，世界油气勘探向深水（大于300m）和超深水（大于1 500m）海域进军。目前，世界上的深水和超深水探区主要是美国的墨西哥湾、非洲的西海岸和拉美巴西的坎波斯湾。80年代中期钻井海域水深已大于300m，90年代初，钻探海域水深达到500～1 500m，至20世纪末，钻井水深已超过2 000m。2001年在墨西哥湾的阿拉米诺斯903区块的一口探井水深达2 953m。在深水和超深水海域钻井可用半潜式平台或浮式钻井船。20世纪90年代后期以来，在水深大于400m的海域开发和开采广泛应用了浮式生产、储存和卸载系统。据不完全统计，截至2000年，世界已在水深大于500m的18个深水和超深水盆地中发现了约54.2×10^8t原油和$3.17\times10^{12}m^3$天然气的可采储量。

从板块构造学说兴起以来，主要是20世纪70年代到世纪末，板块构造学以整体的研究观点拓展了地球科学研究的深度和广度，是地球科学领域中的一场革命。板块构造理论在沉积盆地的形成、分类以及与油气成藏和分布的研究中得到了广泛的应用，这对油气地质学的发展和世界油气勘探起到了重要的促进作用。

20世纪80年代，计算机技术在油气地质研究中更加广泛的应用，使油气地质研究朝着由定性向定量方向快速发展，在此基础上逐步实现了沉积埋藏史、热（成熟）史、生烃史、流体压力史、排烃史的动态研究，进而发展成为盆地规模的油气运聚成藏过程的数值模拟——盆地模拟，从而帮助评价油气资源，预测有利的油气勘探方向。20世纪80年代末期以来，众多的盆地模拟方面的文献研究表明，油气成藏过程中的核心问题是油气运聚，而1980年出版的AAPG地质研究第十号专辑《Problems of Petroleum Migration》和1987年出版的《Migration of Hydrocarbons in Sedimentary Basins》论文集，则标志着"油气运移"在20世纪80年代成为油气地质研究的重要领域，并取得了显著的研究成果。但到目前为止，油气运聚研究仍然是最簿弱的环节，人们仍在探索新的方法研究和认识这个极为复杂的过程。

从20世纪80年代，层序地层学在地震地层学的基础上成熟起来并蓬勃发展。1988年，Vail，Wagoner，Haq，Brown和Cross等人发表了论文集《Sea－Level Changes：an Integrated Approach》（C. K. Wilgus，ed.），中译本书名《层序地层学原理（海平面变化综合分析）》，这本论文集的出版标志着层序地层学科的形成。20世纪90年代以来该学科得到了不断的快速发展。层序地层学通过对地震、测井、岩心和露头资料的分析，研究在构造运动、海平面升降、沉积物供应和气候等因素控制下，旋回式的成因上有联系的、以侵蚀面或者与其可以对比的整合面为界的年代地层格架以及沉积层序内部地层、岩相和储集岩性体的展布模式，预测生、储、盖的分布和有利的勘探地区，促进了岩性和不整合等隐蔽圈闭和油气藏的研究与勘探。

1993年由K. E. Peters和J. M. Moldowan出版的《The Biomarker Guide：Interpreting Molecular Fossils in Petroleum and Ancient Sediments》一书，推动油气地球化学的研究和在分子水平应用层面上的提高，这一时期该领域研究的重要进展还有未熟—低熟油地球化学和成因以及煤成烃等。20世纪70—90年代，含油气系统的概念、理论和研究方法的提出和完善，尤其是1994年由L. B. Magoon和W. G. Dow合编出版的《The Petroleum System — From Source to Trap》AAPG论文集，备受石油地质学界的广泛关注，极大地推动了油气地质研究朝着系统思想和动态过程研究的方向发展。1996年石油地球化学家Larter等发现原油中的含氮化合物在石油二次运移方向上的色层效应，提出和推动了运用含氮和含氧化合物参数开展石油二次运移的研究。目前,国内提出的成盆-成烃-成藏、复式含油气系统、油气成藏动力学、油气成藏年代学和混源油等将是含油气系统研究的拓展和深化。进入21世纪,非常规含油气系统的研究受到了广泛的重视,具有代表性的研究成果是2002年由Law与Curtis编辑发表的《Unconventional Petroleum Systems》(AAPG Bulletin),介绍了煤层气、盆地中心气(深盆气)、裂缝性页岩气和浅层生物气等非常规油气系统等最新的研究成果。同时大力开展了其他非常规油气资源如沥青砂、油页岩和天然气水合物等接替能源资源的研究和评价。

这一时期发展的另一特点是天然气比石油获得了更快的发展,“天然气地质学”逐步成为独立分支学科。这一时期出版的众多“天然气地质学”著作(Высодкий,1979、1982;陈荣书,1986、1989;包茨等,1988;戴金星等,1989),无疑对推动这一学科的发展,起到了重要的促进作用。20世纪90年代以来,我国天然气勘探分别在鄂尔多斯盆地、四川盆地、塔里木盆地、柴达木盆地、莺-琼盆地等海相和陆相盆地或地层中取得了一系列重大突破,发现了几十个成因不同的天然气储量达几百至几千亿立方米的中到大型气田,带动了天然气地质学的研究和进展。

这一阶段标志性的石油新技术主要是高精度三维地震勘探、地震储层预测技术、测井成像和核磁测井、超深井钻探、深水和超深水钻探、分支井和多底井、水平井和大位移井、卫星定位浮式钻井船、油藏精细描述和提高采收率、稠油及超稠油开采和炼制、低渗透油气田开发、连续油管压裂、半浮式和浮式深水油气田开发以及海底输油气管线等技术。

第三节 世界油气工业概况与资源现状

一、世界油气工业概况

石油和天然气很早就在世界各地被人们发现和利用,人类历史上最早的关于石油和天然气的记载是在3000多年前的中国古代文献上。约公元前600年,在欧洲和中东,人们将天然气描成“永恒之火”。公元前220年我国四川人民已用顿钻(冲击钻)钻凿天然气井,公元1835年四川自流井的兴海井钻深达1 001.4m,日产气5 000~8 000m^3。1859年美国在宾西法尼亚州钻成的产油井被公认作为近代油气工业的开端,从那时算起,世界石油工业已有150年历史。1921年世界石油总产量突破1.0×10^8t,1950年、1960年、1969年、1979年和2004年分别突破5.0×10^8t、10×10^8t、20×10^8t、30×10^8t和35×10^8t,2006年世界原油(含凝析油)总产量为$36.243\,3\times10^8$t。目前,全世界有90多个国家和地区产油,重要的产油气国家按地区列出,北美:美国、加拿大、墨西哥;中南美:委内瑞拉、巴西、阿根廷;东欧:俄罗斯、哈萨克斯坦、阿塞拜疆;中东:沙特阿拉伯、伊朗、阿联酋、科威特、伊拉克、卡塔尔、阿曼;非洲:尼日利亚、利比亚、阿尔及利亚、安哥拉、埃及;亚太:中国、印度尼西亚、马来西亚、印度、澳大利亚;西欧:挪威、英国、丹麦、荷兰。

美国是重要的石油生产国、最大的石油消费国和进口国。美国油气工业生产始于1859年,在其后的100多年内,为世界最大的石油生产国,年产量占世界总产量的一半以上,1970年原油产量达到最高峰为$5.308\,4\times10^8$t,直到1975年原油产量降至$4.666\,5\times10^8$t,被前苏联超过。根据美国地质调查局统计,2000年其原油产量为4.03×10^8t,居世界第2位。2004年原油产量为$2.709\,4\times10^8$t,居世界第3位。2006年原油产量为$2.567\,5\times10^8$t,天然气产量约

5 473.5×10^8 m^3，原油净进口量达 5.0×10^8 t，石油产品净进口量为 1.078×10^8 t。据美国《油气杂志》2006 年报道，截至 2006 年底，美国石油剩余探明可采储量为 29.807 1×10^8 t，约占世界总剩余探明可采储量的 1.7%，居世界第 12 位，主要含油气区为阿拉斯加、德克萨斯、加利福尼亚和墨西哥湾。2000 年以来美国获得的重大油气发现主要集中在墨西哥湾海域、新墨西哥州、科罗拉多州和怀俄明州。2006 年美国在墨西哥湾深水区共获得 8 个重大的油气发现。

俄罗斯 1872 年在阿塞拜疆的巴库阿普歇伦半岛用蒸汽机带动的顿钻钻成了一口油井，这口井被作为俄罗斯石油工业的开端。巴库是俄罗斯石油工业的摇篮。1900 年以前，俄罗斯石油生产集中在巴库地区，20 世纪初，石油勘探和生产扩展到高加索地区和中亚地区，第一次世界大战(1914 — 1918 年)和前苏联十月革命(1917 年)至 1945 年，石油生产主要在高加索地区和巴库地区。第二次世界大战期间，这些地区的许多油田被毁，产量大幅度下降。但战后相继开发了伏尔加—乌拉尔含油气区(第二巴库)和西西伯利亚含油气区，产量迅速增加，1975 年原油产量超过美国，达 4.908×10^8 t，1987 年石油产量最高达到 6.24×10^8 t。但随后十几年间前苏联石油产量下降了 50%以上，1998 年降到 3.05×10^8 t。20 世纪末由于投资增加和技术进步，俄罗斯石油产量在 2000 年出现了增长，产量达 3.28×10^8 t，位于沙特阿拉伯和美国之后，为世界第三大生产国和第二大出口国。2002 年 11 月 1 日俄《消息报》报道，俄罗斯 2002 年石油产量为 3.78×10^8 t，2003 年为 4.108×10^8 t，2006 年俄罗斯石油产量快速增长达 4.737 5×10^8 t，跃居世界第 1 位。据美国《油气杂志》2006 年底统计结果，俄罗斯石油探明储量为82.2×10^8 t，其石油工业还有较大潜能。

沙特阿拉伯素有“石油王国”之称，自 1938 年在达兰地区发现石油后，已经发现了约 70 个油气田，其中包括世界上最大的佳沃油田和世界上最大的海上油田——萨法尼亚油田。沙特的石油产量增长迅速，1980 年其石油产量最高达到过 4.963 6×10^8 t，2000 年石油产量为 4.13×10^8 t，居世界第 1 位。沙特也是世界最大的石油出口大国，石油收入为其主要经济来源。截至 2006 年底，探明石油剩余可采储量约 355.926 0×10^8 t，占世界总探明储量的 20%以上，居世界首位。2006 年其石油产量为 4.495 0×10^8 t，仅次于俄罗斯居世界第 2 位。

伊朗 1908 年发现第一个大油田——麦斯杰德伊苏莱油田，1951 — 1979 年实行石油工业国有化，成立伊朗国家石油公司。1974 年石油产量最高曾达到 3.24×10^8 t 的水平。由于连续的政治动荡，1980 — 1988 年的两伊战争以及缺乏资金和技术，其石油产量明显下降。2002 年石油年产量为 1.67×10^8 t，居世界第 6 位，2006 年石油年产量为 1.925×10^8 t，居世界第 4 位。作为欧佩克第二大石油输出国，近年来伊朗石油出口量一直保持在 1.3×10^8 t 左右。伊朗的石油资源十分丰富，截至 2006 年底，探明石油剩余可采储量约 186.689 9×10^8 t，居世界第 3 位，天然气储量 27.580 7×10^{12} m^3，居世界第 2 位。

伊拉克 1904 年钻成第一口油井，1927 年发现第一个大油田——基尔库克油田，从 1951 年开始至 1975 年完成石油工业国有化。伊拉克拥有丰富的石油和天然气资源，截至到 2006 年底，探明石油剩余可采储量 157.55×10^8 t，约占世界总探明储量的 9%，位居世界石油储量第 4 位，同时还拥有 3.11×10^{12} m^3 的天然气探明储量。但伊拉克的石油产量一直有很大的不确定性。1980 — 1988 年两伊战争使伊拉克石油生产和运输系统遭受严重破坏，约 40%的油井被迫关闭，产量急剧下降。在 1990 年 8 月入侵科威特和 1991 年的海湾战争后，其石油产量受联合国制裁的限制。随着“石油换食品”计划的不断修改，伊拉克石油产量有所增长，2000年产量达 1.31×10^8 t；2003 年以来的战争使伊拉克石油工业再次进入低谷，2003 年原油产量降至约 $0.657\ 3\times10^8$ t，2004 年回升到约 1.0×10^8 t 左右，2006 年产量约为 $0.957\ 5\times10^8$ t。

尼日利亚是欧佩克成员国，是非洲最大的石油生产国，是全球第七大和非洲最大的拥有天然气储量的国家。该国 1953 年发现第一个油田，1958 年开始生产石油，1963 年开始生产天然气，1964 年发现第一个海上油田。1977 年，尼日利亚成立国家石油公司，负责监督管理石油工业以及上下游勘探开发和原油加工，1973 年原油产量超过 1.0×10^8 t，进入世界主要产油国行列，2006 年石油产量约 1.11×10^8 t。截至 2006 年底，尼日利亚拥有探明石油剩余可采储量 49.62×10^8 t，天然气探明剩余可采储量约 $5.150\ 9\times10^{12}\ m^3$。该国 95%的油气项目都是通过合资企业融资，国家石油公司是主要股东。主要油气储量发现于尼日尔三角洲地区，其近海深水油气勘探有着良好的前景。

英国和挪威石油工业的根本转机是在 20 世纪 60 年代对北海油气的勘探和开发。1959年荷兰的格罗宁根大气田的发现（格罗宁根气田的总储量为 $2.7\times10^{12}\ m^3$，为世界第四大气田），使北海成为世界油气勘探和开发的热点地区。1965 年，各有关国家达成了北海划界的协议。同年 12 月英国在其北海海域发现了第一个气田，此后发现了 20 多个油气田，英国绝大部分的探明油气储量均位于北海的英国大陆架，在舍得兰群岛北部的北海区域也拥有原油储量。英国还拥有欧洲最大的陆上油田，2006 年石油产量约 0.74×10^8 t，天然气产量约 $832\times10^8\ m^3$。截至 2006 年底，英国探明原油剩余可采储量 $5.308\ 7\times10^8$ t，天然气探明剩余可采储量不到 $0.481\ 4\times10^{12}\ m^3$。1967 年，挪威在其北海海域发现了第一个大油田，20 世纪 70 年代成为储量增长的高峰期，在北海、挪威海、巴伦支海发现了几十个油气田，成为西欧最大油气生产和出口国，2006 年石油产量约 1.23×10^8 t，天然气产量约 $876\times10^8\ m^3$；截至 2006 年底，挪威探明原油剩余可采储量为 $10.753\ 5\times10^8$ t，探明天然气剩余可采储量为 $2.33\times10^{12}\ m^3$，是欧洲探明原油和天然气储量最多的国家。

欧佩克目前共有 11 个成员国（括号内为加入欧佩克的时间）：沙特阿拉伯（1960）、委内瑞拉（1960）、伊朗（1960）、伊拉克（1960）、科威特（1960）、卡塔尔（1961）、印度尼西亚（1962）、利比亚（1962）、阿拉伯联合酋长国（1967）、阿尔及利亚（1969）和尼日利亚（1971）。欧佩克成员国的石油、天然气产量分别占世界石油、天然气总产量的 40%和 14%。欧佩克成员国出口的石油占世界石油贸易量的 60%，对国际石油市场具有很强的影响力。

根据 2007 年 6 月世界能源统计评论，2006 年世界石油和石油产品主要进口国家和地区按净进口数量依次为美国（6.078×10^8 t）、西欧（5.599×10^8 t）、亚太其他地区（3.262×10^8 t，不包括日本和中国）、日本（2.516×10^8 t）和中国（1.686×10^8 t）。

世界 2006 年产量上亿吨的国家有 12 个，按产量高低顺序为沙特阿拉伯、俄罗斯、美国、伊朗、中国、墨西哥、阿联酋、委内瑞拉、加拿大、挪威、尼日利亚、科威特等。伊拉克 2006 年产量约为 $0.957\ 5\times10^8$ t（表 0 - 1），其他年产量在（0.4～0.9）$\times10^8$ t 之间的国家有 8 个。2006 年世界石油总产量（含凝析油）为 $36.243\ 3\times10^8$ t。2006 年世界石油产量和探明剩余可采储量前 21 位的国家见表 0 - 1。

表 0-1 2006 年世界石油产量和剩余可采储量分布统计表

名次	国家	石油产量/10^8t	名次	国家	剩余可采储量/10^8t
1	俄罗斯	4.737 5	1	沙特阿拉伯	355.926 0
2	沙特阿拉伯	4.495 0	2	加拿大	245.517 7
3	美国	2.567 5	3	伊朗	186.689 9
4	伊朗	1.925 0	4	伊拉克	157.550 0
5	中国	1.841 5	5	科威特	135.630 0
6	墨西哥	1.636 5	6	阿联酋	133.986 0
7	阿联酋	1.295 4	7	委内瑞拉	109.616 4
8	委内瑞拉	1.281 5	8	俄罗斯	82.200 0
9	加拿大	1.250 0	9	利比亚	56.805 7
10	挪威	1.232 5	10	尼日利亚	49.621 4
11	尼日利亚	1.110 0	11	哈萨克斯坦	41.100 0
12	科威特	1.100 0	12	美国	29.807 1
13	伊拉克	0.957 5	13	中国	21.920 0
14	巴西	0.855 0	14	卡塔尔	20.833 6
15	利比亚	0.850 0	15	墨西哥	16.922 2
16	英国	0.740 0	16	阿尔及利亚	16.809 9
17	安哥拉	0.692 5	17	巴西	16.128 5
18	阿尔及利亚	0.672 5	18	安哥拉	10.960 0
19	哈萨克斯坦	0.530 0	19	挪威	10.753 5
20	印度尼西亚	0.446 0	20	阿塞拜疆	9.590 0
21	卡塔尔	0.410 0	21	印度	7.705 7
其他国家		5.608 9	其他国家		88.829 4
世界合计		36.243 3	世界合计		1 804.903 0
欧佩克		14.830 3	欧佩克		1 236.209 9

注:石油产量为估计值。 （资料来源:美国《Oil and Gas Journal》,2006.12.18）

二、世界油气资源现状

（一）资源分布具有不均衡性

世界石油剩余可采储量和待发现资源量分布很不均衡且相对集中（图 0-1）。据美国《油气杂志》（2006.12）统计,截至 2006 年底全球探明石油剩余可采储量为 1 804.903×10^8t,大于 20×10^8t 的国家有 14 个,这 14 个国家占有了世界石油剩余可采储量的 90.15%;而中东国家和地区的石油储量大约占有世界可采储量的 1/2,其次为北美,大约占 15%;石油待发现资源量由大到小依次为中东、北美、东欧和前苏联、中南美、非洲、亚太和西欧。表 0-2 给出了 2006 年世界各大区石油探明剩余可采储量统计数据,中东地区拥有世界已探明储量的 56.11%,其次是美洲占世界探明储量的 23.99%,非洲占 8.66%,东欧和前苏联地区占 7.59%,亚太和西欧储量分别占世界探明储量的 2.53%和 1.12%。

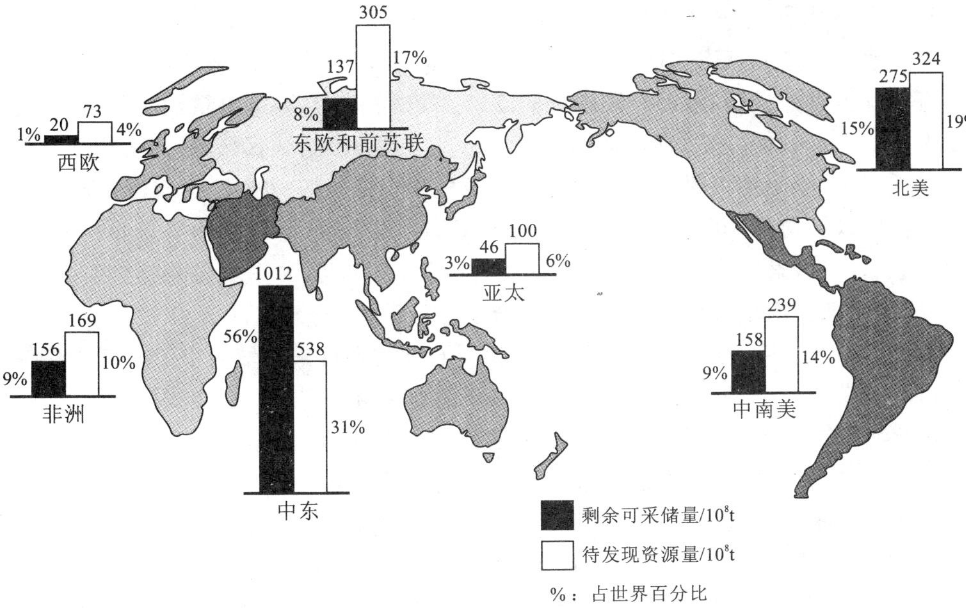

图 0－1　截至 2006 年底世界石油剩余可采储量和待发现资源量统计分布图

（资料来源：美国联邦地质调查局 2004 年世界油气资源评价；美国《油气杂志》，2006）

表 0－2　2006 年世界各大区石油探明剩余可采储量统计表

排序	地区	剩余可采储量 /10^8 t	百分比 /%	排序	地区	剩余可采储量 /10^8 t	百分比 /%
1	中东	1 012.710 2	56.11	4	东欧和前苏联	136.988 4	7.59
2	西半球	433.080 5	23.99	5	亚太地区	45.711 4	2.53
3	非洲	156.280 6	8.66	6	西欧	20.131 9	1.12

（资料来源：美国《Oil and Gas Journal》，2006.12.18）

世界天然气剩余可采储量和待发现资源量同样也是很不均衡的。2006 年世界各大区天然气剩余可采储量和所占百分比见表 0－3。

表 0－3　2006 年世界各大区天然气探明剩余可采储量统计表

排序	地区	剩余可采储量 /10^{12} m^3	百分比/%	排序	地区	剩余可采储量 /10^{12} m^3	百分比/%
1	中东	72.66	41.50	4	非洲	13.72	7.84
2	东欧及前苏联	57.39	32.78	5	亚太地区	11.88	6.79
3	西半球	14.66	8.37	6	西欧	4.77	2.72

（资料来源：美国《Oil and Gas Journal》，2006.12.18）

(二)石油资源前景

美国联邦地质调查局(USGS)2000 年评价全球石油可采资源量预测为 4 138×10^8 t。截至 2006 年底,世界累计探明石油可采储量 3 176×10^8 t,扣除历年采出量约 1 371×10^8 t,剩余可采储量约为 1 805×10^8 t,按 2006 年世界石油总产量约 36.24×10^8 t,储采比约为 50∶1。

据 2000 年美国能源情报署(EIA)和国际能源机构(IEA)等权威机构预测,今后二三十年世界石油需求将以年均 2%的速率增长。按此计算,到 2020 年世界石油需求量将达到1×10^8 桶/日,约 50×10^8 t/a,累计需求达 700×10^8 t 左右;到 2030 年石油需求量将达到1.25×10^8 桶/日,约 62×10^8 t/a,累计需求达1 250×10^8 t。结合上述资源潜力分析,2020 年世界石油剩余可采储量为 1 400×10^8 t,储采比为 28∶1,到 2030 年世界石油剩余可采储量为 1 100×10^8 t 左右,储采比为 18∶1,但是尚有 25%的储量即约 1 200×10^8 t 的石油资源有待进一步探明。

非常规石油资源潜力巨大,是未来接替石油供应的重要来源。非常规石油资源是指在现今市场条件下,不能完全用常规方法和技术进行商业勘探、开发和加工的油气资源的部分或类型,主要包括重油(油砂、沥青)、油页岩油和天然气水合物等。据第十四届世界石油大会估计,全球拥有非常规石油资源(4 000~7 000)×10^8 t。据 1998 年第七届重油及沥青国际会议报道,现在世界上已探明的超重原油和沥青砂的地质储量有 11 105×10^8 t,其中储量位居前三位的国家或地区是加拿大、前苏联和委内瑞拉,分别为 2 226×10^8 t、2 146×10^8 t 和 1 908×10^8 t。如果重油的采收率为 15%,全球重油的可采储量就达 1 665×10^8 t。目前,超重原油和沥青砂的产量并不高,每年约 0.318×10^8 t,在世界原油产量中所占比例很小,但未来的潜力巨大。

(三)天然气资源前景

据美国《油气杂志》统计资料,2005 年世界天然气总产量为 2.782 6×10^{12} m^3。据 2007 年美国《油气杂志》统计资料,2006 年世界天然气总产量进一步增长到 2.834 3×10^{12} m^3,排名前十位的国家依次为:俄罗斯、美国、加拿大、阿尔及利亚、伊朗、挪威、荷兰、英国、印度尼西亚和沙特阿拉伯,中国排名第 11 位(表 0-4)。

表 0-4 2006 年世界天然气产量排名前 20 位的国家统计表

排名	国家	产量/10^8 m^3	排名	国家	产量/10^8 m^3
1	俄罗斯	6 411.37	11	中国	591.00
2	美国	5 473.50	12	墨西哥	553.40
3	加拿大	1 714.38	13	马来西亚	476.29
4	阿尔及利亚	930.22	14	阿根廷	453.09
5	伊朗	909.28	15	阿联酋	444.31
6	挪威	875.66	16	巴基斯坦	397.75
7	荷兰	836.27	17	卡塔尔	389.69
8	英国	831.65	18	澳大利亚	387.27
9	印度尼西亚	637.88	19	特立尼达和多巴哥	373.41
10	沙特阿拉伯	592.60	20	委内瑞拉	277.06
其他国家			4 786.96		
世界合计			28 343.04		
欧佩克国家			4 615.70		
北海地区			2 055.69		

(资料来源:美国《Oil and Gas Journal》,2007.5)

据 2006 年资料，世界天然气已探明储量约为 $248\times10^{12}\,m^3$，截至 2006 年底世界累计采出天然气约 $73\times10^{12}\,m^3$，剩余可采储量约 $175\times10^{12}\,m^3$。剩余可采储量超过 $1.0\times10^{12}\,m^3$ 的国家有 21 个，这些国家的天然气储量占世界总储量的 90.21%。俄罗斯是世界第一大天然气生产国，2006 年天然气剩余可采储量为 $47.57\times10^{12}\,m^3$，占世界天然气储量的 27.17%，居世界首位。中东的伊朗天然气剩余可采储量为 $27.58\times10^{12}\,m^3$，居于世界第 2 位。其次为卡塔尔、沙特阿拉伯、阿联酋、美国和尼日利亚等（表 0－5）。

据估计，天然气的可采资源量大于石油。就俄、美两个油气大国看，天然气新发现的储量和剩余可采储量当量都大于石油，其中俄（独联体）1999 年天然气的产量当量值已大于石油。目前世界天然气已成为仅次于石油的又一重要能源。按当前生产水平和可采储量，天然气可供开采近 60 年。'据估计常规天然气资源量为 $327\times10^{12}\,m^3$，非常规天然气资源量为 $849\times10^{12}\,m^3$，两项合计为 $1\,176\times10^{12}\,m^3$。有人预计天然气将可能在 21 世纪中叶接替石油成为第一能源。

表 0－5　2006 年世界天然气探明剩余可采储量分布概况

排序	国家	剩余可采储量/$10^{12}\,m^3$	百分比/%	排序	国家	剩余可采储量/$10^{12}\,m^3$	百分比/%
1	俄罗斯	47.572 5	27.17	12	印度尼西亚	2.768 8	1.58
2	伊朗	27.580 7	15.75	13	挪威	2.331 1	1.33
3	卡塔尔	25.782 6	14.73	14	中国	2.265 4	1.29
4	沙特阿拉伯	6.781 9	3.87	15	马来西亚	2.123 8	1.21
5	阿联酋	6.071 2	3.47	16	埃及	1.656 5	0.95
6	美国	5.787 6	3.31	17	加拿大	1.640 9	0.94
7	尼日利亚	5.150 8	2.94	18	科威特	1.543 3	0.88
8	阿尔及利亚	4.580 0	2.62	19	利比亚	1.490 9	0.85
9	委内瑞拉	4.314 9	2.46	20	荷兰	1.415 9	0.81
10	伊拉克	3.171 5	1.81	21	印度	1.074 9	0.61
11	哈萨克斯坦	2.831 7	1.62	欧佩克		89.265 1	50.99
其他国家				17.138 4			
世界总计				175.075 3			

（资料来源：美国《Oil and Gas Journal》，2006.12.18）

三、能源替代与能源消费结构

在人类利用能源的历史上，主要能源的供需经历了从传统可再生能源到煤炭时代，再到石油时代的二次替代。工业革命前主要能源是传统可再生能源如木材，工业革命后主要能源是不可再生的化石燃料，先是煤炭替代传统可再生能源，然后是石油替代煤炭。由图 0－2 可知，第一次能源替代大约出现在 1896 年，煤炭的使用在世界能源消费结构中占到了 49%，开始超过传统可再生能源成为主要能源，大概在 1915 年煤炭在世界能源消费结构中达到了高峰，占到了 63%。随着技术进步和石油的开发利用，煤炭在世界能源消费结构中的比重逐渐降低，近年在 25%～30%之间。第二次能源替代大概出现在 1968 年，石油在世界能源消费结构中占到了 32%，开始超过煤炭成为主要能源，大约在 1973 年，石油在世界能源消费中的比例达到峰值，为近 40%，在此后有所降低，并保持在 30%～40%之间。1973 年天然气仅在能源消费中占 15%，但此后缓慢增加，近年达到 20%以上。

2006年在世界一次能源构成中，世界主要能源消费国的能源消费结构见表0-6。根据《BP2007年世界能源统计数据》，2006年全球能源消费总量为108.785×10^8 t油当量，在世界能源消费结构中，石油占主导地位，为35.8%（比2005年36.4%下降0.6%），其次为煤炭占28.4%（比2005年27.8%上升0.6%），天然气居第3位占23.7%（比2005年23.5%上升0.2%），核电和水电及其他分别占5.8%和6.3%。在世界发达国家主要能源消费国的能源消费结构中，石油平均占38%左右，天然气平均占24%左右，煤炭平均占20%左右。在可预见的未来，石油、煤炭和天然气仍然在能源构成中处于主体地位。

表0-6　2006年世界主要能源消费国能源消费构成表

国家名称	能源消费总量（×10^8 t油当量） 占能源消费总量的百分比/%					
	石油	天然气	煤炭	核能	水电及其他	合计
美国	938.8	566.9	567.3	187.5	65.9	2 326.4
	40.4%	24.4%	24.4%	8.1%	2.8%	100.0%
中国	363.0	52.2	1 198.8	12.3	94.3	1 720.7
	21.1	3.0	69.7	0.7	5.5	100.0%
俄罗斯	128.5	388.9	111.5	35.4	39.6	704.9
	18.2%	55.2%	16.0%	5.0%	5.6%	100.0%
日本	235.0	76.1	119.1	68.6	21.5	520.3
	45.2%	14.6%	22.9%	13.2%	4.1%	100.0%
印度	120.3	35.8	237.7	4.0	25.4	423.2
	28.4%	8.5%	56.2%	2.1%	6.0%	100.0%
德国	123.5	78.5	82.4	37.9	6.3	328.6
	37.6%	23.9%	25.1%	11.5%	1.9%	100.0%
加拿大	98.8	87.0	35.0	22.3	79.3	322.3
	30.7%	27.0%	10.7%	6.9%	24.6%	100.0%
法国	92.8	40.6	13.1	102.1	13.9	262.6
	30.7%	27.0%	10.7%	6.9%	24.6%	100.0%
英国	82.2	81.7	43.8	17.0	1.9	226.6
	36.3%	36.1%	19.2%	7.5%	0.8%	100.0%
韩国	105.3	30.8	54.8	33.7	1.2	225.8
	46.6%	13.6%	24.3%	14.9%	0.5%	100.0%
意大利	85.7	69.4	17.4	—	9.7	182.2
	47.0%	38.1%	9.5%	—	5.3%	100.0%
世界	3 889.8	2 574.9	3 090.1	635.5	688.1	10 878.5
	35.8	28.4	23.7	6.3	5.8	100.0%

（资料来源：《BP2007年世界能源统计数据》）

2002年美国石油工程师学会主席Arlie Skov对1860—2002年世界能源消费结构进行了回顾，并对未来至2100年世界能源供需构成进行了预测（图0-3）。事实上，20世纪曾经有过的关于世界能源供需的许多研究和预测与实际出入很大，往往远远低估了不可再生的化石油气的最终资源潜力。虽然如此，Arlie Skov(2002)的这种预测可告诉我们在现有的状况下世界能源供求的趋势，可促使人们思考合理利用和有效节约能源，积极研究和开发利用可再生能源和替代能源以及清洁能源，调整和改善能源消费结构，进一步实现能源消费的多元化和可持续发展。如图0-3所示，石油、天然气和煤炭的高峰供应时期不同，原油大致从1970—2020年在世界能源构成中最为重要，天然气的供应从1990—2030年为高峰期，煤炭从2030

—2070 年将在世界能源消费结构中扮演重要的角色；沥青砂油和页岩油以及非天然油气从 2010 年开始在世界能源消费构成中占有比例，沥青砂油和页岩油将在 2050 年前后与化石原油占有同等重要的地位；2050—2100 年在世界能源构成中油气和煤炭将占有同等重要的地位；到 21 世纪末，在世界能源消费构成中石油、天然气和煤炭将与可再生能源、核能和水能平分秋色，而核能在非化石能源中可能将占有更为重要的地位。

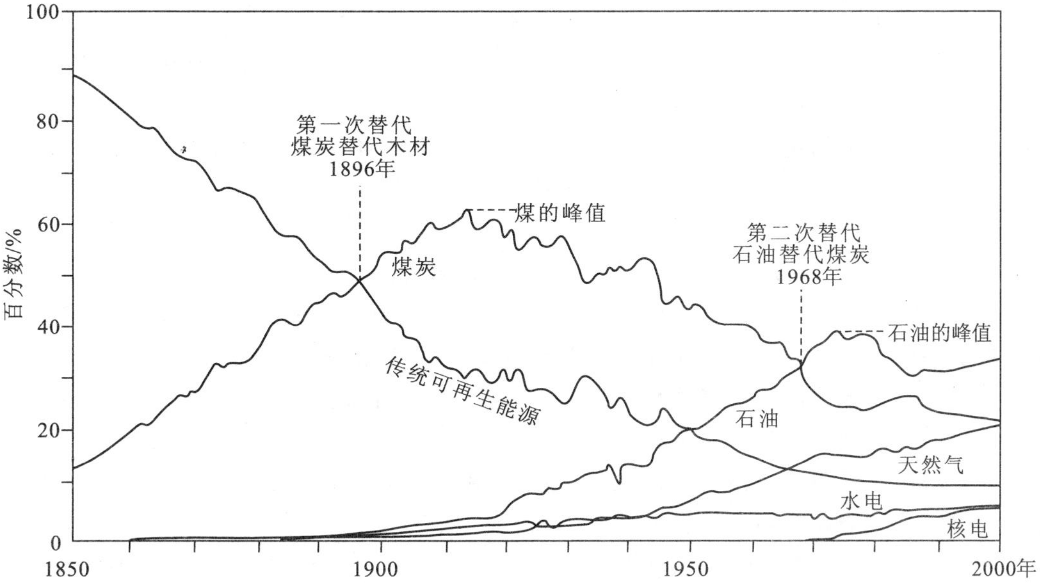

图 0-2 1850—2000 年世界能源消费结构图

（据 Nakicenovic *et al.*，1998 补充）

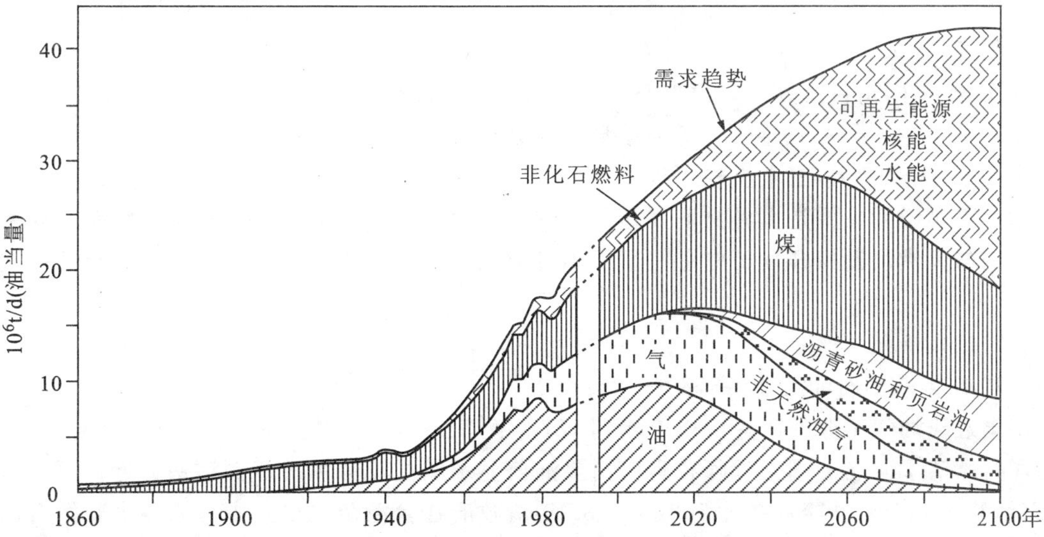

图 0-3 1860—2100 年世界能源供需的过去、现状和未来图示

（据 Arlie Skov，2002 修改）

第四节　中国油气工业概况与资源现状

一、中国油气工业概况

（一）古代油气工业

我国是世界上最早发现、开采和利用石油和天然气的国家之一。据史料记载，3000多年前，中国古代已发现了石油。由于天然气比石油更易从地层中逸出，遇火即燃，因此在历史上人们认识天然气早于石油。

我国关于天然气的记载，最早见于西周时代（公元前1046年—前771年）《易经》一书中记述的“火在水上”、“泽中有火”，很可能是沼气或天然气燃烧的现象。发现天然气较为可靠的记载是在公元前256—前251年秦孝文王派李冰为蜀太守时，曾兴修都江堰和开凿盐井，在四川邛崃县开采盐的过程中，发现了天然气且引起了通天大火。

对石油的最早记载出现在2000多年前东汉历史学家班固著的《汉书·地理志》中。书中写道：“高奴，有洧水，可蘸。”高奴系指今陕西省延安县一带，洧水是延河的一条支流，蘸指古代的燃字。这是描述水上面的油状物可以燃烧。公元267年晋朝张华著《博物志》详细描述了甘肃酒泉石油的特征：“酒泉延寿县南山出泉水，大如筥，注地为沟，水有肥，如肉汁，取著器中，始黄后黑，如凝膏，燃极明……彼方人谓之石漆水。“表明当时称石油为石漆水，而且已观察和采集，用作润滑油、燃烧和照明。

“石油”一词是北宋著名科学家沈括（公元1031—1095年）在《梦溪笔谈》一书中首次提出的。书中记述：“富延境内有石油，旧说高奴县内出脂水，即此也”，“石油生于水际沙石，与泉水相杂惘惘而出”。他用油烟作墨，墨光如漆，比松墨还好。他预言：“此物后必大行于世……盖石油至多，生于地中无穷，不若松木有时而竭”，预见了未来石油利用的广阔前景。

我国是世界上最早开发天然气气田的国家。宋末元初（13世纪），已大规模开采自流井的浅层天然气。《富顺县志》描述“火井在县西九十里，深四五丈，经五六寸，中无盐水……”。

除1835年四川自流井的兴海井钻深达1 001.4m，日产气5 000～8 000m^3外，1840年又钻成深1 200m的磨子井，钻穿下三叠统嘉陵江组灰岩储气层，产气量达$40\times10^4 m^3/d$以上。当时发生井喷，火光冲天，三十里外可见。

这些事实说明中国是世界文明发达最早的国家之一，我国劳动人民用自己勤劳的双手在世界石油与天然气勘探开发历史上写下了不可磨灭的光辉篇章，也给我们留下了珍贵的文化遗产。

（二）近代油气工业

1.1949年前的石油工业（1878—1949年）

中国近代油气工业的萌芽可以上溯到1878年，清政府批准“旗昌洋行”获得租地开采权。旗昌洋行聘请了两名美国工程师在台湾苗栗油苗显示的溪流旁用机械顿钻钻成近代第一口油井，完钻井深120m，早期月产油500kg；1885年清政府在台湾苗栗设立中国第一个开发石油的行政管理机构——油矿局，这是中国诞生的第一个石油企业（王才良、周珊，2006）。1907年“延长石油官厂”聘请日本技师在延长县西门外用顿钻钻成一口油井，这是近代中国大陆上的第一口油井，完钻井深81m，初期日产量1 000～1 500kg，直到1934年停产，累计产原油2 550t

(王才良、周珊,2006)。19世纪二三十年代,一些中外地质家在甘肃、新疆和青海三省开展过石油地质调查和考察;1937年,孙健初和美国地质学家韦勒等在玉门一带进行了石油地质调查;1938年,当时国民政府资源委员会设立了甘肃油矿筹备处,派严爽、孙健初、靳锡庚等到酒泉盆地开展勘探,1939年初在玉门老君庙地区确定了第一口井的井位。1939年3月开钻,钻机为蒸汽机做动力的顿钻,至8月在井深115.51m于新近系白杨河组干油泉段发现油层,初期日产原油约10t(张文昭,2002)。1939年甘肃玉门老君庙油田的投产开发,才称得上开始了近代石油工业。

从1878年中国有了近代石油工业萌芽以来至1949年,中国石油工业走过了70多年缓慢、断续、艰苦的发展历程,相继发现了台湾苗栗、陕西延长、甘肃玉门、新疆准噶尔盆地南缘独山子(1939年)等小油田。直到新中国建立前夕,石油工业基础极其薄弱,全国仅有两个地质调查队,几十个地质勘探队员,从1904—1949年的45年间,累计生产原油仅200多万t;1949年,原油产量只有约12×10^4t。

2.1949年后的石油工业(1949年—现在)

新中国的石油工业经过半个多世纪的艰苦奋斗,创造了举世瞩目的光辉业绩。纵观新中国成立后的50多年来,我国油气工业的发展大致经历了三个时期。

(1)恢复发展时期(1949—1959年):这一时期以酒泉玉门油矿为基地,在恢复生产的同时,先后在陕北、准噶尔盆地南缘、柴达木、四川开展石油勘探,相继发现了永坪油田(1953)、克拉玛依油田(1955)、冷湖油田(1956)、川东南天然气田区(1955—1956)和川中龙女寺(1957—1958)等7个油田。到20世纪50年代末,全国初步形成陕西、甘肃、新疆、青海、四川5个石油天然气基地。1959年,全国原油产量达373.3×10^4t,四川天然气产量达$2.5\times10^8m^3$。

1958年,油气勘探战略重点东移,找油领域由传统的山前坳陷带,转移到东部覆盖沉降区。经过原地质部和石油部的大量普查工作,松辽石油勘探局于1959年9月26日在松辽盆地中部大庆长垣钻探的松基3井获得工业油流,从而发现了大庆油田。9月27日,在吉林省境内发现了扶余油田。大庆油田的发现实现了中国石油工业发展史上历史性的重大突破。

(2)高速发展时期(1960—1978年):大庆油田发现后,组织实施了大庆石油会战,到1962年就探明了大庆油田的石油储量,证实是个特大型油田,大庆油田的建成一举改变了中国石油工业布局。大庆油田的发现,使陆相生油成为无可辩驳的事实,而且陆相沉积可以形成具有工业价值的大油气田,乃至大庆这样的特大型油田。大庆油田的发现进一步实现了潘钟祥教授(1941)在AAPG Bulletin上发表的论文"论中国陕北及四川白垩系陆相生油"即"石油的非海相成因陆相生油理论"在勘探实践上的突破,证实了他所提出的"陆相不仅能生油,而且是大量的"这一论断。

大庆油田发现后不久,我国石油勘探重点转移到渤海湾盆地。其中1961年,东营凹陷华8井喷油,揭开了华北地区渤海湾盆地石油勘探的序幕。1963—1964年,黄骅凹陷黄3井与港5井先后获得工业油气流,发现了大港油田。1964年东营凹陷坨2井获高产油气流,次年又相继钻成数口日产千吨的油井,从而证实了渤海湾盆地中第一个高产大油田——胜利油田,取得了又一个重大发现。

胜利油田和大港油田发现之后,1965年7月在辽河断陷大平房构造首获工业油流,至1969年相继发现了兴隆台等6个具工业油流的构造,发现了辽河油田。它们的发现有力地证明了在渤海湾盆地这样复杂断陷盆地的地质条件下,同样可以找到大油田。

1975年7月3日冀中坳陷任丘构造上的任4井喷出日产量超过千吨的高产工业油流，产油层位为埋藏于挽近系之下的震旦系雾迷山组(古风化壳)，宣告了我国第一个古潜山类型高产油田的诞生。1975年底，地震勘探证实了任丘古潜山成带分布。经过1976年会战，一举拿下了古潜山油田，成为继1960年大庆油田探明之后，我国石油增长的又一个高峰年。

在这一时期我国海上油气勘探开始起步，先后在莺歌海盆地浅海区、辽东湾、渤海湾渤中地区和岐口凹陷、北部湾盆地涠西南凹陷等进行地震和钻井施工及油气勘探，发现了一批工业油气流井和7个海上油气田，13个含油气构造。

油气勘探的一系列突破，保证了石油工业的高速发展。1963年我国原油产量达648×10^4t，实现了“石油基本自给”的历史性转折，1965年突破千万吨($1\ 131.5\times10^4$t)，1973年超过$5\ 000\times10^4$t，1978年突破亿吨($1.040\ 49\times10^8$t)，使我国跃居世界产油大国的行列。我国陆相油气勘探的重大成功，促使陆相生油和油气成藏理论得到不断的深化和系统的研究，使之形成完整的理论体系和研究方法，并有效地指导着陆相盆地的油气勘探实践。

(3)稳定和开拓发展时期(1979年—现在)：在原油产量达亿吨以后，从1982年起逐年增长，1985年达1.25×10^8t，居世界第6位。到2000年原油产量超过1.65×10^8t，2007年原油产量约1.87×10^8t。但是从进入20世纪80年代以来，东部油田相继进入开采中后期，寻找稳定的油气资源战略接替区，日益紧迫地被提上油气勘探的议事日程。80年代后期国家明确提出了“稳定东部，发展西部”的战略构思。在努力做好东部油田稳定生产的同时，加强了西部地区，特别是塔里木、准噶尔、吐哈和柴达木盆地的油气勘探工作。经过10多年的艰苦努力，在塔里木盆地海相地层相继发现了雅克拉油田(1984)、轮南油田(1988)、塔中(1989)和塔河油田(1997)等，在准噶尔新发现了火烧山油田、北三台油田和石西油田。1990年，西部地区产油964×10^4t，到2000年猛增到$2\ 593\times10^4$t，弥补了东部油气区的产量递减，保障了我国原油年产量的稳定上升。与此同时，中部鄂尔多斯和四川盆地油气勘探得到了进一步的加强，东部老油区开展了精细勘探、滚动勘探和挖潜增储，也获得了一系列新的发现和储量增长。

这一时期我国海洋油气勘探对外开放、加速发展。自1979年至1998年底，中国海洋石油公司与国外、境外石油公司共签订了中国海域石油合同、物探等多种协议137个。同时自营探区也取得了一系列重要的成果。在珠江口盆地，1979年珠5井发现高产油气流，1985年发现惠州21-1海相砂岩油田，1987年发现流花11-1生物礁大油田，1988年发现西江30-2油田和惠州26-1油田，1997年发现文昌13-1和13-2油田；在琼东南盆地，1983年发现崖城13-1大气田；在莺歌海盆地，1992年发现东方1-1浅层气气田，1996年发现乐东22-1浅层气气田；在北部湾盆地，1983—1985年发现了涠洲10-3、涠洲11-1和涠洲11-4油田；在东海盆地，1983年平湖1井获高产油气流，成为东海盆地第一口发现井，实现了浙东坳陷西湖凹陷内的一系列油气突破；在渤海海域，1992年发现岐口18-1、17-2和17-3油田，1995年发现秦皇32-6油田，1996—1997年发现了一系列中—小油气田，在渤海海域的辽东湾断陷，1984年发现锦州20-2凝析气田，1987年发现绥中36-1大油田，1988年发现了锦州9-3油田；1979—1998年我国近海有工业油气的六大沉积盆地或海域共发现28个油田，9个气田，探明石油地质储量约10×10^8t，天然气$0.31\times10^{12}m^3$。1998—2008年我国近海共发现67个油田，42个气田，探明石油地质储量18×10^8t，天然气$0.29\times10^{12}m^3$。据统计2005年海域原油产量$3\ 300\times10^4$t，天然气产量$60\times10^8m^3$，2008年中国海洋石油总公司产量达$4\ 293\times10^4$t油气当量。

这一时期，潘钟祥教授的陆相生油理论，即中国石油地质理论进一步得到完善和发展。胡见义等(1991)出版了《中国陆相石油地质理论基础》。西部油气勘探进一步深化了对西部盆地地质特征和油气藏形成条件的认识；许多学者研究指出，塔里木盆地是经历克拉通盆地和前陆盆地叠合复合的极其复杂的时空演化而形成的，多期次油气运聚、散失和保存机理的研究，已在西部含油气盆地的油气勘探中取得成效。从找油的角度来说，既要研究陆相生油，也要重视海相生油，特别是下古生界的生油；既要研究原生油藏，又要研究次生油藏；既要寻找构造油藏，又要重视地层油藏；既找油又找气。

自20世纪80年代末以来，我国天然气勘探获得了重大进展。特别是“八五”以来，天然气进入了储量增长的高峰期。先后在柴达木、南海莺-琼、鄂尔多斯、四川、塔里木、东海和松辽等盆地获得了一系列的重大发现，探明了30多个储量在($n\times10^2\sim n\times10^3$)亿$m^3$的天然气田，如柴达木盆地的台南气田(1989)和涩北一号(1991)，莺-琼盆地的崖城13-1气田(1990)和东方1-1气田(1995)，鄂尔多斯盆地的靖边气田(1992)、榆林气田(1997)、苏里格气田(2001)和大牛地气田(2002)，四川盆地的沙坪场气田(1996)和普光气田(2004)，塔里木盆地的克拉2气田(2000)和迪那2气田(2002)，东海盆地的春晓气田(1998)，珠江口盆地的番禺30-1气田(2003)和荔湾3-1气田(2007)，松辽盆地的庆深气田(2005)。已形成了中国中、西部和海域多个天然气生产基地。截至2004年，全国已累计探明天然气地质储量约$4.4\times10^{12}m^3$。与此同时，天然气产量也在逐年增加，并且将随着天然气管道(网)及其配套工程的建设，其产量将成倍增长，在能源消费结构中其比例也将有大幅度增加。

以东部大庆和胜利油田为代表的陆相油气勘探突破为标志的中国油气的“一次创业”，使我国已逾四十年油气资源得以保障。随着我国国民经济持续、快速的增长，对国内油气产量不断提出了更高的要求，现有的油气资源状况已难以满足经济发展的需求。2000年我国原油净进口量达0.7×10^8t，2004年原油净进口量突破1×10^8t大关，2006年原油净进口量达1.62×10^8t(当年产量约为1.8415×10^8t)，预计从现在到2020年我国所需原油对外依存度将保持在50%左右。我国石油工业实施了“稳定东部、加快西部、突破海域、发展南方、开拓海外”的发展战略。以我国海相碳酸盐岩油气资源评价与勘探为主攻方向的我国油气工业的“二次创业”，已随着我国在海相油气勘探上的突破性进展以及研究工作的整体深入而加速向前推进。通过海相碳酸盐岩、海洋深水、深层储层、大面积低孔渗岩性储层、火成岩储层等油气勘探的实践以及理论和技术的创新，一个全新的我国油气工业快速发展的阶段已展现在我们面前。

二、中国油气资源现状

截止2005年底，全国以找油气为目的钻探了86个盆地，发现了79个含油气盆地，全国25个省、市、自治区和近海海域累计发现约600个油田和225个气田(含CO_2气田30个)，建立了大庆、胜利、辽河、吉林、二连、冀东、大港、四川、长庆、延长、塔里木、克拉玛依、吐哈、酒泉、青海、华北、中原、南阳、江汉、苏北、百色、三水、北部湾、莺-琼、东海、渤海、珠江口等近30个油气生产基地，六大油气区(指行政部门的管理区域)(图0-4)。

截止2006年底，我国累计探明石油地质储量(不含凝析油)246.8×10^8t，累计石油产出量(不含凝析油)42.88×10^8t；按现有的技术条件，全国原油剩余可采储量约为40×10^8t，居世界第12位。原油年产量从1949年的约12×10^4t增加到2006年的约1.8415×10^8t。据2006年估计，我国原油地质资源量约765×10^8t，探明地质储量约246.8×10^8t，探明率为

32%，待探明的石油资源量约为 518×10^{8} t，待探明的石油资源量按地区分布预测如表 0－7 所示。

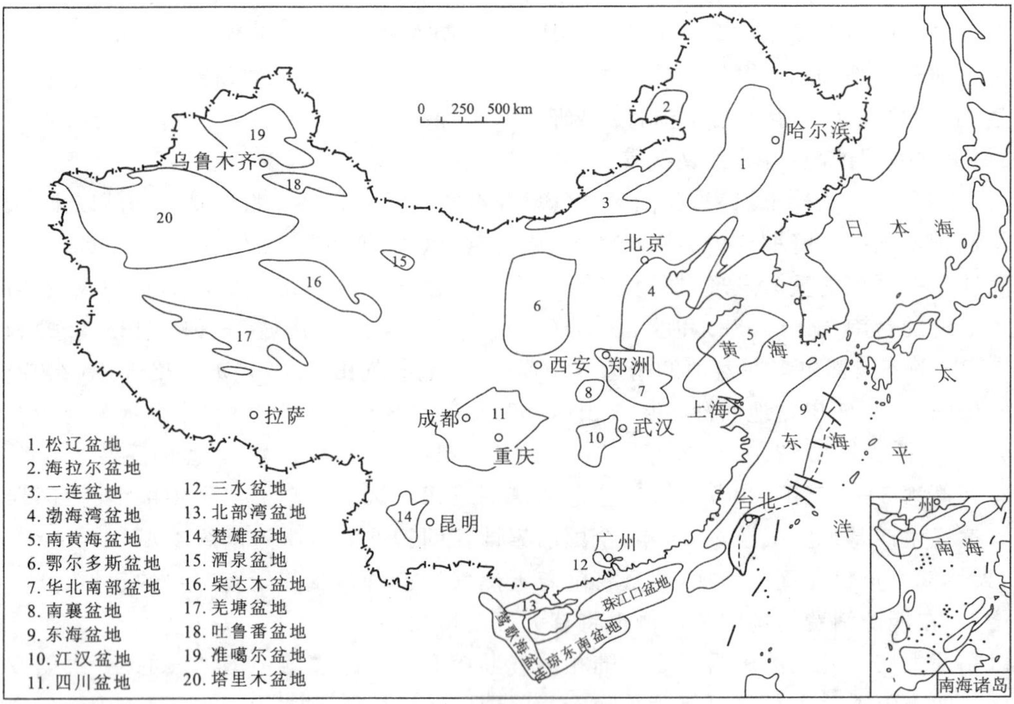

图 0－4　中国含油气盆地分布略图

据车长波(2005)估计(资料截至 2004 年底)，我国剩余烃类天然气地质资源量约 $30.649\times10^{12}\,m^{3}$，待探明的天然气资源量按地区分布预测如表 0－7 所示。据中国三大石油公司(中石油、中石化、中海油)截止 2005 年底统计，烃类天然气资源量为 $35.03\times10^{12}\,m^{3}$，已探明储量为 $4.920\,6\times10^{12}\,m^{3}$，探明率约为 14%，天然气资源量按地区估计如表 0－8 所示(不包括煤层吸附气、水溶气等非常规天然气)；据 2006 年美国《油气杂志》统计，截至 2006 年底，中国探明天然气剩余可采储量为 $2.265\,4\times10^{12}\,m^{3}$(中国实际数据高于这个数字)，居世界第 14 位。实际上，截止 2005 年底我国已累计探明天然气可采储量(不含溶解气)为 $3.092\,3\times10^{12}\,m^{3}$，累计天然气产出量 $0.432\,3\times10^{12}\,m^{3}$，剩余可采储量约为 $2.66\times10^{12}\,m^{3}$，2006 年我国天然气产量为 $591\times10^{8}\,m^{3}$；截止到 2008 年底统计，我国烃类天然气资源量上升为 $56.0\times10^{12}\,m^{3}$，探明天然气地质储量 $5.86\times10^{12}\,m^{3}$，探明率为 16.7%，累计采出 $0.738\times10^{12}\,m^{3}$，采出程度为 2.68%，2008 年天然气产量为 $761\times10^{8}\,m^{3}$，目前储采比约为 50。

中国天然气分布大体可划分出四个大区，即中部区、西部区、海域区和东部区。其中，中部区、西部区和海域区已形成目前天然气勘探和开发的三大基地。中部区主要指四川盆地和鄂尔多斯盆地及陕甘宁盆地，其天然气地质资源量占全国总量的约 39%；西部区主要包括新疆塔里木、准噶尔、吐哈盆地及青海柴达木盆地，其天然气地质资源量占全国总量的 41%以上；海域区包括渤海、东海、南海和台湾，其天然气地质资源量占全国总量的 12%；东部区天然气地质资源量占全国总量的 9%。

表 0－7 我国待探明油气资源量按地区分布预测表(据车长波,2005)

地区	剩余石油资源/10^8 t	百分比/%	剩余天然气资源/10^{12} m^3	百分比/%
东部区	153.6	30	2.411 8	8
中部区	68.3	13	7.640 3	25
西部区	140.2	27	10.527 4	34
南方区	1.8	0	0.753 8	2
青藏区	69.6	13	1.692 4	6
海域区	84.7	16	7.623 3	25
合计	518.2	100	30.649 0	100

注:南方区指其范围内的沉积盆地,不包括南方广大的海相地层分布区。

表 0－8 2006 年中国天然气资源分布统计表

区域	资源量/10^{12} m^3	百分比/%	探明储量/10^{12} m^3	百分比/%
中部区	13.66	39	1.910	43.6
西部区	14.36	41	1.288	29.4
海域区	4.20	12	0.626	14.3
东部区	3.15	9	0.556	12.7
总计	35.03	100	4.380	100

2006 年我国和世界在一次能源构成中总的能源消费结构具体情况对比见表 0－9。2006 年我国煤炭占主导地位,为 69.7%,而石油占 21.1%,天然气仅占 3.0%,未来天然气和核能在我国能源消费结构中的比例将得到明显提高。

表 0－9 2006 年中国和世界能源消费构成表

名称	占能源消费总量的百分比/%				
	石油	煤炭	天然气	核能	水电及其他
中国	21.1	69.7	3.0	0.7	5.5
世界	35.8	28.4	23.7	5.8	6.3

(资料来源:《BP2007 年世界能源统计数据》)

2003 年以来,中国在世界石油消费最多的 10 个国家中仅次于美国而位列第二,日本位列第三。近 10 年来,我国重化工工业的发展大幅度地增加了石油的消耗量,汽车工业和航空业的发展也使得对原油的消耗快速增加。2003 年我国共生产原油 1.7×10^8 t,净进口超过 1.0×10^8 t,实际使用 2.7×10^8 t;2006 年我国原油总产量约为 $1.841\ 5\times10^8$ t,净进口量达 1.686×10^8 t,实际使用 3.2×10^8 t;2007 年我国原油总产量约为 $1.866\ 6\times10^8$ t,净进口量达 1.593×10^8 t,实际消费 3.3×10^8 t,对外依存度 48%。2008 年我国原油总产量约为 1.89×10^8 t,净进口量达 1.97×10^8 t,实际消费 3.86×10^8 t,对外依存度 51%。据估计,到 2020 年,预计我国原油需求下限将达 $(4.4\sim4.6)\times10^8$ t(表 0－10),我国对进口原油依赖度将会逐年增加。当然,也应该看到我国油气剩余资源量还有巨大的潜力,勘探前景广阔。另外,我国非常规油气资源也有十分可观的潜力,如埋藏深度小于 1 500m 的煤层气资源量 $(32\sim34)\times10^{12}$ m^3;沥青砂石油资源量约 70×10^8 t;页岩油资源量约 200×10^8 t;预测南海陆坡和陆隆近 1×10^6 km^2 范围有天然气-水合物资源量,此外，青藏高原多年冻土区可能蕴藏着大量的天然气水合物资源。因此，既要合理加快国内石油和天然气资源的勘探和开发步伐，又要重视调研、抓住机遇加快海外油气勘探、合理配置和利用全球的油气资源。

表 0－10　至 2020 年我国油气资源需求保障程度预测

年份	油气	预测产量	预测需求	保障程度
2010	石油/10^8t	2.00	3.6～3.8	51%～56%
	天然气/10^8m^3	900～1 100	1 000～1 200	基本满足
2020	石油/10^8t	2.00～2.20	4.4～4.6	46%～50%
	天然气/10^8m^3	1 500～1 700	1 800～2 000	大于 85%

（据车长波，2005，多媒体课件）

第一章　油气藏中的流体

任一个油气藏或油藏中都存在石油、天然气、油气田水三种流体，而纯气藏中只有天然气和油气田水。这些流体存在于储集层的孔隙裂缝中，并在圈闭范围内按重力分异，在垂向上近似层状分布。天然气最轻居圈闭顶部，石油居中，水在下面。但是，油气藏中的石油、天然气、油气田水三者并非截然分离，气-油、油-水和气-水之间存在过渡带，它们以一定关系共存于储集层的孔隙裂缝系统中(图 1-1)。

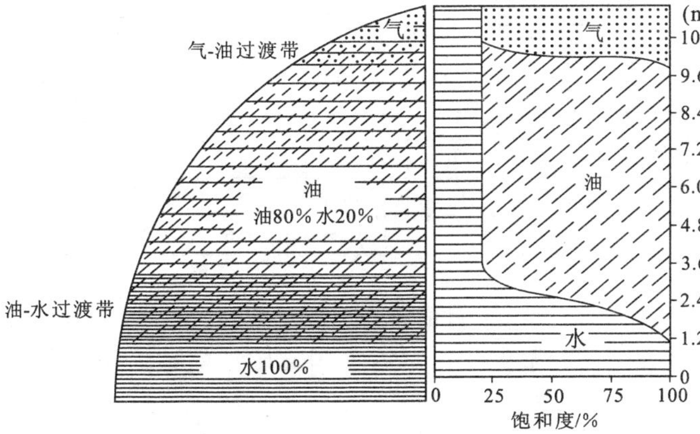

图 1-1　典型油气藏中油、气、水分布的结构剖面图

(据美国油藏开发经营委员会报告，1942)

第一节　石　油

一、石油的概念及组成

(一)石油的概念

石油又称原油(crude oil)，是以液态形式存在于地下岩石孔隙中的可燃有机矿产。在地下油气藏中石油无论在成分上还是在相态上都是极其复杂的混合物。在成分上以烃类为主，含有数量不等的非烃化合物及多种微量元素；在相态上以液态为主，溶有大量烃气及少量非烃气，并溶有数量不等的烃类和非烃类的固态物质。

(二)石油的元素组成

石油的元素组成主要是碳(C)和氢(H)，其次是氮(N)、硫(S)、氧(O)。不同产地的石油元素组成存在差异，但有一定的变化范围。根据 Hunt(1996)统计，石油的平均元素组成：碳85%、氢 13%、氮＋硫＋氧 2%。碳、氢两元素主要呈烃类化合物存在，是石油组成的主体。氮、硫、氧元素组成的化合物大多富集在渣油或胶质和沥青质中。石油中碳含量一般为 81%～

87%，氢含量一般为 11%～16%，碳、氢两元素在石油中一般占 95%～99%。我国南襄盆地南阳、泌阳凹陷，江汉盆地江陵凹陷，鄂尔多斯盆地和准噶尔盆地若干原油元素组成见表 1－1。

表 1－1　我国若干含油凹陷原油元素组成表

原油产地	井号	井深/m	层位	w(C)/%	w(H)/%	w(N)/%	w(S)/%	w(O)/%	H/C 原子比
南阳凹陷	魏 191	1 335.8～1 478.0	Eh_3	81.29	16.04	0.23	0.41	2.03	2.37
	魏 125	1 408.8～1 435.6	Eh_2	83.49	15.47	0.24	0.22	0.59	2.22
	张 1303	1 893.0～2 102.0	Eh_2	83.53	15.75	0.15	0.31	0.26	2.26
泌阳凹陷	古 4705	610.0～638.8	Eh_3	83.73	13.99	1.27	0.53	0.47	2.01
	杨 21218	794.0～812.0	Eh_3	84.38	13.17	1.18	0.26	1.00	1.87
	双 T306L	1 375.6～1 380.3	Eh_3	82.27	15.93	0.58	0.24	0.98	2.32
	泌 252	3 227.9～3 421.6	Eh_3	82.81	15.14	0.64	0.80	0.60	2.19
江陵凹陷	陵 76	1 771.6～1 780.0	Ex	84.52	14.28	0.34	0.45	0.41	2.03
	鄂深 14	2 544.0～2 546.8	Es	85.06	14.46	0.16	0.24	0.08	2.04
	鄂深 7	2 696.5～2 698.5	Ej	83.37	13.15	0.85	1.69	0.94	1.89
鄂尔多斯	宁东 3	2 137.0～2 140.0	J_1y	85.12	11.69	0.37	0.88	0.70	1.65
准噶尔	盆参 2	5 122.0～5 142.0	J_1b	85.34	14.16	0.20	0.19	0.11	1.99
	北 1022	2 214.5～2 221.5	P_2w	82.70	13.47	1.35	1.92	0.56	1.95
合　计				83.66	14.36	0.58	0.63	0.67	2.06

据 Tissot 和 Welte (1984) 统计，石油中氮含量大多数小于 0.2%，均值为 0.094%，少数样品含氮量高达 0.5%以上，最高可达 1.7%(美国文图拉盆地产出的石油)。通常以 0.25%作为贫氮和高氮石油的界线。

据 Tissot 和 Welte (1984) 对 9 347 个样品的统计，石油中硫含量介于 0.1%～10%之间，平均为 0.65%，其频率分布具双峰型(图 1－2)，在 1%处为最小值，可将样品分为两部分，多数样品(约 7 500 个)含硫量小于 1%，少数样品(约 1 800 个)含硫量大于 1%。根据含硫量可把原油分为高硫原油(含硫量大于 1%)和低硫原油(含硫量小于 1%)。海相环境和陆相蒸发岩环境中沉积有机质形成的石油硫含量高，可达 5%；被严重降解的石油硫含量可高达 10%。

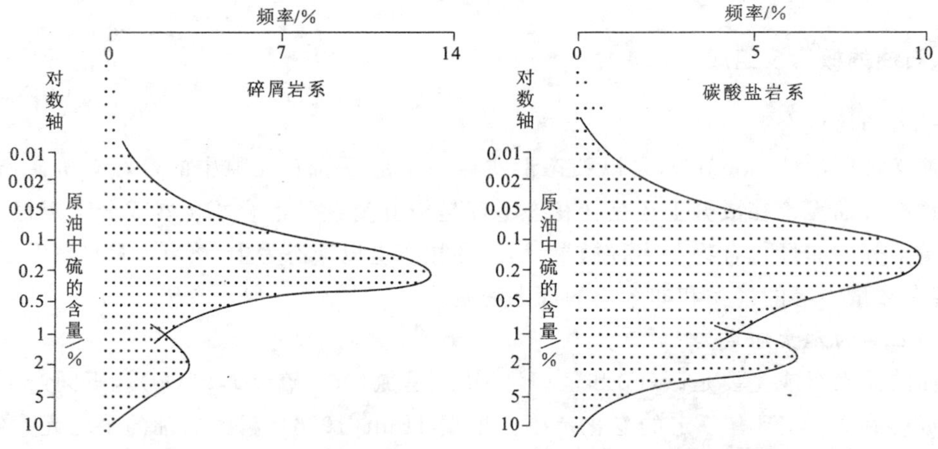

图 1－2　不同时代和成因的 9 347 个石油样品中硫含量分布图
(据 Tissot 和 Welte, 1984)

石油中氧含量:一般分布在0.1%~4.5%,很少超过2%。氧主要富集在石油高沸点馏分中,其含量与石油的次生变化程度有关。

除上述5种元素外,石油中还含有几十种微量元素,它们构成了石油中的灰分,其含量变化从十万分之几到万分之几。它们与自然界有机质中的微量元素组成十分相近,被作为石油有机成因的证据之一,这些微量元素可利用原子光谱法和中子活化分析法等来加以鉴定或定量。石油中微量元素常见的有30多种:Fe、Ca、Mg、Si、Al、V、Ni、Cu、Sb、Mn、Sr、Ba、B、Co、Zn、Mo、Pb、Sn、Na、K、P、Li、Cl、Bi、Be、Ge、Ag、As、Ga、Au、Ti、Cr、Cd。在这些微量元素中,钒和镍两种微量元素的分布最普遍并且具有成因意义,通过钒镍比值(V/Ni)可区别海相或陆相成因的石油。

(三)石油的馏分组成

石油的馏分是利用组成石油的化合物具有不同沸点的特性,加热蒸馏,将原油切割成不同范围(馏程)的若干部分,每一部分就是一个馏分。切割馏分所用的温度因研究目的不同而有所差异。在石油炼制上,各馏分的名称、碳数及温度大致如表1-2所示。

表1-2 石油的馏分组成

馏分	轻馏分		中馏分			重馏分	
	石油气	汽油	煤油	柴油	重瓦斯油	润滑油	渣油
温度/℃	<35	35~190	190~260	260~320	320~360	360~530(500)	>530(500)
碳数	C_1~C_4	C_5~C_{10}	C_{11}~C_{13}	C_{14}~C_{18}	C_{19}~C_{25}	C_{26}~C_{40}	>C_{40}

(据潘钟祥等,1986补充)

根据Hunt(1979)对美国一种密度为35°API(商业上用)环烷型石油所作的分析结果,以脱气后各馏分总合计,各馏分的体积百分比为:汽油27%、煤油13%、柴油12%、重瓦斯油10%、润滑油20%、渣油18%。除按上述温度切割馏分外,还可以按每隔50℃或100℃间隔分出相应的直馏馏分来。

(四)石油的组分和化合物组成

石油中不同组分的化合物由于分子结构的差异,对吸附剂和有机溶剂具有选择性的吸附和溶解的性能。根据这一特性,可选用氧化铝和硅胶(2:3质量比)作为吸附剂以及不同有机溶剂(正己烷、二氯甲烷、乙醇和氯仿),将石油分成饱和烃(saturates)、芳烃(aromatics)、胶质(resins)和沥青质(asphaltenes)等组分。

考虑到轻馏分具有较强的挥发性,在储存、运输过程中常因保存条件不同,造成人为的较大误差,所以对石油各组分中的化合物进行地球化学分析时,在做组分分离以前先对石油进行蒸馏,去掉低于210℃的轻馏分,一律取大于210℃馏分进行组分分离。石油组分分析流程如图1-3所示。按照国家石油天然气行业标准(XY-T5119-2005),用正己烷(C_6H_{14})冲洗得到的烃类为饱和烃,用二氯甲烷(CH_2Cl_2)+正己烷(2:1体积比)冲洗得到的烃类为芳烃,再用乙醇(C_2H_5OH)和氯仿($CHCl_3$)依次冲洗得到胶质,吸附在色层柱内的为柱留胶质。

归纳起来,石油的化合物组成主要可分为烃(hydrocarbons)和非烃(nonhydrocarbons)两大类。石油中不同组分的化合物组成如下:①饱和烃:包括正构烷烃、异构烷烃(含天然石蜡,碳数分布多在C_{16}~C_{70})和环烷烃;②芳烃:包括芳烃和环烷芳烃;③非烃即胶质和沥青质:为含氮、硫、氧的非烃化合物。

根据Hunt(1979)对比重为35°API的环烷型石油所作的分析,各类化合物的质量百分比为:石蜡烃25%、环烷烃50%、芳烃17%、非烃(胶质+沥青质)8%。

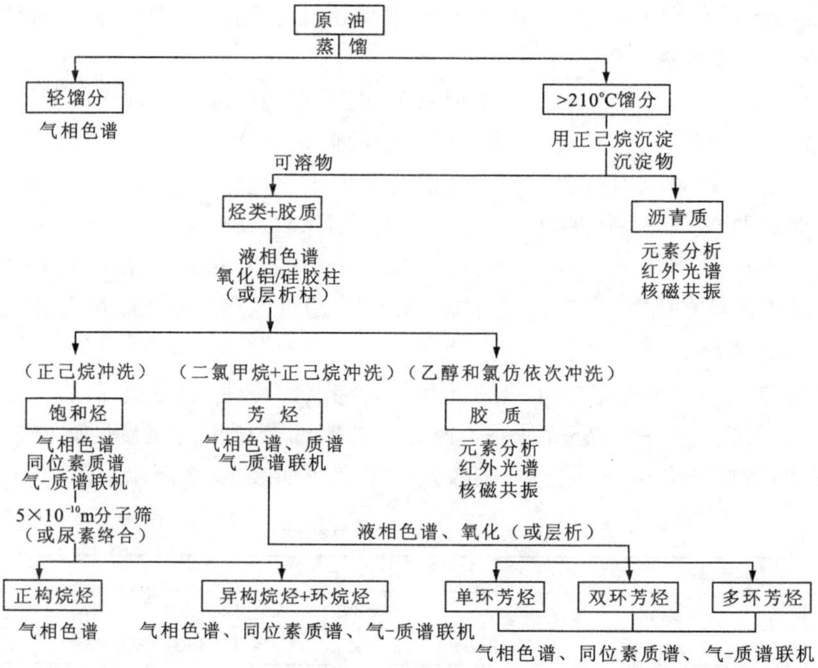

图 1-3 石油组分分析流程图

（五）石油的馏分与化合物组成的关系

石油不同馏分的化合物组成是极不相同的。一般来说，低沸点的轻馏分主要是由低碳数、分子量较小的烷烃和环烷烃组成；中馏分以中分子量和较高碳数的烷烃和环烷烃组成，并含有一定数量的芳烃和环烷芳烃及少量的含氮、硫、氧化合物；而重馏分则以高碳数和大分子量的环烷烃、芳烃、环烷芳烃和含氮、硫、氧化合物组成。含氮、硫、氧化合物主要富集在重馏分中。典型中性石油的馏分和化合物组成的关系如图 1-4 所示。

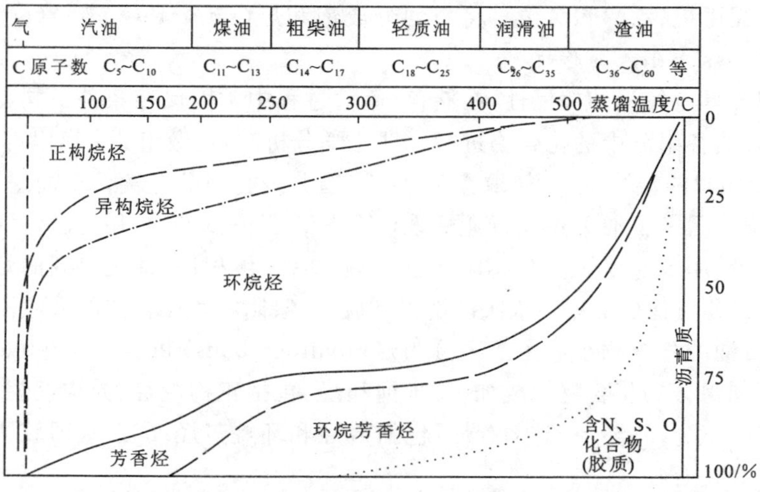

图 1-4 典型中性石油馏分和化合物组成的关系图
（据 Bestougeff，1967，转引自 Tissot 和 Welte，1984）

二、石油的化合物类型及特征

(一)正构烷烃

石油中鉴定出的正构烷烃(N－paraffins)常见的从 C_1～C_{45}，可分离鉴定出 C_{90} 以上的正烷烃，但大部分正烷烃碳数≤C_{35}；碳数在 C_{16}～C_{40} 的正烷烃称显晶蜡，碳数大于 C_{40} 以上的正烷烃称微晶蜡。正烷烃含量一般占石油质量的15%～25%，轻质石油可达30%以上，而重质石油可小于15%。此外，原油中还发现直链烯烃。在常温和常压下，C_1～C_4 正烷烃为气态，C_5～C_{15} 为液态，C_{16} 以上为固态(天然石蜡，waxes)。

不同成因的原油具有不同的正烷烃分布特点，如图1－5(a)所示，可根据图中主峰碳位置及分布形态，将正烷烃分布曲线分为3种基本类型：①主峰小于 C_{12} 的前峰型(凝析油)；②主峰在 C_{15}～C_{25} 之间的中峰型；③主峰大于 C_{25} 的后峰型。又如图1－5(b)所示，南襄盆地古近系核桃园组原油正烷烃分布出现主峰碳在 C_{16}～C_{17} 的前峰型，C_{17}～C_{27} 范围的中峰型、平峰型和双峰型，C_{25}～C_{27} 的后峰型等。正烷烃主峰碳位置及分布特点与成油原始有机质、原油成熟度和油藏保存条件有密切关系。因此，正烷烃分布曲线较广泛地应用于石油的成因和油源对比研究。

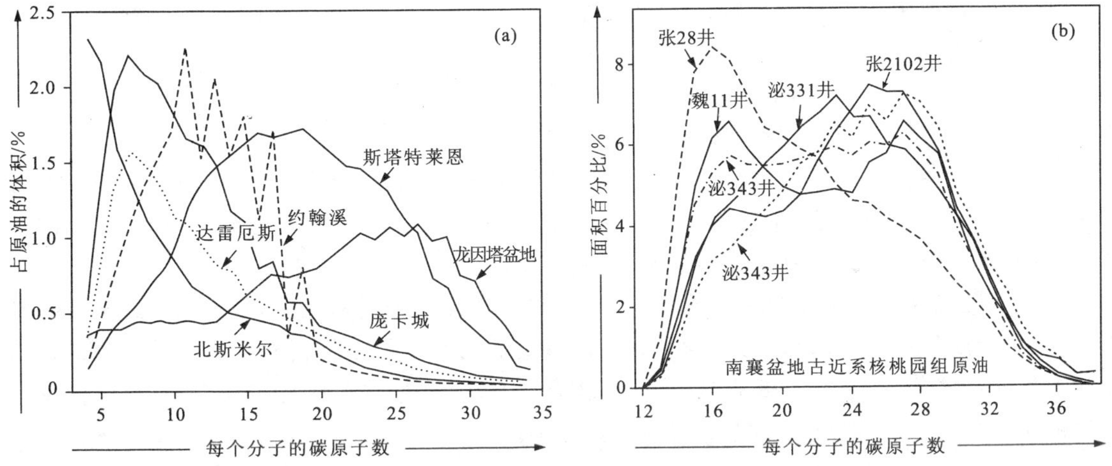

图1－5　不同类型石油的正烷烃分布曲线图

(左图据 Martin，1963)

(二)异构烷烃

石油中带支链的异构烷烃(isoparaffins)以≤C_{10} 为主，$C_{11\sim25}$ 较少，且以类异戊间二烯型烷烃最重要，它们主要存在于低—中沸点的馏分之中。

石油中的类异戊间二烯型烷烃，一般认为是由叶绿素的侧链即植醇演化而来，为生物成因标志化合物，其中最重要的是2,6,10,14－四甲基十五烷(姥鲛烷，Pristane)和2,6,10,14－四甲基十六烷(植烷，Phytane)。常见的类异戊间二烯型烷烃(植烷系列)及其结构，如图1－6所示。

(三)环烷烃

石油中鉴定出的环烷烃(naphthenes)有单环和多环，低分子量($C_{3\sim7}$)环烷烃以环戊烷和环己烷及其衍生物是石油的重要组分，中等到大分子量($C_{10\sim35}$)的环烷烃可以是双环到六环。

环烷烃以单环(通式 C_nH_{2n})和双环(通式 C_nH_{2n-2})最为重要,占石油中环烷烃重量的50%~55%,三环(通式 C_nH_{2n-4})占20%,四环以上占25%左右。4~5环的环烷烃结构与生物体中的四环甾族化合物和五环三萜烯类化合物有明显的相似性,并具有旋光性,是石油有机成因的主要证据之一。在石油中多环环烷烃的含量随成熟度增加而明显减少,在高成熟石油中则以1~2环的环烷烃为主。

在常温和常压条件下,除环丙烷(C_3H_6)和甲基环丙烷(C_4H_8)为气态外,单环环烷烃均为液态,两环以上(>C_{11})的环烷烃为固态。

(四)芳烃和环烷芳烃

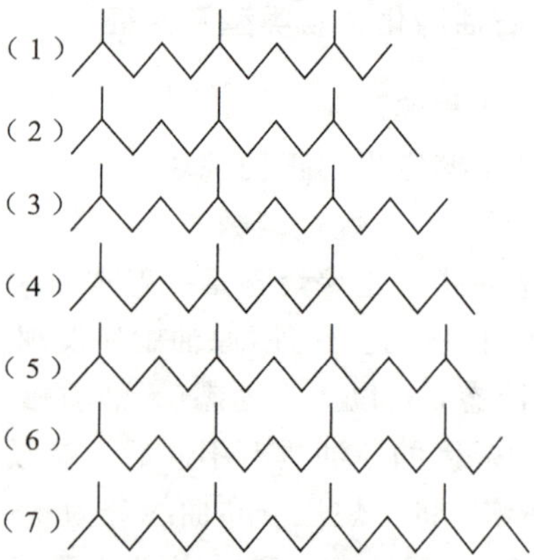

图1-6 类异戊二烯烷烃同系列立体化学结构图
(据潘钟祥等,1986)
(1) 2,6,10-三甲基十二烷(法呢烷)
(2) 2,6,10-三甲基十三烷(异十六烷)
(3) 2,6,10-三甲基十四烷
(4) 2,6,10-三甲基十五烷(降姥鲛烷)
(5) 2,6,10,14-四甲基十五烷(姥鲛烷,Pr)
(6) 2,6,10,14-四甲基十六烷(植烷,Ph)
(7) 2,6,10,14-四甲基十七烷

石油中的芳烃(aromatics)和环烷—芳烃平均占原油质量的20%~45%。芳烃只包含芳烃和链基,石油中已鉴定出芳烃的常见类型有:单环芳烃的苯(通式 C_nH_{2n-6}),多环芳烃和稠环芳烃(polycyclic aromatic hydrocarbons,PAHs),如非稠环型的联苯、稠环型的萘(二环 C_nH_{2n-12}型)、蒽和菲(三环 C_nH_{2n-18}型)以及苯并蒽和屈(四环 C_nH_{2n-24}型)到多达7个以上芳环缩合的芳烃。其中苯、萘、菲三种化合物含量最多,其主要类型常常不是母体,而是它们的烷基衍生物,如单环芳烃的主要组分不是苯,而是甲苯。

环烷芳烃包含一个或几个缩合芳环,并与饱和环和链烷基稠和在一起,石油中最丰富的是两环(一个芳环和一个饱和环)的茚满和萘满以及它们的甲基衍生物。而石油中最重要的是四环和五环的环烷芳烃,它们大多数与甾、萜类化合物有关,是生物成因标志化合物,其含量及分布特征是研究石油成因,进行油源对比的重要指标。

(五)含氮、硫、氧化合物

石油中普遍含有数量不等的含氮、硫、氧等非烃化合物(nitrogen,sulfur and oxygen compounds)。低—中分子量者主要存在于轻—中馏分内;而高分子量则富集于胶质和沥青质中。

1. 低—中分子量的含氮、硫、氧化合物

(1)含氮化合物:已从石油中鉴定出的氮化物有吡啶(C_5H_5N)类、喹啉($C_{10}H_7N$)、咔唑($C_{12}H_9N$,carbazole)和苯并咔唑($C_{16}H_{11}N$,benzocarbazole)及其烷基衍生物等。含氮化合物常以芳香稠环形式存在,基本有两种结构类型:一是非碱性氮化物,也称中性氮化物即吡咯(C_4H_5N,pyrrole)类型,指咔唑、苯并咔唑、二苯并咔唑及其烷基衍生物;二是碱性氮化物即吡啶类型。原油中吡咯结构类型氮化物含量是吡啶结构类型氮化物含量的1.44~4.26倍(侯读杰等,2001)。原油中的非碱性含氮化合物带有丰富的地质和地球化学信息。近十年来,原油中的低—中分子量含氮化合物的分离和鉴定技术趋于成熟,咔唑类含氮化合物在油气运移研究中发挥了重要的作用。

卟啉(porphyrin)是以四个吡咯环为基本结构,由四个次甲基(—CH=)桥键连接的含氮化合物，称蕾族化合物。在石油中卟啉常与钒、镍等金属元素组成络合物。因此，又称为有机金属化合物，其基本结构与叶绿素结构极为相似。但是，并不是所有石油中都有卟啉，有相当一部分石油中不含或仅含痕量。一般来讲，中、新生代地层中形成的石油，卟啉含量较多，而古生代地层中含量甚低或不含，这可能与卟啉的稳定性差有关。在高温（>250℃）或氧化条件下，卟啉可以发生开环裂解反应而被破坏。此外，石油中的卟啉类型还与沉积环境有密切关系，海相石油富含钒卟啉，而陆相石油富含镍卟啉。

石油中卟啉化合物首先是由 Treibs (1934) 分离鉴定出的（Tissot 和 Welte，1984），主要包括卟啉和脱氧玖红初卟啉，并提出石油中卟啉是植物的叶绿素和动物的氯化血红素转化而来的。随着近代分析技术的发展，高效液相色谱(LC)、气相色谱(GC)、气-质谱(GC－MS)、核磁共振(MR)等使卟啉的研究逐步深入，并发现了多种类型。如 Barwise 和 Whitehead (1980) 发现了 $C_{25}\sim C_{50}$ 以上的卟啉，对石油中卟啉同系物的成因也有了新的认识，其主要生成途径是在沉积作用或早期成岩作用阶段由叶绿素或绿化血红素转化而来，并在早期失去镁和铁。而另一途径可能是在深成阶段由干酪根热降解形成。

(2)含硫化合物：已从石油中鉴定出的硫化物近 100 种，有硫醇(R—SH)、硫醚(R—S—R′)、二硫化物(R—S—S—R′)和噻吩(C_4H_4S，thiophene)类。硫醇具有强烈臭味，对环境污染作用甚大。二硫化物结构与硫醚相似，前者硫桥中有两个硫，而后者仅 1 个硫。噻吩类常与苯环结合，形成苯并噻吩、二苯并噻吩。石油中的含硫化合物能够对勘探和开发设备造成严重的腐蚀。因此，含硫量常作为评价原油质量的一项指标。

(3)含氧化合物：已从石油中鉴定出的氧化物类型包括：与羧酸官能团(—COOH)有关的有机酸如 $C_{1\sim4}$ 的脂肪酸，$C_{5\sim10}$ 的环烷酸，$C_{10\sim15}$ 的类异戊间二烯酸、正构酸和藿烷酸，羟基(—OH)芳烃化合物如酚和萘酚，呋喃(C_4H_4O，furan)衍生物如苯并呋喃和二苯并呋喃，醇(R—OH)、醛(R—CHO)、酮(R—CO—R′)、醚(R—O—R′)以及有混合官能团的多官能团芳香含氧化合物。石油中的含氧化合物分为酸性含氧化合物如羧酸和中性含氧化合物如直链醇类等。

近十年来，利用石油低—中分子量的含氮和含氧化合物在输导层中的吸附和分馏作用研究石油二次运移路径和方向取得了重要进展。Bastow 等 (2002) 研究表明，含氮化合物中的咔唑和含氧化合物中的酚系列化合物随着石油二次运移距离的增加其含量逐渐减少。

2. 高分子量含氮、硫、氧化合物

石油中高分子量的含氮、硫、氧化合物主要富集于胶质和沥青质中，是属于芳香系列和环烷-芳香系列天然高分子量化合物末端成员，为含氮、硫、氧的衍生物。这部分化合物的组成情况研究程度差，其元素的平均组成如表 1－3 所示。

表 1－3 胶质和沥青质的平均元素组成表(质量，%)(据 Tissot 和 Welte，1984)

		C	H	O	S	N	O+S+N	H/C(原子比)
原油	胶质	83.0	10.0	2.0	4.5	0.5	7.0	1.40
	沥青质	83.4	8.1	2.0	5.5	1.5	8.5	1.16
烃源岩	胶质(151)	78.0	9.2	7.2	2.8	0.9	10.9	1.37
	沥青质(175)	74.4	7.5	7.6	3.0	1.7	12.3	1.18

(六)生物标记化合物

生物标记化合物(biomarkers)是指沉积物和石油中来自生物体的原始生化组成,其碳骨架在经历各种地质作用过程后被保存下来的有机化合物。这类化合物也被称为"分子化石(molecular fossils)"、"地球化学化石(geochemistry fossils)"和"指纹化合物(fingerprint compounds)",它们是石油有机成因的最有力的佐证。生物标记化合物来源于陆生植物、海洋和湖泊中浮游生物尤其是藻类和细菌。它们主要是继承了生物体的原生烃和其他类脂化合物的游离分子。石油和烃源岩中所含的生物标记化合物主要来自生物体中的类脂化合物,其重要的类型有正构烷烃、类异戊间二烯烷烃、萜类和甾类化合物以及卟啉化合物等。它们明显不同于干酪根在热降解阶段形成的烃类。

沉积有机质在成岩作用和热降解作用过程中,这些生物标记化合物也将不可避免地要发生化学变化,包括失去不稳定的官能团,加氢还原,异构化和芳构化等作用,以形成热力学上稳定的异构体来适应新的地质环境,即由生物构型转变为地质构型。然而,它们仍然保留了其原始生物母体的基本碳骨架。因此,这种基本结构的稳定性使其具有判明有机质来源以及确定原始沉积环境的作用,又可作为油源对比的重要参数,也可用于油气运移的研究,生物标记化合物的异构体尤其是种类繁多的甾、萜化合物的立体异构型,能够用于追溯有机质所经历的热演化过程,提供有机质热演化程度——成熟度的信息。

三、石油的分类

(一)石油分类的原则和方法

石油分类的目的不同,其原则和方法以及采用的参数也各不相同。石油化学家侧重于各馏分含量及化学组成和物理性质。地球化学家和地质学家则注意原油组成与生油岩及其演化作用的关系。后者有代表性的分类方案是 Tissot 和 Welte(1978)提出的,该分类主要依据石油中各种结构类型烃类化合物中正、异构烷烃(石蜡烃)、环烷烃、芳香烃以及含氮、硫、氧化合物(胶质和沥青质)的含量,也考虑硫的含量。所有数据指常压下,大于 210℃那部分石油馏分的分析数据。

该分类采用三角图解,以正+异构烷烃(石蜡烃)、环烷烃、芳烃+含氮、硫、氧化合物作为三角图解的三个端元。

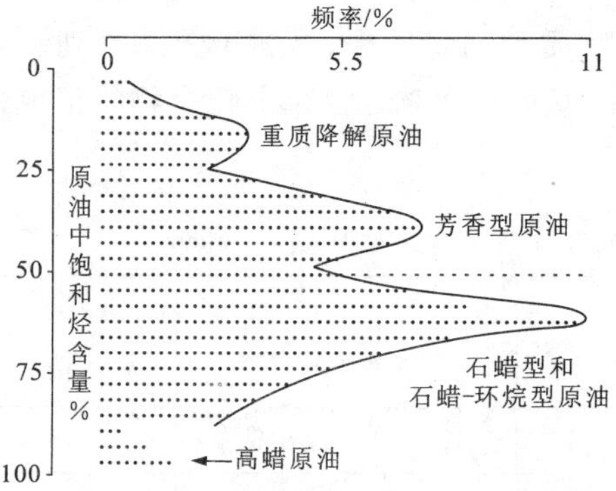

图 1-7 636 个正常和重质降解石油样品中饱和烃的分布图
(据 Tissot 和 Welte, 1984)

(二)Tissot 和 Welte (1984)的石油分类简介

如图 1-7,首先考虑到饱和烃含量对石油性质有重大影响,且饱和烃分布在 50%含量处为两个众数的最小值。可明显地把重质降解石油和芳香-中间型石油与石蜡型、环烷型和石蜡-环烷型石油分开。因此,在图 1-8 中,以饱和烃含量 50%为界把三角图分为两大部分,在饱和烃含量大于 50%的区域内,以石蜡烃和环烷烃含量 40%和石蜡烃与环烷烃含量相等处建立分类界线,将饱和烃>50%区域分为三种基本类型:石蜡型、环烷型和石蜡-环烷型。

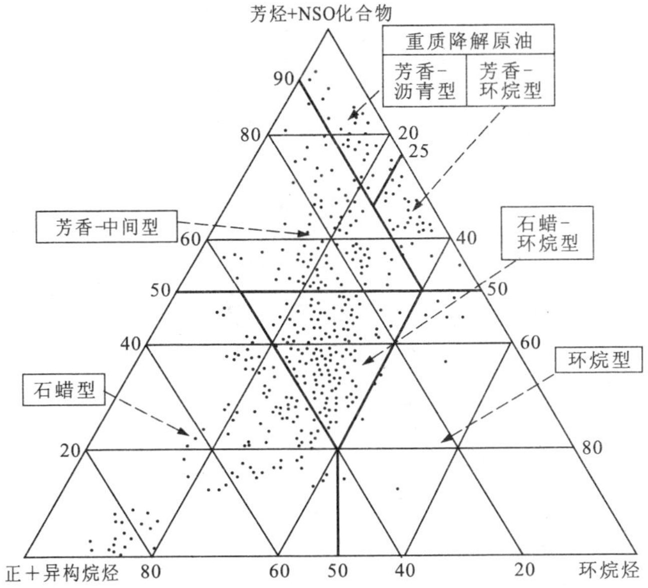

图 1-8 541个油田中6种石油类型的三角图解

(据 Tissot 和 Welte，1978)

在芳烃＋氮、硫、氧化合物大于50％的区域内，以石蜡烃含量10％建立分类界线，将石蜡烃含量＞10％的区域划为芳香-中间型原油，而石蜡烃≤10％为重质降解原油。在重质降解原油中以环烷烃含量25％处建立分类界线，将环烷烃含量＞25％的称芳香-环烷型，而≤25％者称芳香-沥青型。

根据上述原则，可将石油分为6种类型，各类石油在三角图解中的位置及分类参数如图1-8所示。

四、海、陆相石油的基本区别

海、陆相石油特征有着明显的区别，主要区别表现在石油类型、含蜡量、含硫量、钒和镍含量与比值以及碳稳定同位素组成等，具体表现特征如下：

(1)石油类型：海相石油以芳香-中间型和石蜡-环烷型为主，饱和烃占石油的25％～70％，芳烃占总烃的25％～60％。陆相石油以石蜡型为主，部分为石蜡-环烷型，饱和烃占石油的60％～90％，芳烃占总烃的10％～20％。海、陆相石油在石油分类三角图上的分布如图1-9所示。

(2)含蜡量：高含蜡是陆相石油的基本特征之一。世界上高蜡石油都产于陆相地层中(图1-9)。根据分析资料，我国陆相石油含蜡量普遍大于5％，一般为10％～30％，有些可达40％以上。而海相石油含蜡量均小于5％，一般仅0.5％～3％。

(3)含硫量：海相石油一般为高硫石油，特别是海相碳酸盐岩和蒸发岩系中的石油，含硫量更高。而陆相石油一般为低硫石油，但个别盐湖或蒸发岩系中的石油，也可以是高硫石油。高、低硫石油与海、陆相石油在分布上的关系如图1-10所示。

(4)钒和镍含量与比值：海相石油中钒、镍的含量高，且 V/Ni＞1；而陆相石油中的钒、镍的含量较低，且 V/Ni＜1。

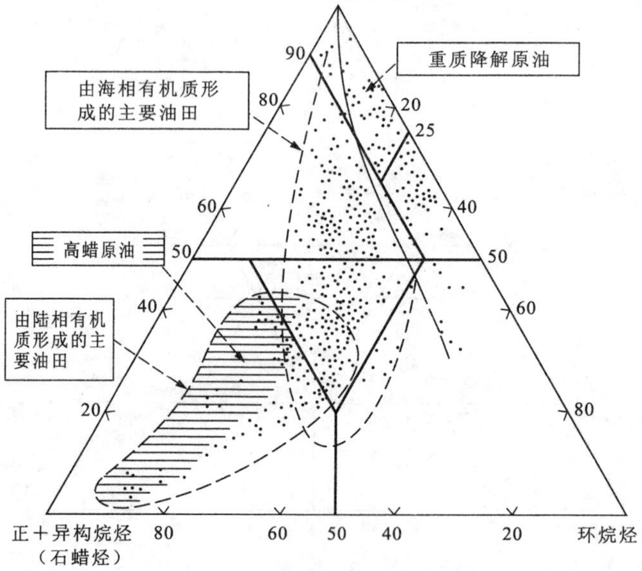

图 1-9 石油组分三角图，表明海、陆相石油产出部位图

（据 Tissot 和 Welte，1984）

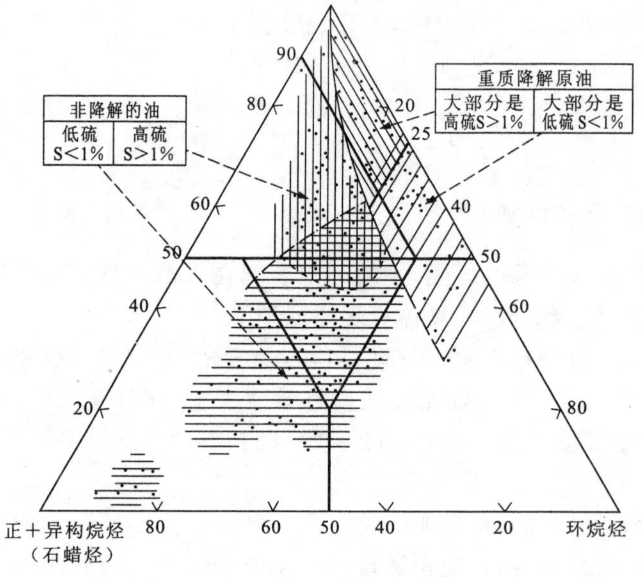

图 1-10 高硫、低硫石油在分类三角图解上的分布图

（据 Tissot 和 Welte，1984）

（5）碳稳定同位素组成：海、陆相石油的碳稳定同位素组成亦有明显的差别。根据廖永胜（1982）统计，挽近系海相石油的 $\delta^{13}C$ 值一般大于 $-27‰$，而陆相石油的 $\delta^{13}C$ 值一般小于 $-29‰$。不同时代海、陆相石油的 $\delta^{13}C$ 界线可以有一定幅度的变化，但两者的差别仍是存在的。

五、凝析油和稠油

(一)凝析油

1. 凝析油的概念

凝析油(condensate)是指在地层特殊温压条件下,液态烃逆蒸发形成的凝析气被开采到地面后,由于温度和压力降低而逆凝结为液态烃即称凝析油,其密度一般小于 0.8g/cm³,胶质和沥青质含量低,通常含蜡量低或不含,但也有含蜡量在 5%～16%的高蜡凝析油。

自 20 世纪 30 年代初在美国发现凝析油气藏以来,目前在许多地区和国家发现了凝析油气藏。如美国、前苏联、加拿大等都发现了较多的凝析油气藏。在天然气中伴有少量的凝析油和轻质油的情况十分普遍,伴生有一定数量的凝析油产出的天然气藏也相当普遍。我国目前已发现的较大的凝析气田是塔里木盆地的柯克亚油气田。从表 1-4 中可知,我国凝析油的产层从古生界到新近系都有分布。据报道,在辽河油田太古代的储层中也产出有凝析油。从产层深度来看,最浅的仅 370m 左右,最深者达 5 000m 以上。从地区来看,几乎我国所有的含油气盆地和地区都有凝析油的分布。虽然发现的多数凝析油田的规模并不大,但通过其研究,对了解共生的天然气的形成有十分重要的意义。

表 1-4　我国凝析油分布简表(据徐永昌,1994 补充)

地区或井号	产出层位	产出深度/m	产出物
苏北黄桥	Ny	370	凝析油
苏北黄桥	D	2 290	凝析油
苏北黄桥	S_2	2 620	凝析油
济阳孤岛	Nm	760～780	凝析油
松辽黎参 1 井	K	1 450	凝析油
准噶尔夏子街	T_2	1 500	凝析油
塔里木柯克亚	Nx	3 200～3 900	凝析油
辽河界 3 井	J_3	2 000	凝析油
四川盆地中坝	T_{2-3}	2 260～3 320	凝析油
四川盆地八角场	J_{1-3}	2 900～3 650	凝析油
东濮文留	Es	2 900	凝析油
黄骅板桥	Es_1	2 970	凝析油
吐哈盆地	J	3 400～4 300	凝析油
泌阳凹陷	Eh_{38}	3 230～3 575	凝析油
南海琼东南	E_{31}	3 500～3 900	凝析油
珠江口盆地	N_1z	2 711～2 726	凝析油
珠江口盆地	E_3z	3 650～3 660	凝析油
鄂尔多斯胜利井	P_1	3 900	凝析油
塔里木沙雅	∈－O	5 300	凝析油

2. 凝析油的成因

凝析油的成因多样,与有机质类型、有机质成熟度、油气运移分馏作用和混合作用等因素有关。海相腐泥型有机母质生成的凝析油,出现在高成熟阶段(镜质体反射率 R_o=1.35%～2.0%)(Tissot 和 Welte,1984);陆相湖盆混合型有机母质生成的凝析油,主要出现在成熟—高成熟阶段(镜质体反射率 R_o=0.7%～2.0%);海陆过渡相及内陆沼泽相煤系地层腐殖型有机母质生成的凝析油，可出现在低成熟阶段（镜质体反射率 R_o＝0.5%～0.7%），也可出现在成熟—高成熟阶段。有机质达到高成熟阶段的热裂解产物。Snowdon 等（1982）认为陆相有机质在低成熟—中等成熟阶段（R_o＝0.50%～1.35%）可形成大量的凝析油及天然气。卢松年和张刚（1994）也认为富含壳质体、树脂体的陆源有机质可在低成熟—中等成熟阶段形成凝析油。陈践发等（1995）把中国的凝析油按母质类型分成三类即海相腐泥型有机质、煤系地层腐殖质有机质和陆相混合型有机质生成的凝析油。

除上述凝析油形成的地质条件外，烃类的运移作用也可以形成凝析油气藏。在垂直运移过程中，下部油藏中的烃类气体和轻质组分，由于扩散或渗透作用，从储层顶部盖层逸出到上部层位。到达上部层位后，如果存在相对更好的盖层时就会聚集形成凝析油气藏。

高蜡凝析油的形成被认为主要与煤系地层中腐殖型烃源岩热演化生烃（如吐哈盆地西部凹陷部分高蜡凝析油田或轻质油田）、运移分馏作用（黄骅坳陷千米桥古潜山高蜡凝析油气田）以及混合作用或气洗作用（如苏北盆地盐城凹陷盐城 1 井区高蜡凝析油藏和塔里木盆地柯克亚凝析油气田）等有关（杨永才和张枝焕，2005）。

3.凝析油化学组成特征

对我国不同类型凝析油中烃类组分分析可知，凝析油一般以饱和烃为主，芳烃含量变化较大，胶质含量低，大部分没有沥青质，不同母质类型形成的凝析油族组成存在差异（表 1－5）。

表 1－5　我国凝析油中烃类组分（据陈践发等，1995）

凝析油的类型	饱和烃/%	芳香烃/%	饱-芳
煤系腐殖质生成的凝析油	76.5～83.9	16.2～23.6	3.2～5.2
陆相混合型有机质生成的凝析油	89.5～93.5	6.5～10.4	8.6～14.5
海相腐泥质生成的凝析油	92.2～94.8	5.2～7.8	11.8～18.2

我国部分凝析油的正构烷烃主峰碳数和最大碳数分布范围比正常原油要窄，碳数分布相对要低，其最大碳数一般大于 nC_{20}，最高可达 nC_{32}。主峰碳一般为 nC_9，最低者为 nC_6，最高者为 nC_{12}（表 1－6）。碳数分布上存在的这种差异一般与母质和成熟度有关。

表 1－6　我国一些凝析油正构烷烃分布特征（据徐永昌，1994 补充）

地区	井号	层位	主峰碳数	最大碳数
东濮凹陷	文 12	Es_2	nC_{12}	nC_{29}
	文 31	Es_4	nC_9	nC_{29}
鄂尔多斯盆地	任 6	P	nC_9	nC_{25}
	兔 1	P	nC_9	nC_{26}
四川盆地	中 24	T*r*	nC_9	nC_{28}
	中 23	T*r*	nC_8	nC_{27}
	川 46	J_1z	nC_{10}	nC_{28}
	川 43	J_1z	nC_9	nC_{29}
济阳坳陷	胜坨 10－8	E	nC_6	nC_{21}
珠江口盆地	番禺 30－1－3	N_1z	nC_9	nC_{31}
	番禺 34－1－1	E_3z	nC_{11}	nC_{32}

我国不同类型的凝析油中姥鲛烷和植烷的含量也具有明显差异。煤系地层腐殖型有机质生成的凝析油其姥鲛烷/植烷(Pr/Ph)相对较高，在2.3～6.8之间，通常该比值都大于3；而海相腐泥型母质生成的凝析油Pr/Ph比值则相对较低，为0.1～1.4，一般小于1；而陆相混合有机质生成的凝析油Pr/Ph比值介于二者之间，为1.4～3.8，但陆相咸水和盐湖环境母质形成的石油，Pr/Ph比值一般小于1。造成这种差异的原因主要是与生成凝析油的母质类型以及源岩的沉积环境有关。煤系地层形成环境为沼泽相，通常为弱氧化环境，在沉积作用过程中有利于姥鲛烷的生成；而海相烃源岩则偏还原环境，在沉积作用过程中有利于植烷的形成；陆相湖泊沉积则为弱氧化－弱还原环境；正是由于这些环境不同而造成Pr/Ph比值明显差异。

凝析油全烃色谱分析表明，其烃类组成也较复杂，碳数分布范围较大，主要成分是C_5～C_{16}范围的链烷烃、环烷烃和芳烃。在凝析油中低碳数烃类的各异构体都比较全，其中C_5有3种开链烷烃异构体，1种环状烷烃异构体；C_6有5种开链烷烃异构体，两种环状烷烃异构体和1种芳烃异构体；C_7有9种开链烷烃异构体，6种环状烷烃异构体和1种芳烃异构体。它们的异构体的数目与烃类理论计算的异构体的数目一致。凝析油低碳数烃类各组分之间含量变化较大，其中相对比较稳定的组分(正构烷烃、环戊烷、甲基环戊烷、环己烷和甲基环己烷)含量均相对较高，而热稳性相对较高的苯和甲苯的含量在不同的凝析油中变化也较大。

(二)稠油

1.稠油的概念及分类

稠油(heavy oil)是相对于原油的黏度而言的，当原油的黏度在100～10 000mPa・s之间时称为稠油。稠油的密度分布在0.935～1.000g/cm^{3}之间，故稠油亦称为重质原油。稠油和沥青是一种分布广泛、资源量巨大的能源。加拿大的稠油和沥青砂油资源最大，约占世界总沥青砂油地质储量的82%。据Deming(2001)估计，全世界稠油资源量可达8 600×10^{8}t。20世纪70年代发生的全球性油价上涨，大大促进了对稠油的研究和开发利用。随着开采技术的进步，稠油已逐渐成为主要的能源之一，可以预计，在未来它将日益突显出其在能源家族中的地位。

1982年2月，第二届国际重质原油(稠油)及沥青砂学术会议讨论制定了重质原油和沥青砂油(沥青)的定义：重质原油是指在原始油藏温度下脱气油黏度由100～10 000mPa・s或者在15.6℃及1atm(1atm=1.013 25×10^{5}Pa)下密度为934～1 000kg/m^3(10°～20°API)的原油；沥青砂油是指在原始油藏温度下脱气油黏度超过10 000mPa・s，或者在15.6℃及1atm下密度大于1 000kg/m^3(<10°API)的石油；此外，在该次会议上，法国石油公司及委内瑞拉能源矿业部对重质原油提出了不同的分类标准。法国石油公司按密度0.935～0.965g/cm^3、0.966～0.993g/cm^3、0.994～1.040g/cm^{3}或者黏度100～1 200mPa・s、8 000～1 500mPa・s、1 300～15 000mPa・s(37.8℃)将重质原油分为Ⅰ、Ⅱ、Ⅲ类，委内瑞拉能源矿业部将密度为0.934～1.000g/cm^3、黏度小于10 000mPa・s划为重质原油(稠油)，密度大于1.000g/cm^3、黏度小于10 000mPa・s划为特重原油(特稠油)，密度大于1.000g/cm^3，且黏度大于10 000mPa・s划为天然沥青(超稠油)。

稠油油质含量相对低，沥青质含量相对低，胶质含量高。我国的稠油密度相对低，黏度相对高。我国将油层温度条件下黏度大于10 000mPa・s的原油称为沥青，黏度在50～10 000mPa・s之间的称为稠油或重油。根据我国稠油的特点有专家建议的分类标准见表1-7。在分类标准中，以原油黏度为第一指标。相对密度为辅助指标，当两个指标发生矛盾时则按黏度进行分类。

表1-7 专家建议的我国稠油分类标准

稠油分类	第一指标	第二指标	开采方式
	油层温度下脱气原油黏度/mPa·s	密度(20℃)	
普通稠油	50*(或100)～10 000 亚类Ⅰ:50*～150*(可以先注水) 亚类Ⅱ:150*～10 000	>0.93	可以先注水
特稠油	10 000～50 000	>0.95	热采
超稠油(天然沥青)	>50 000	>0.98	热采

*指油层条件下原油的黏度。

2.稠油的成因和稠变作用

稠油按其成因可分为原生稠油和次生稠油。次生成因的稠油和沥青是稠油资源的主体，存在少量的原生未熟—低熟稠油。

(1)原生稠油:原生稠油指未遭受过生物降解、水洗、氧化和轻组分散失等作用的稠油。原生稠油的形成主要与生烃母质的生源构成、沉积环境和原油的早期生成等因素有关。生源构成是指形成原生稠油的生烃母质多以低等水生生物为主,如藻类、细菌等,这类有机质中不仅含有丰富的类脂物,具有早期生烃的特点,还含有较丰富的胶质、沥青质类生物有机大分子,胶质、沥青质类化合物均为含氮、硫、氧等杂原子的化合物,组成复杂,分子量较高。由于原生稠油主要形成于有机质演化的未熟—低成熟阶段,有机质热演化程度低,因此化学组成保留了较多的胶质、沥青质类化合物,原油的高密度特点主要与高胶质和沥青质含量有关。据傅家谟等(1985)、王铁冠等(1995、1997)和彭平安等(1998)的研究,江汉盆地潜江凹陷上始新统潜江组稠油为高硫未熟—低熟稠油即富硫有机大分子早期降解生烃,形成于富含硫酸盐的沉积环境,这种环境有利于富硫有机大分子(包括胶质、沥青质、Ⅱ—S型干酪根)的形成。富硫有机大分子中的S—S和S—C键较易断裂,因此可以在早期低温降解生烃,所生成的原油具有高密度、高含硫量及高胶质+沥青质的特点。彭平安等(1998)的研究认为江汉盆地产出的高硫未成熟原油的沥青质与高硫烃源岩中可溶有机质的沥青质结构相似,而未成熟原油的某些有机组成与高硫干酪根的热解产物有明显差别,并指出盐湖沉积环境产出的高硫未成熟原油来自高硫烃源岩中的分散沥青,而非来自高硫干酪根。济阳坳陷罗家—垦西地区原生高硫稠油也被研究认为主要来自烃源岩中的可溶有机质,而非干酪根早期低温降解成因的低熟油(宋一涛等,2007)。

我国已发现的原生稠油主要为膏盐环境形成的高硫稠油,典型实例为江汉盆地潜江凹陷的高硫稠油,并基本上属于未熟—低熟油。不同的沉积环境及地质背景下,盐度不同的沉积环境均可以形成原生稠油。已有的研究资料表明,较咸化的环境及膏盐沉积环境是原生稠油形成的有利环境,其他环境也可能形成原生稠油。济阳坳陷东营凹陷牛庄洼陷始新统沙四上段的半咸-咸水环境,惠民凹陷阳信洼陷火成岩分布区始新统沙三下段微咸-半咸水环境发现的原生稠油属于藻类有机质成因的低熟油,其地质背景为火成岩分布区,是火山岩浆引起的地温场及特殊的运移、聚集条件形成的低熟油,其原油密度为0.958 3g/cm^3,但含硫量较低,只有0.55%;南襄盆地泌阳凹陷始新统蒸发岩环境核桃园组二段所产原生稠油密度为0.941 6g/cm^3,胶质+沥青质含量为68.06%,含硫量为0.74%,属藻类和细菌成因的未熟油。

(2)次生稠油:石油经初次运移和二次运移进入圈闭形成油气藏以及之后的地质过程中,

使其变稠和变重的各种地质作用称稠变作用。稠变作用过程可分为运移阶段和成藏后的保存阶段，有些稠油可以是两个阶段连续的稠变作用过程的结果，也可以是多期稠变作用过程的结果。稠变作用因素主要是水洗、生物降解、氧化和轻组分散失等作用。这些稠变作用因素常常是同时发生的。

次生稠油可由正常液态原油经稠变作用形成，也可由原生稠油叠加稠变作用而加剧其稠化，所有原油经过次生改造都可以成为次生稠油。原油在储集层中，经过水洗、生物降解、轻组分损失和无机氧化作用等一种或几种过程而发生降解（Tissot 和 Welte，1984），造成原油中轻质端成员减少，链烷烃和低分子量的烷烃基本损失，使稳定的氮、硫、氧化合物及其衍生物、多环芳烃富集，胶质和沥青质的含量增加。在有些情况下通过厌氧细菌的作用，从硫化物中分离出来的硫与烃类反应，增加了原油中硫的含量和重组分的丰度。

实验研究表明，微生物的生存温度可达80℃左右，最具活性的温度介于25～65℃（关德师等，1997）。从地表至地下1 500m的深度范围内厌氧细菌都可以生存而对原油产生降解作用。生物降解作用使原油通过与储层中的细菌发生作用从而导致正、异构烷烃以及环烷烃和芳烃依次受到破坏和消失。生物降解作用是次生稠油的一种主要成因。在原油稠变过程中，其不同系列化合物抵抗微生物降解的能力不同，原油中饱和烃降解的大体顺序为正构烷烃→双环萜→类异戊二烯烷烃→藿烷（25-降藿烷形成）/甾烷→25-降藿烷或藿烷→重排甾烷→三芳甾烃→卟啉（Wenger 等，2002；Peters 等，2005）。加拿大的阿尔伯达盆地下白垩统稠油是生物降解成因的一个典型实例。二连盆地斜坡带和隆起高部位也广泛分布着生物降解成因为主的次生稠油，稠油黏度500mPa·s到大于50 000mPa·s（方杰等，2002）。南襄盆地泌阳凹陷北部缓坡带上埋深浅于1 000m的正常原油和原生稠油遭受了程度不同的生物降解，形成了降解程度不同的次生稠油。

水洗作用通过水的活动，将原油中轻质成分带走，从而使原油变稠。水洗作用大致有两种类型：一是通过断层或不整合面导致浅层淡水淋滤，这种类型往往与轻组分挥发作用、生物降解作用和氧化作用相伴生；二是油藏底部地层水内部循环系统的活动，可带走油藏底部原油的轻质成分，该种油藏具备一定厚度的稠油垫。这两种特征在济阳坳陷的罗家地区有此类典型的油藏。

3. 稠油的化学组成特征

由于原生稠油未遭受过生物降解等次生作用，正构烷烃、类异戊二烯烷烃、甾类、萜类及芳烃类生物标志物均未遭受次生破坏而保存完好，因此可以按照常规方法开展其有机地化特征和油源对比研究。原生稠油与次生稠油在化学组成上最显而易见的差别是原生稠油保持了完整的正构烷烃系列分布（C_{13}～C_{35}）和类异戊二烯烷烃系列分布（iC_{15}～iC_{21}）。次生稠油的正构烷烃、类异戊二烯烷烃则由于次生作用不同而发生程度不同的损失，在较严重生物降解稠油中正构烷烃以及类异戊二烯烷烃将全部损失。

不难看出，原生稠油与次生稠油的本质差异在于成藏后是否经过次生改造，如果原生稠油也经过了次生改造，将变得更稠。济阳坳陷罗家地区始新统沙四段稠油就是这种类型的原生—次生混合型稠油。

稠油与常规轻质原油相比主要有以下特点：

（1）黏度高、密度大、流动性差。

（2）稠油中轻质组分含量低，而胶质、沥青质含量高。表1-8列出了国内外几个油田的稠油组分。

表 1-8 国内外若干地区稠油组分对比表

国家	油田	原油相对密度	组分组成/%		
			油质	胶质	沥青质
中国	辽河高升	0.933～0.960	52.07	45.4	3.3
	东营孤岛	0.936～0.995	48.30	38.4	6.8
	泌阳杨楼	0.934～0.993	60.00	34.6	5.4
加拿大	Athabaska	1.105	43.49	23.39	18.0
	Cold Lake	0.994	53.57	28.32	15.0
	Peace River	1.026	50.00	30.50	19.5
马达加斯加	Bemolanga	0.990	41.00	33.00	16.0

(3)稠油黏度对温度敏感，随着温度的降低其黏度显著增大，这是稠油热采的主要机理。温度每增高 10℃，其黏度降低一半。

六、石油的物理性质

石油具有极其复杂的化学成分和物理常数。因此，从总体上认识石油的物理性质，对了解石油及进行石油地质研究和评价石油的工业品质都是必不可少的。石油的主要物理性质如下。

1. 颜色

在透射光下石油的颜色可以是无色、淡黄、浅黄、褐黄、深褐、浅红、棕、黑绿及黑色。石油颜色的深浅主要取决于胶质和沥青质的含量，胶质和沥青质含量愈高，则颜色愈深。

2. 密度和相对密度

石油的密度定义为单位体积石油的质量($\rho_o = M_o/V_o$，$\times 10^3\,kg/m^3$)。单位体积石油的质量与密度的关系可表示为 $W_o = \rho_o g$，石油的质量和 4℃时同体积纯水的质量比值，叫石油的密度。

地表石油的相对密度，在我国和前苏联是指在 1atm 下，20℃石油和 4℃纯水的密度比值，用 d_4^{20} 表示。欧美各国则以 1atm 下，60°F 石油与 4℃纯水的密度比值。但在商业上则常以 API 度，它与 60°F 石油的相对密度的关系可用下式换算

$$\text{API 度} = \frac{141.5}{60°\text{F 时相对密度}} - 131.5 \tag{1-1}$$

石油的相对密度一般介于 0.75～0.98(58°～12°API)之间。通常把相对密度 0.93～0.98(20°～12°API)的石油称为重质原油，0.9～0.93(25°～20°API)之间的称中质原油，小于 0.9 的称轻质原油，凝析油的相对密度一般介于 0.7～0.8 之间(45°～70°API)。相对密度大于0.98(或大于 1.0)的石油称超重油(超稠油)或天然沥青。

石油的相对密度主要取决于其化学组成。就烷烃而言，相对密度随碳数的增加而变大。碳数相同的烃类，相对密度烷烃小，芳烃大，环烷烃居中。与胶体和沥青质相比，烃类的相对密度较小。上述各种情况，就其实质都是与含氢量有关，相对密度与含氢量有明显的相关性。

地下石油的相对密度还与油中溶解气量、压力、温度等因素有关，溶解气量多则相对密度小。在其他条件不变时，相对密度随温度增加而减少，随压力增加而增大。

3. 黏度

石油黏度是指石油流动时分子之间相对运动所引起的内摩擦力。黏度大则流动性差，反之，则流动性好。黏度参数对了解油气运移、进行油井动态分析以及石油储运都有重要的参考价值。黏度分为动力黏度、运动黏度和相对黏度。通常讲的原油黏度是指动力黏度。

动力黏度又称绝对黏度(μ)。在国际计量单位 SI 制中，单位为帕·秒(Pa·s)。其定义为：$\mu=K\cdot F\cdot \Delta P/Q\cdot L$，即 K 为 $1m^2$，F 为 $1m^2$，ΔP 为 1Pa，Q 为 $1m^3/s$，L 为 1m 时，则 μ 为 1Pa·s。1Pa·s 相当于 CGS 制中 10 泊[P，1P(泊)＝100cP(厘泊)]，1Pa·s＝10^3mPa·s，1mPa·s＝1cP。在 10^5Pa 和 20℃时，水的动力黏度为 1mPa·s。不同温度下的动力黏度，常用 η_t 表示。

运动黏度为动力黏度/密度，其单位称每秒二次方米(m^2/s，$1m^2/s=10^4cm^2/s=10^6mm^2/s$)，不同温度下的运动黏度用 υ_t 表示。

相对黏度又称恩氏黏度，指在恩氏黏度计中，200ml 石油与 20℃时的同体积蒸馏水通过直径为 2.8mm 细管流出时间之比(蒸馏水流出时间 51±1s)，常用 E_t 表示。根据实验室测定的 E_t 值，可以通过查换算表，获得运动黏度，并可计算出动力黏度。

黏度大小主要取决于石油的化学组成。分子小的烷烃、环烷烃含量多，黏度就低；而石蜡、胶质、沥青质含量高，黏度就高。当黏度大于 10Pa·s 时的烃类资源都划入天然沥青类。

黏度随温度升高、溶解气量和轻组分增加而降低，随压力增加而增大。原油黏度变化较大，一般在 1～100mPa·s 之间，黏度超过 100mPa·s 的原油称稠油，稠油由于流动性差而开发难度增加，在埋深 1 500m 以下，石油的黏度值比地表小得多。一般来说，原油黏度大密度也大。

4. 溶解性

石油能不同程度溶解于许多溶剂中，如正己烷(C_6H_{14})、苯(C_6H_6)、乙醇(C_2H_5OH)、乙醚($C_2H_5OC_2H_5$)以及氯仿($CHCl_3$)、二氯甲烷(CH_2Cl_2)、二硫化碳(CS_2)、四氯化碳(CCl_4)等。利用不同溶剂对原油的溶解特性可开展原油和烃源岩可溶有机质的族分和化合物分离。

石油在水中的溶解度很低，就纯化合物而言，芳烃的溶解度最大，苯可以达到 0.178%；环烷烃次之，一般为 0.001 4%～0.015%；烷烃最低，仅百万分之几到百万分之几十。当水中饱和二氧化碳和烃气时，石油的溶解度将明显增加。石油在水中的溶解性对认识石油初次运移时可能存在的相态有重要意义。

5. 凝固和液化

石油失去流动能力的最高温度称凝固点，而液化与此正相反。石油的凝固和液化温度没有固定的数值，在凝固和液化之间可以出现中间状态。

富含沥青质的石油随着温度降低逐渐变稠而无明显凝固现象，但富含石蜡的石油在温度下降到结蜡点时(低于石蜡的熔点温度 37～76℃)，则伴随石蜡结晶析出而出现凝固现象。石油凝固点的高低与含蜡量及烷烃碳原子数具正相关性，低凝固点的石油为优质石油，凝固点高的石油容易使井底结蜡，给采油工作带来麻烦。在石油输送中凝固点也是必须考虑的重要指标。根据凝固点的高低，可将石油分为高凝油(≥40℃)、常规油(－10～40℃)和低凝油(<－10℃)三类。

我国多数油田产出的正常原油含蜡量较高，一般在 10%～35%之间。大庆油田含蜡量为 20%～30%，松辽南部油田为 16%～34%，南阳油田为 10%～68%，胜利油田为 12%～25%，川北大安寨油田为10%～30%，克拉玛依油田为0.1%～36%；相应的原油凝固点为：大庆油田25～30℃，松辽南部油田12～57℃，南阳油田3～67℃，胜利油田20～35℃，川北大安寨油田5～40℃，克拉玛依油田－30～52℃。

6.导电性

石油及其产品具有极高的电阻率。石油的电阻率为$10^9 \sim 10^{16}\Omega \cdot m$，与油气田水的电阻率$0.02 \sim 0.1\Omega \cdot m$和沉积岩的电阻率$1 \sim 10^4\Omega \cdot m$相比，可视为无限大及非导体。

7.荧光性

石油在紫外光照射下可产生荧光的特性，即石油的荧光性。石油中只有不饱和烃及其衍生物具有荧光性。这是因为它们能吸收紫外光中波长较短、能量较高的光子，随后放出波长较长而能量较低的可见光即荧光，饱和烃不发荧光。

荧光颜色随不饱和烃的浓度及分子量增加而加深。芳烃呈天蓝色，胶质为黄色，沥青质为褐色。利用石油具有发荧光的特性，可以用紫外灯鉴定岩石中微量石油和沥青类物质的存在。在有机溶剂中只要含有10^{-5}单位沥青物质即可被发现。

8.旋光性

大多数石油具有将偏振光的振动面旋转一定角度的能力，即石油的旋光性。石油旋转偏光面的角度一般为几分之一度到几度之间。绝大多数石油都能使偏光面向右旋转称右旋，仅有少数为左旋。旋光角可用旋光仪测定。

石油的旋光性是与其含有结构不对称的生物标志化合物，尤其是四环甾烷和五环三萜烷等有关。因此，旋光性被认为是石油有机成因的证据之一。

9.热值

石油的热值即单位体积或单位质量石油的发热量(单位：1kcal ＝ 4.186 8kJ)。1kg石油燃烧时可产生10 000～11 000kJ热量；石油中碳、氢两元素一般占95%～99%，1kg碳燃烧时放出8 000kJ热量，而1kg氢燃烧时放出的热量是碳的4倍以上，可达34 200kJ热量；由于石油的含氢量比煤高，发热量相对也高，是优质燃料。

10.界面现象

石油在含水的多孔岩石中的存在状态，除受其饱和度影响外，主要受各种流体之间及流体与固体之间的各种界面现象的制约，了解这些界面现象对理解许多石油地质过程非常重要。

界面现象主要包括：表面自由能、表面张力、界面张力、黏附力、内聚力、润湿性、润湿角和毛细管半径。而且流体与岩层的关系可用毛细现象加以解释。各种界面现象和毛细现象都是由分子间的吸引力所引起的。界面现象的有关问题，将在油层物理学中作进一步讲述。

第二节　天然气

一、天然气的概念和产状

(一)天然气的概念

广义的天然气(natural gas)是指存在于自然界的一切气体。根据其存在环境，Соколов(1971)将天然气分为8类：大气、地表沉积物中气、沉积岩中的气、海洋中溶解气、变质岩中气、岩浆岩中气、地幔排出气、宇宙气。

狭义的天然气即石油天然气地质学主要研究的天然气，仅限于地壳上部存在的各种天然气体，重点研究有工业价值的聚集型、分散型和非常规的烃类气体和非烃类气体。

(二)天然气的产状

地壳中的天然气，依其存在的相态可以分为游离态、溶解态、吸附态和天然气-水合物；依其形成的地质条件和成藏要素可分为常规气和非常规气；常规气主要指聚集型气包括气藏气、气顶气和凝析气；分散型气主要包括油溶气、水溶气和天然气-水合物；非常规气依其成因和分布特征可分为盆地中心气(深盆气、致密储层气)、煤层气、页岩裂缝气和浅层生物气；依其与石油产出的关系可分为伴生气和非伴生气。

1.聚集型天然气

游离气是常规气藏中天然气存在的基本形式，大规模的游离烃气或非烃气的聚集可被有效地开发和利用。聚集型的以烃类为主的气体可以是气藏气、气顶气和凝析气。

气藏气：是指圈闭中具有一定工业价值的单独天然气聚集，特别是巨大的非伴生气藏(田)气，是研究的重点。有些气藏气也可以存在于油气田中，在垂向与横向上与油藏或油气藏保持一定的联系。

气顶气：是指与油共存于油气藏呈游离态存在于油气藏顶部的天然气。这种天然气不仅在分布上，而且在成因上与石油都有密切联系。它的基本特点是：重烃气(C_2^+烃态气)含量多数大于5%，个别可高于甲烷，但也有重烃气小于5%的。重烃气含量多少在很大程度上取决于石油的组成和密度。

凝析气：是一种特殊的气藏气。在地下较高温度、压力条件下，凝析油因逆蒸发作用而气化，呈单一气相存在，故称凝析气。采出后因地表温度、压力降低，因逆凝结作用呈液态产出，与凝析气藏中的天然气分离。这种含有凝析油的气藏，称为凝析油气藏，或称为凝析气藏。

2.分散型天然气

分散型天然气主要以油溶气、水溶气和天然气水合物赋存。

油溶气：任一油藏内总会溶有数量不等的天然气，每吨油溶气的数量少则几到几十立方米，多则可达数百到上千立方米。采油时分离出的天然气应可收集起来回注于油藏或作燃料和化工原料。

水溶气：水溶气富集程度受地下温度、压力、水的矿化度、二氧化碳含量和储层水数量等因素控制；水溶气的主要成分为甲烷，含有少量的二氧化碳、氮气，有时还含有乙烷和丙烷等重烃组分以及稀有气体。水溶气包括低压水溶气和高压地热型水溶气；低压水溶气的含气量一般在1～5m^3/t，个别可达5m^3/t以上。这种水溶气一般不单独开采，但可以综合利用；高压地热水中含气量较高，特别是在异常高压带以下的地下水中，含气量特别高。以乌克兰刻赤半岛为例，3 000m深度的地下水中含气量平均为5m^3/t；3 000～4 000m深度为7m^3/t；4 000～5 000m深度为19m^3/t，个别井在25～45m^3/t以上，其中方塔夫5号井和10号井为150～200m^3/t。美国墨西哥湾沿岸的异常高压带以下的高压水溶气亦很丰富，估计储量可达$8.5\times10^{12}m^3$。高压水溶气在降低压力的条件下，出现强烈排气作用。水溶气资源丰富，据估计全球水溶气资源总量在$(n\times10^3\sim n\times10^4)\times10^{12}m^3$。开发水溶气，尤其是异常高压带的水溶气以及与地热的综合利用，是很有价值的。

天然气-水合物(natural gas hydrates)：天然气-水合物是固态的结晶化合物。在这种化合物中，水的冰晶体格架扩展为包括天然气分子的晶体。主要有两种基本单位：较小的单位晶胞中含有46个水分子和8个甲烷分子，这种较小晶格也可含有C_2H_6、H_2S、CO_2等气体分子；较大的单位晶胞中含有136个水分子和8个丙烷或丁烷气体分子，甚至更大的异丁烷和戊烷也可进入冰的晶体格架形成天然气-水合物。气体分子的大小及其形成的天然气-水合物的气/水的比率如图1-11所示。

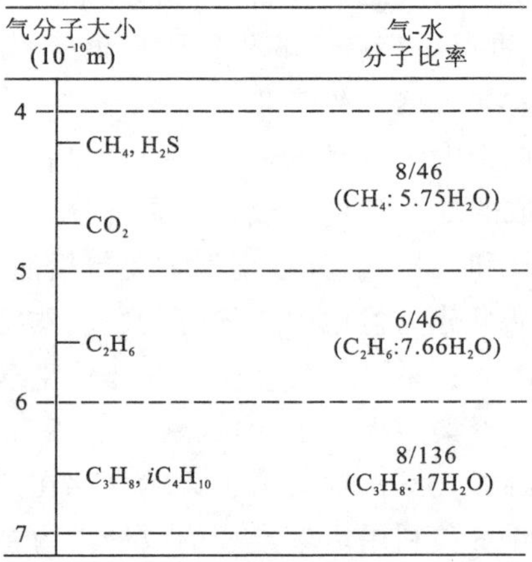

图1-11 天然气-水合物中容纳的气体分子及气/水分子比率关系

(据 Hunt，1979)

在标准温度、压力条件下，每立方米天然气-水合物会含有近60～164m^3甲烷。这就不难理解，在同样的储气空间，天然气-水合物为什么能储集更多的烃类气体。

天然气-水合物是在特殊温度和压力条件下形成的，其形成时要求压力的增加要比温度的增加快得多(图1-12)。在大多数沉积盆地中，随着埋深的增加和地层压力的增加远不能在地层温度条件下形成和保持天然气-水合物。一般达21～27℃时，天然气-水合物将被全部分解。因此，天然气-水合物主要分布在冻土、极地和深海沉积物分布区。据前苏联学者估计，仅西伯利亚的天然气-水合物中，天然气的储量即可达$15\times10^{12}m^3$。

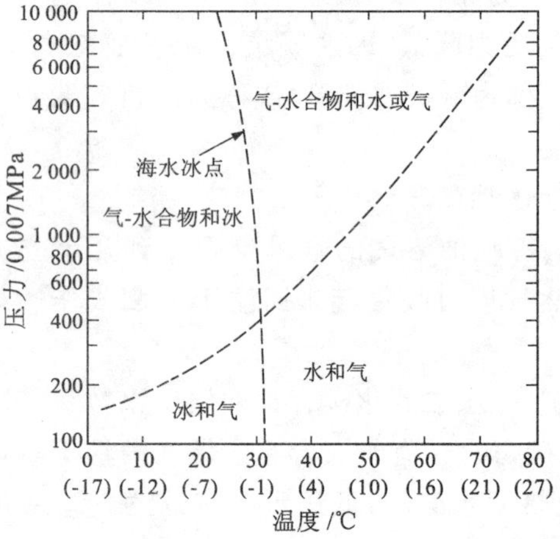

图1-12 海水与甲烷形成气-水合物的相图

(据 Katz 等，1959)

上述分散型天然气都是低品位资源，规模不大时，没有开采价值。当达到一定规模后，即可开发利用。由于技术问题，目前天然气-水合物仍不具经济开发价值。

3. 非常规天然气

非常规天然气目前主要指盆地中心气(深盆气、致密储层气)、煤层气、页岩裂缝气和浅层生物气。除浅层生物气外，这类天然气实际上是介于分散型和聚集型之间的过渡类型气。2002年AAPG期刊出版的非常规天然气系统研究专集介绍了非常规天然气的富集规律和成藏机理方面的研究成果。这类天然气系统的成藏机理、条件和过程往往有别于常规天然气系统，储集层为低孔低渗致密砂岩、煤层和裂缝性泥岩。除浅层生物气外，一般含气品位相对较低，但有时储量规模非常大。这类天然气资源如盆地中心气、煤层气和页岩裂缝气已显现出有相当大的勘探潜力。因此，非常规含气系统的研究和开发利用已得到了广泛的重视和加强。

盆地中心气(basin - centered gas)：指聚集在盆地翼部和深部低孔渗致密储层中的热成因气，也称深盆气或致密储层气。盆地中心气(系统)常常与构造圈闭无关，储集体为低孔渗致密储层，大面积连续分布，天然气运聚与浮力驱动无关，储气体可由气-水两相界面的毛细管压力封闭或物性和岩性封闭，无常规意义上的溢出点，缺少底水，气藏压力往往为高压或者低压。

在美国,盆地中心气系统的产气量已占其年产气量的 15%;我国鄂尔多斯盆地该类型的非常规天然气储量规模巨大。

煤层气(coalbed gas):指煤层中储集的以吸附甲烷为主的天然气,煤矿中将该天然气俗称瓦斯。其含量因煤层的变质程度和顶底板的透气性不同有很大差异,一般含气量变化在 0.1～$20m^3/t$ 之间。美国 1976 年开始加快煤层气的勘探和开发利用,2005 年产量约达 $500\times10^8 m^3$;20 世纪 80 年代以来,世界许多国家煤层气的勘探和开发速度加快,据估计全球的煤层气总资源量约为 $260\times10^{12} m^3$,2005 年世界煤层气产量约达 $1\ 000\times10^8 m^3$,相当于当年世界总产气量的 3.6%。煤层气系统与常规天然气系统在气源岩、储集层、气体储存、运移聚集机理等方面均有差别。

页岩裂缝气(fractured shale gas):指页岩裂缝和孔隙系统中的生物气和热解气,它可以是有机和无机颗粒表面的吸附气,也可以是裂缝和孔隙中的游离气,有时与油相伴生。页岩裂缝气系统天然气富集条件有其明显的特殊性,如存在富含有机质的页岩,并发育有大量天然裂缝,页岩本身既是烃源岩又是储集层,气层属裂缝-岩性型储集系统。

浅层生物气(shallow biogenic gas):一般指埋深小于 1 000m 的沉积物或烃源岩中的有机质在未成熟阶段由厌氧细菌作用形成的以生物甲烷为主的天然气。据估计,浅层生物气约占全球天然气资源量的 20%(Rice,1993),可能达到 25%或更高。其气源岩和储层时代变化大,气藏分布在浅海大陆架、河流和三角洲以及盆地周边的多种沉积环境中。美国的墨西哥湾和阿拉斯加的库克湾是重要的生物气田区。俄罗斯的西西伯利亚盆地的生物气和热解气有世界 1/3 的天然气资源。中国也有浅层生物气藏和气田发现,如柴达木盆地第四系生物气田,渤海湾盆地浅层生物气藏,济阳坳陷始新统—渐新统沙河街组地层中的生物气聚集和云南曲靖—陆良盆地新近系浅层生物气藏等。

4.伴生气和非伴生气

天然气产出依其与油藏分布的关系,可分为伴生气和非伴生气。

凡是在油藏范围内与油藏分布有密切关系的气顶气、油溶气以及油藏之间或油藏上、下方的气藏气,都称为伴生气。而那些与油藏分布没有明显联系或仅有少量石油存在,但没有重要的工业价值,而气藏又十分巨大和重要的气藏气,都称为非伴生气。根据成因含义,亦可将那些在成油过程伴生形成的天然气称为伴生气,而煤系有机质或未成熟和过成熟有机质形成的天然气称非伴生气;因为,后一类成气过程没有或仅形成少量石油。随着天然气勘探的进展,非伴生气对伴生气的优势已日益显著,在探明储量中非伴生气约占 75%。

二、天然气的化学组成

地壳中天然气产出的形式各种各样,其化学成分也有较大差别。下面着重介绍纯气藏(田)及油气藏中天然气的化学组成。

(一)概述

气(油)藏中天然气的主要成分是烃类,通常甲烷占优势,并有数量不等的重烃气(C_2^+)。但在某些石油伴生气(气顶气和油溶气)中,重烃气含量可以超过甲烷。非烃气在绝大多数气藏气中为次要组成,但在某些气藏中可以成为主要组成,形成 N_2 气藏、CO_2 气藏、H_2S 气藏等。常见的非烃气除上述的 N_2、CO_2、H_2S 外,还有 CO、SO_2、H_2、Hg 等以及痕量到微量的惰性气体包括氦(He)、氖(Ne)、氩(Ar)、氪(Kr)、氙(Xe)、氡(Rn)。

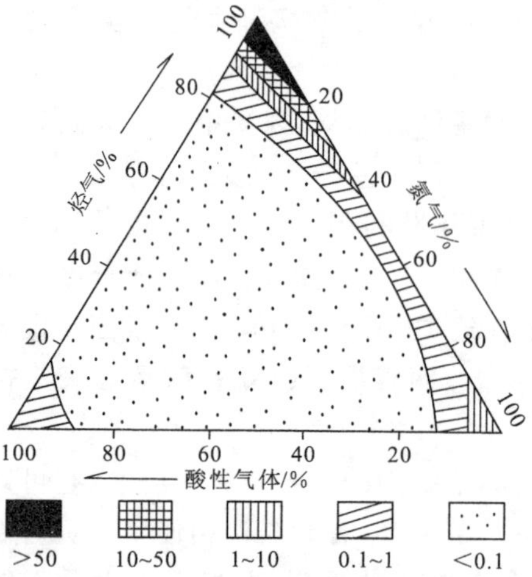

图 1-13 世界气藏气化学组成图

（据 Воронов、Тихониров 等，1976）

Воронов Тихониров 等根据世界上不同时代、不同构造单元的 2 000 个气藏，1 500 次分析数据，将烃气、氮气和酸性气体作为端元绘制成气藏气化学组成三角图（图 1-13）。

从图 1-13 可知，绝大多数气藏气的成分以烃类为主，烃气含量高于 80％的气藏约占气藏总数的 85％以上。氮气为主的气藏仅占百分之几。CO_2和 H_2S 为主要成分的酸性气体气藏为数甚少，低于 1％，其中著名的有美国科罗拉多州韦尔登 CO_2气田（含量达 92％）、广东三水盆地的沙头圩 CO_2气田（含量高达 99.53％）、加拿大阿尔伯达潘塞河区泥盆系 H_2S 气藏（含量达 88％）以及河北省晋县凹陷赵兰庄构造孔一段 H_2S 气藏（含量达 92％）。

（二）烃类组成

天然气的烃类组成一般以甲烷为主，重烃气为次。重烃气以 C_2H_6和 C_3H_8最为常见，含量亦高，$\geqslant C_4$较少见。在多数情况下，含量随碳数增加而减少，但在有些气藏中可见 C_3H_8、C_4H_{10}异常高值现象。重烃气中 $C_4 \sim C_7$除正、异构烷烃外，有时还有少到微量环烷烃和芳烃。本书按照天然气地质学方面较多文献采用的基本含义，即 $C_2^+ > 5\%$称湿气，$C_2^+ < 5\%$称干气。典型湿气、干气烃类组成如表 1-9 所示。

表 1-9 典型湿气、干气烃类组成表（引自陈荣书等，1986）

	天然气组成（体积％）						资料来源
	CH_4	C_2H_6	C_3H_8	C_4H_{10}	$>C_5H_{12}$	非烃	
典型湿气	84.6	6.4	5.3	2.6	1.1		（Heron，1964；Tiratsoo，1979）
典型干气	96.0	2.0	0.6	0.3	1.1		

（三）非烃组成

气藏气中常见的非烃气有 N_2、CO_2、H_2S、H_2、CO、SO_2、Hg 蒸气及惰性气体，有时还含有少量氮、硫、氧化合物。非烃气的含量一般小于 10％，但亦有少量非烃气的含量超过 10％，极少数是以非烃气为主的气藏，如 N_2气藏，CO_2气藏、H_2S 气藏。

除上述外，还有痕量到微量的稀有气体，如氦（He）、氖（Ne）、氩（Ar）、氪（Kr）、氙（Xe）、氡（Rn）等惰性气体，它们在沉积圈中含量较低，不能单独形成气藏，而常与其他气体共存于气藏中，少部分则溶于石油及地层水中。在泉水中的微量稀有气体具有医疗价值，但要使稀有气体作为气藏来开采，必须具有相当大的浓度，而且数量相当大时，才有经济价值。

三、天然气的物理性质

在常温、常压下以气态存在的烃类有甲烷、乙烷、丙烷、丁烷及异丁烷，非烃类有氢气、氮气、二氧化碳、硫化氢和惰性气体。在地下较高温、高压条件下，$C_4 \sim C_7$ 烷烃及分环烷烃、芳烃以及有机硫化物亦可以呈气态存在。天然气中常见组分的基本物理常数如表 1－10 所示。

（一）天然气的基本物理性质

1. 分子大小

天然气分子大小的测定数据大多为近似值，表 1－11 列出了若干天然气分子与液态、固态烃类和非烃类杂环化合物分子的近似长度。

表 1－10　常见天然气组成的基本物理常数（据陈荣书，1994 修改）

化合物	分子量	沸点 (10^5 Pa) /℃	蒸气压力 /10^5 Pa	凝固点 /℃	临界温度 /℃	临界压力 /MPa	气体相对密度 (10^5 Pa，15.55℃) ($\rho_{空}=1$)	理想气体密度 (10^5 Pa，15.55℃) /kg/m^3
甲烷	16.043	−161.49	340.228	−182.48	−82.57	4.544	0.553 9	0.677 3
乙烷	30.070	−86.60	54.436	−183.23	32.27	4.816	1.038 2	1.269 3
丙烷	44.097	−42.04	12.929	−187.69	96.67	4.194	1.522 5	1.861 4
丁烷	58.124	−0.50	3.511	−138.36	152.03	3.747	2.0068	2.453 5
异丁烷	58.124	−11.72	4.913	−159.61	134.94	3.600	2.006 8	2.453 5
戊烷	72.151	36.07	1.059	−129.73	196.50	3.325	2.491 1	3.045 4
异戊烷	72.151	27.88	1.390	−159.91	187.28	3.337	2.491 1	3.045 4
新戊烷	72.151	9.50	2.433	−16.57	160.63	3.157	2. 491 1	3.045 4
已烷	86.178	68.73	0.337	−95.32	234.28	2.973	2.975 3	3.637 4
庚烷	100.205	98.43	0.110	−90.58	267.11	2.700	3.459 6	4.229 9
环戊烷	70.135	49.25	0.675	−93.84	238.60	4.449	2.421 5	2.960 4
环已烷	84.162	80.72	0.222	6.54	286.39	4.022	2.905 7	3.552 6
苯	78.114	80.09	0.219	5.53	289.01	4.834	2.696 9	3.297 4
甲苯	92.141	110.63	0.0702	−94.97	318.64	4.055	3.181 2	3.889 1
二氧化碳	40.010	−78.50	—	—	31.06	7.288	1.519 5	1.857 7
硫化氢	34.076	−60.33	26.810	−82.89	100.39	8.887	1.176 5	1.438 0
氮气	28.013	−195.78	—	−210.00	−146.89	3.355	1.967 2	1.182 2

表 1－11　石油、天然气中代表性化合物分子的长度（据 Hunt，1979）

化合物	甲烷	二氧化碳	乙烷	丙烷异丁烷	正烷烃	杂环化合物	沥青质
长度/10^{-10} m	4.2	4.7	5.5	6.5	4.2～40	15～30	>50

天然气分子近似的有效直径一般比长度要小，有效直径相当于最小长度。若干天然气分子、水、液-固态烃类和非烃类分子的有效直径见表 1－12。

表 1-12 天然气、水以及液-固态烃类和非烃类化合物分子的有效直径数据表(据 Tissot 和 Welte,1978)

分　子	有效直径/10^{-10}m	分　子	有效直径/10^{-10}m	分　子	有效直径/10^{-10}m
He	2.0	CO_2	3.3	正烷烃	4.8
H_2	2.3	N_2	3.4	环烷烃	5.4
Ar	2.9	CH_4	3.8	杂环化合物	10～30
H_2O	3.2	C_6H_6	4.7	沥青质	50～100

从表 1-11 和表 1-12 中可以看出,天然气分子的长度和有效直径均比组成石油的液态、固态烃类和非烃杂环化合物分子要小得多,这种特性对气体运移和保存将有明显的影响。

2. 表观分子量

天然气是多组分混合气体,因此天然气的分子量称表观分子量,可用下式求得:

$$M_g = \sum_{i=1}^{n} Y_i M_i \text{ 或 } M_g = \frac{1}{\sum_{i=1}^{n} \frac{G_i}{M_i}} \tag{1-2}$$

式中:M_g为气体混合物的表观分子量;Y_i、M_i分别为i气体组分的摩尔分数和分子量;G_i为i气体组分的重量百分比。

3. 密度和相对密度

天然气的密度定义为单位体积气体的质量,可用$\rho_g = M_g/V_g$表示。地下天然气的密度需考虑气层温压条件下天然气的体积,也可用状态方程导出:

$$pv = ZnRT, \rho_g = \frac{pM_g}{ZRT} \tag{1-3}$$

$$\rho_g = 0.119\ 657\ 1 \frac{M_g p}{ZT}$$

式中:M_g为表观分子量;Z为压缩因子(可利用对应态定律,查诺莫图求得);p为气层压力,MPa;T为气层绝对温度,K。

在标准大气压(1.013×10^5 Pa)和 15.55℃条件下,地表天然气的各组分密度为甲烷 0.677 3kg/m³至丁烷 2.453 5kg/m³。天然气混合物的密度一般为 0.7～0.75kg/m³,而石油伴生气特别是油溶气,最高可达 1.5kg/m³,甚至更大些。天然气的密度随重烃含量尤其是高碳数的重烃含量以及CO_2和H_2S含量的增加而增大。在地表 1m³天然气的质量通常相当于 1L 汽油的质量。天然气液化后,体积缩小 1 000 倍,故在天然气与原油储、产量换算中,常采用1 000m³气相当 1m³原油或 1 120m³气相当于 1t 油,其利用价值也大致相当(这是就气、油价值当量而言,而不是 1m³原油可以生成 1 000m³烃气)。

在地层条件下,地下天然气的密度远大于地表温压条件下的密度,一般可达 150～250kg/m³;凝析气的密度最大可达 225～450kg/m³。

天然气的相对密度一般是指相同压力、温度(如 1.013×10^5 Pa,15.55℃或 1.013×10^5 Pa,20℃)条件下,天然气密度与空气密度的比值。即

$$r_g = \frac{\rho_g}{\rho_a} = \frac{M_g}{\rho_a} = \frac{M_g}{28.97} \tag{1-4}$$

天然气中烃类各组分的相对密度为甲烷 0.553 9 至丁烷 2.006 8,烃气混合物一般在 0.56～1.0 之间,随重烃及CO_2、H_2S含量增加而增大。

4.溶解度

天然气能不同程度地溶于水和石油两类不同溶剂中，天然气和水是属于不易互溶的气-液系统，一般常用亨利定律表示。而天然气和石油具较强的互溶能力，用亨利定律表示偏差较大。

(1)在水中的溶解度：天然气在水中的溶解度常用亨利公式表示：

$$Q=C\cdot p \tag{1-5}$$

式中：Q 为溶解度，表示单位容积中溶解的气体体积，m^3/m^3；C 为溶解系数或亨利系数，$10^{-5}m^3/m^3\cdot Pa$；p 为气体压力(对混合气体计算各组分的溶解度时，为该组分的分压)。

亨利定律为一线性方程，溶解度与溶解系数及压力乘积成正比。不同成分的气体其溶解系数有相当大的差别。在标准大气压和20℃下，天然气中常见组分在纯水中的溶解系数如表1-13所示。

表1-13　常见的天然气组分在纯水中的溶解系数(1.013×10^5 Pa,20℃)

天然气组分	甲烷	乙烷	丙烷	丁烷	异丁烷	二氧化碳	硫化氢	氮气
溶解系数($10^{-5}m^3/m^3\cdot Pa$)	0.033	0.047	0.037	0.036	0.025	0.87	2.58	0.016

天然气在水中的溶解系数很大程度上还取决于气体组分和水互溶能力以及温度和含盐量，而同一组分分则取决于温度和含盐量。

此外，烃气在水中的溶解度还与CO_2含量有关，当地层水被CO_2饱和时，烃气溶解度明显增加。

(2)在石油中的溶解度：天然气在石油中的溶解度指在地层温、压条件下液态原油中所溶解的，并在温、压降低后析出的气体数量，常用$V_{气}/V_{油}$(单位为m^3/m^3)表示。天然气与石油具有互溶关系，溶解系数比在水中大得多。在标准状态下(1.013×10^5Pa,0℃)，甲烷在石油中的溶解系数为0.3，比甲烷在水中的溶解系数大9倍。

天然气在石油中溶解度的影响因素很多，其中主要是地层温度、压力、天然气的组成和原油轻组分含量。当地温一定时，压力上升，气体溶解度增加，直到饱和点压力为止。在高压下，石油可溶解数百倍自身体积的天然气。天然气的溶解度随地层温度升高而降低，随烃气碳数增加而增大，重烃气含量越高则溶解度越大。在相同温压条件下，低碳数烃含量高的轻质原油比重质原油溶解天然气的能力强得多。

5.黏度

天然气的黏度是测量天然气抵抗流动能力的一种量度，常用的是动力黏度(μ)，即绝对黏度。

天然气黏度是研究天然气运移、开发和集输的一个重要参数。获得天然气黏度的可靠途径是实验测定，把实验结果与有关参数绘制成关系图表，可用来计算天然气的黏度。如果已知在给定压力和温度条件下天然气的成分分析和各纯气体黏度时，混合气体黏度还可用下式计算：

$$\mu_g=\frac{\sum_{i=1}^{n}\mu_iY_iM_i^{\frac{1}{2}}}{\sum_{i=1}^{n}Y_iM_i^{\frac{1}{2}}} \tag{1-6}$$

天然气的黏度很小，在地表常压、20℃时，只有$(1\sim n)\times10^{-2}$mPa·s，比水(1mPa·s)和

油($(1\sim n)\times10^{-2}$ mPa·s)低得多。天然气黏度与压力、温度和气体成分等有关。在接近常压条件下,黏度与压力无关,随温度增加而增大,随分子量增加而减小;而在较高压力下,黏度随压力增加而增大,随温度升高而减小,随分子量增加而增大。此外,天然气黏度随非烃气含量增加而增大。

6.吸附作用

分子引力使岩石颗粒对天然气有一定的吸附能力,但吸附的数值不大。在标准状况下,砂岩和黏土对烃气的吸附值如表1-14所示。从该表中可知,岩石对甲烷的吸附值最低,对烷烃的吸附值随碳数增加而增加,但比液态烃要低得多。

表1-14 岩石对气态烃吸附值(据 Кулищ,1953)

气体	岩石	压力/MPa	吸附含量/$cm^3\cdot kg^{-1}$
甲烷	砂岩 黏土	0.91 1.02	29.6 71.8
丙烷	砂岩 黏土	0.98 0.97	600.6 1 012.9
丁烷	砂岩 黏土	1.06 0.92	1 152.3 1 643.9

7.热值

每立方米天然气或每千克天然气燃烧时释放出的热量称热值,单位为 kJ/m^3。烃气含氢量高,燃烧充分,具有高热值(表1-15),是洁净的优质燃料。

表1-15 天然气中烃类的热值(据美国天然气工程手册,1959)

烃类气体	热值(发热量)			
	kJ/m^3(净值)	kJ/kg(净值)	kJ/m^3(全值)	kJ/kg(全值)
甲烷	34 037.80	47 541.96	37 811.48	52 812.96
乙烷	60 937.25	45 162.10	66 618.44	49 371.20
丙烷	87 915.42	44 054.17	95 537.50	47 873.33
丁烷	115 863.04	43 368.15	125 876.35	47 116.44

(二)烃类气、液的相态

1.烃气纯物质的相态

对于气藏气的各组分来讲,甲烷的临界温度为-82.57℃,乙烷为32.27℃。因此,它们在地下除溶于石油外,均呈气态存在。丙烷临界温度为96.67℃,在低于该温度时且适当压力下可液化。因此,丙烷及碳数更高的烷烃在地下大多以液态存在,仅有少量与甲、乙烷呈气态存在,或溶于石油,或溶于水。

图1-14为丙烷两相系统等温的压力(p)-体积(V)关系图。图中 K 为临界点,所代表的温度和压力为临界温度和临界压力。对于烃类纯物质,临界温度可定义为:高于该温度时,无论压力多大,气体仍不可液化。同理,临界压力可定义为:高于此压力时,无论温度如何,液体

和气体不会共存。此种临界性质不适用多组分烃气系统。图中 B 为泡点，是液体中第一个气泡逸出的点；A 点为露点，是气体中第一个液滴形成的点；泡点的轨迹为泡点线，露点的轨迹为露点线，并在临界点重合。泡点线和露点线范围及图中虚线范围为气、液两相共存区。

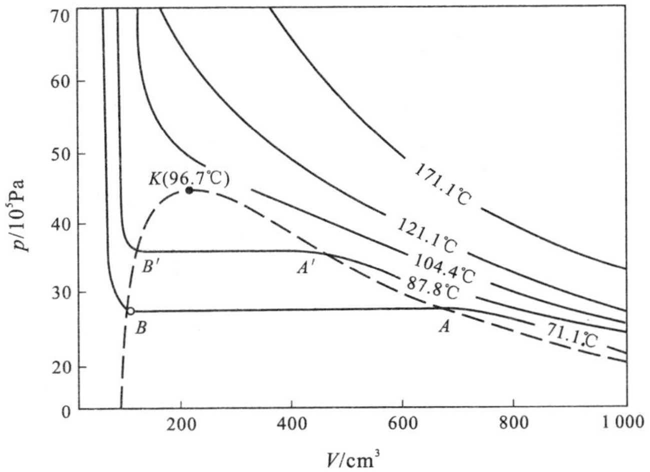

图 1-14　丙烷两相系统等温的 $p-V$ 关系图

从图 1-14 中可看出，在温度一定时如沿 71.1℃等温线，气态丙烷的体积随压力增加而缩小，到达露点 A 后，压力不变而体积继续缩小，直到泡点 B 后，压力增大但体积变化甚微，A 点为开始液化的点，$A-B$ 为气液两相共存区间，B 点为完全液化点，$A-B$ 等压缩小体积的压力为饱和蒸汽压，其大小取决于温度。随着物系温度升高，等压缩小体积的 $A-B$ 线段逐渐缩短，直到成为一点即临界点 K。

2. 多组分烃类相态及凝析气藏

多组分烃类物系相图与烃类纯物质的相图不同，图 1-15 为多组分烃类物系相态图，图中 K 点为临界点且为露点线和泡点线的交汇点。K_1 点为临界凝析温度点即不管压力多大，凡高于此温度便不能形成液体。K_2 点为临界凝析压力点即不管温度高低，凡高于此压力便不能形成气体。K_1 和 K_2 点分别代表该物系的最高温度和最高压力。反转凝析区即出现在 K_1 和 K_2 之间，等温反转凝析区介于 K 和 K_1 之间，等压反转凝析区介于 K 和 K_2 之间。1 区为纯液相区（即仅含有欠饱和溶解气的纯油藏区），2 区为凝析气藏分布区，3 区为纯气藏分布区。长虚线为泡点线，短虚线为露点线，它们所围区域为气液两相共存区。当地下油气藏的温度处于 K_1 和 K_2 之间时，多组分烃类物系可出现逆凝结和逆蒸发现象，如图 1-15 中某等温线 B_1-B_3，从 B_1 到 B_2 点，随压力增大液相增加，达到 B_2 点后，随压力增大液相反而减少（气相增加），到 B_3 点为露点线上的点，此时液相几乎完全消

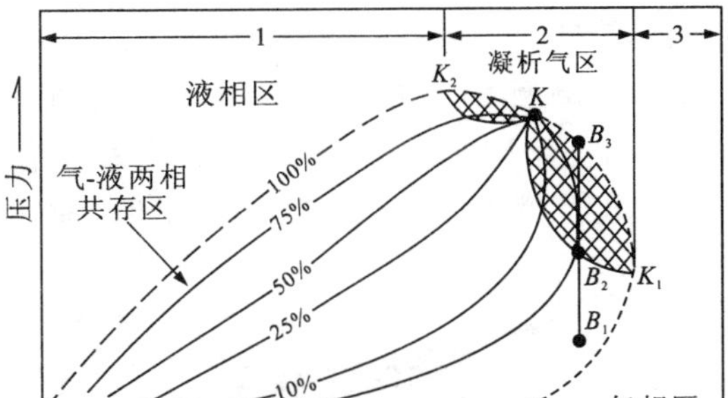

图 1-15　多组分烃类物系相态图

失。等温线 B_2 到 B_3 点随压力增加的相态转变过程与正常蒸发概念完全相反，称为逆蒸发。反之，从 B_3 到 B_2 点随压力减小的相态转变过程与正常凝结现象亦反向，称为逆凝结。凝析气（油）藏的形成正是在特殊温压条件下的逆蒸发（逆凝结）相态转变的结果。

第三节　油气田水

任一个油气藏的流体系统中，油气田水都是不可缺少的组成部分，并以不同的形式与油气共存于地下岩石的孔、洞、缝系统内。油气田水的形成及其运动规律始终与油气的生成、运聚以及油气藏的形成、保存和破坏有着密切的联系。在油气藏形成的整个地史过程中，油气田水长期与油气相伴生，使其通常与非油气田水和地表水有着明显的差别，而在油气藏的开发中也要研究和利用油气田水。因此，油气田水化学和水动力学即油气田水文地质学的研究，对于油气勘探和开发有着十分重要的意义。另外，油气田水的研究对于治理污染和控制地面沉降以及环境保护，对于工业提取有用矿物质和医疗等方面也有非常重要的应用价值。

一、油气田水的概念及产状

（一）油气田水的概念

所谓油气田水（oil and gas field water），从广义上理解，是指油气田区域内的地下水，包括油气层水和非油气层水。狭义的油气田水是指油气田范围内直接与油气层连通的地下水，即油气层水。对于这两者的关系，Collins（1980，林文庄和王秉忱 1984 年译）曾作过如下论述：“油气田水包括油气田内的盐水和各种水，但限定它作为与含油气层相连通的水。”

（二）油气田水的产状

狭义的油气田水即油气层水的产状可根据水与油、气分布的相对位置，分为底水和边水。底水是指含油（气）外边界范围以内直接与油（气）相接触，并从底下托着油、气的油气层水。边水是指含油（气）外边界以外的油气层水，实际上是底水的外延。

在油气田范围内的非油气层水，可根据它们与油气层的相对位置，分别称为上层水、夹层水和下层水。

油气田范围内地下水即油气层水和非油气层水与油气层分布的关系如图 1－16 所示。

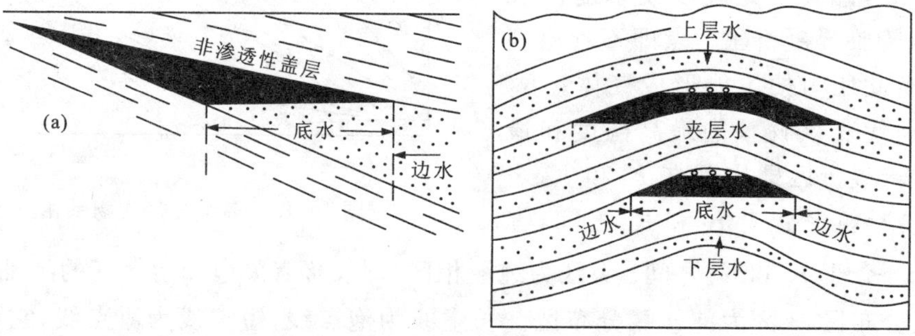

图 1－16　油气田水与油气藏在分布上的相互关系

（引自潘钟祥等，1986，据 Levorsen，1954 补充）

（a）上倾尖灭型岩性油气藏中的油气田水；（b）背斜型油气藏中的油气田水

油气田水存在于储集层的孔隙-裂缝系统中，水在其中的产状受孔隙-裂缝的大小及岩石颗粒表面的吸附作用所控制。按照水在其中的存在状态，可分为：气态水、吸附水、毛细管水和自由水4种。气态水充满在未被水饱和的岩石孔隙中，通过蒸发和凝结作用与液态水相互转化，它对岩石中的水分配有一定的影响；吸附水呈薄膜状被岩石颗粒表面所吸附，在一般温、压下不能自由移动；毛细管水存在于毛细管孔隙-裂缝中，当作用于水的外力超过毛细管力时才能运动；一般来讲，微毛细管（束缚孔隙）中的束缚水在地层压力条件是不能流动的；自由水也叫重力水，存在于超毛细管孔、洞和缝中，在重力作用下能自由流动。

二、油气田水的来源及形成

（一）油气田水的来源

油气田水的来源极为复杂，一般认为有以下4种：①沉积水；②渗入水；③转化水；④深成水。

沉积水：指沉积物堆积过程中保存在其中的水。这种水的盐度和化学组成与沉积物沉积时的古海（湖）水的盐度和沉积物的成分有密切的关系。因此，不同沉积环境下形成的油气田水的矿化度、离子组成和微量元素有着明显差别。

渗入水：来源于大气降雨时渗入到地下孔隙、渗透性岩层中的水。由于渗入水的矿化度低，对高矿化度的地下水可以起淡化作用，淡化作用在靠近不整合面的油气田水中表现得特别明显。

转化水：指在沉积物成岩作用和烃类生成过程中，黏土矿物转化脱出的层间水，有机质向烃类转化分解出的水，这种转化主要控制因素是温度，并伴随着离子交换反应和水-岩相互作用。

深成水：又称内生水，指岩浆游离出来的初生水（原生水）和岩石变质作用过程伴生脱出的变质水。

（二）油气田水的形成

油气田水的形成是十分复杂的过程，国内外学者提出的主要成因有沉积成因说、有机成因说、渗滤成因说和原生成因说。油气田水可以看作由沉积水、渗入水、转化水和深成水的某一种为主或它们以不同比例混合而形成的水。一般认为油气田水主要起源于沉积水和转化水，也有少部分来自渗入水和深成水。这里仅简要讨论沉积水在油气田水形成过程中的物理化学作用。

海相或陆相沉积作用将沉积水和沉积物一起埋藏下来后，由于沉积物的早期压实、脱水作用，大部分沉积水被排出，只有少部分水与沉积物一起被埋藏到更大的深度，形成沉积岩中的孔隙水。Collins（1975）称这部分水为成岩水。由于地下温度、压力的增加，孔隙水除了经历封闭和浓缩作用以外，岩石中的可溶物质在水中的溶解度增加，并发生离子交换作用，使水中的矿化度升高，离子组成发生改变。因此，在大多数情况下，油气田水的矿化度比沉积水的矿化度要高，甚至高得多。但当地表水渗入较活跃时，亦可能低于沉积水的矿化度，但这种情况不利于油气藏的保存。

各种矿物在水中溶解度不同，常见的矿物按溶解度从低到高的次序为：硅酸盐和二氧化硅→碳酸盐→硫酸盐→氯化物。氯化物具有最大的溶解度，在水溶液中最稳定。因此，地下深处油气田水中，溶解度较低的矿物沉淀后，水中氯化物的浓度却不断增加。

在油气田水形成过程中水和油气的相互作用，使得油气田水具有一般地下水中不常见的组分，即烃类及其衍生物。

三、油气田水的化学组成及矿化度

油气田水的化学组成和矿化度取决于它的成因以及它进入地下环境中所发生的变化。油气田水由于来源及形成过程中各种物理、化学作用的差异性，其化学组成和矿化度有相当大的差别。

（一）油气田水的化学组成

油气田水的化学组成，实质上是指溶于油气田水的溶质的化学组成，现已发现有 60 多种元素，它包括无机组成、有机组成、溶解气等。

1. 无机组成

油气田水的无机组成包括常量组分和微量组分。在常规水分析资料中，常用 Na^+（包括 K^+）、Ca^+、Mg^{2+} 和 Cl^-、SO_4^{2-}、HCO_3^-（包括 CO_3^{2-}）6 个阳、阴离子，代表大量无机组成。

微量组成有几十种元素，常见的有碘（I）、溴（Br）、硼（B）、钡（Ba）、锶（Sr）、铵（NH_4^+）、氟（F）、铁（Fe）、锂（Li）、铝（Al）、铜（Cu）、银（Ag）、锡（Sn）、钒（V）等，其中有些组合特征，异常值或比值，能反映油气田水的起源、沉积环境、水的浓缩程度以及水文地质的封闭性。如氯化钙型和高溴（Br）值能指示封闭的沉积环境，硼（B）的富集与水文地质的封闭性有关，钡（Ba）和锶（Sr）的含量和比值可反映油气田水来源于大陆淡水还是海水。

2. 有机组成

油气田水中常见的有机组分有烃类、酚和有机酸。

油气层水中的烃类有气态烃（$C_{1\sim4}$烃类）和液态烃。而非油气层水中常只含少量甲烷。重烃含量可用甲烷系数（CH_4/总烃）或干燥系数（$CH_4/\sum C_2^+$烃）表示。

油气层水中苯系化合物含量高，一般可达 0.01～1.58mg/L，最多可达 5～6mg/L，且甲苯/苯比值一般在 0.5～1.6 之间；非油气层水中苯系化合物含量低，且甲苯/苯比值小于 0.5。

酚在油气层水中含量较高，一般大于 0.1mg/L，最高可达 10～15mg/L，且以邻甲酚和甲酚为主；非油气层水中的含量低，且以苯酚为主。图 1－17 为前苏联某凝析气田的产层和非产层苯、酚含量分布对比图。

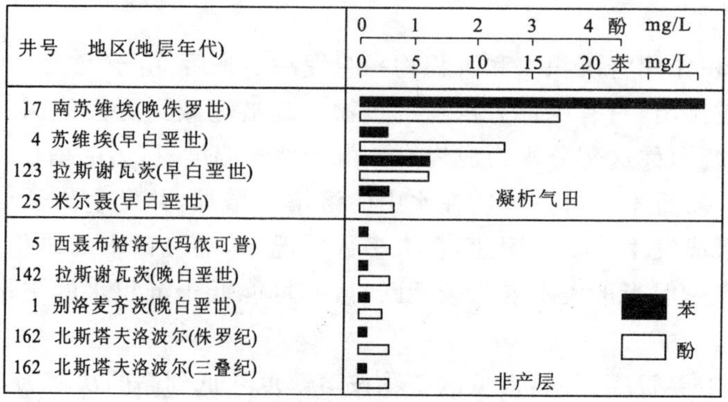

图 1－17　前苏联某凝析气田的产层和非产层苯、酚含量分布对比图

（据 Вepeто，1977）

油气田水中常含数量不等的稠环芳香烃、环烷酸、脂肪酸和氨基酸等。稠环芳香烃是石油的组成部分，具有比烷烃更高的溶解度，在油气田水中常有较高的含量(翟光明、高维亮，2005)；环烷酸是石油环烷烃的衍生物，是油气田水中常见的有机组成，常可作为找油的重要的水化学标志。

3.溶解气

油气田水中常见的气体成分除气态烃外，还有 O_2、H_2、CO_2、H_2S、He 等。

(二)油气田水的矿化度及分布

矿化度是指单位体积油气田水中溶解固体物质的总和。固体物质一般指上述代表大量无机组成的 6 种离子的含量。

离子浓度指某种离子在单位体积油气田水中的含量。尤其是 Cl^- 的浓度较稳定，因为氯含量不受氧化—还原作用和离子吸附交换作用的影响。Cl^- 浓度与矿化度具正相关性，可作为一个独立的变量。

Collins(1980，林文庄和王秉忱 1984 年译)认为：70%的海相石油与矿化度大于 100g/L 的卤水有关，另外 30%与矿化度小于 100g/L 的卤、盐水-咸水有关，部分油气田水的矿化度接近于淡水。

陆相油气田水的矿化度一般较低，但变化较大。根据我国陆相油气田水的资料，矿化度一般低于 50g/L，以低于 10g/L 的占优势，更低的仅 1.0g/L 左右，高于 50g/L 的仅占少数，但与陆相蒸发盐岩有关的油气田水的矿化度最高可达 340g/L(江汉盆地古近系地层水)。

四、油气田水的类型

油气田水分类问题实际上应包括：①油气田水化学标志及其与非油气田水的区别；②不同类型的油气田水的特征及区别。自 1911 年美国 Palmer 提出第一个油田水分类开始，到目前的近 100 年来，虽然对油田水分类方案作过多次修改和补充，但实质上都是以 $Na^+(K^+)$、Mg^+、Ca^{2+} 和 Cl^-、SO_4^{2-}、HCO_3^- 含量及其组合关系作为分类基础。在各种分类方案中，以 Sulin(Щулин，1946)分类较为简明，不仅在前苏联，而且在欧、美和我国广泛应用。因此，这里着重介绍 Sulin 分类。

Sulin 认为，天然水就其形成环境而言，主要是大陆水和海水两大类。大陆水含盐度低(一般小于 500mg/L)，其化学成分具有 $Ca^{2+}>Na^+>Mg^{2+}$，$HCO_3^->SO_4^{2-}>Cl^-$ 的相互关系，且 $Na^+>Cl^-$，即 Na^+/Cl^-(当量比)>1。海水的含盐度高(一般约为 35.000mg/L)，其化学组成具有 $Na^+>Mg^{2+}>Ca^{2+}$，$Cl^->SO_4^{2-}>HCO_3^-$，且 $Cl^->Na^+$(即 $Na^+/Cl^-<1$)的特点。

大陆淡水中以重碳酸钠型占优势，并含有硫酸钠型，而海水中不存在硫酸钠型。

Sulin 就是根据上述认识，以 Na^+/Cl^-，$(Na^+-Cl^-)/SO_4^{2-}$ 和 $(Cl^--Na^+)/Mg^{2+}$ 这 3 个成因系数，把天然水划分为 4 种基本类型(图 1-18 和表 1-16)。

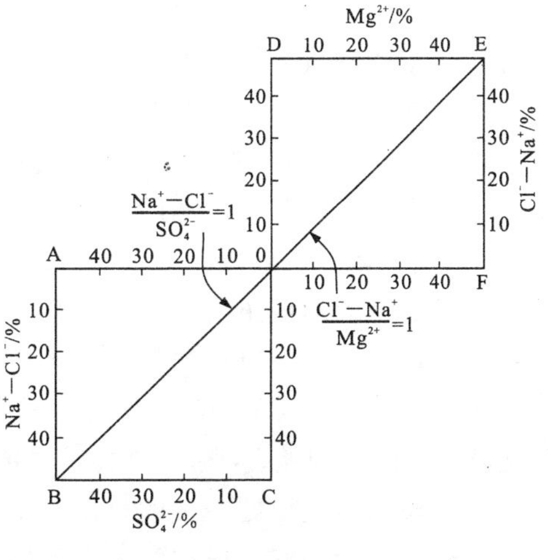

图 1-18 天然水成因分类

(据 Щулин，1946)

表 1-16 Sulin 的天然水成因分类表（据 Щулин，1946）

水的类型		成因系数（浓度比）		
		Na^+/Cl^-	$(Na^+-Cl^-)/SO_4^{2-}$	$(Cl^--Na^+)/Mg^{2+}$
大陆水	硫酸钠型	>1	<1	<0
	重碳酸钠型	>1	>1	<0
海水	氯化镁型	<1	<0	<1
深层水	氯化钙型	<1	<0	>1

Sulin 认为，裸露的地质构造中的地下水可能属于硫酸钠型，与地表大气降水隔绝的封闭水则多属于氯化钙型，两者之间的过渡带有氯化镁型。在油气田剖面上部地段以重碳酸钠型为主，随着埋深增加，过渡为氯化镁型，最后成为氯化钙型。有时，重碳酸钠型直接被氯化钙型所代替，缺失过渡型。油气田水的水化学类型以氯化钙型和重碳酸钠型常见，硫酸钠型和氯化镁型较为罕见。

随着油气勘探进展，对油气田水的地球化学研究逐步深入，发现 Sulin 对于大量无机组分阴、阳离子的组合顺序的认识过于简单，同时缺少作为区分油气田水和非油气田水的特征参数。提出的比较普遍的改进的分类意见是把矿化度和阴、阳离子组合作为油气田水化学分类的基础，再根据油气田水的特征参数或标志，区分油气田水和非油气田水。但提出的分类方案大多过于复杂，应用不便而未能被普遍接受。

第四节 油气显示

一、油气显示的概念

（一）定义

油气显示（oil and gas shows）是指石油、天然气及石油沥青矿物在地表的天然露头和钻井的人工露头。钻井过程中所遇到的各种含油、气显示，主要有油气流、烃源岩和含油气及含沥青岩石等。需要指出的是钻井过程中钻遇的油气流、含油气岩石和烃源岩是人工露头的显示。钻井过程中的油气显示研究对于油气层或油气藏（田）的发现十分重要，钻井过程中各种关于油气显示的观察和录井研究必须高度重视，按规范认真完成。

油气显示按其相态可分气态、液态和固态 3 类。按观察和分析方法可分为显微显示、间接显示以及宏观直接显示。本节主要讨论天然露头的宏观直接的油气显示。

（二）油气显示的形成

油气显示的形成主要与下列 3 类情况有关。

1. 与地下油气藏有关的显示

地下油气藏中的石油和天然气可沿断裂面、不整合面、岩层层面、裂隙、节理、刺穿岩体周围等运移通道溢出到地表（图 1-19）。与此有关的显示主要有油气苗和石油沥青以及泥火山等。

2. 与含油岩层出露有关的显示

导致这类含油气层出露的主要原因是地壳抬升剥蚀，或是河流的侵蚀切割，也可以是断层的错断上升（图 1-20）。

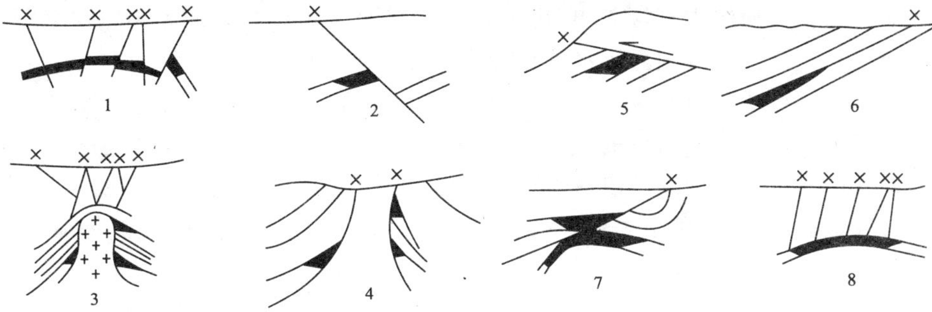

图 1-19　与地下油气藏有关的油气显示图

（据 Соклов 图修改，转引自潘钟祥等，1986）

1～4. 与断裂破坏和刺穿现象有关的油气显示；5～7. 与不整合有关的油气显示；

8. 与裂隙带、孔隙带有关的油气显示；×为油气显示地表出露点

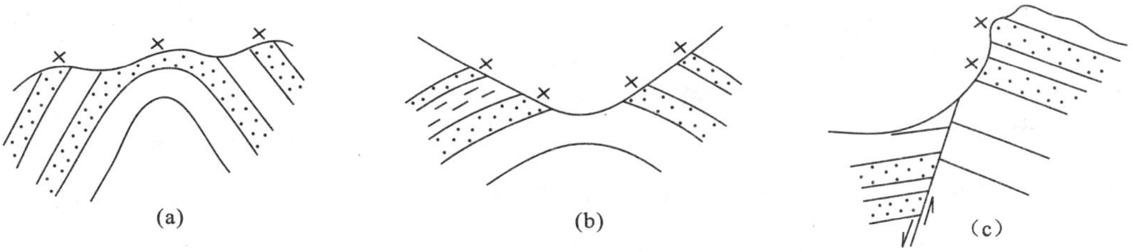

图 1-20　含油气岩层出露地表的三种可能性

（据潘钟祥，1986 补充）

(a)因抬升剥蚀而暴露；(b)因侵蚀而暴露；(c)因错断而暴露；×为油气显示地表出露点

3. 与生油层共生的显示

生油层本身亦可含油或储油，如泥岩裂缝含油或油侵，灰岩中的晶洞油苗等。美国犹他州云塔盆地的绿河页岩所生成的沥青脉及相邻的沥青砂岩就是典型实例之一（图 1-21）。

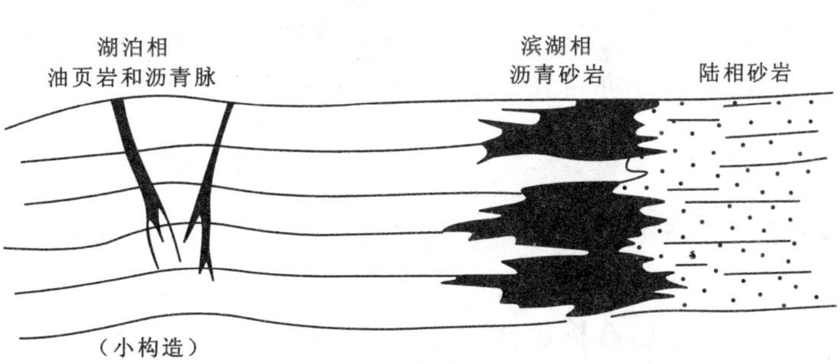

图 1-21　云塔盆地绿河组沥青脉和沥青砂岩

（据 Hunt，1963）

二、油气显示的主要类型及特征

（一）油气苗

液态石油和天然气的地面露头叫油气苗，它们是最可靠、最直接的油气显示类型之一。

油苗可以从出露的油层中直接渗出，也可以从地下油层中沿断层面和不整合面等运移到地面。委内瑞拉马拉开波湖的湖面上经常漂浮着大量原油，其下蕴藏着巨大的油田。我国柴达木四号油田有油苗沿断裂出露。

气苗常常在水中呈连续或断续的气泡冒出，此时可利用排水取气法采集气样。含 H_2S 的气苗自土壤或者岩石裂缝中天然产出时，可嗅到特殊的气味，有时还可在附近或沿断裂带发现有植被异常，如出现草木枯黄矮小等现象。我国有许多地方以响水、沸水、圣灯等命名，这些常与气苗的出现有关。

(二)含油和含沥青岩石

含油岩石是指被液态原油浸染的岩石。含油岩石有多种类型，含油砂岩按其被浸染的程度可分为：油砂，指岩石全部被原油所饱和浸润；油斑，指岩石局部被原油浸染，浸染部位往往是岩石孔渗性较好的粗粒结构部分或各种缝隙；油迹，指岩石被原油局部轻微浸染。柴达木盆地油砂山一带有大量含油砂岩出露，最厚处可达100多米。灰岩也是常见的含油岩石，石油多含于晶洞、裂缝乃至介壳之中。我国北方奥陶系和南方二叠系—三叠系灰岩晶洞含油是相当普遍的。泥岩有时亦可被浸染或油含于裂缝之中，但多见于井下。个别的火山喷出岩的孔洞中也可含油，如广西崇左县的玄武岩和任丘挽近系玄武岩。

含沥青岩石是指在岩石孔隙中充填有分散固态沥青的岩石。分散沥青一般以基质或胶结物形式存在，个别情况下固态沥青也可能是再沉积的颗粒。我国黔南麻江古油藏所暴露的志留纪砂岩和奥陶纪磷酸岩储层，残留面积约 $800km^2$（原始面积约 $2\,500km^2$），固态沥青储量约 3.5×10^8t。

(三)泥火山

地下聚集的高压天然气体沿断层和裂隙伴随地下水、黏土、泥砂和岩块一起喷出地表，形成锥形堆积体，称为泥火山。泥火山可有一个或多个喷口。有些现在仍在不断喷发，有些已停止喷出。前苏联巴库油区的活泥火山闻名于世。我国新疆独山子油田亦见有多处现已停喷的死泥火山。

由于形成泥火山的高压气体常是可燃性天然气，有时还伴有石油，故可作为直接的油气显示类型。然而，形成泥火山的高压气体也可以是非可燃气体，如 CO_2 等。此外，地下含盐地层吸水膨胀和可塑性地层压实流动亦可在地表形成锥形堆积体。所以，并不是所有泥火山都与地下油气有关。

(四)油矿物

石油氧化或热变质过程所衍生出的一系列有机矿物叫石油沥青矿物，简称油矿物。而固体沥青矿物包括了油矿物和无机成因的沥青矿物。

油矿物是较之石油更复杂的有机化合物的混合物，故它没有固定的化学成分和物理常数。而且许多油矿物往往以过渡形式构成连续系列，这样就给分类和鉴别带来很大困难，至今也还没有形成一个众所接受的方案。这里暂按形成油矿物的主导因素划分为：①物理分异的地蜡（主要限于石蜡型和石蜡-环烷型原油）；②氧化形成的软沥青、地沥青、石沥青；③变质形成的碳质沥青、炭沥青、次石墨。

变质成因的沥青矿物中有些与石油并没有成因联系，至少没有明确的成因联系，这部分称之为准油矿物。准油矿物可以直接来源于腐泥或腐殖有机质的变质作用而未经历过石油阶段。浙西康山沥青煤就有人认为是寒武系荷塘组腐泥煤变质而成的。还有些准油矿物产于岩浆岩矿物包裹体中或伟晶岩脉和金属矿脉中，它们可能是碳、氢元素在高温、高压下直接合成的。

在欧美较为流行的一种分类方案是按有机矿物在 CS_2 中的溶解程度来加以分类，即把溶解度大于 2%的叫沥青矿物，而把溶解度小于 2%的叫焦沥青矿物。对照来看，这里的焦沥青矿物大致可与变质成因的准油矿物相对应，其中油型的与石油有关，煤型的与石油无关。

油矿物的研究和鉴定是十分重要的，它包括了野外和室内研究两个方面。野外研究内容主要是油矿物的产出状态、产出岩层的岩性、时代和构造特征等，以利于确定油矿物的属性和含油显示的价值。室内研究可分为常规鉴定和现代仪器分析测定。常规鉴定主要是颜色、断口、硬度、可溶性、可燃性和镜下观察等。现代仪器分析测定如红外光谱、元素、反射率、自由基浓度和碳、氢稳定同位素组成等分析测定，以进一步确定其成因和与油气的关系。

三、油气显示的评价

油气显示的意义在于它可说明所在地区或盆地地史中曾经发生过油气生成和运聚过程，且油气藏已遭受一定程度或全部的破坏。因此，油气显示的发现，特别是新探区油气显示的发现，对于油气前景评价和进一步勘探有重要的指导意义。另外，要十分重视钻井中人工油气显示的研究。

油气显示可从质和量两个方面评价，但从质的方面即对油气显示类型与油气藏关系进行评价和认识是最主要的。

液态和气态显示是典型的直接显示。只要发现活的油气苗，就是地下油气藏存在的直接证据。灰岩晶洞中死油苗主要说明灰岩本身有生油能力，但能否在附近形成油气藏，还要看有无运移、储存和圈闭条件。

对于气苗还应注意区分油型气与沼气、浅层生物气和煤成气。沼气一般无工业价值，浅层生物气一般不伴有石油，煤成气可能仅伴有少量的石油。这几种气体成因可通过气体的成分分析和同位素指标加以区别。

固体显示与地下油气藏可以相关，也可以无关，这取决于出现的固体显示是油矿物还是准油矿物及其变质程度如何。一般说，物理分异和氧化形成的油矿物与地下油气藏相关性大，且可为出露地表的油气层形成沥青封闭条件。

第五节　油气的碳、氢稳定同位素

油气的碳、氢稳定同位素(carbon and hydrogen stable lsotopes)研究是油气地球化学的重要组成部分。按油气的元素组成，稳定同位素相应包括碳、氢稳定同位素；氮、硫、氧稳定同位素；微量-痕量元素稳定同位素和稀有气体稳定同位素 4 部分。本节将着重介绍油气的碳、氢稳定同位素。

一、有关同位素的基本概念

(一)同位素效应

在参与生物、化学、物理的作用过程中，元素的一种同位素被另一种同位素所取代，从而引起物理、化学性质上的变化，称为同位素效应(isotope effects)。同位素效应可以明显地影响分子化学反应速率，扩散迁移速率等。同位素效应的根本原因是同位素质量上的差异，这种差异越大，则同位素效应越显著。

（二）同位素分馏作用

在各种地质作用过程中，由于各种同位素效应的存在，同一种物质或物相中，其同位素丰度将保持相对的稳定性；而不同物质或物相间，其同位素的丰度则出现差异，引起上述现象的同位素转移和分配作用过程称为同位素分馏作用(isotope fractionation)。

二、碳、氢稳定同位素在自然界的丰度、比值、标准和 δ 值

（一）碳、氢稳定同位素在自然界的丰度、比值和标准

原油中常见的碳、氢的稳定同位素在自然界的分布、比值、标准和符号，如表 1－17 所示。

表 1－17　自然界中碳、氢稳定同位素的符号、丰度、同位素比值及标准简表

原子序数	同位素丰度/%	同位素比	比值	标准及符号	δ 值符号
1	^{1}H　99.985 ^{2}H　0.0156	D/H	1.55×10^{-4}	标准平均大洋水 (Standard Mean Ocean Water，SMOW)	δD/‰，SMOW
6	^{12}C　98.892 ^{13}C　1.108	$^{13}C/^{12}C$	1.12×10^{-2}	美国南卡罗莱纳州白垩纪皮狄组美洲拟箭石化石 *Peedee Belemnite*，PDB	$\delta^{13}C$/‰，PDB

自然界不同的含碳、氢物质的同位素丰度有着明显的区别，同位素的比值 D/H、$^{13}C/^{12}C$ 也各不相同。利用这一特性可确定油气的成因，进行油气源对比和油气运移等研究。

（二）δ 值的定义及不同标准 δ 值的换算

同位素比值的测量和对比单位是用千分数来表示的，δ 值的定义如下：

$$\delta=\frac{R_s-R_r}{R_r}\times1\,000‰=\left(\frac{R_s}{R_r}-1\right)\times1\,000‰ \tag{1-7}$$

式中的 R_s 为样品的同位素比值，对于碳、氢稳定同位素，分别为 D/H 和 $^{13}C/^{12}C$；R_r 为标准的稳定同位素比值(氢为 SMOW 的 D/H，碳为 PDB 的 $^{13}C/^{12}C$)。

同一种元素的同位素在不同文献中所采用的标准有时不同，如碳同位素，不仅国外有多种标准，国内也有不同标准，常用的碳同位素标准的 $^{13}C/^{12}C$ 值及国际常用标准(PDB)的 $\delta^{13}C$ 值如表 1－18 所示。

表 1－18　常用的碳同位素标准的 $^{13}C/^{12}C$ 值

标准名称	$^{13}C/^{12}C$	$\delta^{13}C$/‰，PDB
PDB(芝加哥标准)	$1\,123.72\times10^{-5}$	0
$BaCO_3$(斯德哥尔摩标准)	$1\,112.15\times10^{-5}$	−10.3
石墨(NBS，No. 21)	$1\,092.48\times10^{-5}$	−27.8
石油(NBS，No. 22)	$1\,090.68\times10^{-5}$	−29.4
周口店灰岩(中国标准)	$1\,123.60\times10^{-5}$	−0.1
福一井甲烷(中国四川)	$1\,084.40\times10^{-5}$	−26.08

为了便于对比，通常要把一种标准换成另一种标准或国际标准。如将测得对 A 标准的 δ 值($\delta^{13}C_A$)，换算成 B 标准的 δ 值($\delta^{13}C_B$)时，可用下列公式进行换算：

$$\delta^{13}C_B=\left[\frac{R_{Ar}}{R_{Br}}(\delta^{13}C_A+1)-1\right]\times1\,000‰ \tag{1-8}$$

式中：$\delta^{13}C_B$为求取对B标准的δ值；$\delta^{13}C_A$为测得对A标准的δ值；R_{Ar}、R_{Br}为A、B标准的$^{13}C/^{12}C$比值。

例如，四川进行碳同位素研究时，采用福一井的CH_4为工作标准(即A标准)，它的$^{13}C/^{12}C$为$1\ 084.4\times10^{-5}$；测得纳16井P_1^{1-3}A层的天然气(CH_4)的$\delta^{13}C$值为4‰(对福一井标准)，代入上式求对周口店标准(B标准)的$\delta^{13}C$值，计算得－31.03‰；求PDB标准时，则为－31.13‰。

三、碳稳定同位素的分馏作用

(一)同位素交换反应

指不发生化学反应，只在不同化学物质、不同相或单个分子之间发生的同位素重新分配，它是一种平衡反应。常见的反应有：

$$^{12}CO_2+{}^{13}CH_4\leftrightarrow{}^{13}CO_2+{}^{12}CH_4$$

$$^{13}CO_2+H^{12}CO_3^-\leftrightarrow{}^{12}CO_2+H^{13}CO_3^-$$

前者自左向右CO_2中富集^{13}C，而CH_4中^{13}C减少，后者CO_2中富集^{12}C(即^{13}C减少)，而HCO_3^-中富集^{13}C。

由于同位素交换反应，其结果使海水中的HCO_3^-比大气中的CO_2富集了7‰～9‰的^{13}C($\delta^{13}C$值HCO_3^-为0，CO_2为－9‰～－7‰)，这种差别使得碳酸盐中较富集^{13}C，并直接影响了海陆生物体中同位素的丰度。

(二)光合作用的动力效应

植物进行光合作用时，在吸收CO_2和H_2O繁殖本身的过程中，使自身碳稳定同位素发生进一步的分馏作用，即富集^{12}C而使^{13}C进一步减少，$\delta^{13}C$减小6‰(温暖水域)(Craig，1953)到19‰(寒冷水域，南太平洋南部)(Sackett等，1965)。这就是说，海洋生物体中的^{13}C含量与HCO_3^-中的^{13}C含量相比，^{13}C含量减小，其$\delta^{13}C$值由0变为－28‰～－13‰。陆地植物吸收大气中CO_2进行光合作用，$\delta^{13}C$值低，而海洋植物则利用海水中碳酸盐分解产生的CO_2进行光合作用，$\delta^{13}C$值高。从全球看，陆生植物比海洋植物$\delta^{13}C$减小了5‰～10‰。

另外，生物体的化学结构不同，其光合作用的动力效应也有差别。在生化过程中，类脂化合物相对富集^{12}C，而氨基酸则富集^{13}C，致使蛋白质和碳水化合物碳同位素较重。

(三)温度效应

海洋中不同温度区浮游植物中$\delta^{13}C$值有明显差别(图1-22)，高温区相对富集^{13}C，而低温区则相对富集^{12}C；$\delta^{13}C$值从－32‰～－18‰。海水藻类也有同样的特点，从高温区到低温区，$\delta^{13}C$从－28‰～－17‰。

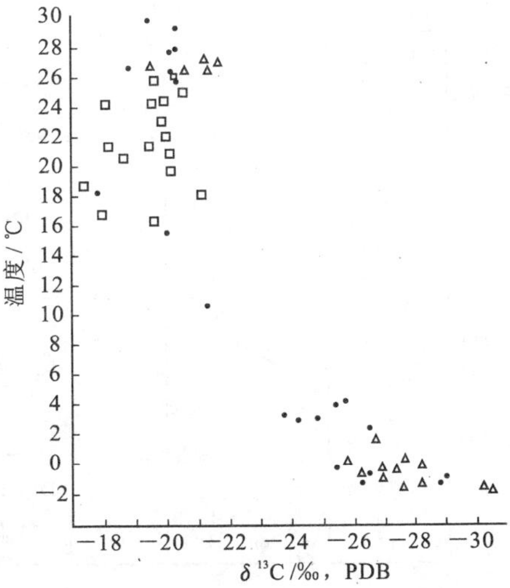

图1-22　浮游植物总有机碳的$\delta^{13}C$值与表层水温关系图
(据Sackett等，1973)

(四)热力和化学反应的动力效应

同位素的质量不同，振动频率和零点能也就不同。因此，^{13}C和^{12}C取代分子或键的化学活性也有差别。—C—C—键的稳定性顺序如下：—^{13}C—^{13}C

$—>—^{13}C—^{12}C—>—^{12}C—^{12}C—$，即$—^{12}C—^{12}C—$键的化学活性大，而$—^{13}C—^{13}C—$的化学活性小，它们参与化学反应时，在相同的温度及其他条件下，$—^{12}C—^{12}C—$参与反应的几率和速率较$—^{13}C—^{13}C—$大。这就使得在低温条件下形成的烃类，^{12}C较富集，而高温条件下形成的烃类，相对的^{13}C含量较高。

（五）物理化学效应

对稳定同位素来说，具有意义的物理化学效应是蒸发和扩散作用。蒸发作用的结果，使气相富集轻同位素，残余部分相对富集重同位素。扩散过程中，气体分子穿过多孔介质的速度与质量有密切关系。气体分子的平动速度比等于质量反比的平方根，即

$$\frac{V_1}{V_2}=\sqrt{\frac{m_2}{m_1}} \qquad (1-9)$$

对于分别由^{12}C和^{13}C组成的CO_2来说，其速度比为：

$$\frac{U_1(^{12}CO_2)}{U_2(^{13}CO_2)}=\sqrt{\frac{45}{44}}=1.011 \qquad (1-10)$$

上式表明$^{12}CO_2$比$^{13}CO_2$的平动速度快1.1%。对于$^{12}CH_4$来说，它比$^{13}CH_4$要快3.1%。在地质时期内，漫长的时间所积累的扩散效应对甲烷的同位素分馏作用是很明显的。当不存在逆扩散过程时，先行扩散部分富集^{12}C，而残余部分的^{13}C含量则有明显地提高。

四、油气中的碳稳定同位素

（一）石油的碳稳定同位素

石油碳同位素的$\delta^{13}C$值（PDB，以下同）一般为$-33‰\sim-22‰$，平均为$-26‰\sim-25‰$。前已提及，海相原油的$\delta^{13}C$值较高，为$-27‰\sim-22‰$；陆相原油中的$\delta^{13}C$偏低，为$-29‰$到$-33‰$。

石油的$\delta^{13}C$值与类脂物较接近，石油的$\delta^{13}C$值随年代变老，显示出轻微降低趋势，即年代愈老的石油^{12}C相对富集，^{13}C值减小（图1-23）。

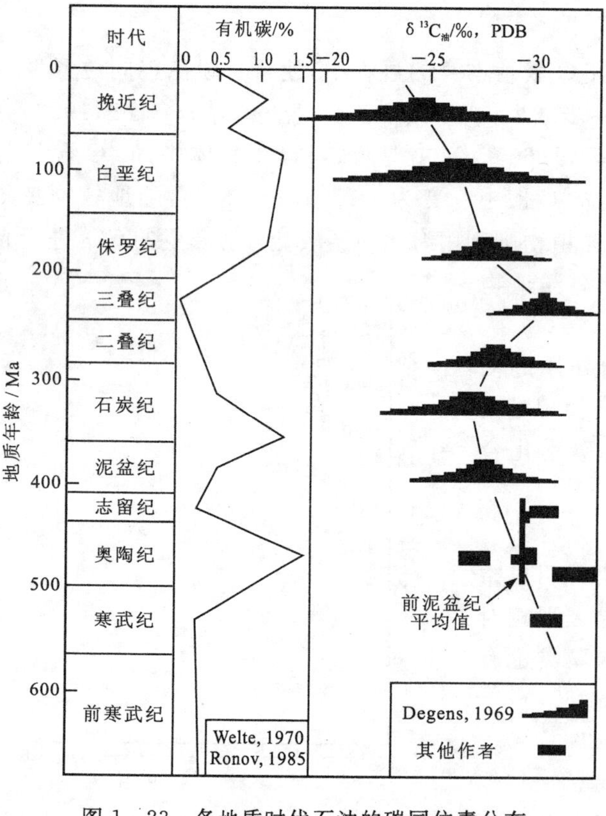

图1-23 各地质时代石油的碳同位素分布

（据Stahl，1977）

石油中不同组分的碳同位素成分也有差异。一般来说，饱和烃、芳烃、胶质和沥青质$\delta^{13}C$值随馏分的极性和分子量增大而增加。把石油不同组分$\delta^{13}C$值变化连成曲线，称为碳同位素类型曲线，不同地区、不同成因类型的石油的同位素类型曲线有着明显的差别（图1-24）。利用碳同位素类型曲线能较好地解决成油环境、油源对比及石油演化等方面的问题。

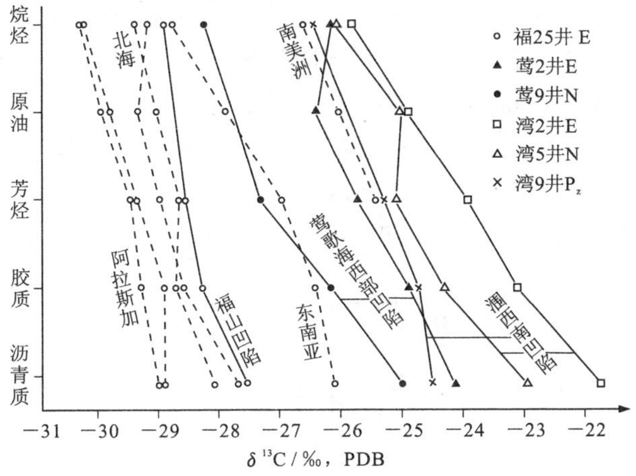

图 1-24　原油碳同位素类型曲线

（实线部分据廖永胜，1982；虚线部分据 Stahl，1977）

（二）天然气的碳稳定同位素

天然气的 $\delta^{13}C_1$ 值变化较大，$-105‰<\delta^{13}C_1<-10‰$。一般低温浅层中形成的天然气（生物甲烷）中富集 ^{12}C，具有较低的 $\delta^{13}C_1$ 值（−105‰～−55‰）；而深层和年代较老，在较高温度下形成的天然气，则具有较高的 $\delta^{13}C_1$ 值（−55‰～−10‰）。油型气有 $-55‰<\delta^{13}C_1<-30‰$，$\delta^{13}C_2<-28.8‰$，$\delta^{13}C_3<-25.5‰$；煤成气有 $-43‰<\delta^{13}C_1<-10‰$，$\delta^{13}C_2>-25.1‰$，$\delta^{13}C_3>-23.2‰$；无机成因气一般 $\delta^{13}C_1>-30‰$。有机成因烷烃气有正碳同位素系列，即 $\delta^{13}C_1<\delta^{13}C_2<\delta^{13}C_3<\delta^{13}C_4$，当有机成因烷烃气遭受生物降解或不同成因和成熟度的天然气混合时，将会出现局部倒转或逆转。无机成因烷烃气有负碳同位素系列，即 $\delta^{13}C_1>\delta^{13}C_2>\delta^{13}C_3$。利用 $\delta^{13}C_1-\lg R_o$（镜质体反射率，%）、$\delta^{13}C_1-\delta^{13}C_2-\delta^{13}C_3$、$\delta^{13}C_1-C_1/\sum C_i$（甲烷系数）关系图，能较有效地区分不同母质和演化阶段所生成的天然气。

对地下水中溶解的甲烷气的碳同位素测定，能帮助确定溶解气的成因类型及来源，有助于确定地下水与油气藏的关系。

五、油气中的氢稳定同位素

（一）石油中的氢稳定同位素

石油中的 δD 值一般在−160‰～−80‰之间。石油不同组分的 δD 值亦不均一，通常按下列顺序递增：饱和烃→芳烃→非烃，即 $\delta D_{SHC}<\delta D_{AHC}<\delta D_{NSO}$。

石油中的 δD 值与 δC 值之间未发现明显的正相关性，如加利福尼亚州挽近系中的石油极富 ^{13}C（$\delta^{13}C$ 值为−25‰～−23‰），但却贫氘，亦有个别石油异常富集氘。δD 值为正值，但 $\delta^{13}C$ 值没有相应的变化。

虽然目前对石油中 δD 值的变化和氘的成因还未能作出令人满意的解释，但应用 $\delta D-\delta^{13}C$ 关系图，对于区分某些石油却显示了较好的结果（图 1-25）。

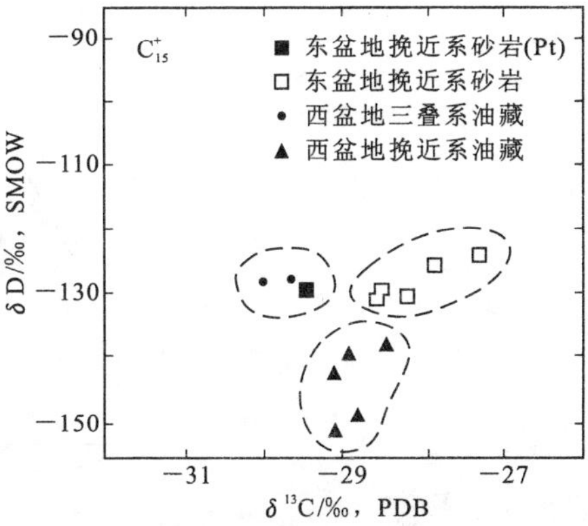

图 1-25　前西德南部两个亚阿尔卑斯盆地原油的 $\delta D-\delta^{13}C$ 关系图

（据 Schoell 等，1980）

从图 1-25 可知，利用 δD-$\delta^{13}C$ 关系图，可以较有效地区分东、西两盆地挽近系砂岩中的石油。由于细菌降解和水洗作用，仅根据化学成分和碳同位素组成，不能有效地区分这两种石油。

图 1-26 反映了加拿大 Alberta 和 Williston 盆地原油的 C_{12}～C_{27} 正构烷烃的 δD 值变化。从该图中可知，同一种原油中 C_{12}～C_{27} 正构烷烃的 δD 值随碳数的增加而变大，即负值减小，同源不同成熟度原油中 C_{12}～C_{27} 正构烷烃的同碳数烷烃的 δD 值随成熟度的增加而变大，也就是说，同源相对较低成熟度原油中 C_{12}～C_{27} 正构烷烃的 δD 值系统偏小，即负值系统增大。

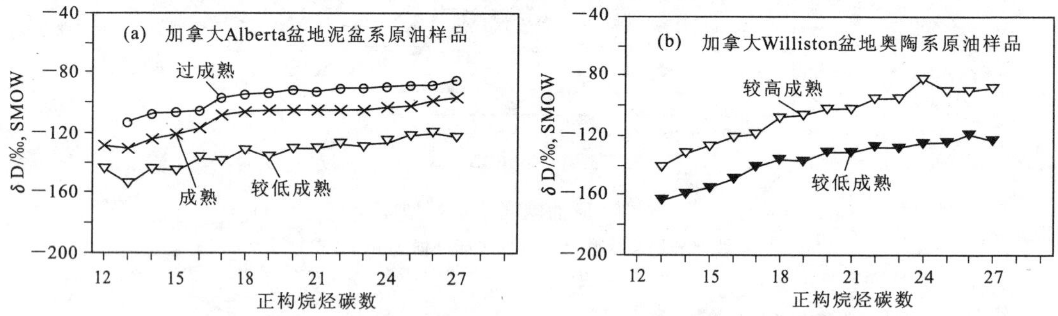

图 1-26 加拿大 Alberta 盆地(a)和 Williston 盆地(b)原油的 C_{12}～C_{27} 正构烷烃的 δD 值变化图

（据 Maowen Li，2001）

（二）天然气的氢稳定同位素

天然气(CH_4)的 δD_1 值在 −270‰～−105‰之间，与石油相比要低 −100‰～−25‰，平均要低 −70‰左右。天然气(CH_4)的 δD_1 与 $\delta^{13}C_1$ 之间存在不很明显的正相关性(图 1-27)。生物成因气的 $\delta^{13}C$ 值低，δD 值亦较低。热解成因气的 δD 和 $\delta^{13}C$ 值偏高。与 $\delta^{13}C$ 值频率分布特征一样，随烷烃气中碳数增加，δD 值频率区间值变重。有机成因烷烃气同样也存在正氘同位素系列，即 $\delta^{13}D_1 < \delta^{13}D_2 < \delta^{13}D_3 < \delta^{13}D_4$ 的规律，当有机成因烷烃气遭受生物降解或不同成因和成熟度的天然气混合时，将也会出现倒转现象。

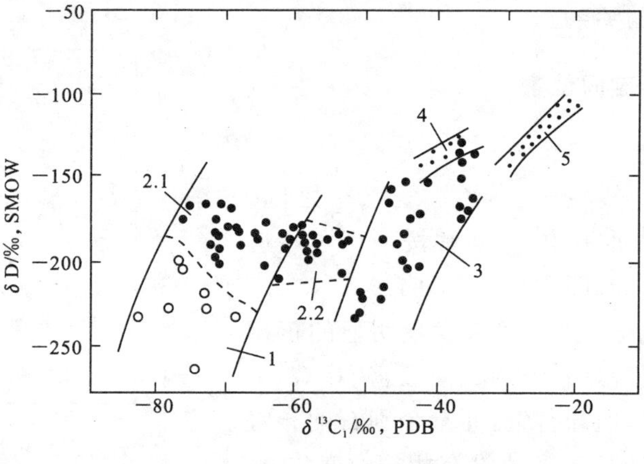

图 1-27 天然气中甲烷的 δD(SMOW)与 $\delta^{13}C_1$(PDB)关系图

（据 Schoell 等，1977）

1. 冰沼气；2.1 阿尔卑斯盆地新近系生物成因气；

2.2 混合成因气；3、4、5. 热降解和热裂解成因气

第二章 储集层和盖层

地下储集层中之所以能够储存石油和天然气，其基本条件是这类岩石具有较好的孔隙性和渗透性，允许油气进入和流出其孔隙空间。这种具有连通孔隙、允许油气在其中储存和渗滤的岩层就是储集层。世界上已发现的油气储量和产量绝大多数来自沉积岩层，其中以砂岩和碳酸盐岩储集层最为重要，裂缝性泥岩层和煤层也可作为储集层；火成岩和变质岩储集层中也有工业性的油气发现。储集层的孔渗性越好则越有利于储集油气，储集层的孔隙度和渗透率的下限值对天然气和液态原油是不同的，那些不能储集原油的岩层，对储集天然气可能仍然有效；也就是讲，相对于天然气的储集层而言，原油的储集层要求相对较高的孔隙度和渗透率。

储集层的概念仅说明其具备储集油气的能力，并非一定都已储集了油气。储集了工业价值油气的储集层可称为油气层或含油气层，业已开采的油气层则称为产油气层。

在油气进入储集层之前，其孔隙（或裂隙）空间首先是被地层水饱和的，由于石油天然气通常比油气田水的密度小，在地下岩石孔隙中，由于油气与水存在密度差而产生净浮力，在静水条件下净浮力驱使油气向上方运移，若储集层上方存在致密岩层，则油气向上的渗流逸散将被阻止。位于储集层上方、能够阻止油气向上逸散的岩层称为盖层。盖层常为致密岩层，孔渗性极差；盖层也有相对性，当其小孔喉产生的毛细管阻力相对于储集层内驱使油气渗流的动力足够大时，就可对下方的油气形成封闭作用从而封闭一定的油气柱高度。当然，天然气的成藏和保存要求盖层的封闭能力更有效。

第一节 储集层的岩石物理性质

储集层（Reservoir）的储油气能力是由储集层的岩石物理性质决定的，通常包括其孔隙性、渗透性；孔隙性决定了储集层储存油气数量的能力，渗透性决定了储集层中油气的渗流能力。另外，储集层的孔隙结构、油气层的含油气饱和度等也都直接影响着储集层中油气的储存和渗滤能力以及产能。

一、储集层的孔隙性

储集层的孔隙性是指孔隙的形状、大小、连通性与发育程度。岩石中的孔隙空间按形状可分为孔、洞和缝，通常分为孔隙（包括孔洞）和裂缝两大类。孔隙是三维发育的，裂缝是二维延展的。较大的孔隙则笼统地称为孔洞，“孔”与“洞”没有严格界限，一般界限为1～4mm。

（一）孔缝大小

通常按照孔隙大小和裂缝宽度可将它们分为三种类型：超毛细管孔缝、毛细管孔缝和微毛细管孔缝。

（1）超毛细管孔缝：管形孔隙直径大于0.5mm，裂缝宽度大于0.25mm。在超毛细管孔缝中油-水和气-水两相的毛细管阻力很小，连通孔缝中的油气流体渗流阻力很小。在超毛细管孔缝中，地层水可在重力作用下自由流动。岩石中的大孔隙、大裂缝、溶洞以及胶结疏松砂岩中的孔隙大多属于此类。

(2)毛细管孔缝:管形孔隙直径介于0.000 2～0.5mm之间、裂缝宽度介于0.000 1～0.25mm之间。在毛细管孔缝中油-水和气-水两相的毛细管阻力明显增加,要使油气流体沿毛细管孔缝流动需要克服毛细管阻力。在毛细管孔隙中,由于地层水与孔隙壁之间处于分子引力作用下,导致其不能在重力作用下自由流动。一般砂岩的孔隙属于此类。

(3)微毛细管孔缝:管形孔隙直径小于0.000 2mm,裂缝缝宽小于0.000 1mm。在这类孔缝中油-水和气-水两相的毛细管阻力往往很大,在储集层中油气很难沿微毛细管孔缝运移。在微毛细管孔缝中的分子间引力很大,其中的地层水很难移动而被束缚,致密砂岩中的部分孔隙属于此类,泥页岩中的孔隙大多属于此类。

(二)孔隙度

岩石孔隙的发育程度用孔隙度(porosity)来表示。孔隙度可分为总孔隙度(绝对孔隙度)和有效孔隙度(连通孔隙度)。

1. 总孔隙度

总孔隙度(φ_t)也称绝对孔隙度,是指岩石中全部孔隙体积(V_t)与岩石体积(V_b)的比值。若以百分数表示如2-1式:

$$\varphi_t = \frac{V_t}{V_b} \times 100\% \qquad (2-1)$$

岩石的总孔隙度越大,说明岩石中孔隙体积所占比例越高。总孔隙度大小是影响岩石的密度、波阻抗及抗张强度等力学性质的重要因素。

2. 有效孔隙度

有效孔隙度(φ_e)也称连通孔隙度,是指岩石中相互连通的孔隙体积(V_e)和岩石体积(V_b)的比值。若以百分数表示如2-2式:

$$\varphi_e = \frac{V_e}{V_b} \times 100\% \qquad (2-2)$$

由于储集层中,特别是碳酸盐岩储集层中,存在孤立的与其他孔隙不连通的"死孔隙",因此很显然,总孔隙度大于有效孔隙度。

在储集层和油气层的工业评价中,有效孔隙度才有真正的意义。因此,习惯上把有效孔隙度简称为孔隙度。砂岩储集层的有效孔隙度变化在5%～30%之间,一般为10%～20%;碳酸盐岩储集层的有效孔隙度一般小于5%。我国通常按孔隙度将砂岩储集层分为5类及5种评价级别见表2-1所示。

表2-1 砂岩储集层孔隙度分类及评价级别

类 别	孔隙度/%	评价级别
Ⅰ	>30	特高
Ⅱ	25～30	高
Ⅲ	15～25	中
Ⅳ	5～15	低
Ⅴ	<5	特低

3. 裂缝孔隙度

岩石的裂缝发育程度用裂缝孔隙度表示。裂缝孔隙度(φ_f)又称裂隙率，是指裂缝体积(V_f)与岩石体积(V_b)的比值。若以百分数表示如2-3式：

$$\varphi_f = \frac{V_f}{V_b} \times 100\% \tag{2-3}$$

对于发育不同的裂缝模型的裂缝性储集层，其裂缝孔隙度有不同的计算公式。

(1)板片状裂缝模型：岩石发育一组相互平行的裂缝。设裂缝的间距为d，裂缝宽度为e，则板片状裂缝性储集层的裂隙率(φ_f)可用裂缝宽度和裂缝间距表示(Nelson，1985)：

$$\varphi_f = \frac{e}{d+e} \times 100\% \approx \frac{e}{d} \times 100\% \qquad (e \ll d) \tag{2-4}$$

式中：d为平行裂缝之间的平均间距；e为裂缝的平均有效宽度。

当岩石发育多组裂缝时，岩石总裂隙率为各组裂缝的裂隙率之和。

(2)圆柱状褶皱的裂缝模型：构造成因为主的裂缝可根据地层曲率半径和地层厚度来计算其裂隙率(Van Golf-Racht，1982)。对于圆柱状褶皱岩层，则有：

$$\varphi_f \cong \frac{T}{2R} \times 100\% = \frac{T}{2}\left(\frac{\mathrm{d}^2 z}{\mathrm{d}x^2}\right) \times 100\% \tag{2-5}$$

式中：R为该岩层弯曲的曲率半径；T为岩层厚度；$\mathrm{d}^2z/\mathrm{d}x^2$为曲率($\mathrm{d}z/\mathrm{d}x$为倾角)。裂缝孔隙度的值一般小于0.5%，最大值不超过2%。溶蚀裂缝孔隙度可大于2%。虽然，裂缝孔缝度一般不大，但对渗透率的贡献十分重要。

根据裂缝长度和宽度，可将碳酸盐岩储集层的裂缝划分为5种级别(表2-2)。

表2-2 碳酸盐岩储集层裂缝划分级别(袁明生等，2000)

级 别	名 称	裂缝长度/m	裂缝宽度/mm
1	大裂缝	>10	>5
2	中裂缝	10～1	5～1
3	小裂缝	1～0.1	1～0.01
4	微裂缝	<0.1	<0.01

(三)孔隙度实测和解释

岩石孔隙度主要可通过岩石样品实测和孔隙度测井解释获得，即实测孔隙度和测井解释孔隙度。利用岩石样品实测岩石体积、颗粒体积和孔隙中的流体体积可换算出总孔隙度和有效孔隙度。利用声波、密度、中子和核磁共振等孔隙度测井资料可获得测井解释孔隙度。

岩石孔隙度可以在地表常温常压条件下实测，也可以在模拟地下温压条件下实测，但样品尺度小、代表性差；测井解释是获得岩石孔隙度的间接方法，影响因素较多，各种地球物理的孔隙度测井原理和解释模型不同，结果有差别；在利用和对比实测孔隙度和测井解释孔隙度资料时，要考虑不同孔隙度方法获得的结果和地质涵义的内在差异，综合运用、相互补充，以求获得更客观的地质认识。

砂岩储集层相对于碳酸盐岩储集层和其他岩类储集层的孔隙发育较稳定，实测孔隙度的代表性相对较好。另外，对于裂缝性储集层的孔隙度测定和解释仍然是难题。

二、储集层的渗透性

储集层的渗透性是指在一定的压差下，岩石允许流体通过其连通孔隙的性质。换言之，渗透性是指岩石对流体的传导性能。由于任何岩石都具有一定的连通孔隙，因此均具有一定的渗透性。通常所谓的渗透性岩石是指在地层条件下，流体能较快地通过具连通孔隙的岩石，如含砾砂岩、砂岩、白云岩、裂缝性岩石等。如果流体通过的速度极慢，通过的数量极其有限，则称为非渗透性岩石，如泥页岩、石膏、岩盐、致密灰岩等。所以，所谓的渗透性与非渗透性是相对的。储集层的渗透性决定着油气在其中渗滤的难易程度，它是评价储集层产能的主要参数之一。岩石的渗透性用渗透率(permeability)的大小来表示，渗透率可分为绝对渗透率、有效渗透率和相对渗透率。

(一)绝对渗透率

实验表明，当单相流体通过多孔介质沿孔隙通道呈层状流动时，遵循直线渗透定律。可用达西定律(1856)来描述，即单位时间内的体积流量与通过岩石的截面积和两端的压差成正比，而与通过岩石的长度和液体黏度成反比，表达式如下：

$$Q_v = K\frac{A \cdot \Delta P}{\mu \cdot L} \tag{2-6}$$

式中：K 为岩石的渗透率，国际单位为 μm^2、cm^2；Q_v为单位时间的体积流量，cm^3/s；ΔP 为岩样两端压差，MPa；μ 为液体的黏度，$10^{-3}Pa \cdot s$；A 为液体通过岩石的截面积，cm^2；L 为岩样的长度，cm。

因此，渗透率表示在一定压差下，流体通过岩石的能力，渗透率的公式为：

$$K = \frac{Q_v \cdot \mu \cdot L}{A \cdot \Delta P} \tag{2-7}$$

单相流体饱和孔隙并且流体不与岩石发生任何物理或化学反应时所测得的岩石渗透率称为绝对渗透率。绝对渗透率与流体的性质无关，只反映岩石本身的特性。由于目前主要采用空气或氮气测定储集层的绝对渗透率，故又称气体(空气或氮气)渗透率。

储集层的渗透率值一般变化在 0.001～1μm^2之间，最高可达 n μm^2。Калинко(1983)按渗透率大小将储集层分为 7 类。对油储集层和气储集层的评价标准是有差别的，如表 2-3 所示。

表 2-3 储集层渗透率分类及评价

<table>
<tr><th rowspan="2">类别</th><th rowspan="2">渗透率/$10^{-3}\mu m^2$</th><th rowspan="2">评价级别</th><th colspan="2">储集层评价</th></tr>
<tr><th>油储集层</th><th>气储集层</th></tr>
<tr><td>Ⅰ</td><td>>2 000</td><td>特高</td><td rowspan="2">好</td><td rowspan="4">常规</td></tr>
<tr><td>Ⅱ</td><td>500～2 000</td><td>高</td></tr>
<tr><td>Ⅲ</td><td>50～500</td><td>中</td><td>中等</td></tr>
<tr><td>Ⅳ</td><td>10～50</td><td>低</td><td>差</td></tr>
<tr><td>Ⅴ</td><td>1～10</td><td rowspan="3">特低</td><td>较差</td><td rowspan="2">低渗</td></tr>
<tr><td>Ⅵ</td><td>0.1～1</td><td>不渗透</td></tr>
<tr><td>Ⅶ</td><td><0.1</td><td>无价值</td><td>致密</td></tr>
</table>

(二)有效渗透率

地下储集层的孔隙空间往往首先被水饱和，油、气渗流时不是单相，而是在油、水或气、水或油、气、水两相或三相同时共存的条件下发生流动，各相流体之间及其与岩石颗粒之间存在着复杂的界面现象，彼此互相干扰。因此，在多相流体共存时，岩石对其中每一单相流体的渗流作用与该相流体单独饱和孔隙时的渗流作用有很大区别。为此引入有效渗透率(相渗透率)的概念。在多相流体共存时，岩石对其中某一单相流体的渗透率叫做该相流体的有效渗透率或相渗透率(相渗)。油、气、水的有效渗透率分别用 K_o、K_g、K_w 表示。

(三)相对渗透率

相对渗透率是指储集层的孔隙中有多相流体共存时，某一单相流体的有效(相)渗透率与岩石绝对渗透率的比值，通常用 K_o/K、K_g/K、K_w/K 分别表示油、气、水相的相对渗透率。岩石对某一单相流体的有效(相)渗透率总是小于其绝对渗透率，所以相对渗透率变化在 0～1 之间。

有效(相)渗透率和相对渗透率不仅与岩石的结构有关，而且还与流体的性质和饱和度有密切关系。一般地说，在多相流体共存条件下，每一单相流体发生渗流时，需达到该相流体的临界饱和度值，当其饱和度低于其临界饱和度时，渗流不会发生，该相流体的有效相渗透率和相对渗透率为零；饱和度达到临界值时，才能渗流，而且随着饱和度的增加，其有效(相)渗透率和相对渗透率则增加，当岩石的孔隙被某一单相流体全部饱和时，其有效(相)渗透率等于绝对渗透率，相对渗透率等于 1。图 2－1、图 2－2 是在实验室里用松散砂子测得的油、气、水相对渗透率与它们的饱和度关系曲线。

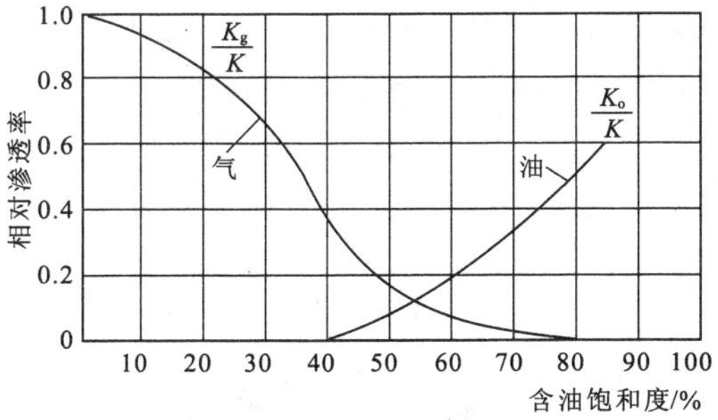

图 2－1　油气饱和度与相对渗透率的关系曲线图
(引自 Levorsen，1954)

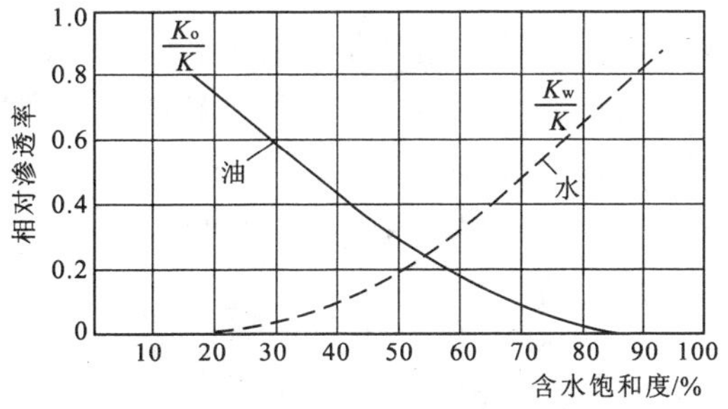

图 2－2　油水饱和度与相对渗透率的关系曲线图
(引自 Levorsen，1954)

(四)裂缝渗透率

裂缝渗透率的数学表达式较为复杂，不同的裂缝模型，对应有不同的裂缝渗透率表达公式。

1. 多组规则间隔的裂缝模型

对于发育多组相交的规则间隔的平行裂缝的储集层，其裂缝渗透率(K_f)可用裂缝宽度(e)和裂缝间距(d)来描述 (Parssons，1966)。例如，n 组规则间隔的平行裂缝在压力梯度方向的裂缝渗透率为：

$$K_f = \sum_{i=1}^{n}\left(\frac{e_i^3 \cos^2\alpha_i}{12d_i}\right) \tag{2-8}$$

式中：K_f 为 n 组裂缝在压力梯度方向的渗透率，μm^2、m^2；e_i 为第 i 组裂缝宽度，m；d_i 为第 i 组裂缝间距，m；α_i 为第 i 组裂缝面与压力梯度方向的夹角。

2. 由褶皱形成的裂缝模型

对于主要由褶皱形成的构造裂缝，根据 Lamch(1932)提出的平板流量公式，可以推导出渗透率与曲率之间的关系，从而由褶皱岩层的曲率、厚度和裂缝间距来计算其裂缝渗透率：

$$K_f \cong 2 \times 10^{-11} \times [T \times \frac{d^2 z}{dx^2}]^3 \times d^2 \quad (2-9)$$

式中：K_f 为裂缝渗透率，$10^{-3}\ \mu m^2$；T 为中性面以上的岩层厚度，m；d 为裂缝间距 m；(d^2z/dx^2)为圆柱状褶皱岩层曲率值，m^{-1}。

上述两种裂缝模型的储集层的总渗透率(K)由岩石基质的渗透率(K_m)和裂缝渗透率(K_f)两部分构成，即，$K=K_m+K_f$。

(五)渗透率测定方法

储集层岩石渗透率可通过仪器测定获得。实验室测定渗透率需要钻取岩心样品成一定的规格(一般直径为2.5cm，长度为3cm的圆柱体)，岩心渗透率测定可用气、液两种流体，但是由于液体可与岩石某些组分产生相互作用等因素影响渗透率的可靠性，因此常规分析以干燥的空气作为测定渗透率的标准气体。利用单项流体(通常用气体)通过岩心样品所测得的渗透率称岩石的绝对渗透率。实验测定的基本原理以可压缩气体达西直线渗滤定律为基础。

岩石渗透率也可通过地质-地球物理测井和地震资料的关系建立模型获得解释渗透率，或通过生产测试数据计算求取渗透率。

(六)孔隙度与渗透率关系

岩性不同和孔隙类型不同的储集层，其孔隙度与渗透率关系有显著的差异(图2-3)。碎屑岩储集层如砂岩主要为孔隙介质，其孔隙度与渗透率在半对数坐标下具明显的正相关关系，渗透率随孔隙度的增加呈指数关系增加，成岩作用强烈的砂岩较之受沉积作用控制为主的砂岩储层的孔隙度与渗透率的关系离散程度增加。碳酸盐岩储集层可以是孔隙介质，裂缝介质，孔、洞、缝双重或多重介质，其孔隙度与渗透率的关系则要复杂的多；孔隙不发育的裂缝性灰岩储集层，虽然孔隙度小但渗透率可能大得多；粒内孔隙和生物体腔孔隙发育的灰岩或孔隙连通

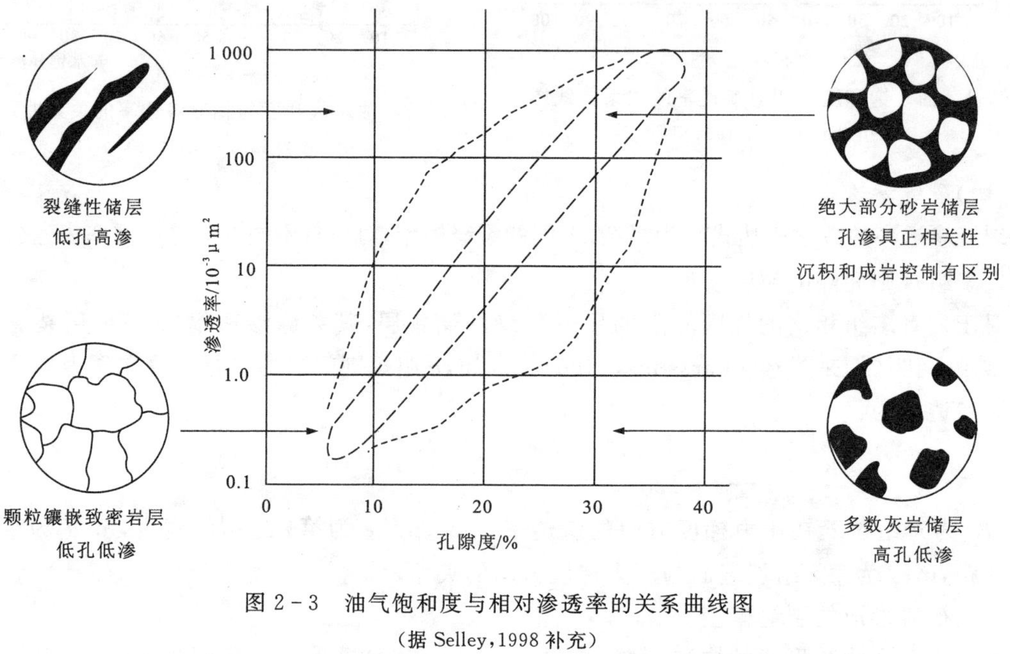

图2-3 油气饱和度与相对渗透率的关系曲线图
(据Selley，1998补充)

性较差的灰岩，常表现为高孔隙度而低渗透率；粒间孔隙发育的鲕粒灰岩、生物碎屑灰岩和重结晶白云岩主要属单一孔隙介质，其孔隙度与渗透率关系呈现出与碎屑岩相似的特征。对火成岩、变质岩、泥质岩储集层而言，裂缝的发育程度是影响储集性能的最重要的因素。当然，岩浆岩和变质岩有时发育孔隙-裂缝双重介质储集层，但孤立孔隙相对较发育，孔隙度与渗透率二者之间的相关性较差。

三、储集层的孔隙结构

储集层的孔隙结构是指岩石所具有的孔隙和喉道的几何形状、大小、分布及其连通关系。岩石的孔隙系统由孔隙和喉道两部分组成。孔隙为系统中的膨大部分，喉道为连通孔隙的细小部分(图 2-4)。油气水在储集层的复杂孔隙系统中渗流时，要经历一系列交替着的孔隙和喉道，但主要受流动通道中最小的喉道控制。显然，喉道的大小、分布及其几何形状是影响储集层储集能力和渗透特征的主要因素。孔隙结构实质上是岩石的微观物理性质，它能够较深入细致地揭示岩石的内在特征。特别是对于低渗透性岩石，仅利用孔隙度和渗透率有时无法正确评价储集层的性质，必须研究岩石的孔隙结构。

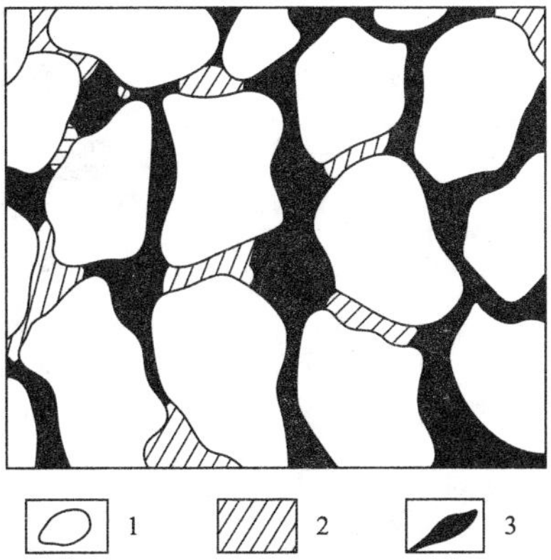

图 2-4　岩石孔隙系统示意图

1. 岩石颗粒；2. 胶结物；3. 孔隙系统

测定岩石孔隙结构的方法很多，目前较常用的有压汞法和孔隙铸体图像分析法。

由于孔喉细小，当两种或两种以上互不相溶的流体同处于岩石孔隙系统中或通过岩石孔隙系统渗流时，必然会发生界面现象，产生一个指向非润湿相流体内部的毛细管压力，毛细管压力(P_c/MPa)的大小与毛细管半径(r/m)、界面张力(σ/N·m^{-1})、润湿角(θ)之间的数学关系如下：

$$P_c = \frac{2\sigma\cos\theta}{r} \qquad (2-10)$$

压汞法就是根据这种毛细管现象的原理设计的。在不同压力下，把非润湿相的汞压入岩石孔隙系统中，根据所加压力(相当于毛细管压力)与注入岩石的汞量，绘出压力与汞饱和度关系曲线，这种曲线称为毛细管压力曲线或压汞曲线(图 2-5)。压汞取得的毛细管压力资料是孔隙结构分布定量参数的

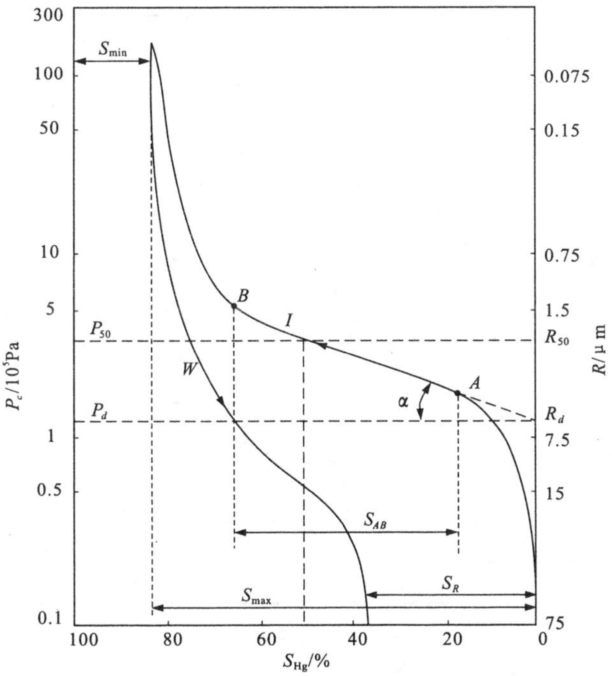

图 2-5　毛细管压力曲线图

P_d. 排驱压力；R_d. 最大连通孔喉半径；P_{50}. 毛细管中值压力；R_{50}. 孔喉半径中值；S_{max}. 注入汞的最大饱和度；S_{min}. 最小非饱和孔隙体积百分数；S_R. 非润湿相残余饱和度；S_{AB}. 初始饱和度；α. 倾斜角；I. 进汞曲线；W. 退汞曲线

主要来源，通过压汞曲线可以得到孔隙、喉道、孔喉连通性等许多储集层孔隙结构参数(表 2-4)，这些参数直接反映了储集层储集性能的特征(表 2-5)。

表 2-4 常用的孔隙结构参数(吴胜和等，1999)

孔隙结构表征		孔隙结构参数
孔隙大小与分布	孔隙大小	最大孔径 最小孔径 孔径中值 孔径平均值
	孔隙分布	孔隙分选系数
喉道大小与分布	喉道大小	最大连通孔喉半径(R_d) 孔喉半径中值(R_{50}) 孔喉半径均值(R_m) 主要流动孔喉半径均值(R_z) 孔喉峰值
	喉道分布	孔喉分选系数(S_p) 相对分选系数(D_r) 均质系数(α) 歪度(S_{kp}) 峰态(K_p)

孔隙结构表征	孔隙结构参数
孔喉连通性	孔喉配位数 平均孔喉直径比(D_{pt}) 平均孔喉体积比(V_{pt})
孔隙结构综合参数	孔隙结构系数(φ_p) 特征结构参数 结构难度指数(D)
孔喉渗流参数	排驱压力(P_d) 毛细管压力中值(P_{50}) 退汞效率(W_e) 最小非饱和孔隙体积百分数(S_{min})
宏观物性参数	孔隙度 渗透率 面孔率

表 2-5 毛管压力曲线特征参数与储集性能关系(陈丽华，1991)

孔隙结构特征参数	储集性能		
	好	中	差
排驱压力(P_d/Mpa)	<0.1	0.1～1	1～5
倾斜角(α/°)	小	中	大
初始饱和度(S_{AB})	大	中	小
毛细管压力中值(P_{50})	小	中	大
最小非饱和孔隙体积(S_{min}/%)	0～20	20～50	50～80
最大连通孔喉半径(R_d/μm)	>7.5	1～7.5	<1
孔喉半径均值(R_m/μm)	>5	1～5	<1
孔喉分选系数(S_p)	<3.5	0.84～1.4	>3
歪度(S_{kp})	>1	0	<1
峰态(K_p)	1.5～3	1.5～0.6	<0.6

1. 排驱(替)压力(P_d)和最大连通孔喉半径(R_d)

排驱压力是指压汞实验中汞开始大量注入岩样的压力。换言之，是非润湿相开始注入岩样中最大连通喉道的毛细管压力。在毛细管压力曲线压力最小的拐点 A(图 2-5)所对应的压力即为排驱压力。沿毛管压力曲线的平坦部分作切线与孔隙喉道半径轴相交所对应的孔隙喉道半径即为最大连通孔喉半径，是水银进入孔隙网络时最先突入的孔喉值。岩石排驱压力越小,说明岩石中存在的孔喉越粗,孔隙结构越好;反之,孔隙结构就越差。

2. 孔喉半径集中范围与百分含量

利用孔隙等效半径分布图,可选取孔喉半径集中范围,计算出它的百分含量(图 2-6)。在毛细管压力曲线上,曲线平坦段(图 2-5 S_{AB})位置越低,说明集中的孔喉越粗;平坦段越长,说明集中的孔喉的百分含量越大。孔喉半径的集中范围与百分含量反映了孔喉半径的粗细程度和分选性。孔喉越粗,分选性越好,其孔隙结构越好。

3. 毛细管压力中值(P_{50})

是指非润湿相饱和度为 50%时对应的毛细管压力。与 P_{50} 相对应的喉道半径称为饱和度值喉道半径(R_{50})。P_{c50} 越低,R_{50} 越大,则孔隙结构越好。当岩样喉道半径接近正态分布时,R_{50} 可粗略地视为平均喉道半径。

4. 最小非饱和的孔隙体积百分数(S_{min}/%)

当注入汞的压力达到仪器的最高压力时,仍没有被汞侵入的孔隙体积百分数,称为最小非饱和的孔隙体积百分数(S_{min}/%)。这个值与仪器的最高压力、岩石的润湿性、岩石颗粒大小及均一程度、孔隙度与渗透率,甚至胶结类型,都有密切关系,不一定总是代表束缚水饱和度。在不同条件下,S_{min} 的测试值可在 0~100%之间变化。为了对比方便,一般将小于 0.04μm 的孔隙都称为束缚孔隙。束缚孔隙含量愈大,储集层的渗流性能就越差。

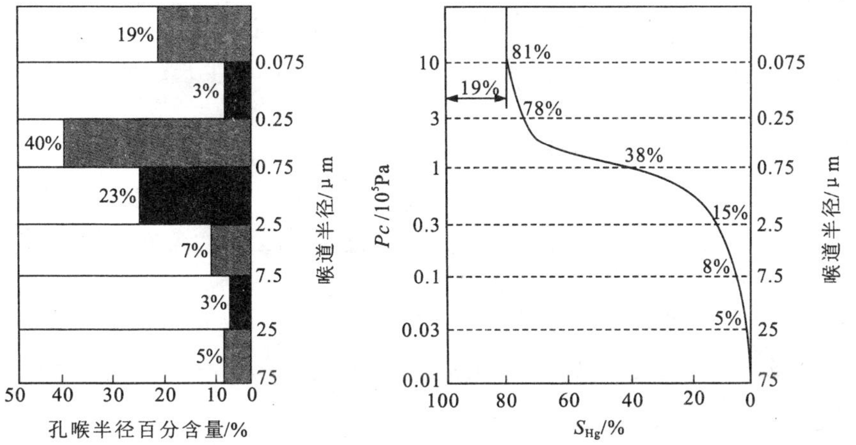

图 2-6　孔隙喉道大小的柱状频率分布图

罗蛰潭(1986)定性比较了砂岩储集层不同类型的孔隙喉道类型和形状,并划分出了 5 种砂岩储集层孔隙结构模型(图 2-7):

(1)孔隙缩小型喉道:喉道为孔隙缩小的部分,往往发育在粒间孔隙为主的砂岩储集岩中,孔隙和喉道很难区分。岩石结构多为颗粒支撑、胶结物较少或不发育[图 2-7(a)]。此类孔隙结构属于大孔粗喉型,孔喉直径比接近于 1。

(2)缩颈型喉道:喉道为颗粒间可变断面的收缩部分[图 2-7(b)]。当砂岩被压实而颗粒排列比较紧密时,或颗粒边缘被衬边式胶结时,虽保留下来的孔隙比较大,但是喉道却大大变窄。岩石结构多为颗粒支撑、点接触和衬边式胶结。此类孔隙结构属于大孔细喉型,孔喉直径比很大。

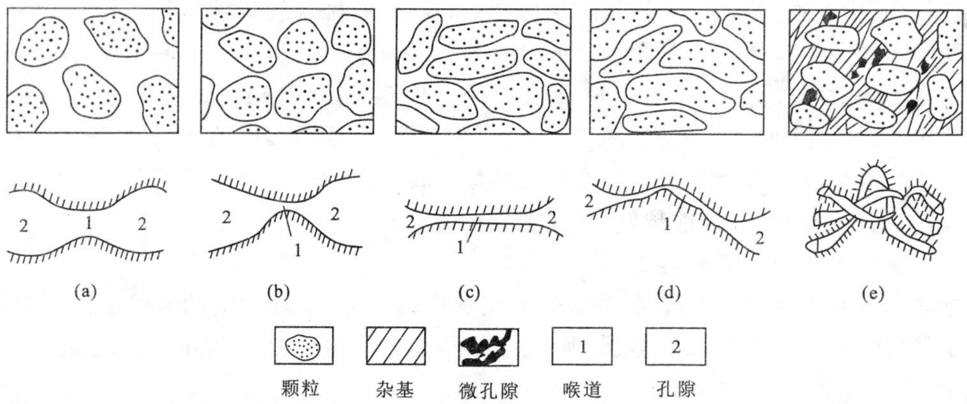

图 2-7　碎屑岩储集层孔隙喉道类型

（据罗蛰潭，1986）

(a)孔隙缩小型喉道；(b)缩颈型喉道；(c)片状喉道；(d)弯片状喉道；(e)管束状喉道

(3)片状喉道：喉道呈片状，为颗粒之间的长条状通道[图 2-7(c)]。当砂岩压实程度较强时，孔隙之间相互连通的喉道实际上是晶体之间的晶间孔隙，其张开宽度较小，形成窄片状喉道；当沿颗粒发生溶蚀作用时，可形成较宽的片状喉道或管状喉道。

(4)弯片状喉道：喉道呈弯片状，为颗粒之间的长条弯曲状通道[图 2-7(d)]。发育此类喉道的砂岩储集层，往往砂岩压实程度强，且颗粒边缘有晶体再生长或颗粒边缘有溶蚀现象，反映成岩作用强烈。

(5)管束状喉道：当杂基及各种胶结物含量较高时，原生的粒间孔隙可完全被堵塞，杂基及各种胶结物中的微孔隙（小于 0.5μm 的孔隙）本身既是孔隙又是喉道[图 2-7(e)]。岩石中发育裂缝，则为流体的运动提供了大型的板状通道。从整个储集层的角度来看，砂岩中的张裂缝可以看作是一种大的汇总的喉道。

碳酸盐岩储集层孔隙结构模型较砂岩要复杂，很难用统一的模型表示。一般常见的喉道类型有 7～8 种，归纳起来主要有以下 4 种（图 2-8）。

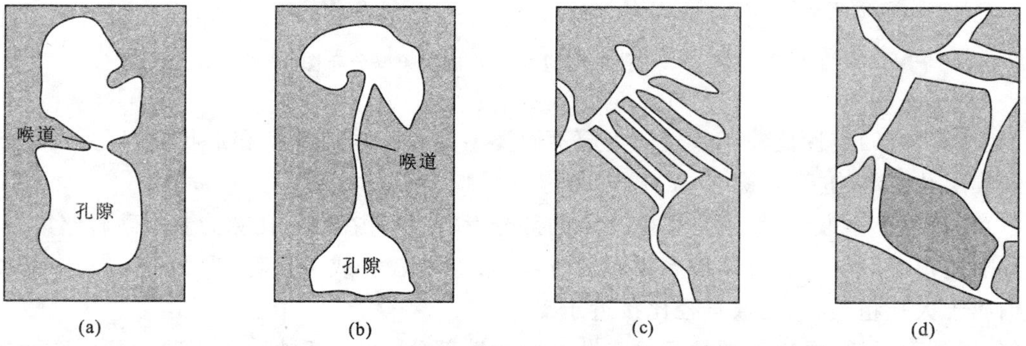

图 2-8　碳酸盐岩储集层孔隙喉道类型

（据姚光庆等，2005）

(a)孔隙缩小型喉道；(b)管状喉道；(c)溶蚀解理型喉道；(d)微裂缝型喉道

关于岩石的孔隙度和渗透率之间的关系，在前面已经论述过，二者之间相关性变化很大。岩石的渗透率除受孔隙、裂缝发育程度的影响外，还受孔喉截面大小、形状、连通性以及孔隙和喉道配置关系的影响。例如，一些黏土岩的绝对孔隙度很大，但是其孔喉太小致使渗透率很低；一些裂缝发育的致密石灰岩，虽然孔隙度很低，但是裂缝发育，常常成为高渗高产油气层。资料表明，砂岩的有效孔隙度和渗透率之间具有良好的正相关性。

四、流体饱和度

储集岩的孔隙和裂缝是被油、气、水所充满的。油、气、水的含量分别占总孔隙体积的百分数称为油、气、水的饱和度(saturation)。

沉积岩储集层的孔隙和裂缝最初被水完全饱和，油气则是后来通过排驱孔隙水而进入孔隙的。在油藏中的油、水分布反映出毛细管压力同油、水两相压力差出现平衡的结果。显然，在油藏的不同高度上的油、水饱和度是变化的。

实验室中测定的岩样水饱和度数值常可能由于取心技术不佳而被歪曲。为了获取较为真实的油、气、水饱和度资料，最好能根据新钻取的或是密闭取心的样品做饱和度测定分析，也可以研究水饱和度与孔隙度、渗透率以及其他参数之间的关系。这些关系虽然很复杂，但对于特定的地区常可找出简单的经验关系。

第二节 储集层类型

世界上绝大多数油气藏的储集层是沉积岩层，其中又以砂岩和碳酸盐岩最为重要，少数油气藏的储集层为火山岩、裂缝性泥岩和变质岩；但近10年来，国内针对火山岩储集层的油气勘探取得了一系列重大突破，预示着火山岩作为一类重要储集层的良好油气勘探前景，极大地推动了对火山岩储集层的深入研究。因此，可按岩石类型将储集层分为砂岩储集层、碳酸盐岩储集层、火山岩储集层和其它岩类储集层等四类；又可按主要储集空间类型将储集层分为孔隙型储集层、裂缝型储集层和孔隙-裂缝型储集层；还可按渗透率大小主要将砂岩储集层划分为常规储集层、低渗透储集层和致密储集层等。

一、砂岩储集层

据不完全统计世界大油气田储集岩以砂岩为储层的大油气田占大油气田总数的56％，可采储量占大油气田总储量的51％；灰岩储层的大油气田占总数的31％，其储量占总储量的41％(宋芊河、金之钧，2000)。砂岩储层是最重要的岩石类型，砂岩储集层的岩类包括粗砂岩、中砂岩、细砂岩、粉砂岩以及未胶结或胶结松散的砂层。其中，中砂岩、细砂岩储集物性好、分布广；粗砂岩、粉砂岩也有广泛分布。

(一)砂岩储集层的岩石学特征

砂岩又称中碎屑岩，指砂级陆源碎屑体积分数超过50％的沉积岩类，在沉积岩中的分布仅次于泥质岩，约占沉积岩的25％，我国80％以上的油气储集层为砂岩。砂岩中的沉积组分主要是砂级陆源碎屑和基质，其中砂级陆源碎屑以单晶碎屑最常见，有些砂岩中也含相当多的岩屑。单晶碎屑主要是石英和长石，另有少量云母和重矿物。岩屑的母岩通常是结构致密和成分稳定的岩石。砂岩中的基质以黏土为主，也有一些为细粉砂级碎屑，分别称为泥基和杂基。砂岩按粒度可以分为巨砂岩、粗砂岩、中砂岩、细砂岩及粉砂岩;按杂基含量可以分为净砂岩和杂砂岩;按碎屑成分可以分为石英砂岩、长石砂岩和岩屑砂岩。

(二)砂岩储集层的孔隙类型

尽管早在1934年Natting已发现砂岩中的次生孔隙,20世纪50年代末到60年代初前苏联的ЧЕЛИКОВ等进一步介绍了识别次生孔隙的5种标志。但是在相当长的时间内,大多数油气地质学家仍将原生粒间孔隙作为砂岩的主要孔隙类型。直至1977年Schmidt等对砂岩的成岩过程和次生孔隙作了较全面的讨论后,才发生了根本性的变化。Schmidt等参照研究程度较高的碳酸盐岩孔隙类型(结构类型),结合碎屑岩的具体特点,将碎屑岩中孔隙类型分为5种类型:

(1)粒间孔隙:指局限于粒间的孔隙。

(2)特大孔隙:按照Schmidt的标准,超过相邻颗粒直径1.2倍的孔隙属于特大孔隙。

(3)铸模孔隙:是指砂岩中具有一定特征几何形状的介壳碎屑、碳酸盐粒屑、结晶矿物(如盐、石膏、菱铁矿等)被溶蚀后,仍保持原组构外形的那些孔隙。

(4)组分内孔隙:一切组分,如颗粒、杂基、胶结物内出现的孔隙,都属于这一类。组分内孔隙可以是原生的(沉积的和沉积前的),也可以是成岩过程及其后新生的。

(5)裂缝:与碳酸盐岩相比,碎屑岩储集层中的裂缝较为次要,但也不可忽视,当沿裂缝发生较强烈溶蚀作用时,它的作用就显得十分重要。

我国对砂岩次生孔隙的研究也有较大发展。如吕正谋等(1985)对东营凹陷古近系砂岩次生孔隙作了较深入的研究,提出了12种识别砂岩次生孔隙的标志(图2-9)。类似的研究在我国其他油气区也已广泛开展。

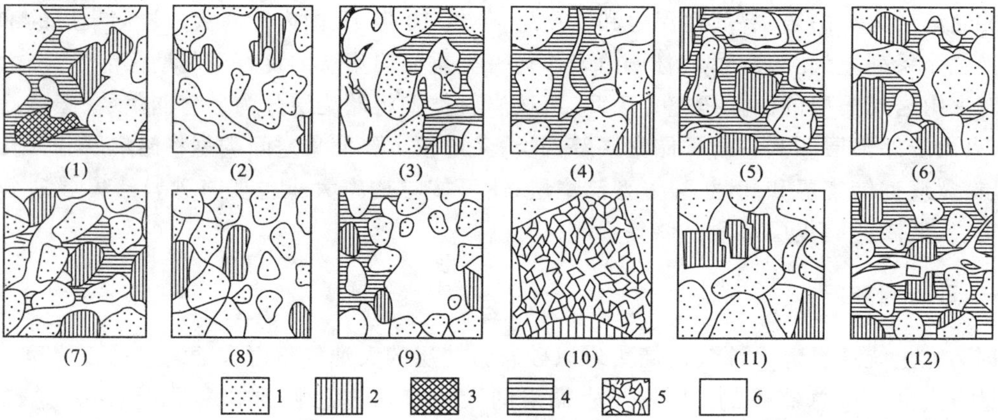

图2-9 东营凹陷古近系砂岩次生孔隙识别标志综合示意图

(据吕正谋,1985修改,转引自陈荣书,1989)

(1)部分溶解;(2)受溶蚀颗粒及过量孔隙;(3)溶蚀残骸;(4)铸模孔隙;(5)贴粒孔隙;(6)残余胶结物;(7)伸长型孔隙;(8)不均匀性填集;(9)超粒大孔隙;(10)油浸碳酸盐;(11)破碎颗粒;(12)岩石裂缝;1.石英;2.长石;3.岩屑;4.碳酸盐胶结物;5.碳酸盐基质;6.孔隙

(三)影响砂岩储集性的因素

1.沉积作用对储集性的影响

沉积作用对砂岩的颗粒矿物成分、结构、粒度、分选、磨圆、杂基含量等方面都有着明显的控制作用，这些因素对储集性都起着不同程度的影响。

(1)碎屑颗粒的矿物成分：一般认为，石英颗粒比长石颗粒更有利于储集性的改善，因为长石亲水性比石英强，表面束缚液体薄膜的厚度比长石颗粒薄些。在一般情况下这些液体不能流动，这样在一定程度上减少了孔隙的流动截面积，导致渗透率变小；而且石英抗风化能力比长石强。但大量研究表明，除长石风化严重、表面有较多的黏土矿物和绢云母的特殊情况外，一般颗粒矿物成分对储集性影响甚微。但对于没有经受过重要成岩作用的砂岩，矿物成分并不重要，长石砂岩和石英砂岩一样可以具有很好的储集物性。

(2)碎屑颗粒的排列方式：沉积物沉积时所形成的粒间孔隙和杂基内的微粒间孔隙的大小、形态和发育程度受碎屑颗粒的排列方式的影响。在假定颗粒为等球体的前提下，其理论总孔隙度值可按公式(2-11)计算：

$$\varphi = 1 - \frac{\pi}{6(1-\cos\theta)\sqrt{1+2\cos\theta}} \tag{2-11}$$

理想球体排列方式端元型有两种(图 2-10)：①立方体排列(θ=90°)，等球体堆积最疏松，理论孔隙度最大，为 47.6%；②菱面体排列(θ=60°)，等球体堆积最紧密，理论孔隙度最小，为 25.9%。按理想球体端元排列方式，孔隙度介于 25.9%～47.6%；孔隙度与颗粒球体大小无关，仅与排列方式有关，也就是当排列方式相同时，小的等球体与大的等球体虽然具有相同的孔隙度，但是大球体的孔径大，而小球体的孔径小；孔径的大小直接影响渗透率的高低。

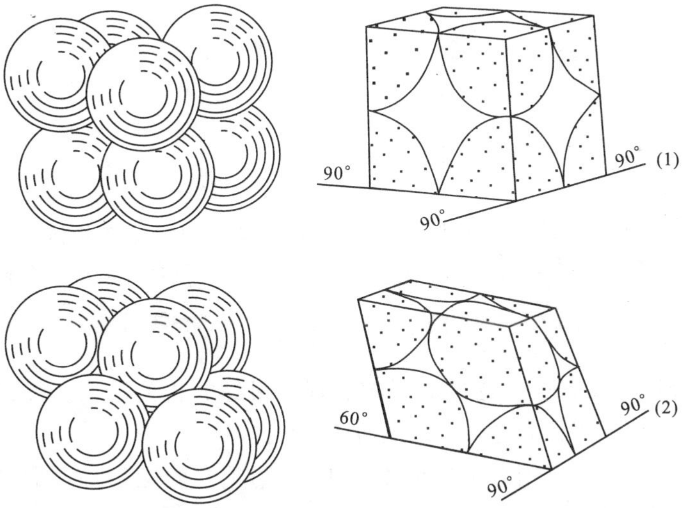

图 2-10 理想等球体端元型排列示意图

(1)立方体排列；(2)菱面体排列

在实际地质条件下，组成岩石的碎屑颗粒不可能是理想的大小同样的球体，颗粒常常形状不规则，表面凹凸不平，大小颗粒混杂、镶嵌和充填，致使孔隙体积和孔隙直径减小，孔隙之间连通性变差，结果是孔隙度减小和渗透率降低。

(3)碎屑颗粒磨圆和粒度与分选：颗粒大小一定时，磨圆度越好，其孔隙度和渗透率越大。碎屑颗粒粒度对储集层物性有一定影响，一般颗粒较粗的碎屑岩孔隙较粗，排驱压力(P_d)和饱和度中值压力(P_{50})较低，有利于改善流体渗滤条件，比细颗粒碎屑岩具有更好的渗透性。

图 2-11 表示了分选系数一定时，粒度中值越大（φ 值越小），渗透率越高，分选性越好即分选系数越接近 1，储层渗透率越高。

在颗粒粒级相近似的情况下，分选性越好即分选系数越接近 1，渗透率越高（图 2-12）。

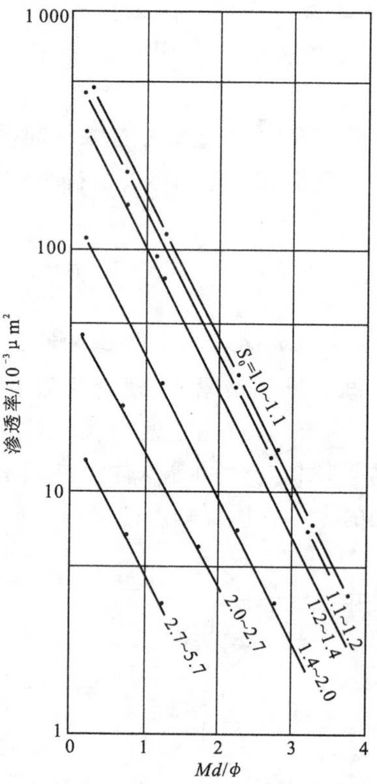

图 2-11　分选系数一定时，渗透率与粒度中值关系图

（据 Bcard 和 Weyl，1978）

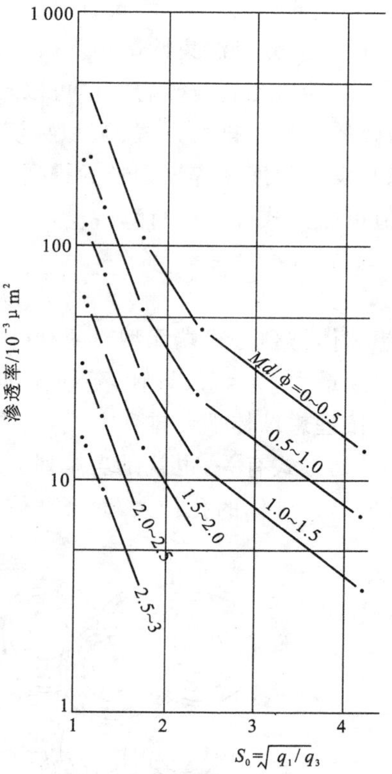

图 2-12　粒度中值一定时，渗透率与分选系数关系图

（据 Bcard 和 Weyl，1973）

磨圆、粒度与分选对砂岩储层物性的影响表现出很好的相关性。从统计角度讲，自然条件下中—细砂岩颗粒的磨圆度和分选性一般好于粗砂岩。

（4）杂基含量：在与沉积作用有关的诸因素中，最为重要的是杂基含量（杂基＋胶结物称填隙物）。所谓杂基是指颗粒直径小于 0.031 5mm 的非化学沉淀颗粒。杂基含量是沉积环境能量最重要标志之一。一般杂基含量高的碎屑岩分选差，平均粒径较小或大小混杂，喉道半径小，孔隙结构复杂。因此，杂基含量是影响孔隙性、渗透性最重要的因素之一。

2. 成岩作用对砂岩储集性的影响

成岩作用经历的时间比沉积作用要长得多。在漫长的地质历史时期，随着沉积岩埋深增加，上覆地层负载、地温、地下水化学环境等因素发生变化，从而引起一系列成岩作用，并对砂岩储集性产生重大的影响。

（1）压实作用：包括早期机械压实和晚期的压溶作用。机械压实是指在上覆沉积负荷作用下岩石逐步致密化的过程。Smith（1984）等通过圣路易斯安纳州南部中新统砂岩的研究，认为孔隙度降低的总量 1/3 左右是由机械压实造成的。Baldwin(1985)等曾用式(2-12)表示砂岩孔隙度随埋深引起的变化：

$$Z=3.7\ln[0.49/(1-S)] \tag{2-12}$$

式中：Z 为埋深，km；S 为固体率，$S=1-(\varphi+C)$，C 为胶结物。

Baldwin 等认为，对于胶结物含量较少的正常砂岩，该方程最为适用。它几乎是 Maxwell (1964)对 4 500 个古生代和中新生代砂岩的孔隙度和埋深变化范围的中线(图 2-13 S-C)。

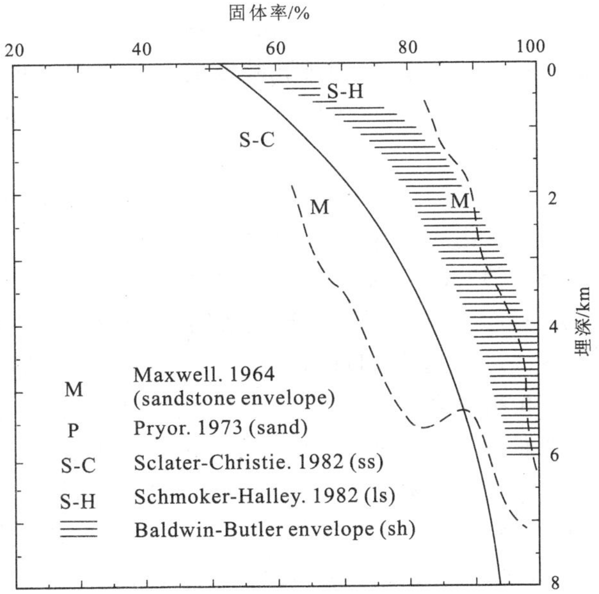

图 2-13 砂岩固体率(S)随埋深变化图

(据 Baldwin 等，1985)

压溶作用是指发生在颗粒接触点上，即压力传递点上有明显的溶解作用，造成颗粒间互相嵌入的凹凸接触和缝合线。据 Fuehtbauer(1972)对含油气区砂岩的研究，石英在 500～1 000m深处就开始次生加大，并随埋深增加而增多。它对孔隙度减少亦有一定影响。

但是，在压实过程中，如果由于某种原因使孔隙流体的排出受到阻碍，孔隙流体具有高于静水压力的异常值，孔隙度则表现为不随上覆沉积物的增加而降低，这种情况下的压实作用称为欠压实或压实不平衡。在世界各地的很多沉积盆地中都发现了深埋(>3 500m)砂岩储集层具有异常高的孔隙度(>20%)和渗透率($>100\times10^{-3}\mu m^2$)的现象，如莺歌海盆地乐东 30-1-1A 井中埋深超过5 000m的砂岩仍保持点接触，其孔隙主要由原生粒间孔隙组成，孔隙度可达 20%，计算结果表明欠压实形成的超压对孔隙度的贡献值为 30%～45%。

研究表明，超压可以支撑部分上覆岩体的负荷，在相同深度段内，由于静岩压力保持不变，所以作用于岩石颗粒之上的有效应力降低，阻碍了压溶作用的进行；同时超压支撑了部分上覆地层的载荷，减缓了机械压实作用，保持了较高的原生孔隙。Osborne 等(1999)通过研究发现，超压系统的有效应力降低，导致压实作用减弱并抑制了压溶作用。同时，超压的形成还可以阻止超压体系内流体的运动和离子、能量交换，减缓或抑制成岩作用，使深部储集层保持较高的孔隙度和渗透率。在超压作用下，一些生物壳体也会免于被压碎和胶结或充填而保存下来，形成相当规模的孔隙，如南中国海超压盆地的3 000～4 000m地层中，生物的壳刺依然保存完好。但是，随深度的增加，如果静岩压力增加的幅度超过孔隙流体压力增加的幅度，那么压溶作用将会出现，颗粒之间将逐渐的致密化，孔隙度将逐渐降低。

虽然孔隙度与深度之间常常有负相关关系，但近十几年来的研究表明，孔隙度与热成熟度的关系非常密切。最早把地下孔隙度演化明确与时-温史联系起来的是 Van de Kamp(1976)的一篇摘要。Lvons(1978、1979)和 Cassom 等(1981)发展了这种观点，Schmoker 等(1984、1988、1989、1990、1992)认为碳酸盐岩孔隙度可表示为时-温史的幂函数，Dixon 等 (1985)、Porter 等(1986)、Ehrenberg(1987)、Van de Kamp(1988)等研究过美国一些地区砂岩孔隙度与热成熟度间的关系，研究的共同结果是：地下孔隙度的变化是由一些作用造成的，这些作用可简单地看成是时-温史的函数。Schmoker 等(1989、1990)用式(2-13)表示：

$$\varphi = A(M)^B \qquad (2-13)$$

式中：φ 为孔隙度，A 和 B(−0.372±)均为常数，M 为综合的时-温史的量度。该式表明，即使深度不变，孔隙度也要受温度变化的影响。姜洪启(1993)、朱国华(1994)通过研究指出地温场和埋藏史控制了成岩过程和孔隙演化，认为温度是控制成岩过程和孔隙演化最主要的因素。寿建峰(1998)通过对地温场与成岩作用的关系研究表明，在热效应成岩作用中，由盆地的地温梯度引起的热效应压实作用的减孔率将超过由上覆岩石负荷引起的机械压实作用。

进一步的研究还表明，在相同的地层温度下，准噶尔盆地腹部和松辽盆地南部白垩系砂岩的孔隙度有较大差别，尽管准噶尔盆地腹部白垩系砂岩储集层的埋藏深度(包括地层温度)要大于松辽盆地南部，但前者的砂岩孔隙度仍高于后者。例如地层温度在 80℃时，松辽盆地南部的砂岩孔隙度为 9.9%，而准噶尔盆地腹部达 15.0%，尽管在此地层温度下准噶尔盆地腹部砂岩的静岩压实量要明显大于松辽盆地南部。这个现象表明除了温度因素以外，地温梯度也影响着砂岩的压实速率或孔隙度的减小速率。在相同地层温度下，不同地温梯度地区的砂岩压实速率是有变化的，高地温梯度地区的砂岩压实速率要高于低地温梯度地区。因此地层温度也不是衡量成岩作用的最佳指标，因为在不同地温梯度的盆地中，该指标所反映的成岩压实速率可以不同，或者说，地层温度只在同一地温梯度盆地内才是良好的成岩作用标志。

通常将 R_o 和 TTI 作为时-温史的量度来预测孔隙度(图 2-14、图 2-15)，这也就是用砂

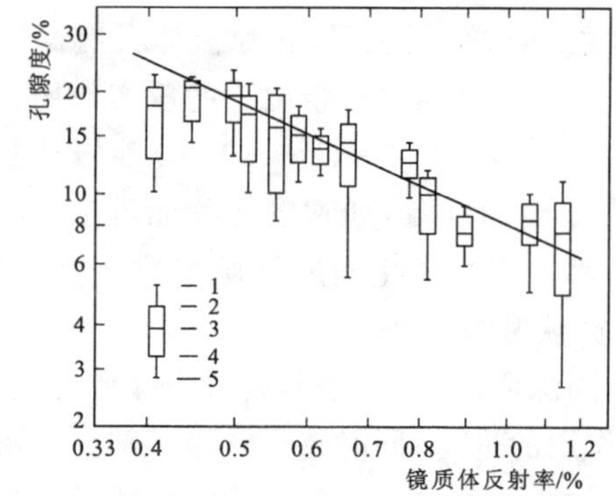

图2-14 砂岩孔隙度-镜质体反射率(R_o)关系图
(据 Schmoker 和 Heater，1990)
1.第 90 百分位；2.第 75 百分位；3.第 50 百分位；
4.第 25 百分位；5.第 10 百分位

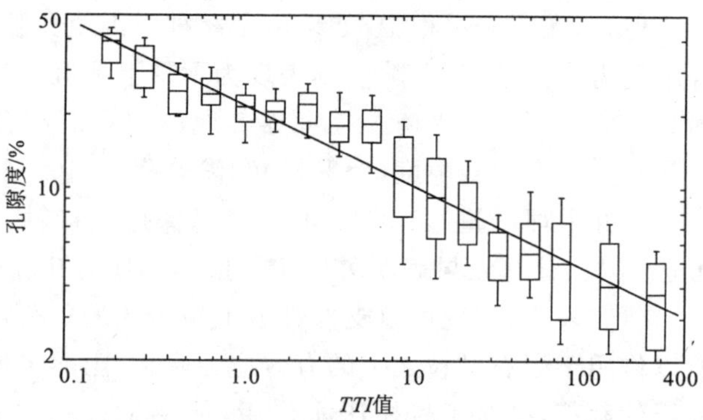

图 2-15 碳酸盐岩孔隙度与 Lopatin 的
时间-温度指数(TTI)关系图
(据 Schmoker 和 Gautier，1989)

岩成熟度法来预测孔隙度。砂岩成熟度指的是砂岩在埋藏过程中受到的热作用效应的程度，它与成岩作用和孔隙度演化有着密切关系。热成熟度越大，则反应成岩作用越强，相应的孔隙度越低。但并不一定意味着孔隙度的变化与干酪根成熟度有因果关系，可能说明影响孔隙度变化的动力学特征尚没有被揭示出来。

(2)胶结作用：胶结作用是砂岩中碎屑颗粒相互联接的过程。碎屑岩胶结物的成分有泥质、钙质、硅质、铁质、石膏质等多种。一般说来，泥质、钙-泥质胶结的岩石较疏松，储集物性较好；纯钙质、硅质或铁质胶结的岩石较致密，储集性较差。胶结物含量高的储集层，粒间孔隙多被充填，孔隙减少，连通性变差，储集性变坏；反之，储集性较好。根据胶结物的分布状况以及胶结物与碎屑颗粒之间的关系，可以将胶结类型分为基底式胶结、孔隙式胶结、接触式胶结和镶嵌式胶结。一般而言，接触式、接触-孔隙式胶结岩石的储集物性比基底式或孔隙-基底式胶结岩石要好。

传统观念认为，当深度大于2 500m时，石英胶结物通常被认为是储集层致密化和孔隙度降低的最重要的因素；而另一方面，由于微晶石英在镜下难以观察，人们常忽视微晶石英对储集层的保护作用。Nils Einar Aase 等(1996)在研究北海的 GYD 和 ULA 油田上侏罗统砂岩储集层异常孔隙度时，探讨了微晶石英对粒间孔隙的保护作用，指出有利于原生粒间孔隙保存在微晶石英膜最佳厚度为 0.1～0.2μm，且微晶石英的含量在±3%。另外 Ramm、Forsberg (1991)的研究也发现，孔渗性好的储集层与微晶石英的发育具有对应关系，并经统计表明差储集层微晶石英含量在 8%～18%之间，好储集层中微晶石英含量为 0～2%。关于微晶石英保护孔隙的机制，主要是微晶石英的生成可以抑制大晶体石英的发育。

砂岩储集层中黏土矿物的组成、含量、产状和分布特征均直接影响砂岩的储集层特征(王行信，1992)。在孔隙度相同的条件下，从高岭石砂岩→绿泥石砂岩→伊利石砂岩，渗透率逐渐降低。一般砂岩中黏土矿物含量越多，渗透率就越低。自生黏土矿物在砂岩孔隙中有 3 种基本产状(图 2-16)，即分散质点式、薄膜式和搭桥式，其中分散质点式对砂岩储集物性和孔隙结构破坏相对较小，而搭桥式的破坏性最大，薄膜式一般介于两者之间，如图 2-17、图 2-18 所示。

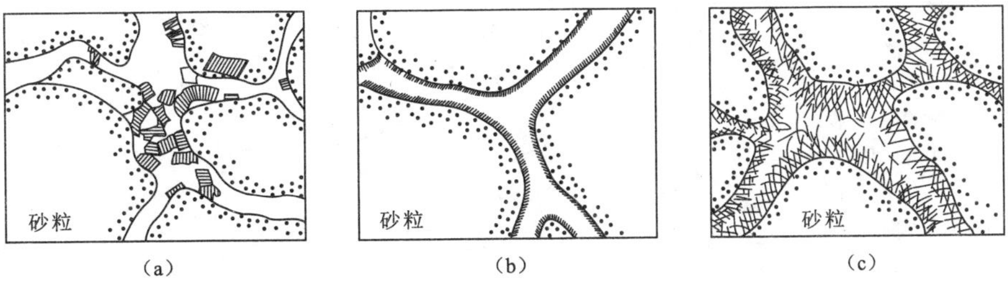

图 2-16 孔隙内自生矿物的产状类型

(据王行信，1992)

(a)分散质点式；(b)薄膜式；(c)搭桥式

挪威大陆架边缘及北海盆地南部地区，相继在中、上侏罗统 3 400～4 400m 深度发现了异常高孔隙(20%～27%)、高渗透率[(100～1 000)×10^{-3} μm^2]的优质储集层。大量研究发现，这些深部储集层的典型特征是黏土包膜较为发育，主要成分是早期形成的绿泥石，呈薄膜式发

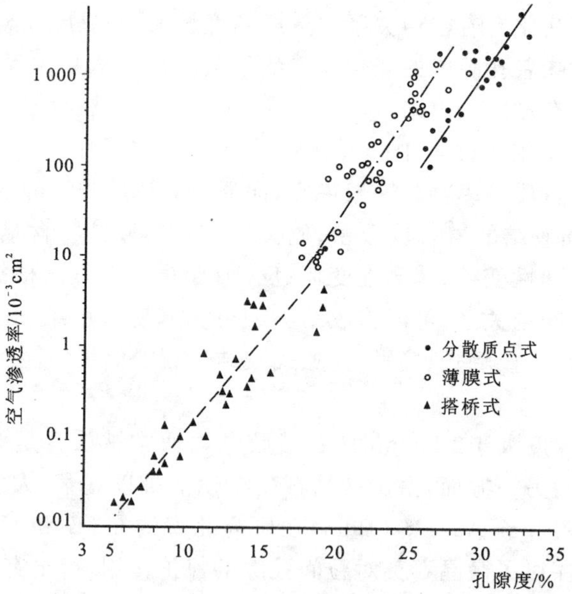

图 2-17　松辽盆地不同黏土矿物产状砂岩的孔隙度-渗透率关系

（据王行信，1992）

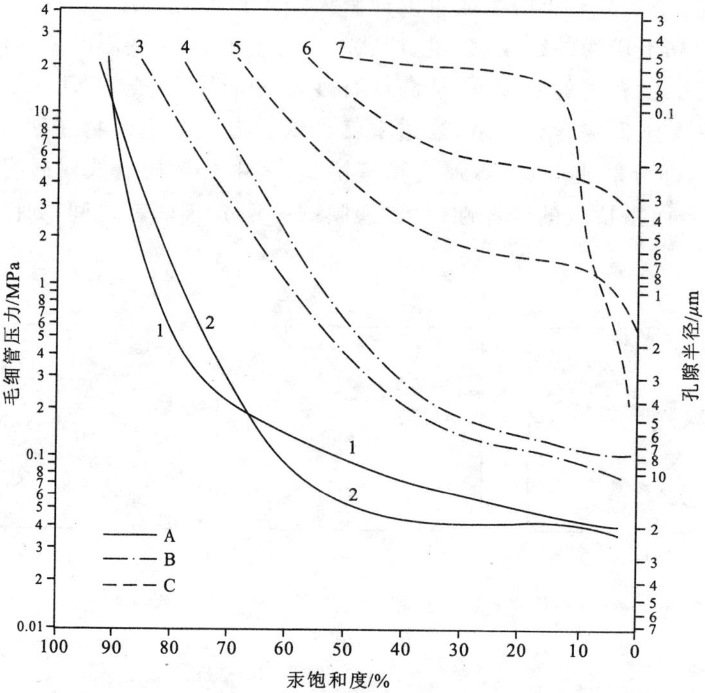

图 2-18　松辽盆地不同黏土矿物产状砂岩的典型毛细管压力曲线

（据王行信，1992 简化）

1. 杜 209 井 4 号；2. 杜 408 井 13 号；3. 杜 209 井 7 号；4. 杜 209 井 23 号；5. 塔 9 井 31 号；6. 塔 9 井 26 号；7. 塔 13 井 12 号；A. 分散质点式；B. 薄膜式；C. 搭桥式

育在颗粒边缘。Bloch 等也把薄膜式称为影响深层孔隙发育的主要因素之一。在烃类储集层中,最常见的黏土薄膜主要是自生绿泥石,薄膜式胶结的绿泥石具有抑制石英、长石次生加大以及抑制压实和压溶作用进行的重要作用。另外自生绿泥石作为一种从溶液中结晶的矿物,其形成需要大量的流体活动,而孔隙越是发育,就越利于流体的流动。因此,薄膜式发育的自生绿泥石含量高必然表明储集层孔隙度高及孔隙的连通性好。塔里木盆地中三叠统碎屑颗粒周围的绿泥石薄膜极为发育,是原生孔隙得以保存的重要原因;苏里格气田中绿泥石含量和储集层物性也具有明显的正相关性。但是当绿泥石含量过多,并呈密集型形态充填于碎屑颗粒间的时候,则会大大降低或破坏碎屑颗粒之间的原生孔隙,这也进一步说明为什么只有细粒以上砂岩发育绿泥石包膜时才容易保存大量原生孔隙,因为颗粒粒径越大,其表面积就小。这样,因石英次生加大导致孔隙降低的面积也就越小。

(3)溶解作用:在地下深处由于孔隙水成分变化,导致岩石颗粒或胶结物的溶解,形成次生溶蚀孔隙使孔隙度增大。这种次生溶蚀孔隙对改善储集层物性的重要性近来受到愈来愈多的重视。

影响溶解作用的因素很多,如沉积时具有较粗的粒度,孔隙-渗透性好的碎屑岩;砂岩中含可溶性物质较多;地下水呈酸性而且具有一定流动速度等都有利于次生孔隙形成。其中尤以酸性水的形成最为重要。对地下酸性水的形成条件,Schmidt(1979)认为干酪根热演化早期释放出大量 CO_2,是形成酸性水的重要原因,这种成油期前形成的酸性水溶蚀作用所造成的次生孔隙带特别有利于油气聚集。Curtis(1983)则认为:有机酸和无机质反应是形成次生孔隙的理想机理。据研究,在 80～120℃时,地下水富含短链有机酸,大大提高了对高岭石的溶解度,其中二元酸(如草酸)含量达到一定浓度时,使铝的溶解度提高 3 个数量级。而Ⅲ型干酪根热演化过程中释放出的羧基约有 40%是以草酸形式出现的。先于油、气(热成因)形成的羧基释放出有利于在相邻砂岩孔喉中清除碳酸盐、硫酸盐和硅铝酸盐的 CO_2,从而提高砂岩储集性。此外,在较高温度下,碳酸盐矿物之间的无机反应,亦能生成 CO_2;硫酸盐在脱硫菌和有机质参与下能生成 H_2S,也有利于提高硫酸盐的溶解能力。

但是必须指出,酸性水溶解的物质只有在不断被带走的条件下,才能使溶蚀作用朝有利于形成次生孔隙的方向发展。否则,随着溶质增加,溶蚀作用就会减弱,在达到过饱和时可以再沉淀,堵塞孔隙。

目前多数学者认为次生溶蚀孔隙是长石和碳酸盐矿物等不稳定组分在碳酸或者是有机酸等酸性地层水的作用下发生溶解的结果。石英作为碎屑岩储集层中一种非常稳定的碎屑组分,普遍认为它难以被溶解而形成次生孔隙。但是,已有许多学者对石英颗粒溶解的可能性及其相关问题进行过探讨,结果都认为在一定条件下石英是可以发生溶解的。Partica M. Dove 还通过实验获得了石英随溶液中温度、碱性离子含量以及 pH 值不同而呈现不同溶解速率的经验公式,发现了储集层中石英的溶解现象;在对油气储集层的碱驱提高采收率作业中也观察到了石英的明显溶解现象。目前我国部分学者在研究鄂尔多斯盆地塔巴庙地区上古生界砂岩储集层孔隙形成机理时提出了"碱性溶蚀"对储集层的建设意义。

(四)低渗透砂岩储集层

1. 低渗储集层划分标准及分类

不同国家和地区对低渗透储集层(这里特指油储集层)的划分标准并不十分统一。根据储集层渗透率指标划分,美国将渗透率≤$100\times10^{-3}\mu m^2$的储集层称为低渗透储集层,前苏联的标准是$(50\sim100)\times10^{-3}\mu m^2$，而我国一般将渗透率$(10\sim50)\times10^{-3}\mu m^2$的储集层称为低渗透储集层，渗透率为$(1\sim10)\times10^{-3}\mu m^2$的称为特低渗透储集层，小于$1\times10^{-3}\mu m^2$称为超低渗透储集层。按其渗透率大小及开采方式的不同，低渗透储集层可分为三种类型：Ⅰ类储集层，渗透率为$(10\sim50)\times10^{-3}\mu m^2$；Ⅱ类储集层，渗透率为$(1\sim10)\times10^{-3}\mu m^2$；Ⅲ类储集层，渗透率小于$1\times10^{-3}\mu m^2$。比较而言，气储集层的渗透率下限值比储油层的渗透率下限值小得多，我国的低渗透气储集层的渗透率$\leqslant10\times10^{-3}\mu m^2$，例如鄂尔多斯盆地大牛地气田相对高产区块的砂岩储集层渗透率下限值为$0.4\times10^{-3}\mu m^2$，而一般地油在渗透率$\leqslant1\times10^{-3}\mu m^2$的砂岩储集层中是不能流动的。

2. 低渗储层及其资源分布

根据有关资料估计，我国低渗透储集层分布广泛，低渗油储层石油资源量约占总资源量的1/5；低渗油储层石油地质储量较多的有新疆、大庆、胜利、吉林、辽河、大港、中原、延长、长庆等油区。特别是近几年来新疆准噶尔盆地新发现的小拐油田和玛北油田是典型的低渗储层油田。表2-6、表2-7分别列举了国内部分低渗油田的概况以及世界上低渗油田和储量的分布情况。

我国低渗气储层天然气资源量约占天然气总资源量的一半，主要分布在鄂尔多斯盆地、塔里木盆地和准噶尔盆地等。

3. 低渗储集层的成因

低渗透储集层按成因分为原生低渗透储集层、次生低渗透储集层和裂缝型低渗透储集层。

表2-6 我国部分低渗透油田分布及特征

油区	油田名称	油藏类型	含油面积/km^2	地质储量/10^4t	埋深/m	渗透率/$10^{-3}\mu m^2$	孔隙度/%	有效厚度/m
胜利	渤海	构造	72	11 086	3 300～3 950	6～27	17.6	17.2
	牛庄	岩性	51.8	6 246	2 760～3 800	18	16.2	0.5～20
大港	马西深	构造	6.5	618	3 800～4 000	11	13.6	25
中原	文东	构造	23.6	5 335	3 150～3 750	5～15		
长庆	安塞	岩性	206	10 561	1 000～1 300	1.29	12.4	12.2
	马岭		102.9	5 750		29.6	16.7	6.5
新疆	鄯善	构造	38	5 320	2 800～3 000	6.2	13	10.5
	丘陵	构造	33.6	4 500	2 100～3 100	20.6	13.7	35
	火烧山	构造	40.7	6 741	1 500～1 600	12.5	10.5	9.5
	乌尔禾	构造	41.1	8 837	2 300～3 500	1.2	12.1	62.2
	玛北	构造	100.7	5 568		1.18	8.4	12.4
河南	安棚					4.66	6.56	

表 2-7 低渗透油田及储量分布统计表

国家	油田/个数	储量/10^4 t	储量比例/%
墨西哥	1	1 023 526	36.8
阿尔及利亚	1	574 000	20.7
埃及	4	311 161.2	11.2
美国	29	275 288	9.9
巴西	2	138 950	5
委内瑞拉	4	123 844	4.5
加拿大	3	105 735	3.8
土库曼斯坦	2	100 243	3.6
中国	6	47 530	1.7
英国	3	21 574	0.8
澳大利亚	4	19 278	0.7
泰国	1	11 200	0.4
特立尼达和多巴哥	1	8 225	0.3
哈萨克斯坦	1	7 392	0.3
哥伦比亚	1	4 172	0.2
希腊	1	3 780	0.1
阿塞拜疆	1	3 220	0.1
总计	65	2 779 118	100

(1)原生低渗透储集层(沉积型低渗透储集层):该类储集层主要是受沉积作用的影响,沉积物粒度细、泥质含量高、分选差,以原生孔隙为主。储集层大多埋藏较浅,未经历强烈的成岩作用的改造,岩石脆性低,裂缝相对不发育。我国陆相沉积盆地原生低渗透储集层多分布于冲积扇与三角洲前缘相中。

(2)次生低渗储集层(成岩型低渗储集层):该类储集层主要受成岩作用控制,这类储集层原来一般是常规储集层,但由于压实作用、胶结作用等成岩作用大大降低了孔隙度和渗透率,原生孔隙残留较少,形成致密层。后来由于有机质向油气转化产生大量的酸性水,造成碳酸盐胶结物和一些骨架颗粒的溶解,使孔隙度和渗透率有一定的增加,形成低渗透储集层。次生低渗透储集层几乎发育于我国所有含油气盆地之中,构成了低渗透砂岩储集层的主体。

(3)裂缝型低渗储集层(构造型低渗储集层):裂缝型低渗透储集层以构造作用的影响为主,构造作用产生的外力除了使岩石的压实作用强度增大外,也使原来比较致密的脆性较大的岩石发生破裂,形成一定的裂缝,从而增加渗透率,形成低渗透储集层。这类储集层在我国也有大量发现,诸如扶余油田扶余油层、克拉玛依油田乌尔禾油层、乾安油田、朝阳沟油田、新民油田、火烧山油田、丘防油田等。

4.低渗储集层特征

我国低渗透储集层在不同时代、不同岩性的地层中所占的比例相差很大,以古生代、三叠系、白垩系和古近系为主;从岩性来看,以细砂岩和粉砂岩为主。低渗透储集层主要表现为储集层物性差、沉积物成熟度低、孔喉半径小、基质渗透率低、成岩差异大、应力敏感性强、裂缝比较发育和非均质性强等特征(表 2-8)。

表 2-8 我国部分低渗透砂岩储集层参数表

油田	碎屑成分/%			孔隙度/%	渗透率/$10^{-3}\mu m^2$	孔喉中值半径/μm	泥质含量/%	粒度中值/mm	原始饱和度/%	储集层类型
	石英	长石	岩屑							
大庆油田杏一区东部	30	34	36	21	10	0.06	18.1	0.067	40	原生低渗透储集层
老君庙油田 M 层	60	20	20	19.1	24	0.7	16～21	0.18～0.14	54	
濮城油田 $Es_3^{上5-10}$	75	15	10	15.6	16.4	1.5	8	0.105	70	次生低渗透储集层
马西深层板Ⅱ	35	45	20	15.1	11.7	0.38	9.5	0.13	70	
阿南油田	15	20	65	18.6	33.8	2.0	10	0.1～0.5	50	
安塞油田	25	60	15	12.4	1.4	0.25	10	0.18	56	
卫城油田 Es_4	65	20	15	14.2	2.8	0.6	8	0.072	60	
新民油田	33	30	37	15.2	5.4	0.16	4.4	0.15	52	裂缝性低渗透储集层
丘陵油田	30	24	46	13.7	31.9	1.4	11	0.1～0.2	65	

低渗透油田由于地质条件极其复杂，开采难度相对较大。因此，低渗透油田的有效开发已是国内外油田面临的一个普遍问题。

（五）砂岩储集体的类型及其沉积环境

砂岩储集体是砂岩储集层的主体，是指在某一沉积环境下形成的具有一定形态、岩性和分布特征的沉积岩体，可以在许多环境中发育。概括起来，砂岩储集体主要有冲积扇砂岩体、河流砂岩体、三角洲砂岩体、滨浅湖砂岩体、浅海砂岩体、深水浊积砂岩体和风成砂岩体等类型。由于沉积条件的差异，这些不同环境下形成的各类砂岩体在形态、规模、颗粒大小、矿物成分、颗粒分选及磨圆程度等方面都存在较大差异。表 2-9 概括了砂岩主要形成环境中的不同类型砂岩体的特征。因此，它们在储集物性方面区别也较大。

表 2-9 砂岩储集体形成环境及基本特征

沉积体系	砂体类型及特征	油田实例
冲积扇	岩体平面上呈扇形，纵剖面呈楔形，横剖面呈透镜状；颗粒粗杂；分选磨圆差；孔隙直径变化范围大；扇根和扇中储集性能较好；渗透率较高	克拉玛依乌尔禾油田三叠系
河流	包括河床、心滩、边滩、决口扇等砂体，剖面呈透镜状；河床砂体呈狭长不规则状，可分叉，剖面上平下凹，仅河心厚度大；结构、粒度变化大，分选差；非均质性；孔渗性变化大	长庆油田侏罗系、阿拉斯加普鲁霍湾油田二叠系和三叠系
三角洲	包括河道砂、分流河道砂、河口砂坝、前缘席状砂；三角洲前缘相带砂体发育；在不同动力作用下可呈鸟足状、朵状和弧形席状；砂质纯净、分选好，储集物性好	大庆油田白垩系、西西伯利亚乌连戈伊气田白垩系
滨海（湖）	包括超覆和退覆砂岩体、滨海砂堤、潮道砂、走向谷砂体；成分和结构成熟度高，分选、磨圆好，储集物性好；浅海（湖）砂堤狭长，平行海岸线，剖面透镜状，底平顶凸；储集物性好	东德克萨斯油田、圣胡安盆地 Bisti 油田、北海 Piper 油田
深水浊流	主水道、辫状水道砂体发育；成分和结构成熟度低；分选差；储集物性变化大	文图拉盆地、洛杉矶盆地
风成砂	砂质纯净、分选好、磨圆好；区域渗透性稳定	格罗宁根气田

我国主要含油气盆地的砂岩储集层多为陆相，绝大部分属于浅湖相、滨湖相及河流三角洲相沉积（表 2-10），近年来在渤海湾盆地也不断发现有半深湖-深湖相浊流沉积储集层。

表 2-10　我国主要含油气盆地砂岩储集层的岩相特征

盆地名称	主要砂岩储集层层位	岩相特征
松辽盆地	下白垩统	浅湖相、三角洲相
济阳坳陷	古近系沙河街组	浅湖相、三角洲相
黄骅坳陷	古近系沙河街组	沿岸砂堤、三角洲相
四川盆地	中侏罗统自流群凉高山组	浅湖相
陕甘宁盆地	下侏罗统延安组	河流三角洲相、滨湖相
准噶尔盆地	上三叠统下克拉玛依组	冲积扇
	中侏罗统西山窑组、三间房组	河流三角洲相
吐哈盆地	中侏罗统西山窑组、三间房组	辫状河三角洲相、冲积扇
酒泉盆地	挽近系白杨河群间泉子组	滨浅湖相
柴达木盆地	中新统至上新统	三角洲相、河流相
塔里木盆地	石炭系、三叠系	滨海相、潮滩、三角洲相
	侏罗系	河流相、滨湖相

总之，自然界砂岩储集体分布很广，类型繁多，各种类型砂岩储集体之间常常有着密切的联系。在陆相沉积中，湖成砂岩储集体往往同河床砂岩储集体、三角洲砂岩储集体、冲积扇砂岩储集体、风成砂岩储集体混在一起。不同时期、不同成因的砂岩储集体有时连成一片，在滨海一浅海区也有类似的情况出现。这就要求我们对砂岩储集体的岩性、岩相、厚度、几何形态及古地理位置进行详细的综合分析，才能正确判断它们的成因类型，为研究砂岩油气田的形成及分布特征奠定基础。

二、碳酸盐岩储集层

碳酸盐岩储集层是目前世界上重要的产油气层，以碳酸盐岩为含油气层的油气探明储量占世界总探明储量的30%以上(Klett 和 Schmoker，2001)。碳酸盐岩油田一般比砂岩油田储量大，单井产量高。截至2002年底，全球共发现877个大油气田，其中碳酸盐岩大油田188个，碳酸盐岩大气田95个；按油气当量计算，这些碳酸盐岩大油气田的油气可采储量达1 330 $\times10^8$ t，占大油气田可采储量的47.09%，碳酸盐岩大油气田平均可采储量约4.7$\times10^8$ t，而砂岩大油气田的平均可采储量约2.6$\times10^8$ t。世界上曾有9口原油产量达万吨以上的高产井，其中有8口井属碳酸盐岩储集层。世界10个最大油田中的6个为碳酸盐岩油田，其中包括世界最大的油田——盖瓦尔油田；世界10个最大气田中的5个为碳酸盐岩气田，其中包括世界第一和第二大气田(白国平，2006)。其中包括世界第一大气田卡塔尔一伊朗的北方——南帕斯气田，天然气储量约32.48$\times10^{12}$ m^3)，产层是上二叠统白云岩(气源为下志留统页岩，盖层为三叠系页岩和蒸发岩)。碳酸盐岩储集层的岩石类型多样，其中以粒屑灰岩、生物骨架灰岩和白云岩为主。

(一)碳酸盐岩储集层的岩石学特征

碳酸盐岩是由方解石和白云石等自生碳酸盐矿物(含量大于50%)所组成的沉积岩，主要有两种类型：以方解石为主的石灰岩和以白云石为主的白云岩。碳酸盐岩除主要矿物方解石和白云石外，还有铁白云石、菱锰矿、菱镁矿等其他碳酸盐矿物；也含有一些非碳酸盐矿物，如石膏、天青石、重晶石等自生矿物。此外，还有次要矿物如黏土、碎屑石英、以及重矿物等陆源矿物。大量研究证实，碳酸盐岩的形成在成因上基本是有机的，大多数碳酸盐岩颗粒的沉积方式和陆源碎屑一样受水动力学因素控制。这些颗粒包括生物屑、内碎屑、鲕粒、团粒和藻粒。同碎屑岩一样，碳酸盐岩的成分还包括泥晶基质和亮晶胶结物。不同于碎屑岩的是，碳酸盐岩的分类比较复杂，目前主要是依据成因来进行分类和命名。

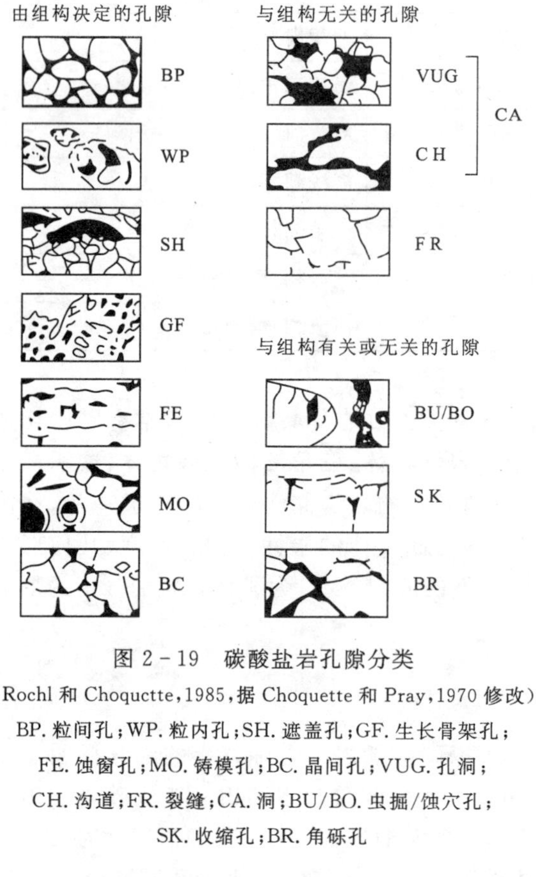

图 2-19 碳酸盐岩孔隙分类

(Rochl 和 Choquctte，1985，据 Choquette 和 Pray，1970 修改)

BP. 粒间孔；WP. 粒内孔；SH. 遮盖孔；GF. 生长骨架孔；FE. 蚀窗孔；MO. 铸模孔；BC. 晶间孔；VUG. 孔洞；CH. 沟道；FR. 裂缝；CA. 洞；BU/BO. 虫掘/蚀穴孔；SK. 收缩孔；BR. 角砾孔

（二）碳酸盐岩储集层的孔隙类型

碳酸盐岩储集层的孔隙类型依其形态特征可分为孔（隙）、洞（溶蚀大孔及洞）和缝（裂缝）三大类。一般来说，孔、洞是主要储集空间，裂缝是主要渗滤通道，也是储集空间。

碳酸盐岩孔隙的形成是一个复杂而长期的过程。它除了受沉积环境控制外，埋藏后深受地下热动力条件、地下和地表水化学场和构造应力场等因素影响。由于碳酸盐岩易溶、不稳定、性脆，使储集空间演化极为复杂。因此，在碳酸盐岩孔隙分类时，既要考虑沉积过程中的原始结构，又要考虑整个地质历史过程中的改造。但原生组构对成岩改造有很大的影响。因此，Choquette 和 Pray（1970、1985）根据碳酸盐岩和组构的关系，将碳酸盐岩孔隙分为三大类（基本类型），每一类型包含若干具体型式（图 2-19）。

（三）影响碳酸盐岩储集性的主要因素

1. 沉积环境

影响碳酸盐岩原生孔隙发育的主要因素是沉积环境，即介质的水动力条件。碳酸盐岩原生孔隙的类型虽然多种多样，但主要是粒间孔隙和生物骨架孔隙。这些孔隙的发育程度主要取决于粒屑的大小、分选程度、胶结物含量以及造礁生物的繁殖情况。因此，水动力能量较强的或有利于造礁生物繁殖的沉积环境，常常是原生孔隙型碳酸盐岩储集层的分布地带。沉积环境不仅决定了原生孔隙发育程度，更重要的它是以后成岩过程中成岩流体和成岩矿物的主要的物质来源。目前所发现的碳酸盐岩储集层多发育在高能浅海沉积环境（颗粒滩、鲕粒滩坝、生物礁等）及易于发生白云岩化的沉积环境（碳酸盐台地、蒸发泻湖）。高能环境下形成的颗粒灰岩，表面冲刷比较干净，基质含量低，在压实过程中比泥质灰岩更难于被压实，有利于原始孔隙的发育；而且高能环境下的碳酸盐岩台地，在海平面升降的旋回中易反复暴露在大气环境中，经受大气淡水的淋滤，易于发生混合水白云岩化作用，同时淡水淋滤有利于溶蚀孔隙的发育。因此有利的沉积相带是优质储集层发育的基础。

2.成岩作用

碳酸盐岩在沉积时期所形成的原生孔隙，会因其后发生的各种成岩作用而改变。成岩作用主要包括溶蚀作用、重结晶作用、白云石化作用、方解石化作用、硅化作用、硫酸盐化作用等。现择要简述如下。

(1)溶蚀作用：碳酸盐岩次生孔隙的形成和发育与地下水的溶解作用和淋滤作用关系密切。这是由碳酸盐岩的易溶性所决定的。碳酸盐岩结晶矿物的溶解度决定于它们本身的性质、地下水的溶解能力以及热动力条件。

岩石的矿物成分不同，其溶解度也不同。方解石和白云石的溶解度决定于水中CO_2含量、地下水的温度和硫酸钙含量等。随着水中CO_2含量的增加，方解石和白云石的溶解度增大。而且当水中CO_2含量高时，方解石的溶解度比白云石高；相反，当水中CO_2含量低时，白云石溶解度比方解石高。一般在CO_2含量较高的水中，在低温条件下(低于0℃)方解石的溶解度比白云石的溶解度大约高0.5倍。随着温度上升，这个差值变小，当温度为55℃时，白云石溶解度和方解石相等。温度进一步升高，白云石的溶解度反而比方解石高。水中硫酸钙含量对方解石和白云石的溶解度的影响比较复杂。一种影响机制是，硫酸钙含量的增高抑制方解石的溶解。另一种影响机制是，硫酸钙与烃类之间在较高温度下发生热化学硫酸盐还原反应(简称TSR)，产生的硫化氢对白云石具有强烈的溶蚀作用。H_2S对储集层的溶蚀机理目前有多种解释：①储集层温度降低，增加H_2S和CO_2在地层水的溶解度，pH值降低，同时温度降低也增加了碳酸盐的溶解度，发生溶蚀；②富氧流体的氧化，H_2S被富氧流体氧化，生成具有强烈腐蚀性的硫酸；③与过渡金属(Fe、Pb、Zn、Mn)阳离子反应，H_2S和孔隙水中的碱金属阳离子反应，生成金属硫化物和H^+，如果有充足的H_2S和阳离子，便可生成大量的具有腐蚀性的酸，对碳酸盐岩储集层造成强烈的溶蚀；④H_2S溶于水后生成的氢硫酸对白云岩具有强烈的腐蚀性。

结晶矿物的晶粒大小不同，它们的溶解度也不相同。2mm石膏微粒比0.3mm的石膏微粒的溶解度低20%，碳酸盐矿物也是如此。因此小颗粒的溶解有利于大颗粒的生长。

此外，碳酸盐岩中所含不溶矿物杂质在溶解过程中也有很大影响，当碳酸盐岩中存在泥质、硅质或有机质等杂质时会阻碍溶解过程的进行。如我国四川乐山上元古界白云岩，不溶残余物含量小于1%者，孔洞发育；当不溶残余物含量大于10%时，很少发育大溶洞。

此外，碳酸盐岩的溶蚀孔洞一般发育在岩溶带。岩溶带的发育状况和气候条件、地下水的运动状况有密切关系。一般温暖潮湿气候区，地下水活动强烈，溶蚀作用也相当活跃。我国华北地区下古生界碳酸盐岩地层在奥陶系沉积以后，整体上升，经过长期的沉积间断，古岩溶发育良好，因此是一个良好的储集层。

(2)重结晶作用：碳酸盐岩被埋藏之后，随着温度压力的升高、岩石矿物成分不变而矿物晶体大小、形状和方位发生了变化的作用，称为重结晶作用。这种作用使致密、细粒结构的岩石变为粗粒结构的、疏松、多晶间孔隙的岩石。粗粒结构的岩石强度降低，易产生裂缝。这有利于地下水渗滤，为溶蚀孔隙的发育创造了条件。如我国四川侏罗系大安寨介壳灰岩产油气层，其孔隙发育程度随重结晶作用的增强而变好。

(3)白云石化作用：白云石化作用是指白云石取代方解石、硬石膏和其他矿物的作用。白云石化作用一般分为两类：一类是发生在沉积物中的准同生期白云石化作用；另一类是发生在岩石中的成岩期白云石化作用。根据白云岩化作用的特征及其发生的环境，提出了蒸发泵模式、渗透回流模式、混合水模式、埋藏压实模式等多种白云岩化作用机理。白云岩储集层基本上发育在以下 4 种环境中：潮缘为主的碳酸盐岩、与蒸发潮坪/泻湖有关的潮下碳酸盐岩、与盆地蒸发岩有关的潮下碳酸盐岩、非蒸发碳酸盐岩。前 3 种是可以发生早期白云岩化的环境，早期形成的白云岩是后白云岩化的基础。非蒸发环境中的碳酸盐岩只有在特殊的地质条件下（多与古地理高点、不整合面或台地边缘有关）才能发生后白云岩化，后白云岩化的关键因素是在埋藏条件下如何获得大量的镁离子以及在特殊的地质环境（不整合面、断层、裂缝）为镁离子的运送提供通道。

对白云岩化作用如何引起岩石孔隙度的变化，还存在不同的认识。一种观点认为，白云石分子交代方解石分子时体积减小约 12.5%，因此形成孔隙极为发育的白云岩。另一种观点认为，交代作用并不伴随体积的变化，白云岩孔隙度较大的主要原因不是矿物体积缩小所致，而是由于白云石性脆易裂、溶蚀作用强烈的缘故。白云岩化作用主要从两个方面控制次生孔隙的发育，一是交代和重结晶作用，另一个是溶蚀作用。交代和重结晶作用可在一定范围内促进孔隙度的增加，当孔隙水中 CO_3^{2-} 的浓度比较小时，相当于 2mol 方解石被交代生成 1mol 白云石，白云石的比重较大，会使原岩中的孔隙度增加；但是当孔隙水中镁离子比较丰富并有碳酸根离子作用的情况下，1mol 的方解石可能生成 1mol 的白云石，这时孔隙没有增大反而会减小。

$$(2-x)CaCO_3+Mg^{2+}+xCO_2^{3-}=CaMg(CO_3)_2+(1-x)Ca^{2+} \quad (2-14)$$

白云岩较灰岩来说具有更好的机械性能，白云岩抗压溶能力比较强，性脆，容易被压裂。白云石的密度比较大，在交代方解石的过程中会产生一定的晶间孔，并会使方解石变得不稳定从而产生溶蚀孔，所以深层白云岩地层更有利于孔隙的发育。

3. 构造作用

构造不整合面是长期风化淋滤层，碳酸盐岩受到强烈溶蚀，形成风化壳岩溶地貌，再次被深埋后，不整合面可以作为油气运移的通道，其附近有机酸浓度高，有利于发生再次溶蚀。不整合面也可以作为连通地表淡水的通道，对不整合面下的碳酸盐岩造成强烈的淋滤，改善储集层性能。对于非蒸发碳酸盐岩地层来说，除了提供淡水更可以提供 Mg^{2+} 来源，发生大规模白云岩化和溶蚀作用，形成优质碳酸盐岩储集层。构造断裂作用对碳酸盐岩储集层的影响更加明显，裂缝的产生对深部优质碳酸盐岩储集层的发育起到了重要的促进作用。一方面，微裂缝和裂隙可以增加孔洞间的连通性，改善原生孔隙系统，增大孔隙度，提高渗透率。另一方面，裂缝的发育有利于次生溶蚀和重结晶作用的发生。

4. 碳酸盐岩储集层的类型及其沉积环境

碳酸盐岩储集层的分布是严格受沉积环境控制的，在碳酸盐岩沉积区中水动力能量较强的环境是形成良好碳酸盐岩储集层的地带，包括生物礁环境、浅滩环境和潮坪环境等。

（1）生物礁环境：生物礁一般是指造礁生物（如珊瑚、海绵、苔藓虫、层孔虫、钙藻等）原地固着生长而形成明显向上凸起的、坚固的、具有抵抗波浪作用的块状生物岩体。生物礁的主体即礁核是造礁生物的骨架、茎状（枝状）化石遗骸障积灰泥以及蓝绿藻、红藻等生物黏结碎屑颗粒等组成。礁核内发育大量的多种类型的孔隙，例如生物骨架孔隙、粒间孔隙、生物体腔孔隙等原生孔隙，并在原生孔隙的基础上经淋滤溶蚀或白云岩化作用而出现大量的次生溶孔、溶洞和白云岩化晶间孔，并使原生孔隙进一步扩大和连通，大大改善储集性能。线状生物礁体向海一侧为礁前，礁前带由于受海浪的强烈冲击，坡度陡峭，造成崩塌堆积物。礁前塌积物以砾屑灰岩、砂屑灰岩为主，粒间孔隙十分发育。生物礁体向陆一侧为礁后，礁后带坡度缓，常常紧邻泻湖，水动力能量弱，堆积物大小混杂，分选差，多为灰泥沉积。因此，生物礁块岩体中孔隙主要发育在礁核和礁前塌积区内。

(2)浅滩沉积环境：浅滩环境是指水动力能量较强的碳酸盐岩沉积环境中形成的滨岸沙滩、障壁沙滩、泻湖边缘浅滩和潮汐三角洲等环境。在这些环境中，由于波浪和潮汐的作用强烈，堆积了圆度、分选俱佳的骨屑灰岩、砂屑灰岩、鲕粒灰岩等岩石类型，其粒间孔隙十分发育，假如这些浅滩在后期暴露水面，经雨水淋滤、溶蚀又形成大量次生溶孔。由于选择性溶解作用的结果，一般由文石质组成的鲕粒、软体动物碎屑、藻屑等最易溶解，可形成鲕内溶孔、砂屑溶孔、藻屑溶孔、介屑溶孔等粒内溶孔和溶模孔。假如浅滩处于较封闭的盐水环境，则可因白云岩化而出现晶间孔。北非利比亚北部锡尔特盆地泽勒坦油田，挽近系的伞藻-有孔虫砂屑灰岩，属于砂坝沉积，由于它们的粒间孔隙和粒内孔隙在后期经淋滤、溶蚀而扩大和沟通，孔隙度高达30%～35%。

(3)潮坪环境：主要是指潮上带和潮间带的环境，也即有障壁的碳酸盐岩海岸平均低潮线以上的向陆部分。这一地区的主要特点是：大洋海浪的作用不明显，主要受潮汐作用和大风暴的影响；蓝绿藻非常发育(尤其是潮间带)；粗碎屑颗粒作为滞后的残留物一般停积在潮汐沟内，在潮汐坪上以细粒沉积作用为主，经常出现团粒泥晶灰岩、叠层石灰岩。在干旱气候区，由于强烈的蒸发作用，潮上带即成为盐沼(萨布哈)环境，出现石膏、硬石膏、白云岩等蒸发岩沉积。这种环境中的沉积物可能遭到早期白云岩化，形成微晶白云岩，发育晶间孔隙。如果成岩晚期出现白云岩化，则晶间孔隙可能更发育。其次是蓝绿藻被埋葬和腐烂可形成鸟眼溶蚀孔隙。由于它们经常暴露地表，大气降水选择文石质蓝绿藻纹层进行溶解，形成窗格状溶蚀孔隙，膏盐矿物的溶解可形成晶模孔等。因此，潮坪上是形成鸟眼孔隙、窗格状溶蚀孔隙、晶模孔好的白云石晶间孔的主要场所，是世界上许多油气田的良好储集层。例如，美国密执安盆地泥盆系的蒸发岩中所夹白云岩层，晶间孔发育，为产油层。

三、火山岩储集层

火山岩作为储集层的油气藏在国外已有120多年的勘探历史，1887年在美国加利福尼亚圣华金盆地首次发现了火山岩油气藏，过去对火山岩油气藏的发现常常具有偶然性，发现过一些重要的火山岩油气藏，如印度尼西亚的贾蒂巴朗(Jatibarang)玄武岩油气藏、阿塞拜疆穆拉德汉雷粗面玄武岩及安山岩油气藏等。我国火山岩油气藏的勘探也经历了50多年历史，1955年首次在准噶尔盆地西北缘发现火山岩油气藏，2000年以来，相继在渤海湾盆地、江汉盆地和苏北盆地等中—新生界，松辽盆地、海拉尔盆地和二连盆地等中生界、塔里木盆地、准噶尔盆地、四川盆地和三塘湖盆地等古生界火山岩储层油气勘探中取得了一系列重大突破；我国沉积盆地内发育的石炭系—二叠系、侏罗系—白垩系和古近系—新近系3套火山岩已成为重要的油气勘探和储量增长的新领域。在有关火山岩储集层类型、岩石学和岩相、储集空间特征、储集层成因及物性控制和影响因素、储层分布规律和预测方法技术等方面我国学者已开展了大量和深入的研究工作，进展显著。

(一)火山岩储集层岩相特征

火山岩相(volcanic facies)是指火山作用控制的火山物质的喷发类型、搬运方式、定位环境和状态即火山活动产物形成方式的总和。火山岩相的划分方案并不统一，作为火山岩储集层(volcanic reservoirs)的火山岩相可分为5种相和15种亚相(表2-11)。5种相分别为火山通道相、爆发相(崩落相)、喷溢相(溢流相)、侵出相、喷发-沉积相。火山喷发环境有陆上和水下两种,描述火山喷发活动可用三级分类体系,一级为火山-沉积构造层序,二级为火山旋回,三级为火山韵律。火山-沉积构造层序是指某一构造活动期内,火山活动前—火山活动期—火山活动后3个阶段充填的火山岩和沉积岩系,可厚几百至几千米,常见多次喷发与沉降沉积,可以有多个火山旋回。一个火山旋回可由多次基本连续的喷发,发育多个火山韵律;两个相邻火山旋回之间存在一定的间歇,常表现为构造不整合、喷发不整合或厚度较大的区域性沉积岩夹层。火山岩喷发方式有中心式喷发、裂隙式喷发和复合式喷发。我国陆上含油气盆地火山岩常受区域大断裂控制以中心式喷发为主,火山口沿断裂呈串珠状分布。

表2-11 火山岩储集层岩相和亚相划分表

岩相	火山通道相	爆发相	喷溢相	侵出相	喷发-沉积相
亚相	火山口-火山颈	空落	上部	中心	沉火山碎屑岩
	潜火山岩	热基浪	中部	过渡	含外碎屑火山碎屑沉积
	隐爆角砾岩	热碎屑流	下部	边缘	再搬运火山碎屑沉积

(二)火山岩储集层的岩石学特征

火山岩储集层主要包括两类:火山熔岩和火山碎屑岩及过渡岩类储集层。

1.火山熔岩类

火山熔岩(lava)主要岩性包括玄武岩、安山岩、英安岩、粗面岩、流纹岩等岩石类型,主要为基性、中酸性和酸性岩类,少量为碱性岩类。火山熔岩作为储集层关键取决于是否破碎,传统观念认为火山熔岩类为致密块状,如果没有构造破碎(裂缝)或隐爆(隐爆角砾岩)就不可能成为储集层。

2.火山碎屑岩及过渡岩类

火山碎屑岩(pyroclastic rocks)是火山爆发堆积形成的岩石,可分为3种类型:正常火山碎屑岩、火山碎屑熔岩、火山-沉积碎屑岩类。正常火山碎屑类岩分为普通火山碎屑岩和熔结火山碎屑岩;普通火山碎屑岩常见类型有集块岩,火山角砾岩,凝灰岩,过渡类型岩类如凝灰角砾岩、含角砾凝灰岩等;熔结火山碎屑岩常见类型有熔结集块岩,熔结角砾岩,熔结凝灰岩,过渡类型岩类如熔结凝灰集块岩、熔结凝灰角砾岩等。火山碎屑熔岩类是指火山碎屑岩向熔岩类过渡的类型,由火山碎屑物被熔岩物质胶结而成。火山-沉积碎屑岩类是正常沉积岩与正常火山碎屑岩之间所有过渡类型的岩石。

(三)火山岩储集空间特征及成因

按孔隙成因可将火山岩储集空间分为两大类(表2-12):①原生储集空间包括气孔、粒间孔、晶间孔和裂缝;②次生储集空间包括溶孔、溶洞、溶缝、构造和风化裂缝。

原生孔隙为火山物质喷出地表形成的气孔及不完全被杏仁体充填的残余孔隙、晶间孔、火山碎屑岩粒间孔等。次生孔隙主要是球粒流纹岩脱玻化孔、长石(包括斑晶、晶屑、微晶、脱玻化形成的长石)、火山灰、黏土矿物的溶蚀孔,气孔充填的碳酸盐和沸石杏仁体溶蚀孔,裂缝充填的碳酸盐脉以及岩石碳酸盐化形成的碳酸盐矿物的溶蚀孔,次生孔隙的形成主要是火山岩体遭受风化淋滤、埋藏溶蚀的结果。原生裂缝为火山作用包括冷凝和自碎等形成收缩缝、爆裂

表 2－12 火山岩储集空间类型及特征

储集空间类型		对应岩类	成因	特点	含油气性
原生储集空间	气孔	安山岩、玄武岩、角砾岩、角砾熔岩	成岩过程中气体膨胀溢出	多分布在岩流层顶底大小不一，形状各异	与缝、洞相连者含油气性较好
	粒间孔	火山角砾岩、集块岩、火山沉积岩	火山碎屑颗粒间经成岩压实后残余孔隙	火山碎屑岩中多见	含油气性好
	晶间孔	玄武岩、安山岩、自碎角砾熔岩	造岩矿物格架中，多分布在岩流层中部	孔隙较小	大多不含油
	裂缝	玄武岩、安山岩、自碎角砾熔岩、次火山岩	岩浆冷凝收缩、底部岩浆上涌破坏上部熔岩，自碎或隐蔽爆破	有柱状节理，呈张开式，面状裂开，少错动	含油气性较好
次生储集空间	溶蚀孔洞缝	玄武岩、安山岩、自碎角砾熔岩、构造角砾岩	风化、淋滤、热液及有机酸溶蚀	沿裂缝、破碎带以及构造高部位发育	含油气性好
	构造裂缝	各类岩石	构造应力作用	近断层处发育，较平直，多为高角度裂缝	构造作用发生于油气运移之后不含油；反之则含油
	风化裂缝	各类岩石	各种风化作用	与溶蚀孔洞缝和构造缝相连	主要起输导作用，储集意义不大

缝；次生裂缝为构造应力作用使火山岩体发育变形和错动而形成构造裂缝，风化剥蚀和溶蚀作用叠加构造应力破坏作用使大量地表水和地层水或地下有机酸溶液对火山岩体进行溶蚀产生溶蚀缝。火山岩体可发育多种类型的孔、洞、缝等储集空间，当这些有成因联系的储集空间组合出现，可形成具有良好的储集性能的火山岩储集体。

（四）火山岩储集层物性特征

根据对我国各时代火山岩储集层（主要岩石类型包括玄武岩、安山岩、粗面岩、英安岩、流纹岩、凝灰岩、火山碎屑岩）孔隙度和渗透率的统计，新生界火山岩储集层平均孔隙度介于10%～25%，平均渗透率介于$(1\sim90)\times10^{-3}\mu m^2$；中生界侏罗系—白垩系火山岩储集层平均孔隙度介于2%～22%，平均渗透率介于$(1\sim136)\times10^{-3}\mu m^2$；古生界石炭系—二叠系火山岩储集层平均孔隙度介于0.8%～19%，平均渗透率介于$(0.03\sim153)\times10^{-3}\mu m^2$。

（五）火山岩储集层及其物性的主控因素

火山岩储集层孔隙空间包括原生孔隙、次生孔隙和裂隙，储集层的形成演化过程非常复杂，原生孔隙和裂缝主要受到原始喷发状态，即火山岩亚相控制；构造裂缝的发育和保存也同样受到原始喷发状态（亚相）的控制；火山喷发后冷凝熔结和压实固结形成的火山岩虽然有原生气孔存在，但连通性差，只有经过后期不同阶段的构造应力、风化淋滤和埋藏溶蚀等各种地质作用的次生改造才具有良好的连通性。未经长期或强烈风化淋滤的火山岩，其储集物性主要受火山岩岩相和岩性控制。火山作用、成岩作用（包括地质流体作用）和风化淋滤作用以及构造作用等是影响和控制火山岩储集层分布和物性特征的主要地质作用和控制因素。

1. 火山作用

火山作用控制着火山岩储集体的规模及形态，也控制着火山岩岩相和岩性特征以及原始储集空间类型。火山岩储集层的物性主要受火山岩亚相和岩石类型的控制，不同岩相、亚相具有不同的孔隙类型，同一岩相的不同亚相和岩性的火山岩储集层物性可能也有很大差别；岩性是影响火山岩储集层优劣的直接因素，不同岩石类型的火山岩储集层发育不同类型的储集空间系统，控制着原生和次生孔、洞、缝的组合和分布特征。

火山通道相储集空间主要为孤立的气孔及火山碎屑间孔隙，熔岩中常见柱状节理发育。火山爆发相发育火山碎屑岩，爆发相的空落亚相和热基浪亚相孔洞较发育；爆发相又可分为近火山口亚相、过渡亚相和远火山口亚相，其中近火山口亚相火山角砾岩的粒间孔隙和裂缝发育，有时过渡亚相的储集物性相对较好，远火山口亚相凝灰岩物性差。由于火山爆发相一般都处于古侵蚀面高部位，易于遭受风化淋滤作用，形成溶蚀孔、洞、缝。火山喷溢相形成于火山喷发的各个时期，熔岩原生气孔发育，次生孔隙主要表现为长石和杏仁体充填物的溶蚀以及玻璃质经过脱玻化形成长石、石英等矿物后，发生体积缩小产生的孔隙。侵出相中心带亚相储集空间主要为裂缝、溶孔、晶间孔等微孔隙。火山喷发-沉积相中火山-沉积碎屑岩的储集空间更多地受沉积作用和压实成岩作用的控制。

2. 成岩作用

火山岩成岩作用类型主要有压实作用、充填作用、交代作用、溶解作用等。压实作用对火山熔岩类储集层的孔隙度影响较小，因为火山熔岩骨架较其他岩石坚硬，抗压实能力强，在埋藏过程中受机械压实作用影响小，使得火山熔岩的孔隙空间在埋藏压实过程中比其他岩石更容易保存下来，所以火山熔岩储集物性随深度的变化小；但压实作用对火山碎屑岩孔隙度影响显著，不利于孔隙的保存。充填作用可降低储集层的孔渗性，同交代作用（包括绿泥石化、方解石交代、沸石化等）一样，对火山岩储集层的形成既有消极影响，也有积极作用，火山岩中的气孔往往不是直接成为储集空间，而是先由绿泥石、方解石、浊沸石等杏仁体充填，然后如果被地下水溶蚀，经裂缝连通才能成为有效的储集空间。地质流体可分为热液流体和有机酸性流体；火山活动和烃类生排作用可产生大量的地质流体；热液作用引起交代作用，导致原有的矿物发生蚀变、溶蚀，同时生成新矿物而引起次生胶结和充填作用，蚀变和溶蚀使火山岩孔隙度增大，胶结和充填作用则使孔隙度降低；在埋藏过程中与烃类生成有关的酸性流体将对火山岩产生溶蚀作用，带走不稳定矿物成分从而形成溶蚀次生孔隙和裂缝。

3. 风化淋滤作用

火山岩储层几乎都经历过不同程度的风化淋滤作用，对多数火山岩储层而言，孔隙发育程度与风化淋滤作用密切相关，长期的风化和地表水淋滤作用可以使岩石破碎，形成大量的溶蚀孔隙和裂缝，地表以下风化淋滤的火山岩层有时可厚达几百米，其中的溶蚀带和崩解带一般储层物性相对最好，可形成良好的大规模的火山岩储集层。

4. 构造作用

由于火山岩的特殊性，发育的许多气孔孤立存在，互不连通。构造运动可将火山岩石碎裂，形成的构造裂缝将各种孤立孔隙相互连通成为具有渗透性的有效储集空间，构造裂缝的形成又可促使流体进入和流出火山岩体，对其进行溶解次生改造，形成大量的溶孔、溶洞和溶缝，有效地改善火山岩储集层的储集物性。

（六）我国含油气盆地火山岩储集层类型

根据邹才能等（2008）研究和划分（表 2 - 13），依据其成因特点将火山岩储集层划分为 4 大类和 7 小类。4 大类为熔岩型储集层、火山碎屑岩型储集层、溶蚀型储集层、裂缝型储集层，各种类型火山岩储集层的产出部位、展布形态、孔隙类型和物性特点等方面存在明显差异。

表 2-13 火山岩储集层成因类型及分布特征

控制作用	储集空间	储集层类型	分布与产状	储集层大类
火山作用	原生型	火山熔岩	喷溢相，层状	熔岩型储集层
		潜火山岩	浅成侵入相，筒状	
		火山碎屑岩	爆发相，堆状、环状	火山碎屑岩型储集层
成岩作用	次生型	风化壳岩溶型	内幕储层	溶蚀型储集层
		埋藏岩溶型	酸性流体溶蚀，深度不限	
		蚀变型	岩床、岩株，蚀变带	
构造作用	裂缝	裂缝型	构造高部位，断裂带	裂缝型储集层

四、其他岩类储集层

其他岩类储集层是指除砂岩、碳酸盐岩和火山岩以外的各种岩类储集层，如泥质岩、变质岩、岩浆侵入岩、砾岩以及煤层等。在这些岩类中均有常规的工业性油气流发现，并且有些具有相当规模的工业价值，但在世界常规油气资源的油气储量中只占较小的比例。这是因为这些岩类的原生孔隙极不发育，孔隙连通性差，储集性能差，只有在一定的地质作用下，当出现大量的构造裂隙和溶蚀孔隙时，才能成为具孔渗性的有效储集层。

（一）泥质岩储集层

裂缝发育的泥质岩（argillaceous rocks）可成为油气储集层，如美国东部泥盆系页岩就是重要的储气层。我国许多油田也已开展了泥岩裂缝油气藏的勘探，并取得较大进展。如江汉盆地潜江凹陷潜江组二段的泥岩和泥质碳酸盐岩，由于潜江组底部盐拱构造作用形成 NE—SW 向的局部张应力，王场背斜上的曲率最大的构造轴部及轴部-冀部过渡带泥岩层产生 NW 向的张性构造裂缝，另外，在 NE 向车挡断裂带内侧泥岩层产生 NE 向的张裂缝，这两组裂缝的发育区是江汉油田泥岩裂缝型油气藏的分布位置。

20 世纪 60 年代初期在济阳坳陷泥质岩地层中发现了油气，在所钻 15 000 余口探井和开发井中，先后有 320 余口井在泥质岩层段遇到油气显示，120 余口井发现泥质岩油层或泥质岩含油水层，30 余口井在泥质岩层段试油获得工业油气流，单井最高日产达 93t，揭示了济阳坳陷泥质岩层较好的油气潜力。这些已发现的泥质岩类油气藏基本是一些发育于厚层生油岩系中的透镜状、豆荚状或不规则状的含油孔缝带。根据储集空间可将泥质岩油气藏分为 3 类，即裂缝型、孔隙型和孔-缝复合型（简称复合型）油气藏。进一步可根据储集层岩相及储集空间的不同，将其划分为多种油气藏类型（表 2-14）。

表 2-14 泥质岩储集层与油气藏类型表

油气藏类型	亚类	岩性组合	储集空间组合
裂缝型	钙质泥岩裂缝型 钙质泥岩裂缝—网状裂缝型 残留泥岩裂缝型	脆性泥页岩 欠压实泥质岩 块状泥页岩	构造缝＋基质孔隙 溶蚀裂缝＋页理缝 成岩收缩裂缝＋页理缝
孔隙型	夹砂岩条带的超压泥岩孔隙型 片状孔隙型 纯粹基质孔隙型	欠压实泥质岩 脆性泥质岩 复杂岩性	砂质＋泥质粒间孔隙 构造缝＋层间页理缝 基质孔隙
孔-缝复合型	复杂岩性薄互层孔-缝复合型	钙质泥页岩	层间缝＋砂质＋基质孔隙

1.泥质岩储集层的岩石学特征

一般来讲，泥质岩储集层(mudstone reservoirs)的岩性包括油泥岩、油页岩、灰质泥岩等，但是在缺乏硅质沉积的东部新生代盆地内，需要发育富钙质的泥页岩类(王苏民等，1999)，这些岩类具有较大的脆性和潜在的生成裂缝的能力(Carroll 和 Bohacs，2001)；对于孔隙型储集层，其形成的岩性条件则是夹有砂质条带的泥页岩类。

2.泥质岩储集层的储集空间

泥质岩主要由细小的黏土矿物组成，泥质岩的粒间孔隙是由叶片状、花瓣状的黏土矿物所围限的空间；这样的空间其形状不规则，有的呈花瓣间孔状，有的呈蜂窝状，有的呈网络状；虽然孔隙很多，但喉道狭窄；随着泥质岩埋深的不断增大，其孔隙不仅越来越小，且越来越扁平；多数情况下，孔隙只能是一类很次要的储集空间类型。

3.泥质岩裂缝形成机理及影响因素

(1)构造作用：构造部位与裂缝的发育程度有很大关系，裂缝常发育在洼陷的斜坡与平缓部位的过渡带、断层末端、断层交汇处等地层产状变化较大的部位；相近地质背景下离断层越近，裂缝越发育，裂缝孔隙度也越大，远离断层面则正好相反；裂缝孔隙度受断层的规模影响较大，而受裂缝带的宽度影响较小。

(2)岩性和沉积相：由于相带间岩性和物性的差异造成了差异压实，并且过渡带所处部位又是应力集中区，所以易产生裂缝；半深湖与浅湖的过渡带为最有利的沉积相带，由于水体深度的变化，此相带对应的岩性为油页岩与灰质泥岩、泥灰岩互层，这种岩性组合有利于构造缝、层间页理缝以及异常压力缝的发育。其次，灰质泥岩、油泥岩和泥灰岩分布区也是有利的岩性带。

(3)成岩作用：溶解作用、成烃作用和黏土矿物转化作用有利于裂缝的形成和扩大，而压实作用、胶结作用和重结晶作用不利于裂缝的形成，还可使已存在的裂缝闭合或充填。

(二)变质岩储集层

变质岩储集层是指各种变质岩(metamorphic rocks)在一定的地质作用下经改造形成溶蚀孔隙和裂隙而成为具孔渗性的有效储集层。变质岩的储集空间，主要是风化溶蚀孔隙和裂隙以及构造裂缝。变质岩是经变质作用形成的岩石；变质作用是指在地下特定环境中，由于高温、高压和流体作用，使原岩基本上在固态条件下发生物质成分、结构与构造变化的作用。变质岩都不同程度地发生过重结晶，故也称结晶岩。变质岩一般分为两大类，一类是原岩为岩浆岩(火成岩)经变质作用形成的变质岩为正变质岩，另一类原岩为沉积岩经变质作用形成的变质岩为副变质岩；主要岩石类型有片岩、片麻岩、粒状变质岩类、角闪质岩类、混合岩类、混合花岗岩类等。

在含油气盆地中这种结晶岩系往往构成了沉积盆地的变质结晶基底，在地质历史时期结晶基底通常在构造变动过程中都经历过暴露地表遭受长期风化淋滤和褶皱断裂改造，使其表层溶蚀孔隙和裂缝以及构造裂缝发育，成为储集性能良好的变质岩储集层。在盆地边缘斜坡以及盆地内古地形隆起上或地表高部位的不整合面之下变质岩基底，风化溶蚀孔缝更加发育，同时这些部位局部构造条件使裂隙在区域性发育的基础上叠加增强，形成有一定方向性和连通性的裂隙密集带，变质岩成为储集性能良好的储集层。变质岩储集层常常与古风化壳的发育有关，长期的剥蚀风化淋滤是形成良好的变质岩储集层的有利条件，所以针对古风化壳的油气勘探受到了广泛的重视。

近年来我国太古界变质岩油气储集层的发现是石油勘探中的一大突破，尤其是在渤海湾盆地，太古宙变质岩潜山油藏的产量已占一定的比例。在辽河盆地内相继发现了兴隆台、齐家、欢喜岭、牛心坨、茨榆坨等太古宙变质岩潜山油藏，具有丰富的油气资源，并具有相当规模的工业能力。我国酒泉盆地西部鸭儿峡油田基岩油藏，产油层为志留系变质岩基底，由板岩、千枚岩及变质砂岩组成，不整合之上为下白垩统泥砾岩与砂质泥岩覆盖，下白垩统为盆地主要烃源岩层系。根据岩心测定，基岩孔隙度在 2.5%之下，渗透率接近于零，但裂隙发育，平均裂缝密度大于 40 条/m，这些裂隙为油气提供了储集空间，高产井主要沿断裂分布。

第三节 储集层非均质性及建模

一、储集层非均质性

储集层非均质性是指储集层在形成过程中受沉积环境、成岩作用和构造作用的影响，在空间分布及内部属性上都存在不均匀的变化，而这些变化是影响地下油、气、水运移及油气采收率的主要因素。

储集层非均质性可分为储集层岩石非均质性和流体非均质性两种，两者相互关联又相互制约，但岩石非均质性是主导因素。以碎屑岩储集层为例，非均质性的内涵和相互关系以及非均质性的层次分级如图 2-20 所示。

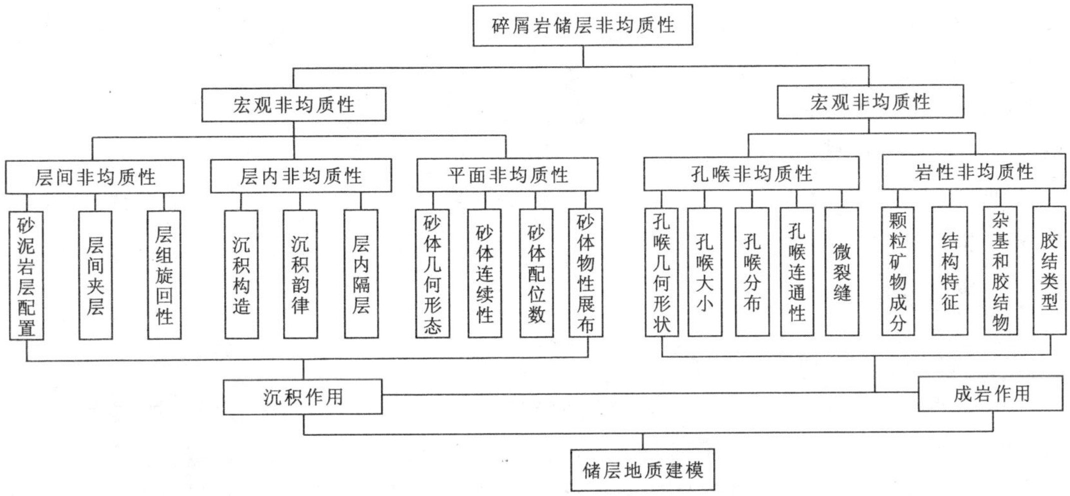

图 2-20 碎屑岩储集层非均质性主要研究内容框图

储集层非均质性的分类方法较多，其中裘怿楠(1992)将碎屑岩的储集层非均质性划分为层间、层内、平面和孔隙非均质性四类，是目前我国各油田普遍使用的分类方案。

层内非均质性是指在单砂层内储集层性质在垂向上的变化，是控制和影响砂层组内单砂层注入剂波及的体积的关键因素，包括层内渗透率在垂向上的差异程度、最高渗透率段所处的位置、层内粒度韵律、渗透率韵律和渗透率的非均质程度以及层内不连续的泥质薄夹层的分布等。

层间非均质性是指砂层组内小层或单砂层之间的垂向差异性，包括层组的旋回性、各小层或单砂层渗透率的非均质程度、隔夹层的分布等，是对一套砂泥岩互层的含油层系的总体研究；属于层系规模的储集层描述，它是层间干扰和单层突进(统称为层间矛盾)的主要因素。

平面非均质性是指由于砂体的几何形态、规模、连续性、孔隙度和渗透率的平面变化所引起的非均质性，平面非均质性主要表现在：①砂体的外部几何形态及顶底起伏情况；②砂体的延伸方向、厚度和展布规律；③砂体的连通性、物性和非均质性参数平面变化。

砂岩的颗粒性质及其分布形式通常被认为是影响砂体孔隙度、渗透率乃至非均质性的主要因素之一。针对未成岩砂层的情况，Laylor 和 Illing(1977)定义了一个颗粒参数 G：

$$G = d_m^2 \cdot e^{-1.3106\delta_\varphi} \tag{2-15}$$

式中：d_m为平均粒径，mm；δ_φ为平均粒径 φ 值的标准偏差。为了表述与储集物性有关的概念，命名 G 为渗透性参数，并可进一步计算 G 值的变异系数 V_G。

$$V_G = S/\bar{X} \tag{2-16}$$

式中：S 为标准差；$\bar{X}$ 为 G 的平均值。

硅质碎屑岩储集层的不均一性有 7 种重要类型，它们与下列 7 个方面有关：①砂体的形态；②流体滚动的泥岩隔挡；③岩相和岩相组合；④沉积构造；⑤纹层；⑥成岩作用；⑦裂隙作用(Weber，1986；Scheak，1988)。

Scheak(1992)根据对沉积相及其形态和渗透率之间的关系研究认为，一般砂岩储集层相构形的复杂性随砂岩呈现河道化形式而增强，即海滨平原和风成砂岩不像河流砂岩、水道化海底扇砂岩或河谷充填复合体那样复杂。薛培华(1991)对河流点坝相储集层的非均质性及储集层模式作了详细论述。Scheak 还认为直接测定孔隙形态、孔隙度和渗透率及其变化是描述碳酸盐岩储集层流体流动非均质性的有效方法。

我国的陆相油气砂岩储集层具有重要地位，同海相沉积碎屑岩储集层相比较，陆相河湖相沉积条件，由于盆地规模相对较小，物源区近且多，一般不存在相对洁净的石英砂岩或长石石英砂岩，而主要类型是岩屑长石杂砂岩或岩屑长石砂岩，砂岩的非均质性比海相砂岩更强(胡见义等，1991)。

二、储集层建模

(一)国内储集层建模技术发展

20 世纪 80 — 90 年代，我国陆相碎屑岩储集层研究开始进行定量储层地质模型建立，并得到了迅速的发展，从根本上认识到储集层内部的物性相对变化关系是造成储集层非均质的主要原因，相继建立了六类河流砂体的非均质概念模型。概念模型是针对某一种沉积类型或成因类型的储集层，将其代表性的储集层特征抽象出来，加以典型化和概念化，建立具有代表意义的储层地质模型，这类储层地质模型在油藏数值模拟中也得到了广泛的应用。

20 世纪 90 年代以来，随着储层沉积学研究的迅速发展，储集层地质模型的建立得到了空前的重视，早期评价阶段地质建模技术已经非常成熟，其间不仅形成了比较沉积学建模技术、高分辨率层序地层对比技术、井约束的地震反演技术、随机模拟技术等一整套的技术和方法，而且三步建模程序(一维单井模型、二维剖面模型和三维整体模型)被确定了下来，还确立了建模结构与物性参数填入等步骤。

(二)储集层建模方法

建立储集层地质模型的关键技术是如何根据已知的控制点数据内插、外推已知点间及其以外的储集层参数估计值，即需要寻找和选择最能符合储集层地质变量实际空间变化规律的数值计算模型,借以实现对储集层特性的空间变化的客观地定量描述。目前具体的建模方法很多,大体可分为两大类:一类是确定性的建模方法;另一类为随机性的建模方法。

1.确定性建模方法

确定性建模方法认为所得出的内插、外推估计值是唯一解,具有确定性,如传统的加权平均法、差分法、样条函数法、趋势面法以及目前流行的克里格法等方法都属于该类建模方法。目前常用的确定性建模方法主要有以下几种:①储集层地震学方法,主要是应用地震资料研究储集层的几何形态、岩性及参数的分布,即从已知井点出发,应用地震横向预测技术进行井间参数预测,并建立储集层的三维地质模型;②储集层沉积学方法,主要是在高分辨率等时地层对比及沉积模式基础上,通过井间砂体对比建立储集层结构模型;③克里格法,是以"区域化变量理论"为理论基础,以变差函数为工具的一种井间插值方法;④利用水平井资料和露头资料法。水平井资料由于资料较少,目前只能用来作为一种辅助手段。露头研究作为储集层精细描述和建模的主要方法和手段之一,越来越受到油气地质工作者的高度重视,特别是油田开发的中后期。随着油田含水的不断上升,人们越来越意识到要想对储集层井间进行精确的预测,必须建立比开发井网数据点更加密集的地质原型模型和地质知识库,并根据储集层的各项属性的地质统计特征,总结出一套精确的储集层预测方法。

2.随机模拟方法

随机模拟是以地质统计学为基础,综合岩心分析、测井解释、地震勘探、生产动态以及露头观察等多种来源的已知数据,利用地质体某一属性已知的结构统计特征,通过一些随机算法来模拟未知区属性的分布,使其与已知的统计特征相同,从而达到模拟储集层非均质性,直到预测井间参数分布的目的。目前,随机模拟的方法有多种,概括起来有以下几种基本类型,其优缺点见表2-15:①布尔模拟方法,属于离散型模型,用于模拟砂体在空间的形态、大小、位置

表 2-15 各种随机建模方法的比较

<table>
<tr><th colspan="2">随机方法</th><th>变量类型</th><th>适用条件</th><th>优点</th><th>缺点</th></tr>
<tr><td colspan="2">布尔类型</td><td>离散型</td><td>可以重复而易描述的形状</td><td>原理简单,计算量小</td><td>很难忠实于具体位置的信息,不能反映砂体内部非均质性</td></tr>
<tr><td rowspan="2">高斯类型</td><td>序贯高斯模拟</td><td>连续</td><td rowspan="2">变量必须是正态或多元正态分布</td><td rowspan="2">计算速度快,数学上具有一致性</td><td rowspan="2">很难考虑间接信息,要求变量服从正态分布</td></tr>
<tr><td>截断高斯模拟</td><td>离散</td></tr>
<tr><td colspan="2">指示类型</td><td>连续和离散</td><td>没有具体要求</td><td>能综合各种信息的最灵活的随机建模方法</td><td>计算量大,需要推断很多协方差函数,不能忠实试井资料</td></tr>
<tr><td colspan="2">模拟退火</td><td>连续和离散</td><td>要构造目标函数</td><td>能综合各种信息</td><td>计算量大,不易收敛</td></tr>
<tr><td colspan="2">分形类型</td><td>连续</td><td>变量具分形特征</td><td>快速和经验性强</td><td>难考虑间接信息</td></tr>
<tr><td rowspan="2">其他</td><td>转向带法</td><td>连续</td><td>模拟结点数目小</td><td>易于执行,能够任一类型的协方差函数和各向异性</td><td>处理结点受计算机内存的限制</td></tr>
<tr><td>LU 分解法</td><td>连续</td><td>非条件模拟</td><td>进行三维非条件模拟十分快捷有效</td><td>用它进行条件模拟速度慢,步骤繁琐</td></tr>
</table>

和排列方式。②序贯高斯模拟，用于模拟连续的地质现象，如孔隙度、渗透率的分布。③截断高斯模拟，主要用于沉积相的模拟，该方法首先采用指示模拟方法生成一个高斯随机场，然后对高斯值进行截断，以得到类型变量的模拟结果。④序贯指示模拟，既可用于模拟连续的变量，也可用于模拟离散变量。⑤模拟退火，是一种灵活、适应性好的优化算法，适于模拟连续或离散变量的特征。⑥分形模拟，该方法的最大特点是其自相似性，即局部与整体相似。在数据点较少时，更能体现其优越性。它既可用于模拟连续变量的特征，也可用于模拟天然裂缝的分布模式，但更多地用于模拟孔、渗参数的空间变化。⑦转向带法，是第一个被实际应用的三维高斯模拟算法，属于估计加模拟误差的模拟。

从储集层建模技术的应用效果看，随机模拟模型相比较确定模拟模型作为油藏数值模拟器的输入，更能改善油藏数值模拟的精度。主要表现在：①随机模拟模型进行历史拟合效果好，而且用常规确定性模型进行生产动态历史拟合花费时间较长；②用随机模拟模型作为油藏数值模拟器的输入，相对更适合于表现渗透率非均质性，得出的动态预测更客观；③利用多个等概率随机模型进行油藏数值模拟，可以得到一簇动态预测结果，综合储层地质、开发资料，可以对油藏开发动态预测的不确定性进行综合分析，从而提高动态预测的可靠性。

随机模拟更适于储集层非均质的研究，因为随机模拟更能反映储集层性质的离散性，这对油田开发层次上的储层研究尤为重要。应用该技术建立储集层模型可以得到某一属性场的多个不同的等概率实现，用以说明该属性场的空间组合的不确定性，从而为决策者提供更加丰富的储集层模型；插值法掩盖了非均质程度（即离散性），特别是离散性明显的储集层参数（如渗透率）的非均质程度，因而不适用于渗透率非均质性的表征。当然，对于一些离散性不大的储集层参数，应用克里格插值方法研究其空间分布，并用于估计储量，亦体现出方便、快速、准确的优越性。

（三）储集层建模步骤

储集层建模步骤有两步法和三步法。两步建模法：第1步建立微相分布模型，第2步建立不同微相的岩石物性模型。基本思想是同一微相具有相近的岩石物理性质，在相同的微相内建立岩石物性分布参数模型可较大地提高预测精度。三步建模法：第1步建立构造模型，第2步建立沉积微相模型，第3步建立储层参数模型。通常的储集层建模流程框架图见图2-21。

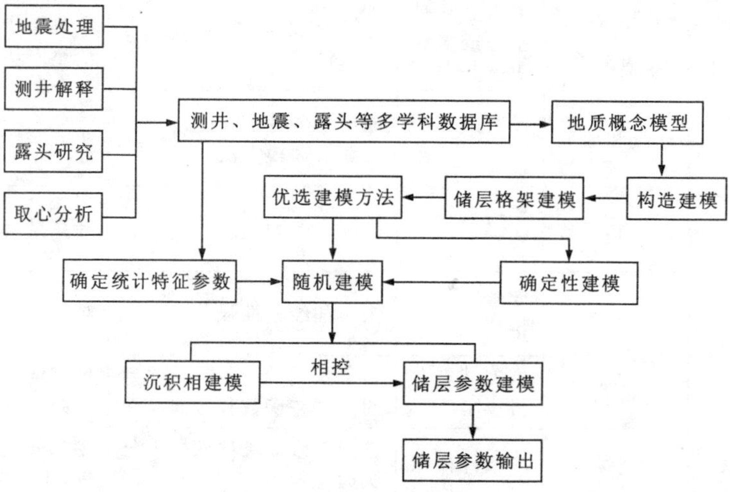

图2-21 储集层建模流程框架图

第四节 盖 层

一、盖层的类型

按照盖层的产状和作用,可将盖层(cap rocks)分为3类。

1. 区域盖层

稳定覆盖在油气田上方的区域性非渗透岩层。区域盖层可以遍布凹陷或盆地大部分地区,具有厚度大和分布面积广、横向稳定性好的特点。区域盖层一般与圈闭储集层不直接接触,但对盆地或地区的油气聚集起着相当重要的作用,在很大程度上决定着盆地含油气丰度与油气性质。区域盖层的上、下方含油气的丰度、油气性质存在明显的差异,泄漏于区域盖层封闭范围之外的原油一般是相对重质的(童晓光,1989)。

2. 圈闭盖层

直接位于圈闭储集层上面的非渗透岩层,它对圈闭中的油气起着直接封盖的作用。圈闭盖层又称局部盖层,简称盖层,是本节论述的重要对象。

3. 隔层

存在于圈闭内,对油气有封隔作用,它影响着油气藏中的油气以及压力分布规律。

按盖层的岩石特征可分为泥页岩类、蒸发岩类和致密灰岩盖层三种。常见的盖层岩石类型有泥岩、页岩、石膏和硬石膏、盐岩、含膏或含盐的软泥岩与泥岩、泥灰岩和泥质灰岩、泥质细粉砂岩以及致密灰岩等。在特殊情况下,致密砂岩和粉砂岩也可作为盖层面。但就整体而言,泥页岩和蒸发岩类盖层最为重要。Klemme(1977)对世界上334个大油气田的统计表明,泥页岩类盖层占65%(储量),蒸发岩为盖层的33%,盖层为致密灰岩的仅占2%。

除泥质岩和膏岩外,泥质粉砂岩、粉砂—细砂岩在一定条件下也可能成为石油的盖层。这是因为从排驱压力观点出发,盖层和储集层之间并不存在确定的界限,只要两者的孔径存在一定差别,足以封闭一定高度的烃柱,就可以起盖层作用。美国阿巴拉契亚地区砂岩中的油、气就是由渗透性差的砂岩所封闭的(图2-22)。我国鄂尔多斯盆地晚三叠世砂岩中的油藏,也是由低孔渗透性砂岩作盖层的,但都是小型油气藏。我国辽河盆地东部坳陷南部地区东营组油气藏的盖层为火山岩等。

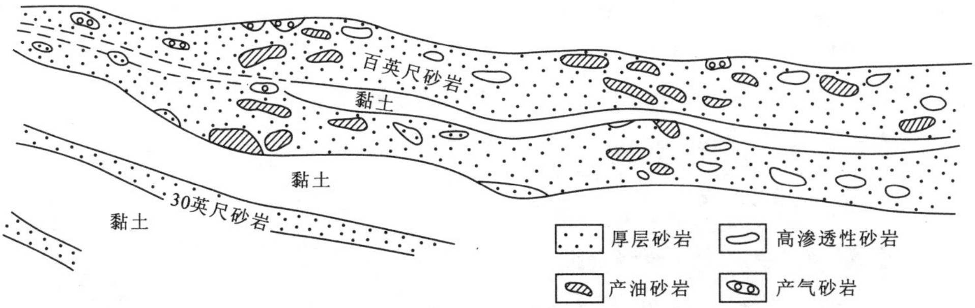

图2-22 美国阿巴拉契亚地区百英尺砂岩中油气藏示意图

(转引自 Врод,1956)

另外，还发现加利福尼亚洲圣华金河谷 Coalinga 东部油田的 Temblor 砂岩油藏是一个由焦沥青封盖聚集的实例，产油砂岩段沿上倾方向到露头的短距离范围内充满了焦沥青，其他如俄罗斯伏尔加一乌拉尔地区泥盆纪地层中也见焦沥青封盖在单斜油藏上的例子。

此外，在极地和高寒地带形成的气-水合物是一种良好的盖层，特别是对天然气，这种盖层主要见于西西伯利亚地区的一些气田中。气-水合物是天然气与水在冰点附近特殊温、压条件下形成的固态结晶沉淀物，它主要存在于两种环境中，一是永久冻土地区大陆边缘的浅部储集层；二是埋藏浅，其上为冰冷的深水覆盖的储集层。气-水合物可以堵塞岩石孔隙，从而成为一种独特的盖层。

根据盖层在封闭油气中所起的作用，又可将盖层分为真盖层和假盖层。假盖层是指位于储集层与盖层之间的过渡岩层，既不具有储集层的性质，又不能作为盖层。假盖层一般为泥质粉砂岩、致密泥质砂岩、裂隙泥岩、裂隙硬石膏和石灰岩等。

二、盖层的封闭机制

盖层与封闭、遮挡或屏蔽有着不同的含义。盖层局限于储集层上方的封闭或遮挡物，后者除储集层上方外，还包括储集层上倾方向，有时甚至包含储集层下方及下倾方向。

(一)盖层的封闭机制

根据盖层封闭机制的成因，可将盖层封闭机制分为常规封闭与非常规封闭。

1.常规封闭

常规封闭即毛细管压力封闭(又叫物性封闭)，其机理是依靠盖层与储集层之间的毛细管压力差来封堵油气，差值越大，封闭能力越强。

盖层大多岩性致密、颗粒极细、孔隙半径很小(比储集层相对小得多)，因此，要使油气通过孔径较小的盖层，所需的排驱压力要比储集层大得多。据式(2-7)，在储集层和盖层界面上：

$$P_d = 2\sigma_{hc/w}\cos\theta(\frac{1}{r_c}-\frac{1}{r_r}) \tag{2-17}$$

式中：$\sigma_{hc/w}$为烃水界面张力；r_c、r_r分别类似于盖层和储集层内的喉道半径。由上式可知，盖层的孔隙半径愈小，油气通过盖层所需的排驱压力愈大，愈不易通过。当油气达不到足以通过盖层所需要的排驱压力时，就在盖层之下的储集层内聚集起来，直到聚集油气的高度足够大，向上浮力的值达到所需的排驱压力值时，油气才能穿过盖层。油、气的上浮力(F_r)可分别用下式表示为：

$$F_{or} = (\rho_w-\rho_o)\cdot z\cdot g \tag{2-18}$$

$$F_{gr} = (\rho_w-\rho_g)\cdot z\cdot g \tag{2-19}$$

综合式(2-17)一式(2-19)各式，对油、气通过盖层所需的临界高度(z_{co}、z_{cg})——最低限高度可用下式表示：

$$z_{co} = \frac{2\sigma_{o/w}\cos\theta(\frac{1}{r_c}-\frac{1}{r_r})}{(\rho_w-\rho_o)\cdot g} \tag{2-20}$$

$$z_{cg} = \frac{2\sigma_{g/w}\cos\theta(\frac{1}{r_c}-\frac{1}{r_r})}{(\rho_w-\rho_g)\cdot g} \tag{2-21}$$

对比 z_{co}、z_{cg}可知，两者的大小主要取决于$\sigma_{o/w}$、$\sigma_{g/w}$(油水界面张力、气水界面张力)与油水密度差($\rho_w-\rho_o$)、气水密度差($\rho_w-\rho_g$),其他参数都可以看作常数。

假定地下储集层的温度为74.9℃,压力为23.7MPa,$\sigma_{o/w}$为11.5×10^{-5}N/cm,$\sigma_{g/w}$为43×10^{-5}N/cm,ρ_w为1.05g/cm^3,ρ_o为0.78g/cm^3,ρ_g为0.17g/cm^3,代入式(2-19)、式(2-20)中,可得$z_{co}=0.872\times z_{cg}$。

毛细管压力封闭能力的大小主要取决于岩性和致密程度,通常蒸发岩封盖能力最强,致密泥岩封盖能力比疏松泥岩要强。

2.非常规封闭

非常规封闭主要有三种,即水力封闭、成岩封闭和烃浓度封闭。

(1)水力封闭:有两种情况,一种是地下水从盖层沿下倾方向流向储集层时,将使盖层的有效排替压力增加,从而增加其封盖能力。例如,Berg对怀俄明粉河盆地中两个油田的研究表明,沿下倾方向的水流极大地提高了渗漏性强的、侧向盖层的有效排替压力,从而在油田范围内圈闭形成油柱。第二种情况是异常高压封闭。覆盖于油气藏上方具流体超压的欠压实页岩具有很强的封闭能力,它不仅可以封闭呈游离相运移的油气,而且可以封闭呈水油溶相运移的油气。但是,这种超压封闭层应位于烃类聚集的上方。如果这种超压仅存在烃类聚集之中或其下,不仅不能起封闭作用,而且会促进油气向上逸散。压力封闭在许多地区都有十分重要的作用,如卢西那(Lousiana)—德克萨斯湾沿岸美国的石头山、加利福尼亚海岸区和加拿大的各类盆地、北海和尼日尔三角洲、委内瑞拉和阿根廷及日本的Nagaoka平原、中东的科威特等都存在异常高压封闭的现象。

(2)成岩封闭:在某些情况下,储集层边部的成岩作用可造成局部封盖。例如,加拿大Recinar Cardium油藏的封盖层全都是由沿岸砂岩相的成岩胶结作用形成的。

(3)烃浓度封闭:当泥质盖层本身具有生烃能力时,其生成的天然气溶于其内孔隙水中使其含气浓度增大,尤其是当泥质岩盖层由于欠压实作用具有异常孔隙流体压力时,其含气浓度更大,结果使原来向上递减的含气浓度出现向下递减的含气浓度,而形成对下伏气体呈分子扩散相运移天然气的封闭作用。

(二)盖层的微渗漏与自封闭

盖层对油气的封闭性是相对储集层而言,是从总体效应的角度上讲的。盖层岩石内部还存在各种显微结构空间类型(图2-23)。油气藏中的油气通过盖层中这些显微空间发生的散失,称为盖层的微渗漏,盖层中油气微渗漏数量虽小,却是一直发生的。在泥质盖层中多可看到沿微裂缝扩散、运移的油迹,这是微渗漏的直接显示。盖层的微渗漏是一个动平衡过程,当圈闭内油气柱高度大于盖层所能封闭的最大临界油气柱高度时,盖层便开始发生微渗漏。同时,圈闭内油气柱高度随之减小,直到油气柱高度减小到等于盖层所能封闭的最大临界油气柱高度时,渗漏停止。可用盖层的排替压力与油气藏的剩余压力的比较来判断盖层是否发生微渗漏,当圈闭内的油气藏的剩余压力大于盖层的排替压力时,盖层发生微渗漏;当盖层排替压力大于圈闭内的油气藏的剩余压力时,盖层不发生微渗漏。

在气源丰富的条件下,气体在盖层中发生吸附凝聚。在一定温度压力条件下,烃类气体便以胶束状态的微气泡形式发生微渗漏。不同温度下微渗漏发生时的对应压力值不同。

Lee等根据卡兹度曲线,可以推算天然气黏度的公式:

$$\mu=10^4\cdot k\cdot e^{xd^y} \tag{2-22}$$

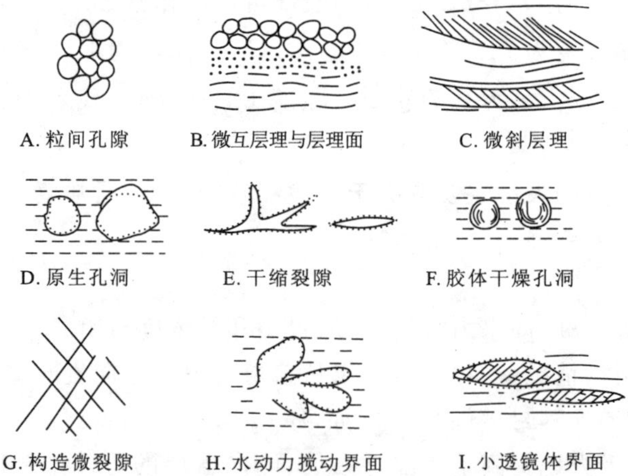

图 2-23 盖层显微结构空间类型图

（据傅家谟，1992）

式中：$k=\dfrac{(9.4+0.02M^{1.5})(1.8T)^{1.5}}{209+19m+1.8T}$

$x=3.5+548/T+0.01M$

$y=2.4-0.2x$

$d=10^{-3}P\cdot M/ZRT$

式中：M 为摩尔质量；T 为温度；m 为质量；P 为微渗漏压力；Z 为压缩因子；R 为气体常数。Hall 提出的天然气压缩因子的计算公式为：

$$Z=\frac{1+y+y^2-y^3}{(1-y)^3}-(14.76-9.76T+4.58T^3)y+(90.7T-242.2T^2+42.4T^3)y^{(1.18+2.28T)} \quad (2-23)$$

引入真实气状态方程：

$$Z=\frac{P}{\rho RT} \quad (2-24)$$

式中：ρ 为气体密度；P 为气体压力；T 为气体温度；R 为气体常数。

式(2-23)中温度可以利用地温梯度确定，压力可根据深度推断出来，液态烃的黏度也可以测出来，其余参数为常数。联立式(2-22)、式(2-23)、式(2-24)，采用牛顿-辛普森叠代法，可以求出某一温度下对应的微渗漏压力 P 值。一般地，温度增大渗漏压力增大，温度降低渗漏压力降低。

油气在微渗漏过程中还会形成自生矿物或引起黏土矿物变化。形成的次生矿物主要是次生黄铁矿，其次是方解石，这些矿物再次充填微孔隙空间，反过来阻止微渗漏的继续。这种现象称为盖层的自封闭。盖层的微渗漏与自封闭是一个比较复杂的动态平衡系统。微渗漏和自封闭的快慢是评价盖层的两个重要标志，但其模式的数字化，还需深入研究，才能进入实用阶段(傅家谟，1992)。

三、盖层的评价

在相当长时期内对于盖层只作定性评价。自 20 世纪 70 年代以来，特别是对天然气藏的深入研究表明，盖层是一个很重要的因素，于是人们逐渐注意开展盖层的定量评价研究。评价的参数主要有以下几个方面。

1. 孔隙大小

这是评价盖层最常用也是较有效的参数。因为孔径大小既是计算排驱压力的最重要参数，也是限制油、天然气扩散的重要参数。据 Нестелов(1975)研究，盖层可按岩石孔径大小分为 3 类(3 个等级)：①孔径小于 5×10^{-6} cm，可作油或气层的盖层；②孔径在 $5\times10^{-6}\sim2\times10^{-4}$ cm 时，只能作油层的盖层；③孔径大于 2×10^{-4} cm 时，油气均可逸散，一般不能成为盖层。

2. 盖层的渗透性和排驱压力

这是与孔径大小密切相关的参数。王少昌等(1987)根据实验室测定的数据对泥质岩等封闭能力的评价分级如表 2-16 所示。

表 2-16　泥质岩和泥质粉砂岩、细砂岩封盖能力评价等级表

(据王少昌等，1987 简化，引自陈荣书，1989)

等级	封闭能力	绝对(空气)渗透率/μm^2	排驱压力/10^5 Pa			主要岩性
			空气	煤油	水	
Ⅰ	最好	10^{-9}	47	170	750	泥岩、粉砂质泥岩、泥质粉砂岩
	好	10^{-8}	20	90	380	粉砂质泥岩、泥质粉砂岩
Ⅱ	较好	10^{-7}	6	27	200	同上
Ⅲ	一般	10^{-6}	1	12	100	泥质粉砂岩、泥质细砂岩
Ⅳ	差	10^{-5}	<1	5.3	50	泥质细砂岩

从表中可知，绝对(气体)渗透率为 $10^{-6}\mu m^2$，$P_d=1\times10^5$ Pa 时的饱含水的泥质粉砂岩、泥质细砂岩即可有一定的封盖能力。而绝对渗透率值达到或小于 $10^{-8}\mu m^2$，$P_d>20\times10^5$ Pa(空气)，则具有较好的封闭性。但不同研究者所定的标准尚未统一。

排驱压力为非润湿性流体进入最大连通孔孔喉的毛细管压力。近来，有不少文献在评价盖层封闭性时提出了突破压力(P_A)的概念，所谓突破压力是指“占岩石孔隙总体积 10%的大孔隙的毛细管压力”(张义纲等，1991)。因此，突破压力与排驱压力相比，在量值上要大一些。

盖层突破压力的主要遮挡机理是盖层微孔的毛管阻力阻止烃类在盖层中的运移而起到封盖作用。在宏观地质体和漫长的地质时代中，天然气得以保存成藏的基本条件是盖层的突破压力 P_A必须大于或等于气藏的剩余压力 ΔP(即 $P_A\geqslant\Delta P$)；如果 $P_A<\Delta P$，气藏就有足够的能量使天然气慢慢地突破盖层而向上渗漏逸散。随着气藏中天然气的不断渗漏逸散，气藏剩余压力 ΔP 将逐渐减小，当 $P_A\approx\Delta P$ 时，气藏将达到相对平衡状态。若不考虑天然气经盖层扩散等作用，此时天然气就被保存在气藏中。所以一般来讲，盖层的突破压力越大，其封盖能力就越好，反之则差。

在气水共存的静态平衡条件下，气柱高度 h_g 相当于天然气在盖层微孔隙中的势能；遮盖系数 K_f则是将微观测定的气柱高度 h_g与宏观测量的地质体的构造闭合度结合而得到的一项参数，它表示盖层对气藏的遮盖程度。气柱高度 h_g 和遮盖系数 K_f 的大小与盖层的突破压力

P_A成正比。因此对评价盖层而言，气柱高度h_g和遮盖系数K_f与突破压力具有相同的地质意义。

盖层突破压力的求取在我国存在两种方法，即计算法和模拟法。计算法主要应用气体吸附法和压汞法测定岩样的微孔结构，求得毛管压力曲线和孔隙半径分布图，从而获取岩样突破压力值和计算出其他定量参数(肖无然等，1988)。模拟法在模拟盖层岩样地层条件下，根据岩样性质不同，直接测定岩样分别饱含烃气、水和煤时的渗透率和突破压力。

研究表明，突破压力的大小除与泥质含量、成岩作用、裂缝等因素有关外，与渗透率、孔隙度和流体介质也有很大的关系：突破压力随着渗透率的减小而增大；孔隙度越大，突破压力越小；同一块岩心样品，依饱含的介质由气→油→水突破压力逐次成倍增加。突破压力是反映盖层封闭能力最根本、最直接的评价参数，目前已将突破压力作为评价盖层封闭性的重要指标。

3.盖层的厚度及连续性

盖层厚度达到多大才能达到有效封闭油气藏的基本要求，即盖层厚度是否存在可以定量确定的下限？大量事实表明，这与盖层岩性、孔隙结构、破裂情况及横向稳定性有密切关系。根据 Нестелов 的实验，油气通过1m厚的饱含水黏土盖层需要 120×10^5 Pa 的压力差。因此，从理论上推算只要1m厚的黏土层就已足够了。考虑地质时间漫长，只需几米就够了。Лебет(1977)曾对西高加索区下白垩统油层的泥岩盖层作过统计分析，在埋深1 200～3 000m范围内，5～10m 厚的泥岩就足以起到良好的封闭作用。当然，如果盖层横向稳定性变差，或破裂情况严重，则厚度必须加大。

4.埋深

泥岩随埋深增大而不断被压实，孔径随之缩小。据 Аблурахманов(1974)的研究，埋深达1 797m(孔隙度 14.4%)孔径都已达到小于或等于 0.05μm^2，已具有一定的封闭能力，而达到2 600m时孔隙度只有 2.7%。因此，1 800m 以下的泥质岩应该具有较好的封闭性。Прозорович 等根据西西伯利亚及北高加索等地区不同深度泥岩封闭能力的研究，认为深度在4 000～6 000m 深部泥岩，虽然孔隙度极低，孔径也很小，但由于温度较高，压力较大，脱水明显，使泥质岩变为硬泥岩(泥板岩)，性变脆，可塑性降低，容易出现破裂，这在相当大的程度上可能降低其封闭能力。因而认为泥岩在 1 500～2 500m 到 4 000m 区间内具有最佳的封闭能力。

盖层研究发展迅速，评价方法已由以往单一的微观能力的分析和总结，逐渐向综合评价方向发展。泥质岩盖层的封盖性能主要反映在两个方面上：一是其微观封闭能力的强弱(表 2－17)；二是其宏观展布面积的大小(表 2－18)。

表 2－17 盖层微观封闭能力评价参数等级划分标准

封闭机理	评价参数	等级划分			
		好	较好	中等	差
毛细管封闭	盖层岩石与储集层岩石排替压力差/MPa	>2.0	2.0～0.5	0.5～0.1	<0.1
异常高压封闭	异常孔隙流体压力/MPa	>2.0	2.0～0.5	0.5～0.1	<0.1
烃浓度封闭	异常含气浓度/m^3/m^3	>1.0	1.0～0.5	0.5～0.1	<0.1

表 2-18 泥质岩盖层宏观展布评价标准

评价参数	等级划分权值			
	好(4)	较好(3)	中等(2)	差(1)
沉积环境	半深湖-深湖相 盆地相 广海陆棚相	台地相 滨-浅湖相 三角洲前缘相	台地边缘相 滨岸相 三角洲分流平原亚相	河流相 冲积扇
泥质岩单层厚度/m	>20	20～10	10～2.5	<2.5
断层封闭性	好	较好	中等	差

四、盖层发育的地质条件

1.沉积条件

沉积环境对泥质岩盖层封闭性的影响，主要表现在盖层质量(泥质含量大小)、盖层厚度和横向分布的连续性及稳定性。水体能量低、物源供给充足和沉积场所广阔时能形成质量(泥质含量)高、厚度大和横向分布广泛且连续稳定的区域性盖层；水体能量较强、物源供给不足以及沉积场所狭小时只能形成质量差、厚度薄和分布局限、连续稳定性差的局部性盖层。海相沉积环境中盆地相沉积形成的泥质岩盖层分布面积较大、封闭性好，它们常形成区域性盖层；台地相和台盆相沉积盖层的分布面积相对较小，封闭性能变差，常形成局部盖层；滨岸和台地边缘相一般只能形成储集层，即使形成盖层，其封闭能力也很差，分布面积小；陆相沉积环境中，半深湖相和深湖相沉积的泥质岩盖层分布面积较大，封闭性能较好，常形成区域性盖层；滨浅湖相、三角洲相和河漫沼泽相等沉积环境中形成的泥质岩盖层分布面积相对较小、封闭性能较差，常形成局部盖层或隔层；河流相和冲积扇相等一般只能形成储集层，即使形成盖层，其封闭性能也很差，分布面积小。

2.成岩作用

成岩作用对泥质岩盖层的影响主要表现在成岩矿物的形成、压实作用、排水和黏土矿物转化等几个方面。不同成岩阶段的泥岩具有不同的封闭能力，浅层泥岩(<1 500m)成岩程度差，以毛细管力封闭为主，封闭能力一般较低；中浅泥岩(1 500～3 200m)除毛细管封闭外，是最主要和最有效的异常压力封闭；深层(>3 200m)则由于泥岩变脆和地层压力升高，产生微裂缝，封闭性能逐渐变差。

3.构造活动

地壳上升，盖层遭受剥蚀，盖层的封闭性随着剥蚀程度的增加而变差甚至消失。在一般情况下，断裂作用对盖层的封闭性起着破坏作用，尤其是当断层断距大于盖层厚度或断裂带呈开启状态时，断裂可使盖层完全丧失封闭性，对油气的保存十分不利；如果断层或裂隙被方解石脉或黏土矿物充填，断裂作用形成的断层对烃类仍然有封盖作用。

第三章　圈闭和油气藏

圈闭是聚集和保存油气的场所或容器。当圈闭中有工业价值的油气存在时则称为油气藏。找到了有效的圈闭就等于把握了打开地下油气宝库的钥匙。因此,圈闭的研究不仅在理论上,而且在指导油气勘探实践上有极大的重要性。如果一个圈闭中没有油气存在则称之为空圈闭。圈闭中能否聚集油气,取决于圈闭的有效性即油气生成、运移、聚集和保存等多种地质条件的时空配置。油气藏是地壳中油气聚集的基本单元,是油气勘探工作的直接目标。

对圈闭概念和分类的认识是在油气勘探过程中逐步发展和完善的。在油气勘探初期,人们主要在地表有油气苗的地点钻探。通过实践、总结正反两方面的经验后,认识到油气聚集常与背斜有关,这就产生了“背斜学说”(White,1885)。在“背斜学说”指导下,逐步开展以地质测量为基本手段的找油气工作,大大加快了新油气田的发现。

随着油气田的增多,人们逐步认识到油气聚集还可以存在于非背斜的多种地质体中。1934年,McCollough首先提出“圈闭”(traps)这一术语,用来表示不同性质的油气储集体。从此,“圈闭学说”就逐渐取代了“背斜学说”。凡是能聚集并保存油气的地质体,都称作圈闭。“圈闭学说”极大地扩展了油气勘探的视野和领域。

1936年,Levorsen在研究美国大量非构造油气藏的基础上,提出“地层圈闭”的概念。他指出:地层圈闭是地层变化作为储集层形成圈闭的主要因素。地层变化包括砂层或多孔储集层的上倾尖灭,砂层侧向变为非渗透性差的岩层,地层被削蚀或超覆以及地层层序类似的变化等,并将地层圈闭分为原生地层圈闭(岩性圈闭)和次生地层圈闭(不整合圈闭)。1941年他主编出版了第一部该类油气藏专著《地层型油气田》。地层圈闭概念的提出和该类油气藏的系统研究,促进了油气勘探,特别是老油气区的二次勘探。例如,美国到1968年为止,共发现252个较大的油气田,其中60%以上来自地层圈闭。1972年,King主编的《地层油气田》一书,反映了到20世纪60年代为止这一领域的勘探和研究成果。

同一时期,Hubbert(1940、1953)对流体势和水动力在形成油气圈闭过程中的作用,作了精深的研究。他指出:油气圈闭位置总是在油气势最小的地方。有些油气藏中油-水界面的倾斜,是水动力作用的结果。他提出了水动力圈闭的概念,不仅为圈闭形成机理的研究奠定了理论基础,而且为勘探新的油气藏类型指明了方向。

除了上述构造、地层、水动力三类基本圈闭外,Levorsen认为复合圈闭的勘探对未来的油气资源发现有着重大意义。他指出(1966):构造圈闭的成效已减少,意味着勘探方向开始转变。事实证明,地壳中存在着大量有别于构造圈闭的其他圈闭。在某些情况下与地层和流体圈闭相比,构造圈闭已失去光彩;而构造、地层、流体三要素结合形成的复合圈闭实际上还是油气勘探新领域。那时他讲:“我们已进入了复合圈闭时代。”

1964年和1966年,Levorsen提出了隐蔽圈闭(obscure and subtle trap)的概念,主要指构造、地层和流体共同作用形成的复合圈闭,其基本特点是形成圈闭的地质变化是多因素的、隐秘的和难以捉摸的。1972年和1982年,Halbouty所用“隐蔽圈闭”这一术语是指难以识别的和勘探难度较大的地层圈闭和各类复杂构造圈闭。

第一节　圈闭和油气藏的概念及分类

一、圈闭和油气藏的普通概念

圈闭的普通概念可理解为储集层中能够聚集并保存油气的场所。这个一般的概念有助于我们理解圈闭的基本性质：其一，圈闭仅具有聚集和保存油气的能力，但并非每一个圈闭都聚集并保存了油气；聚集并保存了油气的圈闭称为油气藏，而没有聚集并保存油气的圈闭称为空圈闭。其二，圈闭的构成要素包括储集层和封闭条件；储集层的孔隙性和渗透性为圈闭捕集油气提供了储集空间和渗滤条件；但要保存油气还需要有封闭条件，诸如，储集层上方的盖层和上倾方向的遮挡条件等。

油气藏的概念是指：单一圈闭中的油气聚集（地壳中最基本的油气聚集单元），在一个油气藏中具有统一的压力系统和油（气）水界面。显然，油气藏的构成要素包括圈闭和油气水流体。如果圈闭中只聚集了石油，则称为油藏；只聚集了天然气，则称为气藏；聚集了油和气，且形成游离气顶，则称为油气藏。

二、流体力学基础上的圈闭和油气藏的概念

圈闭的普通概念并没有揭示圈闭形成的流体力学条件。作为流体的油气在地下饱含水的孔隙地层中运移，进入圈闭聚集并被保存其中，必然受控于地下的流体力学机理。

Hubbert(1940、1953)运用地下水运动原理，论述了地下含水的多孔介质中，油气藏形成过程中的流体动力学机制，即在地下含水的储集层中，在油气力场的支配下，油气流体从油气高势区向相对低势区运移。只有当油气到达被油气高势区和非渗透性遮挡封闭的相对油气低势区时，才能达到相对稳定状态。换言之，储集层中的特定部分之所以能够聚集并保存油气，实际上是因为那里是油气的相对低势区（势能相对最小，动能为零）。因此，可以将圈闭的概念从本质上定义为：储集层中被油气高势区和非渗性遮挡（屏蔽）联合或单独封闭的相对油气低势区。

（一）流体势的概念

Hubbert(1940) 将流体势（fluid potential）(Φ)定义为单位质量的流体所具有的机械能，由重力能（位能）、压能和动能三部分构成：

$$\Phi = gz + \int_0^P \frac{dP}{\rho} + \frac{1}{2}q^2 \tag{3-1}$$

式中：P 为流体压力；ρ 为流体密度；z 为基准面到测点之间的高程；q 为流体运移速度；g 为重力加速度。

但在地下多孔介质中，流体运动速度一般缓慢，通常将动能项略去。势能具有相对性，是相对基准面而言的。由于基准面（0 位能点）位置的任意性，为简化起见，令基准面位置位于平均海平面处，其压力为一个大气压（事实上，0 位能点是假想点）。

在工程上常用单位重量的势，称为流体的头。用单位质量流体具有的重量 g 除之，即可得到：$\Phi_w/g = z + P/(\rho_w \cdot g) = h_w$、$\Phi_o/g = z + P/(\rho_o \cdot g) = h_o$、$\Phi_g/g = z + P/(\rho_g \cdot g) = h_g$。这里：$h_w$、$h_o$、$h_g$为单位重量的水、油、气势。$h$ 通称总压头，$h - z$ 称为压头。h_w称为水头；同理，h_o、h_g可分别称之为油头、气头。

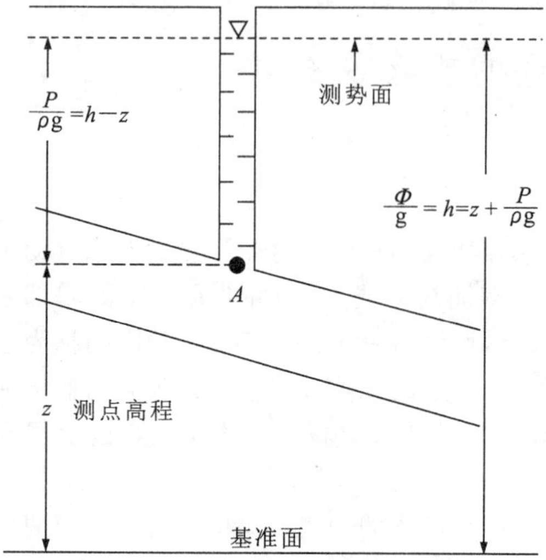

图 3-1 势、总压头、压头和压力关系示意图

势、总压头、压头和压力的相互关系如图 3-1 所示。

由于流体的密度是压力的函数[$\rho=\rho(P)$]，故不同流体的密度对压力响应不同。

1. 不可压缩的流体

水和油在地下是液体，水密度(ρ_w)和油密度(ρ_o)对压力变化不敏感，近似地可以看作是不可压缩的流体。

根据式(3-1)，则水势(Φ_w)和油势(Φ_o)分别为：

$$\Phi_w = gz + \frac{P}{\rho_w} \qquad (3-2)$$

$$\Phi_o = gz + \frac{P}{\rho_o} \qquad (3-3)$$

水势和油势存在下列简单关系：

$$\Phi_o = \frac{\rho_w}{\rho_o}\Phi_w - \frac{\rho_w - \rho_o}{\rho_o}gz \qquad (3-4)$$

$$h_o = \frac{\rho_w}{\rho_o}h_w - \frac{\rho_w - \rho_o}{\rho_o}z \qquad (3-5)$$

2. 可压缩的流体

气体密度(ρ_g)对压力变化很敏感，严格来说表达气势时式(3-1)中的积分符号不能去掉。但在一定深度区间、压力变化不大的范围内，地层条件下天然气的密度变化范围也不大，这时气势也可参照式(3-3)、式(3-4)、式(3-5)，用ρ_g代替ρ_o、Φ_g代替Φ_o、h_g代替h_o来表达。

(二)静水和动水条件下对圈闭和油气藏的理解

因为流体是从其高势区向低势区运移，并在封闭的油气相对低势区发生聚集，因此，油气的圈闭就是被非渗透遮挡和油气高势面所围限的油气相对低势空间。

1. 静水条件

在静水条件下(hydrostatic condition)，水势(Φ_w)、水头(h_w)自然是常量。由式(3-4)、式(3-5)可知，油势、气势(Φ_o、Φ_g)，油头、气头(h_o、h_g)只取决于高程(z)。由于$\rho_w>\rho_o$和ρ_g，所以油势、气势(Φ_o、Φ_g)随z的增大(埋深变浅)而减小，而且油、气的等势面水平。因此，在静水条件下，低油、气势空间在埋深浅的部位。如果上方有下凹的非渗透层构成封闭条件，这里的低油、气势空间储集层联合封闭条件就构成了油气的圈闭。

2. 动水条件

在动水条件下(hydrodynamic condition)，水势(Φ_w)、水头(h_w)不是常量。由式(3-4)、式(3-5)可知，油势、气势(Φ_o、Φ_g)，油头、气头(h_o、h_g)同时取决于高程(z)和水势(Φ_w)。所以油势、气势并不只是随z的增大而减小，油、气的等势面也不再水平(一般是复杂的空间曲面)，低油势、气势空间也并不一定在埋深浅的部位。如果油势、气势降低的方向有像背斜或构造鼻形态的非渗透层遮挡，其中的储集层联合遮挡就有可能形成油、气的低势空间即圈闭。圈闭的位置相对静水条件下的位置，沿水流方向移动，移动的距离取决于流体势的具体特征。

水头、油头和气头能直观地反映流体势的相对大小，由此可以较方便地确定油气的圈闭。

Hubbert(1953)给出了利用油头确定动水条件下油圈闭的图示(图 3－2 左)，该图示中 MN 剖面上油头、油压力头和封闭面高程关系如图 3－2(右)所示(以 S 点为例)。

因为油等势面与气等势面形态不同(甚至不同的油有不同的等势面、不同的气有不同的等势面)，油圈闭和气圈闭大小和几何学特征是不同的。因此，在静水条件下油圈闭和气圈闭的空间位置和几何学特征是相同的。在动水条件下两者是不同的，而且油圈闭和气圈闭的溢出点、圈闭位置和空间几何学特征是在变化的，这取决于水动力的大小、油和气各自等势面空间几何学特征和非渗透层底面的空间几何学特征。

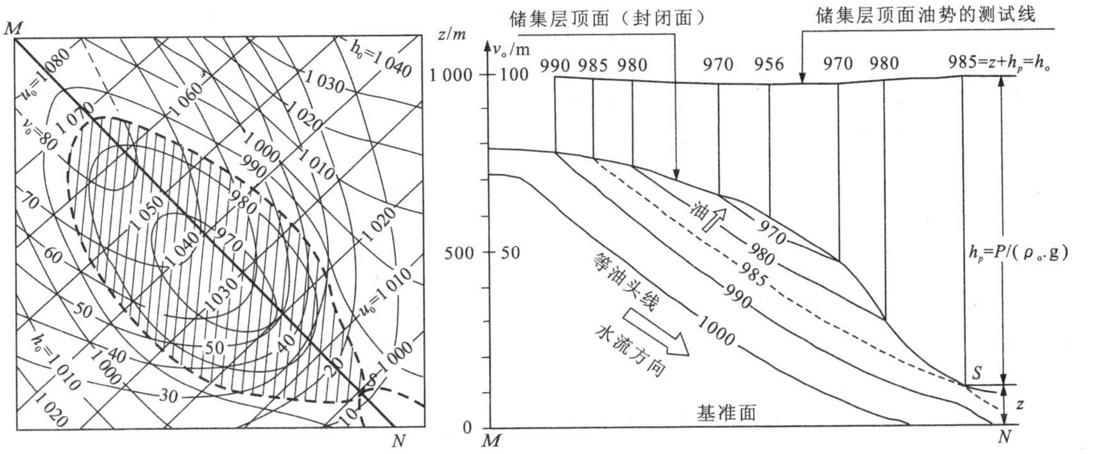

图 3－2　利用油头确定动水条件下油圈闭图示(根据 Hubbert,1953)

溢出点 S 和通过该点的右下角等油头线为编者所加；该图示中 OL 剖面上油头(h_o)、油压头(h_p)和高程之间关系由右图可说明；编者根据左图所绘内容[$u_o=(\rho_w/\rho_o)h_w$；$v_o=((\rho_w-\rho_o)z/\rho_o)$；$h_o= u_o- v_o$]提出剖面图(左)(下方可能的封闭面未绘)。图中各垂直线段高度表示储集层顶面各点的油压头，示意如果在这些点插入具有 1 个大气压的管子，油在水压力作用下在管内所能达到的高度

三、圈闭和油气藏的度量

(一)圈闭的度量

圈闭的度量是指评价一个圈闭有效容积的大小。一般按下列步骤进行。

1. 确定溢出点

溢出点(spill point)是指圈闭能够容纳油气的最大限度的位置。若低于该点高度，油气就溢向储集层的上倾方向。该点是油气溢出的起始点，又叫最高溢出点，意即若在比该点稍高的圈闭内油气就不会溢出。

确定圈闭的溢出点应在储集层顶面平面构造图上(图 3－3 上)。由于受剖面的位置、方向的限制，剖面图有时难以真实地揭示溢出点的位置，同时过溢出点和圈闭顶点的剖面图看起来较直观(图 3－3 下)。

对于动水条件，背斜和鼻状构造圈闭的溢出点通常可以理解为：是在水流方向一侧的倾斜或弯曲的等势面与非渗透层底面开始溢出油气的交点，如图 3－2 中 S 点和图 3－4 中 S_A 点和 S_B 点，同样也是指圈闭能够容纳油气的最大限度的位置，但该点位置将会随水动力、油气等势面和非渗透层底面的空间几何形态的变化而有所变化。此外，不是所有的圈闭都有溢出点，例如：被非渗透层完全包裹的储集体构成的圈闭。

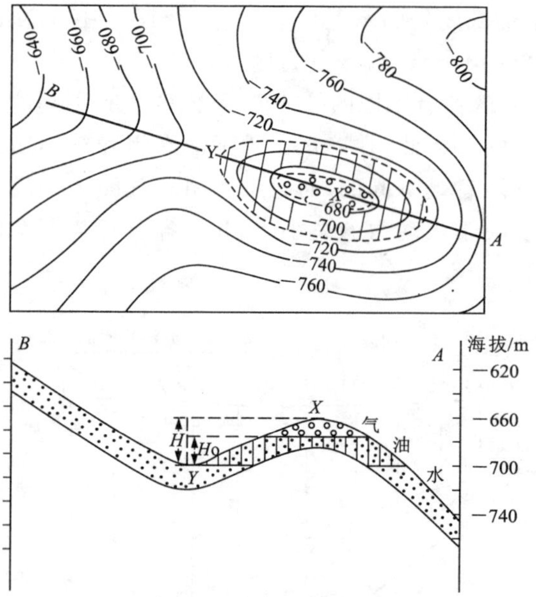

图 3-3 静水条件下圈闭的溢出点

闭合面积(斜线部分)、闭合度(H)及其中油气藏的油水和油气界面、油柱高度(H_o)、油环举例上图中等高线单位为 m

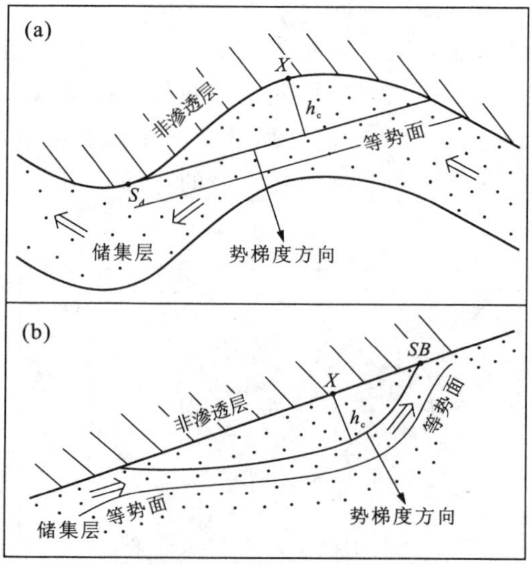

图 3-4 动水条件下溢出点、闭合高确定举例

(a)等势面为平面;(b)非渗透层底为平面

2. 确定闭合高

在静水条件下闭合高(或闭合度)是指闭合顶点到通过溢出点的垂直距离,如图 3-3 中 H。

在动水条件下,闭合高情况是复杂的,不宜下一个简单的定义。但如果通过溢出点的等势面是平面[图 3-4(a)],或者非渗透层面是平面[图 3-4(b)],可以分别定义为:闭合高是过溢出点的等势平面与非渗透层底面之间的最大垂直距离,或者非渗透层底面到过溢出点的等势面的最大垂直距离。

3. 确定闭合面积

在静水条件下,因为过溢出点的等势面与非渗透层底面交线与构造等高线平行,所以,闭合面积就是过溢出点的构造等高线(水平面)与储集层顶面及其他封闭面(如断层面、不整合面、岩性尖灭带)所交切构成的闭合区面积。如图 3-5 中三个圈闭面积为三个划细实线部分:圈闭 A 面积为通过溢出点 S_A 的储集层顶面等高线与断层线(走向线)围限的面积;圈闭 B 面积为通过溢出点 S_{BC} 的储集层顶面等高线与断层线和储集层尖灭线共同围限的面积;圈闭 C 面积为通过溢出点 S_{BC} 的储集层顶面等高线与储集层尖灭线共同围限的面积。图 3-5中通过溢出点 S_D 的储集层顶面等高线(点线)与断层线和储集层尖灭线共同围限的圈闭面积。

在动水条件下,闭合面积为过溢出点等势面与非渗透层底面交线所围限面积。此外,对于没有溢出点的圈闭,其闭合面积等于储集体的边界所圈定的面积。

4. 确定圈闭的储集空间

确定圈闭的储集空间需要的参数有圈闭空间、储集层厚度和有效孔隙度。完成上面的三个步骤就可以确定圈闭空间,其内储集层的厚度需扣除非渗透的隔夹层的厚度。

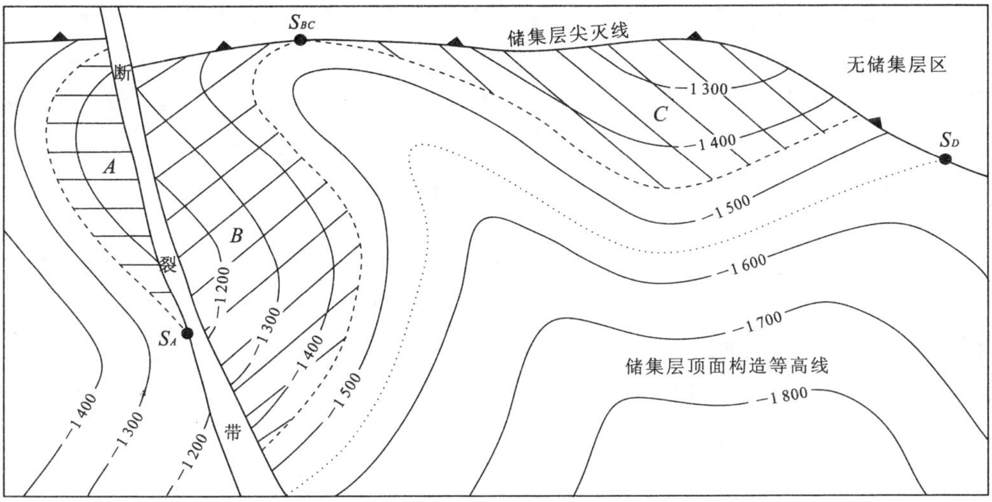

图 3-5 静水条件下溢出点、圈闭面积确定举例

(图中等高线的单位为 m)

(二)油气藏的度量

油气藏的度量目的是求取油气藏中油气流体的体积及储量。油气藏的度量涉及以下有关概念,参见图 3-3。

1. 油(气)柱高度

即油(气)藏顶点到油(气)水界面(oil/gas - water contact)的垂直距离,显然它小于或等于闭合高度。

2. 含油(气)边界和含油(气)面积

油(气)藏中油水界面与储集层顶、底面的交线,其中与底面的交线称内含油(气)边界,与顶面的交线称外含油(气)边界。通常采用外含油(气)边界圈定含油(气)面积。

3. 气顶和油环

在存在游离气的油气藏中,气位于顶部称气顶。油在气、水之间呈环状分布称油环,油环是夹持在气-水界面与油-水界面之间的环状区域。

上述概念一般适用于静水条件,对于动水条件,上述概念的意义要视具体情况而定。

利用油(气)柱高度、含油(气)面积、气顶和油环面积、储集空间等参数便可计算油(气)藏中的油(气)体积及储量。

四、圈闭和油气藏的分类

从油气勘探的实际需要出发,以圈闭分类为基础的油气藏分类,即圈闭和油气藏用同一分类系统,也就是说油气藏分类与圈闭分类采用相同的术语,例如"构造圈闭"中储存了油气藏就叫"构造油气藏",以此类推。

圈闭是诸多地质条件和过程相互作用的产物,这些地质条件可能组合出种类繁多的圈闭,使得每一个圈闭具有其独特性;然而,同一类圈闭其形成条件又具有一定的可比性,即共性,以区别不同类型的圈闭。圈闭的分类要能够概括和归纳不同类型圈闭的成因、共性和个性,体现分类的科学性原则;而且分类还要能够有利于指导圈闭的识别和油气藏的发现,体现分类的实用性原则,也是圈闭分类的最终目的。许多学者通过对各类圈闭和油气藏形成的控制因素、基本条件和分布规律的研究,提出了各具特色的圈闭分类方案。

国际上具代表性的圈闭分类有:1934年,McCollough将圈闭分为构造圈闭和非构造圈闭。1936年,Levorsen提出地层圈闭,它包括岩性圈闭和不整合圈闭;1954年,Levorsen将圈闭划分为构造圈闭、地层圈闭和复合圈闭;1967年,Levorsen又将圈闭划分为构造圈闭、地层圈闭、水动力圈闭和复合圈闭。1994年,Biddle和Wielchowsky将圈闭主要分为构造、地层以及构造和地层结合的复合圈闭;他们进一步把构造圈闭细分为褶皱圈闭、断层圈闭、刺穿圈闭以及它们的多因素圈闭,地层圈闭细分为原生或沉积圈闭、不整合圈闭、次生或成岩圈闭以及它们的多因素圈闭。2001年,Vincelette、Beaumont和Foster提出了更严格的圈闭划分的科学原则,也将圈闭分为构造、地层、水动力(流体)和复合圈闭。

国内具代表性的圈闭和油气藏大类划分有:①潘钟祥(1986)和陈荣书(1994)将圈闭油气藏分为构造、地层、水动力以及复合圈闭油气藏4大类;②胡见义(1986)将非构造圈闭油气藏分为岩性、地层、混合型和水动力圈闭油气藏4大类;③张厚福(1999)等、蒋有录和查明(2006)将油气藏分为构造、地层、岩性、水动力和复合油气藏5大类;④翟光明和高维亮(2005)按圈闭形成的主导成因因素将我国含油气盆地中的油气藏分为背斜、断层、岩性、地层、混合和水动力6大类。在②、③、④分类中的地层圈闭和油气藏主要包括不整合面下的不整合油气藏(称地层不整合遮挡油气藏)、不整合面上的不整合油气藏(称地层超覆油气藏)和潜山油气藏,将岩性与构造、地层(这里指不整合油气藏)、水动力和复合油气藏并列为大类;还在④分类中将背斜和断层油气藏并列为大类。

圈闭的类型划分应以圈闭的成因为依据,在大类划分的基础上,进一步可根据圈闭形成的基本要素即储集层的变化和特点以及封闭条件的不同划分圈闭的次级类型。就储集层的封闭因素而言,一般包括储层顶面上方的非渗透性盖层、储层上倾方向的非渗透性遮挡、储层底面下方的非渗透性岩层和高势面的封闭。其中储层上方非渗透性封闭和上倾方向遮挡条件最为重要,是决定圈闭性质和次级类型的重要因素,而储层底面下方非渗透岩层和下倾方向高势面的封闭是起从属和配合作用的辅助因素。圈闭亚类和细分类是以起主导作用的封闭及遮挡条件和储集层的变化及特征为依据而划分的。

按照上述认识,本教材采用按圈闭成因分为:构造、地层、水动力和复合圈闭4大类,各大类按主导封闭因素和储集层特点划分出14个亚类,并进一步给出细分类。在没有说明是否有水动力影响时,默认为静水条件。表3-1为圈闭的大类和亚类划分表。各类圈闭特征将在正文中给出详细介绍。

表3-1 圈闭大类和亚类表

大类	构造圈闭	地层圈闭	水动力圈闭	复合圈闭
亚类	1.背斜圈闭	1.岩性圈闭	1.构造鼻型水动力圈闭	1.构造-地层复合圈闭
	2.断层圈闭	2.不整合圈闭	2.单斜型水动力圈闭	2.构造-水动力复合圈闭
	3.裂缝性背斜圈闭	3.多因素地层圈闭	3.纯水动力圈闭	3.构造-地层-水动力复合圈闭
	4.刺穿圈闭			
	5.多因素构造圈闭			

五、隐蔽圈闭和油气藏的概念

关于隐蔽圈闭和油气藏,我国从20世纪70年代中期已开始关注和研究。随着容易认识和查明的大多数构造圈闭的钻探目标的减少，人们对隐蔽圈闭和油气藏给予了更多的关注和深入的研究。“隐蔽圈闭”英文为“obscure and subtle traps”，较早见于 Levorsen(1964)在 AAPG Bulletin 发表的论文，意思指形成圈闭的地质变化和圈闭的具体位置是隐蔽的和难以捉摸的。那时的“隐蔽圈闭”本意是指构造、地层和流体多因素复合形成的圈闭。直到 1972 年，美国石油地质学家 Halbouty 起用“subtle trap”这一术语时，才是指勘探难度较大和成功率较低的各类地层圈闭（岩性圈闭和不整合圈闭），1982 年，在 Halbouty 主编的《The deliberate search for the subtle trap》（AAPG Memoir 32）一书中，进一步把隐蔽在不整合面下或推覆构造带下勘探难度较大的各类潜伏圈闭都称之为隐蔽圈闭。

1983 年，由中国石油地质学会和黑龙江省石油地质学会主办，在江苏省无锡市召开了“全国隐蔽油气藏勘探学术讨论会”，并评选出了 19 篇论文由《大庆石油地质与开发》编辑部编辑，于 1984 年出版了《中国隐蔽油气藏勘探论文集》，这可能是我国较早的有关隐蔽圈闭和油气藏研究的较集中发表的成果。这个论文集中研究的圈闭和油气藏有岩性圈闭、礁型圈闭、泥岩裂缝圈闭、不整合圈闭、古潜山圈闭、逆掩断层下的圈闭和构造与地层复合的圈闭等。1986 年胡见义等编著出版了《非构造油气藏》一书，从中国陆相湖盆的地质特征出发，将非构造油气藏划分为岩性圈闭、地层圈闭、混合圈闭和水动力圈闭油气藏 4 大类。而且指出：由于非构造油气藏形成条件及其配置关系的多样化和形态的不规则性，其存在和分布具有很大的隐蔽性。1996 年和 2003 年我国分别在青岛和北京召开了“隐蔽油气藏勘探学术研讨会”和隐蔽油气藏国际会议，并分别出版了相应的论文集。2004 年李丕龙等出版的《陆相断陷湖盆隐蔽油气藏形成》一书，论述了济阳坳陷岩性和地层超覆油气藏的成藏特征与分布规律。2007 年庞雄奇等撰文认为隐蔽圈闭油气藏应包括岩性地层圈闭油气藏、非浮力作用形成的特殊类型的圈闭油气藏和复杂构造圈闭油气藏 3 大类。近十年来，我国学者的有关隐蔽圈闭和油气藏的研究成果主要集中在地层圈闭（主要是岩性圈闭和不整合圈闭）和构造-地层复合圈闭的研究方面，尤其关注受沉积作用和成岩作用控制的岩性圈闭的研究方面。随着高分辨率三维地震和测井技术的应用以及盆地沉积学、地震地层学和层序地层学、地震沉积学的发展，为地层和沉积相带的解释以及储集岩性体的研究和预测提供了强有力的手段。

从上述“隐蔽圈闭”一词的含义随时间的发展来看，隐蔽圈闭泛指任一勘探阶段用常规的勘探思路和方法在认识上和勘探技术上难以识别的圈闭。隐蔽圈闭概念的范畴是随着勘探手段和研究水平的提高而不断发生变化的，所以不同时期对隐蔽圈闭内涵的理解也有所不同。目前，地层圈闭中的岩性圈闭和不整合圈闭油气藏是隐蔽圈闭和油气藏勘探和研究的主体。隐蔽圈闭油气藏的主要类型已经体现在表 3－1 中，本教材不对隐蔽圈闭进行分类和展开讨论。

第二节 构造圈闭和油气藏

储集层顶面发生局部构造变形和变位，储集层上方被非渗透岩层封闭或/和上倾方向被断层遮挡而形成的圈闭称为构造圈闭(structural traps)。若其中储存了油气则称为构造油气藏，它可进一步分为：①背斜油气藏；②断层油气藏；③裂缝性背斜油气藏；④刺穿背斜油气藏 4 种基本类型，以及这些类型复合的多因素构造油气藏。

一、背斜圈闭和油气藏

(一)背斜圈闭的形成机理

圈闭的形成条件较简单,主要是层状展布的储集层顶面拱起,上方被非渗透性盖层所封闭,而底面和下倾方向是被高油气势面或(和)非渗透性岩层联合封闭而形成的闭合低油气势区。圈闭的面积可通过溢出点的闭合构造等高线加以圈定。

(二)背斜油气藏的基本特点

背斜圈闭(anticlinal traps)中聚集工业规模的烃类流体后,即成为背斜油气藏。

背斜油气藏的油气分布特征如下:油气局限于闭合区内;气居上,其下为油,水位于油下;气油、油水或气水界线与构造等高线相平行;烃柱高度应等于或小于闭合度。典型背斜油气藏中气、油、水的分布如图 3-3 所示。

背斜油气藏中的储油气层应呈层状展布,具有良好的孔隙性、渗透性,尽管油气层的储集性是不均一的,纵、横向可能存在较大的变化,但应是相互连通的。油气层范围内具有统一的压力系统和统一的油、气、水界面。

当一个背斜腹部存在多层储集层时,如果各油气层之间并未完全分隔,而且相互连通,这种相互连通的多油气层构成统一的层状储集体,常是形成特大和巨大油气藏的重要条件之一。西西伯利亚北部许多大型到巨型气田,如麦德维热巨型气田的赛诺曼阶(上白垩统)中的背斜气藏(图 3-6)就是一例。如果多层储集层被非渗透层封隔纵向上叠置时,每一个储层均可形成独立的单一圈闭,纵向上可形成多个圈闭和油气藏,该气藏类型也可称为复式背斜油气藏。

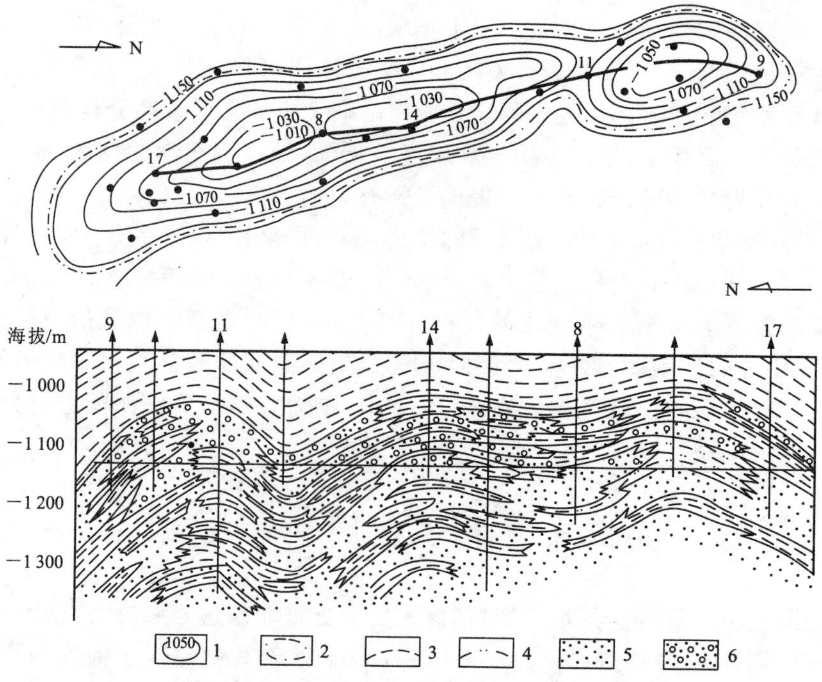

图 3-6 西西伯利亚麦德维热特大气田构造图和剖面图

(据 Crenepon,1975)

1. 赛诺曼阶顶面构造等高线(m);2. 含气边界;3. 泥岩;4. 粉砂岩;5. 砂岩;6. 气藏

背斜油气田中圈闭、油气藏与油气层的关系，可以前苏联提塔斯气田(图 3－7)为例说明。图中 1～4 层彼此连通，构成 A 圈闭和气藏；5～6 层构成 B 圈闭和气藏，7、8 层各自独立，分别构成 C、D 圈闭和油气藏。

(三)背斜油气藏的主要类型

背斜油气藏的分类有多种。按背斜构造成因可分为两小类：挤压背斜和同生背斜。同生背斜按形成条件可进一步分为 4 种(图 3－8)：①基底差异升降(同沉积)背斜；②披覆(差异压实)背斜；③塑性体流动形成的底辟上拱(隐刺穿)背斜；④与同生断层发育有关的逆牵引(滚动)背斜等。同生背斜形成较早，对油气聚集，特别是早期聚集较为有利。世界上许多超巨型和特大型油气田，如沙特阿拉伯的加瓦尔油田、科威特的布尔干油田、前苏联的乌连戈伊气田和罗马什金油田、我国大庆油田(图 3－9)都是同生背斜。

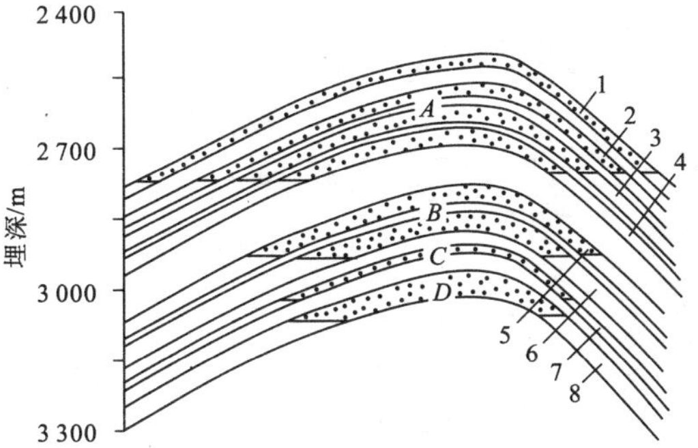

图 3－7 提塔斯气田剖面图

(据 Ahamd，1966)

1～8 为含气层，分属 A(1～4)、B(5～6)、C(7)、D(8)4 个油气藏

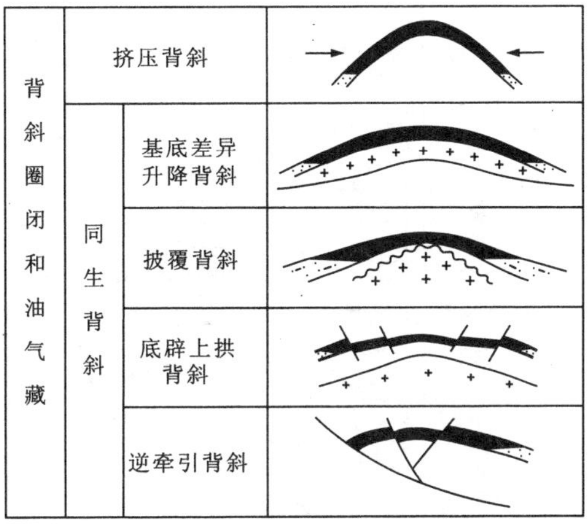

图 3－8 背斜圈闭和油气藏类型示意图

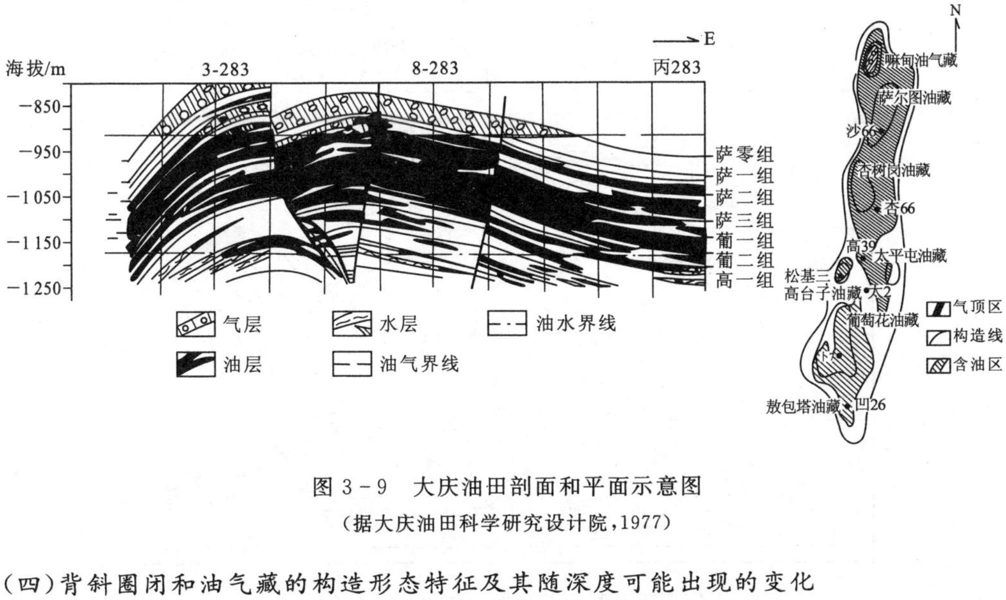

图 3－9 大庆油田剖面和平面示意图

(据大庆油田科学研究设计院，1977)

(四)背斜圈闭和油气藏的构造形态特征及其随深度可能出现的变化

背斜圈闭形态是多种多样的，从穹隆状一直到狭长高背斜；闭合面积可以从小于 1km² 到

$n\times10^3 km^2$；背斜圈闭可以是完整的，也可以被断层复杂化。如果断层将背斜圈闭切割成彼此不连通的若干部分，各自都有独立的压力系统和油（气）水界面时，就不再将其看成统一的背斜圈闭和油气藏，而是根据各部分圈闭形成的主导因素分别定名。

背斜圈闭随深度可能出现的变化包括圈闭形态、幅度、高点位移，甚至是背斜消失，即可能在浅部存在背斜而深部不存在或相反。这些情况的出现和存在，极大地影响了对该背斜含油气情况的评价。因此，这个问题一直受到构造地质学家和石油地质学家的重视。Levorsen（1954）曾总结出多种可能出现的情况（图3-10）：①中间层垂距变化；②重复褶皱；③平行褶

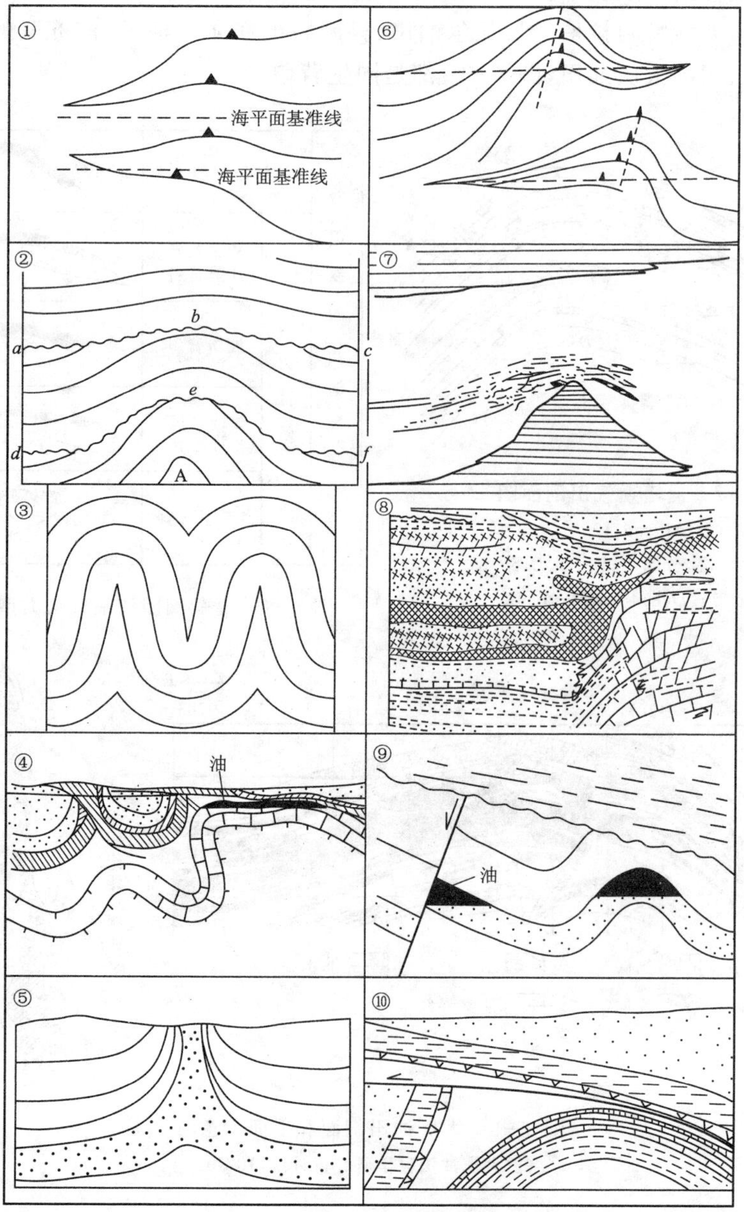

图 3-10 背斜圈闭随深度可能出现的变化示意图
（综合 Levorsen，1954 有关图文资料编制，转引自陈荣书，1994）

皱；④不协调褶皱；⑤刺穿和隐刺穿褶皱；⑥不对称褶皱；⑦礁和沉积差异压实；⑧多种假构造（溶蚀、坍塌造成）；⑨不整合面下的褶皱变形；⑩逆掩断层（或推覆体）下的背斜。现在看来，还可推出一些其他情况。

二、断层圈闭和油气藏

（一）断层圈闭的形成机理

凡是储集层上倾或各个方向由断层封闭而形成的圈闭称断层圈闭（fault traps）。虽然储集层上方非渗透性盖层存在对断层圈闭来说也是不可少的，但这对任一圈闭来说，都是一个基本条件。因此，这里特别强调断层对储层上倾方向的封闭作用。对储层上倾方向起完全封闭作用的断层圈闭来说，圈闭的位置由通过溢出点的构造等高线和上倾方向断层线构成的闭合区加以确定。

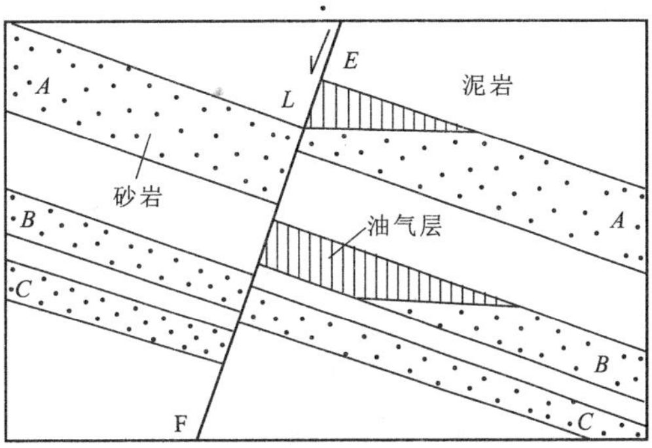

图 3－11　断层对油气聚集的封闭作用示意图
（据 Hobson，1956）

断层对储集层上倾方向能否起封闭作用，主要取决于：断层使岩层位移与其相接的岩层是否具有渗透性。完全与非渗透性岩层相接（图 3－11 中 *B*）则为完全封闭；上倾方向的上方部分与非渗透性岩层相接，则为部分封闭（图 3－11 中 *A*）；与渗透性岩层相接，则为不封闭（图 3－11 中 *C*）。对部分封闭的断层圈闭来说，其溢出点如图 3－11 中 *L* 所示。此外，断层的性质对封闭也有一定影响。一般压性断层的封闭性好，张性断层的封闭性差。断层形成的时间对封闭性亦有影响。刚断开时，即使压性断层，也有一定的开启性；时间较久后，即使是张性断层，在重力作用下张开的断面可以闭合，或被黏滞性物质填充堵塞。这就不难理解，为什么许多非压性断层同样可形成断层圈闭和油气藏。

断层在断层圈闭形成中之所以能起重要作用，除上述封闭作用外，还表现在下列两个方向：①对原有构造进行不同程度的改造，使之与断层结合形成圈闭；②断层使岩层发生倾斜、反向倾斜或逆牵引，形成新圈闭。

（二）断层油气藏的基本特征

单一断层圈闭中聚集烃类流体后即成为断层油气藏。断层油气藏的基本特点之一是油气层上倾方向或各方被断层所限。对于仅在上倾方向受断层所限的油气藏来说，其下倾方向油（气）水界线与油气层顶面构造等高线相平行。

断层油气藏中的油气层应具有较好的孔隙性、渗透性，并呈层状展布。

（三）断层油气藏的主要类型

根据断层圈闭的形成条件和形态特征，断层圈闭和油气藏可分为下列 4 种基本类型（图 3－12）：①弯曲或交错断层与单斜结合形成的圈闭和油气藏[图 3－12(a)]；②3 个或更多断层与单斜或弯曲岩层结合形成的断层或断块圈闭和油气藏[图 3－12(b)]；③单一断层与褶曲（背斜的一部分）结合形成的断层圈闭和油气藏[图 3－12(c)]；④逆和逆掩断层与背斜的一部分结合形成的逆（或逆掩）断层圈闭和油气藏[图 3－12(d)]。

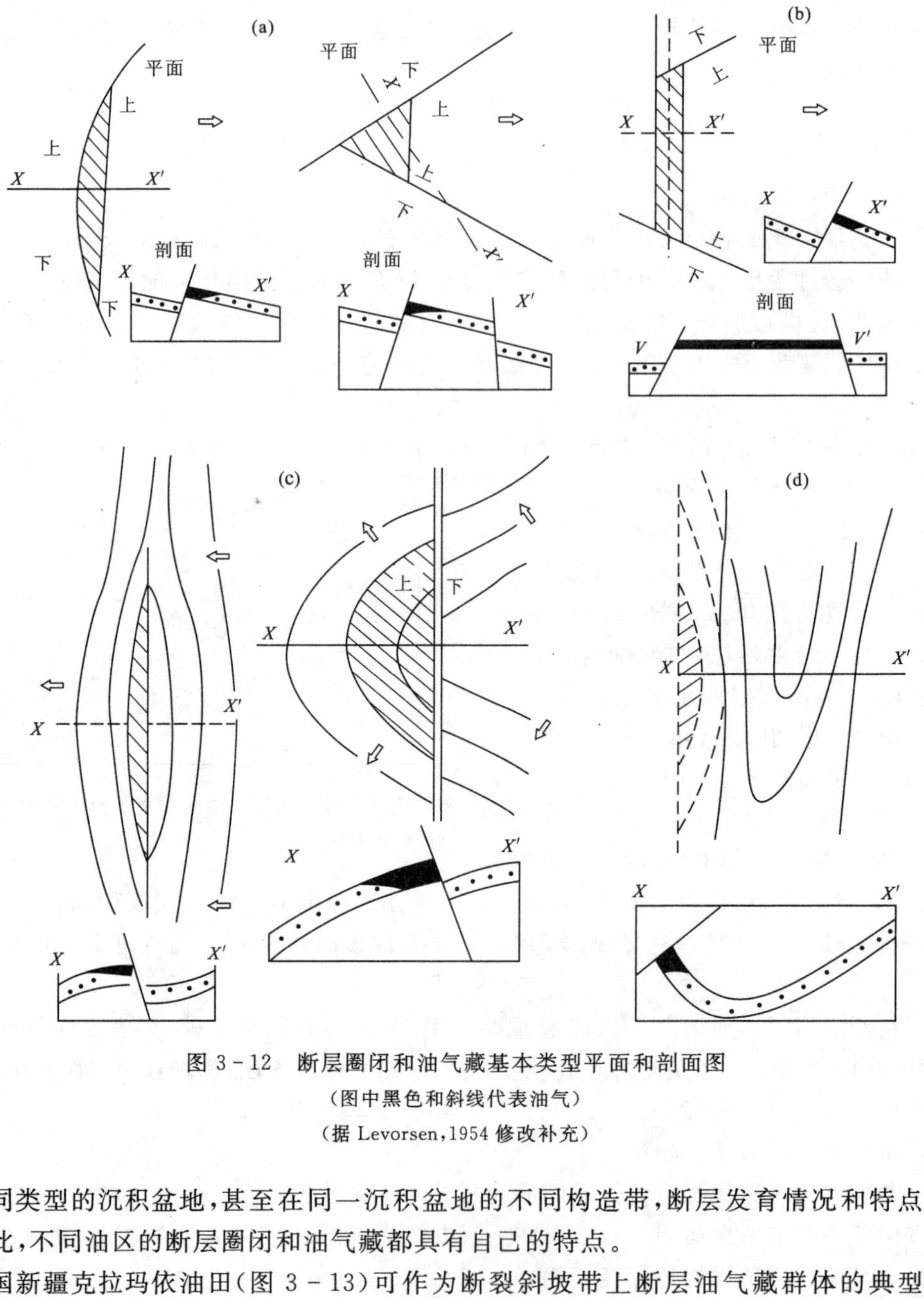

图 3-12 断层圈闭和油气藏基本类型平面和剖面图

(图中黑色和斜线代表油气)

(据 Levorsen,1954 修改补充)

不同类型的沉积盆地,甚至在同一沉积盆地的不同构造带,断层发育情况和特点各不相同。因此,不同油区的断层圈闭和油气藏都具有自己的特点。

我国新疆克拉玛依油田(图 3-13)可作为断裂斜坡带上断层油气藏群体的典型实例之一。该油田除西北侧靠近盆地边缘地区外,在断裂带主要断层发育区,都以断层油气藏为主,各断块油气藏都具有独立的压力系统、油气产量和油气边界,甚至产油层的层数都各不相同。近来的研究表明,北东向克-乌主断裂带具有明显的逆掩断层性质,断面倾角向下变缓,呈犁式,在古生界之下逆掩断层可形成"帽檐"式逆掩断层圈闭和油气藏,开辟了寻找新油气藏类型的前景。

在西部褶皱较强烈的山前带,常出现逆或逆掩断层与背斜一翼结合形成的逆或逆掩断层油气藏。老君庙油田北翼 L 层中的断层油气藏就是一例。

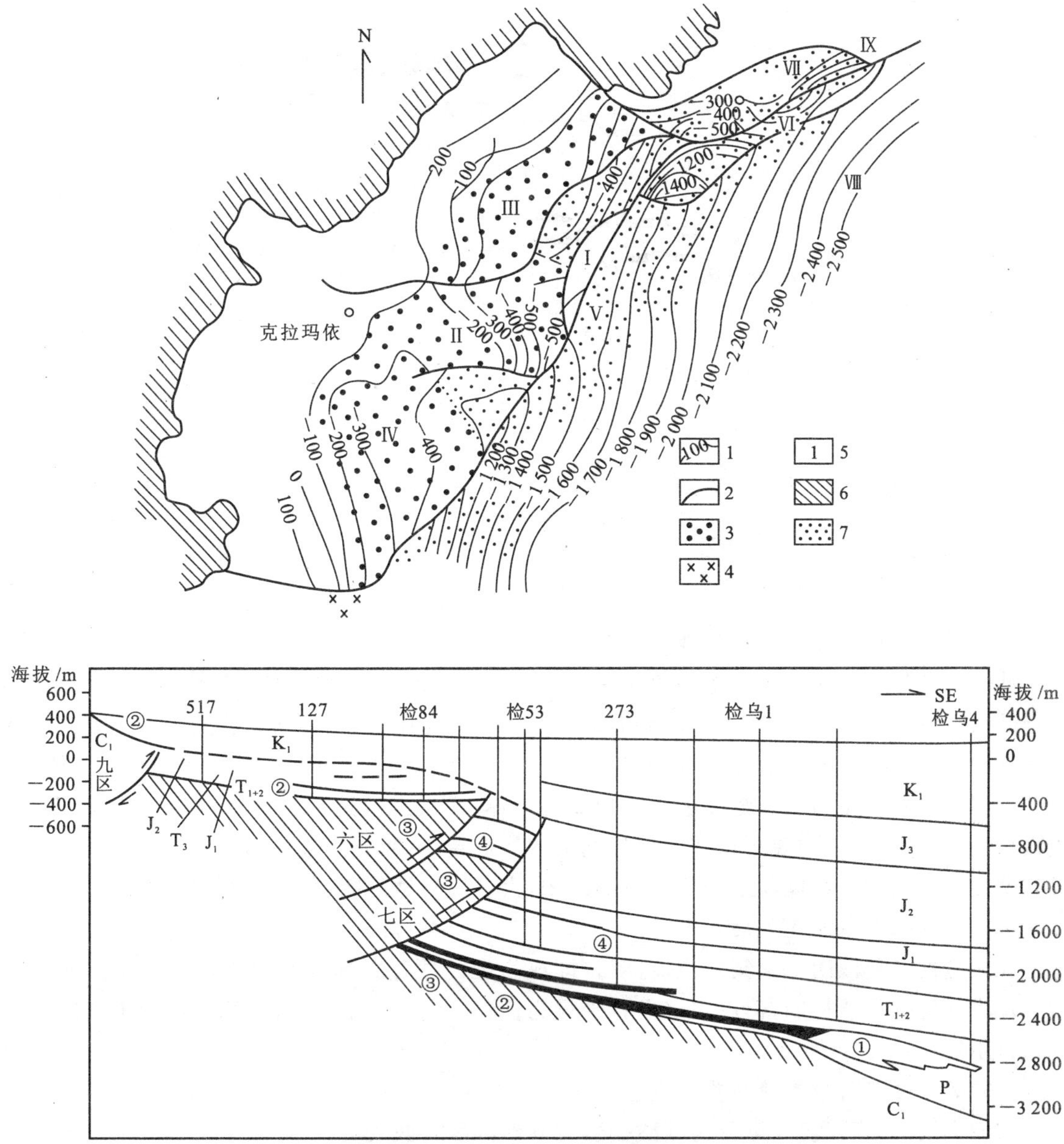

图 3-13　克拉玛依油区构造图和剖面图

（剖面图上标明了主要油藏类型，平面图据克拉玛依油田研究所，1977；剖面图据范成龙，1983 略有改动）

1. 等高线（m）；2. 断层；3. 砾岩；4. 裂隙；5. 地质分区编号；6. 侵蚀区；7. 砂岩发育区；

①岩性油藏；②地层超覆；③基岩油藏；④断层遮挡油藏

东部新生代沉积盆地中，常发育与同生断层有关的逆牵引断层油气藏（见背斜油气藏、或断层-逆牵引背斜油气藏）、屋脊断块油气藏。济阳坳陷惠民凹陷大芦家断块构造油气藏（图 3-14）就是该类油气藏的典型实例。

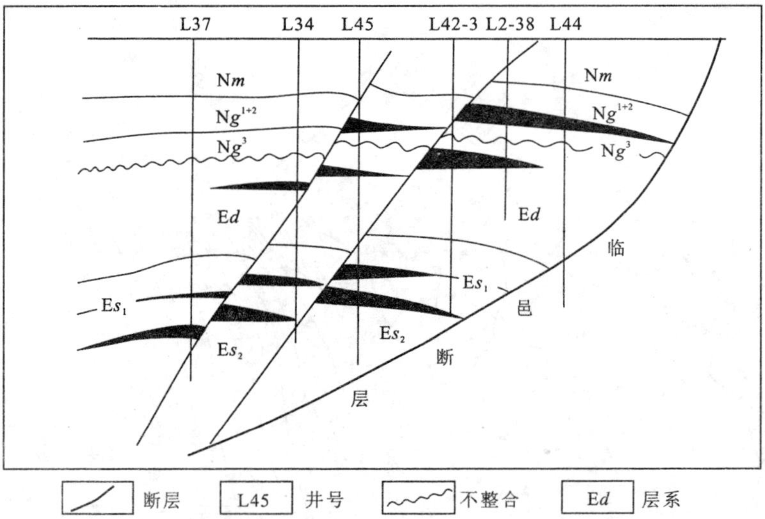

图 3-14 济阳坳陷惠民凹陷大芦家逆牵引背斜和断块油气藏图
(据范立勇等,2007)

三、裂缝性背斜圈闭和油气藏

(一)裂缝性背斜圈闭形成机理

我们将在背斜构造控制下,裂缝性储集层(体)被非渗透岩层和高油气势面联合封闭形成的闭合低油气势区,称作裂缝性背斜圈闭(fractured anticlinal traps)。它与背斜圈闭的主要区别在于储集层不是呈层状展布,而是仅在裂缝发育带形成呈带状分布的不甚规则的裂缝性储集体。

裂缝性储集层是指经裂缝改造后才形成储集体,而未经改造部分为非渗透性岩层。裂缝成因可能有多种,这里主要是指在背斜控制下的构造裂缝,而非构造成因所形成的与背斜构造没有明显联系的裂缝性储集层中所形成的圈闭,大多属岩性圈闭,与本类圈闭无关。

(二)裂缝性背斜油气藏的基本特点

在裂缝性背斜圈闭中聚集烃类流体后,即成为裂缝性背斜油气藏。该类油气藏中油气分布总体上受背斜构造控制,但以裂缝发育带最为富集。油气产量、油气柱高度以及油气层压力分布极不均一。

(三)裂缝性背斜油气藏的基本类型

按储集层的岩石类型,可分为碳酸盐岩和其他沉积岩两大类。

碳酸盐岩中裂缝性背斜油气藏分布广泛,但以构造变形较为强烈的山前或其他发育褶皱背斜带的地区较为重要。其中最典型的要数扎格罗斯山前带中裂缝性背斜油气藏。在该带已发现的50多个油气田中,有20多个是裂缝性背斜油气藏,储量在10亿桶以上的就有6个(加奇萨兰、马伦、阿瓦兹-阿斯马里、阿加贾里-比比、哈基麦赫和帕扎南)。现以加奇萨兰油田为例进行说明(图3-15)。

该油田位于扎格罗斯山前带的第二构造带上,褶皱强度中等到较强,有3套产油层:阿斯马里石灰岩(中—渐新统)、萨尔维克石灰岩(中白垩统)、卡米石灰岩(上侏罗统),裂缝把它们沟通,形成具有统一压力系统的巨厚块状储集体,油气柱高达2 100m。阿斯马里石灰岩之上为巨厚的上法尔斯膏盐层所封闭。

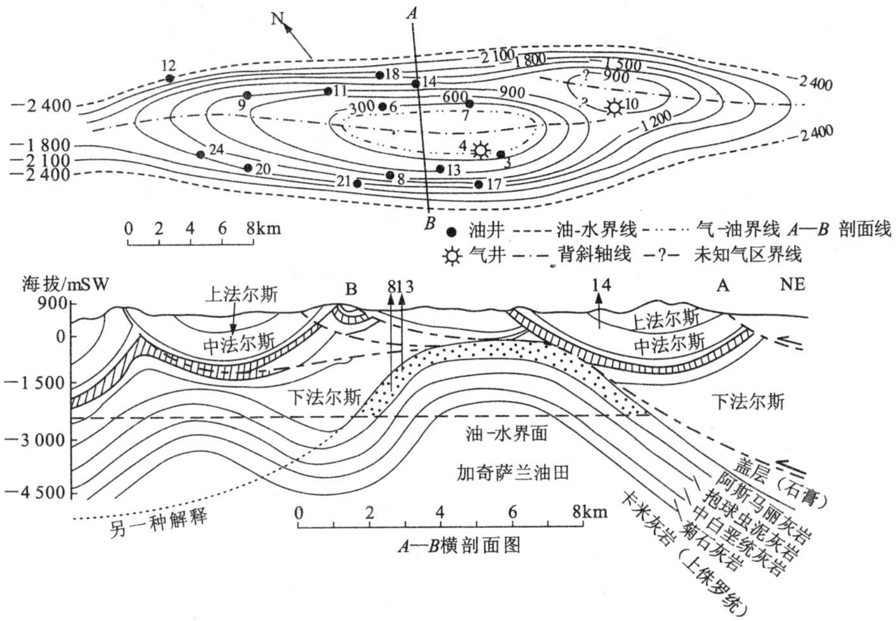

图 3-15　加奇萨兰油田构造等值线图和剖面图

（转引自潘钟祥等，1986）

主要产油层阿斯马里石灰岩的孔隙度高达 13%，大多数小于 5%；岩样渗透率一般小于 $(10\sim20)\times10^{-3}\mu m^2$，但裂缝发育带渗透性极好，最高日产量达万吨以上（24 号井等），高产区平均日产量达 8 000t 以上，但有些井钻开全部阿斯马里灰岩的日产量仅 600t。

我国四川盆地东、南部气区中亦有众多气田属于这一类型，其基本特征具有相似性，但产气能力和气柱高度均远不及扎格罗斯山前带。图 3-16 为川东南的石油沟-东溪气田构造及天然气分布平、剖面图。

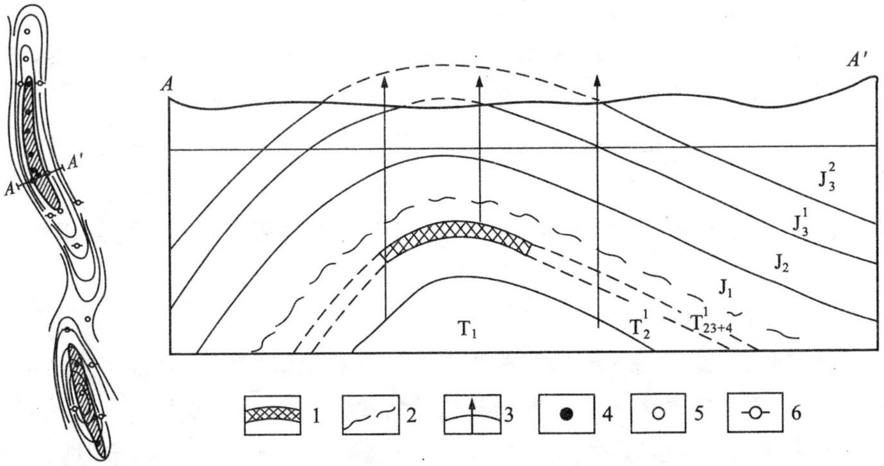

图 3-16　石油沟-东溪气田构造及天然气分布平面和剖面图

（据四川石油管理局，1959）

1. 气层；2. 不整合；3. 井位；4. 高产井；5. 低产井；6. 干井

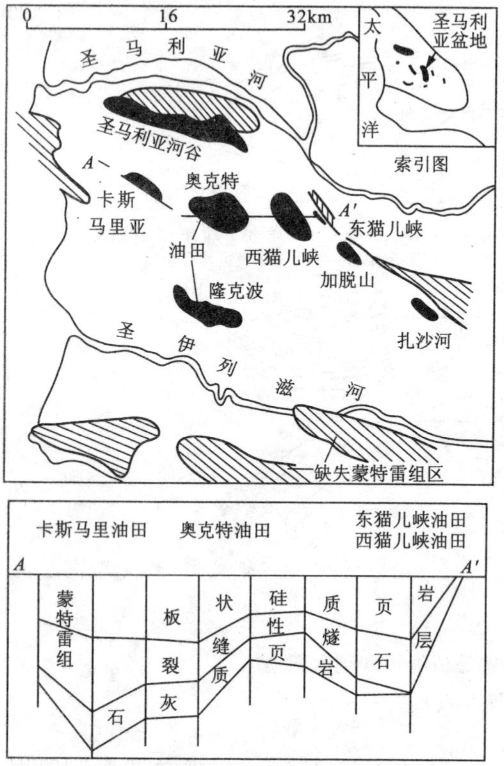

图 3-17 美国加利福尼亚州圣马利亚谷地裂缝性蒙特雷组地层对比及油田分布图
(据 Hubbert,1953)

其他沉积岩的裂缝性背斜油气藏,以美国加利福尼亚州圣马利亚谷地上中新统蒙特雷组中油气藏,最为著名和典型(图 3-17)。

该区蒙特雷组由 3 部分组成:上部板状硅质页岩;中部裂缝性燧石层;下部为石灰质页岩。中部岩层为主要储层,孔隙度仅 6%,但裂缝发育且分布均匀,渗透率极高,产量的 60%来自该段。该层石油聚集与孔隙性砂岩相近,主要受背斜控制(如卡斯马里亚、奥克特、西猫儿峡、隆克波等),部分受燧石层上倾尖灭带所控制(如圣马利亚河谷、东猫儿峡、加脱山扎沙河等),而不是仅局限于背斜轴部或断裂发育带。但与孔隙型储集层相比,仍有显著差别,主要表现为各井日产量差别较大,高者可达千余桶,低者不足百桶。

四、刺穿圈闭和油气藏

(一)刺穿圈闭的形成机理

地下岩体(包括软泥、泥膏岩、盐岩及各种侵入岩浆岩)侵入沉积岩层,使储集层上方发生变形,其上倾方向被侵入岩体封闭而形成的圈闭称为刺穿圈闭(diapiric traps)。至于那些受岩体侵入影响,使储集层上拱发生变形、变位(断裂)形成的圈闭,称为隐刺穿的背斜和断层圈闭。在分类上仍属于背斜圈闭和断层圈闭。刺穿圈闭和隐刺穿背斜圈闭的根本区别在于前者岩体刺穿储集层,而后者则不存在刺穿岩体。

刺穿圈闭除上倾方向被侵入岩体封闭外,储集层上方还存在非渗透性岩层,下方和下倾方向被油气高等势面和非渗透性岩层联合封闭,构成一个闭合的低油气势区。刺穿圈闭同样是由通过储层顶面溢出点的构造等高线与刺穿岩体封闭线联合构成的闭合区加以确定的。

由于刺穿作用总是伴生岩层的断裂,因此,刺穿圈闭中储层上倾方向的封闭作用极少是由单一岩体构成的,而常与断层结合形成刺穿-断层圈闭。

(二)刺穿油气藏的基本特征

刺穿油气藏和刺穿-断层油气藏的基本特点是油气在上倾方向一侧被刺穿岩体,或刺穿岩体一断层所限,其下倾方向油(气)水边界仍与构造等高线保持平行或基本平行关系。

刺穿油气藏中的储油气层,除盐帽中的岩性油气藏外,大多呈层状展布,具有较好的孔隙性、渗透性,且相互连通。

(三)刺穿油气藏的主要类型

刺穿油气藏的分类常有两种方案。

(1)按刺穿岩体的岩石类型,可分为盐岩、膏岩、软泥及泥膏混合物、岩浆岩 4 种,分别称为盐刺穿油气藏、膏刺穿油气藏、软泥或泥膏刺穿油气藏、岩浆侵入岩刺穿油气藏。乌克兰的玛什夫气田(图 3-18)、阿塞拜疆的洛克-巴唐油气田和墨西哥某些油气藏可以作为上述油(气)藏的典型实例。

(2)按储集层与刺穿岩体的相互关系,可分为:①盐(膏、泥)栓(核)遮挡圈闭和油气藏;②盐帽沿遮挡圈闭和油气藏;③盐帽内透镜状圈闭和油气藏,分别见图 3-19①、②、③。

由于盐、泥刺穿构造是一种生长构造,在形成刺穿圈闭的同时,常伴生断裂、岩性尖灭、不整合以及刺穿上方的隐刺穿底辟上拱背斜和断层。这些圈闭内同样可以形成相应的气(油)藏。这些气(油)藏在分类上分别属于背斜、断层、岩性和不整合油气藏,且分别见图 3-19④、⑤、⑥、⑦。但它们(特别是背斜和断层)在分布上与刺穿岩体有密切联系,而且具独特的组合形式,即背斜被一系列地堑式、包心式、放射状或平行轴向断层切割。这种现象常被用来作为鉴别深部存在刺穿圈闭的重要特征之一。

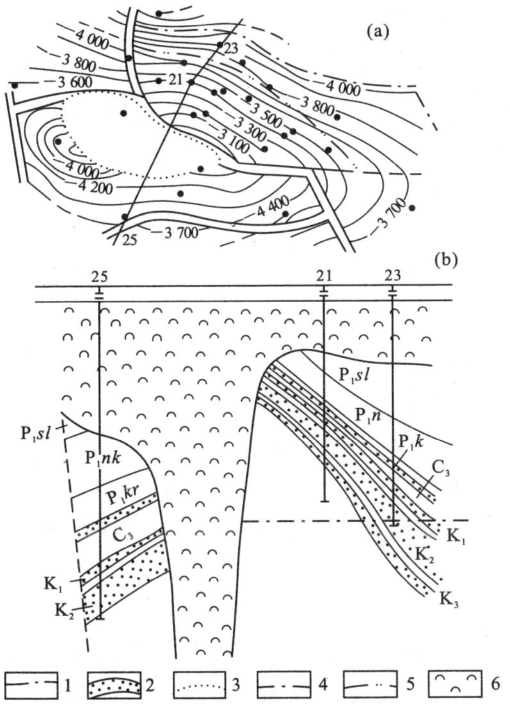

图 3-18　乌克兰玛什夫气田构造图(a)和剖面图(b)

(转引自 Волсокчид,1979)

1. 构造等高线(m);2. 砂岩;3. 刺穿区;

4. 含气边界;5. 含气内边界;6. 膏盐核

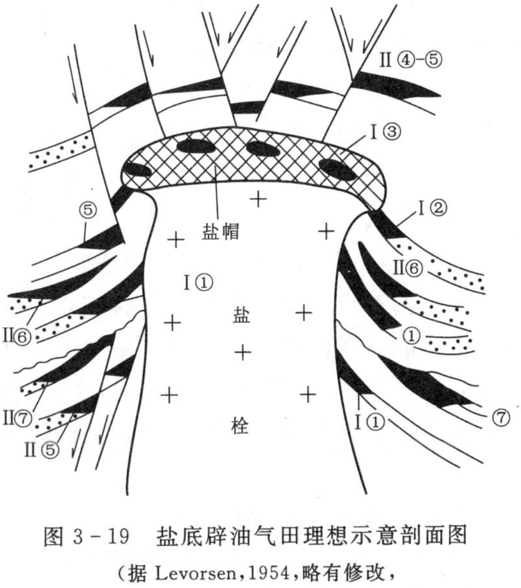

图 3-19　盐底辟油气田理想示意剖面图

(据 Levorsen,1954,略有修改,

转引自潘钟祥等,1986)

Ⅰ. 与刺穿有关的油气藏:①盐栓(核)遮挡油气藏;②盐帽沿遮挡油气藏;③盐帽内岩性油气藏

Ⅱ. 伴生非刺穿油气藏:④背斜-断层油气藏;⑤断层油气藏;⑥岩性油气藏;⑦不整合油气藏

我国目前尚未发现典型的刺穿油气藏,但在潜江凹陷和东营凹陷都已发现与盐-泥膏岩刺穿活动有关的伴生背斜、背斜-断层及断层油气藏。

第三节 地层圈闭和油气藏

储集层四周或上倾方向因岩性变化或储集层上倾方向中断——剥蚀或超覆而被非渗透性岩层或不整合面所封闭而形成的闭合油气低势区称为地层圈闭(stratigraphic traps)。在其中聚集工业规模的烃类流体后则称之为地层油气藏。

一、岩性圈闭和油气藏

(一)岩性圈闭的形成机理

凡是储集层因岩性变化,其四周或上倾方向和顶、底为非渗透岩层所封闭而形成的圈闭称为岩性圈闭(lithologic traps)。储集层的岩性变化如果是在沉积过程中形成的,这种岩性圈闭又可称为沉积圈闭(depositional traps)。若是成岩过程中形成的,则可称为成岩圈闭(diagenetic traps),它可以是储集层的一部分变为非渗透遮挡而形成圈闭,也可以是非储集层的某些部分变为渗透性储集体,其四周或上倾方向和上方被封闭而形成圈闭。其中储集层四周均被非渗透岩层封闭的称透镜型岩性圈闭(lens - type traps),其位置由非渗透性边界限定;上倾方向和顶、底被非渗透岩层封闭的称上倾尖灭型岩性圈闭(pinchout - type traps),其位置由上倾方向非渗透性封闭线和储层顶面通过溢出点的构造等高线联合构成的闭合区加以确定。

礁型圈闭(reef - type traps)是一类较特殊的岩性圈闭,是与沉积环境和生物骨架沉积作用有关的圈闭。礁型圈闭是具有良好孔、渗性的储集岩体即礁体(或礁组合)上方和周围被非渗透性岩层封闭而形成的圈闭。礁型圈闭中构成礁体上方和周围非渗透岩层的岩石类型可是多种多样的,可以是泥质岩、膏岩层、泥灰岩和灰岩。

礁体不仅具有生物骨架孔隙、碎屑粒间孔隙,而且由于礁接近水面有时甚至露出水面,侵蚀和溶蚀作用对礁体的储集性的改善起重要作用。礁形成后,后期的构造运动、白云岩化和溶蚀作用也可能对其储集性的提高有重要的作用。但是,在多种影响礁型圈闭储集层性能的因素中,礁沉积环境决定了礁的生长方式和发育规模。可以说沉积过程形成了圈闭的几何形态,沉积环境是控制礁型圈闭储集体最重要的因素。所以,本教材将礁型圈闭归入岩性圈闭类型中。

(二)岩性油气藏的基本特点

在岩性圈闭中聚集工业规模的烃类流体后,称为岩性油气藏。其含油气边界完全为非渗透性边界所限或其上倾方向和顶、底为非渗透性边界所限,前者下方和后者下倾方向的油(气)水边界与储层顶面等高线相平行。透镜状或楔状岩性油气藏的储层(孔隙、渗透性岩体)有时连续性较差,但不同层位储集体可叠合连片,形成中小乃至较大的油气藏。

礁型油气藏以储量较大、烃柱高,以高产著称。世界上有 10 口日产量达万吨以上的高产井,其中礁型占有 4 口。

(三)岩性油气藏的基本类型

岩性油气藏根据储层或储集体展布特征,可分为透镜型和上倾尖灭型两种基本类型(图 3 - 20)。其中透镜型岩性油气藏可进一步分为沉积型和成岩型两种亚类。

1. 与沉积作用有关的透镜型岩性油气藏

该类油气藏按储集层的岩石类型可分为碎屑岩和碳酸盐岩两种。

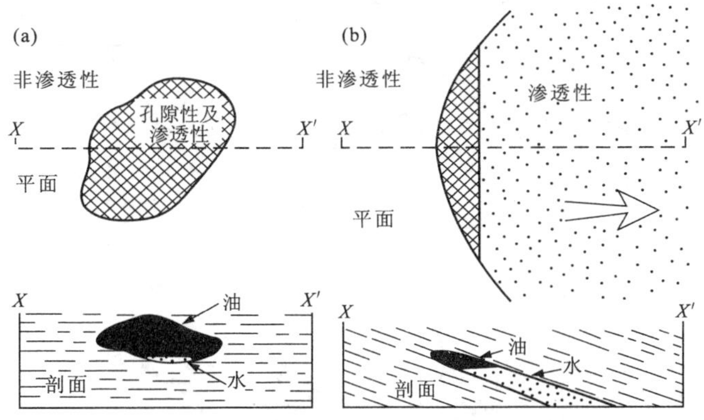

图 3－20　岩性圈闭和油气藏基本类型图

（据 Levorsen，1954）

(a)透镜型；(b)上倾尖灭型

河道砂、三角洲分流河道砂岩、沿岸带分布的河口坝砂岩透镜体中油气藏大多属于碎屑岩透镜体中油气藏，如美国密西西比州小溪油田登克曼河道边滩砂岩体中油藏(图 3－21)，俄克拉荷马州大塞米诺尔区布奇段分流河道砂岩体中的油藏，以及蒙大拿州泡得河盆地钟溪油田中由堡坝(钟溪部分)和河口坝(牧场溪部分)复合砂岩体组成的“穆迪砂岩”中的油气藏(图 3－22)，都是属于这一类型油气藏的典型实例。

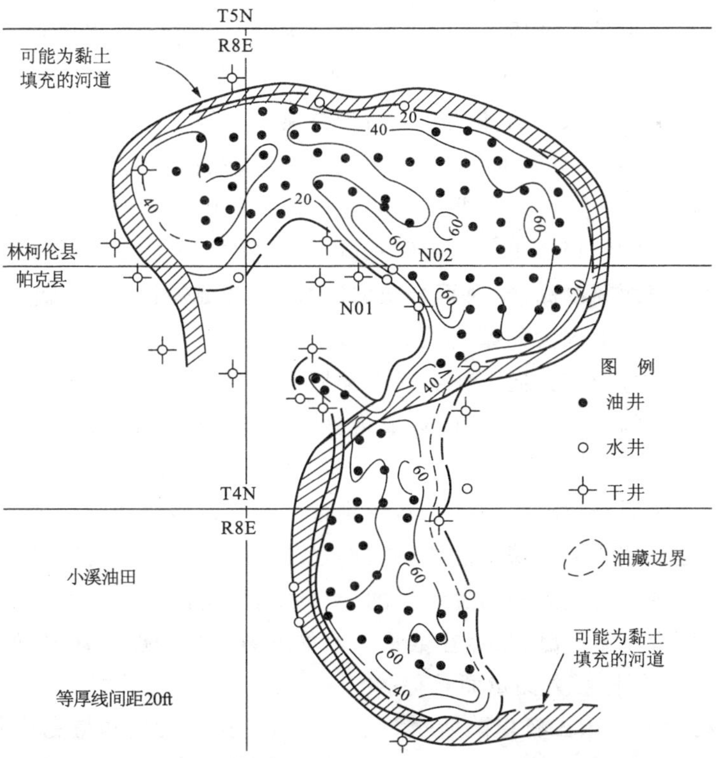

图 3－21　美国密西西比州小溪油田登克曼砂岩等厚图及油田分布图

（据埃森斯塔特，1960）图中 1ft＝0.304 8m

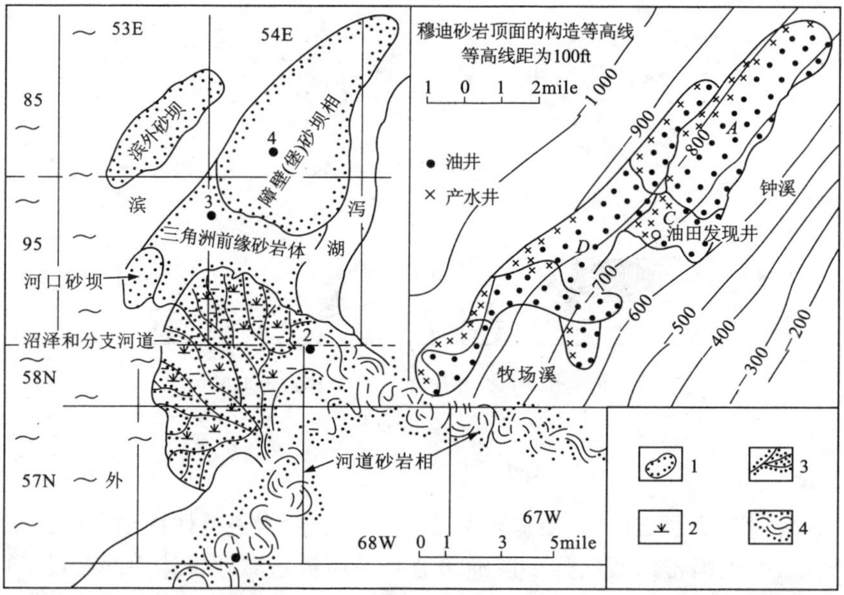

图 3-22 美国蒙大拿州泡得河盆地钟溪油田邻区早白垩世岩相古地理及油气分布图

(据 McGregorand 和 Biggs,1968)图中 1mile=1 609m,1ft=0.304 8m

1.砂坝;2.沼泽;3.分支河道砂;4.河道砂

岸带附近常是透镜型砂岩体圈闭和油气藏富集地带。其中沿岸堡砂坝常大致平行岸线展布,有时不同层位的堡坝砂岩体及油气藏带的位置随岸线的变迁而改变其位置。美国堪萨斯州格林乌德县契洛期的鞋带状砂岩体及油气藏带是典型一例。

这里必须说明,若砂岩体分布面积较大,而且储层存在背斜构造,油气分布又受控于背斜时,这一部分不能称为岩性油气藏,若两者同时起控制作用则为复合(背斜-岩性)油气藏。

透镜型岩性油气藏的储集体也可以由鲕状碳酸盐岩、粒屑生物灰岩等组成。美国得克萨斯州罗开特县托德油田西翼的高产"海百合灰岩"中的油气藏(图 3-23)就是典型实例之一。

2.与沉积作用有关的上倾尖灭型岩性油气藏

在岸带附近广泛发育向陆方向上倾尖灭的碎屑岩、粒屑灰岩,特别有利于形成上倾尖灭型岩性气藏。由于这种原因,常将在岸带附近成带分布并与岸线大致相平行的油气藏带称为滨线油气藏带。

美国得克萨斯州墨西哥湾沿岸地区始新统雅古·杰克逊砂岩和渐新统弗里奥·维克斯堡砂岩中的油气藏就是海滨线油气藏带的典型实例之一(图 3-24)。该带许多油气藏的位置都是由渗透性砂岩向上倾方向变为非渗透岩层的尖灭线所限定的。

碳酸盐岩中上倾尖灭型气藏,虽然在数量上不如碎屑岩中的那样众多,但它以拥有像美国胡果顿气田(图 3-25)那样巨大储量而著称。

胡果顿-潘汉得气(油)田占有堪萨斯州 9 个县及俄克拉何马州和得克萨斯州的一部分,南北延伸长达 240～250km,东西宽 50～90km,含气面积近 16 000km^2,原始储量为 $2.039\times10^9m^3$,为世界第八大气田,是美国最大的气田。

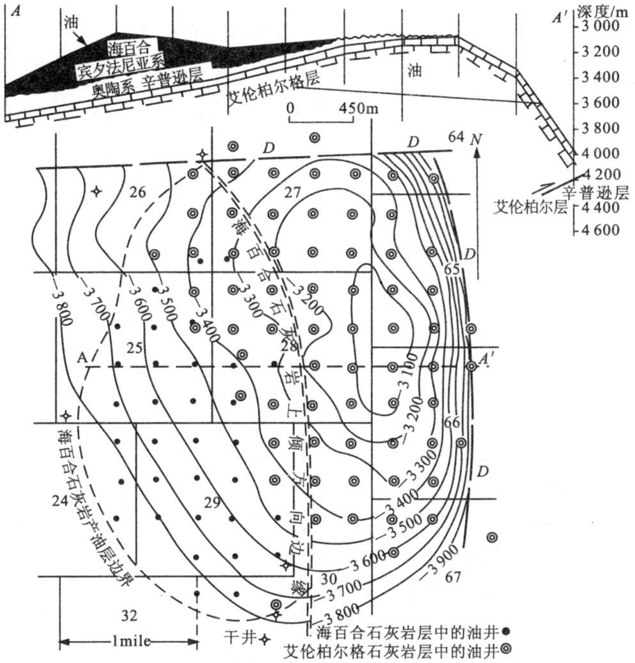

图 3-23　美国托德油田艾伦伯格灰岩顶面构造及
“海百合灰岩”油藏平面图及剖面图
（据 Imbt，1950）

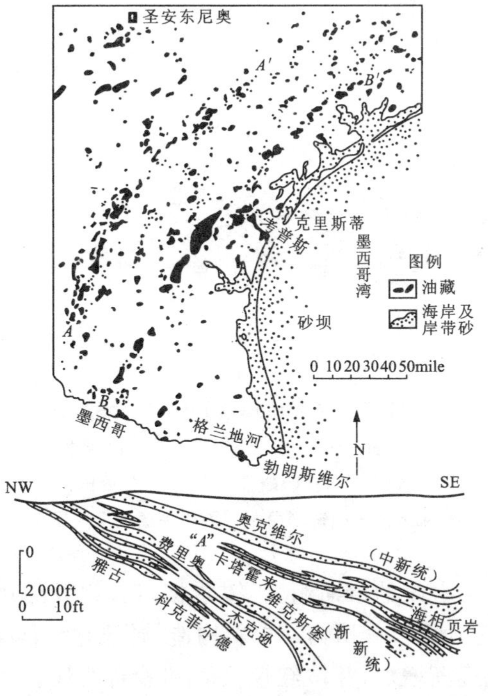

图 3-24　美国得克萨斯州南部墨西哥湾沿岸雅古·杰克逊砂岩（始新统 AA'）
和弗里奥·维克斯堡砂岩（渐新统 BB'）上倾尖灭圈闭和油气分布图
（据 Dussen 和 Owen，1939）

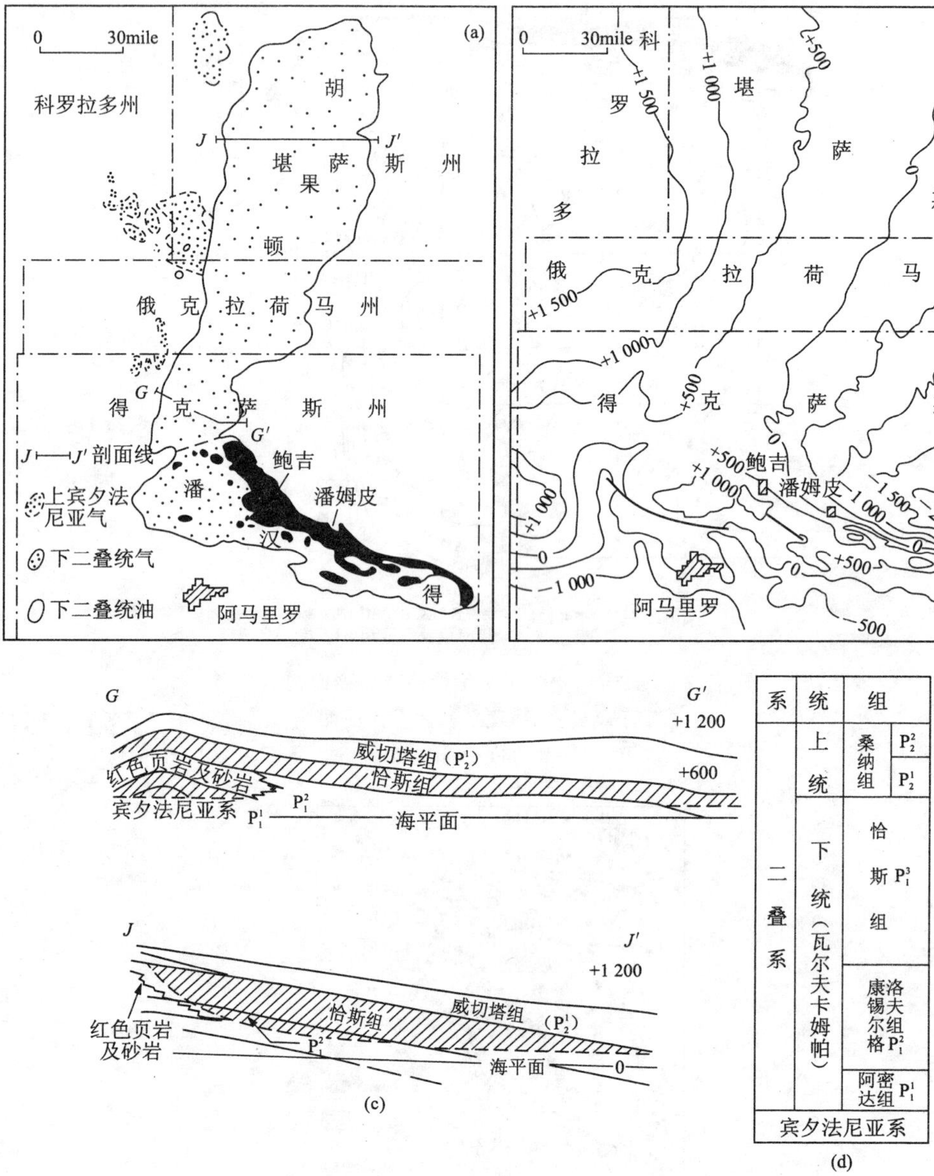

图 3-25 美国胡果顿气田构造和储层分布平面图及剖面

（据 Pipin，1970）图中 1ft=0.304 8m，后同

(a)胡果顿-潘汉得气油田的分布图；(b)胡果顿-潘汉得气油田瓦卡夫姆帕顶面构造图；

(c)胡果顿气田构造剖面图；(d)胡果顿气田地层简表

气田的主要产气层为下二叠统的恰斯组、康锡尔格洛夫组及阿达密组。储集层为多孔鲕状灰岩和白云岩，以溶蚀型孔隙为主。气田为一单斜构造，局部有闭合高点。多孔碳酸盐岩向西在上倾方向泥质和砂质碎屑物逐渐增加，并被红色页岩和砂岩所代替而造成圈闭。产气层的气水界面西高东低，或弯曲。有人认为，该气田是岩性和水动力两者联合封闭而形成的复合气藏。

3. 礁型油气藏

礁型圈闭中聚集工业规模的烃类流体后就成为礁型油气藏。礁型油气藏中油气分布情况，很大程度上取决于礁型储集体的均一性，它可以充满或基本上充满礁体的大部或上部（图3－26和图3－27），而有些礁型油气藏则主要位于礁前砾（粒）屑带（或该带最富集），如阿尔伯达盆地红水礁型油田（图3－28）。

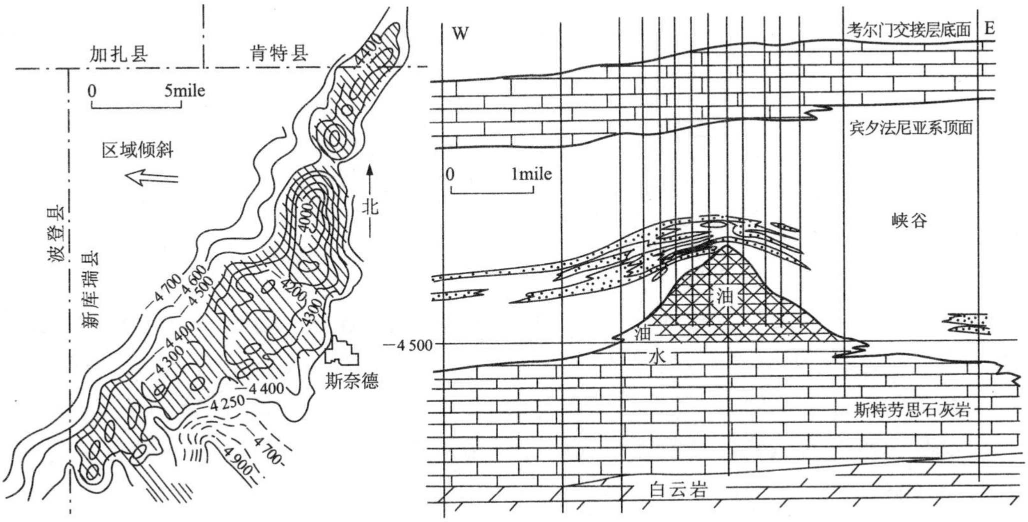

图3－26　美国得克萨斯州斯库瑞县斯奈德-斯克雷油田构造图及剖面图

（转引自 Levorsen，1954）

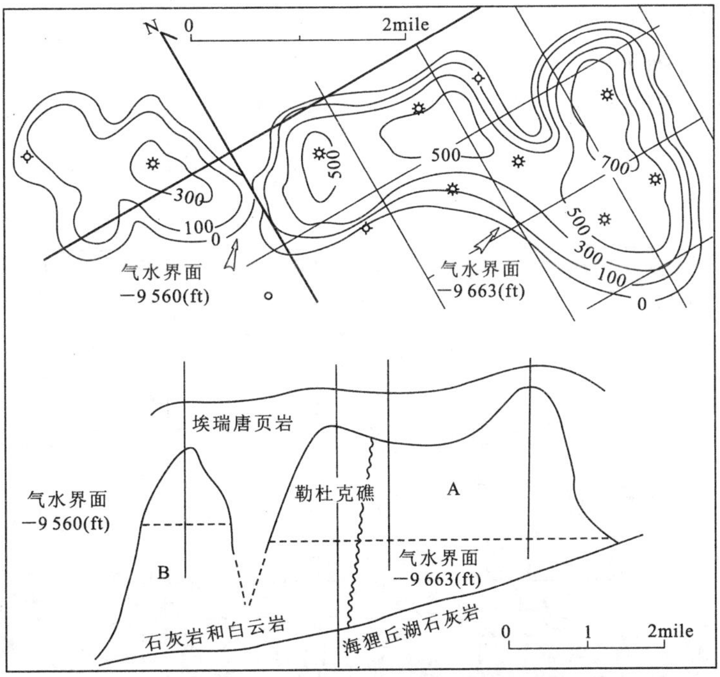

图3－27　加拿大阿尔伯达盆地斯特赖钱礁型气藏含气礁块厚度（ft）及气藏剖面图

（据 Hriskevich 等，1980）

1ft＝0.304 8m

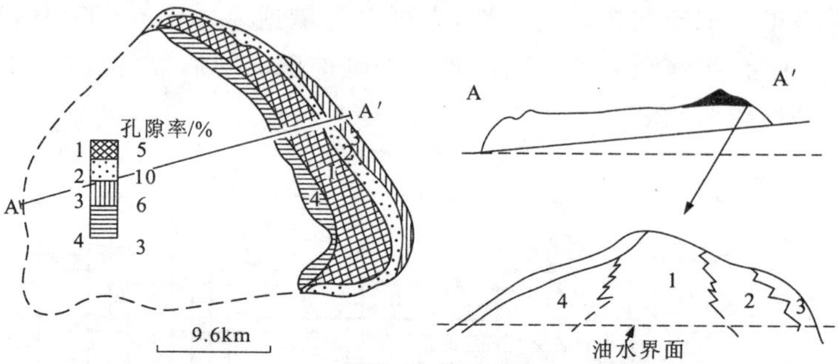

图 3-28　加拿大阿尔伯达盆地红水礁组合岩相分带及油气分布图

(据 Shatford 等,1970)

1. 礁核带;2. 粒状碎屑带;3. 碎屑充填带;4. 礁后碎屑带

根据礁的形态特征及其与陆地关系,礁可分为:①岸礁(裾礁、边礁)发育于海岸边缘;②堡礁(堤礁、障壁礁)发育于海岸外,与陆地之间隔泻湖,即发育于泻湖与海盆之间;③环礁与马蹄礁一般发育于碳酸盐台地之上,环礁面向海盆,中心有一泻湖;④台礁、塔礁(尖柱)一般是全部或局部浸没在海水中的孤礁。浸没在海中的称海中山或海底平顶山,生长迅速的称塔礁或柱礁。相对应,礁型油气藏可分上述 4 类。

礁是生长体,可能会因差异压实作用,在礁体上方形成压实背斜。礁型圈闭闭合面积的确定,也有其特殊性。作为生长构造的礁体,礁顶面的构造等高线和礁体等高线大致可以圈定其分布范围,图 3-26 和图 3-27 分别为前述两种方法圈闭的礁型圈闭的范围和油气藏分布的平、剖面图,前者按背斜圈闭,后者按岩性圈闭原则圈定。

前面提及的红水油田属于台礁油气藏,阿尔伯达盆地雨虹区广泛发育塔礁型油气藏(图 3-29)。此外,利比亚的英蒂萨 A、D、C,印尼萨拉瓦提盆地的卡西姆一怀洛地区的礁型油气藏

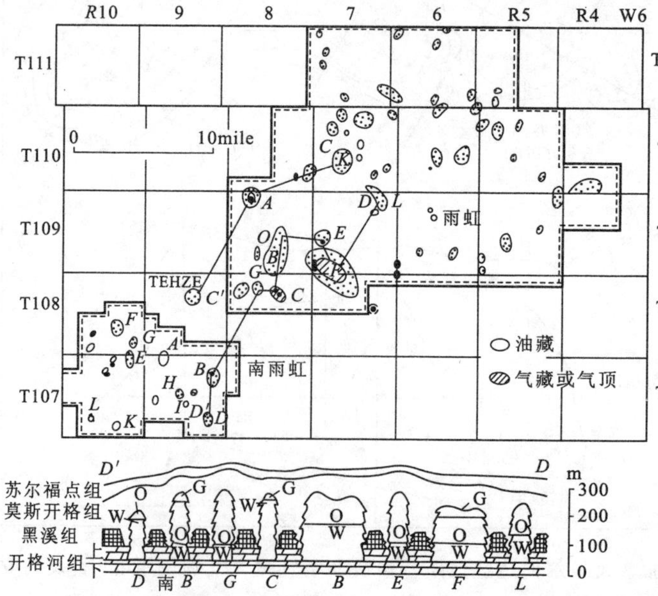

图 3-29　雨虹区“雨虹组”礁型油气藏分布图及 $D-D'$ 线剖面示意图

(据 Barss 等,1970)

都属于这一类型。斯库瑞为马蹄礁型油气藏，墨西哥的黄金巷和海上黄金巷属于巨大环礁油气聚集带。前苏联前乌拉尔礁型油气田带和阿尔伯达的瑞姆彼—圣·阿尔伯达线状礁带则属于堤礁型。

4. 与成岩作用有关的不规则岩性油气藏

成岩作用形成的不规则岩性圈闭和油气藏，以碳酸盐岩中与白云岩化和岩溶作用有关的最为重要。这类圈闭和油气藏中的储集体大多呈不规则透镜型。

美国俄亥俄州及印第安纳州的利玛-印第安纳油气田的特伦顿灰岩（中奥陶统）油气藏（图3-30）就是一例。

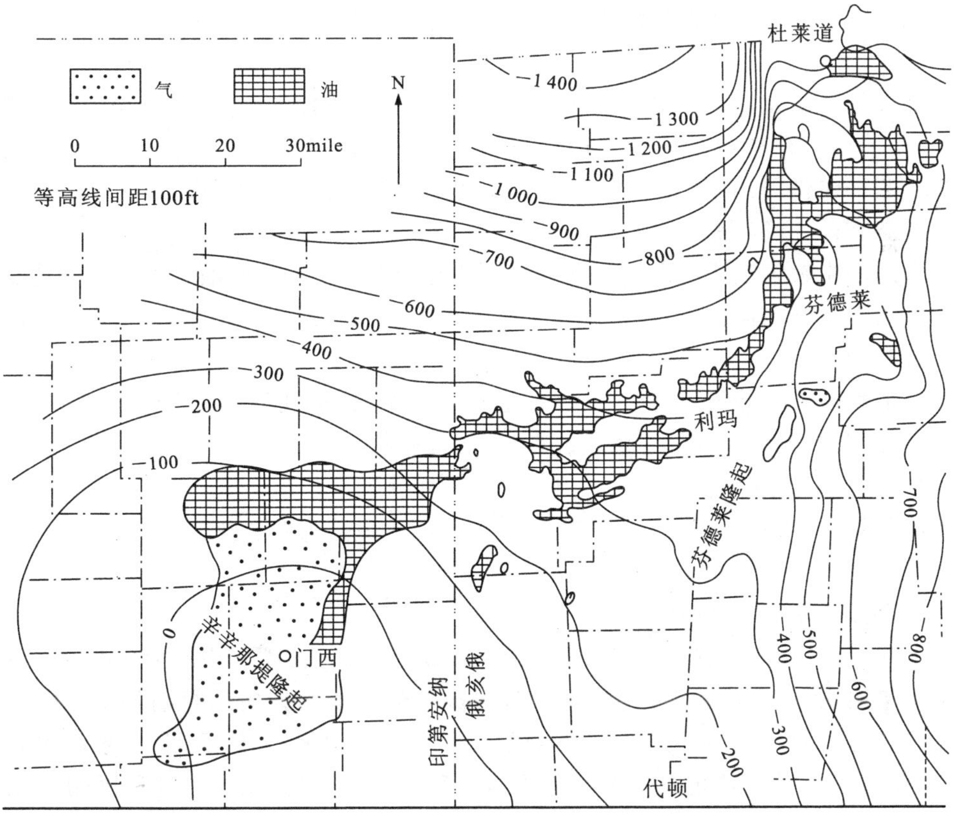

图3-30　美国俄亥俄州及印第安纳州的利玛-印第安纳油气田构造及油气分布图

（据 Carman 和 Stout，1934）

图中 1ft=0.304 8m

该油气田横跨辛辛那提和芬德莱隆起，长达 250km，最大宽度为 64km。油气藏分布在白云岩化和溶蚀形成的次生白云岩储集体中，具良好孔渗性的次生白云岩体主要集中于不整合面下特伦顿灰岩上部 10m 层段内，局部向下延伸的深度可达 20～30m。该层段内除白云岩次生孔隙外，还有大量溶蚀孔、洞，在整个油气田范围内具良好连通性，各地段油气丰富程度主要取决于它的孔、渗性。气分布在辛辛那提隆起最高部位的白云岩化和溶蚀孔隙中。特伦顿灰岩之上为上奥陶统页岩覆盖，具有良好的封闭条件。

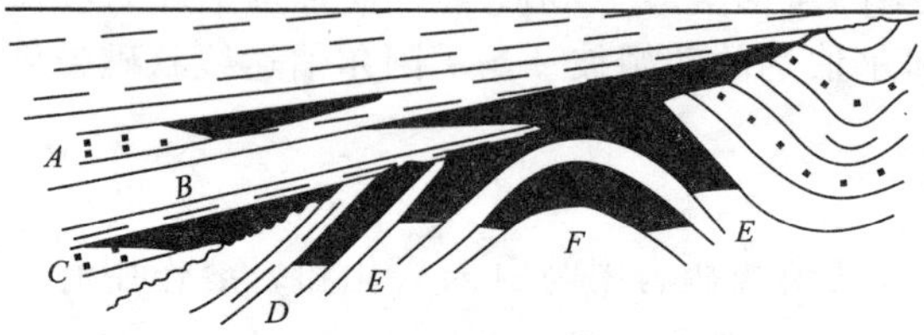

图 3－31　不整合圈闭和油气藏及其与非不整合油气藏之间区别的剖面示意图

二、不整合圈闭和油气藏

(一)不整合圈闭形成机理

不整合圈闭(unconformity－related traps)是指储集层上倾方向直接与不整合相切、封闭而形成的圈闭。储集层可以位于不整合面之上或之下(图 3－31*B*、*C*、*D*、*E*)。在不整合圈闭中,不整合面的封闭对圈闭形成起主导作用,但同样也需要与其他因素的结合才能形成圈闭。不整合圈闭的闭合面积是由不整合遮挡线与储集层顶面通过溢出点的构造等高线(或油气等势线)联合构成闭合区(或闭合低油气势区)。无论不整合面位于储层上方或下方均如此。

对于那些储集层在不整合面之上或之下,但没有与不整合面相切,而由其他因素作用而形成的圈闭,均不属于不整合圈闭和油气藏(图 3－31 *A* 和 *F*)。有些油气藏中虽有不整合,它对圈闭形成也起一定作用,但未及主导地位,如礁型油气藏,也不归入不整合油气藏。

(二)不整合油气藏的基本特征

不整合圈闭中聚集工业规模的油气后称不整合油气藏。不整合油气藏的基本特点是油气藏上倾方向为不整合遮挡(封闭线)所限,下倾方向的油(气)水界面与油(气)层顶面构造等高线相平行或基本平行。

不整合油气藏中的储集层可以是层状,也可以呈块状,特别是由碳酸盐岩组成的潜山,常因侵蚀和溶蚀作用,在不整合面之下形成良好孔、渗带。

(三)不整合油气藏的主要类型

根据储集层与不整合面的关系,可以将不整合油气藏分为两个亚类:不整合面上和不整合面下。

1. 不整合面上的不整合油气藏

不整合面上的不整合油气藏,就其实质而言,都是支撑砂岩圈闭中所形成的油气藏。不整合面位于储集层之下,并与其上倾方向相切,造成对储层上倾方向的封闭作用。Rittenhouse (1972)将它分为 4 种类型,并建议分别称为湖崖(或海崖)圈闭、谷侧圈闭、丘翼圈闭和构造翼部圈闭(图 3－32)。其中谷侧圈闭中的储集体为河道砂岩,岩性变化是这种圈闭形成的主导因素。因此,本书仍将其归于岩性圈闭和油气藏中。

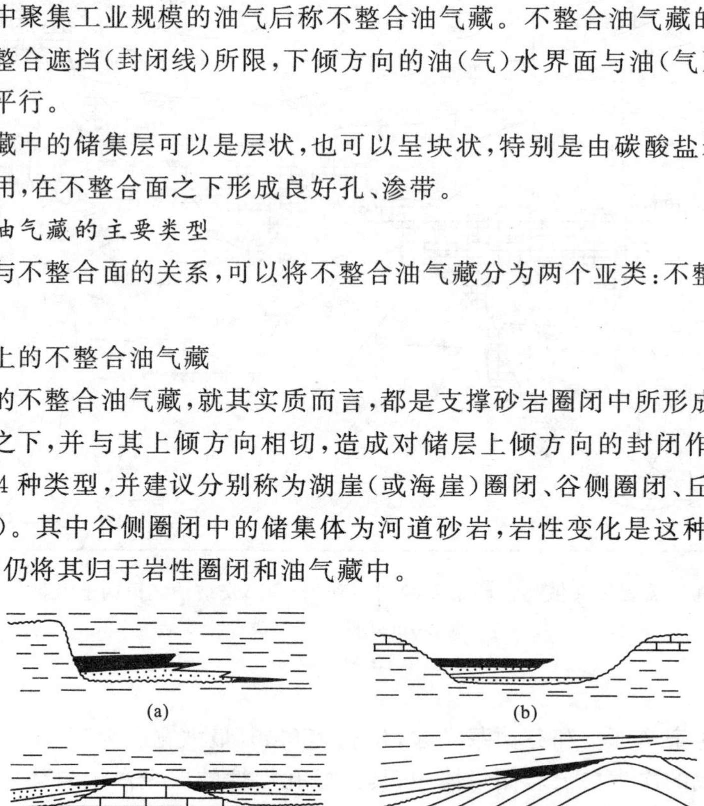

图 3－32　与支撑砂岩有关的不整合圈闭与油气藏

(据 Rittenhouse,1972;黑色代表油气)

(a)湖或海崖圈闭和油气藏;(b)谷侧圈闭和油气藏;(c)丘翼圈闭和油气藏;(d)构造翼部圈闭和油气藏

在这一类油气藏中，委内瑞拉东部马图林盆地的夸仑夸尔油田是少有的不整合面上的大油田之一。

该油田(图 3 - 33)的主要生产层为上新统陆相夸仑夸尔组，不整合于中新统和古近系之上，产油层最厚达 233m，平均 63m，可分 8 个砂层组。油层上倾方向不整合起主要封闭作用。此外，岩性尖灭、沥青封闭等多种因素在不同层组中都起一定作用，实际上是一个多因素结合的地层圈闭。

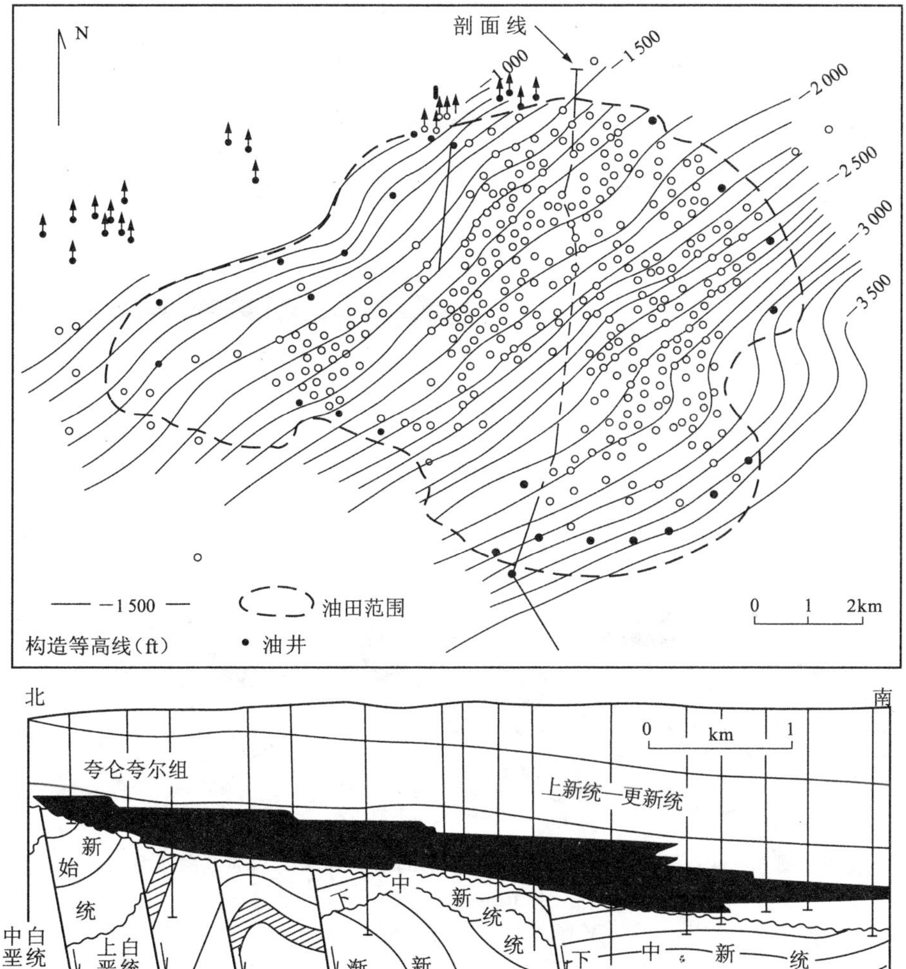

图 3 - 33　委内瑞拉马图林盆地夸仑夸尔油气构造图和剖面图

(据 Borger 等，1952)

2. 不整合面下的不整合油气藏

它是不整合油气藏的主体。储集层可以由碎屑岩、碳酸盐岩等沉积岩层组成，也可以由变质的结晶基岩所组成。无论哪一类储集层都受强度不等的褶皱、断裂以及侵蚀作用所改造，从而形成不同的内幕构造和古地貌特征。

Rittenhouse(1972)根据不整合的古地貌特征即成熟程度，将不整合面下的不整合圈闭分为青年、成年和老年期地层圈闭。

青年期不整合圈闭包括“谷翼”和“谷肩”圈闭（图 3－34 Ⅰ$_A$、Ⅰ$_B$）。成年期不整合圈闭可以存在于古地貌突起（或潜山）的“脊部”、“陡坡”（或悬崖）、“斜坡”，也可以存在于“低地”或“谷地”中。它们所形成的圈闭和油气藏分别称之为“脊部”、“谷地”、“陡坡”和“斜坡”圈闭和油气藏（图 3－34 Ⅱ$_A$、Ⅱ$_B$、Ⅱ$_C$、Ⅱ$_D$）。老年期地形起伏微弱，其中形成的圈闭和油气藏称之为“削平的”圈闭和油气藏。

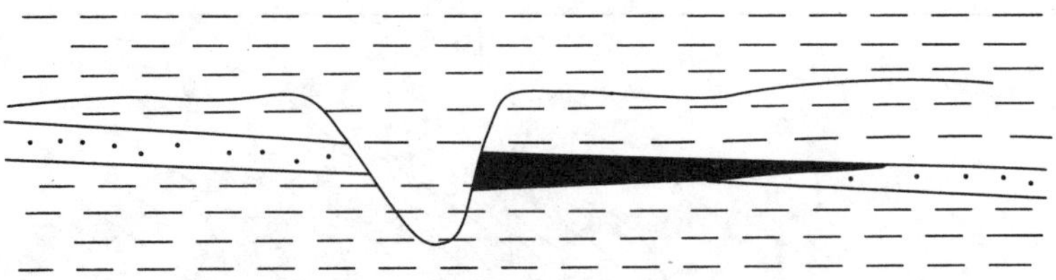

Ⅰ$_A$青年期“谷翼”油藏

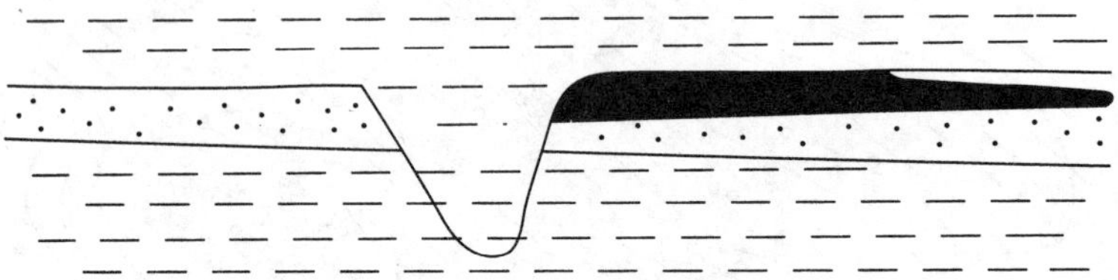

Ⅰ$_B$青年期“谷肩”油藏

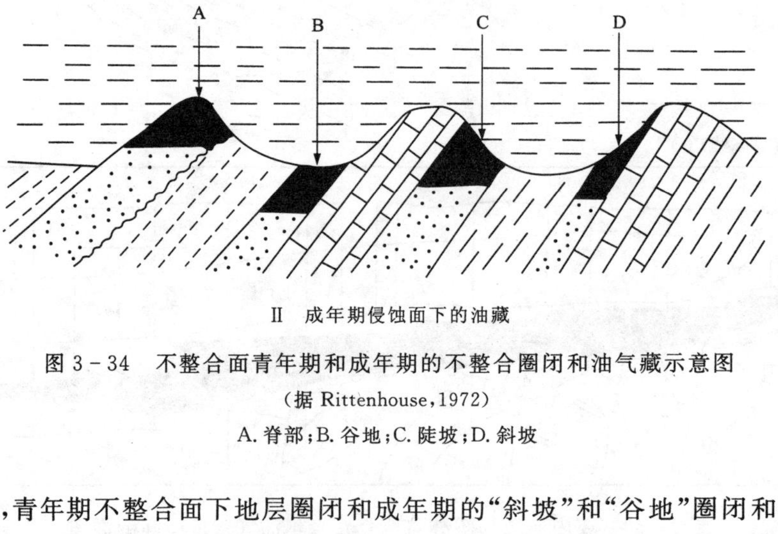

Ⅱ 成年期侵蚀面下的油藏

图 3－34 不整合面青年期和成年期的不整合圈闭和油气藏示意图

（据 Rittenhouse，1972）

A. 脊部；B. 谷地；C. 陡坡；D. 斜坡

一般来说，青年期不整合面下地层圈闭和成年期的“斜坡”和“谷地”圈闭和油气藏具有较大的隐蔽性，较难发现；潜山，特别是大型的潜山圈闭和油气藏较易于发现和勘探，也是最重要的不整合油气藏。老年期的削平圈闭和油气藏可以是大型低平隆起的块状油气藏，也可以是在区域性隆起背景上形成若干断续分布的油气藏，特别是碳酸盐岩发育区的削平油气藏。

潜山型的油气藏，按储集层的岩类可分为 3 大类：碎屑岩、碳酸盐岩和结晶基岩。

碎屑岩潜山型圈闭和油气藏的储集层一般为层状展布。由碎屑岩组成的潜山型大油田以阿尔及利亚的哈西、迈萨乌德复背斜上的哈西·迈萨乌德大油田、埃尔加西－埃尔阿格莱布、埃尔劳得－巴久尔等油田（图 3－35）、澳大利亚的哈利布特大油田、利比亚的萨里尔大油田等最为著名。

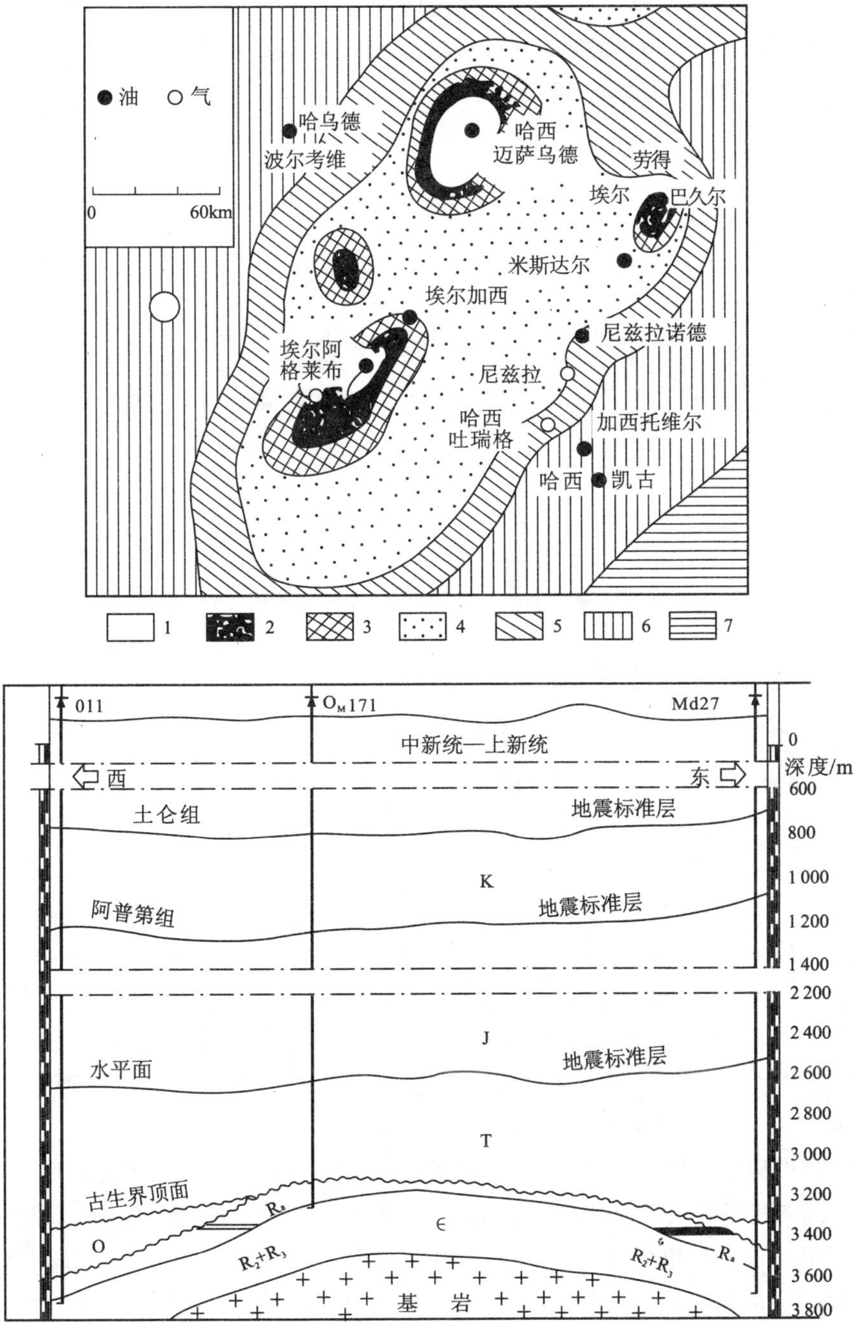

图 3-35 阿尔及利亚的哈西·迈萨乌德油田位置及构造剖面图

(据 Balducchi 和 Pommier,1970)

1.寒武系;2.埃尔加西砂岩;3.埃尔加西黏土;4.纳姆拉石英岩;5.上奥陶统;6.志留系;7.泥盆系

哈西·迈萨乌德油田(图 3-35)的主要储集层为寒武系—奥陶系砂岩,在油田范围内为一秃顶背斜,志留系及上古生界均缺失,巨厚三叠系膏盐层直接不整合于其上,形成良好的封闭条件,生油层志留系页岩分布在油田以外围翼。

以碳酸盐岩为主的潜山油气藏很多。因碳酸盐岩易于破裂和溶蚀，能形成孔、洞、缝相结合的巨大而性能良好的、常为块状的储集体，成为油气聚集的有利场所。意大利格罗托尔列-费拉琴纳气田(图 3-36)就是实例之一。

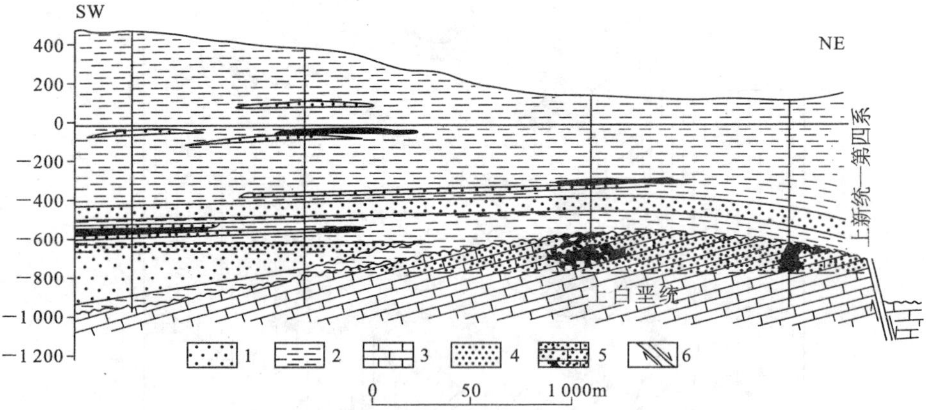

图 3-36 意大利格罗托尔列-费拉琴纳气田横剖面图

(据 Высоцкий，1979)

1. 砂岩；2. 泥岩；3. 石灰岩；4. 含气砂岩；5. 含气石灰岩；6. 断层

3. 基岩油气藏

结晶基岩(变质岩和岩浆岩)组成的潜山型油气藏，特称为基岩油气藏。近 20 年来，世界各国对基岩油气藏的研究和勘探颇为重视。关于基岩油气藏，Landes(1959—1969 年)和潘钟祥教授(1982)的论文均做了十分系统的论述。

按照 Landes(1960)的意见，所谓基岩油气藏是指油气储集于沉积岩基底结晶岩系(变质岩和岩浆岩)中的油气藏。基岩油气藏与上覆沉积岩层中油气藏的主要区别在于储集层非层状，烃源岩层不会存在于储集层之下。基岩油气藏中的油气可以有 3 种来源：①上覆烃源岩；②基岩旁侧较低部位的烃源岩；③基岩旁侧较低部位的油气藏因倾斜或超载而向上倾方向溢出，进而运移至基岩中。总之，基岩油气藏中的油气来自不整合面之上沉积岩系烃源岩，而以不整合面或断层为油气运移的主要通道。

基岩储集层以裂缝性为主，部分为基岩周围的残积沙。构造运动和风化作用是产生裂缝的主要营力。裂缝储集层的发育与构造运动强度、风化作用时间的长短和基岩本身的特征有关。

基岩油气藏的盖层可以由沉积岩层底部的直接覆于基岩之上的非渗透性岩层组成；也可以由沉积岩层稍高部位的非渗透性岩层组成。在后一种情况下，沉积岩底部的渗透性岩层与下伏基岩一起组成统一的含油气带。

由于不同地区、不同构造背景的基岩具有不同的时代，因此，基岩油气藏的储集层就有不同的时代：前寒武系的、古生界的，甚至是中生界的。

前寒武系基岩油气藏，国内外都有发现。美国堪萨斯州中央隆起上的一系列油田如克拉夫特·普鲁萨和利比亚奥季拉油田，都是这类油气藏的著名实例。我国下辽河坳陷的兴隆台油田亦有前寒武系基岩油藏。

古生界基岩油气藏以我国酒西盆地鸭儿峡油田和委内瑞拉的巴斯-马拉油田的基岩油藏

为代表。

中生界基岩油气藏在美国加利福尼亚州南部的几个山间盆地较多。那里至少有5个油田中发现中生界基岩油藏。除圣马利亚油田基岩油藏的储集层为裂缝性轻变质砂岩外，其他均为裂缝性片岩。

基岩油气藏裂缝性的发育情况，对油气分布有着重要的影响。残积砂一般仅分布在潜山的围翼或斜坡上，与残积砂有关的基岩油气藏仅分布于潜山的坡上。在潜脊上因缺失残积砂而不产油气。对于裂缝性基岩油气藏来说，油气分布主要取决于组成基岩的裂缝发育情况，潜脊基岩裂缝发育时，一般油气聚集于潜脊；当潜脊裂缝不发育时，也可能聚集于坡上或其他裂缝发育的地带。一般来说，基岩暴露的时间越长，储集性会越好。

潘钟祥教授(1982)扩展了基岩油气藏的概念，将那些构成中新生代盆地基底的前中生界(即古生界—元古界)沉积岩系中所形成的不整合面下的潜山型油气藏，凡油气源来自不整合面之上沉积岩系的，均称之为基岩油气藏。这对我国华北地区奥陶系—震旦系中潜山油气藏勘探起到了重要的指导作用。

第四节 水动力圈闭和油气藏

凡是储集层中因水动力和非渗透性岩层联合封闭，使静水条件下不存在圈闭的地方形成新的圈闭，称为水动力圈闭(hydrodynamic traps)。其中聚集工业规模的烃类流体后，称为水动力油气藏。

一、水动力圈闭形成机制

(一)水动力概念

所谓水动力，可以看作是使储层中地下水发生流动的力。Hubbert(1953)称为水的力场强度(E_w)，并用下式表示之：

$$E_w = -\nabla\Phi_w(\text{或} -\text{grad}\Phi_w) \tag{3-26}$$

(二)水动力圈闭形成机制

在水动力作用下，油、气的力场强度，应是净浮力和水动力的合力。因此，油、气等势面(垂直油气力场强度)的方向也相应改变，向E_w方向倾斜(即油水界面向E_w方向倾斜)，油、气等势面与储层顶面构造等高线则不相平行。在这种情况下，倾斜或弯曲的油气等势面可以使静水条件下不存在圈闭的部位，形成新的油气圈闭，这种圈闭称之为水动力圈闭。它的闭合区可由闭合的油气等势(或等h_o、等h_g)线圈定。

油水、气水界面的倾斜度与水头梯度、流体密度差有着密切关系。油-水界面和气-水界面的倾角关系，可由下式分别表示，参见图3-37：

$$\tan\theta_{o/w} = \frac{dz}{dl} = \frac{\rho_w}{\rho_w-\rho_o}g\frac{dh}{dl} \tag{3-27}$$

$$\tan\theta_{g/w} = \frac{\rho_w}{\rho_w-\rho_g}g\frac{dh}{dl} \tag{3-28}$$

式中：$\theta_{o/w}$、$\theta_{g/w}$分别为油-水界面和气-水界面的倾角；ρ_w、ρ_o、ρ_g($\rho_g=(p)$)分别代表水、油、气的密度；dh/dl为水头测势面的坡度。因为气的密度要比油小，显然dh/dl相同时，气-水界面倾角小于油-水界面倾角。

由于油-水界面和气-水界面的倾斜度不同，因此在同一水头梯度下石油和天然气的水动力圈闭的位置也是不同的。石油圈闭向水头降落方向偏移更多，且随水头梯度即水动力增强而增大(图3-38)。但是，这种偏移是有一定限度的。当油-水界面倾斜度大于背斜顺水头梯度一侧的储集层倾角时，背斜就不能有效圈闭石油，但仍能成为天然气圈闭。若气-水界面的倾斜度大于背斜翼的倾角时，则连天然气也圈闭不住。在这种情况下，石油和天然气都被驱出该背斜，只能在其运移方向的适当部位形成的新圈闭中再聚集成油气藏。

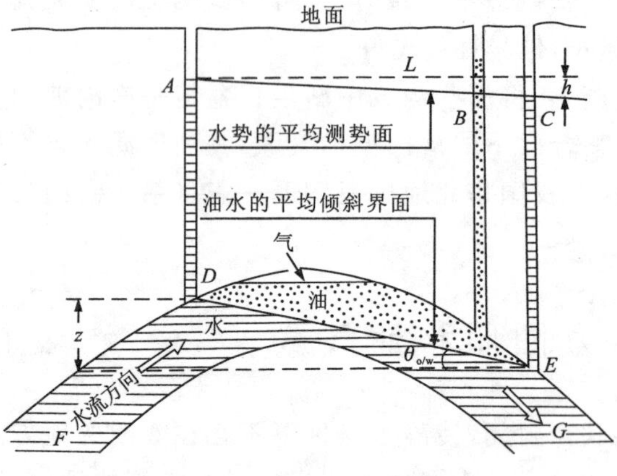

图3-37 油水界面倾斜度与水测势面坡度关系图

(据Levorsen，1954修改)

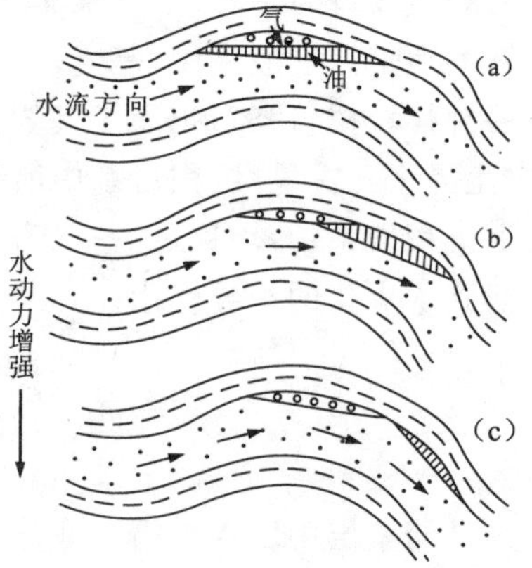

图3-38 平缓背斜型水动力油气藏中油气分布示意图

(据Hubbert，1953略作修改)

根据上述讨论，可以得出如下结论：水动力作用可以使静水条件下存在的圈闭和油气藏遭到破坏，也可以使原先不存在圈闭和油气藏的地方形成新的圈闭和油气藏(水动力圈闭和油气藏)。至于那些同时受水动力和其他因素(构造或地层)联合封闭而形成的圈闭和油气藏，则称之为复合圈闭和油气藏(将在下节作进一步论述)。

二、水动力圈闭和油气藏的基本特征及主要类型

水动力油气藏最重要的基本特征是油水(气水)界面是倾斜或弯曲的。

根据水动力封闭的特征及目前已有勘探成果，可将水动力油气藏分为构造鼻型、单斜型、纯水动力型3种基本类型。此外，背斜型水动力圈闭和向斜型水动力圈闭可能都是复合圈闭。

(一)构造鼻型水动力圈闭和油气藏

这种构造在静水条件下不闭合，不能形成圈闭。但在向储集层下倾方向的流水作用下，油水(气水)界面发生顺水流方向倾斜或弯曲，且满足$\alpha_1<\theta_{ho/w}<\alpha_2$时，就会在构造鼻或阶地的倾角变化处($\alpha_1$为低倾角、$\alpha_2$为高倾角)形成闭合的油气低势区(图3-39)。前苏联索柯洛夫气田下白垩统阿比尔砂岩中的气藏和美国得克萨斯州的韦特油田(图3-40、图3-41)可以作为该类油气藏的实例。

索柯洛夫气田阿比尔气层顶面等高线图表现为一北东东向鼻状构造，水头降落方向近南北向，自南向北降落。在鼻状构造轴线偏北的部位形成水动力圈闭。该气藏的水头降落方向与储集层下倾方向并不一致，而且有较大的夹角，仍能形成闭合区。如果两者一致，则可能形成较大的圈闭和气藏。

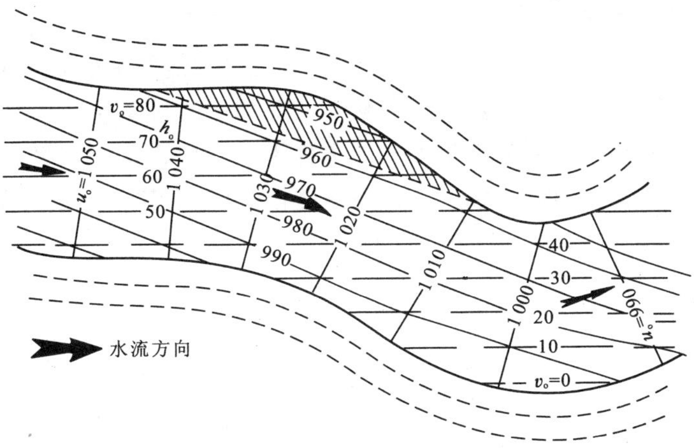

图 3-39　鼻状构造型水动力圈闭形成机理示意图

（据 Hubbert，1953）

图中 $h_o=u_o-v_o$；$u_o=(\rho_w/\rho_o)\cdot h_w$；$v_o=(\rho_w-\rho_o/\rho_o)\cdot z$

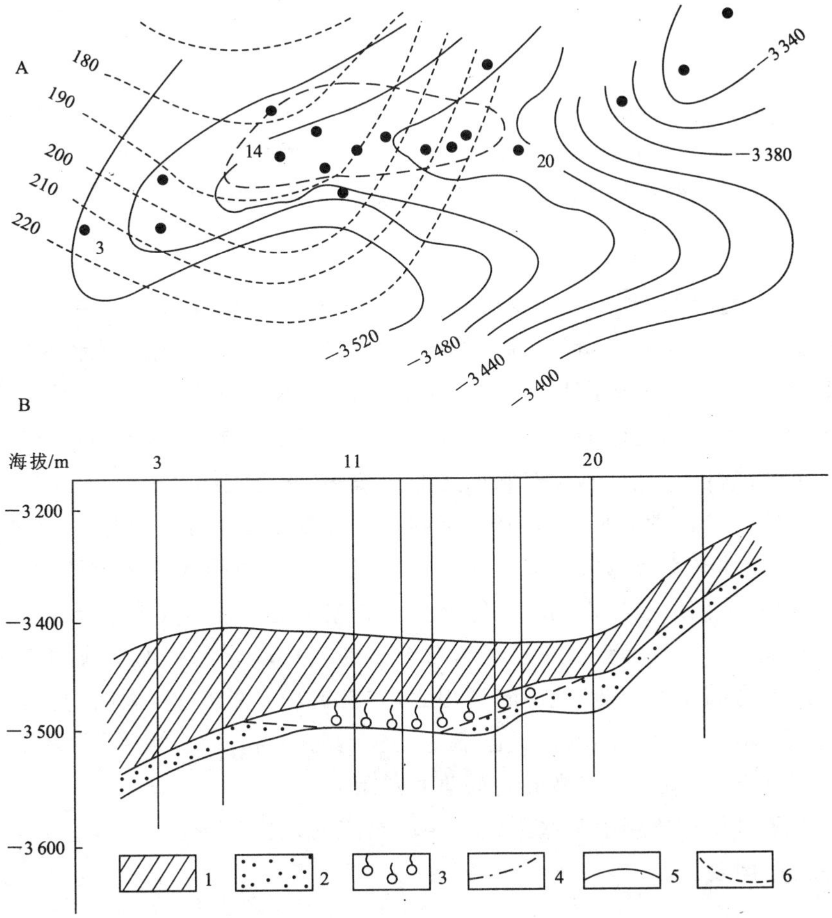

图 3-40　前苏联索柯洛夫鼻状构造型水动力气藏的构造图（A）及剖面图（B）

（据 Плотникову 和 Короткву，1979）

1.泥岩；2.砂岩；3.气藏；4.气水界线；5.砂层顶面等高线（m）；6.水头等值线（m）

（二）单斜型水动力圈闭和油气藏

对于单斜岩层来说，沿倾斜方向的渗透性常有变化。水沿储集层向下倾方向流动时，通过渗透性不同的地段，流速会发生相应的变化，从而使等势面的斜度发生改变。在渗透性差的地段，水流速度加快（在单位时间通过流量不变的条件下），等势面的倾斜度变陡；而在渗透性较好的地段，流速慢，等势面倾斜度变缓。这样在渗透性较低，等势面变陡的地段，可以在储集层顶面造成闭合的油气低势区，即圈闭（图 3－42）。

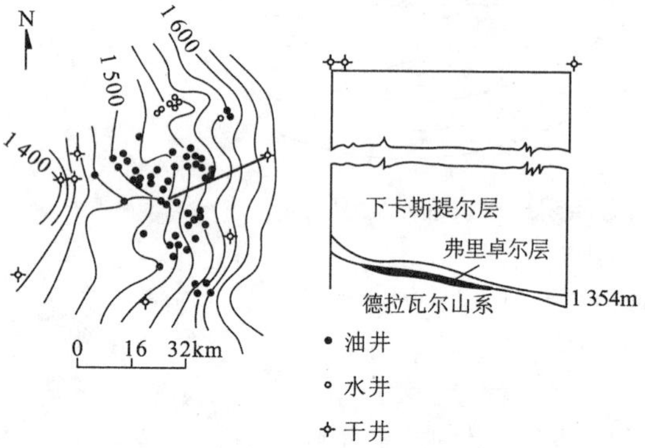

图 3－41 美国得克萨斯州韦特油田的构造图和剖面图
（据 Adams,1936）

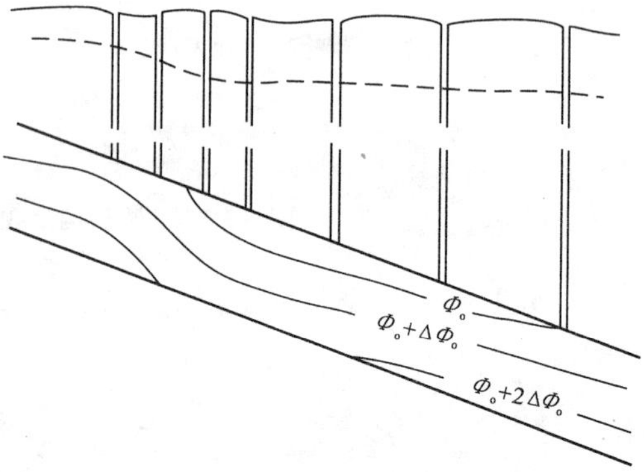

图 3－42 油气等势面倾斜度变陡而在单斜层中形成的水动力圈闭
（据 Hubbert，1953）

（三）纯水动力圈闭和油气藏

理论上纯水动力圈闭和油气藏是由单一的水动力封闭所形成的。但是，在自然界渗透层中形成封闭的低势空间几乎是不可能的。例如：如果要形成一个封闭的低水势空间，意味着该空间的中心部位水势最小，向周围增大，那么水就会源源不断地流向中心部位。但是，因为水流是“无源”的，与源源不断地流向中心部位的现象是矛盾的。在自然界中也难以产生独立稳定的封闭的低油势或低气势空间，除非它们是非短暂的、非稳定的。

通过上述不同构造背景下水动力油气藏的介绍，可以得出这样的结论：地下水向储集层下倾方向流动时，使得油气等势面发生倾斜或弯曲是造成水动力圈闭的主要营力和原因。但在不同类型油气藏中，它们所起的作用和具体方式是有差别的。凡是在地下流水作用（水头梯度变化）下，由倾斜或弯曲油气等势面单独或与非渗透性岩层联合封闭而形成的圈闭，都称之为水动力圈闭。水动力圈闭与构造、地层圈闭相比，它没有确定的位置，圈闭的具体位置取决于水头梯度的变化。但水动力圈闭的位置也不是完全无规律的。一般来说，在储集层倾角、岩性变化带存在向下倾方向流水时，容易形成水动力圈闭。

在流水作用下可使储集层中某些原先不存在圈闭的地方出现新圈闭，这是油气勘探中一个值得引起注意的问题。

第五节　复合圈闭和油气藏

一、复合圈闭和油气藏的基本概念和分类

储集层上方和上倾方向由构造、地层和水动力三种因素中的两种或三种因素共同作用而形成的圈闭则称为复合圈闭(combination traps)，在其中形成的油气藏称为复合油气藏。

如果圈闭分类用三角图解表示(图 3 - 43)(何治亮，2008 讲学)，那么，三角形的三个角 A、B、C 分别代表构造、地层、水动力圈闭等 3 个基本大类，三角形中的 AB、BC 和 AC 所在区域则分别代表构造-地层、地层-水动力和构造-水动力两个大类的二元复合圈闭，而三角形内 D 区则为三个大类的三元复合圈闭。

此外，构造和地层圈闭内亦存在两种或两种以上因素构成的圈闭如背斜-断层圈闭和岩性-不整合圈闭等，将这一类圈闭称为多因素圈闭，以示它与复合圈闭的区别。

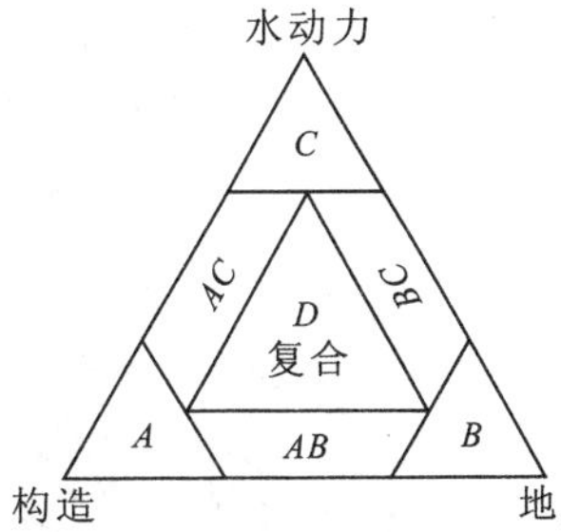

图 3 - 43　构成圈闭大类的诸因素及复合圈闭类型的分类三角图解
(据何治亮，2008 讲学)

二、复合圈闭和油气藏的主要类型及实例

(一)构造-地层复合圈闭和油气藏

凡是储集层上方和上倾方向由任一种构造和地层因素联合作用所形成的圈闭和油气藏称为构造-地层复合圈闭和油气藏。其中最常见的有背斜-岩性油气藏、背斜-不整合油气藏、岩性-断层油气藏、不整合-断层油气藏。保加利亚奇连气田为背斜-岩性复合圈闭和油气藏的典型实例(图 3 - 44)。我国任丘油田为不整合-断层复合圈闭和油气藏的典型实例(图 3 - 45)。

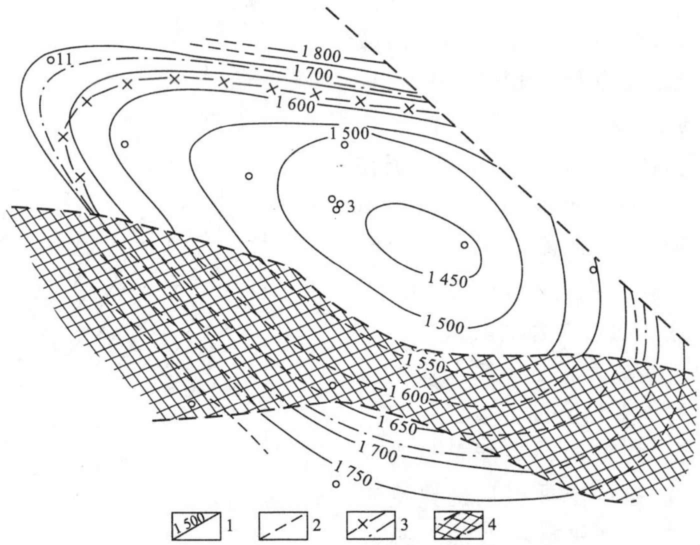

图 3 - 44　保加利亚奇连气田 J_1^1 顶面构造图及气藏分布图
1. 构造等高线(m)；2. 断层；3. 气水界线；4. J_1^1 砂岩缺失区

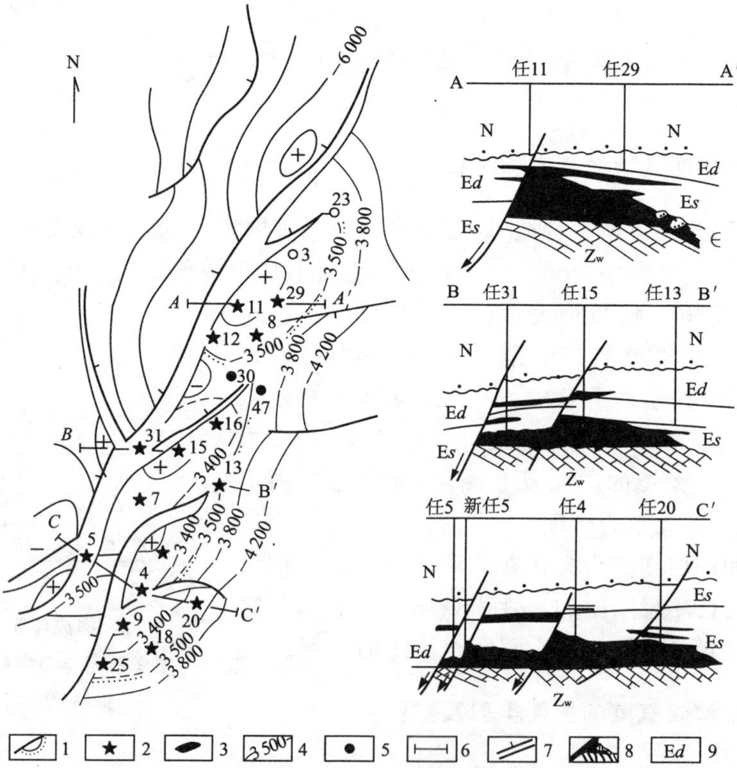

图 3-45 任丘油田潜山等高线及油田剖面图

（据华北石油会战指挥所，1978）

1. 含油范围；2. 高产井；3. 挽近系油井；4. 潜山等高线（m）；5. 见水井；6. 剖面线；7. 断层；8. 潜山油藏；9. 地层代号

（二）构造-水动力复合圈闭和油气藏

常见的有背斜-水动力油气藏和断层-水动力油气藏。

背斜-水动力油气藏可以美国弗朗尼油藏为例（图 3-46）。该油藏的储集层为特恩斯里砂岩，供水区位于东北方向，水头降落梯度较大，油水界面向西南倾斜，石油只有一部分仍在背斜圈闭范围内，而大多分布在西南翼背斜圈闭以外的水动力圈闭中，新的圈闭中水动力因素占主要地位，但背斜因素仍起一定作用，因此，将它归属于背斜-水动力复合油气藏。

（三）构造-地层-水动力复合圈闭和油气藏

该类油气藏实例不多见。前苏联巴拉哈内-萨本奇-拉马内油藏（图 3-47）可能是较为典型的三元复合油气藏，是广泛被引用的典型实例。从图 3-47 可知，该油气藏中石油不是分布在背斜高部位，而是分布在与构造等高线近直交的一侧受断层限制的翼部，高度达 2 300m

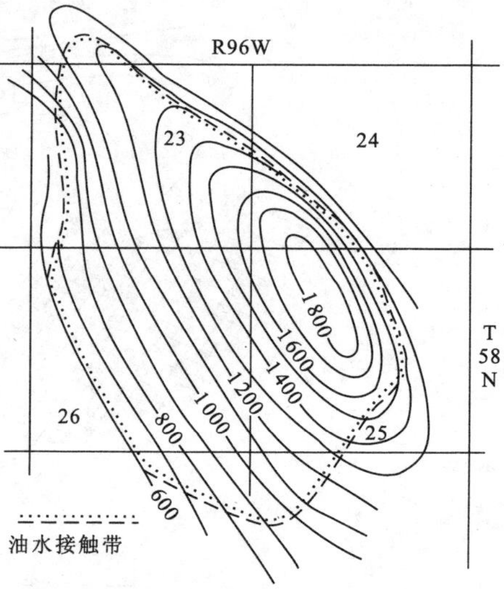

图 3-46 美国怀俄明州弗朗尼油藏构造图

（据 Hubbert，1953）

以上，为一典型悬挂油藏。一般认为该类油气藏中石油分布，除受水动力、断裂控制外，岩性变化（即储层孔、渗性变化）也是一个重要因素，因此可视为三元复合油气藏。

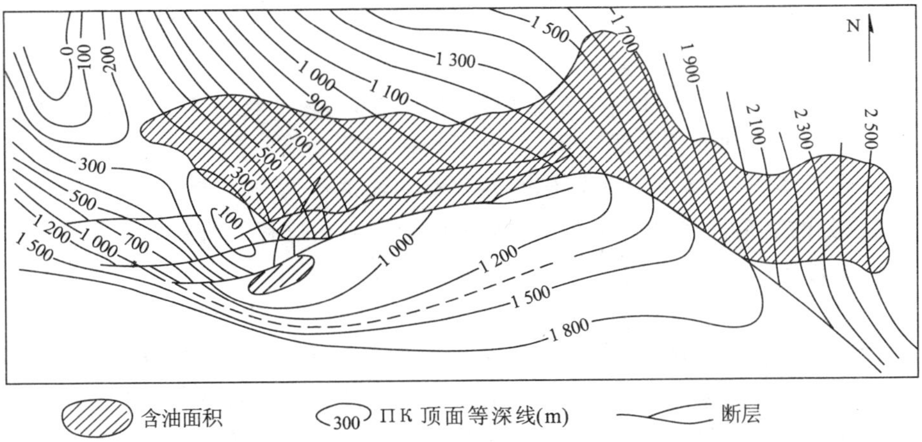

图 3-47　前苏联巴拉哈内-萨本奇-拉马内油田 ПК 组构造及油藏分布图

（据 Габризлянц，1979）

最后，要强调指出，把复合圈闭和油气藏作为独立的一大类，是因为这类圈闭和油气藏广泛存在，它的特点有别于单一因素形成的圈闭和油气藏。认真研究复合圈闭和油气藏的特点及形成条件，对加快油气藏的勘探和发现有着重要意义。

一个油气地质工作者必须懂得，虽然形成圈闭的机理并不十分复杂，但各种地质因素结合形成圈闭的可能性，却是千变万化的，即可以形成单一地质因素所控制的构造、地层、水动力圈闭，但相当多的情况下是圈闭亚类中的两种或两种以上因素相结合的多因素圈闭，或两种或两种以上圈闭大类之间相结合形成的复合圈闭。由于形成圈闭的控制因素甚多，组合型式可以说是变化无穷。

第四章　油气成因和烃源岩

油气成因是石油天然气地质学的基本原理之一，是从19世纪中叶以来长期争论的问题。争论的核心是起源物质和油气生成过程，出现了无机起源和有机起源两大学派100多年的长期对垒。而在有机学派中，主要有早期成油说和晚期成油说两种观点。由于油气起源物质的多样性、油气成分的复杂性和可流动性及其形成的地质生化过程的研究极为困难，不同学者基于各自的观察和理解，提出了不同的油气成因假说。

油气无机成因的观点主要认为油气起源于地球深部的简单非烃物质或地球形成早期就已存在的甲烷，经过合成等无机化学反应而生成。油气有机成因的观点则认为油气起源于生物有机体。在地球显生宙以来的演化历史中，生物有机质仅有很小部分进入沉积物中得以保存，形成沉积有机质。沉积有机质经过埋藏、热催化降解以及热裂解等复杂的生物化学和地球化学变化，而演变生成石油和天然气。沉积有机质演化生烃具有明显的阶段性，在埋藏较浅和地温较低(<80℃)的未成熟阶段，沉积有机质在微生物的作用下可形成生物成因气以及继承烃，同时本身转变成地质有机大分子(地质有机聚合物)即干酪根；在埋深较大和地温较高的成熟阶段，干酪根可热降解和热裂解生成大量的液态石油和天然气；在地温更高(>200℃)的过成熟阶段，干酪根生烃潜力枯竭，只能热裂解生成甲烷气体；干酪根本身将最终聚合成为富碳的残余物。受原始生物有机质的发育、保存条件的影响，通常只有那些低能环境和成煤环境条件下的富含沉积有机质的细粒暗色泥质岩、煤系地层和碳酸盐岩可成为烃源岩。

油气成因及烃源岩的研究，不仅具有重要的理论意义，而且对于油气勘探具有重要的指导意义。本章主要介绍油气有机成因理论，并简单介绍无机成因烃气。

第一节　油气成因概述

19世纪中叶以来，近代石油工业的兴起，引起了许多学者对油气成因的研究兴趣，随之关于油气成因众说纷纭。事实上，油气成因的研究也是近代石油工业发展的客观要求。有机与无机学派在激烈的争论中不断去伪存真，自身得到不断完善和发展。19世纪后半叶，石油无机成因起源说颇为盛行。20世纪，尤其是20世纪中叶以来，石油有机成因起源说占据上风。20世纪80年代以来，有机学派中的早期成油说和晚期成油说形成相互补充，使得油气有机成因理论日趋完善。同时，无机成因烃气的形成条件获得了许多实际的观测资料和较为科学的阐述。下面对油气成因的无机学说和有机学说的发展历程和主要学派作一粗略的历史性回顾。

一、油气无机成因说

19世纪中叶，各种无机起源假说应运而生，其中最完整、最有影响的是1876年俄国著名化学家门捷列夫(Менделеев)提出的“碳化物说”。他认为把石油起源同煤相联系的提法与实际观察到的油田剖面有矛盾，而在当时已有许多实验可由无机合成途径产生烃类，于是他提出石油是地下深处炽热的重金属碳化物与沿裂缝下渗的水相互作用而生成，如：

$$3Fe_mC_n + 4mH_2O \rightarrow mFe_3O_4 + C_{3n}H_{8m}$$

所生成的石油蒸气在涌向地壳过程中冷凝在多孔岩层中，当条件适宜时就可形成油气藏。

1889 年另一无机学派的典型代表索科洛夫(Соколов)提出了"宇宙说"。他依据的是对太阳系中的木星、土星、天王星和海王星等行星的气圈中以及彗星的尾部等天体光谱分析发现有甲烷，以及烃类化合物可由 Fischer - Tropsch 反应无机合成：

$$nCO + 2nH_2 \rightarrow (-CH_2)_n + nH_2O$$

Соколов 认为碳氢化合物是宇宙中固有的，在地球尚处于熔融状态时即已存在于大气圈中，后随着地球的冷却收缩被凝结于地壳上部，并沿裂隙分离出来。当有孔隙性地层和其上被非渗透层覆盖时则可聚集成油气藏。

1904 年 E. Coste 把石油起源与火山活动相联系又提出了"火山说"。

20 世纪中叶，以著名石油地质学家库德梁采夫(Кудрявцев)(1954－1976 年)为首的一批前苏联学者重新积极倡导无机成因说即所谓的"岩浆说"，他们认为地球深部基性岩浆中存在碳和氢，还存在氮、硫、氧及石油中的微量元素，它们在高温高压下首先合成 CH、CH_2 和 CH_3，尔后随温度降低，在高压下发生聚合反应和加氢作用，从而形成各种烃类混合物，在析出和向上运移聚集的过程中形成不同性质的石油，并可混入某些生物成因的化合物。

20 世纪七八十年代，随着板块理论的兴起，无机成因研究也逐步深入，从大洋中脊喷出物和高温高压实验两方面都做了大量工作。油气深成说和深源气的提出以及在褶皱带前缘断裂带找油气活动的加强，无不与此有关。

20 世纪中叶，无机成因学派展示的证据，令人耳目一新，但作为一种学说，仍不够成熟。第一，石油中普遍存在的生物成因信息与无机成烃过程有尖锐矛盾；第二，无机学说难以协调实验室和深部无机合成的简单烃类与石油组成复杂性之间的关系；第三，它明显远离油气地质实际，未能有效地指导油气勘探的实践。尽管如此，近 20 年来，大量的天然气的勘探实践导致发现了一批有工业价值的无机成因烃气的聚集，勘探实例和实验研究也获得了在地壳深部高温高压条件下无机成因烃气形成和富集的科学论据。这些事实提示人们，油气无机成因学说尤其是天然气无机成因说具有一定的合理性和科学性，仍需开展研究和勘探实践，使其具有合理和科学性的内容得到发展和完善。

二、油气有机成因说

早在 1763 年，俄国化学家罗蒙诺索夫就认为石油是煤炭在地热作用下产生的，这是世界上最早的石油有机成因假说的思想，被称为"煤蒸馏说"。

油气有机成因说的学者认为油气起源于活的有机体，即由地质历史中低等水生生物和高等植物的遗体转化而来。19 世纪下半叶，不少研究者根据自己的观察和实验，提出成油原始有机质以低等动物为主的"动物说"，以藻类为主的"植物说"，以及"动植物混成说"。

进入 20 世纪，1906 年 Potonie 进一步发展了"混成说"。他认为动植物都是成油的原始母质，它们与矿物质点一起形成腐泥岩，再经天然蒸馏即可产生石油。"混成说"在解释石油的起源物质方面有着明显的优势，并促使人们进一步研究生物体中有利于生油的生化组成，继而先后提出过"脂肪说"、"碳水化合物说"、"蛋白质说"等。

1932 年古勃金(Губкин)提出了母岩即烃原岩的概念，认为富含分散有机质的淤泥就是生成石油的母岩，其中的分散有机质可来自海洋的生物残体，也可来自陆地的生物分解产物。母岩在早期主要因细菌的作用形成分散石油，继而在负荷增加的条件下将油水一起挤入多孔岩层，然后油水按比重分异并运聚到岩层内的一定部位形成油气藏，古勃金的这些观点被认为是近代有机成油说的雏形。

20世纪40年代，Whitmore等人(1943—1945年)在海藻和细菌中也检测出了烃类。据估计，海洋植物每年可产生12×10^6t烃，如果有0.01%被保存下来，那么1亿年即可满足世界石油储量。由此提出了石油仅仅是生物体中固有烃类的富集。这是最初的早期成油说，或称为“原生说”。

1952—1954年，Smith引入先进的测试分析技术，对墨西哥湾及多种环境的现代沉积物开展烃类分离和鉴定，首次在现代沉积物中发现了烃类，将现代沉积物中烃类的研究提高到了分子级水平，为此他获得了诺贝尔奖。他进一步将这些烃类的组成与某些原油进行对比，发现具有明显的可比性，由此得出“石油是早期生成的烃类富集而成”的认识，即“早期成油说”。

事实上，研究发现现代沉积物和生物体中的正烷烃和正脂肪酸具奇碳优势和偶碳优势，而原油和烃源岩中的正烷烃不具这种优势(Chibnall *et al.*，1934；Bray和Evans，1961；Martin *et al.*，1963；Anders和Robinson，1973)。20世纪60年代初期开始，应用先进的测试分析技术，使得现代沉积物、古代沉积岩中的可溶有机质和原油中的烃类研究得到了迅速的发展。而进一步研究表明，现代沉积物和生物体中的烃类与油藏中石油的饱和烃和芳烃化合物存在着一系列的差别。另外，现代沉积物中烃类的丰度很低，没有形成工业性石油聚集的物质基础。这些发现说明石油并非是现代沉积物和生物体中烃类的直接聚集，这从根本上动摇了“早期成油说”的观点，进一步推动了油气有机成因的深入研究，形成了“晚期成油说”即干酪根晚期成油说。大量的研究表明，生成石油的原始物质主要是烃源岩中的不溶分散有机质——干酪根，只有当烃源岩埋藏达到一定的深度和温度时，干酪根才能大量地生成液态的成熟石油(Philippi，1965；Tissot *et al.*，1971、1974；Connan，1974)。随着有机地球化学分析技术的进步，生油剖面的地质观测资料和实验数据的积累，晚期成油说获得了充分的证据，并逐步形成了干酪根晚期成油理论(干酪根热降解成油理论)，得到学术界的普遍接受。Tissot和Welte(1978)、Hunt(1979)先后出版了两部专著，对干酪根晚期成油理论进行了系统地总结和科学的阐述。可以说20世纪70年代末已经形成了较为完整的有机晚期成油的理论体系和应用技术。20世纪80年代以来，干酪根晚期成油理论在现代油气勘探中已成为一项重要的理论和技术支撑，根据这一理论发展起来的油气资源评价参数和方法在油气勘探的实践中取得了前所未有的成效。

近20年来，油气勘探的实践表明，油气藏中的石油大部分系晚期形成，但确有一部分是在成岩阶段形成的未熟—低熟石油，相应地R_o值为0.4%～0.6%。这些新的观察和研究成果进一步丰富了油气有机成因理论的内涵和对沉积有机质演化阶段及产物、成烃机理的理解，使得油气有机成因理论进一步趋于成熟和完善。

应该提到的是，在近代石油勘探的相当长的一段时间内，由于工业石油主要发现于海相沉积岩中，使得油气有机成因说长期被“唯海相生油论”所主导。20世纪30年代，国外石油地质学家开始注意到陆相生油。美国的Nightingale于1938年探讨过陆相生油的可能性。20世纪40年代，我国老一辈石油地质学家潘钟祥、黄汲清和谢家荣等以中国陕北、四川和新疆等陆相油气田的丰富资料为实例，创造性地论证了陆相生油的观点，动摇了唯海相生油论。20世纪50年代以来，我国已在陆相含油气盆地或陆相地层找到了大批的油气田，确立和发展了陆相生油理论，使唯海相生油论已成为过去。

20 世纪 80 年代以来，全球范围大规模的油气勘探实践导致发现了许多新的现象，如未熟—低熟石油、多旋回改造型盆地中天然气的富集、超深层液态烃的存在等，这些现象利用干酪根晚期成烃理论进行解释出现了困难和挑战。只有不断地发现、探索和研究新的现象，才能不断地完善对自然界的客观和科学的认识，以利于指导和深化油气的勘探实践，创造性地发现更多的油气资源。

第二节 油气有机成因理论

一、油气有机成因的证据

油气有机成因说之所以能够确立，除了对油气的起源物和生成过程能做出合理解释外，还在于无论从油气的性质、数量和分布去考察，还是对油气生成过程进行模拟实验，都为有机起源说提供了极其有力的地质和地球化学论据。主要论据如下。

(1)世界上 90%以上油气都产自沉积岩。产自古老基岩或火成岩中的油气也是来自邻近沉积岩系中富含有机质的母岩。灰岩晶洞和介壳以及封闭的砂岩透镜体中的油气只能源于沉积有机质。而在与沉积岩没有空间关系的大片火成岩和变质岩发育地区，如所谓的地盾区则没有发现油气聚集。

(2)油气在地壳中的出现和富集程度与地史上生物的发育和兴衰具有相关性，油气储量的时代分布与地层中分散有机质以及煤和油页岩等有机矿产的时代分布具有较好的一致性。据估计，自寒武纪以来的 6 亿年中，古生代占 60%，拥有已知石油的 15%，天然气的 28%，而中新生代却占已知石油的 85%，天然气的 72%。

(3)在油气田剖面中，含油气层位总与富含有机质的层位有依存关系，而不像无机的内生矿床那样与火成岩和变质岩有关。

(4)石油中检测出的卟啉、类异戊间二烯烷烃、甾萜类化合物被有机地球化学家称为生物标记化合物或分子化石或指纹化合物，这类化合物的碳骨架仅为生物体所特有。另外，石油普遍具有旋光性，这主要与其含有化学结构不对称的生物标志化合物有关。

(5)石油的元素组成包括微量元素组成都与有机物质和有机矿床相近似。还有石油的碳稳定同位素组成与沉积有机质的碳稳定同位素组成接近。

(6)热模拟实验表明，从富含有机质的沉积岩和沉积有机质中可得到油气中的烃类产物。利用现代化的测试分析技术可从现代和古代沉积物中分离鉴定出各种油气中的烃类。

二、沉积有机质与干酪根

(一)沉积有机质的生物物质

有机成因说的核心是指油气起源于有机质即生物物质。通过沉积作用进入沉积物中并被埋藏下来的那部分有机质叫沉积有机质。从前寒武纪到泥盆纪，沉积有机质的唯一来源是海洋浮游植物(藻类)和细菌。泥盆纪以后，陆相高等植物开始出现并蓬勃发展起来，尤其是在成煤方面，陆相高等植物起着特别重要的作用。但就对沉积有机质的贡献而言，则远不及海洋浮游植物和细菌。这主要基于下列原因：①地史上高等植物的出现明显晚于浮游植物；②无论在现今或地史上，海域面积明显大于陆地；③浮游植物和细菌具有高得多的产率。因此，海洋浮游植物和细菌提供的沉积有机质的总量要比陆生高等植物大得多。以植物为例，现今陆地上年产量不及总的天然有机物产量的1/7。

浮游植物是食物链的基础，在浮游植物高产率的地区，浮游动物也明显增加，异养细菌也很丰富。在潮湿的高等植物繁盛的陆地环境，也可造成大量的细菌生长和活动。因此，从数量上看，沉积有机质的生物物质最重要的是浮游植物、细菌和高等植物。浮游动物(如有孔虫、放射虫、挠足类)和底栖生物也有一定意义，而高等动物是微不足道的。

(二)沉积有机质的原始生物化学组成

沉积有机质源于生命物质及其代谢产物，其生化组成除水以外，主要有类脂、碳水化合物、蛋白质和木质素4类。

类脂也称脂类，狭义的理解主要是指动植物的油脂；广义的理解既包括油脂，也包括甾醇类、萜类、蜡脂、生物烃和色素等(图4-1)。它们共同的特性是不溶于水，但溶于低极性的有机溶剂，如氯仿、乙醚、苯等。

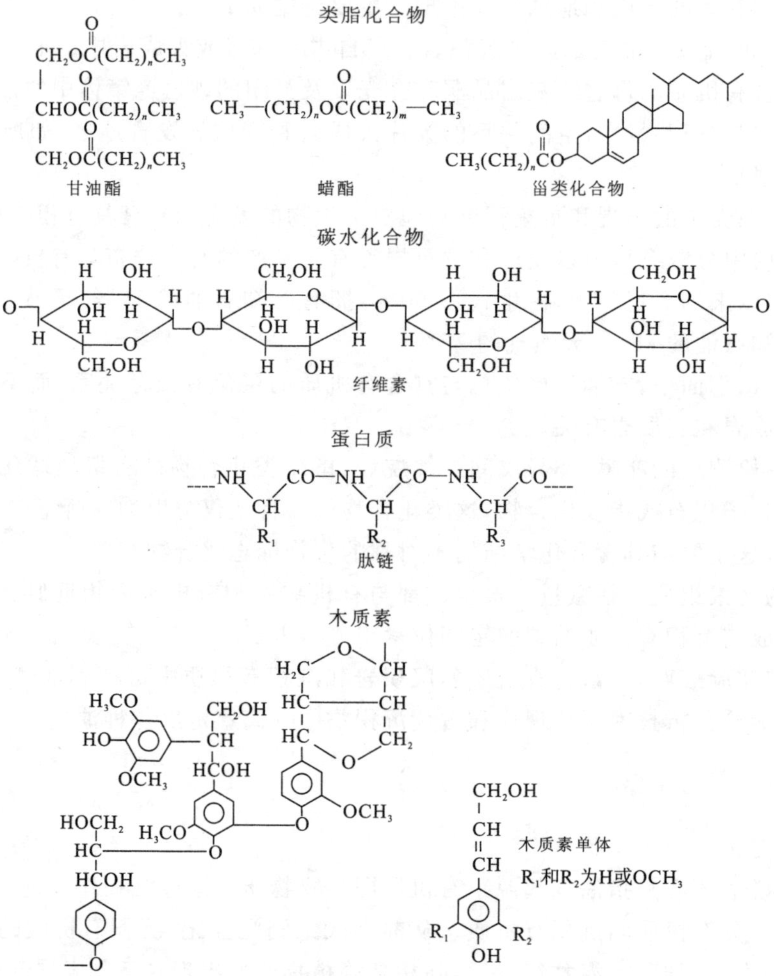

图4-1 生物组织中的分子结构示意图

(据 Durand,1980;Engel 和 Macko，1993 综合)

类脂的特点，一是抗腐能力强，二是化学成分和结构都最接近石油。类脂化合物只要去掉少量的氧即可转化成石油（表 4－1），因而，被认为是最重要的生油母质。脂肪酸只要通过去羧基（$RCOOH \rightarrow RH + CO_2$）或加氢（$RCOOH + 3H_2 \rightarrow RCH_3 + 2H_2O$）即可得到烃类。据研究，在地质条件下，饱和脂肪酸脱羧基和强还原加氢后，前者可得到奇碳正构烷烃，而后者可得到偶碳正构烷烃。不饱和脂肪酸除可生成正烷烃外还可生成环烷烃以及苯。类脂中的甾萜类和异戊间二烯化合物以及色素等可能是环烷烃、环烷芳烃、异构烷烃和卟啉的母体。原生烃以高分子烷烃为主，它们在生物体中占万分之几至百分之几（干重），可不发生明显改造而被石油所继承。蜡质在植物类脂中占 1%～80%，在动物类脂中占 1%～10%，石油中的蜡质几乎全部来自陆生植物。

碳水化合物是单糖或单糖的聚合体的总称，通式可写为 $C_n(H_2O)_m$，包括葡萄糖、淀粉、纤维素、几丁质等，它们是植物的主要组成，动物中数量较少。作为成烃母质，碳水化合物以其丰富的数量而被引起注意。实验证明，碳水化合物被氢还原后可以得到烃类。但是另一方面，碳水化合物大多易被喜氧细菌消耗或被水解，难以保存下来，较为稳定的纤维素是成煤的重要母质之一（图 4－1）。

蛋白质是组成细胞的基础物质，在动物组织中含量最高，低等植物中的含量高于高等植物。蛋白质是由 20 多种氨基酸以肽键— NH — CO —首尾相连缩合而成的复杂高分子化合物（图 4－1）。蛋白质只要经过去羧基和去氨基后便可形成烃类。实验室中曾从丙氨酸等 11 种氨基酸中获得 C_1～C_5 七种烷烃异构体。此外，从苯丙氨酸中还可获得乙苯。蛋白质构成了生物体中大部分含氮化合物，氮约占蛋白质重量的 16%。因此，石油中的低碳烃和含氮化合物可能与之有成因联系。但蛋白质容易受喜氧细菌破坏，不易被保存。

木质素仅存在于高等植物中，是一种贫氢、富碳、富氧、富含芳环结构的高分子聚合物（图 4－1）。具有比纤维素还强的抗腐能力，是成煤的重要母质，也可生成天然气，也可能是石油中芳烃的母质之一。

表 4－1　天然有机质与石油的平均元素组成

	元素组成（质量百分数）				
	C	H	S	N	O
碳水化合物	44	6	/	/	50
木质素	63	5	0.1	0.3	31.6
蛋白质	53	7	1	17	22
脂　类	76	12	/	/	12
干酪根	79	6	5	2	8
沥　青	84	10	3	1	2
石　油	84.5	13	1.5	0.5	0.5

各种生物所含的生物化学组分的相对丰度是不同的。植物主含碳水化合物，而动物主含蛋白质，高等植物富含木质素和纤维素。脂类在低等动植物以及高等植物的某些组织中含量

较丰富。另外，不同的生物体中同种生化组分的化学结构也很不相同。因此，不同环境下的生物物质组合面貌的不同决定了其沉积有机质的组成和类型上的差异。

（三）沉积有机质的形成

油气起源于生物物质，而其主要部分要经历极其深刻的转化才能产生油气。这个转化是从生物有机质进入到沉积有机质时开始的。沉积有机质是随无机质一起沉积并保存下来的生物残留物质，它主要是生物的遗体，也包括了其生命过程的排泄物和分泌物。

生物死亡后其遗体将受到化学分解和细菌分解，大部分被破坏，有些还被生物吃掉。因此，经过严格地筛选真正能进入沉积物中的可能仅有 0.01%～10%，据 Успенский(1956)估算，有机质原始产量中平均只有 0.8%可被保存在沉积物中，在陆架区约为 1.04%，陆坡区约为 0.37%，而深海区仅为 0.06%。尽管得以保存下来的比例很低，但水体中每年繁殖和输入的生物总量巨大，加之持久的地质时间，其绝对数量仍然是十分可观的。

进入到沉积物中的有机质，主要部分则是新生成的复杂分子，它们在生物体中找不到对应物。一小部分是生物体中稳定成分，它们清晰地甚至完全地保存了原有的生物化学结构，被沉积有机质所继承，如孢粉、几丁质、树脂、蜡质以及生物标志化合物。

从生物的物质发源地说，沉积有机质一方面来源于水盆地本身的所谓原地有机质，另一方面来自经河流从周围陆地携带的异地有机质，其中少量的是来自剥蚀更老的沉积层中的有机质即再沉积的有机质。

河流每年输入盆地中的有机碳可达(1～5)×10^8t，一些大河，如亚马逊河、密西西比河、多瑙河等所携带的有机碳浓度为 2～15mg/L。当然，被河流携带的固体物质主要是矿物，而有机质大多只占 10%～25%，个别情况下可少至 3.25%(多瑙河)或多达 59.9%(乌拉圭河)。河流搬运的有机质主要是高分子量的腐殖质，常达 70%～90%。它不但提供了沉积有机质的补充来源，而且也为盆地提供了营养成分。因此，凡是有河流注入的湖、海的三角洲地带，水生生物特别繁盛，有助于形成富含有机质的沉积物。

（四）沉积有机质的分布和丰度

有机质特别是沉积有机质，其丰度多用有机碳含量来表示。因为碳元素在有机质乃至有机矿产中最多，也最稳定，通常采用有机碳乘以转换系数 1.6 和 1.18～1.48 分别代表现代沉积物和古代沉积岩中的有机质含量(Tissot 和 Welte，1984)，由于有机质的类型和演化阶段不同，所以这个系数很难取准。有机质埋藏中逐渐有一部分将转化为气态物质、可溶物质或流动物质，进而脱离母岩。因此，从岩石中所测出的有机碳含量是残余的有机碳含量。

沉积岩中有机质丰度变化很大，可由几乎纯的有机矿层堆积至几乎不含有机质的红层沉积。但是 98%以上的沉积有机质呈分散状态，含量一般小于 10%。据 Hunt(1962)对世界各地 60 个沉积盆地、200 个地层单元的1 000多块岩样分析统计，有机碳平均含量：泥质岩为 2.1%，碳酸盐岩为 0.29%，砂岩为 0.05%。另据 Weeks(1958)估算，沉积岩总体积约为 12 288×$10^4$$km^3$，其中页岩占 50%，碳酸岩占 16%，砂岩占 34%。据此，Dickins 算出沉积岩中有机碳总量为 3.8×10^{15}t(Welte 估算为 6.4×10^{15}t，Hunt 估算为 1.3×10^{16}t)，其中 3.6×10^{15}t 为页岩所拥有，约占有机质总量的 95%以上。这说明绝大部分沉积有机质呈分散状态与泥质沉积物相伴生。而作为有机质集中出现的煤和石油有机碳总量分别为 6×10^{12}t 和 0.2×10^{12}t，分别仅占沉积有机质总量的 1/630 和 1/19 000。

沉积岩中有机质分布的另一特点是，不同地质时代是不均衡的(图 4－2)。就世界范围

看，在三叠纪和志留纪有两个低峰，这可能与全球性气候变冷或大规模海退有关。值得提到的是这两个时代的地层也正是含油气最少的。

碳酸盐岩的有机碳含量随其不溶残渣含量的增加而增加。不溶残渣常为黏土，由图 4－3 可看出有机质常与泥质成分相共生，代表有机质含量高的大圆点集中在灰质泥区。

不同沉积环境或者不同岩相岩性条件下沉积物中的有机质含量差别很大。据 Hunt (1972)统计(表 4－2)，大洋沉积物有机质含量普遍贫乏，大陆及其边缘海则是有机质赋存的主要场所，尤以泥质沉积最为丰富。

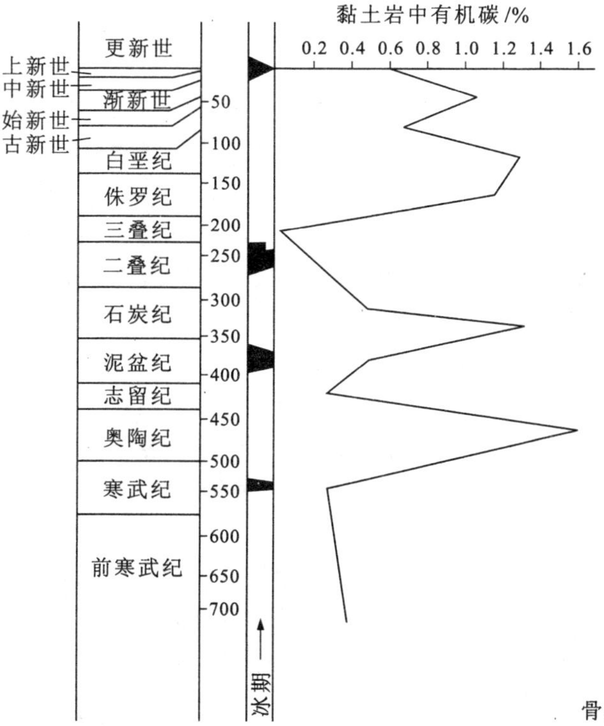

图 4－2　地史中有机碳的丰度
(据 Tissot,1973)

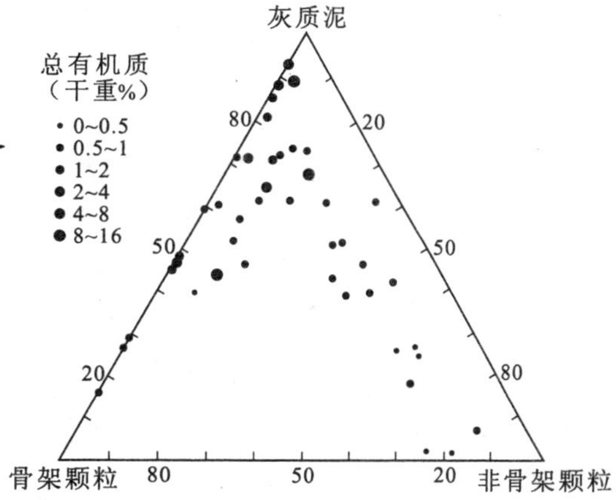

图 4－3　碳酸盐岩石中有机质含量与其组成的关系
(据 Hunt，1979)

沉积有机质的分布是相当广泛的，但其丰度又是极不均衡的。其主要影响因素概括起来有下列 4 个方面。

1. 生物物质的产量

主要取决于阳光、温度、湿度、含盐度和营养。在海洋，温湿带的浅海区有良好的透光性和营养条件，集中了海洋生物的绝大部分。在大陆以湿热带最重要。

表 4－2　沉积物中的有机碳(据 Hunt,1972)

位置		平均值/质量%	质量/10^{16} t	位置		平均值/质量%	质量/10^{16} t
大陆、陆棚、陆坡	黏土和页岩	0.99	0.82	大洋	黏土和页岩	0.22	0.07
	碳酸盐岩	0.23	0.08		碳酸盐岩	0.28	0.10
	砂	0.28	0.09		硅质沉积	0.26	0.04

2. 原始有机质的保存条件

指生物死亡后的沉降、沉积和埋藏过程中的氧化还原条件。在大陆地表通氧条件下，生物遗体大部分会受到氧化和微生物降解转变为 CO_2 和 H_2O 而遭破坏，只剩下骨骼、孢粉、树脂、蜡质、纤维素和木质素等抗腐成分。水下情况较为复杂，一般来说在浅水及深水上层，由于光合作用和大气的入侵，常为氧化环境。光线的透入深度与水体浑浊度有关，在开阔海约为200m，沿岸海约为50m，泻湖仅为数米。而大气入侵深度又与波浪作用有关，有效浪底深度一般为波长的1/2。因此，氧化还原界面的具体位置视不同情况可在水体的某个深度上，也可在沉积物顶面以下某个深度上。值得一提的是，有机分解过程中要消耗氧，所以只要有机质补给速度超过氧的补给速度，就可出现还原环境。

3. 沉降、沉积速度

这里有两个方面的含意，一是有机、无机质点的绝对速度，沉降、沉积越快，有机质保存下来的越多；二是有机、无机质点的相对速度，若无机物沉积速度快或供给量大，都将会稀释有机质。

4. 沉积物的粒度

Trask (1932)首先对此进行了系统的研究，他发现＜5μm 的黏土，其有机质含量是5～50μm 粉砂的2倍，是50～250μm 细砂的4倍。Corskaya(1950)对近代沉积的研究报道，砂的有机质含量为0.77%，粉砂为1.2%，黏土为1.8%。又据罗斌杰等(1981)对我国青海湖的调查，低能带淤泥中的有机碳平均含量比高能带的砂和粉砂高出1倍以上。类似的调查还有许多，尽管地点不同，结果也有出入，但共同说明粒度越细所含有机质越多。原因是：①从沉积分异角度看，呈胶体或悬浮态的有机质点同黏土质点有很大的一致性，可同步降落；②黏土比表面积大，吸附有机质的能力较强；③形成泥质沉积的环境往往具有利的保存条件。

（五）干酪根

沉积岩中的干酪根是有机碳存在的最重要的形式，占沉积岩中分散有机质总量的80%～90%，甚至更高。其余可溶于有机溶剂的部分叫沥青，通常指氯仿抽提物，包括烃类、胶质和沥青质。抽提时温度常低于80℃。Durand(1980)估计，沉积岩中的干酪根总量约比化石燃料资源总量大1 000倍(图4-4)。

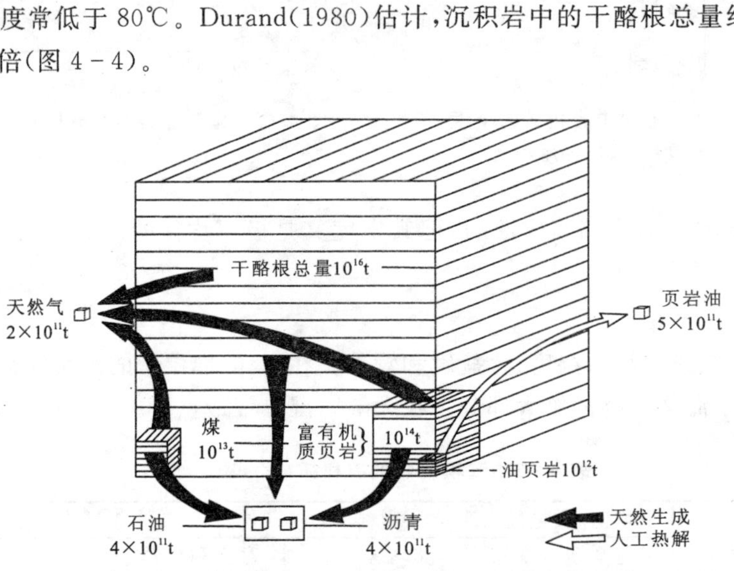

图4-4 干酪根数量与化石燃料最大资源比较图
(据 Durand，1980)

1. 干酪根的概念

干酪根(kerogen)一词首先是由 Grum Brown(1912)提出的,原意是指苏格兰页岩中经蒸馏产出的油状物质,后意为能产生油状物质的有机质,并称为油母质。较普遍接受的干酪根定义为:沉积岩中不溶于碱、非氧化型酸和有机溶剂的分散有机质(Hunt,1979)。而沉积物中未固结的有机质以腐殖酸为主,它是沉积岩中干酪根的前身。

沉积岩中的干酪根是最重要的成烃母质。Hunt(1979)认为 80%～95%的石油烃是由干酪根生成的。以巴黎盆地的典型研究看(图 4－5),随着埋深加大和地温升高,有机质中的干酪根含量不断下降,而烃类、胶质和沥青质的含量则相应上升。另外 MAB 抽提物即甲醇-丙酮-苯二元混合溶剂抽提物的含量也逐渐减少。MAB 抽提物是极性很强的富含 N、S、O 的重质化合物,元素组成最接近于干酪根,可代表干酪根向沥青和烃类转化过程的中间产物。当然,也有部分烃类是直接从生物烃继承下来的。

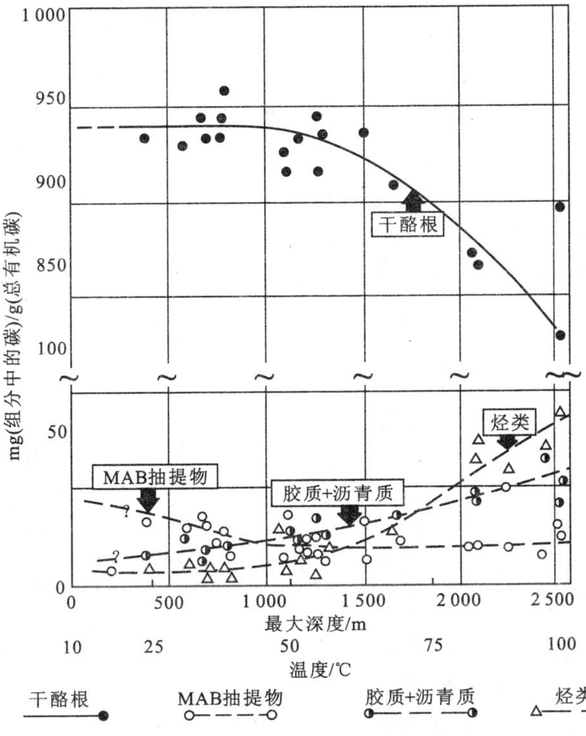

图 4－5　巴黎盆地托尔页岩有机质各组分含量随深度的变化
(据 Tissot,1971)

2. 干酪根的物质组成和分子结构

从沉积岩中提纯出来的干酪根呈黑色或褐色粉末,是复杂的有机高分子聚合物。从干酪根的显微组成中已确定的有机残体有藻类、细菌和高等植物的组织。这些高等植物的组织包括壳质组的孢粉、树脂体和角质体以及镜质组和丝质组的碎片。

一般地说,无定形干酪根的化学结构是不确定的,常由许多带有各种官能团的芳香环、饱和环和杂环为核心,彼此被脂肪链或杂原子桥键所交联的三维立体大分子即高分子聚合物。图 4－6 为Ⅱ型干酪根简单分子结构示意图(Tissot 和 Welte,1978),它的化合物组成可根据红外光谱分析概略地了解。因为，具有相同的官能团和化学键的一系列化合物在红外光谱分析中具有特征的吸收谱带。通过红外光谱技术还可评价羧基或羰基等含氧基团与脂肪链加饱和环的相对重要性，如图 4－7 所示。

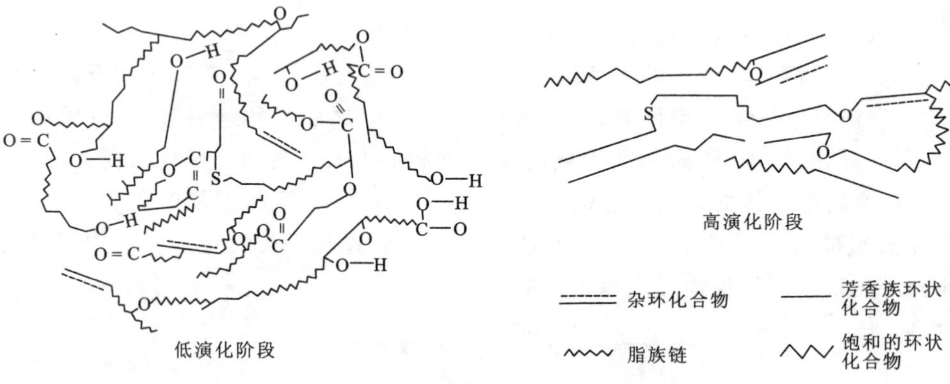

图 4－6　Ⅱ型干酪根简单分子结构示意图

（据 Tissot 和 Welte，1978）

重要的谱带有：①在 2 920cm^{-1} 和 2 860cm^{-1} 的 2 个强吸收峰主要与 CH_2 和 CH_3 脂肪基伸缩振动有关；②最大值位于 1 710cm^{-1} 左右的宽谱带由 C═O 基(酮类、酸类、脂类)造成；③吸收峰在 1 600cm^{-1} 的一个宽谱带，主要与芳烃的 C═C 有关；④在1 450cm^{-1} 处的吸收谱带与 CH_3 的直链或环状的 CH_2 的弯曲振动有关。而在 1 370cm^{-1} 处形成的谱带仅与 CH_3 的弯曲振动有关；⑤在 1 040～1 400cm^{-1} 处很宽的谱带包括 C—O 的伸缩振动和由 OH 形成的弯曲振动；⑥在 700～930cm^{-1} 处的强度较弱的连续谱带与各种芳香烃的 CH 的面外弯曲振动有关；⑦在720 cm^{-1} 的吸收谱带是 $(CH_2)_{n\geq4}$ 的脂肪链形成的谱带。

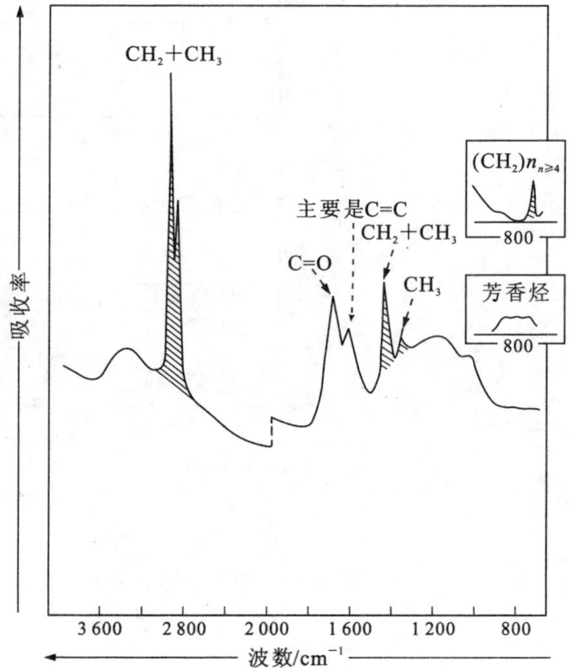

图 4－7　干酪根的典型红外光谱图

（据 Tissot 和 Welte，1984）

3. 干酪根的元素组成

干酪根没有固定的化学成分，元素组成中以 C 为主，其次为 H 和 O，还有 N、S 等。按元素的质量百分比计算，它们一般分布范围 C：70%～90%，H：3%～10%，O：35%～19%，N：0.4%～4%，S：0.2%～5%（据 Tissot，1984）。从图 4－8 也可看出，干酪根的元素组成跨度范围很大，这正是干酪根原始物质来源复杂而广泛的反映。不难想象，它的结构、化学成分和元素组成会因原始物质类型和演化程度而变化。

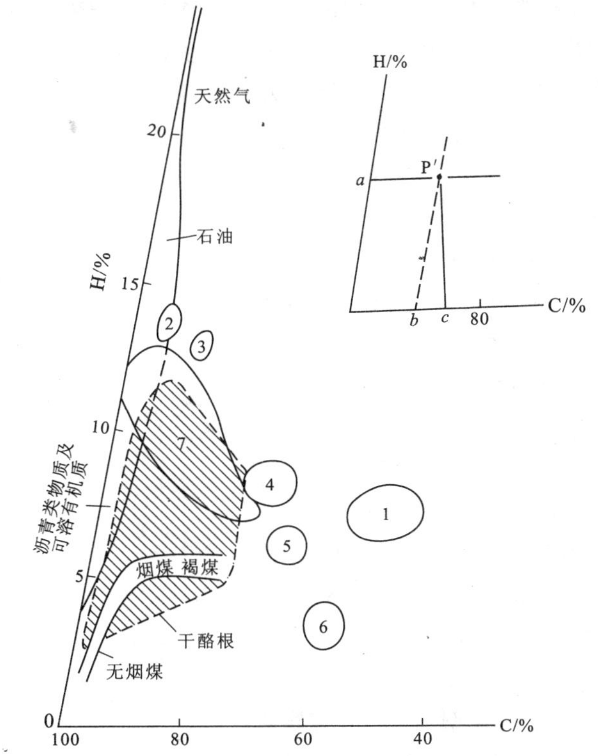

图 4－8　干酪根及天然有机物的组成

（据 McIver，1967）

1. 碳水化合物；2. 蜡质；3. 脂肪；4. 蛋白质；5. 木质素；6. 腐殖酸；7. 三萜烯类；

右上小图表示元素含量读法：样品 P 的 H 含量为 a，C 含量为 c，O 含量为（$100-b$）

干酪根是分散有机质的主体，因此，它的类型基本可代表岩石中分散有机质的类型。干酪根的类型与原始物质的类型和化学结构密切相关，类型不同其成烃潜力亦不同。Tissot（1974）根据干酪根的元素分析，采用 H/C 和 O/C 原子比绘制相关图即范氏图（Van Krevelen 图），将其主要分为 3 大类，如图 4－9 所示。

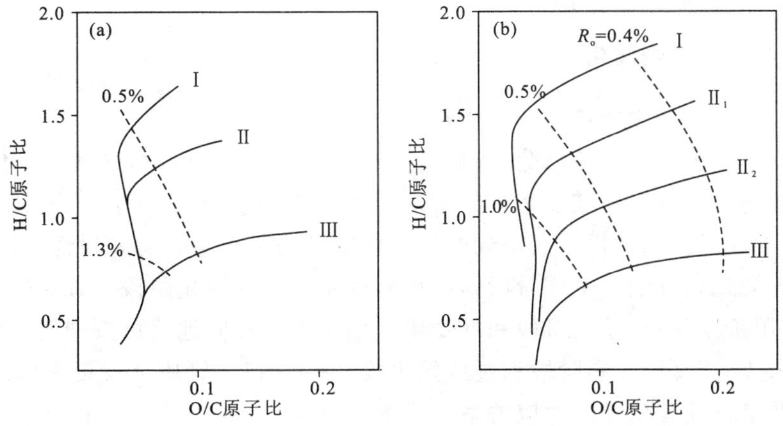

图 4－9　干酪根类型及其演化模式图

（a）图据 Tissot，1974；（b）图据秦建忠，2005

Ⅰ型干酪根是分散有机质干酪根中经细菌改造的腐泥型极端类型，或称藻质型，它富含脂肪族结构，富氢而贫氧，原始 H/C 原子比高，一般为 1.4～1.7，而 O/C 原子比低，一般＜0.1，是高产石油的干酪根，其热失重≥65%，生烃潜力为 0.4～0.7。

Ⅱ型干酪根是生油岩中常见的干酪根又称腐泥型，有机质主要来源于水盆地中的浮游生物和细菌。有较高的原始 H/C 原子比，为 0.9～1.4；较低的 O/C 原子，为 0.1～0.2，其生烃潜力较高，热失重为 50%～80%，生烃潜力为 0.3～0.5。需要指出，Tissot 分类中Ⅱ型干酪根的 H/C 原子比为 1.2～1.4；而我国的分类中Ⅱ型干酪根为混合型，分为$Ⅱ_1$型即腐殖腐泥型和$Ⅱ_2$型即腐泥腐殖型，相应的 H/C 原子比分别为 1.2～1.4 和 0.9～1.2。

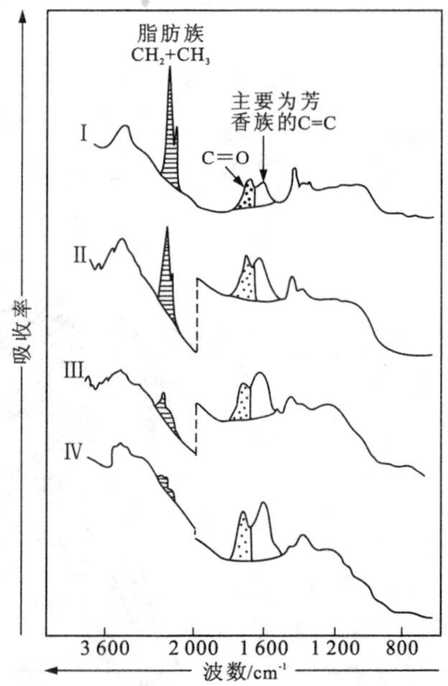

图 4－10 4 种类型干酪根的红外光谱曲线图
(据 Tissot，1979)

Ⅲ型干酪根是由陆生植物组成的干酪根，又称腐殖型。富含多芳香核和含氧基团。原始 H/C 原子比低，通常小于 0.6～0.9，而 O/C 原子比高，可达 0.2～0.3。这类干酪根以成气为主，其热失重为 30%～50%，生烃潜力为 0.1～0.2。

另外，还有一种干酪根称残余型或Ⅳ型，具异常低的原始 H/C 原子比，比值低至 0.4～0.6，而 O/C 原子比却高达 0.25～0.3。这类干酪根中有大量的芳香核和含氧基团，显微组分观察表明其有机质主要为惰性组的氧化有机质和丝质碎片，能生成少量的甲烷气。此干酪根的热失重＜30%，生烃潜力＜0.1。

据国内许多学者研究，我国陆相湖盆干酪根的类型主要是腐泥型和腐殖型及它们之间的中间型和过渡类型。

Tissot 等(1979)利用红外光谱曲线图(图 4－10)，表明了北大西洋白垩系黑色页岩中的 4 种类型干酪根化学组成的明显差别。

三、沉积有机质的成烃演化

(一)有机质的成烃演化阶段与油气生成

沉积有机质作为沉积物的一部分，同矿物质一样，在埋藏过程中，必然要经历地质条件下的生物、化学和物理的作用，使其发生与介质环境相适应的变化以及有机、无机相互作用。与此同时，有机质的成烃演化进程和所得到的烃类产物又表现出明显的阶段性。因此，可根据有机质自身性质的变化划分油气生成阶段即沉积有机质的成烃演化阶段。普遍采用的阶段划分方案为：成岩作用阶段、深成作用阶段和准变质作用阶段。相应地又可按油气生成将有机质成烃演化划分为未成熟阶段、成熟阶段和过成熟阶段(图 4－11)，镜质体反射率(R_o)与有机质的成烃作用和成熟度特征有良好的对应关系。

1. 成岩作用阶段即未成熟阶段

此阶段从沉积有机质被埋藏开始至门限深度为止，R_o＜0.5%。

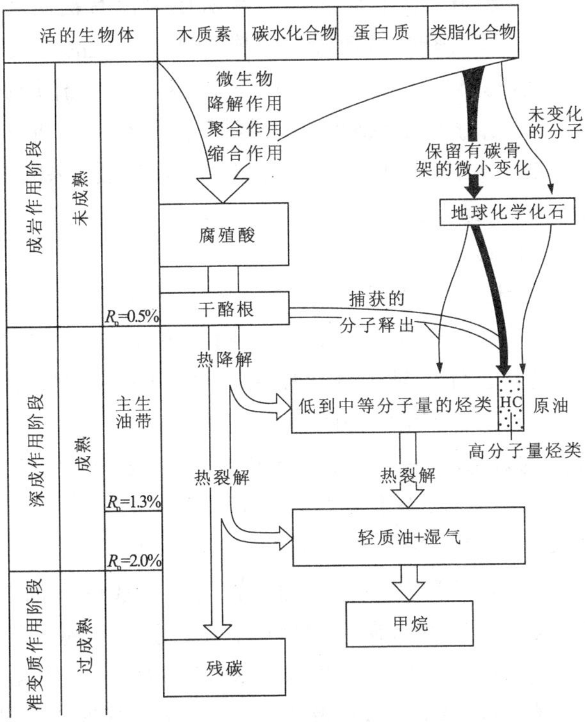

图 4－11　有机质的成岩演化与成烃作用

地球化学化石代表了深部烃类的第一种来源(以黑色箭头表示)

干酪根的降解作用代表了烃类的第二种来源(以白色箭头表示)

成岩作用(diagenesis)阶段早期，有机质要经历细菌的分解和水解，从而使原来的脂肪、蛋白质、碳水化合物和木质素等生物聚合物转化为分子量较低的脂肪酸、氨基酸、糖、酚等生物化学单体，同时还产生 CO_2、CH_4、NH_3、H_2S 和 H_2O 等简单分子。随着埋深的增加，当地温达到 75～80℃时，细菌作用趋于终止。继而无机转化过程变得更重要，生物化学单体将发生缩聚作用形成复杂的高分子的腐殖酸类，进而演化为地质有机聚合物即干酪根，并且由于其与周围矿物质相络合，成为较稳定的不溶有机质。在成岩作用后期，干酪根可产生 CO_2、H_2O 和一些重杂原子组分。

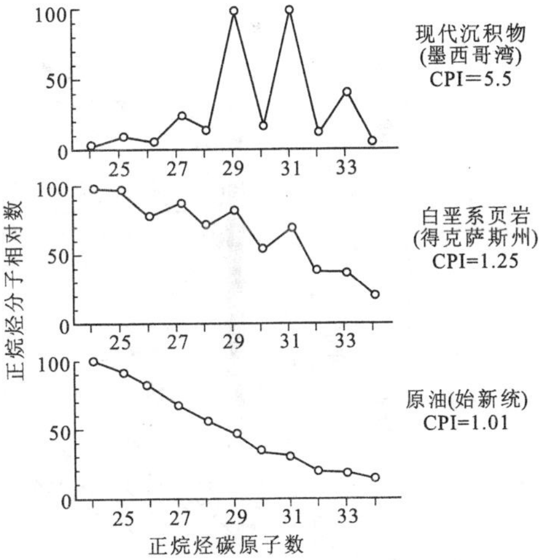

图 4－12　现代沉积物、古代沉积岩和石油中正烷烃的奇碳优势变化

(据 Coper 和 Bray，1963)

成岩作用阶段尤其是早期生成的烃类产物是生物甲烷和少量高分子烃。生物甲烷生成的主要营力是厌氧细菌的生物化学作用。所以，从天然气成因的角度，成岩作用阶段早、中期可称为生物成因气阶段。高分子烃则不同于成熟的石油烃，它们多是从生物体中继承下来的，一般为 C_{15} 以上的生物标志化合物，缺乏低分子烃。早期生成的正烷烃多具明显的奇碳优势(图 4－12)。

近10年研究表明，陆相富含角质体和树脂体的有机质以及有机质类型较好的可溶沥青，可在成岩作用后期，R_o为0.4%～0.6%时，低温降解生成具工业价值的未成熟至低成熟的石油。

另外，在有机质成岩作用的早、中期，厌氧环境下，细菌的代谢作用通常可提高孔隙水的碱度而降低Eh值。在有机质成岩作用的晚期，由于烃源岩中不溶有机质上含氧基团开始大量降解，因此，增加了地下水的CO_2、有机酸和酚的含量，提高了孔隙水的有机碱度。从而增加了地下水对碳酸盐、铝硅酸盐和硅酸盐矿物的溶解能力，有助于形成溶蚀的次生孔隙。

2. 深成作用阶段即成熟阶段

深成作用(catagenesis)阶段是干酪根生成油气的主要阶段。该阶段从有机质演化至门限值开始至生成油气结束为止，R_o为2.0%～0.5%。随着埋深和地温的增加，当达到门限深度和温度时，在热力作用下，通常还伴有黏土催化作用，干酪根将开始大量热降解生成石油，后期热裂解生成轻质油和湿气，因此，该阶段也可称油和湿气阶段。

此阶段可按照干酪根的成熟度进一步划分出3个阶段，即低成熟阶段，R_o为0.5%～0.7%，中成熟阶段，R_o为0.7%～1.3%和高成熟阶段，R_o为1.3%～2.0%。根据成烃产物进一步划分为两个带：油带和轻质油和湿气带。油带R_o为0.5%～1.3%，又叫低—中成熟阶段，干酪根通过热降解作用主要产生成熟的液态石油。该阶段生成的石油以中—低分子量的烃类为主，使成岩作用阶段的生物烃被稀释，在正烷烃中，生物烃的奇碳优势逐渐被成熟油冲淡直至消失，环烷烃和芳香烃的碳数和环数减少，曲线由双峰变为单峰(图4-13)。轻质油和湿气带处于高成熟阶段，在较高的温度作用下，干酪根和已形成的石油将发生热裂解，液态烃急剧减少，C_1～C_8的轻烃将迅速增加。另外，由于烷烃及低分子量烃逐渐增多，胶质和沥青质逐渐减少乃至消失，因而引起石油密度降低，颜色变浅，在地下条件适当时，还可形成凝析气。

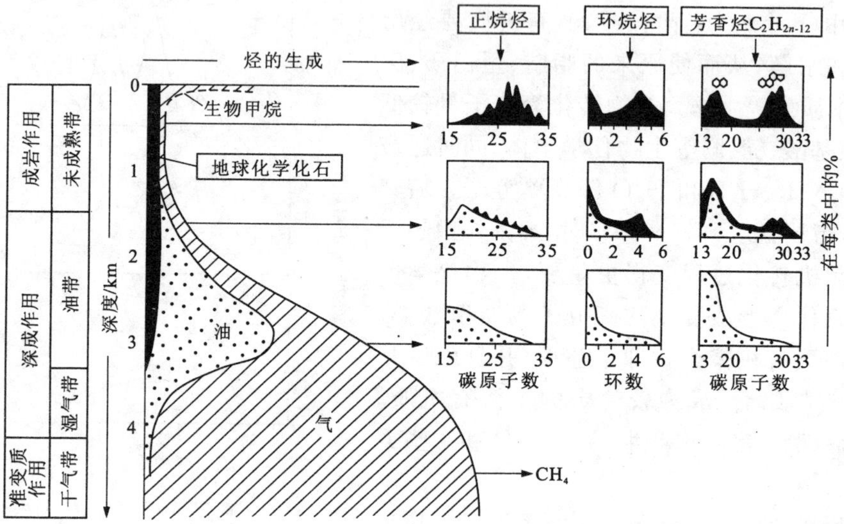

图4-13 类结构随成熟度的变化

(据Tissot,1974)

3. 准变质作用阶段即过成熟阶段

准变质作用(metagenesis)阶段埋深大、温度高，R_o>2.0%。又由于在成熟阶段干酪根中的较长烷基链已消耗殆尽，所以生油潜力枯竭，只能在热裂解作用下生成高温甲烷，而且先前生成的轻质油和湿气也将裂解为热力学上最稳定的甲烷。干酪根释出甲烷后其本身将进一步缩聚为富碳的残余物。该阶段也称为热裂解干气阶段。

以上各阶段的性质和划分指标如表 4－3 所示，各阶段在有机质成烃演化过程中是连续过渡的。另外，有机质类型不同，其划分界线和烃类产物也会有所不同。

表 4－3　有机质成熟演化的阶段性（据陈荣书等，1994 修改）

成岩演化阶段	烃类产物	煤阶	固定碳/%	镜煤反射率/%	H/C 原子比	地温/℃	深度/m	孢粉颜色	主要反应	成熟程度
成岩阶段	生物甲烷	泥炭 褐煤	＜55	＜0.5	0.80～1.50	10～75	＜2 000	黄	生物化学	未熟
深成阶段	重质油伴生气	长焰煤	55～60	0.5～0.7	0.13～0.85	75～100	2 000～3 000	橙黄	热降解	低熟
	中质油伴生气	气煤 肥煤	60～75	0.7～1.2	0.85～0.70	100～150	3 000～4 500	橙－褐	热降解	中熟
	轻质油湿气	焦煤 瘦煤	75～85	1.2～2.0	0.70～0.50	150～200	4 500～6 000	棕	热裂解	高熟
准变质阶段	高温甲烷	贫煤 无烟煤	＞85	＞2.0	＜0.50	＞200	＞6 000	黑	热裂解	过成熟

据 Hunt 估算，大约 7％的气态烃、9％的液态烃和 40％的非烃化合物生成于成岩作用阶段；气态烃的 82％、液态烃的 91％和非烃的 60％生成于深成作用阶段；气态烃的 11％和痕量的液态烃与非烃生成于准变质作用阶段（图 4－14）。总之，油气烃的大部分是在有机质成熟阶段主要由热力作用所产生，尤其以 60～150℃的地温最为有利。这正是所谓晚期成油说和干酪根热降解成油说的基本点。

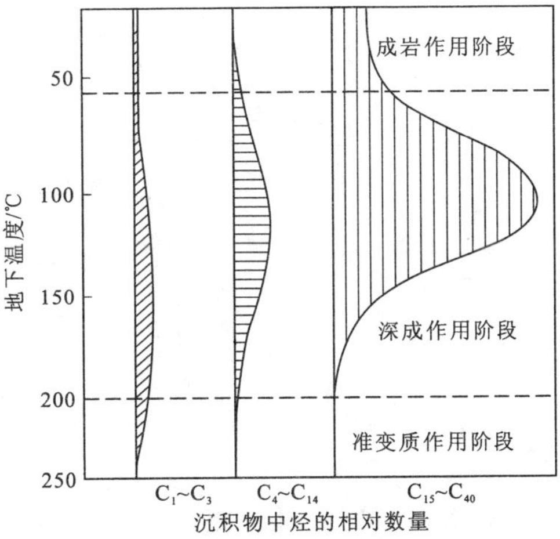

图 4－14　沉积物不同成岩阶段烃类的相对数量
（据 Hunt，1979）

（二）干酪根热演化成烃与热模拟实验

干酪根是在成岩作用阶段适度的地温和压力条件下形成的缩聚物，在埋深不增加的情况下，性质比较稳定。随着盆地的沉降、烃源岩埋藏深度和地温的增加，干酪根将发生重排和有序化。首先使其重杂原子基团断裂，然后依次脱去烷基链，形成中到低分子量的烃类以及 CO_2、N_2、H_2S 和 H_2O 等，其后只形成甲烷。干酪根成烃的这一地球化学过程世界各国的许多学者都进行了系统的研究。较典型的有：巴黎盆地侏罗系下托尔统页岩、北非撒哈拉的志留系页岩、西非喀麦隆杜阿拉盆地的上白垩系、美国犹因塔盆地始新统绿河页岩、洛杉矶和文图拉盆地的中新统。我国学者也对国内各主要陆相盆地开展了详细全面的研究。将这些有关干酪根在地质条件下热演化成烃过程研究与实验室的成烃转化热模拟实验加以对比分析，可得出令人信服的结论。

由图 4－15 可知，干酪根的元素组成在不同的演化和成熟阶段其变化趋势是不同的。而不同类型的Ⅰ、Ⅱ、Ⅲ型干酪根演化途径也不同，但所有干酪根的主要演化阶段和总趋势是相同的。

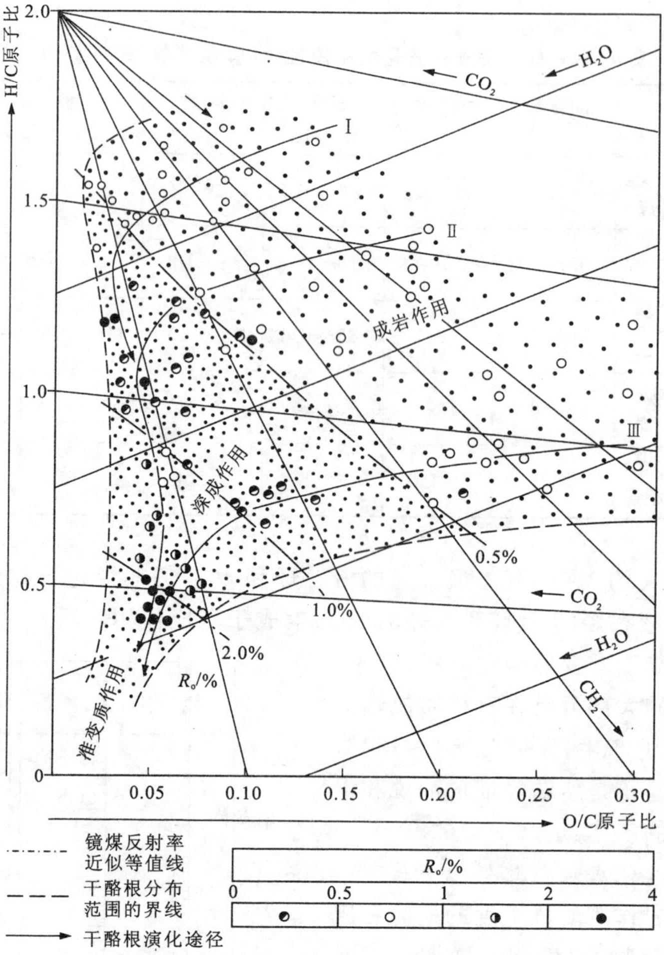

图 4－15 干酪根从成岩作用阶段到准变质作用阶段的演化图

（据 Tissot 等，1978）

Tissot 等（1971、1974）对巴黎盆地侏罗系下托尔统页岩的干酪根热演化成烃的研究是最典型和详细的实例之一。下托尔统页岩距今 180Ma，厚度 10～30m，富含有机质，干酪根类型为Ⅱ型，在区域上相当稳定，盆地构造发展史简单，有利重建埋藏史和计算地层最大埋深。从盆地不同深度所取得的岩心，其干酪根成烃转化主要是埋深和地温的函数，而其他地质和地球化学参数都基本保持稳定，是非常理想的地质情况。另因下托尔统页岩地史上的最大埋深为 2 500m 左右，所以，为得到完整的演化剖面，Tissot 等研究补充了地质和地球化学条件相似的西德同类页岩和撒哈拉下志留统页岩的资料，如图 4－16 和图 4－17 所示。

干酪根随埋深所经历的热动力平衡和降解作用是连续的，但又是可以区分的 3 个阶段。

第一阶段：下托尔统页岩中干酪根开始大量消耗氧，导致 O/C 原子比迅速下降，而 H/C 原子比则轻微减少（图 4－16，A — B）。

红外光谱图（图 4－14，①、②）表明，氧的减少基本是由 C ═ O 基团峰（1 710cm^{-1}）迅速下降为特征，而 CH_3、CH_2 基团峰则稍有减少。

干酪根镜质体反射率 R_o 分布在 0.4%～0.6%之间。

电子顺磁共振波谱仪所测定的干酪根中的不配对自由电子的浓度即自由基浓度（X_p）一般很低，$X_p \leqslant 5 \times 10^9$ uem · CGS/$g_{有机碳}$。

该阶段巴黎盆地下托尔统页岩的干酪根相当于成岩阶段后期，相应的最大埋深为 800～1 200m，对应未成熟阶段，干酪根仅生成少量的烃，而与氧的消失有关的 CO_2、H_2O 及一些重杂原子则大量生成。

第二阶段：干酪根除 O/C 原子比继续减少至稳定外，则以 H/C 原子比迅速减小为特征，演化途径为图 4－16 的 B — D。

红外光谱（图 4－17，②、③、④）说明，残余的含氧基团（C ═ O）1 710cm^{-1}谱带继续下降直至消除。与 CH_3 和 CH_2 等脂肪族有关的谱带（2 920cm^{-1}、2 860cm^{-1}、1 450cm^{-1}、1 370cm^{-1}）快速下降，与芳烃有关的 C ═ C（1 600cm^{-1}）和 C — H 面外弯曲振动（700～930cm^{-1}）谱带逐渐突出和出现。

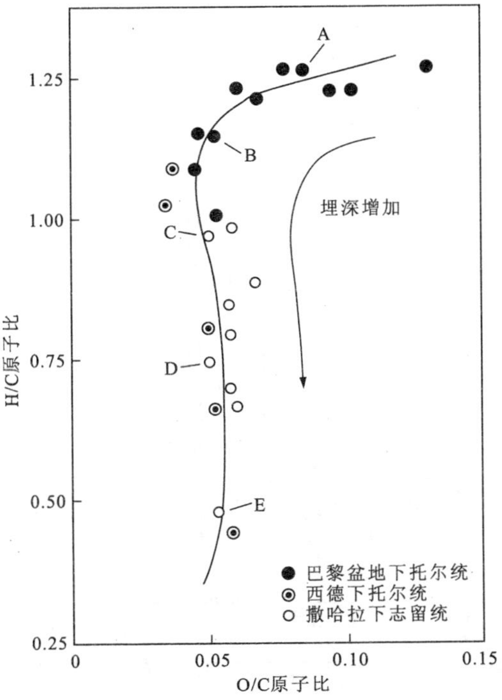

图 4－16　在埋藏过程中Ⅱ型干酪根元素组成的演化

（据 Tissot 和 Welte，1984）

A 为成岩阶段末期；B — D 为深成阶段；E 为准变质阶段

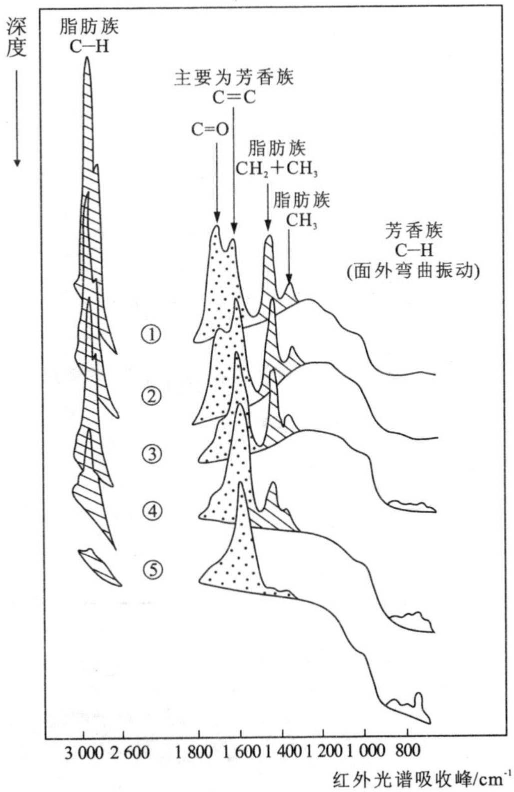

图 4－17　Ⅱ型干酪根天然演化的红外光谱图

（巴黎盆地下托尔统，撒哈拉下志留统）

（据 Tissot 和 Welte，1984）

镜质体反射率开始缓慢增加，然后比较快速地增加到2%。

自由基浓度(X_p)逐渐增加到最大值(50～60)×10^9 uem·CGS/$g_{有机碳}$。

该阶段撒哈拉志留系埋深约3 000m，地温约130℃，干酪根处于深成作用阶段即成熟阶段。前期为成油主带，另有部分重杂原子化合物生成；后期为干酪根热裂解生成轻质油和湿气带。

第三阶段：撒哈拉志留系型：干酪H/C原子比仅为0.4(图4-16，E)。碳含量可达总量的91%～93%。

红外光谱(图4-17，⑤)，脂肪族谱带继续下降趋于消失，含氧基团谱带已消失.而芳烃吸收谱带继续增强。

镜质体反射率≥2%，自由基浓度明显减小。

此阶段，撒哈拉下志留统干酪根埋深约为4 000m，地温较高，处于准变质作用阶段即过成熟阶段，干酪根中的烷基链趋于耗尽，芳环大量重排缩合，只能生成热裂解干气。

图4-18和图4-19表明了国外若干典型盆地和我国陆相若干含油气盆地不同地质时代烃源岩中干酪根的热演化成烃剖面。它们共同的特点是：当干酪根随埋深达到门限温度时，在热力作用下，干酪根开始大量降解生成液态烃，直到成熟带结束，R_o大约为2.0%，而热裂解大量成气阶段是从干酪根进入高成熟阶段开始的，R_o≥1.3%，非烃(胶质+沥青质)随埋深和地温的增加，变化趋势与烃类基本一致。

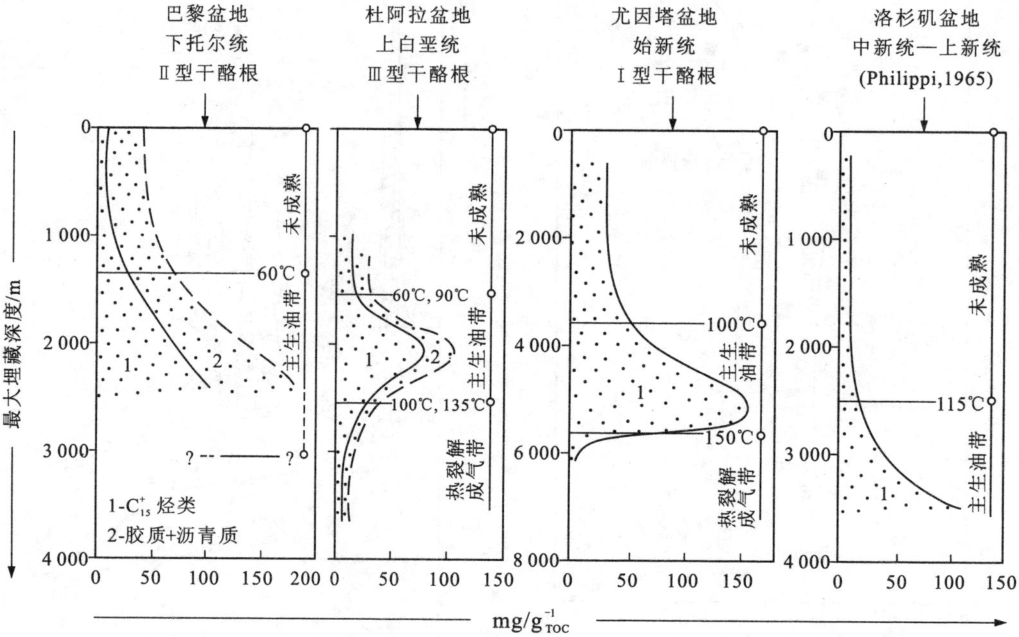

图4-18 国外若干典型盆地烃和非烃的生成与埋深的关系图

温度为现地温；杜阿拉盆地的90℃和135℃为古地温

在实验室中，各国学者进行了大量的热模拟实验研究，其最主要的问题是地质时间是无法再现的，这样就需要增加温度，加快反应速度来补偿时间。Tissot(1974)对巴黎盆地下托尔统

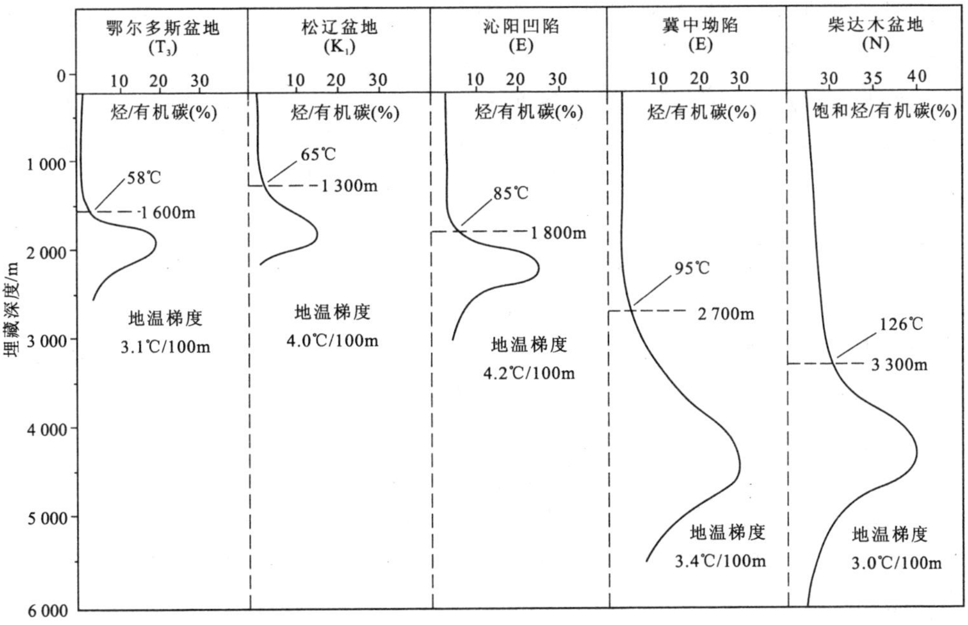

图 4-19　中国若干盆地和坳(凹)陷有代表性的不同时代烃源岩的生烃转化率曲线图

（据胡见义、黄第藩等，1991）

页岩浅层未成熟Ⅱ型干酪根样品以 4℃/min 的恒定速度加热进行了热模拟实验，并采用元素分析、红外光谱分析和热失重分析记录了模拟过程的结果（图 4-20 和图 4-21）。

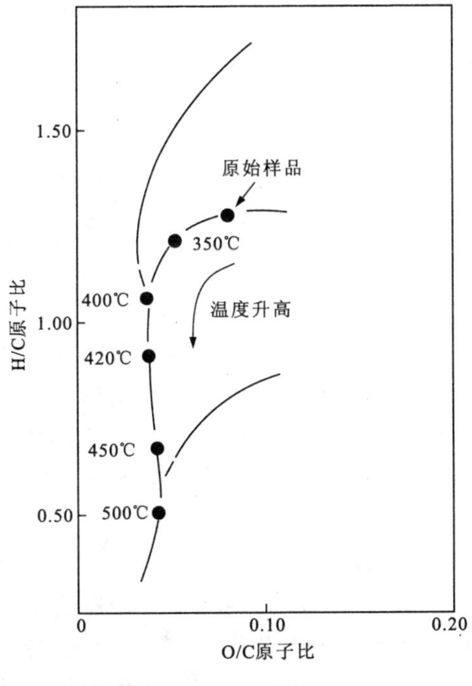

图 4-20　在热模拟实验中Ⅱ型干酪根元素组成的变化

（据 Tissot 等，1974）

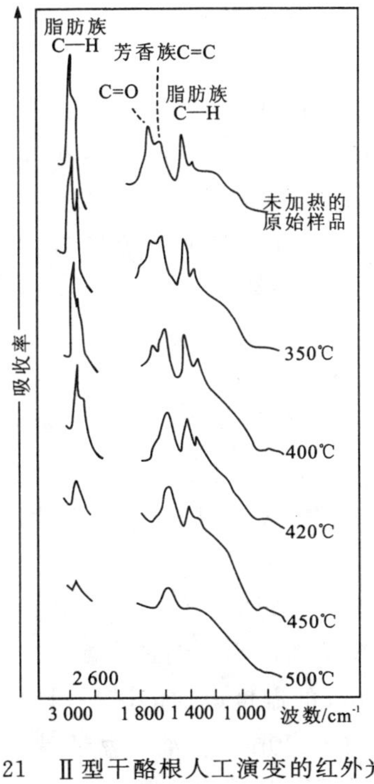

图 4-21　Ⅱ型干酪根人工演变的红外光谱图

（据 Tissot 等，1974）

热模拟结果表明，当对样品加热到350℃时，相当于成岩作用晚期；失重<10%；元素组成H/C和O/C原子比与埋深为1 000～1 500m的天然样品相近；红外光谱中C＝O吸收谱带明显减弱，主要生成H_2O、CO_2和一些重杂原子。

当热模拟实验温度约从350℃升至470～500℃时，干酪根进入成熟和大量降解成烃阶段；热失重约达70%，产物主要是脂肪族化合物；元素组成快速改变，H/C原子比降到0.5左右；红外光谱图上，CH_3、CH_2吸收峰明显减弱，C＝O吸收峰逐渐消失，芳烃的吸收峰逐渐加强。该阶段对应深成作用阶段，其底界实验温度470～500℃时的干酪根组成与撒哈拉的下志留统自然温度超过130℃时的干酪根相当。巴黎盆地下托尔统页岩最深(2 500m、100℃)的天然干酪根样品的组成和结构与实验中加热到400℃的样品相当。

当加热超过470～500℃，至600℃时，干酪根失重缓慢且很少，红外光谱上主要保留了芳烃吸收谱带，干酪根重排缩合。该阶段人工加热模拟结果与天然准变质作用阶段相当。

(三)促使沉积有机质演化成烃的因素

沉积有机质的演化成烃作用早期主要是生物化学作用过程，而晚期干酪根热演化成烃主要是热化学作用过程。因此，所涉及的主要因素有细菌、温度和时间以及催化剂等。

1. 细菌

细菌在自然界有很强的生存适应性和繁殖能力。它们遍布于大多数的天然水系和埋藏较浅(<1 000m)的沉积物中。细菌的生存和消亡、受抑制和活跃，受养料、湿度、温度、盐度、水循环和介质的pH值、Eh值以及毒性代谢物所控制。

在含油气系统中，细菌对有机质的成岩作用和石油及天然气的生成以及降解过程起重要作用。在沉积物中，细菌活动的总趋势一般随埋深增加而减弱，而且在垂向上不同类型的细菌则出现连续分带现象，即从浅到深为喜氧菌带、厌氧硫酸盐还原菌带和厌氧碳酸盐还原产甲烷菌带。

在浅水沉积物中，细菌最活跃且分布广泛。据调查，在现代沉积物和土壤的顶层细菌的含量为0～500g/m^3(1亿个细菌相当于有机质1mg)。自地表往下，喜氧细菌含量在几米深处已极少，并逐渐为厌氧细菌所代替。通常认为适宜细菌生存或保持其活动的温度一般小于80℃。此外，大气降水也可携带细菌注入较深的多孔岩石中。另外还有研究认为：在80～100℃时或成岩作用晚期，干酪根中释放的酚类对细菌有毒害，甚至可起到杀菌的作用。

细菌通过酵素可使许多不稳定的原始生化组分被分解和消化。在通氧条件下主要游离产物为H_2O、CO_2以及NH_3硫酸盐和磷酸盐离子；在厌氧条件下，主要游离产物为CH_4、H_2S、H_2O以及NH_3和磷酸盐离子。实验和野外资料研究表明，有机质经细菌作用后还可直接产生沥青物质。此外，细菌本身也是良好的生烃原始材料，有的细菌还可在自身细胞中合成少许固态高分子烃类。由于生存条件的限制，细菌的生物化学作用主要出现在成岩作用的早—中期。

2. 温度和时间

地球不断由内部向地表散发热量，从而地壳形成一个温度向内递增的天然热场。深度每增加100m的温度增加值(℃)叫地温梯度。现代地壳平均地温梯度为3℃/100m，变化范围为0.5～25℃/100m。含油气盆地常见的地温梯度为2～5℃/100m。因此，沉积有机质随着埋深必然经历逐渐升高的温度。

大量实际资料表明，当生油岩达到门限温度时，干酪根才开始成熟，从而大量成烃。与门限温度对应的深度叫门限深度，温度与深度的关系取决于地温梯度。相同的门限温度在地温梯度大的地区出现得较浅，而在地温梯度小的地区则出现得较深。据 Philippi(1965)研究，洛杉矶盆地和文图拉盆地的新近系生油岩门限温度为 115℃，但由于两盆地的地温梯度不同，其所对应的门限温度分别为 2 440m 和 3 660m(图 4－22)。实际资料表明，生油门限温度通常都在 50～130℃范围(图 4－18 和图 4－19)。一般讲，生油主要阶段的起始温度不低于 50℃，终止温度不高于 180℃。也就是说，地壳中干酪根的生油过程只出现于有限的温度和深度范围。而有机热成因气的温度一般不高于 300℃。勿庸置疑，温度在干酪根成烃演化过程中起着决定性作用。

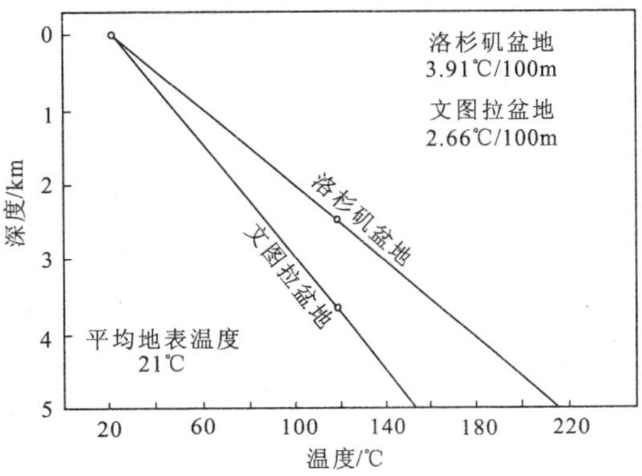

图 4－22 洛杉矶盆地和文图拉盆地平均地温梯度
(据 Philippi，1965)

时间本身在很低的温度下不能起作用，如 Karwell(1956)研究下石炭统的莫斯科褐煤由于埋深从未达到过 200m 以下，意味着所经历的温度始终很低，则它不可能达到更高级的煤化阶段。反之，门限温度的高低主要与有机质的持续受热时间或地质时代有关。如图 4－18 和图 4－19 所示，烃源岩时代老则门限温度低，时代新则门限温度高，这说明时间和温度之间是有密切联系的，即时间可以补偿温度。但与温度相比，时间居次要地位。

从理论上讲，干酪根热演化成烃受控于化学反应动力学机理，它虽实际上是复杂的多级的平行反应，但热解实验结果表明，从总体效果来看，干酪根热解生烃作用基本可用多个 Arrhenius 平行一级化学反应动力学模型来刻画(Tissot，1987)，所谓化学反应动力学的一级反应即反应速率与反应物浓度的一次方成正比，方程如下：

$$-\frac{\mathrm{d}C}{\mathrm{d}t}=KC \tag{4-1}$$

式中：C 表示干酪根的浓度；K 为反应速率常数；t 为时间，负号表示反应物浓度随生成物增加而减少。

从式(4－1)中可看出，反应速率取决于反应速率常数和反应物浓度，而反应速率常数主要受温度的控制。大量的实践表明，温度每增加 10℃，反应速率可增加 1～2 倍。据此推算，若增加 1 倍，那么在相当于 150℃深处的反应速率比地下 50℃埋深时反应速率快 1 000 倍。1889 年Arrhenius 提出了反应速率常数与温度的经验关系式，即著名的阿仑尼乌斯方程：

$$K=-A\cdot \mathrm{e}^{-\frac{E}{R\cdot T}} \tag{4-2}$$

式中：K 为温度 T 时的反应速率常数；A 为频率因子，即单位时间、单位容积内分子碰撞次数；E 为活化能(J/mol)；T 为绝对温度；R 为气体常数；e 为自然对数的底。

反应速率常数(K)与时间的关系可用式(4－1)积分得到。以 C_0 和 C 分别代表反应物原始浓度和 t 时间反应物的浓度，将式(4－1)移项定积分可得：

$$-\int_{C_0}^{C}\frac{\mathrm{d}C}{C}=\int_{0}^{t}K\,\mathrm{d}t$$

$$\ln\frac{C_0}{C}=Kt$$

$$K=\frac{1}{t}\ln\frac{C_0}{C} \quad (4-3)$$

温度和时间的相互关系可用式(4－2)和式(4－3)联立表示即：

$$A\cdot e^{-\frac{E}{R\cdot T}}=\frac{1}{t}\ln\frac{C_0}{C}$$

将上式等式两边取自然对数，得：

$$\ln A-\frac{E}{R\cdot T}=-\ln t+\ln\ln\frac{C_0}{C}$$

将上式 A 和 C_0/C 视为常数，则

$$\ln t=\frac{E}{R\cdot T}-b \quad (4-4)$$

从式(4－4)可知，反应时间的对数($\ln t$)与反应温度的倒数($1/T$)呈线性关系。

从上述式(4－1)、式(4－2)、式(4－3)、式(4－4)可知，干酪根热演化成烃的反应速率主要与反应速率常数(K)有关，K 与温度的影响呈指数关系，与时间的影响呈线性关系，而温度和时间可以互补。

理论和实践都表明，温度和时间有补偿作用，即低温长时间与高温短时间的作用可达到同样的成熟度效果。前述 Tissot 在实验室中对干酪根高温快速热模拟与自然界干酪根低温慢速热演化有着几乎同样的结果也证明了这一点。Connan(1974)根据世界上若干含油气盆地烃源岩的门限温度和所经历时间的实际资料绘制了石油生成的时间-温度关系图(图 4－23)，得到的关系式为：

$$\lg t=3\,014\times\frac{1}{T}-6.498 \quad (4-5)$$

式中：t 的单位为 Ma；T 的单位为 K(＝273.15＋℃)。从图 4－23 可看出，沉积有机质的时代越新也就是所经历的受热时间越短，则生油门限温度越高，时代越老受热时间越长，则门限温度越低。我国陆相油气田亦有同样的规律，如大庆下白垩统(距今 150Ma)，门限温度 65℃；大港古近系(距今 40Ma)，门限温度 90℃；胜利古近系(距今 40Ma)，门限温度 93℃。图中的时间-温度线的斜率是由活化能决定的。图中的虚线是据镜质体反射率提供的信息加上的，

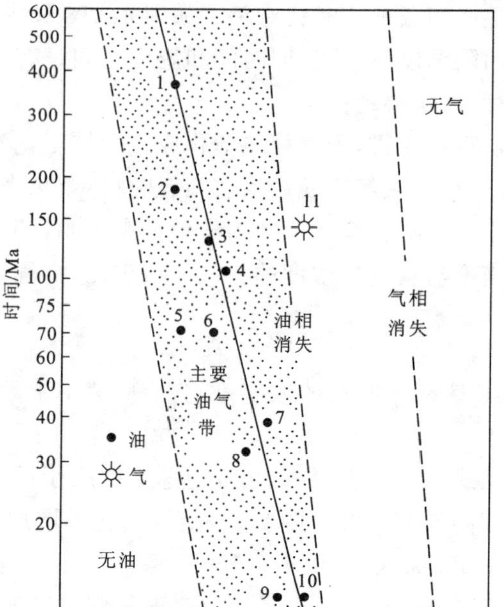

图 4－23 石油生成的时间-温度关系

(据 Connan，1974，引自 Hunt，1979)

1.巴西亚马逊盆地；2.法国巴黎盆地；3.法国阿奎特因盆地；4.西非阿尤恩地区；5.喀麦隆杜阿拉盆地；6.新西兰塔拉纳基盆地；7.法国卡马格盆地；8.新西兰塔拉纳基盆地；9.美国洛杉矶盆地；10.美国文图拉盆地；11.法国阿奎特因盆地

虚线给出了油气生成过程开始与结束的界限。地温达不到门限值，无工业石油生成，温度超过油相或气相消失界线，则油气被破坏。干酪根生烃反应的温度-时间补偿作用说明有利于生烃并保存的盆地应该是古老的冷盆和年轻的热盆。

由化学反应动力学的一级反应和阿仑尼乌斯方程可知，油气生成反应的动力学参数有活化能(E)和频率因子又称指前因子(A)。活化能对干酪根生烃反应速率影响很大，活化能的本质是在化学反应中相当于分子之间碰撞发生反应所必须具有的最低相对平动能。由表4-4可知，干酪根生烃化学反应中与杂原子有关的化学键的键能低，C—C键的键能处于中等，C＝C键的键能较高。大量的研究表明，干酪根生烃反应的活化能范围为(40～74)×4.186 8kJ/mol(Tissot *et al.*, 1987; Ungerer, 1990; Behar *et al.*, 1997)，从不同干酪根的活化能分布来看，Ⅰ型干酪根的活化能分布集中，主要在(50～60)×4.186 8kJ/mol，Ⅱ型干酪根的活化能分布范围较宽，为(46～64)×4.186 8kJ/mol，Ⅲ型干酪根的活化能分布范围更宽，为(45～74)×4.186 8kJ/mol，富硫的Ⅱ型干酪根(Ⅱ-S型)的活化能总体较低，分布范围在(40～62)×4.186 8kJ/mol。图4-24展示的是Behar等(1997)的研究成果，图中显示了不同类型干酪根生成的不同烃类成分的动力学参数(活化能分布和频率因子)，烃类成分细分为甲烷气(C_1)、气态重烃(C_2～C_5)、凝析油(C_6～C_{14})和正常油(C_{15}^+)。而且，还可进一步将C_{15}^+烃类组成分为饱和烃、芳烃和NSO化合物。这些动力学参数可用来模拟计算生成烃类的成分，为油气勘探提供更加科学的依据。

表4-4　干酪根生烃化学反应中常见化学键的键能一览表

化学键	键能/×4.187kJ/mol	化学键	键能/×4.187kJ/mol
C＝O	174	S—S	64
C＝C	146	O—O	35
C—C	80	O—H	111
C—O	78	C—H	99
C—N	73	N—H	93
C—S	65	S—H	81

3. 催化剂

石油炼制中常使用催化剂。干酪根热降解生烃过程被认为是热催化降解和裂解过程。催化剂和催化作用的概念是：由于某种物质的作用热力学反应被加速，在反应结束时，该物质能够复原，并不被消耗，此种物质称为催化剂，使热力学反应过程加速的作用称为催化作用。地质条件下的催化剂可能包括水溶酸、可溶盐、微量元素、黏土矿物、生物酶。Espitalié(1980)和刘晓艳(1995)研究认为黏土矿物的催化作用十分明显，尤其是蒙脱石型的黏土矿物催化活力最强。从根本上说，催化剂的作用主要是一种复杂的自由表面能现象，被催化剂所吸附的各种原子在催化原子的激发下变得活跃起来，从而有利于结合成新的化合物。在热力作用下，干酪根生成油气的过程中催化剂的参与可改变其原有结构，断开其C—C和C—H键，进而分裂出较轻的烃类。

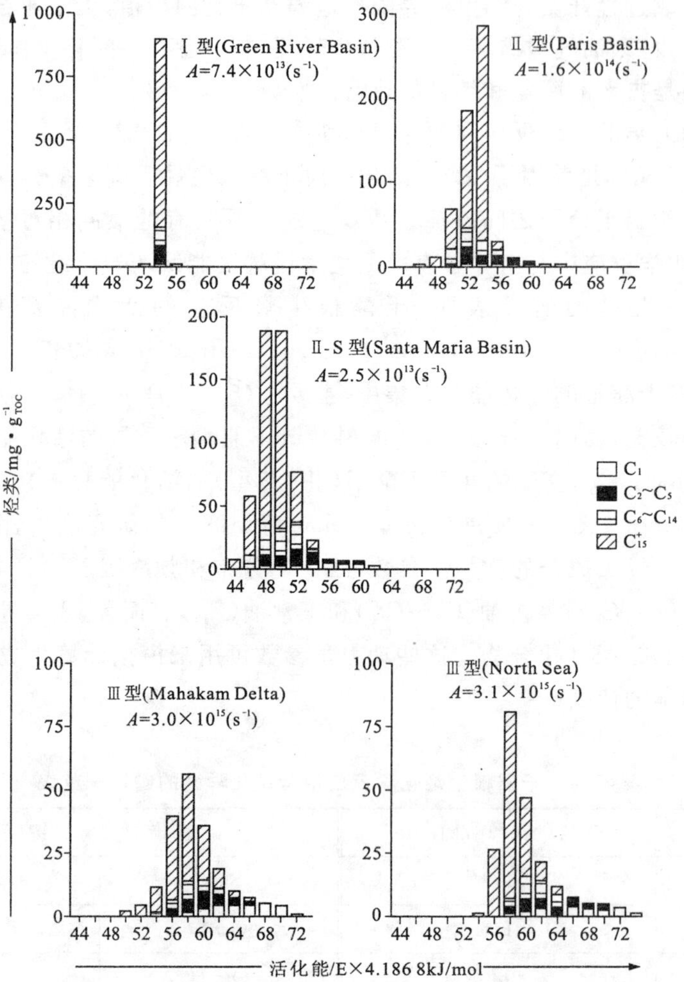

图4-24 利用岩石热解资料计算的不同类型干酪根的不同烃类成分的频率因子(A)和活化能(E)分布图
(据 Behar,1997)

根据实验资料,在100℃条件下裂解正十六烷,用高活力催化剂只需几个月,用低活力催化剂需1 000年,而单纯热裂解所需的时间已超过了地球的年龄(图4-25)。在125℃以前热催化降解可能是主要的生烃机制,而高温条件下凝析油和湿气的产生可能主要靠热裂解反应。热降解反应的速率是由温度、反应物浓度以及催化剂的浓度和活力所决定的。总之,在有机质热演化生烃过程中,催化剂的参与可加快成烃的反应速率,降低反应所需的活化能以及改造烃类的性质。

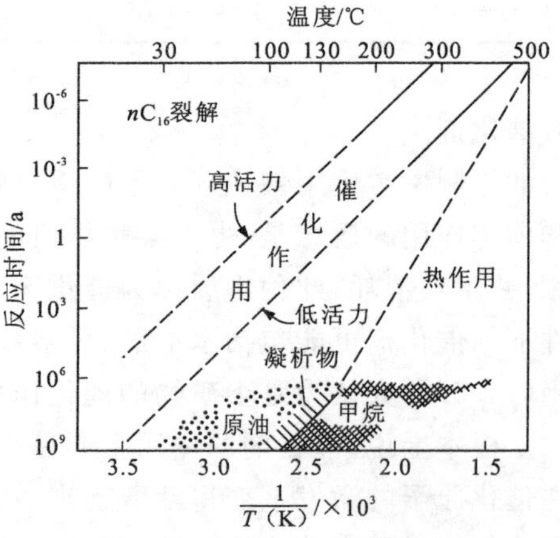

图4-25 正十六烷热裂解和催化裂解所需要的时间
(据 Goldstein,1980)

沉积物中的黏土可视为低活性催化剂。

纯碳酸盐岩通常被认为几乎没有催化活力，所以生烃的碳酸盐岩常含有相当多的黏土质点，但仍不如页岩的催化效果好。正因如此，碳酸盐岩中干酪根热力生烃反应的温度高于页岩中的同类干酪根。

这里还要提及另一类催化剂，即生物酶（酵素）。生物酶中含有某些活性组分，可起催化作用。沉积物中的生物酶是与有机质同时积聚的，在将不溶有机质转变成可溶有机质的过程中起积极作用。但在地下深处如何评价尚有待进一步研究。

4. 放射性

实验表明，用 α 射线轰击某些有机质可得到甲烷、二氧化碳和氢，轰击水可得到氧和氢。氧与有机质作用最后生成二氧化碳，氢可使有机质氢化或与二氧化碳化合成甲烷。甲烷在射线作用下可叠合成乙烷以及更重的气态乃至液态烷烃。问题在于沉积岩中放射性元素含量太低。有人计算，假定每立方千米岩石含有 0.001%铀，有机质含量为 1%时，在 1Ma 时间内，由放射性作用所生成的石油是 18×10^4t。这个量级对于工业油藏形成意义不大，而且实际上是否真的能起这么大的作用，也缺乏证据。瑞典前寒武系和美国泥盆系高放射性的黑色页岩附近并未发现大量游离石油，看来放射性不能视为影响成烃演化的重要因素。徐永昌研究员认为："放射性元素所造成的局部地温增高将有利于有机质的热演化。"

5. 地层压力

伴随着干酪根热降解成油理论形成和发展，对成烃作用与地层压力关系的模拟试验和理论研究始终没有停止过。地层压力在有机质的热演化成熟和热力生烃过程中可能起的作用有两种观点，一是认为地层压力起抑制作用（McTavish，1978、1998；Hao *et al.*，1995；Carr，1999），二是认为地层压力的影响与地温相比是次要的或作用不大（Hunt，1979、1996；Tissot 和 Welte，1984；Allen P. A. 和 Allen J. R.，1990；He *et al.*，2002）。地层压力是否明显地影响生烃作用仍然需要更深入地观察和研究相关地质现象，进一步开展实验室模拟研究。然而，许多研究认为地下封闭系统中的有机质生烃作用尤其是天然气的生成作用可导致异常高的孔隙流体压力（Law 和 Dickinson，1985；Spencer，1987；Barker，1990；Luo 和 Vasseur，1996）。

四、未熟—低熟油成因

20 世纪 70 年代末期，法国著名地球化学家 Tissot 和 Welte 系统地提出了干酪根晚期热降解生烃理论，他们在研究有机质的演化及油气的形成途径时指出，有机质演化经历了成岩作用早期的微生物降解阶段，并认为这一阶段微生物的作用主要是使沉积有机质转化成为干酪根的前身物，进而形成干酪根。干酪根又在进一步的埋藏及温度作用下热演化成熟生烃，当达到"生油门限"时（通常镜质体反射率 R_o 值为 0.5%）开始热降解生烃，随后进入生油高峰（R_o 值约为 1.0%）。该理论认为石油主要来自不溶有机质即干酪根的晚期热降解作用。干酪根晚期热降解生烃理论提出后被世界各国石油地质界及地球化学界普遍接受并应用于石油成因研究，为油气资源评价提供了科学的依据，成功地指导了常规油气勘探的实践。

然而，在世界许多国家和地区的油气勘探实践中，不断发现未熟—低熟石油，如加拿大波弗特-马更些盆地挽近系的轻质油和凝析油、美国加利福利亚圣马利亚盆地挽近系高硫原油、我国江汉膏岩沉积盆地高硫未熟—低熟油等。未熟—低熟油的发现和研究是对干酪根晚期热降解生烃理论的补充，促使人们反思干酪根晚期热降解生烃理论模式的某种局限性，并且重新研究与认识未熟—低成熟烃源岩对油气的贡献及其生烃机理。事实证明，Tissot 和 Welte 提出的干酪根晚期热降解作用是石油形成的重要途径，但不是唯一的生烃模式。自然界中确实还存在着相当数量的各类早期生成的油气资源，特别是在陆相沉积环境中，由近距离搬运与快速堆积造成沉积有机质的非均质性，沉积物中常含有某些低活化能生烃的特定有机母质，可以低温早熟生成油气。低熟油气形成机理的研究，无疑将会进一步完善油气有机成因理论，对促使油气资源评价技术方法的改进与发展，拓宽油气勘探领域，具有重要的理论与实际意义。

（一）未熟—低熟油的概念

未熟—低熟油是指在生物化学和（或）低温化学反应作用下，在有机质成岩作用阶段和（或）干酪根晚期热降解生烃早期形成和排出的原油，生油母岩具有低的热演化程度和不同于成熟原油的有机地球化学特征。未熟—低熟油生成阶段对应的镜质体反射率（R_o）值大致在0.3%～0.7%范围内，相当于干酪根生烃模式的未成熟和低成熟阶段。

（二）未熟—低熟油成因

从成因机制上看，低熟油的生油母质并非单一的特定有机质，而是各种化学结构较为简单，聚合程度不高，化学键能或生烃活化能较低的原始有机质的总和。不同组成的原始有机质早期生烃机理与生烃模式均有所差异。低熟油的生烃母质，在源岩中主要存在于有机可溶组分中，但也不能排除在某些条件下干酪根早期降解产物对形成低熟油的贡献。

沉积物中的可溶有机质和不溶有机质干酪根是一个有机联系的整体，在整个成烃演化过程中，随着物理化学条件的改变，它们处于一种相互转化的动态平衡之中。在成岩作用阶段，岩石中的可溶有机质（或分散沥青，或类脂物），一部分将直接转化为未熟油，另一部分将缩合成为干酪根；而在深成作用阶段，干酪根的热降解成烃过程则必然要经过沥青物质形成的中间阶段，甚至在较高成熟阶段，当干酪根的成烃潜力基本枯竭后，由干酪根衍生而来的缩合焦沥青就成为高成熟轻质石油的主要贡献者。

20世纪70年代后期，随着分析技术、地球化学研究手段的发展，有机显微组分分析、不同物化条件下的模拟实验以及地质、地球化学的综合研究，提出了多种未熟—低熟油的成因。大致归纳起来有以下几种观点。

1. 富硫有机质早期生烃

沉积有机质中不同原子间的键能有很大的区别，其中S—S键的分解键能约为250kJ/mol，C—S键的分解键能约为275kJ/mol，而C—C键的平均分解键能约为350kJ/mol，所以富硫有机质早期低温降解作用可形成未熟—低熟油。有机质中的硫化物并不是直接来自生物体，而是有机质在沉积作用阶段和（或）成岩作用阶段还原环境中，在厌氧微生物参与下无机硫与有机质的加成反应而形成。

Groanch和Pasthuma（1974）对委内瑞拉马拉开波盆地的富硫原油进行了研究，认为这些原油是白垩系储层邻近岩层的拉吕纳（La Luna）富硫有机质早期形成的未熟油，而不是源于干酪根的热降解。Tissot（1975）认为干酪根中杂原子含量高时会降低热解过程的平均活化能。在热演化早期，通过杂原子链断裂，可形成沥青质和非烃。Tissot和Welter（1978）认为在浅层未成熟的生油岩中，有机质降解能生成少量重质油聚集。Tannenbanm和Aizenshtat（1984）指出，以色列死海赛诺阶含沥青岩石是该区含沥青原油的源岩，由于这些源岩中有机质含硫量很高，因此在成岩演化阶段早期已形成未熟油。Lewan（1985）比较了Phosphoria与Woodford页岩干酪根水解实验得到的活化能，把前者干酪根低的活化能归因于其较高的硫丰度。Orr(1986)基于圣玛丽盆地蒙特雷富硫干酪根、沥青质和重油与硫的关系研究,将富硫的Ⅱ型干酪根单独划分为Ⅱ-S型有机质类型,它是研究区富硫、未成熟原油的油源。Orr(1986)认为富硫的Ⅱ-S型干酪根中,芳香结构上的硫键在热力学上非常稳定,而在类脂结构中硫化物基团硫键在热力学上极不稳定,因此判定富硫原油是富含不稳定含硫官能团的高硫干酪根生成的未熟的富非烃和沥青质的产物。Hunt等(1991)证实Monterey、Phosphoria、Alum和Woodford页岩的Ⅱ型干酪根活化能随干酪根中硫丰度的增加而降低。Baskin和Peters(1992)进一步论证了蒙特雷组富硫干酪根早期生成沥青和原油过程中硫所起的重要作用。根据加水热解模拟证明,由于C—S键断裂所需能量低于C—C键,因此,富硫干酪根比贫硫干酪根能够在温度较低的条件下优先断裂C—S键,在低温阶段首先形成大量可溶沥青质,而后由沥青质生成游离的低熟油。总之,富硫干酪根的早期成烃主要与其中的杂原子官能团有关,富硫干酪根是目前发现的早期低温形成的富硫重质油的主要母源。

2.生物类脂物早期生烃

藻类是沉积有机质中类脂物的重要生源物质,某些藻类(如丛粒藻、盘星藻、颗石藻和螺旋藻等)富含脂肪酸、醇和烃类等类脂物。在生化组成上,藻类含有较高的蛋白质和脂肪物质,在藻类活体和近代沉积物中的藻类含有丰富的nC_{16}和nC_{18}脂肪酸,并富集同碳数的不饱和脂肪酸和藻甾醇,奇碳数的酸类较少,藻类细胞质中还含有相当数量游离油状物质。藻类进入沉积物并被埋藏后,其细胞有机质和细胞内类脂物聚合成藻类体,在低成熟阶段藻类体中的游离油状物质可直接转化为可溶性沥青(Bazhenova和Arefiev,1990)。富含浮游生物形成的沉积有机质中,沥青含量相当高,在里海浮游硅藻类中达23%,而海生底栖植物中则比较低,可达9%,但当这些原始物质在还原条件下腐泥化后,由于其中较不稳定的化合物(如碳水化合物等)发生分解,使沥青质相对含量增高,从而产生新生成的沥青(Beóep,1955)。在强还原环境下,脂类被抑制进入干酪根结构,使得未熟阶段(R_o=0.3%～0.5%)蒸发岩中含有很高的脂类和沥青质,并在低熟条件下形成富含胶质和沥青质的石油。黄第藩等(2003)通过对辽河盆地、济阳坳陷低熟源岩中脂肪酸与烷烃的单体碳同位素测定,发现脂肪酸和烷烃单体碳同位素变化曲线具有良好的对应关系,证明脂肪酸与烷烃有着密切的成因联系。脂肪酸早期在黏土矿物催化下的脱羧成烃,是未熟—低熟油形成的一个途径。

高等植物的蜡质也是沉积有机质中类脂物的生源物质。蜡质主要覆盖于植物的茎、叶、花和果实表面,呈蜡状薄层。在化学组成上,蜡质主要是由一元长链脂肪酸和一元长链脂肪醇所组成的酯类,另外,还有C_{21}～C_{27}奇碳数正烷烃、C_{24}～C_{34}偶碳数游离脂肪酸、长链单酮、C_{22}～C_{32}偶碳数和奇碳数伯醇和仲醇以及β-羟酮等。蜡酯类易于水解形成长链脂肪酸和长链脂肪醇。各种含羧基、羟基和酮基官能团的长链化合物经脱官能团形成原油中的C_{22}^{+}正烷烃,这类化学反应过程可在低温条件下完成。

不管是藻类的类脂物还是高等植物的蜡质均为分子结构简单具有含氧官能团的非烃化合物和烃类,在还原的沉积和成岩作用的低温化学反应阶段可早期生烃。

3.生物作用与早期成烃

有机质经生物作用早期转化为石油的途径大致有三种。首先是某些藻类本身含有烃类,藻类死亡后这些烃类直接聚集,如澳大利亚达尔文湖葡萄藻生成合成烃类达17%～35%(Hillen和Wake,1979);另一类是生物还原有机质在细菌细胞中合成烃类,细菌不仅使有机质类型改变,并且自身也成为良好的低演化成烃母质;第三类是生物中的酶或酵素作为有机催化剂，加速有机质分解向烃类的转化，如脂肪酸经脱羧转化为烃。Shimkus 和 Trimonis(1974)对现代黑海沉积物的研究表明，浮游植物和(或)细菌是沉积有机质的重要来源。Wilson(1990)认为沉积压实排出的富有机质流体中不可胜数的细菌提供了有机质转化成原油的条件，细菌的躯体本身就形成大量原始油。总之，微生物并非只是改造有机质和破坏油气藏的营力，也是形成原始烃类和未熟—低熟油的直接或间接的重要营力。

4. 高等植物生化组成有关的早期生烃

(1)树脂体早期生烃：高等植物分泌出的树脂是沉积岩中树脂体的生源母质，其主要有挥发性和非挥发性萜类化学成分组成，挥发性成分包括单萜、倍半萜和少量二萜类，均不易被保存；非挥发性成分主要有二萜类和三萜类组成，生物体中这些萜类多数以酸、醇、醛和烯的形式存在。树脂酸作为含羧基、的非烃生物类脂物，其化学成分、分子结构和聚合程度都比干酪根简单得多。树脂酸脱羧基，加氢转化成环烷烃的化学反应活化能和所必须的热力学条件比干酪根热降解生烃低得多。因此，树脂体可在未熟—低熟阶段的低温条件下早期生烃。Snowdon(1978、1980)在对加拿大北部波弗特-马更些盆地含煤地层具有二萜烷的轻质环烷基原油和凝析油的研究后，提出了树脂体的低熟生成液态烃的观点。支持这一观点的证据包括：①干酪根镜检观察到树脂物质存在；②抽提物和原油中存在丰富的二萜烷；③源岩抽提物中存在大量具树脂结构的特殊二萜类衍生物；④热失重分析过程发现纯树脂发生低温分解，而研究区的许多干酪根样品也有低温热解产物产生；⑤纯树脂热解色谱分析过程中挥发性产物的分子量范围与马更些三角洲成藏凝析油一致；等。Connan 和 Cassou(1980)在沙巴州、加里曼丹和新西兰的挽近系陆源沉积盆地中发现低熟凝析油。Nissenbaum 等(1985)将地中海东南岸平原轻质烷基凝析油也归于富含树脂有机母质成因。Shanmugam (1985)将近海吉普斯兰盆地白垩系—古近系环烷基原油与亚卢恩褐煤树脂体的含水热解产物气相色谱分析结果进行对比，两者均出现了含二萜类的两个未分辨的环烷烃峰包，表明这种环烷基石油主要来自树脂体。Weston 等(1989)从新西兰塔拉纳基盆地白垩系—挽近系 22 个油样中，检测出相当数量倍半萜烷和二萜烷生源标志物。在 R_o值大于等于 0.7%的煤和烃源岩中，无论树脂体还是二萜烷标志物都不发育，甚至缺失(Snowdan,1991)。我国东部陆上和沿海海域中，挽近系煤系源岩的树脂体含量与总烃含量呈密切的正相关性；陆上(如山东沾化凹陷垦东)和海上(东海西湖凹陷)的沥青与原油中，均检测出相当数量的二萜烷树脂生源烃类标志物。目前认为，树脂体早期成烃是低熟凝析油形成的最重要的途径之一。

(2)木栓质体早期成烃：木栓质体的前身物为高等植物的树皮即木栓质组织，栓化层由木栓质和蜡质交替叠合而成，在陆源或混合来源有机质中含量较高。在木栓质组织中含有糖类、木质素和水溶性和非水溶性浸出物，主要由高级脂肪酸、高级脂肪醇、树脂酸、脂肪、植物蜡、烃类、萜烯类和甾类化合物组成。木栓脂作为木栓质体的前身物，具有低聚合度和长链类脂物的特点，由含有高分子饱和与不饱和脂肪酸和含氧脂肪酸的甘油脂组成(Kolattukudy,1980)，交联程度明显低于角质，具有较低的生烃活化能。因此，木栓质体在成岩作用的早期阶段(即 R_o小于 0.6%)低温条件下可发生反应生成脂肪族和芳香族成分的液态烃类，因而，可成为高蜡未熟—低熟油的一种重要母质(Khovavi Khorasani 和 Michelsen,1991)。Khovari Khorasani 等(1991)对金斯湾煤的含水热解亦证明，木栓质体和富集木栓质成分的干酪根是液态烃类的特有来源，并且在未熟—低熟阶段，木栓质体有能力生成大量 C_{12}^{+}烃类。因此，木栓质体是某些陆相含煤沉积盆地中未熟—低熟油形成的重要母源。王铁冠(1997)对吐鲁番-哈密盆地下侏罗统八道湾组煤系源岩中木栓质体的研究表明，木栓质体等富氢组分含量与源岩总烃含量及烃转化率呈明显的正相关关系，并且在 R_o 值为 0.45%至 0.7%阶段，木栓质体相对含量由近 20%迅速减少至 1%以下，说明煤系源岩早期演化阶段中木栓质体的生烃贡献。

五、煤成油形成机理

煤成油系指煤和煤系地层中的集中和分散的陆生高等植物来源的有机质在煤化作用过程中所生成的液态烃。所谓煤化作用过程包括了成岩作用和深成作用(准变质作用)两个阶段。在 20 世纪 60 年代后期至 80 年代，在澳大利亚的吉普斯兰盆地、印度尼西亚的库特盆地(马哈坎三角洲)、加拿大的斯科舍盆地和马更些盆地，以及英国北海的默里盆地等一些地区，相继发现了一批与中、新生界煤系地层有关的油气田。20 世纪 90 代以来，我国准噶尔盆地东部、塔里木盆地北部、酒泉盆地东部、三塘湖盆地和焉耆盆地，也相继发现了一批与侏罗纪煤系地层有关的油气田。目前，尽管煤成油的认识已被普遍接受，但从世界范围来看，已发现的煤成油主要分布在侏罗纪以来，尤其是分布在位于低纬度地区的挽近纪煤系地层中。只有在特定的地质和地球化学的条件下，才可形成商业性的煤成油的规模聚集。

(一)煤系有机质及生烃潜力

煤系有机质是生成天然气还是形成液态烃取决于煤系烃源岩类型及显微组分组成。根据成煤原始有机物质的差异，煤系烃源岩类型可划分为腐泥煤(藻煤)、腐殖-腐泥煤和腐殖煤三种类型，前者生源主要为低等生物，后者主要为陆生高等植物，腐殖-腐泥煤为两者过渡类型。根据高等植物残体分解程度的差异，又可将腐殖煤进一步划分为腐殖煤和残殖煤两个亚类。残殖煤主要由高等植物中有较强抗腐能力的壳质组富集形成，典型的残殖煤中，壳质组含量一般在 50%～60%以上(杨起等，1979)。腐泥煤、腐殖-腐泥煤和腐殖煤型烃源岩的 C、H、O 元素组成和成烃演化路径分别与Ⅰ、Ⅱ和Ⅲ 型干酪根相对应。煤岩学研究表明，腐殖煤的显微组分有壳质组(稳定组)、镜质组和惰质组(丝质组)，三者的生烃特点和潜力各不相同。壳质组主要由孢子体、角质体、树脂体、木栓质体、藻质体和壳屑体等组成，一般均属富氢显微组成，液态烃生成潜力最大，另外，某些富氢镜质组如基质镜质体也具有生油潜力，惰质组仅能生成天然气而不能生油。富氢壳质组和镜质组的数量和质量对腐殖煤系有机质的液态烃生成潜力起决定性作用。

除腐泥煤外，煤系可溶有机质的芳构化程度普遍较高，饱/芳比一般小于 1，不同类型的煤系烃源岩，族组成特征有较明显的差别；饱和烃组分一般以 C_{22}^{+} 正烷烃为主，姥鲛烷(Pr)常高于植烷(Ph)，Pr/Ph 比大于 3；高等植物生源的二萜和三萜烷类以及 C_{29} 甾烷类较丰富，细菌生源的补身烷系列和藿烷系列化合物也是主要的生物标志物；芳烃组分中可见芳构化的二萜类和倍半萜或芳构化陆源三萜类占优势的现象，在成熟阶段则以萘系列含量最高，芴系列化合物发育为特征。

(二)煤成油地球化学特征

国内外煤成油的重要地球化学特征是：饱和烃含量高于芳烃、胶质和沥青质，如澳大利亚和加拿大典型的煤成油的胶质＋沥青质含量小于 10%，这与煤系抽提物的组分组成相反，我国煤成油的组分组成也有类似的特征，饱和烃含量可达 50%～60%；正构烷烃中高碳数组成含量高，分布在 C_{20}～C_{40} 正构烷烃的范围突出；类异戊间二烯烃中，具姥鲛烷优势，Pr/Ph 比常大于 4；倍半萜类中有补身烷和桉叶油烷等既反映生源又反映沉积环境的化合物，还有可能与细菌作用有关的化合物如五员环同系物；含有二萜类化合物和藿烷类化合物，C_{30} 重排藿烷常见；有时可见非藿烷型萜烷，如奥利烷、羽扇烷、乌散烷和多杜松烷以及不饱和三萜烷等；规则甾烷以 C_{29} 甾烷占优势；含有较丰富的各种芳香烃类化合物；煤成油的碳稳定同位素组成以高 $\delta^{13}C$ 值为特征，一般为－27‰～25‰。

（三）煤成油模式

煤系有机质组成的复杂性及显微组分的分期生油特点决定了煤成油的多阶段性（图 4-26）。煤化作用过程中，煤系有机质发生的物理化学变化主要有脱水作用、脱羧基作用、脱烷基作用和芳构化缩聚作用 。在煤化作用过程中的沥青化作用即煤成油包括了脱羧基作用和脱烷基作用。煤系烃源岩与其他烃源岩中的有机质成烃转化作用同样主要取决于有机质的类型、温度和时间，煤系有机质在煤变质作用阶段的成烃转化与煤阶有明确的对应关系。在泥炭化到褐煤阶段相当于 R_o 为 0.3%～0.5%，源于高等植物的树脂体和木栓质体可生成未熟—低熟油；从褐煤到长焰煤阶段的转变相当于 R_o 为 0.5%～0.7%，是沥青化作用即成烃转化作用的开始；而有重要价值的石油生成阶段与中挥发性烟煤即气煤和肥煤阶段相一致，挥发分约为 25%，R_o 为 0.65%～1.3%；凝析油和湿气形成于焦煤和瘦煤阶段相当于 R_o 为 1.3%～1.9%；而贫煤和无烟煤阶段相当于 R_o＞1.9%，为干气形成阶段。吐哈盆地煤成油存在两个明显的生油阶段，基质镜质体和木栓质体的主要生油阶段发生在早期未熟—低熟阶段（R_o 为 0.4%～0.7%），而角质体和孢子体的生油发生在晚期成熟阶段，生油高峰期 R_o 为 0.9%。

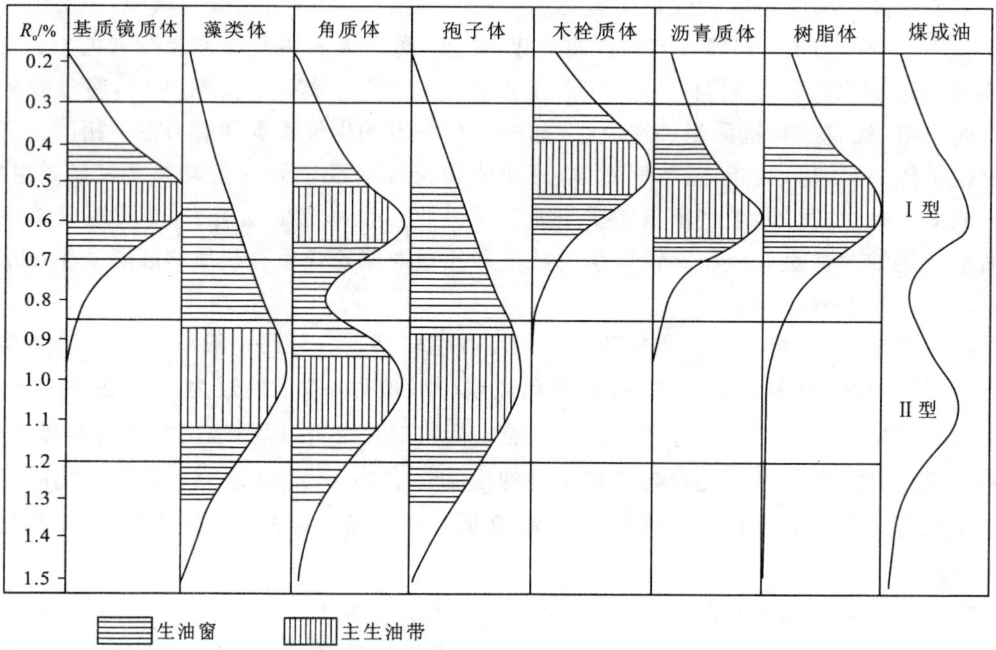

图 4-26 煤中不同显微组分生油模式

（据程克明，1995）

第三节 天然气成因类型与判别

一、天然气成因概述

天然气按其成因可分为有机成因气和无机成因气两大类。有机成因气是指由沉积物中分散或集中的有机质经微生物降解、热降解和热裂解作用所形成的天然气。该类天然气无论是成气的母质类型，还是成气的过程以及主要营力都比成油广泛得多，其成分为烃气和非烃气。无机成因气是指与地球深部岩石圈和地幔及岩浆热液活动有关，沿深大断裂上升至沉积圈中的天然气，其中占绝对优势的组分或各组分均是无机成因的，无机成因气的成分以二氧化碳为主，烃类气体所占比例较小，还有少量稀有气体，主要是氦气。

有机成因气可根据演化程度划分为生物成因气和热成因气(热降解气和热裂解气)；热成因气还可根据成气母质类型划分为油型气和煤成气。所以，下面分别介绍生物成因气、油型气、煤成气和无机成因气。

二、生物成因气

生物成因气系指不同类型的沉积有机质在成岩作用带(未成熟阶段 $R_o<0.5\%$)由厌氧细菌的生物化学作用形成的富含甲烷的天然气。成分除以甲烷为主外，还含部分 CO_2 和少量 C_2H_6、C_3H_8、N_2 以及痕量氩气、氦气等惰性气体，有时混有早期低温降解作用形成的重烃气。

生物成因气形成机理是在厌氧环境中，微生物通过一系列复杂的生物化学作用使有机质转化为有机酸、H_2 和 CO_2，再经过合成作用使 H_2 和 CO_2 转变为甲烷。这一过程包括从浅处的微生物喜氧呼吸的代谢作用开始，游离氧被消耗，从而进入硫酸盐还原带的厌氧呼吸作用，使硫酸盐还原为 H_2S，当继续进入缺硫酸盐的碳酸盐还原带时，在严格的厌氧环境中，微生物群体发酵，使不溶有机质(生物聚合物)在酶的作用下分解转变成可溶有机质，进而在产酸菌和产氢菌的作用下变为挥发性有机酸、H_2 和 CO_2；H_2 和 CO_2 在甲烷菌的作用下，最终合成甲烷。因此，碳酸盐还原带是形成生物甲烷主要的生化带(图 4-27)。

富含硫酸盐的强还原环境，特别是沉积腐泥型有机质的强还原环境，对产甲烷菌有明显的抑制作用。在这种环境中，有机质不易分解出 H_2 和 CO_2，使生物成因气不能大量生成。在陆相环境中，由于淡水湖泊盐度低，缺少硫酸盐类矿物，腐殖型和混合型有机质易被分解成 H_2 和 CO_2，并有利于甲烷菌繁殖。甲烷在靠近地表不深的地带即可形成，但由于埋深太浅，大部分散失或被氧化，不易形成规模较大的生物成因气藏。在低气温的极地和深海，浅层形成的烃气可与水结合形成固态气-水合物。在半咸水和咸水湖泊，尤其是碱性咸水湖泊有利于有机质的保存。直到埋藏到一定深度后，有机质才大量分解并使产甲烷菌大量繁殖，合成的甲烷在适当的条件下可聚集成较大规模的气藏。因此，富含腐殖型和混合型有机质的浅海和海陆交互相带，寒冷的极地和深海以及大陆干旱—半干旱的咸水湖泊都是生物成因气形成的有利沉积环境。

生物成因甲烷大量生成的最佳条件：一是严格的缺氧、缺硫酸盐的生化环境；二是中性介质，最有利的 pH 值范围为 6.8～7.8；三是生物气形成的地温低于 80℃，最佳区间为 30～55℃，不同类型有机质的生物产气高峰温度区间也有区别，Ⅰ型有机质产气高峰温度为 30～45℃，Ⅱ型有机质产气高峰温度为 30～50℃，Ⅲ型有机质产气高峰温度为 30～55℃(图 4-28)。

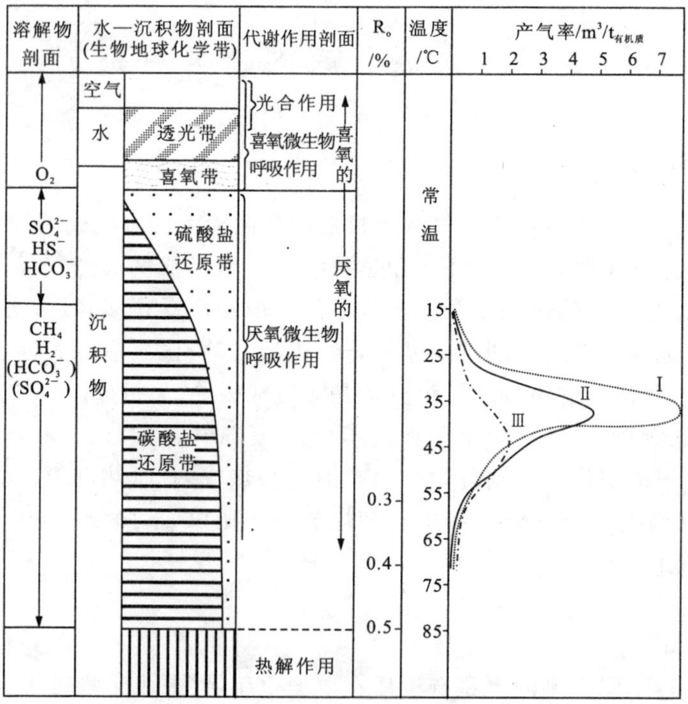

图 4-27 生物成因气生成演化模式和不同类型有机质产气模式示意图

(据 Rice 和 Claypool,1981;陈荣书,1989;李明宅等,1995;关德师等,1997;综合)

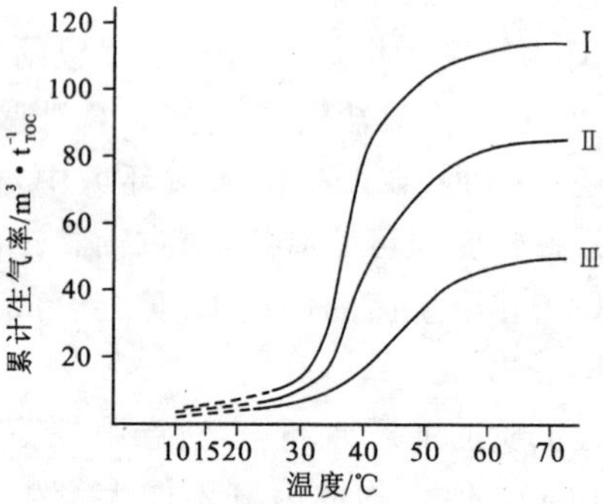

图 4-28 成岩作用阶段各类型有机质的生物气产率曲线图

(据李明宅等,1995)

生物成因气藏的化学组成,除少数含 CO_2 相对高的天然气外,CH_4 含量一般大于 97%,有的可达 99% 以上,重烃含量低,一般小于 0.2%,个别可达 1%~2% 左右,为典型的干气。生物成因气的 $\delta^{13}C_1$ 值一般为 −55‰~−90‰ 之间。截止 2005 年底,我国已发现 30 个生物成因气藏,埋深一般在几百米至 2 000m。我国典型的生物气藏成分和甲烷碳同位素组成如表 4-5 所示。

表 4-5 我国若干典型生物气藏甲烷碳、氢稳定同位素组成数据表

盆地和地区	层位	埋深/m	$\delta^{13}C_{1\,PDB}$/‰	$\delta^{13}C_{2\,PDB}$/‰	CH_4, $\delta^{13}D_{SMOW}$/‰	母质类型
柴达木	Q—N	247~1 720	−68.9~−65.0	−39.7~−22.0	−277~−222	Ⅲ
莺琼	Q—N	1 402~2 603	−76.0~−61.0	/	/	Ⅱ—Ⅲ
陆良	N	420~593	−73.3~−72.1	−66.0~−61.2	−242~−234	Ⅱ—Ⅲ
保山	N	358~599	−63.3~−62.5	−53.0~−46.1	−267~−252	Ⅱ—Ⅲ
曲靖	N	325~555	−72.5~−62.6	−27.9	/	Ⅱ—Ⅲ
大港	E	1 810~1 821	−60.0	/	−216	Ⅰ
松辽大安	K	382~358	−67.8~−63.1	/	−255	Ⅱ—Ⅲ

三、油型气

油型气指成油有机质（腐泥型和混合型干酪根）在成熟和过成熟阶段即热力作用下以及石油热裂解形成的各种天然气，主要包括石油伴生气（R_o＝0.5%～1.3%）、凝析油伴生气（R_o＝1.3%～2.0%）和热裂解干气（R_o＞2.0%）。成油有机质的热演化成烃过程用R_o来表示其阶段和主要产物如图 4－29 所示。

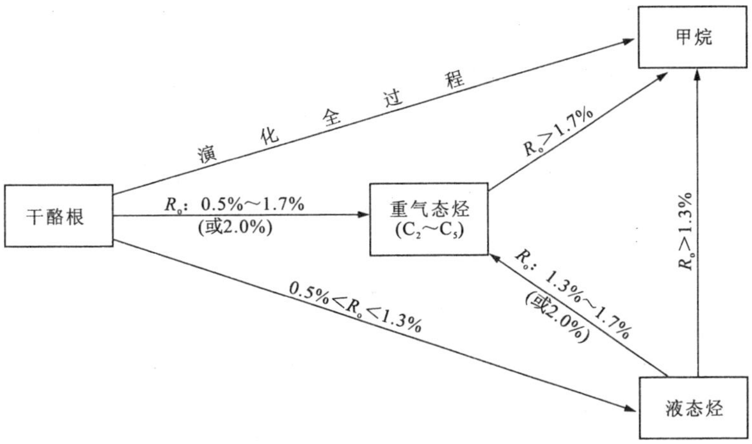

图 4－29　有机质成烃及演化条件的模式图

（转引自陈荣书，1989）

成油有机质成熟演化过程中产生的天然气以烃气为主，但仍有数量不等的非烃气。CO_2主要形成于深成作用阶段的早中期；N_2主要形成于深成阶段的中期；H_2S主要形成于深成阶段中期到准变质阶段。另外，在碳酸盐岩和蒸发岩地区，如我国四川盆地，CO_2和H_2S的形成可能与硫酸盐与烃类发生的热化学反应有关。烃气的产气高峰在深成作用的中晚期，这是因为深成作用中晚期成油有机质液态烃产率明显降低，而气态烃产率逐渐增加，与此同时已生成的液态烃，开始裂解成气，两种成气作用叠加的结果，使烃气产率增大，形成产气高峰。Hunt（1996）给出的有机质转化成气的相对产量模式如图 4－30 所示。

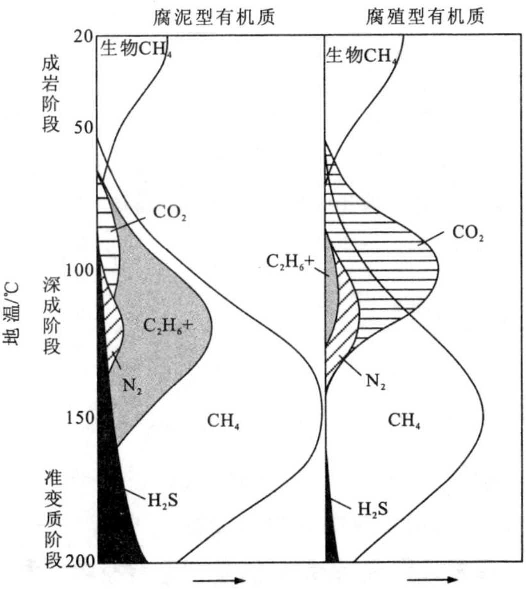

图 4－30　有机质转化成气的相对产量模式图

（据 Hunt，1996）

石油和凝析油伴生气在化学组成上的基本特点是重烃气含量一般大于 5%，最高可达 40%～50%，甚至可超过甲烷含量。过成熟干气则以甲烷为主，重烃气一般小于2%。在碳稳定同位素组成上，甲烷$\delta^{13}C_1$值分布范围在$-55‰\sim-30‰$，甲烷$\delta^{13}C_1$值与R_o(%)的关系为：$\delta^{13}C_1 \approx 15.80\lg R_o-42.21$，由石油伴生气→凝析油伴生气→过成熟干气，$^{13}C$逐步富集，$\delta^{13}C_1$值增大，大致分别为$-55‰\sim-40‰$、$-45‰\sim-30‰$、$\geqslant-35‰$；乙烷$\delta^{13}C_2<-29‰$和丙烷$\delta^{13}C_3<-27‰$(戴金星等，2005)或乙烷$\delta^{13}C_2<-28.8‰$和丙烷$\delta^{13}C_3<-25.5‰$(宋岩，徐永昌，2005)；正碳同位素系列$\delta^{13}C_1<\delta^{13}C_2<\delta^{13}C_3<\delta^{13}C_4$。我国典型油型气成分组成见表4-6，甲烷同系物碳同位素系列见表4-7和图4-31。

表4-6 我国若干典型油型气成分组成数据表(戴金星等，2005；朱光有等，2006)

地区和井号	CH_4/%	C_2H_6/%	C_3H_8/%	C_4H_{10}/%	N_2/%	CO_2/%	H_2/%	H_2S/%
松辽 古65井	80.64	10.67	4.68	1.38	1.56	0.35	0.003	/
松辽 州181井	77.04	8.17	10.44	1.99	0.09	1.69	0.037	/
松辽 州801井	80.73	9.47	5.08	0.39	3.83	0.19	0.054	/
塔里木 塔中6井	85.61	1.55	0.59	0.40	9.55	2.16	/	/
塔里木 玛2井	79.37	1.29	0.17	0.00	18.7	0.43	/	/
塔里木吉拉102井	91.42	1.08	0.60	0.34	6.34	0.08	/	/
川东 板东	98.00	0.46	0.1	0.06	/	0.19	/	0.01
川南 隆昌	95.30	1.01	0.44	0.10	/	0.23	/	微
准噶尔546井	91.19	2.79	0.96	0.52	4.18	0.07	/	/

表4-7 我国若干典型油型气甲烷同系物碳稳定同位素系列组成数据表(戴金星等，2005；朱光有等，2006)

地区和井号	$\delta^{13}C_{1\,PDB}$/‰	$\delta^{13}C_{2\,PDB}$/‰	$\delta^{13}C_{3\,PDB}$/‰	$\delta^{13}C_{4\,PDB}$/‰
松辽古65井	−46.60	−30.86	−28.10	−20.91
松辽州181井	−52.08	−36.75	−29.90	−25.39
松辽州801井	−61.24	−37.44	−32.26	−30.96
塔里木塔中6井	−42.25	−41.40	−35.23	−30.97
塔里木玛2井	−39.60	−36.50	−30.80	−27.60
塔里木吉拉102井	−36.08	−35.18	−32.52	−31.45
川东板东	−32.40	−29.60	−25.60	/
川南隆昌	−32.60	−30.80	−28.80	−28.60
准噶尔546井	−35.35	−30.23	−29.51	−29.38

四、煤成气

煤成气(煤型气)指煤系有机质(腐殖型有机质和腐殖煤)在成熟和过成熟阶段形成的热成因气，包括热催化降解和热裂解成因气。

煤系又称含煤岩系，它是指以含有煤层和煤线为特征的沉积岩系。当腐殖型有机质高度聚集时便形成腐殖煤，而当其分散存在时便形成煤系中的暗色泥岩和炭质泥岩，一般有机炭含量≤15%时称暗色泥岩，有机碳含量在15%～30%之间称炭质泥岩，>30%时叫煤。

腐殖煤及腐殖型干酪根显微镜下观察有3组煤岩显微组分，即镜质组、惰质组和壳质组。镜质组是最主要的组成，它是植物茎、叶等木质纤维组织通过分解和凝胶化作用而形成的。镜质组分为结构镜质组和无结构镜质组。惰质组又称丝质组，是木质纤维被焚烧或经脱水强氧化后形成的，具丝炭状细胞结构。壳质组也称稳定组，包括孢粉、树脂体、角质体和木栓体等，它们常具清晰的特殊形态和光学性质。上述 3 种煤岩组分中，挥发分含量以壳质组最多，其次为镜质组，再次为惰质组。壳质组在成煤所有阶段均有烃类生成，且从贫煤阶段（$R_o>1.9\%$）才开始产生甲烷。3 种煤岩组分和几种植物组成的元素分析见图 4-31。

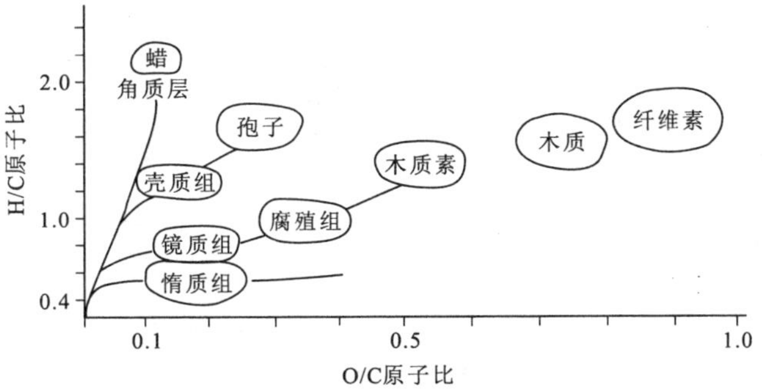

图 4-31 几种煤岩显微成分和植物组成的 H/C 与 O/C 相关图
（据 Tissot 和 Welte，1984）

煤系有机质主要是腐殖型有机质，腐殖型有机质的原始母质来源以木本植物为主。在其组成中以生气为主的低 H/C 原子比的镜质组和惰质组占 60%～80%，以生油为主的较高 H/C原子比的壳质组分含量一般不超过 5%。在化学结构上，腐殖型干酪根带有大量的甲基和许多脂肪族短侧链以及杂原子官能团的缩合芳环。缩合芳环有较大的稳定性，但甲基和短侧链以及杂原子官能团与缩合芳环之间的结合力较弱，热稳定性小，故在不断的埋藏和升温过程中将逐渐发生脱落，分解形成 CO_2、H_2O、N_2、CH_4 及其同系物等分子简单的挥发物质。

成煤作用阶段可划分为泥炭化作用和煤化作用两大阶段，前者指高等植物在弱氧化—弱还原条件下，主要经生物化学作用转变成泥炭的过程。后者又分为成岩作用和变质作用阶段。成岩作用阶段是从泥炭到褐煤的过程，而变质作用阶段主要是在热力作用下由褐煤依次转变为长焰煤、气煤、肥煤、焦煤、瘦煤和贫煤等烟煤至无烟煤的过程。从泥炭到无烟煤的元素组成如图 4-32 所示。

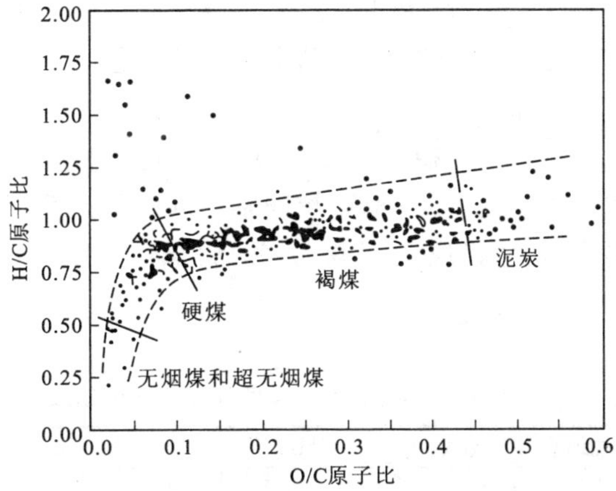

图 4-32 在埋藏过程中泥炭到无烟煤的元素组成变化
（据 Durand 等，1983）

泥炭化阶段所生成的生物成因气常常因缺乏保存条件而难以形成聚集。与成油母质相比，腐殖型有机质在成岩作用阶段形成的生物成因气中非烃气含量较高。进入变质作用阶段所形成的天然气称煤成气。其中气煤—肥煤阶段（R_o为 0.65%～1.2%）为生成轻质油和 $C_2\sim C_4$ 重烃气的高峰期，从焦煤开始（$R_o=1.2\%$），为煤成裂解气主要生成阶段。煤成气中非烃气以 CO_2 生成量最大，N_2 次之，

H_2S最少(图 4-30);无锡石油地质中心实验室对不同岩性、不同类型有机质进行了大量的天然气生成热模拟实验和实际资料的研究,得出了主要生气阶段和生气高峰与 R_o值的关系,如图 4-33 所示。

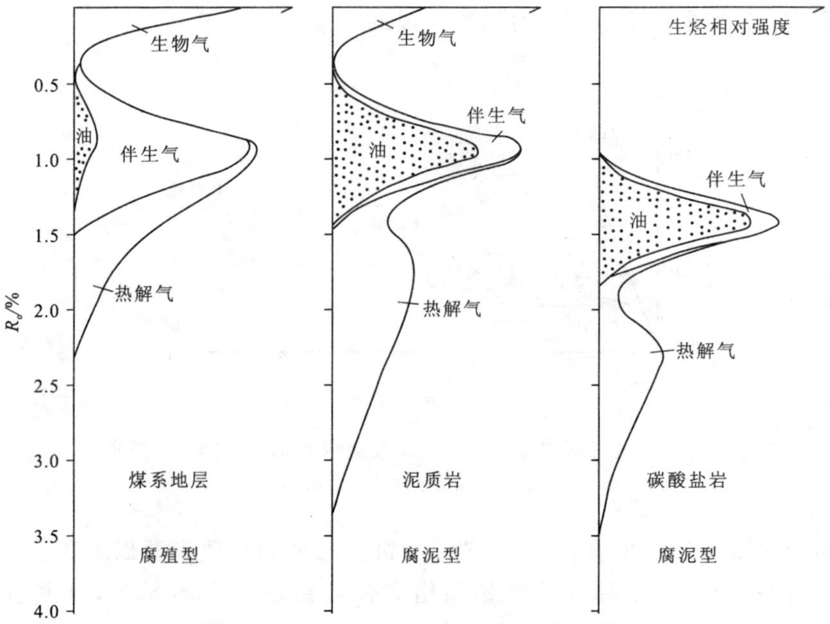

图 4-33 天然气生成与 R_o值的关系模式图

(据张义纲等,1991 修改)

煤成气的化学组成中重烃气含量有时可达 10%以上,甲烷气一般占 70%~95%。非烃气中普遍含 CO_2、N_2和 Hg 蒸气,但贫 H_2S 气。我国煤成气中甲烷的 $\delta^{13}C_1$ 值分布在 −10.0‰~43.0‰之间,甲烷 $\delta^{13}C_1$ 值与 R_o(%)的关系为:$\delta^{13}C_1 \approx 14.13\lg R_o - 34.39$;乙烷 $\delta^{13}C_2 > -27.5$‰和丙烷 $\delta^{13}C_3 > -25.5$‰(戴金星等,2005)或乙烷 $\delta^{13}C_2 > -25.1$‰和丙烷 $\delta^{13}C_3 > -23.2$‰(宋岩、徐永昌,2005);正碳同位素系列 $\delta^{13}C_1 < \delta^{13}C_2 < \delta^{13}C_3 < \delta^{13}C_4$。我国典型煤成气成分组成见表 4-8,甲烷同系物碳同位素系列见表 4-9。据冯桥等(2007)的分析资料,鄂尔多斯盆地煤成气甲烷同系物氢同位素系列变化规律不明显,一般分布在 −124‰~−203‰之间。

表 4-8 我国若干典型煤成气成分组成数据表(据戴金星等,2005;朱光有等,2006)

盆地和井号或地名	CH_4/%	C_2H_6/%	C_3H_8/%	C_4H_{10}/%	N_2/%	CO_2/%	H_2S/%
鄂尔多斯苏 6 井	95.15	2.20	0.42	0.13	0.08	2.02	/
鄂尔多斯桃 5 井	91.00	4.81	0.92	0.16	1.92	0.62	/
鄂尔多斯桃 6 井	93.40	2.76	0.36	0.04	2.27	0.57	/
四川大兴场	96.00	2.87	0.32	0.10	/	0.09	0
四川新场	95.20	3.21	0.50	0.07	/	0.44	0
四川中坝	90.30	5.94	1.67	0.91	/	0.46	0
准噶尔独 85 井	81.46	9.90	5.34	1.77	1.20	0.33	/

计算煤成气的储量常用煤气发生率(C_t)、视煤气发生率(C_a)和阶煤气发生率(C_s)以及煤系泥岩产气率(M_t)、泥岩视产气率(M_a)和泥岩阶产气率(M_s)。

煤气发生率指泥炭在成煤过程中每生成某煤阶吨煤时所产生的天然气的总体积(m^3)。因为由泥炭形成褐煤时所产生的气体主要属生物成因气而非煤成气,故又提出了视煤气发生率,它指以褐煤为起点,每生成单位质量的某煤阶吨煤时所产生的天然气体积数(m^3)。阶煤气发生率指成煤过程中每升高一个煤阶时每吨煤所形成的天然气的体积(m^3)。

表 4-9　我国若干典型煤成气甲烷同系物碳稳定同位素系列组成数据表(据戴金星等,2005;朱光有等,2006)

盆地和井号或地名	$\delta^{13}C_{1\ PDB}$/‰	$\delta^{13}C_{2\ PDB}$/‰	$\delta^{13}C_{3\ PDB}$/‰	$\delta^{13}C_{4\ PDB}$/‰
鄂尔多斯苏 6 井	−33.85	−23.73	−24.17	−22.51
鄂尔多斯桃 5 井	−33.05	−23.57	−23.72	−22.01
鄂尔多斯桃 6 井	−30.00	−23.80	−25.40	−23.75
四川大兴场	−33.70	−23.10	−21.90	−19.70
四川新场	−35.50	−22.60	−21.80	−20.90
四川中坝	−36.30	−26.20	−24.10	−23.30
准噶尔独 85 井	−40.38	−27.45	−22.66	−21.00

煤系泥岩的各种产气率与上述煤的各类发生率的概念相对应,只是单位为 m^3/t(有机碳)。

我国有较系统的煤气发生率和煤系泥岩产气率实验数据,如表 4-10 所示。

表 4-10　煤气发生率和煤系泥岩产气率数据表(据戴金星等,1985 整理)

煤工业牌号	褐　煤	长焰煤	气　煤	肥　煤	焦　煤	瘦　煤	贫　煤	无烟煤
镜质体反射率 R_o/%	<0.5	0.5~0.65	0.65~0.9	0.9~1.2	1.2~1.7	1.7~1.9	1.9~2.5	>2.5
C_t	38~68	42~99	45~126	64~176	86~244	124~298	152~389	206~458
C_a	0	4~31	7~58	26~108	48~176	86~230	114~321	168~390
C_s	38~68	4~31	3~27	19~50	22~68	38~54	28~91	54~69
M_t	38~68	43~98	46~152	70~218	142~300	214~328	248~384	388~448
M_a	0	5~30	8~84	32~150	104~232	176~260	210~316	250~380
M_s	38~68	5~30	3~54	24~66	72~82	28~72	34~56	40~64

五、无机成因气

大量的勘探实例和科学实验研究表明,在地壳深部高温高压条件下,无机成因烃气和二氧化碳的形成和存在有充分的地球化学依据。戴金星等(2001)认为在地质条件下甲烷死亡温度可定为 800℃左右,丁烷死亡温度不低于 600℃。由此可见,甲烷至丁烷气在酸性岩浆(700~800℃)和高温热液(300~500℃)条件下可形成和存在。若以常规的地温梯度计算,甲烷至丁烷在地下 20～25km 处可形成和存在。

二氧化碳是无机成因气的重要组分，具有很高的稳定性，它的分解温度为 2 000℃，相当于上、下地幔交界处温度。二氧化碳在地幔和地壳均有形成和存在的地球化学依据。

根据 French(1966)、Holloway(1981)和戴金星(2001)等人研究，地球内部有两种排气过程，一是较高氧逸度、较高温度和较小压力的热排气过程；二是较低氧逸度、较低温度和较大压力的冷排气过程。由于甲烷和二氧化碳的热力学稳定性有差异，热排气过程的无机成因气以二氧化碳气为主；冷排气过程的无机成因气以甲烷为主。在这两种类型气体向地球浅部运移的过程中，较高氧逸度以二氧化碳为主的气体基本不变，而较低氧逸度以甲烷为主的气体，随着向浅部运移，若氧逸度明显增加，甲烷及其同系物也被氧化成二氧化碳。所以在地壳浅部发现的无机成因气常以二氧化碳为主，而烃类气体占的比例较小。这可能是世界上发现无机成因烃类气为主的气藏少，而发现了许多无机成因二氧化碳气藏(田)的重要原因之一。

无机成因气的化学组成中，烃类气体以甲烷占优势，重烃(C_2^+)含量很少，一般<1%，有时可见少量到微量烯烃，常含有较高含量的 CO_2、N_2 和 He。我国已在松辽盆地、渤海湾盆地、苏北盆地、三水盆地、东海盆地、珠江口盆地和莺歌海盆地发现了近 30 个无机二氧化碳气藏(田)，并在松辽盆地、渤海湾盆地和东海盆地发现了无机成因的甲烷气。无机成因气的鉴别标志：①$CH_4/^3He$ 值为 $n\times(10^5\sim10^7)$，我国有机成因的烃类气藏 $CH_4/^3He$ 值为 $10^{10}\sim10^{12}$ 量级；②$\delta^{13}C_1$ 值一般大于 −30‰；③具负碳同位素系列 $\delta^{13}C_1>\delta^{13}C_2>\delta^{13}C_3$；④$\delta^{13}C_{CO_2}$ 值一般大于 −8‰，主要在 −8‰～+3‰之间；在无机成因的二氧化碳气中，碳酸盐岩变质成因的二氧化碳 $\delta^{13}C_{CO_2}$ 值接近碳酸盐岩 $\delta^{13}C$ 值，约在 0～±3‰；幔源和岩浆成因的二氧化碳 $\delta^{13}C_{CO_2}$ 值多在约 −6‰～±2‰。我国若干无机成因烃类气体负碳同位素系列组成数据见表 4－11。

表 4－11 我国若干无机成因烃类气体负碳同位素系列组成数据表(据戴金星等，2005；朱光有等，2006)

盆地	井号	$\delta^{13}C_{1\,PDB}$/‰	$\delta^{13}C_{2\,PDB}$/‰	$\delta^{13}C_{3\,PDB}$/‰	$\delta^{13}C_{4\,PDB}$(‰)
松辽	昌 103	−21.48	−30.97	−37.80	−39.72
	芳深 1	−18.70	−22.40	−24.10	−28.20
	肇深 1	−24.00	−28.80	−30.10	−31.30
	苏深 1	−18.90	−19.90	−34.10	/
	四深 1	−28.00	−34.00	−34.10	/
	五深 1	−28.00	−28.10	−28.80	/
东海	天 1	−17.00	−22.00	−29.00	/

第四节 烃源岩及其评价

一、烃源岩的概念

烃源岩也叫生油岩或母岩，可细分为油源岩、气源岩和油气源岩。Tissot 和 Welte(1984)将烃源岩定义为："已经产生或可以产生石油的岩石。"Hunt(1996)将烃源岩定义为："能够生成和排出足以形成油气聚集的岩石。"Hunt(1996)进一步根据烃源岩的有效性将烃原岩定义为："在天然条件下曾经产生并排出过烃类并已形成工业性油气聚集的岩石。"这里采用 Hunt 的有效烃源岩定义作为本书烃源岩的定义。从油气勘探的实际应用出发，烃源岩的有效性内涵是十分重要的。而对于还没有但能够产生有意义的油气的岩石则称为潜在烃源岩。对于已提供过工业价值天然气聚集的富含腐殖型有机质的岩石则可称气源岩。

烃源岩系指在相同的地质背景下和一定的地史阶段中所形成的烃源岩与非烃源岩的组合。烃源岩主要是低能带富含有机质的暗色泥质岩和碳酸盐岩沉积。要准确识别烃源岩一般需从有机质的数量、有机质的类型和有机质的成熟度 3 个方面进行研究并作出定性和定量的评价。烃源岩评价中一般的分析鉴定流程如图 4－34 所示。

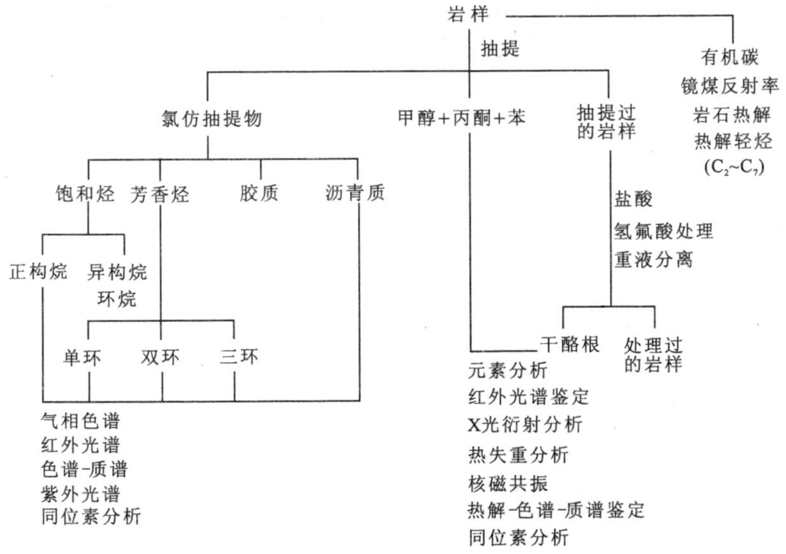

图 4－34　烃源岩分析鉴定流程
（据潘钟祥等，1986）

二、烃源岩的评价

（一）有机质的数量

烃源岩(source rocks)中有机质是油气生成的物质基础。因而，对有机质的数量的评价包括有机质的丰度和烃源岩的体积两个方面。

有机质的丰度是评价烃源岩优劣的一个重要方面，其主要指标为有机碳(TOC，%)、生烃潜力(S_1+S_2，mg/g)、氯仿沥青“A”和总烃含量。对于地史中成熟的曾经排出过工业价值油气的烃源岩，这些指标仅反映烃源岩生、排烃后残留的有机质丰度，而不代表烃源岩生烃门限前未发生明显生、排烃时的原始有机质丰度。沉积岩中的碳以碳酸盐岩和有机碳两种形式存在。有机碳约占沉积岩总碳的 18%。在组成生物体的主要元素中，碳含量最高、最稳定。因此，有机碳的含量是最主要的丰度指标。沉积岩中的有机碳与有机质的换算可用有机碳乘以转换系数获得，同时需要考虑有机质的类型和成熟度的影响，表 4－12 列出了不同干酪根类型和不同演化阶段的转换系数。根据表 4－12 中的换算系数计算出的处于成熟阶段的有机质丰度仍是残余的有机质丰度。对于低成熟烃源岩来说，排烃量只占总有机质和生烃量的很小一部分，其有机碳含量基本上可代表烃源岩的有机质丰度(秦建中等，2005)。随着热演化程度和生、排烃量的增加，残余有机质丰度将会不断降低，成熟度越高，干酪根类型越好，降低越多，对于中等成熟到过成熟的烃源岩，若用残余有机质丰度进行烃源岩评价和资源量计算就会引起较大偏差。秦建中等(2005)根据大量的热压模拟实验证明,在成熟阶段中晚期($R_o \approx 0.7\% \sim 1.35\%$),烃源岩有机碳含量随成熟度的增加确实明显减少,在高成熟至过成熟阶段($R_o > 1.5\%$)时,烃源岩有机碳含量随成熟度的增加没有明显减少(图 4-35)。当然,人工热压模拟实验与天然热解生、排烃过程的可比性值得进一步研究。但是上述研究很大程度上说明了在对中等成熟至过成熟的烃源岩进行评价和油气资源量预测时,有必要对原始有机碳和生烃潜力进行恢复。

表 4-12 依据有机碳含量计算总有机质的转换系数(据 Tissot 和 Welte;1984)

演化阶段	干酪根类型			煤
	Ⅰ型	Ⅱ型	Ⅲ型	
成岩作用	1.25	1.34	1.48	1.57
深层热解作用结束	1.20	1.18	1.18	1.12

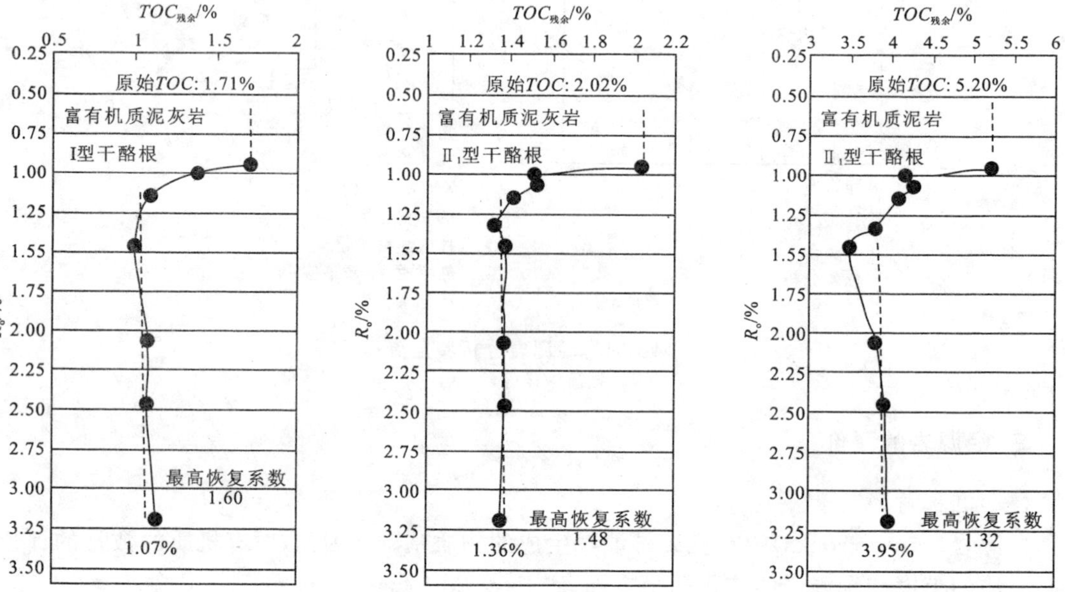

图 4-35 中国海相烃源岩残余有机碳含量随成熟度(R_o)变化的热压模拟实验曲线

(据秦建中等,2005)

通常认为暗色泥岩的有机碳含量不超过 15%,碳质泥岩的有机碳含量在 15%~30%,煤的有机碳含量>30%。烃源岩有机碳下限值的确定尤为重要,因为在烃源岩中生成的油气在具有工业性的排出之前需满足岩石的吸附量以及其他消耗量即排烃下限,或者说只有高于背景值的那部分油气才能够部分地具有工业意义地被排出烃源岩。应该指出这里讨论的有效(工业性)烃源岩的有机碳下限值代表的是残余有机碳含量,它不是确切的数值,因为不同类型的有机质和不同成熟度的烃源岩的有机碳下限值是有所变化的。而较严格地讲,同类烃源岩的原始有机碳下限值应该有大体相当的水平。

在讨论烃源岩有机碳下限值时,常引用的经典实例是 Ronov(1958)对俄罗斯地台油气分布与有机碳含量关系的研究。Ronov 通过 1 000 多块上泥盆统泥页岩样品的有机碳分析,证明油田集中于有机碳含量为0.5%～5.0%的古比雪夫和乌法地区，在有机碳含量为0.5%左右的萨拉托夫和基辅地区发现了一些气田，而在有机碳含量小于0.25%的其他地区，则没有泥盆纪的油气田(图4-36)。Ronov发现，在含油区泥页岩的有机碳平均含量大约是非含油区有机碳平均含量(0.5%)的3倍，为1.37%，其有机碳含量下限值为0.5%。

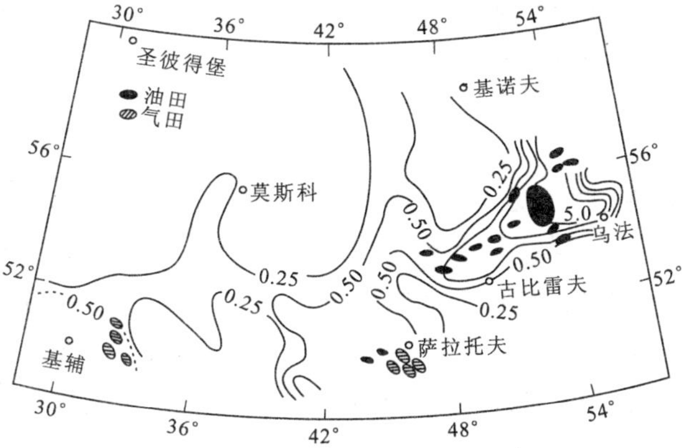

图4-36　俄罗斯陆台上泥盆统的有机碳含量

(据Ronov,1958)

Tissot和Welte(1984)认为泥质烃源岩的有机碳下限值为0.5%；胡见义和黄第藩(1991)提出了中国陆相泥质生油岩的评价标准，并把有机碳下限值定为0.4%，咸湖环境形成的泥质生油岩的有机碳含量下限降低至0.3%；梁狄刚(2000)等认为中国海相泥质烃源岩的有机碳下限值不低于0.4%；秦建中等(2005)研究给出了中国陆相不同类型干酪根、不同成熟度的泥质烃源岩有机碳下限值的多种选择，范围在0.2%～0.6%，见表4-13。

表4-13　中国陆相湖泊泥质烃源岩有机质丰度标准(据胡见义等，1991；黄第藩等，1991；秦建中等，2005)

演化阶段	烃源岩级别 / 评价参数	干酪根类型	很好烃源岩	好烃源岩	中等烃源岩	差烃源岩	非烃源岩
未成熟—低成熟	有机质类型		富烃腐泥型	腐泥型	中间型	腐殖型	腐殖型
	H/C原子比		1.5～1.7	1.3～1.5	1.0～1.3	0.5～1.0	0.5～0.7
	TOC/%	Ⅰ-$Ⅱ_1$	>2.0	1.0～2.0	0.5～1.0	0.3～0.5	<0.3
		$Ⅱ_2$-Ⅲ	>4.0	2.5～4.0	1.0～2.5	0.5～1.0	<0.5
	沥青"A"/%		>0.25	0.15～0.25	0.05～0.15	0.03～0.05	<0.03
	总烃(HC)/10^{-6}		>1 000	500～1 000	150～500	50～150	<50
	S_1+S_2/mg·g^{-1}		>10	5.0～10	2.0～5.0	0.5～2.0	<0.5
成熟—过成熟	*TOC*/%	Ⅰ-$Ⅱ_1$	>1.2	0.8～1.2	0.4～0.8	0.2～0.4	<0.2
		$Ⅱ_2$-Ⅲ	>3.0	1.5～3.0	0.6～1.5	0.35～0.6	<0.35

Gehman(1962)对碳酸盐岩中的有机质进行了综合性研究，从世界各地约1 400个样品的分析表明，碳酸盐岩中的平均有机碳含量比页岩低得多，前者为0.2%，而后者为0.94%。但它们的烃类平均含量却相近，约100mg/L。根据Gehman的调查，Tissot和Welte(1984)认为

碳酸盐岩的有机碳含量下限值可定为0.3%；梁狄刚（2000）等认为中国海相工业性碳酸盐岩烃源岩的有机碳下限值不低于0.5%，并且作为烃源岩的碳酸盐岩要含泥质。

对岩石进行氯仿抽提可得到氯仿沥青"A"含量，然后将抽提物进行色层分离可得到总烃含量，它们也能反映岩石中有机质的丰度。有机碳（*TOC*，%）、生烃潜力（S_1+S_2，mg/g）、氯仿沥青"A"和总烃含量评价标准参考表4-13。

烃源岩的有机碳含量并非愈高，生烃愈大，这是因为生烃潜力还取决于有机质的类型和成熟度。而且氯仿沥青"A"和总烃含量也明显受这两者的影响。因此，评价烃源岩还需研究有机质的类型及其热演化。

（二）有机质的类型

烃源岩中有机质的类型不同，其生烃潜力、产物的类型及性质也不同，生油门限值和生烃过程也有一定差别。

有机质的类型常根据不溶有机质（干酪根）和可溶有机质（沥青质）的性质和组成来加以区分。干酪根类型的确定是有机质类型研究的主体，常用的研究方法有元素分析、光学分析、岩石热解分析以及红外光谱分析等。另外可溶沥青质的研究也普遍受到重视。

1.元素分析

干酪根元素分析是从化学性质和质量上来把握其类型特征。Tissot和Durand等（1974）根据干酪根的元素组成分析，利用范氏（Van Krevelen）图上H/C和O/C原子比的演化路线将干酪根分为Ⅰ、Ⅱ、Ⅲ型。Ⅰ型为细菌改造的藻质型，Ⅱ型为腐泥型，Ⅲ型为腐殖型；还分出Ⅳ型为残余型，它们的主要特征如前面有关干酪根的内容中所述。另外，Hunt（1991）根据干酪根中有机硫的含量，将Ⅱ型干酪根进一步划分为高含硫和低含硫的类型。

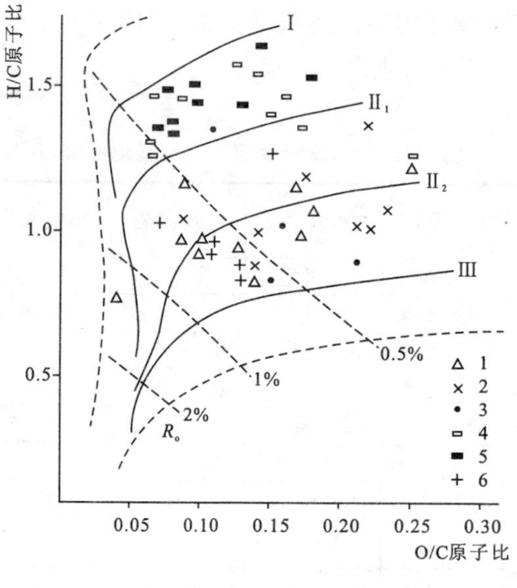

图4-37 黄骅坳陷的板桥凹陷及其他凹陷干酪根元素分析图

（据卢松年等，1989）

1.板桥Es_3；2.板桥Es_2；3.板桥Es_1；4.岐口；5.沧东—南皮；6.南堡

从全球来看，石油主要产生于腐泥型或腐泥型与腐殖型过渡的有机质，而腐殖型有机质则主要生成天然气。腐殖煤属腐殖型有机质，个别来自腐殖煤的轻质油，往往与煤中的壳质组和富氢镜质组有关。

我国陆相烃源岩中干酪根类型的划分方案较多，比较通用的方案是：Ⅰ型为腐泥型（包括Tissot的Ⅰ型和Ⅱ型，陆相湖盆藻质型少），Ⅲ型为腐殖型，Ⅱ型为混合型中的中间型，$Ⅱ_1$型为腐殖腐泥型，$Ⅱ_2$型为腐泥腐殖型（图4-37）。另外，还有Ⅳ型为煤质型，相当于Tissot的残余型。

2.光学分析

在显微镜下对干酪根进行光学分析是从光学性质上和形貌上把握其类型特征。光学分析方法包括孢粉学法和煤岩学法。

孢粉学法是按干酪根在透射光下的微观结构，将其分成藻质、絮质（无定形）、草质、木质和煤质，其中前3种为腐泥型有机质，后两种为腐殖型和残余型有机质。煤岩学法是将干酪根的显微组成分为壳质组、镜质组和惰质组，其中壳质组为腐泥型有机质，多数镜质组为腐殖型有机质，惰质组为煤质型有机质。认识上述各种微观组分，有利于理解过渡类型干酪根的组成。

3. 岩石热解分析

Espitalié 等(1977)发展了一种快速评价烃源岩特征的热解方法，即烃源岩评价仪(Rock - Eval)，它是用岩石热解分析仪通过程序升温直接从岩样中测出所含的吸附烃(S_1峰)、干酪根热解烃(S_2峰)和二氧化碳(S_3峰)与水等含氧挥发物，温度可逐步加热到550℃(图 4 - 38)。

氢指数(S_2/TOC，I_H)和氧指数(S_3/TOC，I_o)与干酪根元素组成分析能进行较好的对比。因此，可利用这两个指数绘制范氏图确定烃源岩中有机质的类型(图 4 - 39)。也可利用氢指数(I_H)与岩石热解峰温(T_{max})的关系确定烃源岩中有机质的类型(图 4 - 40)。各种干酪根的分类和特征综合在表 4 - 14 中。

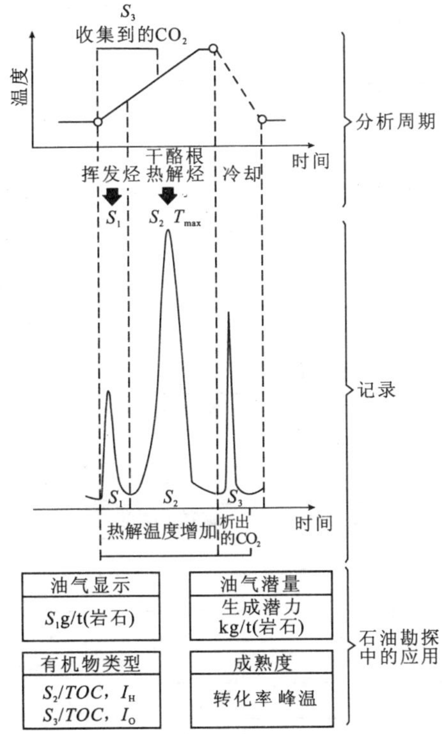

图 4 - 38 岩石热解分析的记录和应用

(据 Espitalié 等，1974)

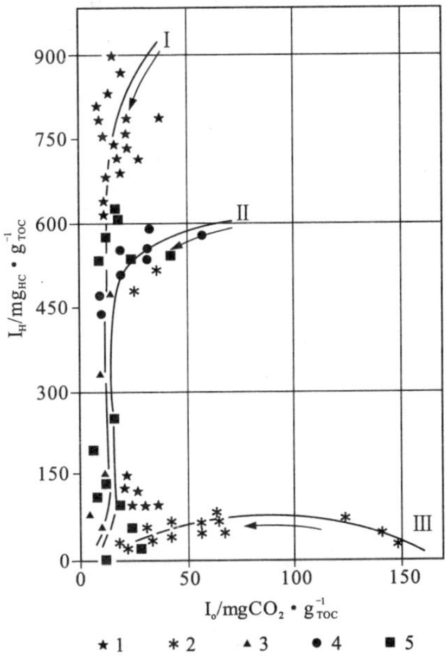

图 4 - 39 应用氢指数和氧指数确定烃源岩中的有机质类型

(据 Espitalié 等，1977)

1. 绿河页岩；2. 巴黎盆地下托阿尔统；3. 阿尔及利亚-利比亚志留系—泥盆系；4. 杜阿拉盆地上白垩统；5. 其他

需要指出的是，确定干酪根的类型应选择未成熟或低成熟的样品进行分析研究，尤其是采用元素和岩石热解分析的方法。这是因为有机质的成熟度过高会模糊不同类型干酪根之间的差异。

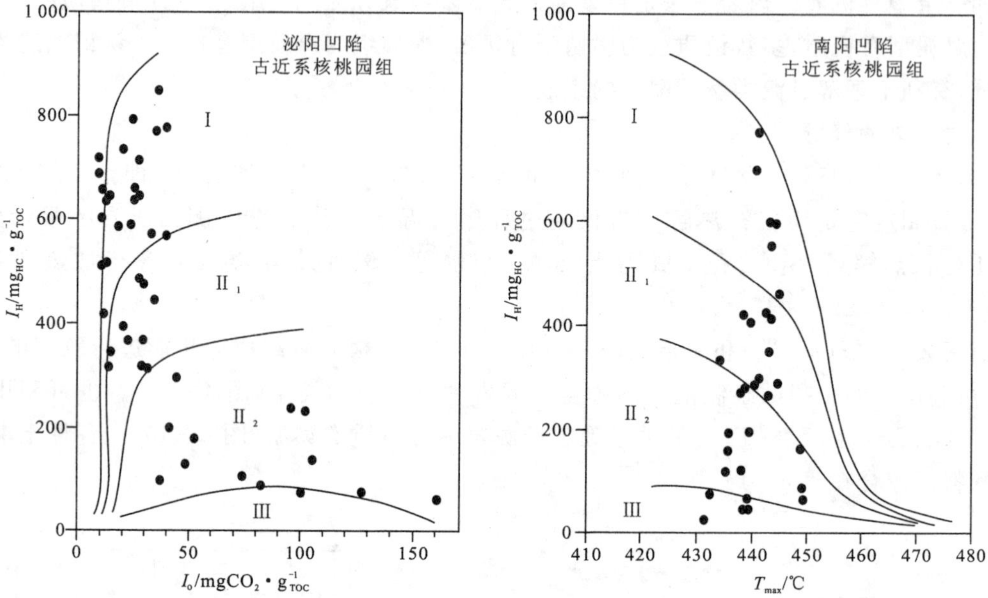

图 4-40 南襄盆地泌阳和南阳凹陷古近系核桃园组烃源岩热解资料确定干酪根类型图

表 4-14 烃源岩中干酪根的分类参数(据陈荣书,1989 补充)

孢粉学分类		藻 质	絮 质	草 质	木 质	煤 质
煤岩学分类	显微组分	壳 质 组			镜质组	惰质组
	显微组分细分	藻质体	无定形	孢 粉 角质体 树脂体 木栓体	结构镜质体 无结构镜质体	丝质体 微粒体 巩膜体
元素分析	Tissot 分类	藻质型(Ⅰ)	腐泥型(Ⅱ)		腐殖型(Ⅲ)	残余型(Ⅳ)
	原始 H/C 原子比	1.70～1.40	1.40～1.20		0.9～0.60	0.60～0.40
	原始 O/C 原子比	＜0.1	＜0.2～0.1		0.3～0.2	0.3～0.25
	中国分类	腐 泥 型(Ⅰ)	混合型(Ⅱ₁和Ⅱ₂)		腐殖型(Ⅲ)	煤质型(Ⅳ)
	原始 H/C 原子比	1.70～1.40	1.40～1.20,1.20～0.90		9.0～0.60	0.60～0.40
	原始 O/C 原子比	＜0.1	＜0.2～0.1		0.3～0.2	0.3～0.25
岩石热解分析	生烃潜力 S_1+S_2 /kg·$t_{岩石}^{-1}$	＞6	6～4		＜2	＜2
	降解率(%)	＞50	10～50		＜10	
	I_H/mg·g_{TOC}^{-1}	＞700	700～400,400～150		＜150	
	I_o/mg·g_{TOC}^{-1}	＜40	60～40		150～50	
红外光谱分析	2 930/cm^{-1}/1 600/cm^{-1}	＞3.0	＞3.0		＜0.4	
	1 460/cm^{-1}/1 600cm^{-1}	＞1.20	1.20～0.45		＜0.25	
有机质来源		海生、湖生		陆生	陆生	陆生强氧化或再循环
化石燃料		以油、油页岩、藻煤和腐殖煤为主		油气	以气和腐殖煤为主	无油、少量气

4. 可溶沥青质分析

可溶沥青质的研究也能反映烃源岩中有机质的类型，较常用的参数有：①烃源岩氯仿抽提物中组分组成特征，如饱和烃/芳烃比值；②饱和烃气相色谱特征，包括主峰碳位置和峰型等，如正烷烃主峰碳在 C_{25}～C_{33} 的后峰型，反映原始有机质主要为陆源高等植物输入；主峰碳在 C_{15}～C_{19} 的前峰型，反映母质主要来源于低等水生生物；双峰型反映母质具有低等水生生物和高等植物的混合来源；姥鲛烷/植烷比值可反映有机质的形成环境，但这些方法基本不适用具有较高成熟度的母岩；③色-质谱分析可鉴定甾类和萜类等生物标志化合物的种类和数量，这对判断母质的来源也有重要意义。如 C_{27} 甾烷主要来自浮游生物，而 C_{29} 甾烷主要来自陆源高等植物，萜烷中藿烷类的五环三萜烷和伽马蜡烷源于细菌，奥利烷和羽扇烷系列反映高等植物输入等（图 4－41）。

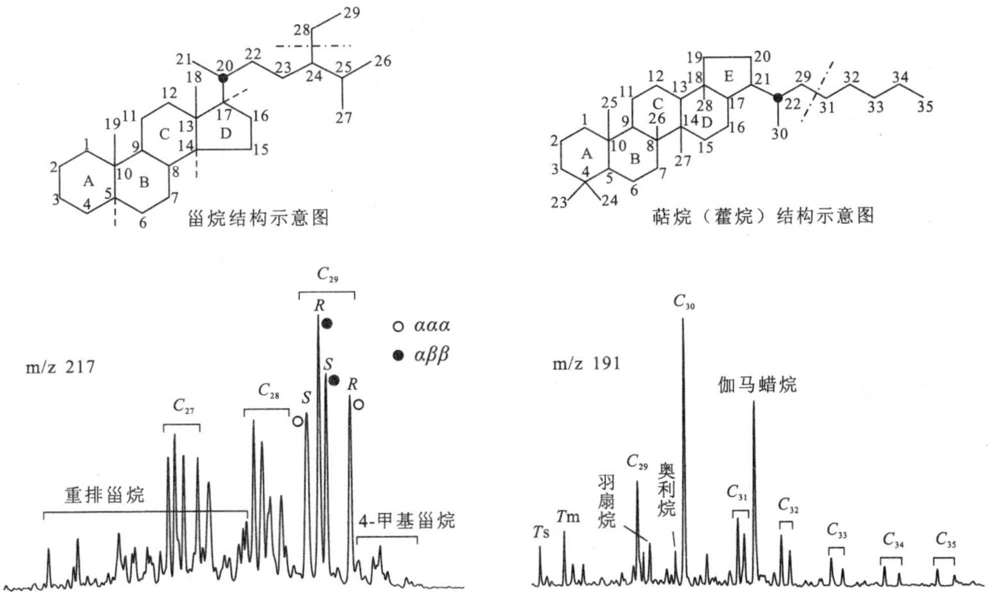

图 4－41　江陵凹陷下始新统新沟咀组烃源岩甾、萜烷色-质谱图和甾、萜烷分子结构示意图

（三）有机质的成熟度

有机质的成熟度（maturation）是指在沉积有机质所经历的埋藏时间内，由于增温作用所引起的各种变化，它是地温和有效加热时间相互补偿作用的结果，是表征其成烃有效性和产物性质的重要参数。成熟门限值是指干酪根开始进入成熟阶段并在热力作用下大量生成烃类的起始参数，如称门限深度、门限温度等。未成熟的有机质主要生成生物成因气，有些富类脂和分散沥青质的母质可生成具有工业价值的未熟油。评价有机质成熟度的参数和方法有多种，其中常用或传统的且较有效的方法有：镜质体反射率（R_o，%）法、岩石热解峰温（T_{max}，℃）法、可溶有机质参数和生物标志物的化学法、还有孢粉和干酪根的颜色法等，另外，还可应用镜质体反射率的热力学和化学动力学模型，在埋藏史和热史模拟的基础上较精确地模拟计算有机质的成熟度，传统的预测方法是利用多种成熟度标尺和 *TTI* 等方法来粗略地估算烃源岩中有机质的成熟度。

1. 镜质体反射率法

镜质体反射率（vitrinite reflectance）也称镜煤反射率（R_o，%），它是温度和有效加热时间的函数，且具不可逆性，被作为确定煤化作用阶段的最佳参数之一。从 20 世纪 70 年代以来，该方法广泛被应用于泥页岩和其他岩石中分散有机质的镜质体反射率测定，亦成为确定干酪根成熟度的一种最有效的指标。

镜质体反射率可定义为光线垂直入射时，反射光强度与入射光强度的百分比。镜质体反射率的主要类型有最大的(R_{max})、最小的(R_{min})和随机的(R_e)，前两种是在垂直和平行层面的定向切片样品上测定的。镜质体反射率可在空气中和油浸条件下测定，分别表示为R^a和R^o，每个样品需测定20～50个点计算出平均值。油气地质研究中常用油浸随机的镜质体反射率，用R_o(%)表示。有时也用油浸最大和最小的镜质体反射率，分别用R^o_{max}(%)和R^o_{min}(%)表示。

在煤岩显微组成中，镜质组最丰富，反射率居中，而壳质组反射率低，惰质组最高(图4-42)。镜质体反射率随成熟度升高而增加，这是因为，从化学结构看镜质组由缩合芳环束组成，随着成熟度的增加，芳环束逐渐结合成更大和更规则的缩合芳香页片，定向有序排列，故引起其反射率升高。Dow(1977)提出了镜质体反射率的对数值($\lg R_o$)与埋深呈线性关系。

干酪根的类型不同，各成熟阶段R_o值也有一定差别，如图4-43所示。成岩作用阶段即未成熟阶段，$R_o<0.5\%$。深成作用阶段即成熟阶段可分为低成熟阶段，$0.5\%<R_o<0.7\%$；中等成熟阶段，$0.7\%<R_o<1.3\%$；高成熟阶段(高成熟凝析油和湿气带)，$1.3\%<R_o<2.0\%$；成油主带成熟度为$0.5\%<R_o<1.3\%$；生油高峰时$R_o=1.0\%\sim1.1\%$。准变质作用阶段即过成熟阶段$R_o\geqslant2\%$，为只产甲烷的干气带。

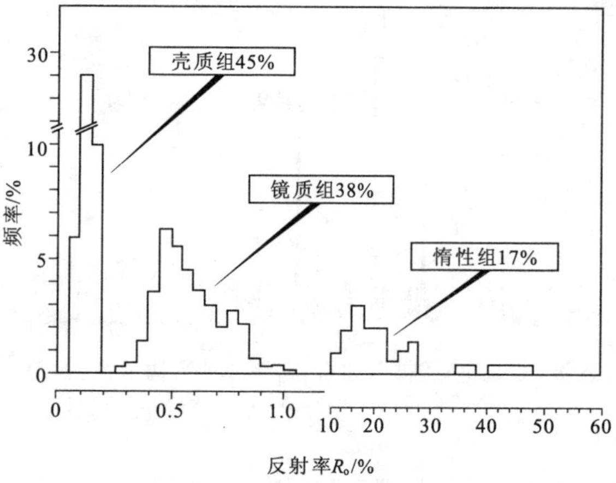

图4-42　卢森堡中里阿斯统页岩有机质不同显微组分反射率分布直方图
(据Hagemann,1974)

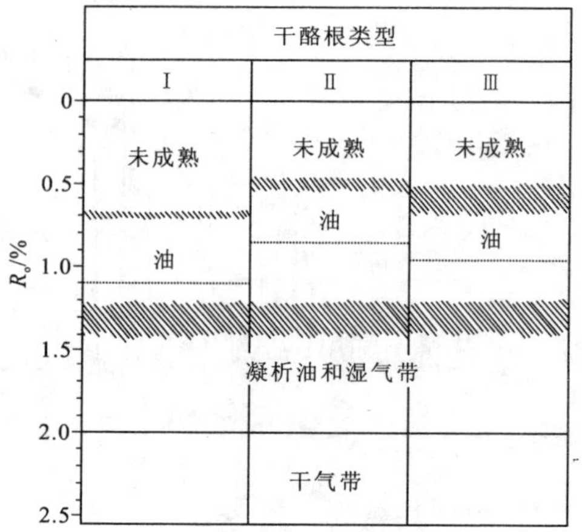

图4-43　根据镜质体反射率确定的油气带近似界限
(据Tissot等,1978)
斜线条表示生油高峰

镜煤反射率法的缺点是腐泥型干酪根中缺乏镜质组。另外还需注意富氢镜质组、再沉积的镜煤和构造运动以及火成岩的影响，用R_o表征成熟度方法主要限于晚古生代以来的碎屑岩系。Wilkiins(1992)提出了用显微组分荧光变化分析技术(fluorescence alteration of multiple macerals，FAMM)获得有机质的成熟度参数，叫做等效镜质体反射率(EqVR)，用以解决富氢镜质组对镜质体反射率的抑制作用所造成的测不准的问题。

在研究缺乏镜质体的海相烃源岩(腐泥型干酪根)的成熟度时，可利用沥青反射率(R_b)与镜质体反射率(R_o)的关系来评价有机质的成熟度，沥青反射率(R_b)与镜质体反射率(R_o)存在线性正相关关系(图4-44)，可以用实测的R_b折算成R_o来解释有机质的热演化程度。

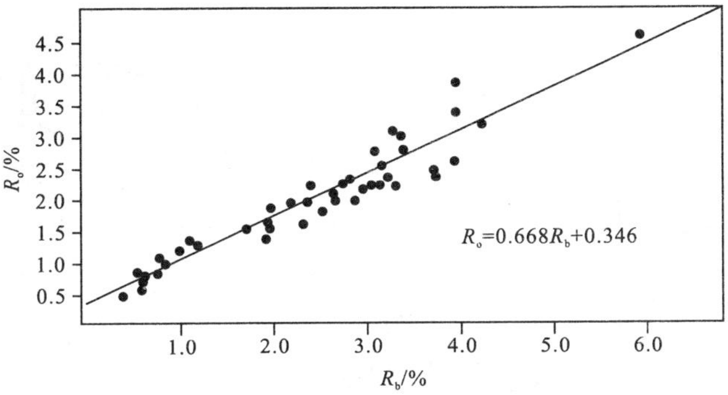

图 4-44 沥青反射率与镜质体反射率的关系图

（据戴金星等，2005）

2.岩石热解法

岩石热解最高峰温 T_{max}（℃）是烃源岩热解 S_2 峰的最大热解生烃强度处所对应的温度，它可反映有机质的热演化程度，可结合（S_1/S_1+S_2）生烃转化率来解释有机质的成熟度（图 4-45）；也可与镜质体反射率建立关系来判断有机质的热演化阶段。一般来讲，岩石热解峰温与腐殖型干酪根有较好的对应关系，而与腐泥型干酪根对应关系不好（图 4-46）。当烃源岩的有机碳含量低于 0.4%和可溶有机质含量较高时，T_{max}值会出现异常而不能使用。通常的界限是 T_{max}值小于 430～435℃为未成熟阶段；变化在 430～470℃之间为成熟阶段；在 475～500℃之间为高成熟阶段；大于 500℃为过成熟阶段。

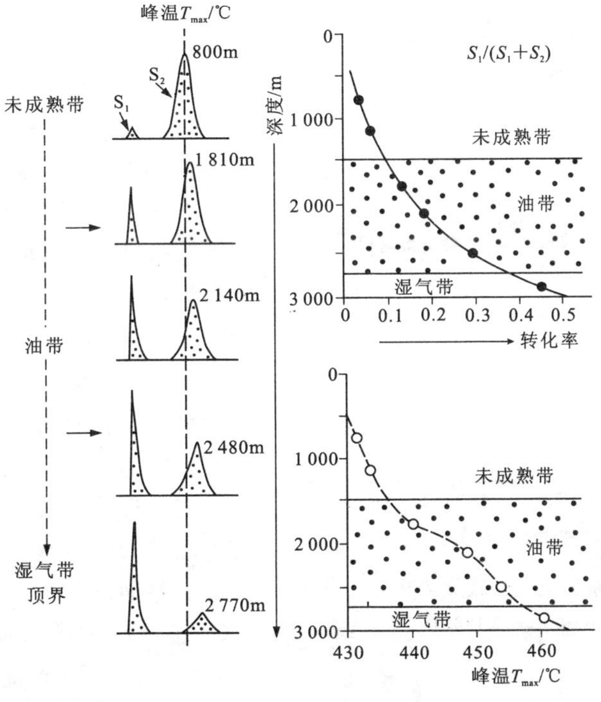

图 4-45 利用岩石热解转化率 $S_1(S_1+S_2)$和峰温（T_{max}）确定烃源岩成熟度

（据 Tissot 和 Welte，1984）

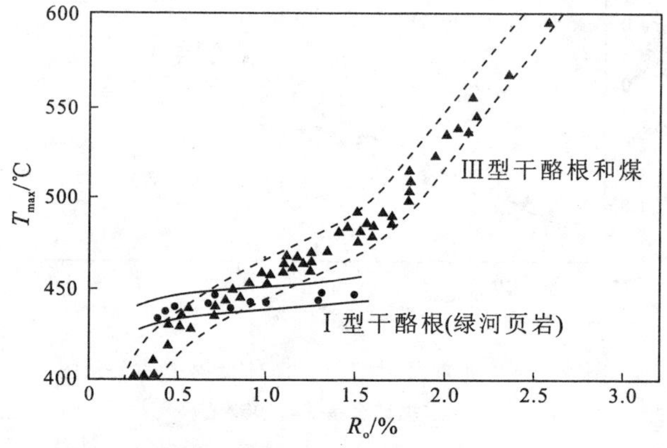

图 4-46 随烃源岩成熟度的增加岩石热解 S_2 峰的变化和热解峰温(T_{max})向高温移动

(据 Tissot *et al.*, 1987)

3. 可溶有机质的化学法

(1)生烃演化曲线:根据氯仿沥青"A"、总烃含量和"A"/有机碳、总烃/有机碳等转化率绘制随深度的演化曲线,这些曲线可反映有机质的成熟度随深度的变化。

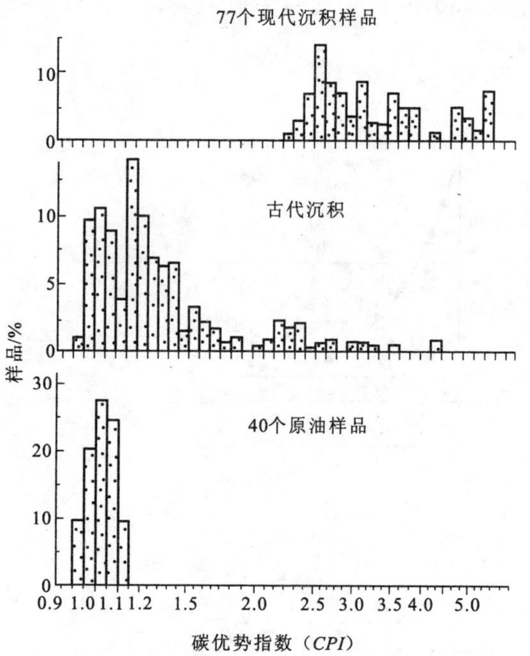

图 4-47 沉积物和原油正烷烃碳优势指数的分布图

(据 Bray 和 Evans, 1965)

(2)C_2~C_8 轻烃:C_2~C_8 轻烃数量和组成能很好地指示烃源岩中有机质的成熟度。因为,C_2~C_8 不是生物合成的,而是干酪根热降解的产物。C_2~C_8 中的烷烃、环烷烃和芳烃的相对含量随成熟度的增加而发生有规律的变化。如庚烷值(%):正庚烷/(环己烷-甲基环己烷间的的馏分)×100%与温度有正相关关系(Thompson, 1979),而异庚烷值=(2-甲基己烷+3-甲基己烷)/二甲基戊烷,也与温度有正相关性。Mango(1997)提出 2,4 二甲基戊烷/2,3 二甲基戊烷值(2,4-DMP/2,3-DMP)与烃源岩经历的最高温度具有相关性。

(3)C_{15}^+ 烃类:Bray 和 Evens(1965)研究了近代沉积、古代沉积和原油中 C_{15}^+ 奇数碳和偶数碳正烷烃的分布,发现有明显的差别(图 4-47)。在近代沉积物中,C_{15}^+ 正烷烃主要来源于高等植物的蜡,具有明显的奇数碳优势。在古代成熟生油岩和石油中,干酪根热降解的烷烃不具奇碳优势。一般认为,生油高峰期,已不再有奇碳优势。

Bray 和 Evens(1965)提出了碳优势指数(Carbon Preference Index, CPI):

$$CPI_{(C_{24}\sim C_{34})}=\frac{1}{2}\sum_{i=12}^{16}C_{2i+1}\left[\frac{1}{\sum_{i=12}^{16}C_{2i}}+\frac{1}{\sum_{i=12}^{16}C_{2i+2}}\right]$$

$$CPI_{(C_{16}\sim C_{30})}=\frac{1}{2}\sum_{i=8}^{15}C_{2i+1}\left[\frac{1}{\sum_{i=8}^{15}C_{2i}}+\frac{1}{\sum_{i=8}^{15}C_{2i+2}}\right] \tag{4-6}$$

Philippi(1965)提出 C_{29} 正构烷烃优势指数：

$$R_{29}=\frac{2C_{29}}{C_{28}+C_{30}} \tag{4-7}$$

Scalan 和 Smith(1970)提出 5 个碳数区间的奇偶优势指数(Odd - even Predominance, OEP)：

$$OEP=\left[\frac{C_i+6C_{i+2}+C_{i+4}}{4C_{i+1}+4C_{i+3}}\right]^{(-1)^{i+1}} \tag{4-8}$$

随着有机质成熟度的增加，上述 CPI、R_{29} 和 OEP 值愈接近 1，并趋于稳定。

(4)环烷烃：随埋深的增加，环烷烃的环数从三—四环为主变为单—双环为主 。

(5)生物标志化合物：随埋深和温度的增加，干酪根热降解的新生烃类使来自生物的烃类受到稀释，与其相邻的正烷烃比较，其含量都随成熟度的增加而减少，如姥鲛烷/正十七烷、植烷/正十八烷。

甾烷和藿烷的立体异构化指标可以建立低至中等热演化成熟度序列。随着成熟度的增加可出现：

1)甾烷由 α 生物构型向 β 地质构型转化，20R 构型(生物构型)向 20S 构型(地质构型)转化。相关指标如甾烷 C_{29} $\beta\beta/(\beta\beta+\alpha\alpha)$ 和 C_{29} 20S/(20S+20R)，随埋深和地温增加而增加，达到成熟门限时，两个数值分别为 25%和 20%，在异构化终点即数值趋于稳定时，两个数值分别为 70%和 55%，代表的镜质体反射率分别约为 1.0%和 0.8%(Peters 和 Moldowan,1993)。

2)萜烷由 β 生物构型向 α 地质构型转化，22R 构型(生物构型)也向 22S 构型(地质构型)转化，莫烷 $\beta\alpha$ 构型向藿烷 $\alpha\beta$ 构型转化。相关指标如藿烷 C_{32} 22S/(22S+22R)异构化终点的数值为 60%，相应的成熟度 R_o 约为 0.6%；18α (H)三降新藿烷(T_s)随埋深其相对丰度有规律地增加，而 17α(H)三降藿烷(T_m)的稳定性比 T_s 要差，比值 $T_s/(T_s+T_m)$ 随成熟度的增加而增加到 100%时，对应的镜质体反射率约为 1.4%(Peters 和 Moldowan,1993)。

4.孢粉和干酪根颜色法

在显微镜透射光下，孢子、花粉和其他微体化石随热力作用的增强而显不同颜色。未成熟阶段为浅黄至黄色，成熟阶段为褐黄至棕色，过成熟阶段为深棕至黑色。Staplin(1969)和 Correia(1971)提出了热变指数(Thermal Alteration Index, TAI)，一种在显微镜下通过透射光观察由热作用引起的孢粉、藻类等颜色变化的指数，颜色有五级：黄色、橙色、褐色、棕黑色、黑色，它们与镜质体反射率 R_o% 的对应关系见图 4 - 48。Barnard(1977)提出了色变指数(Color Alteration Index, CAI)。

干酪根颜色的应用实例如图 4 - 48 所示，加拿大不列颠哥伦比亚省和邻近的西北中泥盆统碳酸盐岩，只产干气，而石油和湿气则产自东部的西北阿尔伯达。干酪根颜色的变化反映了因埋藏和热历史不同而引起的成熟度差异。

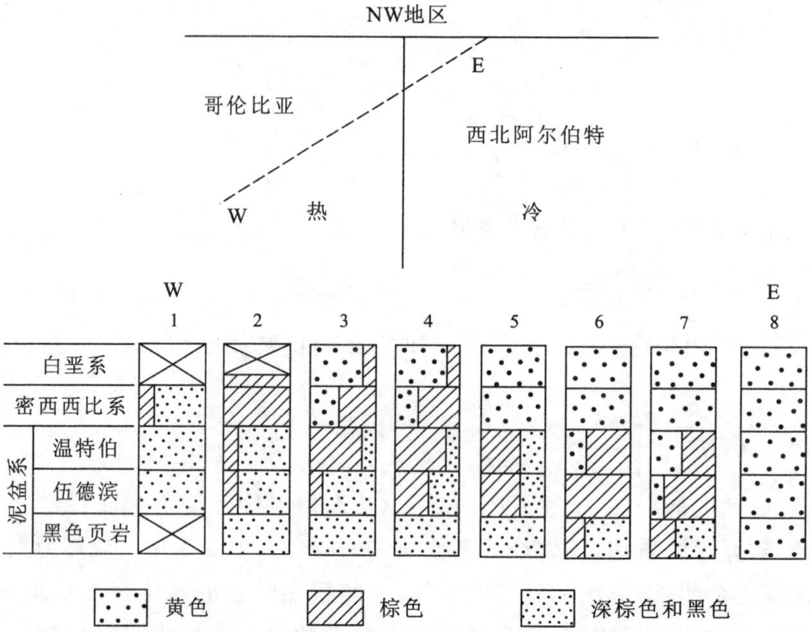

图 4-48 成熟度和干酪根颜色的关系(以西加拿大盆地八口钻井为例)

(据 Staplin,1969)

在利用上述各种确定烃源岩有机质成熟度的方法研究实际问题时,常常应综合使用多种方法,相互印证才能得出可靠的结果和认识,同时还需要考虑有机质类型的影响。在具体工作中应随深度系统取样,开展测试分析,将数据和结果作出相关的图件或表格。图 4-49 和图 4-50 是各种成熟度指标综合应用时的对应情况。

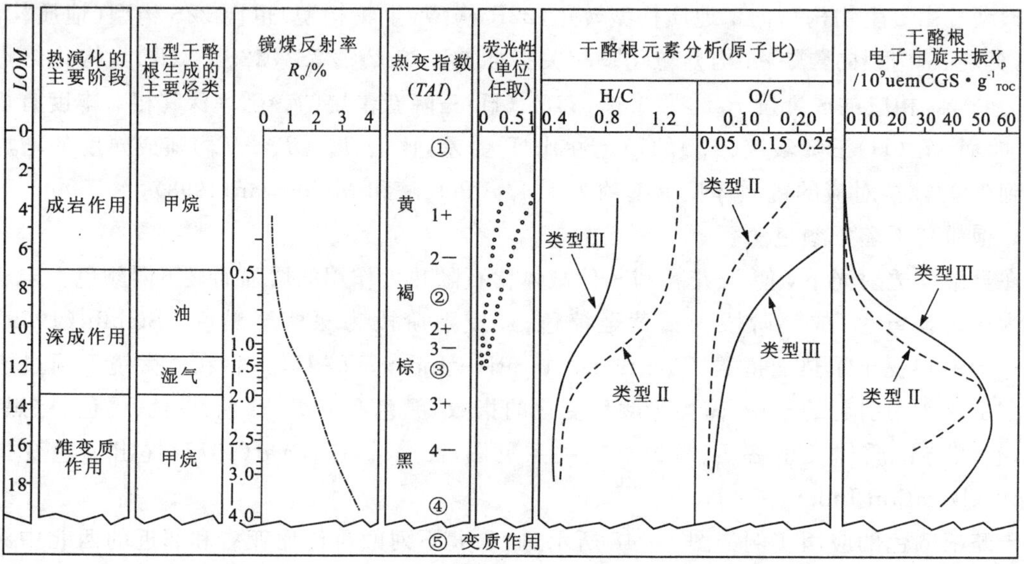

图 4-49 干酪根分析所得多种成熟指标的对应情况

(据 Tissot 和 Welte,1984)

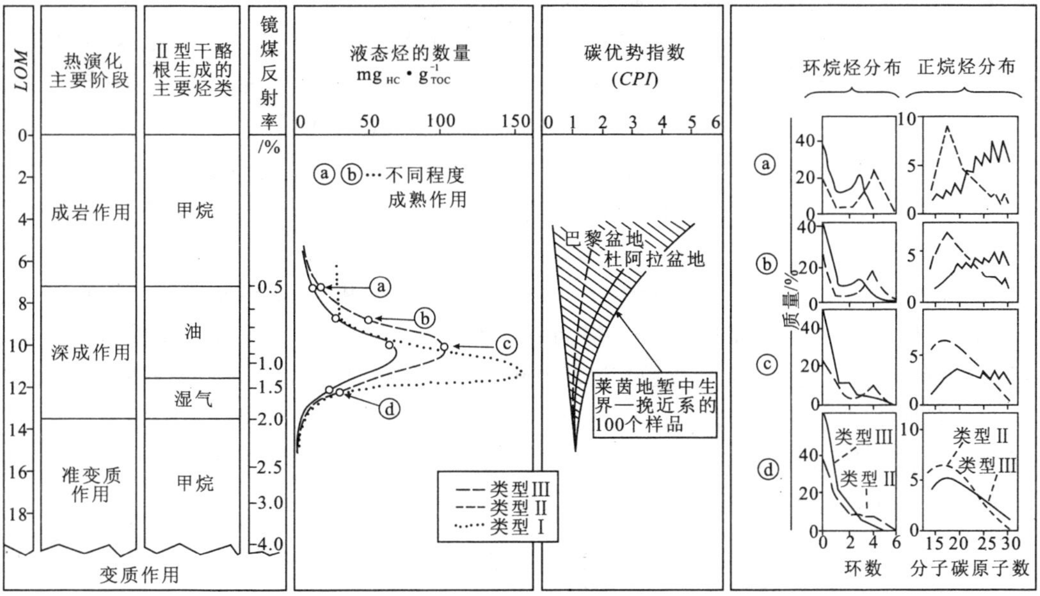

图 4-50　根据抽提沥青质的组成和丰度所得各成熟指标的对应情况

（据 Tissot 和 Welte，1984；陈荣书改编，1994）

（四）成熟度标尺和 *TTI* 以及热动力学模型

在烃源岩的热演化成烃过程中，有机质的许多物理性质和化学性质将被改变，并可作为成熟度标志，如 R_o、孢粉颜色和煤阶等。为估算和评价有机质的成熟度，许多学者根据这些性质与烃源岩的埋藏时间和地温史，曾用经验性的数学模型建立了各种数字化的热成熟度标尺和计算图表，如 Karwell(1956)、Teichmüller(1971)、Bostich (1971)、Cooper(1997)等提出了镜质体反射率与温度和时间的关系图。Hood(1975)提出了有机质变质水平(Level of Oranic Maturity，LOM)的成熟度标尺。Royden (1980)提出 C 标尺等等。

为定量预测烃源岩中有机质的成熟度，Lopatin(1971)和 Waples(1980)根据温度每增加10℃，干酪根热降解成烃的反应速率增加 1 倍并与时间呈线性关系，而且有机质成熟度效应是累加的、不可逆的等原理，提出并改进了时间-温度指数(*TTI*，time - temperature index)的有机质成熟度预测方法，从而在一段时间得到了极为广泛的应用。Wood(1988)根据有机质化学反应的动力学原理提出了 Arrhenius *TTI* 法。应用 Lopatin *TTI* 法(TTI_{LOP})和 Arrhenius *TTI* 法(TTI_{ARR})的关键问题是要客观地重建沉积盆地的埋藏史和地温史(图 4-51)。

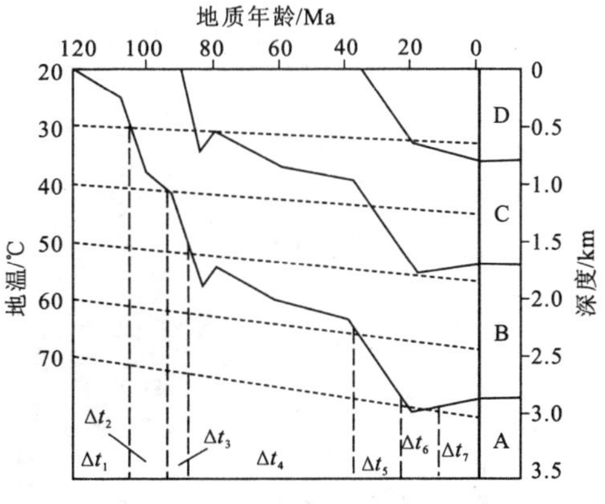

图 4-51　沉积埋藏史与地温史模式图

（据 Waples，1980）

1984 年，Lerche 等提出了利用 Arrehenius 一级反应的化学动力学模型预测有机质的成熟度。1989 年美国加利福尼亚大学劳伦斯实验室(Lawrence Livermore National Laboratory，

LLNL)的 Burnham 和 Sweeney 提出基于多个平行 Arrehenius 一级反应方程计算干酪根热演化成熟过程的化学动力学模型(VITRIMAT),该模型利用 35 个平行 Arrehenius 一级反应化学动力学方程计算镜质体的热演化成熟过程,动力学参数为一个相同的频率因子(A)和 35 个不同活化能(E),分布在(38～74)×4.186kJ/mol,反应产物为 H_2O、CO_2、CH_n 和 CH_4 等 4 种组成(图 4-52 A)。Sweeney 和 Burnham(1990)对 VITRIMAT 模型进行了简化,提出了 EASY%R_o模型,该简化模型将 VITRIMAT 模型的 35 个平行 Arrehenius 一级反应方程合并为 20 个平行 Arrehenius 一级反应动力学方程,动力学参数为一个频率因子(A)和 20 个不同活化能(E),分布在 34～72kcal/mol(图 4-52 B)。Sweeney 和 Burnham(1990)简化和改进的 EASY%R_o模型计算的镜质体反射率范围为 0.3%～4.5%,该理论模型是目前更为严格的、应用最为广泛的化学动力学的热成熟(R_o,%)史预测模型,简化后的 EASY%R_o模型能够计算得到与 VITRIMAT 模型相似的热成熟度即镜质体反射率结果,应用更加简便。图 4-53 是利用盆地模拟软件,采用该方法(EASY%R_o模型)拟合实测资料模拟计算的准噶尔盆地腹部地区董 1 井的地层埋藏、地温和热演化成熟史的结果。

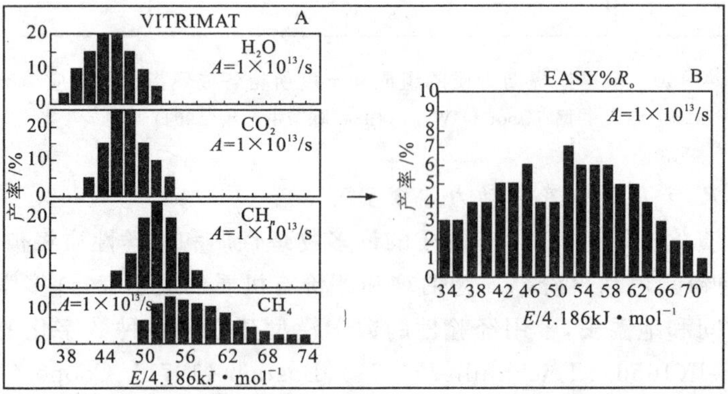

图 4-52 VITRIMAT 和 EASY%R_o模型的活化能分布及频率因子图

(Burnham 和 Sweeney,1989;Sweeney 和 Burnham,1990)

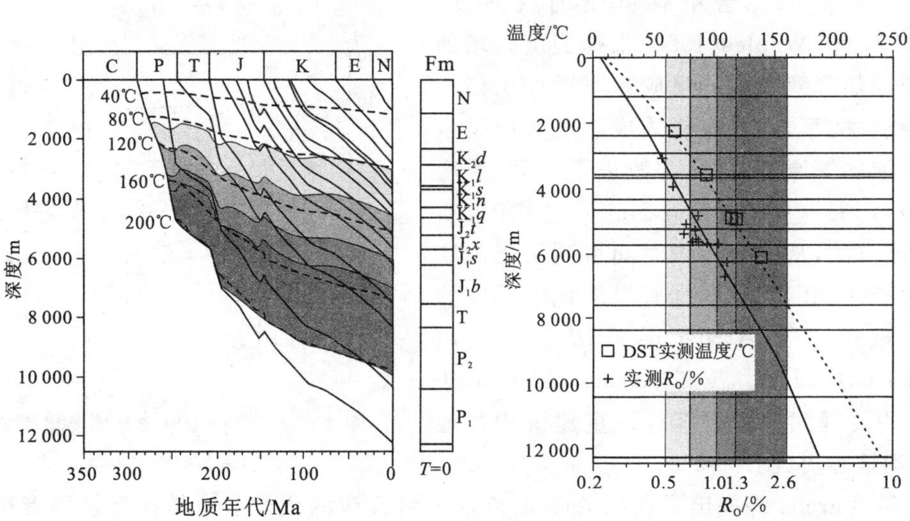

图 4-53 准噶尔盆地腹部董 1 井地层埋藏、地温和热演化成熟史模拟结果图

第五节 油气地球化学对比

油气地球化学对比(petroleum geochemical correlation),从广义上说应包括油-油对比、油-岩对比、气-气对比、气-岩对比、油-气-岩对比和天然气成因分类,其中油-岩和气-岩对比以及天然气成因分类是核心问题(图 4-54)。

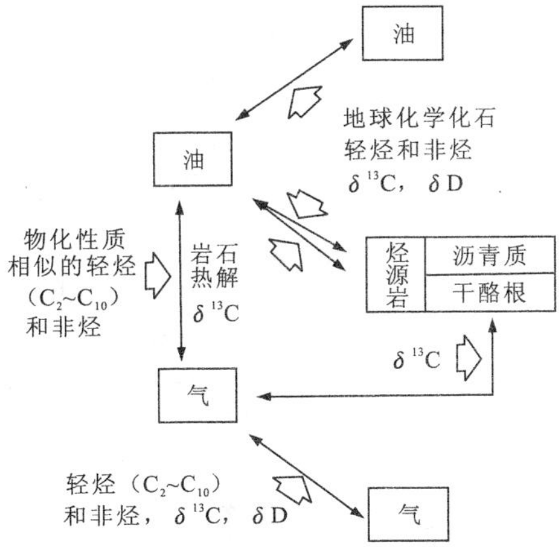

图 4-54 石油、天然气和生油岩对比时需要研究的内容

(据 Tissot 和 Welte,1984)

一、对比参数的选取

(一)选取原则

油气对比的基础是:性质相同的两种油气应源于同一母岩,母岩排出的石油应该与母岩中残留的石油相同,母岩排出的天然气的成因类型应该与母岩的性质一致。但是,实际情况要复杂得多,因为石油可能受到运移、重力分异、热力降解、岩石吸附、扩散、溶解、混合以及生物降解和氧化等外界因素的影响,尤其是母岩抽提物与油藏原油之间差异更为突出。天然气也可能会遭受到各种蚀变和上述诸多因素的改造。因此,在对比参数选择时,应尽量选取那些受非成因因素干扰最小且较稳定的指标;凝析油和原油应选用不同的对比参数,一般不宜采用油气化合物组成的绝对含量,而应采用系列化合物的分布和比值,应选取多个参数进行综合对比,以便互相补充和印证。另外,还要尽量避免或减少由于取样条件不同所造成的人为差异。

(二)对比参数

1. 石油对比参数

常用的有:微量元素系列和 V/Ni 比值,生物标志化合物如类异戊间二烯烷烃的系列分布,甾类和萜类化合物的分布型式和特征;正构和异构烷烃、环烷烃、芳香烃等系列化合物的分布型式和比值;各种石油组分的碳氢稳定同位素等。另外,石油和生油岩中孢粉组合也可用于油源对比。

2. 天然气的对比参数

常用的有:烃气富集系数即烃气/非烃气、甲烷系数(湿气指数)$C_1/\sum C_i$、干燥系数C_1/C_2^+、重烃系数或湿度 C_2^+/C_1 和 $\delta^{13}C_1$、$\delta^{13}C_2$、$\delta^{13}C_3$、$\delta^{13}C_4$、$\delta^{13}C_{co_2}$、δD、$^3He/^4He$、$^{40}Ar/^{36}Ar$ 以及 R_o,在对比和确定天然气成因时往往选用一个或多个坐标对。

二、对比结果的解释

选取有效参数进行油气地球化学对比解释,最终得出正确的认识和结论,是一项细致而又繁琐的工作,决不能脱离地质资料而孤立地进行。如含油气盆地的构造史、沉积埋藏和成熟史、生烃和排烃史、盆地类型及地质结构、母岩的岩性、厚度和分布、油气运移的通道和介质条件、油气藏的保存和破坏等等都是对比解释中不可忽略的背景材料。

对各种对比指标的分析数据应选择适当的形式表现出来,如直方图、三角图和各种相关曲线图。对不符合主观的原始数据不要轻易舍去，或许它们包含着有用的信息，应如实反映。

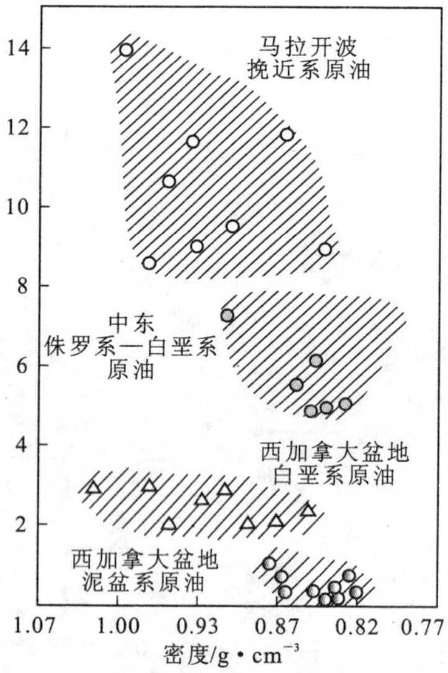

图 4-55 钒镍比值与石油密度的关系图
（据 Hunt，1979）

对比过程中，微弱的差别不影响可比性，多种参数的显著差别一般反映为母质不同或成因不同。但要排除其他干扰因素。当不同对比参数的结果发生矛盾时，应认真分析原理，对失灵指标找出原因，对新选用的指标应通过已知样品的检验和较成熟指标的检验。

三、油-源对比

（一）微量元素

石油中微量元素钒和镍是卟啉的络合物随卟啉一起从母岩进入石油的。石油中的卟啉是生物色素在还原条件下经金属置换、去羧基或加氢等复杂反应而生成的。石油中的钒、镍含量有随石油的密度一起增长的趋势。石油中钒、镍的绝对含量可能随氧化、运移等作用而变化，但二者的比值常无明显的变化。从图 4-55 可看出，V/Ni 似乎随地质年龄增长而减少，这个比值在最年轻的石油中最高，最老的石油中最低，这可能是因为钒卟啉的热稳定性比镍卟啉差。中东伊拉克北部油田主产层为挽近系，但整个中生界也有产量。油来自白垩系还是挽近系，常有争论。后据钒、镍研究得知：V/Ni 各层近似表示同源；V/Ni 含量各层差别大，表示白垩系发生过向上至挽近系的运移。

（二）生物标志化合物

生物标志化合物如类异戊间二烯类、甾类和三萜类由于相对地不受轻组分流失和风化作用的影响，所以它们的分布特征不仅可用于油-油对比，也可用于油-岩对比。

类异戊二烯型烷烃在原油和生油岩中均有较普遍的分布，它们的化学性质非常相似，所以可作为对比标志。Welte 曾较成功地对比过德国西北部的某些原油。他采用 15～21 个碳原子的类异戊二烯型烷烃的分布特征作为对比标志，以 C_{19}-姥鲛烷为 100，将这 7 种分子的相对含量绘图（图 4-56）。由图可见，左、中两油样相异；右、中两油样相同。类异戊二烯型烷烃中最丰富的是姥鲛烷和植烷，它们在原油中的含量可达 0.5%～0.7%。由于类异戊二烯烷烃与相近碳数的正烷烃性质近似，所以有时也采用姥鲛烷/正十七烷、植烷/正十八烷、(姥鲛烷+植烷)/(正十七烷+正十八烷)作为对比标志。

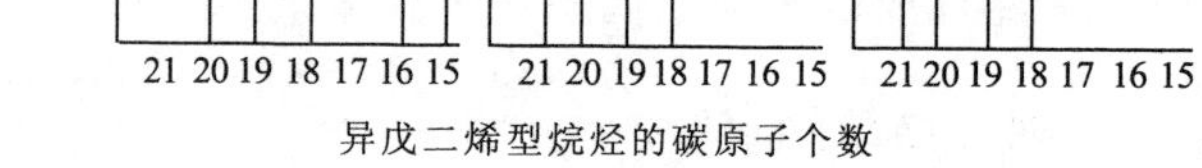

图 4-56 异戊二烯型烷烃分布状况示意图
（据 Welte，1979）

Welte 特别强调具有 C_{27}～C_{30} 的四环、五环环烷烃(例如分子离子为 372、380、398、400、412 和 414 的化合物)，认为它们有特殊的分子结构和独特的分布方式，用于对比具有最可靠的判断价值。图 4-57 是在西德弗斯特油田的应用实例。该油田中侏罗统产油，在中侏罗统和下侏罗统共有 3 层页岩为可能生油岩。经对比认为石油主要来自中侏罗统的页岩。

藿烷在石油中有广泛的分布，属于五环三萜类，原油中有一系列藿烷的衍生物。Pym 等发现不同地区原油中的 8 种藿烷分布特征有明显的差别(图 4-58)，其中 H. D. G 藿烷最有鉴定意义，它们的分子式分别为 $C_{27}H_{46}$、$C_{29}H_{50}$ 和 $C_{30}H_{32}$。

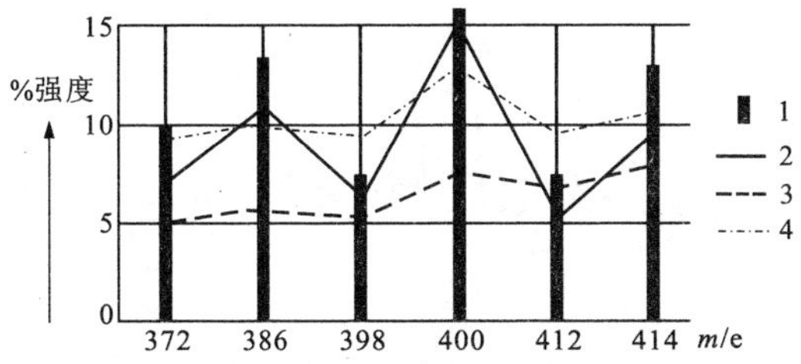

图 4-57　西德弗斯特油田石油与生油岩的 C_{27}^{+} 环状化合物的对比

(据 Welte, 1975)

自左至右分别代表胆甾烷、麦角甾烷、埃第安烷、谷甾烷、藿烷和可能的羊毛甾烷

1. J_2 石油；2. J_2 页岩；3. J_1 页岩Ⅰ；4. J_1 页岩Ⅱ

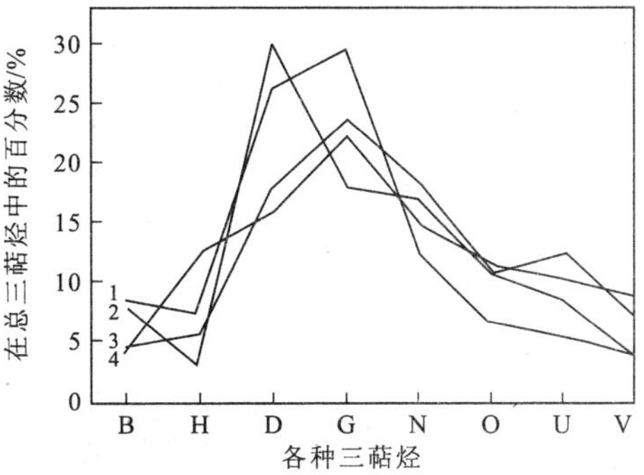

图 4-58　原油中 8 种藿烷系列的三萜类烃的分布

(据 Hunt, 1979)

4 种油样分别来自：1. 尼日利亚；2. 科威特；3. 阿拉斯加；4. 北海

甾烷和萜烷的质量色谱图直接可用于油-油和油-岩对比。黄第藩等(1989)对吐鲁番盆地 3 种原油和两套烃源岩通过它们各自的饱和烃和抽提物的甾萜烷的质量色谱图进行了对比(图 4-59)。对比效果相当好，并结合地质分析认为图中台参一井和七克台油田的原油属同源，母质为 J_1b 的煤和Ⅲ型母岩。而胜金口油田的原油来自 J_2q 的生油岩。

甾类和三萜类的多环环烷烃，虽然不像正烷烃或异戊二烯型烷烃那样较易受温度影响，但在老地层中也可由于环的芳构化而越来越少，以致难于分离和鉴定。阿尔及利亚艾利兹盆地储于奥陶系、下泥盆统和下石炭统的石油，起初据色谱、质谱等均未显示出差异；但用质谱详细研究芳烃和环烷芳烃却可据之划分为 3 类(图 4-60)。这是因为尽管检测不出饱和的四环甾烷，但它的衍生物单芳环甾烷较为稳定，可用于古老石油的对比。

(三)轻烃组成

石油中 C_1～C_{10} 的轻质烃的绝对浓度很容易受到运移和聚集过程的外界因素影响，例如溶解、吸附、扩散、生物作用等，甚至也会受到采样条件不同的影响。所以，直接对比化合物的绝对浓度价值有限。为避免这些非成因因素的干扰，Erdman 和 Morris(1974)将化学结构和沸点近似的两种烃分子浓度做成比值与另一种原油的相应比值进行对比，可直接绘制成两种油的各配对分子的比值曲线，也可首先算出各相应配对分子浓度比的对比值(R)，然后再绘制两种油的各 R 值曲线，当 $R=1$ 时，表示二者完全一致。如图 4-61 中实线是具有相同母岩的挪威北海油样 A 与油样 B 的 R 值曲线；虚线是毫不相干的北海油样 A 与美国犹他州油样 C 的 R 值曲线。轻烃配对分子对原油尤其是对凝析油的对比有重要意义。下面将 Erdman 提出

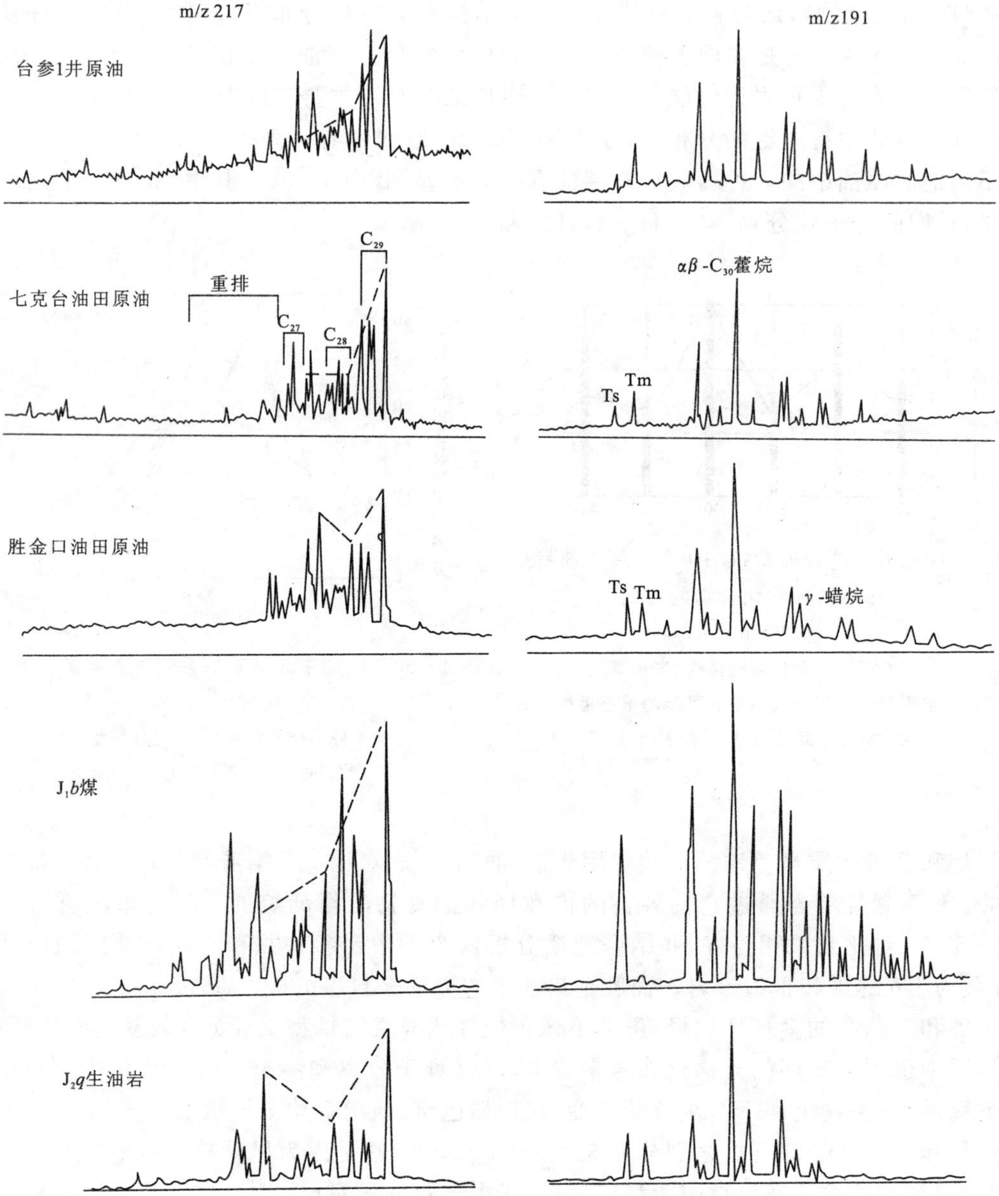

图 4-59 吐鲁番盆地原油饱和烃和生油岩、煤的抽提物中甾烷(m/z 217)和五环三萜烷(m/z 191)质量色谱图

(据黄第藩等,1989)

的 15 种配对分子列出供参考:①乙烷/丙烷;②异丁烷/正丁烷;③异戊烷/正戊烷;④环戊烷/2,3-甲基丁烷;⑤ 2-甲基戊烷/3-甲基戊烷;⑥正己烷/(甲基环戊烷+2,3-二甲基戊烷);⑦2-甲基己烷/2,3-二甲基戊烷;⑧3-甲基乙烷/(1,1-二甲基环戊烷+1,3-顺二甲基环戊烷);⑨1,3-反二甲基环戊烷/1,2-反二甲基环戊烷;⑩正庚烷/(1,1,3-三甲基环戊烷+甲基环己烷);⑪2,3-二甲基己烷/2-甲基庚烷;⑫(4-甲基庚烷+3,4-二甲基己烷)/3-甲基庚

烷；⑬2,4－二甲基庚烷/3,5－二甲基庚烷；⑭(3,4－二甲基庚烷＋4－甲基辛烷)/2－甲基辛烷；⑮(1－甲基－3－乙基苯＋1－甲基－4－乙基苯)/(1－甲基－2－乙基苯)。

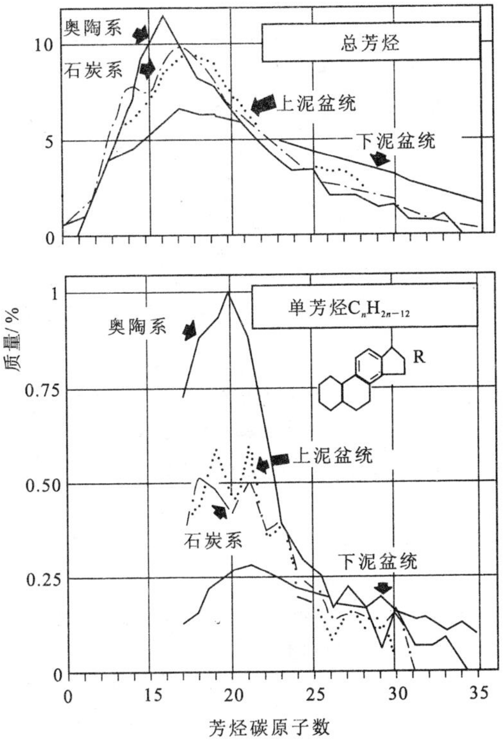

图 4－60　阿尔及利亚艾利兹盆地的 4 种石油按芳烃及单芳烃可归于 3 类
(据 Tissot 等,1979)

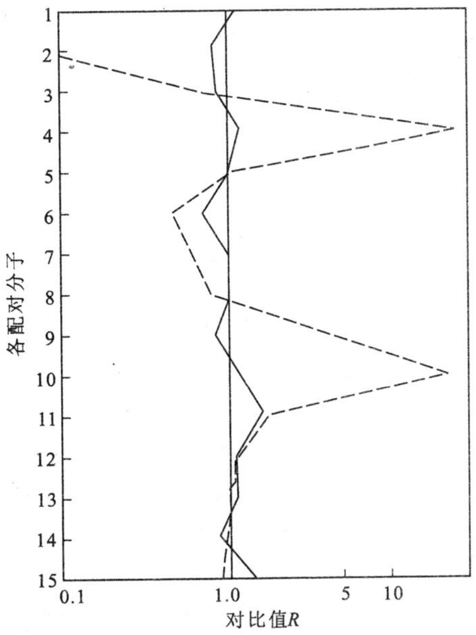

图 4－61　依据 C_2～C_{10}烃分子浓度比率的石油对比图
(据 Erdman,19743)
实线表示有成因关系的两个油样，
虚线表示无成因关系的两个油样

(四)C_{15}^{+} 正烷烃的分布

它可作为一种油-油和油-源对比的指标，特别适用于失去轻组分的油样。但也由于正烷烃受地温的影响较大，而且在运移中又可能有色层效应，故在使用上也受到一定的限制。

(五)碳、氢稳定同位素

碳稳定同位素在石油的对比上使用较广泛。石油各组分的 $\delta^{13}C$ 值是不同的。烷烃最轻，环烷烃的^{13}C 含量接近于全油，芳烃重于全油，多环芳烃比单环芳烃重，从胶质、沥青质到干酪根，^{13}C含量常是递增的，但这不是绝对的，特别是当原油受到生物降解时，会使饱和烃 $\delta^{13}C$ 升高，胶质和沥青质 $\delta^{13}C$ 反而稍低。

使用碳、氢稳定同位素进行原油对比时，最好按不同馏分或组分进行。图 4－62 是无次生变化的原油的碳、氢同位素成分，由于饱和烃、芳烃和 N、S、O 化合物的碳、氢同位素具有连续性的差异，所以，这些原油分别属于两种具有不同碳、氢同位素组成的母岩。

使用同位素类型曲线(图 4－63)进行油-源对比，常常可获得良好的油-油和油-岩对比结果(图 4－64)。

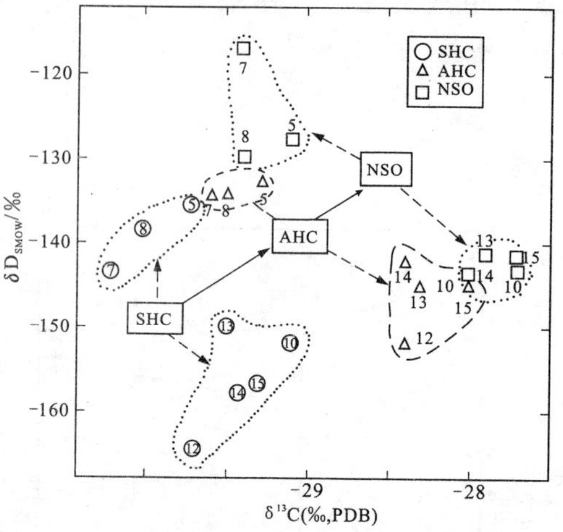

图 4-62 用于油-油对比的同位素分析

(转引自潘钟祥等,1986)

图中数字代表油样,左上方三油样同源,

右下方五油样同源

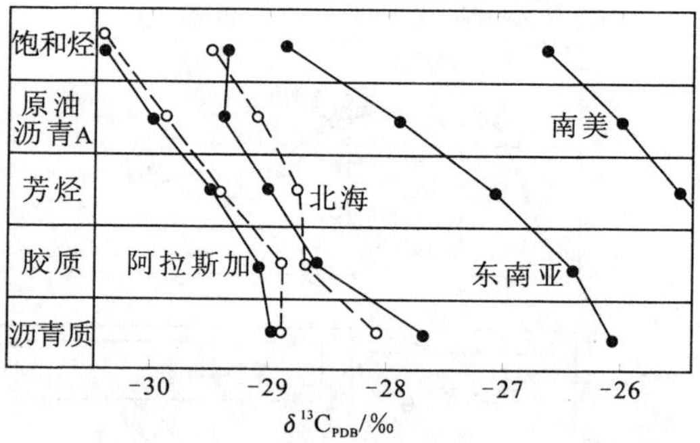

图 4-63 用同位素类型曲线对比原油与生油岩

(转引自潘钟祥等,1986)

图中实线表示原油;虚线表示烃源岩抽提物的组分

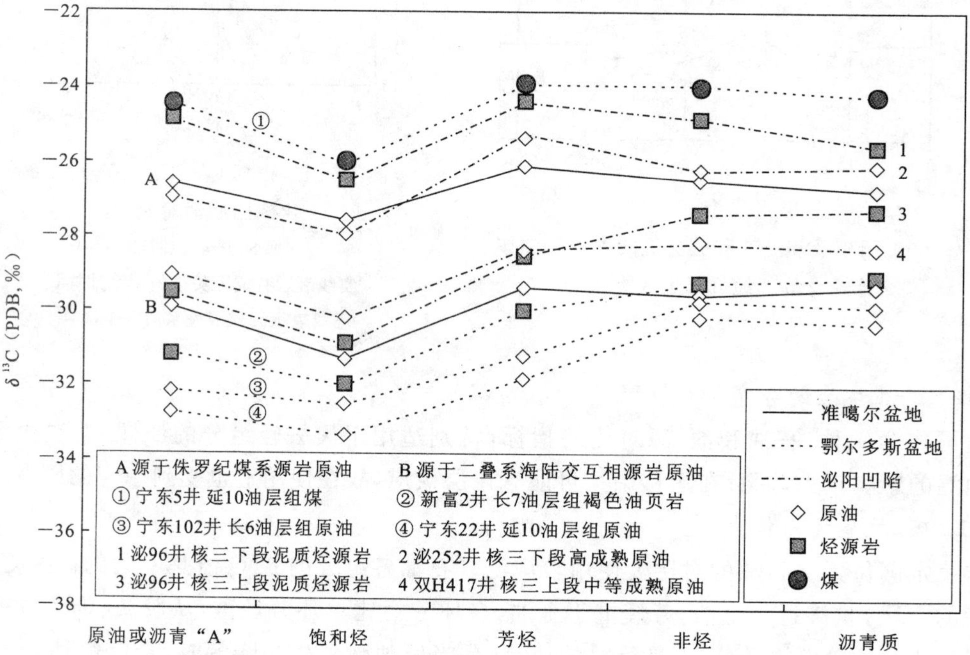

图 4-64 我国若干盆地利用同位素类型

曲线进行油-源对比实例

四、气-源对比

研究天然气的成分、同位素组成和母岩的成熟度(R_o,%)可进行气源对比,而确定天然气的成因类型是气源对比的有效途径。

Stahl利用天然气的$\delta^{13}C_1$值和母岩R_o值的关系成功地解决了加拿大北极区某背斜气对比(图4-65)。该背斜构造的侏罗系砂岩储集层发现了天然气藏，推测天然气有两个来源：一是上覆侏罗系至下白垩统的三角洲相页岩，R_o为0.5%～0.6%；二是下伏三叠系黑色页岩，R_o为1.03%～2.0%。而根据气藏的$\delta^{13}C$测定为-37.2‰，对应其母岩的R_o值应为1.9%，可确定天然气来自下伏三叠系。

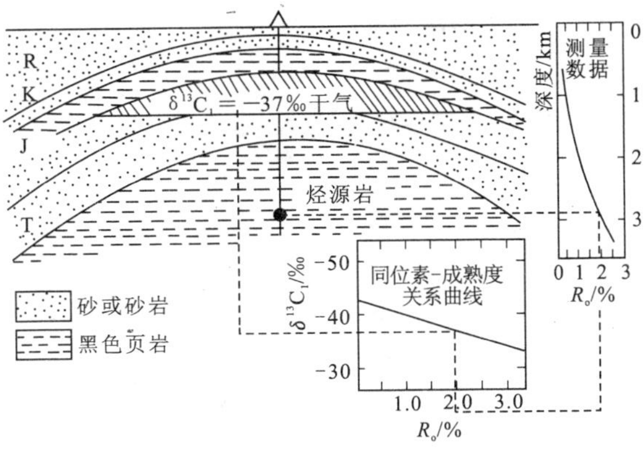

图4-65 加拿大北极区某背斜气源对比图
(据Stahl,1979)

天然气成因的研究受到普遍的重视，成因分类方案有多种。

Stahl(1974)根据天然气的$\delta^{13}C_1$与成气母岩的R_o值的相关性，分别建立了海相腐泥和陆相腐殖型成气的关系曲线(图4-66)。他还使用天然气$\delta^{13}C_1$与$C_1/\sum C_i$的关系图(图4-67)，有效地区分了上述两种不同类型有机质所形成的天然气。

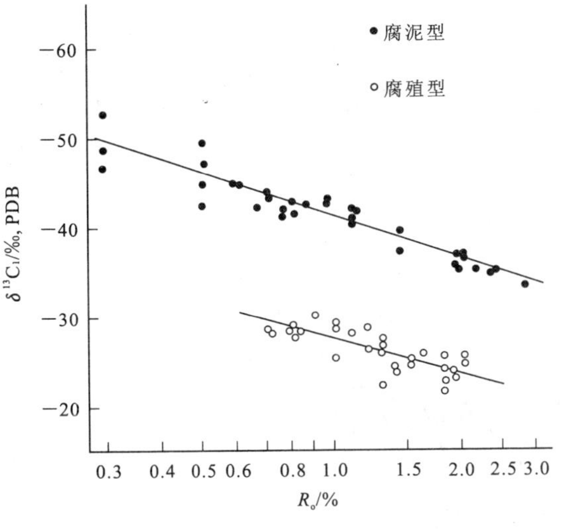

图4-66 不同母质热成因形成天然气的$\delta^{13}C_1$与R_o关系图
(据Stahl,1974)

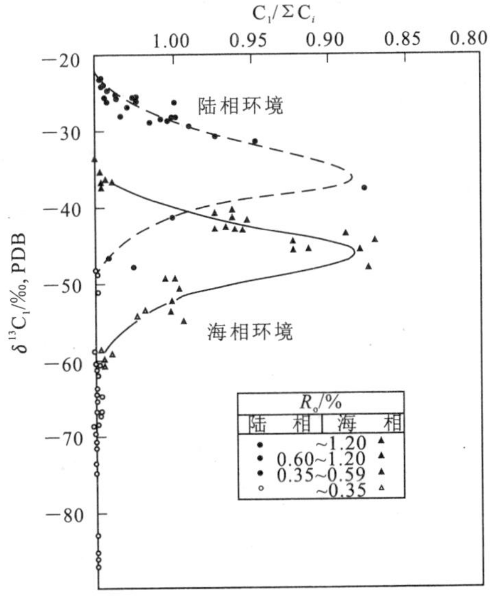

图4-67 不同类型有机质形成天然气的碳同位素熟化曲线图
(据Stahl,1974)

卢松年等(1989)根据不同成因天然气的碳稳定同位素组成的差别，提出了一种采用$\delta^{13}C_1$和$\delta^{13}C_2$坐标对划分天然气的成因分类图，如图4-68所示，可把天然气划分为生物成因气、油型气和煤型气，油型气中还可进一步细分为成熟气、高成熟气和过成熟气。

Гудало认为自然界的CH_4和CO_2共生体系中，它们的碳稳定同位素组成可作为天然气成因分类准则。1981年他采用$\delta^{13}C_1$和$\delta^{13}C_{CO_2}$为坐标提出了CH_4和CO_2共生体系的天然气成因类型划分图(图4-69)。图中共分3个区，Ⅰ区为地幔生成的天然气，包括洋脊喷出气温泉气、火山气和各种岩浆岩和宇宙物质包裹的气体，形成温度为200～1 200℃，$\delta^{13}C_1$值分布在

$-41‰\sim-7‰$，$\delta^{13}C_{CO_2}$ 值分布在 $-7‰\sim+27‰$，Ⅱ区为生物成因 CH_4 和 CO_2 共存体系的天然气，$\delta^{13}C_1$ 值为 $-92‰\sim-54‰$，$\delta^{13}C_{CO_2}$ 值为 $-36‰\sim+1‰$；Ⅲ区为有机质经热力作用形成的 CH_4 和 CO_2 共存体系的天然气，$\delta^{13}C_1$ 值为 $-40‰\sim-19‰$，$\delta^{13}C_{CO_2}$ 值为 $-30‰\sim-6‰$。

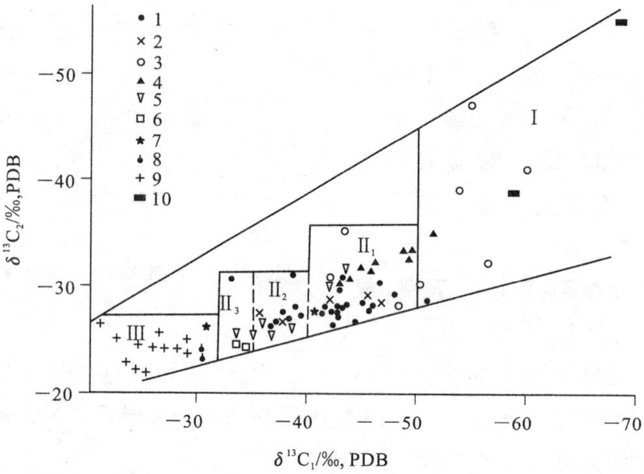

图 4-68　利用 $\delta^{13}C_1$-$\delta^{13}C_2$ 划分天然气成因类型

（据卢松年等，1989）

Ⅰ.生物气；Ⅱ.油型气；Ⅲ.煤型气；$Ⅱ_1$.成熟气；$Ⅱ_2$.高成熟气；$Ⅱ_3$.过成熟气；1.板桥凝析气；2.板桥伴生气；3.黄骅坳陷其他地区天然气；4.济阳坳陷油型伴生气；5.华北油田煤成气；6.四川盆地过熟气；7.中原油田煤成气、油型伴生气各井平均值；8.柯克亚凝析气（混合成因）；9.德国西北部煤成气；10.百色盆地生物气

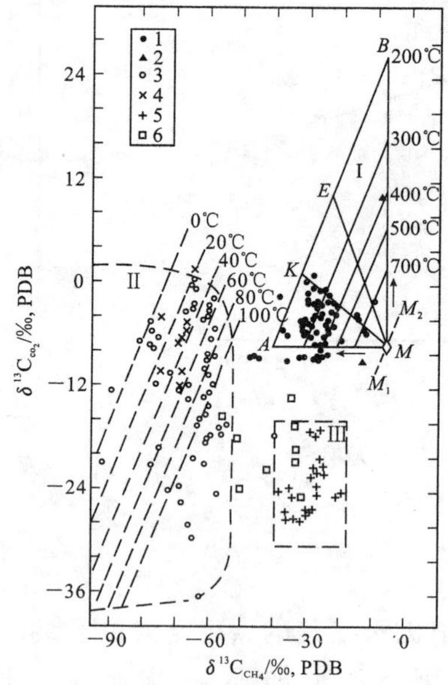

图 4-69　自然界 CH_4 和 CO_2 共生体系的 $\delta^{13}C_1$ 和 $\delta^{13}C_{CO_2}$ 分布图

（据 Гудало，1981）

1.热液系统；2.火成岩矿物中的包裹体；3.沼泽、湖泊、河流、海洋的淤泥和底积物以及冰川沉积；4.日本气田；5.由泥质岩、泥炭和煤中有机质热解作用生成；6.从煤和顿巴斯西部矿井空气中解吸；Ⅰ.内生（地幔）CH_4 和 CO_2 以及地幔 CH_4 生成的 CO_2 区；Ⅱ.生物成因 CH_4 和 CO_2 区；Ⅲ.有机质热变质生成的 CH_4 和 CO_2 区

第五章 油气运移

作为流体矿产，流动性是石油、天然气的基本属性。石油和天然气由烃源岩到圈闭的过程，是一个复杂的运移过程。油气自生成后、到脱离烃源岩之前，其运移过程是在致密的烃源岩内进行的。油气脱离烃源岩后、到进入圈闭之前，其运移介质为具孔、渗性的储集层或其他通道，如断层和不整合面。即便是油气藏中的油气，在圈闭和保存条件发生改变时，油气可再次发生运移。在地史时期中，油气在圈闭聚集静止只是暂时的、相对的状态；而油气运移则是经常发生的现象。因此，油气运移是石油及天然气地质学的重要内容。

本章首先介绍油气运移的基本概念。然后，分别阐述油气初次运移的条件、机理及特征和油气二次运移的原理及特征。

第一节 油气运移基本概念和相关基础

一、油气运移基本概念

石油和天然气的基本性质是可流动性。地壳中的石油、天然气在各种自然因素作用下所发生的位置移动，称为油气运移(petroleum migration)。Illing(1933)首次把油气运移划分为初次运移、二次运移和三次运移，并把初次运移定义为油气自生油岩向储集岩中的运移；把二次运移定义为油气在邻近生油层的储集层中的运移以及形成第一次油气聚集；而把聚集后由于外界条件的变化，油气所发生的再次运移称为三次运移。由于这个分类的依据包括时间和空间因素，实际上很难区别二次与三次运移。

目前比较通用的是根据时间顺序把运移过程划分为初次运移和二次运移两个阶段。

油气初次运移(primary migration)是指油气自生成后从烃源岩中向外排出的过程，是烃源岩内的运移。换言之，初次运移是油气脱离烃源岩的过程，故又称为排烃。初次运移的方向通常是指向相邻储集层的，但也可以指向其它渗透性介质，如与烃源岩接触的不整合面或断裂系统。

油气二次运移(secondary migration)是指油气脱离烃源岩后在储集层或其它渗透性介质中的运移，包括烃源岩外的一切运移过程，也包括油气藏中的油气因保存条件的变化而发生的再次运移。

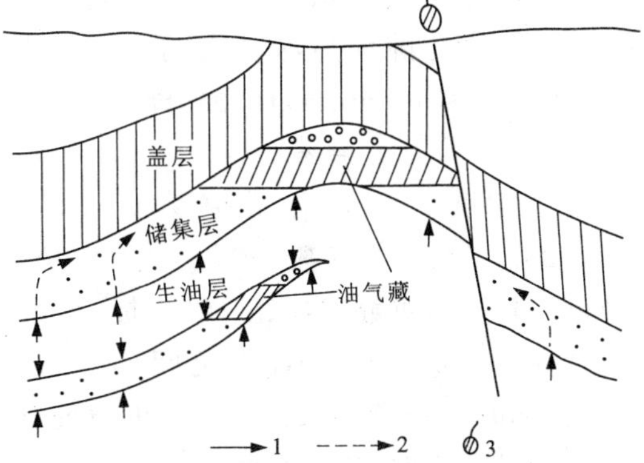

图 5－1 油气运移的示意图

(据 Tissot 等，1978)

1. 初次运移；2. 二次运移；3. 油气苗

油气运移的重要结果是聚集成油气藏，也可能逸散到地表成为油气苗(图 5－1)；在运移过程中还有大量油气分散在地下不能聚集成工业油气藏，如被地层吸附、被地层水溶解、以及分散的游离相油气等。

对于某个油气质点而言,初次运移和二次运移的确是有先后顺序的,但对于一个含油气盆地而言,初次运移和二次运移常常是交替发生的,不能从时间上截然分开。因此,油气运移过程是贯穿油气生成和油气藏形成乃至破坏的全过程。相对而言,油气初次运移与油气生成有直接联系,受烃源岩物理性质的影响也较大,因而常将生烃与排烃(即初次运移)一起研究;而油气二次运移的重要结果是油气聚集,二次运移受储集层岩石物性影响较大,通常将油气二次运移与油气聚集的区带评价一起讨论。

此外按运移的主体方向,又可分为垂向运移和侧向运移、穿层运移和顺层运移等。

二、油气运移相关基础

(一)地层压实作用

压实作用(compaction)是指在上覆沉积负荷作用下,沉积物致密程度增大的地质现象。在压实作用过程中,沉积物通过不断排出孔隙流体,孔隙度不断减小,体积密度逐渐增加。如果流体能够畅通地排出,孔隙度能随上覆负荷增加而发生相应减小,孔隙流体压力基本保持静水压力,则称为正常压实或压实平衡状态。如果由于某种原因孔隙流体的排出受到阻碍,孔隙度不能随上覆负荷的增加而相应减少,孔隙流体压力常具有高于静水压力的异常值,这种压实状态就称为欠压实或压实不平衡。

泥质沉积物具有可塑性,在压实过程中除了颗粒的再排列外,还伴有颗粒本身的变形,所以压缩性大,而且压实持续时间久(图 5-2)。

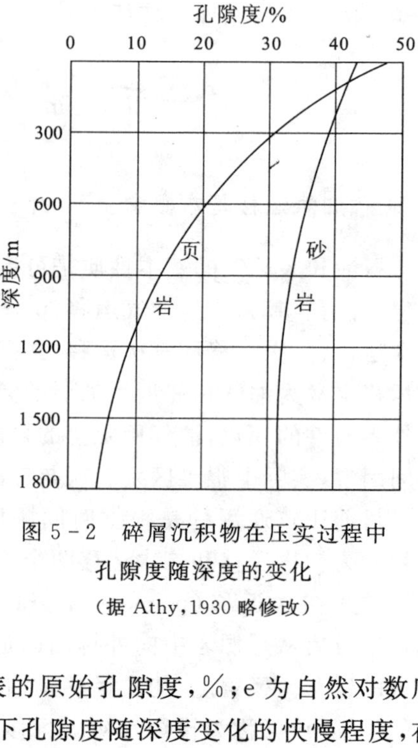

图 5-2 碎屑沉积物在压实过程中孔隙度随深度的变化

(据 Athy,1930 略修改)

沉积物的压实作用从开始埋藏一直可持续到埋深 9 000m 以上,压实沉积物的孔隙度随深度加大而减小。一般认为孔隙度与深度之间呈指数关系(Athy,1930;Rubby 和 Hubbert,1959),即:

$$\varphi = \varphi_0 e^{-cz} \quad (5-1)$$

式中:φ 为深度 z 处的岩石孔隙度,%;φ_0 为沉积物在地表的原始孔隙度,%;e 为自然对数底(2.71828);C 为因次常数,m^{-1}。C 值反映正常压实状态下孔隙度随深度变化的快慢程度,在孔隙度(横坐标,对数)与深度(纵坐标,算术)的压实曲线上为正常压实趋势线的斜率。C 值一般变化在 0.000 1～0.001m^{-1}之间(Magara,1978)。

据 Schmoker 等(1982～1989)的研究,碳酸盐岩(特别是颗粒支撑的粒屑灰岩)的压实作用也很明显和重要,其孔隙度随深度变化也有类似的趋势。

(二)地层流体压力

地层流体压力(formation fluid pressure)是指地层孔隙中的流体所承受的压力,也称地层压力或孔隙流体压力。静水压力是指地层水柱自身的重量所引起的压力即静水柱压力。静岩压力是指由上覆岩层负载的总重量所引起的压力,也称上覆岩层压力。静岩压力由地层流体压力和有效应力两部分构成,后者是岩石固体骨架所承受的压力。

地层压力等于或接近静水压力时，称正常地层压力（常压）。地层压力明显高于或低于静水压力时，则称为异常地层压力，包括异常高压（超压，Overpressure）和异常低压（Underpressure），超压和低压都具有复杂的形成机制。地层流体压力与同深度静水压力的比值称压力系数（无量纲）。地层流体压力随深度的增加率称为压力梯度。

据研究，世界范围内的沉积盆地中广泛发育异常压力及异常压力流体封存箱，其与油气的生成、运移和成藏有着密切的关系（Hunt，1990、1996）。

（三）流体势

地层水被局限在隔水层之间，它的流动类似于自来水管道中的水流。它既可以从高处向低处流，也可以从低处向高处流，既可以从高压区流向低压区，也可以从低压区流向高压区。作为一种机械渗滤过程，它遵循热力学第二定律，即总是自发地从机械能高的地方流向机械能低的地方。机械能包括压能、动能和位能三项。上游断面 1 和下游断面 2 的机械能构成及其之间关系可用伯诺里方程表示。

$$\int_0^{P_1} V\mathrm{d}P + \frac{1}{2}mq_1^2 + mgz_1 = \int_0^{P_2} V\mathrm{d}P + \frac{1}{2}mq_2^2 + mgz_2 + W \tag{5-2}$$

式中：P_1、P_2分别为断面 1、2 动水压力；z_1、z_2为高程（基准面高程为 0）；q_1、q_2为流速；W 为流体能量的损耗 。

Hubbert（1940）将单位质量的流体所具有的机械能之和，定义为流体势（Φ）（Fluid potential），即：

$$\Phi = \int_0^{P} \frac{\mathrm{d}P}{\rho} + \mathrm{g}z + \frac{1}{2}q^2 \tag{5-3}$$

由于地下流体的渗流速度极其缓慢（<1cm/s），故动能项可看作零。又因为储层条件下流体的可压缩性较小，密度也可视为定值，因此压能项中的积分号可取消，因而地层中流体势的定义式可简化为：

$$\Phi = \mathrm{g}z + \frac{P}{\rho} \tag{5-4}$$

在地层水处于静止状态时，为静水柱压力，于是 $P=\rho_w \cdot h \cdot \mathrm{g}$

$$\Phi_w = \mathrm{g}z + \frac{P}{\rho_w} = \mathrm{g}z + \frac{\rho_w \cdot h \cdot \mathrm{g}}{\rho_w} = \mathrm{g}(z+h) = \mathrm{g} \cdot H \tag{5-5}$$

式中：h 为某点 A 到测势面的距离（即深度）；z 为某点到基准面的高程；H 为测势面到基准面的距离（水头）。换言之，水势（Φ_w）取决于测势面相对于基准面的高度，而与质点的位置无关，即地层空间水势处处相等，是个等势空间。

在动力状态下，水从高势区向低势区流动，整个地层空间可被视为由一系列等势面所划分的空间，单位质量的水从高势面流向相邻的低势面所减小的势（能）（$\Delta\Phi_w$），正是两个等势面间隔的势差。

水之所以从高势区向低势区流动，归根到底，是由于它受到一个方向与等势面垂直的合力。在充满水的地层中存在一个由力线组成的力场，该力线处处与等势面正交，指向为该空间中势降低最快的方向，即势梯度的反方向。上述两相邻等势面间的势差（$\Delta\Phi_w$）就是力场对单位质量流体在单位距离（ΔS）上所作的功。如果力场中合力用 E 来表示，则有

$$\Delta\Phi = E[-(\Delta S)], \qquad E = -\frac{\Delta\Phi}{\Delta S} \tag{5-6}$$

式中：负号表示位移增量与势能增量方向相反。可见，合力 E 实质上就是势梯度的负值，即 $E=-\nabla\Phi_w$，式中 $\nabla\Phi_w$ 为势梯度（∇为哈米尔顿算符）。

Hubbert 把单位质量流体在力场中受到的力 E 定义为力场强度。考虑到前面势的简化定义式，则有

$$E = -\nabla\Phi = \nabla(gz + \frac{P}{\rho}) = g - \frac{\nabla P}{\rho} \tag{5-7}$$

式中：g 为单位质量流体受到的重力，是一个体积力；$(-\nabla P/\rho)$ 代表单位质量流体体积上表面力。力场强度为两者的矢量和。在静水条件下，水的体积力与表面力大小相等，方向相反，故 $E_w=0$。动水条件下，两力合力不平衡，它使水质点发生流动（图 5-3）。

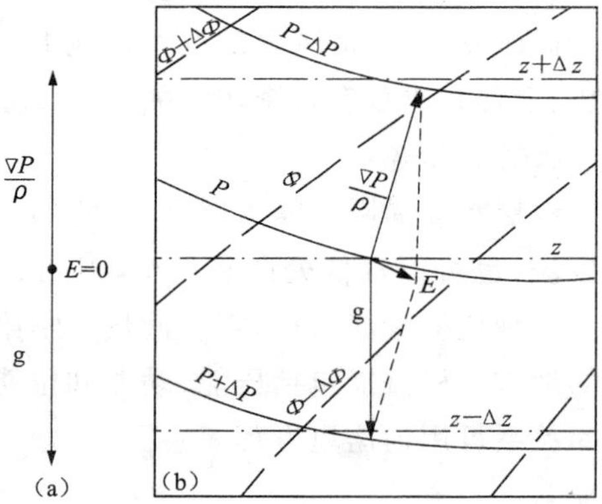

图 5-3 静水(a)和动水(b)环境中单位质量水所受的力和水的势图

（据 Hubbert，1953；引自陶一川，1983）

第二节 油气初次运移

一、油气初次运移的介质条件

油气初次运移是发生在烃源岩内部的，烃源岩是初次运移的介质。因此，烃源岩的性质及其物理化学条件，是影响初次运移的重要外因。

（一）烃源岩的物理特征

1. 烃源岩的压实、孔隙及比表面

成熟烃源岩一般都经历了充分的压实作用，达到比较高的压实程度，岩石比较致密、孔隙度比较低，一般都在 15%～20%以下，而且烃源岩的孔隙直径极细小，与某些烃类分子的有效直径差不多是同一数量级（图 5-4、图 5-5）。孔隙中的水和新生成的烃类流体要在压实作用下排出来，通常是比较困难的。

沉积物比表面（specific surface area）是指单位质量或单位体积的沉积物中颗粒所具有的表面积总和，通常用 m^2/kg 或 m^2/m^3 表示。在相同质量或同等体积的岩石中，组成的颗粒越细小则比表面越大，对孔隙流体的吸附作用越强。Hinch（1978）曾对美国湾岸地区挽近系的同体积砂岩与页岩进行了表面的近似计算，$50cm^3$ 页岩颗粒的表面平均为 23 500m^2，约为砂岩的 80 000 倍，说明泥质岩较砂质岩有大得多的比表面。

成熟烃源岩孔隙度小，孔隙极细微，比表面又大，使得孔隙流体的排出非常困难，甚至不可能。这也是人们认为油气初次运移十分困难的根本原因之一。

2. 烃源岩的润湿性与毛细管压力

润湿性是吸附能的一种作用。它定义为在固体上分子润湿流体所需要的功。由于烃源岩含有许多亲油的有机质颗粒，在成烃后石油与岩石颗粒表面长期接触以及颗粒表面上的某些

变化，油也可以跟水一样附着在颗粒表面上而使它变为亲油。因此，可以认为成熟烃源岩是部分亲水、部分亲油的中间润湿。

在油润湿的烃源岩中，毛细管压力方向指向水，因而它对石油的运移不完全构成阻力。

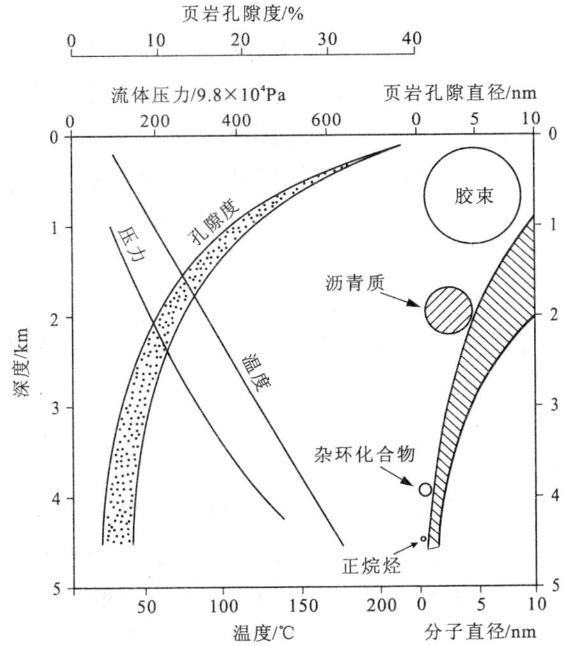

图 5-4 泥质岩石的各种物理参数与埋藏深度的关系

（据 Tissot 和 Welte，1984）

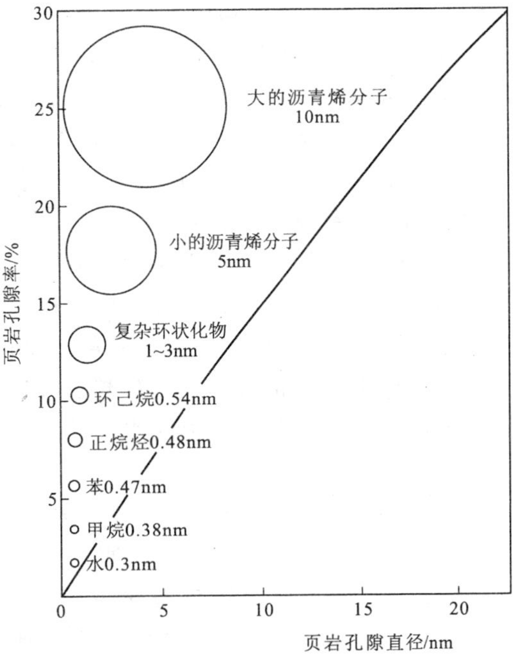

图 5-5 页岩孔隙率与孔隙直径的关系

（据 Welte，1972 修改）

（二）初次运移的物理化学条件

1. 温度条件

根据干酪根热降解晚期成油的理论，石油生成的温度范围大体为 60～150℃，天然气生成温度范围更大。对应的深度范围则取决于地温梯度。油气初次运移开始的温度和深度一般大于油气大量生成的温度和深度。

2. 压力条件

烃源岩中异常高压是相当普遍的，其主要成因是由于烃源岩岩性致密，压实过程中排液不畅而造成欠压实，从而形成异常高压，对于连续厚度巨大的烃源岩尤其如此。干酪根降解成烃也是产生异常高压的一个重要原因。当然，对厚度适当，排液畅通的烃源岩也可保持正常压力。

二、油气初次运移的机理

油气初次运移的机理，至今仍是一个有争议的问题。正如 Barker(1978)曾指出的那样，设想一个单一的石油排出母岩的运移机理几乎可以肯定是错误的，机理可能不只一个而是有很多个，已提出的各种运移机理，不应被认为是可任选的意见，而应被认为是互相补充的。每种初次运移机理的实质，都是对于油气初次运移的驱使因素、相态及运移通道的认识，即论述油气是“在什么因素驱使下”、呈“何种相态”、通过“什么途径”排出烃源岩的。

(一)油气初次运移的驱使因素

1. 压实作用

压实作用(compaction)是使沉积物中孔隙水排出的主要地质因素,对油气的排出也起着重要作用。早期的沉积物压实过程中,泥岩孔隙度和排出流体随埋深的变化如图 5-6 所示。

当烃源岩生成的油、气溶解在孔隙水中,就能够在孔隙中一起被压实排出。压实水流载出油气数量,取决于烃源岩在排烃过程中孔隙度的减少量、油气在孔隙水中的溶解度以及排出后油气的析出(脱溶解)程度。烃源岩在浅埋藏、未成熟阶段生成的生物成因气,能够在压实作用驱使下排出烃源岩。但由于烃源岩在达到生油门限深度之前,一般已经达到了较充分的压实程度,烃源岩成熟、生烃之后常常不再具有足够的孔隙水通过压实而排出,因此通过正常压实水流载出的成熟油气,数量上可能是有限的。

Chapman(1972)指出,泥页岩压实排水的主要时期和油气大量生成在时间上的矛盾,可以通过欠压实作用得到调节。欠压实可以使孔隙水的排出受到不同程度的延缓,如果正好被推迟到主生油期,则对油气初次运移起积极作用。另一方面,欠压实还使更多的水较长时间处于较高温度压力下,有利于石油在水中的溶解。

2. 热力作用

热力作用(thermal effect)可使泥岩中的流体受热膨胀,体积增大,而使矿物颗粒受热膨胀,则可增加孔隙空间。由于水、油、气的膨胀系数比颗粒的膨胀系数大得多(分别为颗粒的40、200 和 800 倍),所以在热力作用下泥岩孔隙流体体积趋于增大。纯水在地面的比容为 $1m^3/10^3kg$,当埋藏达 5 000m 时,按地温梯度 25℃/km 计,比容将增加至 $1.05m^3/10^3kg$,也就是说体积增大 5%。实际上由于地下水常是含盐的,并伴有油气,况且地温梯度也常大于列举数值,所以体积的增长不止此数(图 5-7)。这部分由热膨胀而增加的孔隙流体在渗透性好的条件下可及时排出,否则就推迟排出,而产生异常高压。

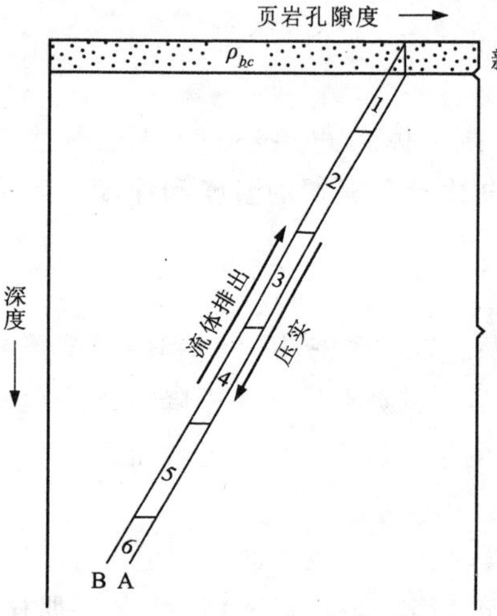

图 5-6 压实过程示意图

(据 Magara, 1977)

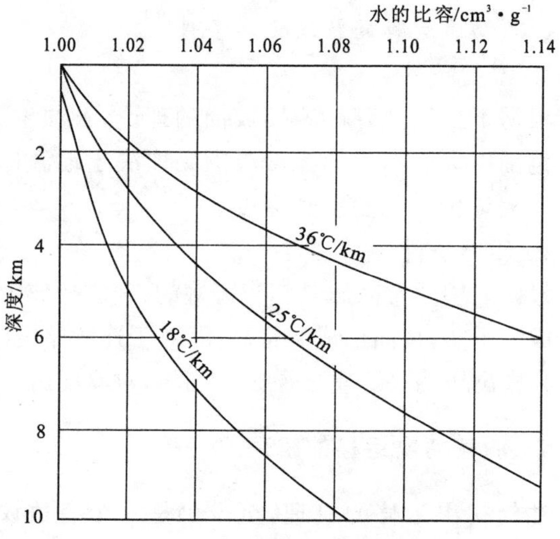

图 5-7 在三种地温梯度下正常压力带水的比容-深度关系图

(据真柄钦次,1974 略修改)

热力作用对初次运移的影响还表现在其他方面。如伴随温度升高，烃源岩有机质降解出更多的烃类，促使初次运移的发生。温度升高，有助于解脱被吸附的烃类；有助于降低流体的黏度；有助于降低油水间界面张力；有助于油气在水中的溶解等。

3. 成烃增压

干酪根热降解成烃一方面为初次运移提供了烃类流体，另一方面成烃增压（generation pressure）作用也是烃源岩内部初次运移能量的一个重要来源。干酪根热降解和热裂解过程中，生成大量的烃类和非烃类的液态与气态产物，其密度都比固态干酪根的密度低，这必然导致烃源岩孔隙流体体积和流体压力增加，最终结果是产生微裂缝（Hedberg，1980）。烃源岩成烃增压的强弱，取决于其生烃强度、所生烃类与干酪根之间的密度差、烃源岩致密程度等因素。生烃强度越大、所生烃类密度越小、烃源岩越致密，则生烃作用所产生的孔隙流体压力越大。成烃增压定量计算数学模型为：

$$\Delta P = \frac{M_g/\rho_g + M_o/\rho_o - M_k/\rho_k}{C_g \cdot M_g/\rho_g + C_o \cdot M_o/\rho_o + C_w \cdot \varphi} \tag{5-8}$$

式中：ΔP 为成烃增压量，MPa；M_o、M_g分别为生油、气强度，kg/m^3；M_k为单位体积烃源岩转化的干酪根质量，kg/m^3；ρ_g、ρ_o、ρ_k分别为天然气、石油、干酪根的密度，kg/m^3；C_g、C_o、C_w分别为天然气、石油、孔隙水的压缩因子，MPa^{-1}；φ 为烃源岩孔隙度，%。

当未生成游离气时，上式简化为：

$$\Delta P = \frac{\rho_k - \rho_o}{\rho_k\left(C_o + C_w \cdot \varphi \cdot \dfrac{\rho_o}{M_o}\right)} \tag{5-9}$$

式（5－9）更清楚地揭示了成烃增压的影响因素。

Hedberg（1980）认为由甲烷生成而引起的内部孔隙压力可以产生微裂缝通道，既可促使甲烷本身也可促使气溶与水溶的石油、甚至游离相的石油从母岩中排出。他同时还指出，甲烷生成在某些环境下，如形成超压页岩体，可对石油运移起到明显的阻碍作用。

Ungerer 和 Beher 等（1980）则持不同的观点。他们根据地球化学资料对烃类生成时有机质总体体积膨胀进行了试算，认为有机质体积膨胀在石油排出作用中可能只起到一个较小的作用，在变质带由于干气的形成而使膨胀作用更加明显。

4. 黏土矿物脱水作用

Powers（1959、1967）、Burst（1969）等提出，黏土矿物成岩作用过程中，在热力作用下蒙脱石转变为伊利石时，可释放出黏土矿物的结晶格架水，作为油气运移的载体。据 Burst（1969）计算，由于黏土矿物的成岩转化，将占被压实沉积物体积 10%～15%的水从层间释放到孔隙空间成为自由水。黏土晚期脱水的临界温度各地有所差异，Burst（1969）概括为 90～110℃，Hunt（1979）认为 80～120℃可适合大多数地区。由此看来，脱水与成烃高峰时期是能匹配的，黏土矿物脱水对初次运移的重要性也正在于此。

但是，对此仍存在不同认识。许多地质学家认为这个变化是存在的，但并不普遍。地跨美、加两国的威利斯顿含油气盆地几乎不含蒙脱石（Dow，1974），日本新近系生油岩也没有足以形成补充水源的蒙脱石-伊利石转化（田口雄一，1975），对于黏土矿物很少的碳酸盐岩生油岩也遇到类似情况，这就说明黏土矿物脱水的意义也是局限的。

5. 扩散作用

由于浓度差而引起的物质分子的移动叫做扩散作用。物质分子的扩散作用服从费克定律：

$$dQ = -D\frac{dC}{dx}dS \tag{5-10}$$

式中：dQ 为单位时间内物质通过横截面积 dS 的扩散数量，S 为横截面积；$\frac{dC}{dx}$ 为浓度梯度，C 表示扩散物质的浓度；负号表示物质向浓度减小的方向进行扩散；D 为扩散系数，是在单位时间内当浓度梯度为 1 时通过单位面积的扩散量。扩散系数的大小表示扩散能力的强弱。

物质分子扩散系数与扩散介质性质和分子大小有关。轻烃通过岩石的扩散速度明显低于通过水的扩散速度，这是由于吸附作用、渗透性的阻碍以及孔隙介质弯曲效应的影响所致。随着分子链的增长，这种差别增大。

据 Leythaeuser(1980—1984 年)研究，轻烃通过含水岩石的扩散系数(他称为有效扩散系数)D 值为 $10^{-6} \sim 10^{-9} cm^2/s$，扩散系数与轻烃的碳原子数呈指数关系(图 5-8)。Leythacuser 通过对格陵兰西部两口浅取心井轻烃扩散作用研究，认为轻烃的扩散方式进行初次运移是一种有效过程。他推算，200m 厚的气源岩，通过 1 000km^2 面积进行扩散，在 200 万年间可累积扩散出的甲烷与西加拿大的奇韦尔(Chigwell)气田和荷兰的哈林根(Harlingen)气田的甲烷地质储量相当。图 5-9 为 8 组有机质类型和成熟度有所差别的气源岩，按累积扩散量和前述气田原始储量的对比图。

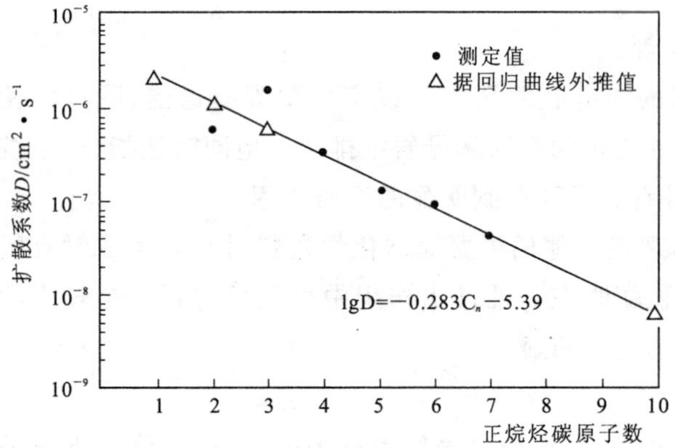

图 5-8 轻正烷烃有效扩散系数与烃分子碳原子数的关系曲线图

(据 Leythacuser，1982)

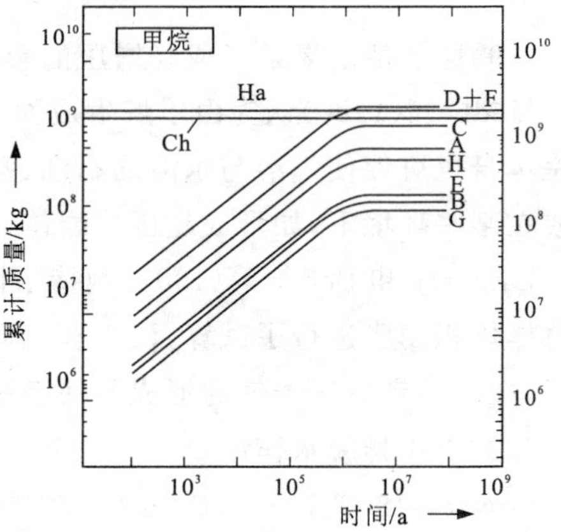

图5-9 A-H 组气源岩通过标准体积累积的扩散总量与两个气田甲烷原始储量对比图

(据 Leythacuser，1982)

Ch. 奇韦尔气田；Ha. 哈林根气田

当然，油气藏中的轻烃通过盖层扩散也是十分可观的。因此，只有通过盖层的扩散损失与来自烃源岩的继续补充之间达到某种稳定的平衡状态，轻烃聚集才能在漫长的地质时期中得以保存。

综上所述，油气初次运移可能有多种影响因素，各种因素在不同的条件下对不同的烃类组成起着驱使或阻碍作用。概括而言，这些因素可分为两类：其中一类主要是通过产生或增加孔隙流体压力而起作用的，也就是说压差是其直接驱动因素；另一类为扩散作用主要由浓度差驱动的。因此，烃源岩内部和外界的压力差和浓度差是油气初次运移的本质原因。

(二)油气初次运移的相态

发生初次运移的油气，呈现什么样的物理化学状态，是初次运移机理中的又一核心内容。根据有没有游离态的烃划分为水溶相和游离相两大基本相态。所谓水溶相，是指石油、天然气溶解于水中，随水一起排出烃源岩；所谓游离相，是指油气呈独立的油相或气相从烃源岩中排出。根据众多地质、地球化学家的研究结果，普遍认为油气初次运移以连续的游离烃相为主。以下介绍几种具体的相态。

1. 分子溶液

也称水溶液或真溶液，即石油或天然气分子完全溶解于孔隙水中成为溶液状态进行初次运移。Admas(1903)最早提出这种观点，之后得到 Lewis(1924)、Baker(1960)，McAuliffe(1963 — 1978 年)、Price(1976 — 1989 年)等人的支持和发展。

在常温下烃在水中的溶解度很低，不同烃溶解度大小顺序是：芳香烃＞环烷烃＞烷烃，同族烃中分子越小越易溶(图 5－10)，因此，天然气在水中溶解度比石油要大。

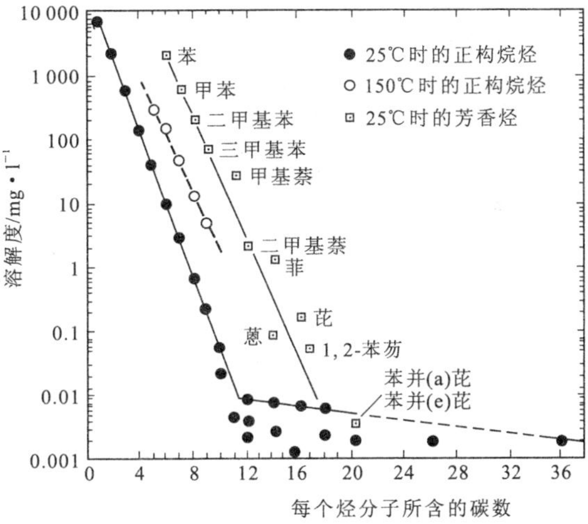

图 5－10　烃类在水中溶解度与碳数的关系图

(据 McAuliffe 等，1980)

有不少作者对水溶液中烃类的增溶作用(包括温度、压力、CO_2 含量增加对烃类增溶作用)进行了研究。这些因素对天然气的增溶作用较为显著，但对石油影响较小，难以提供足以形成工业聚集的烃类浓度或载体。加之，石油的组成与烃源岩抽提物相近，而与水溶相烃类的组成相差甚远。因此目前认为，天然气呈水溶相进行运移可以成为主要的运移形式之一，而对于石油，虽然是一种可能的运移相态，但不能成为主要相态。

2. 胶体溶液

是指溶质分散粒子直径介于 10^{-9}～10^{-7} m 之间的溶液。胶体溶液的分散粒子不是单分子，而是分子聚合体。Baker(1959)首先提出石油在水中呈胶粒(也称胶束)状态运移的观点。20 世纪 70 年代受到 Cordell(1973)的积极支持。皂胶束存在可以起到对烃类的增溶作用，但经多方面研究，普遍认为，胶体溶液也许是初次运移的一种相态，但绝不会是主要的。

3. 连续烃相与混合相

即认为油气呈游离的连续油(气)相从烃源岩中渗流排出。烃源岩进入压实的晚期，孔隙度、绝对渗透率都很低，孔隙中所剩下的自由水不多，水的饱和度降低，相对渗透率也降低。相反，随着烃类不断生成，烃的饱和度不断增加，相对渗透率也增大。另外，成熟烃源岩内颗粒表面还可能有部分是油润湿而不是水润湿的，所以，以连续油相或气相运移会受较小的毛细管阻力，需要的临界含油饱和度也会降低，Dickey(1975)认为可低到 10%，甚至低到 1%。再者，生油期间产生的 CO_2 溶解于油中还可以降低石油的黏度，增加其流动性(Momper，1978)。在这些因素作用下，Dickey(1975)进一步认为在压实后期石油就会先于水而排出，此时石油将呈一种极细但连续的油丝运移。

Magara(1981)根据上述思想绘制了一个油气运移模式图(图 5－11)。该图表明，随压实作用的进行，泥岩的绝对渗透率不断下降，水的相对渗透率随之减小，而油的相对渗透率却增大。压实中期是最有利于油相运移的阶段，因为这时油的相对渗透率已增大，而泥岩绝对渗透率尚未达到最低值，也就是说，油相的有效渗透率可达到最大。

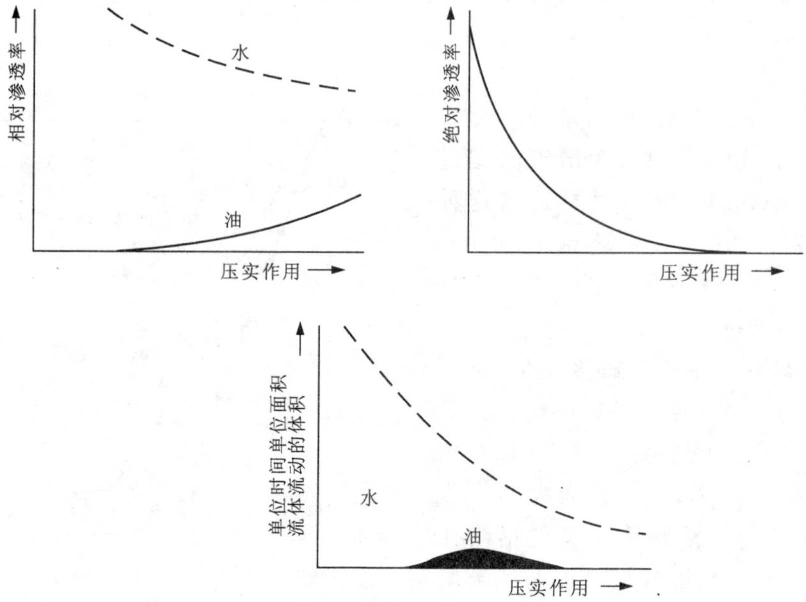

图 5－11 页岩相对渗透率、绝对渗透率及流体流动与压实关系示意图
(据 Magara, 1978)

必须指出，连续烃相运移，还包括气溶于油和油溶于气的情况。天然气在石油中的溶解度极大，特别是高压油层中 1m^3 原油可以溶解数百、甚至上千立方米的天然气。大量天然气溶于石油可使石油密度减小，黏度降低，极大地增加石油的流动性和运移能力。在特定的温度和压力条件下，液态烃可溶于气体之中。凝析气田的存在就是明证。Neglia(1979)根据意大利波河谷盆地 Malossa 凝析气田的生产特性推断：气体在深度为 6 100m、温度 153℃与 1 050 $\times 10^5$ Pa压力下，可以携带直到 C_{13} 的液态烃。Сокодов(1963)也表示，温度和压力的增大可使溶质石油的密度降低，推测在增高的温度与压力条件下，石油中液态烷烃和环烷烃也可以被溶解。气体溶液运移的基本条件是需要数十倍于液相的气体，因此一般只能发生在深处。

目前大多数学者原则上同意连续烃相运移的观点，而且对这一观点作了进一步的完善和发展。由原来的通过压实作用实现发展为通过微裂缝排出，即连续烃相通过微裂缝排烃。这种观点又被称为混相运移，即游离的油(气)相与水相同时渗流。

4. 分子扩散

分子扩散是分子本身自由运动的结果。从理论上讲，只要存在浓度差，任何物质都有扩散的趋势以达到浓度上的平衡。烃源岩生成烃类后，与外界存在着烃类的浓度差，因此，发生烃分子的扩散作用是必然的。问题在于从数量上看扩散作用到底有多大实际意义。Leythaeuser(1980)认为，扩散作用是天然气运移中的有效方式。而对于液态烃，扩散作用的实际意义要小得多。事实上，相比而言，扩散作用在油气藏破坏及形成气体分散晕等方面，具有相当重要的意义。

（三）初次运移的通道

初次运移是在烃源岩范围内进行的，初次运移的通道不外乎烃源岩中的孔隙系统、裂缝系统、孔隙-裂缝网络。

孔隙系统是油气初次运移最基本的通道。但由于前述烃源岩孔隙结构特征，以孔隙系统作通道进行初次运移也是有条件的。一般在沉积后大量压实以前，泥质烃源岩的孔隙度还较高，渗透性良好，这时生成的油气可以主要通过孔隙系统排出来。压实到一定程度后，随着烃源岩孔、渗性的变差，以孔隙系统作为排烃通道的运移越来越困难。虽然可能仍然存在，但所占比重越来越小。

目前，以微裂缝系统作为油气初次运移主要通道的观点日益得到人们的承认。Snarskiy(1961)最先提出流体通过微裂缝从烃源岩逸出的机理。他认为，由于生油岩压实、岩石弹性变形以及油与水的弹性，同时再加上温度和构造力的增大，岩层内部孔隙压力可升高到比岩石的压力大得多，这种压力可引起岩石破裂和裂隙的扩大，油气便可沿着这样形成的通道运移，进入具有静水压力的孔隙性与渗透性地层中。Tissot 等(1971)曾对含有固定有机组分的黏土进行加热、加压模拟实验。当压力为44MPa 时，加热时可驱出 N_2，但逸出的气量甚微，这种情况直到压力为 54MPa。当压力达到54MPa 时，黏土岩开始产生微裂缝，相应地通过微裂缝驱出 N_2的数量急剧增加(图 5－12)，一直继续到微裂缝闭合为止。这一过程可概括为压力增长产生微裂缝→微裂缝排出流体使压力释放→微裂缝闭合再积累压力，如此周而复始，间歇性进行。Price 和 Hancoch(1970)曾讨论过在野外明显由于孔隙水压力形成大裂隙的证据。在威尔士的泥盆系以及南北利牛斯山的挽近系中，孔隙水压力极高，即使在压性构造幕中也足以引起张性破裂产生。虽然破裂在砂岩中最常见，但它们在页岩中也可产生。此外，采油及钻井过程中的人工液压引起地层产生破裂现象，也都证明高流体压力可导致岩层产生裂隙。

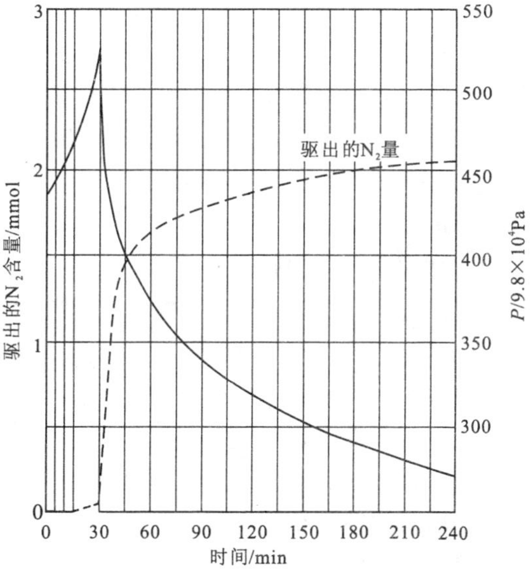

图 5－12 含有机质黏土加压实验，表示微裂缝对油气运移的影响图

（据 Tissot，1971）

上述理论实验和现场的研究表明，烃源岩由孔隙压力升高所导致的微裂缝系统，很可能是最重要的初次运移通道。Ozkaya 等人还进一步定量研究了石油通过本身扩展的裂隙进行初次运移的情况。

Secor(1965、1969)曾全面讨论过由流体压力产生微裂隙的条件。

(1)如果由流体(油、气、水)压力来开启微裂缝，那孔隙中流体压力(p_p)必须超过最小压实力 S_3与岩石抗张强度 K 之和：

$$p_p \geqslant S_3 + K \qquad (5-11)$$

(2)要使该微裂缝延伸和扩展，则裂缝中流体压力(p_f)必须一直满足条件：

$$p_f \geqslant S_3 + K \qquad (5-12)$$

(3)在没有支撑物(如方解石、不规则断面等)的条件下，维持微裂缝张开状态，必须满足条件：

$$p_f = S_3 \qquad (5-13)$$

上述关系式都是近似的，因为没有把裂缝末端发生的应力变态作用考虑进去。

(四)初次运移的模式

通过上述有关初次运移驱动因素、相态和通道的分析，初次运移的基本机理已经很清楚了。即初次运移是一个复杂过程，油气在不同条件影响下，可以呈现多种相态，通过孔隙或裂缝系统而排出烃源岩。驱动因素、相态和通道有多种组合，每种组合型式实际上就代表一种初次运移模式，但概括而言，有三种最基本的模式，其他则是这三种模式的延展。

1.“压实水流”模式

指在正常压实的作用下，油气溶解于水中，呈水溶液随水一起被压实出来。即油气初次运移的驱动因素、相态和通道分别是正常压实、分子溶液相和孔隙系统。在此模式的基础上，如果油气呈胶体溶液，或者在欠压实作用下，都可延伸其他具体模式。特别是为了解决溶解度过低，而提出了孔隙中心网、干酪根网络等几种模式。

2.“微裂缝排烃”模式

在异常高压作用下，岩石产生微裂缝，通过微裂缝排出游离石油或天然气。异常高压的成因可有欠压实作用、水热增压、烃类生成等因素。运移通道以微裂缝为主，也包括孔隙系统。相态包括油相、气相、油气水单独渗流和混合渗流等多种。一旦烃源岩发生微裂缝排烃，孔隙流体压力就得到释放，微裂缝在围压作用下闭合，排烃作用停止；之后，随着生烃作用等增压机制的继续，压力再次增加，为下一幕微裂缝开启与排烃作用的发生而积累动力和烃类物质。微裂缝排烃是间歇性的、幕式的过程。

3.扩散作用

由浓度差驱动，通道包括孔隙和裂缝系统。

目前看来，油气初次运移很难用一种模式概括，在不同地质条件下可能有不同的运移模式，但大多数人认为在这三种基本模式中，第二种可能是最重要的。

三、油气初次运移的其他问题

初次运移是发生在地史中的一个地质过程，对于它的特性，人们无法直接观察和测量，只能应用一些理论方法和实验手段进行间接的分析研究。

(一)初次运移的痕迹

无论在烃源岩中还是油气本身，都或多或少保留着一些初次运移的痕迹。

1. 烃源岩中的有机流体包裹体

成岩矿物结晶时，常常能以包裹体的形式捕获当时的成岩成矿流体。以烃类为主要成分的包裹体主要分布在石英和长石假晶与次生加大边、碳酸盐胶结物、裂缝充填物中。主要相态有纯液态烃、纯气态烃、沥青、气液两相烃、含烃盐水等多种。含有不饱和键烃类化合物的有机包裹体具有荧光性。烃源岩裂缝的充填矿物中的有机包裹体，是初次运移的直接痕迹。包裹体的成分、相态、丰度、均一化温度和产状，取决于油气初次运移时的温、压、盐条件、油气相态和成分、通道与方向等因素。反过来，研究有机包裹体又有利于揭示这些因素的本来面貌。

2.油气中的微化石

在极为复杂的初次运移过程中，油气可以将烃源岩中的微化石（如孢子花粉）携带出烃源岩。这正是运移中的油气与烃源岩相互作用的两个方面。从油气中萃取出的孢子花粉微化石是极为重要的样品，它记载着运移时介质岩石的许多信息。此外，由于与岩石的相互作用，油气本身的物化性质和数量都会发生很大的变化，这将在下面讨论。

3.烃源岩显微结构

通过烃源岩薄片的镜下显微有机岩石学观察，能够发现成熟烃源岩中存在大量裂缝和微裂隙，在荧光显微镜下还能观察到微裂隙的形态、产状、沥青充填情况。利用扫描电镜还能观察到干酪根组成的有机网络，在环境扫描电镜下甚至还能观察到持续升温过程中，干酪根生气、排气动态。

（二）初次运移的时期、深度

原则上说，在油气生成之后，只要具备了排烃的条件，就有可能发生初次运移。所以，油气主生成期是初次运移发生期的最早时间。要进一步确定更具体的时间，必须研究初次运移的条件和结果。

（1）根据压实阶段确定：青柳宏一和浅川忠（1979）认为，早期压实阶段石油尚未生成，重结晶阶段石油难以排出（图5－13），故最重要的初次运移发生在晚期压实阶段。日本的中新世沉积石油生成温度约为100～150℃，他们推测日本秋田（Akita）晚期压实阶段（也即初次运移期间）相当于1 300～2 600m，如地温梯度为8℃/100m，则初次运移期间地温119～223℃，超出生油温度范围，形成大油藏的可能性小，但可形成气藏；若按3℃/100m计，则初次运移期温度为54～93℃，低于生油所需温度，只能主要有生物甲烷气体生成；若地温梯度为5℃/100m，则初次运移温度为80～145℃，这种情况下形成大油藏的可能性是很大的；他们实际上是考虑有利的压实期（作为排烃期）与主生油期的匹配关系，因而是建立在“压实水流模式”的基础之上的，有其局限性。类似的研究还有真柄钦次（1980），这里不再重复。

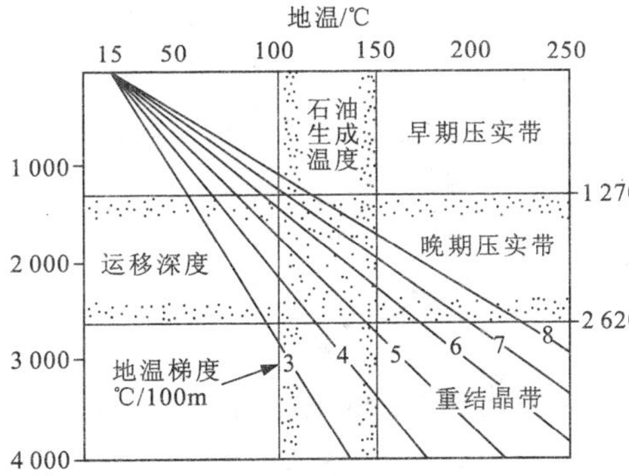

图5－13 日本秋田（Akita）地区地温梯度对运移的影响
（据青柳宏一等，1980）

（2）根据微裂缝形成时间确定：按照微裂缝排烃的模式，初次运移发生的时间就是微裂缝形成的时间。微裂缝形成时间可根据油气生成史、异常压力史研究确定，一般用计算机模拟来实现。不同的概念模型计算的结果有差别，一般在有机质成熟度$R_o>0.7\%$的油气生成阶段，异常高压可导致烃源岩产生微裂缝而发生初次运移。

（3）根据有机流体包裹体确定：有机流体包裹体是运移期成岩矿物捕获的原始油气样品，通过成岩序次的研究，测定与有机包裹体形成时同期盐水包裹体的均一温度，结合埋藏和地温史则可确定油气运移的时间及深度。

此外，根据烃源岩的有机地球化学剖面分析，也可确定油气运移的时期和深度。

（三）初次运移的方向

初次运移的方向取决于油气初次运移的驱使因素和生储接触关系以及通道特征。前已论述，烃源岩内的孔隙压力差是最重要的驱使因素。根据烃源岩的基本特点不难理解，这个压力差的方向主要是垂向的，也可以是侧向的。另外，受最小应力 S_3（一般为水平的）控制的微裂缝方向是近垂直的。一般情况下，初次运移的方向主要是垂向的，以垂直向上更为重要。但实际运移方向常与生、储组合型式有关，如储层位于烃源岩上下互层式出现，则向上下排烃都有可能，但可能以向上运移为主。不难理解，初次运移的距离是很短的，一般为几米至几十米，不超过烃源岩排烃厚度，最大极限是烃源岩的厚度。

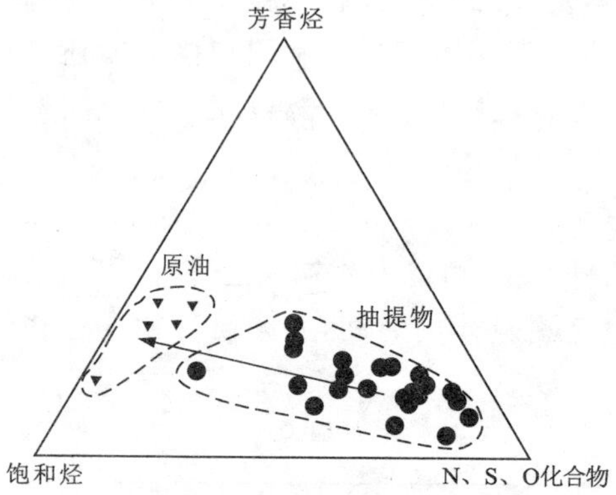

图 5-14　法国帕朗蒂盆地侏罗系原油与母岩抽提物的化合物组成
（引自 Barker，1979）

（四）初次运移的效率

油气从烃源岩中排出前后，在组成上有所变化。由于黏土矿物和固态有机质对烷烃的吸附程度比对芳烃的弱，比 N、S、O 化合物更弱，因此，烷烃最优先排出，故石油中一般是饱和烃含量大于芳烃、芳烃含量大于 N、S、O 化合物（图 5-14）。此外，烃源岩排油过程中，将发生色层效应和对原油中某些化合物组成的选择性吸附作用。

排烃程度可用排烃效率来表示。排烃效率是指烃源岩排出烃的质量与生成烃的质量百分比。排烃效率是定量评价含油气盆地的资源远景的重要参数。常见的计算方法可分为两类，一类是根据生烃量减残烃量求得排烃量，另一类是按照排烃模式直接计算理论排烃量。不同学者的计算结果存在很大的差别，但一般认为天然气的排烃效率比石油高。

石油和天然气（特别是石油）从烃源岩中排出效率曾经被认为很低，据 Hunt(1979)估算，储层中的烃量占不到烃源岩生成烃量的百分之一，如果考虑损失到其他地方的烃，那么经初次运移出来的烃量最多只占烃类生成总量的百分之几，不超过 10%。然而，Leythaeuser 等(1981)利用烃源岩产率指数 $S_1/(S_1+S_2)$ 对挪威两口浅井岩心的排烃效率进行的计算认为排烃系数为 32%。李明诚(2007)对我国东部渤海湾盆地各凹陷古近系烃源岩排烃效率进行了大量的计算和研究，认为排油率一般为 25%～40%，排气率为 70%～85%。

排烃效率低曾经被认为与烃源岩中间部分生成的烃不能或很难排出有关，只有邻近渗透性岩层的顶、底部才能较多地排烃。也就是说，厚层烃源岩中，只有顶、底部才是有效的排烃范围，中间部分往往是无效的。为此，提出烃源岩有效厚度的问题。Tissot 和 Pelet(1971)认为厚层烃源岩只有顶、底各十几米才是有效的排烃带，也就是说，烃源岩排烃有效厚度为 20～30m，太厚的烃源岩排烃效率可能很低。李明诚(2007)认为如果厚层烃源岩存在微裂缝排烃方式，那么通常就不存在排烃有效厚度问题，烃源岩还是厚一些好，这样在很长时间里都能有烃类的补给和排出。当然，烃源岩单层厚度很大时，有效排烃厚度仍然是一个需要考虑的实际问题。

第三节　油气二次运移

油气经过初次运移从烃源岩进入渗透性岩石中，就开始了二次运移。油气一般以连续游离相进行运移，主要受到浮力、水动力和毛细管力的驱动或阻碍，可以理解为在多孔介质中的渗流作用。

一、油气二次运移的介质条件

由于二次运移与初次运移的介质环境有显著差别，这就决定了二次运移的许多特性也不同于初次运移。二次运移的环境是孔隙空间、渗透率都较大的渗透性多孔介质，对油气的毛细管压力较小，便于孔隙流体（包括水、油、气）的活动。

砂质沉积物由于质点坚硬，在压实过程中主要表现为颗粒的再排列，所以压缩性小，且孔隙度的减小很快趋于稳定（图 5－2），二次运移的孔隙度一般在 10%～30%。砂岩的比表面也比泥质岩的比表面小得多。据 Hinch（1978）对美国湾岸地区挽近系的研究，$50cm^3$ 砂岩颗粒的内表面积仅为 $0.3m^2$，约为同体积页岩颗粒的内表面积 1/80 000。比表面小一般对油气的吸附作用也小。储层介质大部分是亲水的，所以，油气二次运移必须克服一定的毛细管阻力。

储集层的温度和压力与临近烃源岩基本相同或略低。与初次运移不同，二次运移不仅受压实水流的影响，还可能受重力水流（大气水流）的影响，因此，水动力是影响油气二次运移的一项至关重要的因素。

二、油气二次运移的作用力

（一）受力分析

从物理角度讲，油气二次运移实际上是油气在含水介质中的机械渗流过程。以下分析单位质量的石油质点在渗流过程中的受力情况。这种分析同样适用于天然气，只是天然气与石油的密度不同而已。

单位质量的石油质点受到以下 4 种力的作用（图 5－15）。

（1）重力：大小为 g（g 为重力加速度，下同），方向向下。

（2）浮力：大小为石油质点排开水体的重力。设石油密度为 ρ_o，则质点的体积为 $1/\rho_o$，浮力为（$1/\rho_o \cdot \rho_w \cdot g$），方向向上。

（3）水动力：在静水状态下，不存在水动力；当孔隙水运动时，石油质点受水动力的作用，该力的大小相当于同体积水受到的力。设单位质量的水受到的力为 E_w（称为水的力场强度），那么作用在石油质点上的水动力大小为（$1/\rho_o \cdot \rho_w \cdot E_w$），方向为 E_w 方向。水动力可简单理解为水流对油气的"推力"。

（4）毛细管力：油气在孔隙介质中运移，必然受到毛细管力的阻碍。半径为 γ_c 的单根毛细管的毛细管力大小为（$2\sigma/\gamma_c$），它实质上是一种压强，而不是压力，方向与运移方向相反。

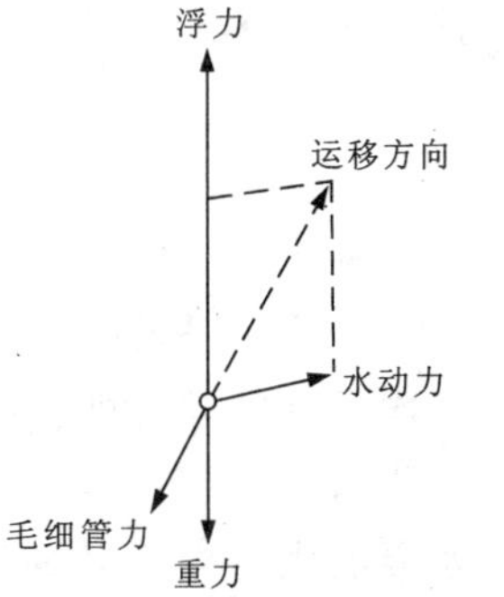

图 5－15　二次运移油气质点受力分析示意图

油气二次运移过程中，受以上各种力的合力的作用。

(二)二次运移的动力

上述浮力、重力和水动力的合力便为油气二次运移的动力。

1.净浮力

上述浮力是阿基米德浮力。由于它的方向总是向上,与重力方向相反,石油地质学中常将浮力与重力同时考虑,并将浮力与重力之代数和称为净浮力。故石油质点的净浮力可用下式表示。

$$F_r = -\frac{\rho_w}{\rho_o}g + g = -\frac{\rho_w - \rho_o}{\rho_o}g \quad (5-14)$$

式中:负号表示净浮力方向与矢量 g 相反。

油、气、水三者密度不同。地下储集层中,天然气密度为(0.15~0.5)×10^3 kg/m^3,石油密度为(0.65~1.0)×10^3 kg/m^3,水密度为(1.0~1.2)×10^3 kg/m^3。在静水条件下,当油、气、水共存于储集层中并在其中能自由运动时,总是按密度分异,气居上方,油居中,水在下方。这就是浮力作用的结果。

对于单位面积($S=1$)的高度为 z 的油柱(丝),净浮力(F_r)为:

$$F_r = z \cdot 1 \cdot \rho_o\left[-\left(\frac{\rho_w - \rho_o}{\rho_o}g\right)\right] = -z \cdot (\rho_w - \rho_o)g \quad (5-15)$$

式中:水、油的密度(ρ_w和 ρ_o)与 g 都是相对固定的,因而连续油柱高度(z)大到一定程度,净浮力才能克服毛细管阻力而使石油运移。在静水条件下,如果水的密度取 1×10^3 kg/m^3,石油密度 0.75×10^3 g/m^3,连续油柱高度为 1cm,则 F_r=0.01×(1-0.75)×10^3×9.8=24.5(Pa)。

如果油柱高度厚达 30cm,则净浮力达 735Pa,就足以克服细砂以上粒级的毛细管阻力(300~600Pa),使石油向上浮起。

2.水动力

当地下储集层中的水处于流动状态时,油气受到水动力的作用。如前所述,推动单位质量石油质点运移的水动力值等于:

$$F_o = \frac{\rho_w}{\rho_o}E_w \quad (5-16)$$

净浮力和水动力的矢量和(E_o)是油气运移的动力。因此,

$$F_o = -\frac{\rho_w - \rho_o}{\rho_o}g + \frac{\rho_w}{\rho_o}E_w \quad (5-17)$$

合力的大小决定了二次运移的可能性、速率和方向。

(三)二次运移的阻力

二次运移的阻力即孔隙介质对油气的毛细管力。毛细管力取决于储集层孔隙半径、烃和水界面张力、润湿角。影响烃水界面张力的因素主要是烃类成分、温度等,气水界面张力一般比油水界面张力大。据 Schowalter(1979)的资料估计,地表温压下,气水界面和油水界面张力分别为 0.07N/m 和 0.025N/m;1 500m 左右分别为 0.048N/m 和 0.017N/m,3 000m 分别为 0.03N/m 和 0.009N/m。温度升高,界面张力降低。因此地下高温条件下,烃类所受毛细管力降低。

润湿性一般用润湿角(θ)来表示。润湿角在 0~90°之间的岩石为水润湿,大于 90°的为油润湿。二次运移途经中的岩石,被认为自沉积到成岩都是充满水的,颗粒表面有一层水的薄

膜，因而湿润角可看作为零度，$\cos\theta=1$。

如图 5－16 所示，当石油经过孔隙系统时，油滴要发生变形，在油滴两端的毛细管压力差即为真正的毛细管阻力。所以

$$\Delta P_c = 2\sigma\left(\frac{1}{r_t}-\frac{1}{r_P}\right) \qquad (5-18)$$

式中：r_t、r_P分别为油滴细、粗两端的岩石孔喉半径、孔隙半径；σ 为界面张力。

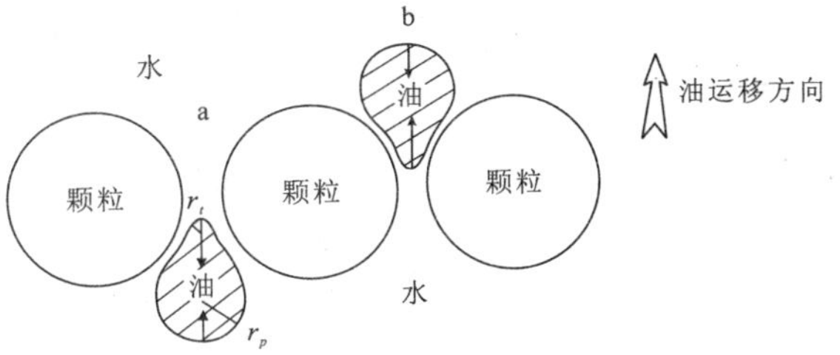

图 5－16　油滴在亲水碎屑岩孔喉中的运移示意图
（据陈荣书，1994）

三、油气二次运移的流体势场

对于在含水介质中运移的油、气而言，如果不考虑毛细管力的作用并且可获得气体密度随压力的变化，则油、气的势也可根据前述流体势的定义式（式 5－3、式 5－4）表示。

$$\Phi_o = gz + \frac{P}{\rho_o} \qquad (5-19)$$

$$\Phi_g = gz + \frac{P}{\rho_g} \qquad (5-20)$$

对于石油、天然气而言，地层水属于油气运移的条件，通常可用水势来描述油、气势。综合式（5－4）、式（5－19）、式（5－20），则有

$$\Phi_o = \frac{\rho_w}{\rho_o}\Phi_w - \frac{\rho_w - \rho_o}{\rho_o}gz \qquad (5-21)$$

$$\Phi_g = \frac{\rho_w}{\rho_g}\Phi_w - \frac{\rho_w - \rho_g}{\rho_g}gz \qquad (5-22)$$

式（5－21）、式（5－22）表明，可以根据水势和高程求得油、气势。

在静水状态下，由于水势 Φ_w 为常数，故 Φ_o、Φ_g 只取决于高程（z）。且高程越大，Φ_o、Φ_g 越小；z 越小，Φ_o、Φ_g 越大。因此，深处是油、气的高势区，浅处是相对低势区，故油气总是从下向上运移。油、气等势面为水平面。这就不难理解，静水状态下油气藏中的油（气）水界面[为油（气）的等势面]是水平的。

在动水条件下，Φ_w 是变化变的，因此 Φ_o、Φ_g 取决于 Φ_w、z 两个因素。水势 Φ_w 是从供水区向泄水区变小的，因此油、气的负势梯度方向也不再指向上方，而是向泄水区偏转。气的密度比油的密度小，所以偏转角度要小些。对于动水条件下的油气藏，油（气）水界面总是向水流下游方向倾斜的，就是这个原因。

同样，油、气的力场强度可表示如下：

$$E_o = -\nabla\Phi_o = g - \frac{\nabla P}{\rho_o} \qquad (5-23)$$

$$E_g = -\nabla\Phi_g = g - \frac{\nabla P}{\rho_g} \qquad (5-24)$$

在静水条件下，$P=\rho_w \cdot g \cdot h$，$\nabla P=\nabla(\rho_w \cdot g \cdot h)$，代入式（5－23）、式（5－24）则有

$$E_o = g - \frac{\nabla P}{\rho_o} = g - \frac{\rho_w g}{\rho_o} = -\frac{(\rho_w - \rho_o)}{\rho_o}g \qquad (5-25)$$

$$E_g = g - \frac{\nabla P}{\rho_g} = g - \frac{\rho_w g}{\rho_g} = -\frac{(\rho_w - \rho_g)}{\rho_g}g \qquad (5-26)$$

可见，静水条件下，油气的力场强度就是它的净浮力[图 5-17(a)]。

在动水条件下，由于 $E_w = g - \nabla P/\rho_w$，因此，$\nabla P = (g - E_w)\rho_w$。代入式(5-23)、式(5-24)，有：

$$E_o = \frac{\rho_w}{\rho_o}E_w - \frac{\rho_w - \rho_o}{\rho_o}g \tag{5-27}$$

$$E_g = \frac{\rho_w}{\rho_g}E_w - \frac{\rho_w - \rho_g}{\rho_g}g \tag{5-28}$$

可见在动水条件下，油气的力场强度包括两部分，前一项相当于作用在单位质量油(气)质点上的水动力，后一项为净浮力。这与前面的受力分析结论完全一致。动水条件下，油、气、水的力场强度相互关系如图 5-17 中(b)所示。虽然重力 g 相同，水压梯度(∇P)方向也相同，但由于油、气、水密度不相同，结果其合力 E_w、E_o、E_g 的大小和方向都不相同。

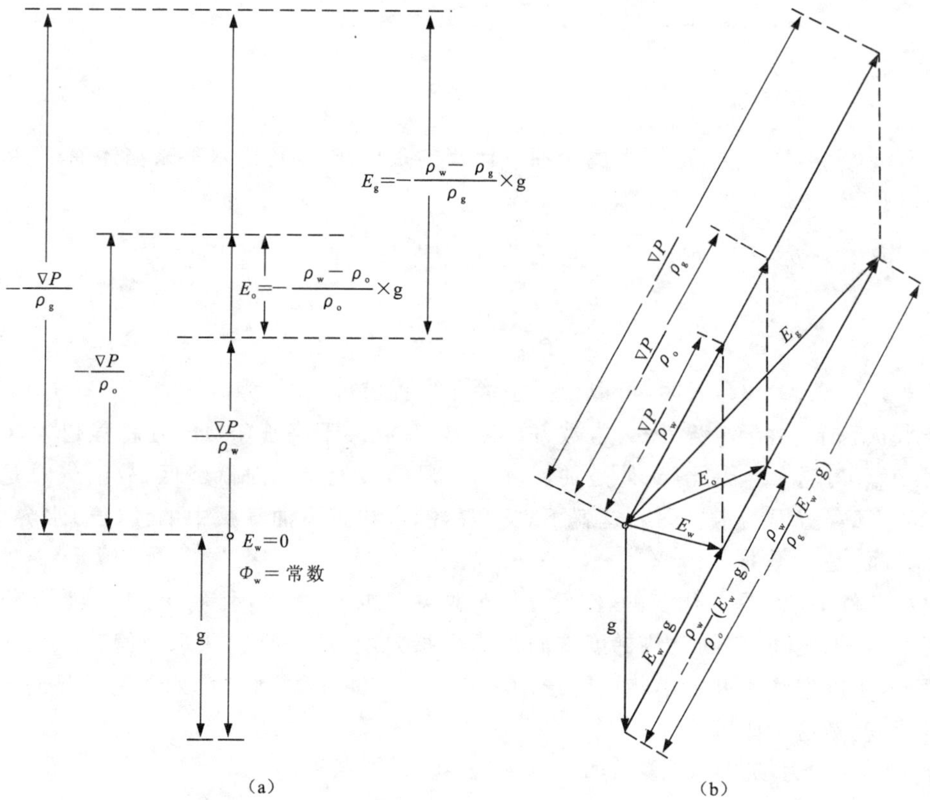

图 5-17 静水(a)、动水(b)环境中同一质点位置 E_w、E_o、E_g 示意图

(据陶一川，1983)

综上所述，从渗流力学的角度上讲，油气的势差是二次运移的动力源，油气总是自发从高势区向低势区渗流。油气在力场中受到的净浮力与水动力的合力，正是力场强度，它为油气渗流提供了具体动力和指向。

四、油气二次运移的运动学特征

通过上述有关油气二次运移的动力和阻力分析，流体势和力场强度的论述，已经对油气二次运移有一个基本的认识。以下再基于上述原理，对油气二次运移的条件、方向、通道、距离及结果作必要的介绍。

(一)油气二次运移的初始条件

油气排出烃源岩后，往往需要经过一定积累才能开始二次运移。首先，孔隙中油气饱和度S_o、S_g必须大于临界油气饱和度。只有这样，连续油气才会有相对渗透率和有效渗透率。其次，二次运移的动力必须不小于阻力才行。

油气经过初次运移进入储层时可能是分散的游离状态，这时油气数量少，体积小，所受驱动力不大，不足以克服毛细管压力差的阻碍，因此微小的油滴将处于停滞不动的状态。随着初次运移的持续进行，油滴增大，逐渐成丝连片，总的驱动力也越来越大。此外，烃类物质从烃源岩进入储集层时压力降低，溶有气体的石油体积增大、密度降低，使驱动力增加，即所谓溶解气效应。由于这两个原因，使烃类驱动力逐渐增大，直到驱动大于毛细管压力差时，便发生二次运移。

无论油滴、油丝或油片，其上所受的力应该是它的质量(m)和油的力场强度(E_o)乘积，即($m\times E_o$)。假定一定油丝的截面积为1，长度为ΔL，则油丝所受的驱动力为$\rho_o\cdot\Delta L\cdot E_o$。

二次运移的条件可表达成：

$$\rho_o\cdot\Delta L\cdot E_o\geqslant 2\gamma\left(\frac{1}{r_t}-\frac{1}{r_p}\right) \tag{5-29}$$

$$\Delta L\geqslant\frac{2\gamma\left(\frac{1}{r_t}-\frac{1}{r_p}\right)}{\rho_o\cdot E_o} \tag{5-30}$$

也就是说，油气必须累计到一定的长度或高度，才能克服毛细管阻力发生二次运移。

(二)二次运移的通道

一般而言，二次运移是沿着毛细管阻力最小的位置进行的。油气二次运移的具体通道主要有连续的渗透性岩石的孔隙系统、断层和裂缝面、不整合面等(图5-1)。

渗透性岩石的孔隙系统是最广泛、最基本的二次运移通道。油气经过初次运移进入渗透性岩石，首先在渗透性岩石孔隙系统内开始二次运移，在静水条件下，油气微滴可能从渗透性岩层底部向顶部累积，累积到一定数量后，便可在层内发生侧向的顺层运移。

断层既可作为油气的遮挡条件而造成断层圈闭，也可成为油气二次运移的通道，特别在穿层和垂向运移中具有独特的作用。断层空间作为运移通道还是充当圈闭条件，要根据具体情况分析。断层使岩层错位后，如果渗透层上倾方向与断层另一侧的非渗透性岩层完全或部分对接，则该断层对此渗透层可能是完全或部分封闭的，否则是运移通道；张性断层相对更具有通道性，压性断层更具封闭性；高角度断层有利于运移，低角度的有利于封闭；断层面如果有断层泥，则利于作遮挡，如果有角砾岩且胶结不紧，则有利于作通道。

裂缝系统对于发送孔隙间的连通性和渗透性，尤其对于改善致密岩石的渗透性具有重要意义。构造裂缝边缘平直，具一定的方向和组系，往往不受层面限制，延伸较远，是穿层运移的主要通道；成岩裂缝的特点是受层理限制，多平行层面，形状不规则，缝面有弯曲，是储集层内运移的重要通道。碳酸盐岩中裂缝是重要的二次运移通道。

由于不整合面分布具有区域性，有时不整合面可作为油气相对远距离运移的通道。又因为它能把不同时代、不连续分布的地层沟通起来，对油气运移具有特别重要的意义。因此，不整合面是油气侧向运移的重要通道。

宏观上，含油气盆地中油气二次运移的实际通道往往不是单一类型的。由油气二次运移的通道或路径所构成的三维空间组合称为油气输导体系。通常根据油气运移的主要通道，将油气输导体系划分为的储集体型输导体系、断裂型输导体系、不整合型输导体系以及由两种或以上简单输导体系组合而成的复合型输导体系(图 5－18)。油气输导体系不仅是联接烃源岩与油气藏或油气显示的“桥梁”，而且也是油气运移宏观非均质性的集中体现。不同构造属性的盆地或者同一盆地中不同构造部位可发育类型及特征不同的油气输导体系；而输导体系又是控制油气运聚成藏模式的主要因素。

油气输导体系的宏观非均质性、孔隙结构及渗透性的微观非均质性、运移动力场的非均一性以及油气本身物性等因素，共同决定了油气二次运移过程中存在一个优势通道问题。所谓油气运移优势通道，是指油气自然优先流经的那部分通道。研究表明，油气二次运移不可能在整个输导体系孔隙系统内均匀地推进，油气主要流经的空间可能仅占整个输导介质的 1％～10％(Hindle，1997)。这些数量比例很小的优势通道，输导的油气可能占输导体系输导油气总量的绝大部分，因此，优势通道被比喻成油气运移的“高速公路”。

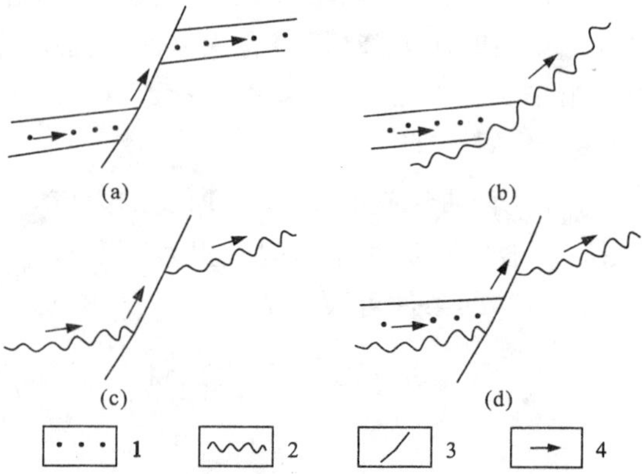

图 5－18　复合型油气输导体系示意图

(据陈欢庆等，2009)

(a)储集体与断层复合输导体系；(b)储集体与不整合面复合输导体系；(c)不整合面与断层复合输导体系；(d)储集体、断层与不整合面复合输导体系；

1. 储集体；2. 不整合面；3. 断层；4. 油气运移方向

不同尺度上，油气运移优势通道的主要受控因素有所不同。宏观尺度上，如大区域或盆地尺度上，运移优势通道(方向)主要受运移动力的控制，运移优势取向是油气势降低最快的方向。而在小区域或孔隙系统微观尺度上，运移动力局部变化较小，而毛细管阻力的局部变化明显，因此，运移优势通道主要受运移阻力分布的控制：油气优先沿孔渗性最好、阻力最小的路径运移。物理模拟实验发现，介质的孔隙结构、颗粒表面润湿性、多相流体各自的物理性质、油气柱高度等因素，都直接影响微观尺度上油气运移优势路径的形成，运移油气柱前缘跳跃、分叉、卡断等“运移瞬时状态及其变化”。

(三)二次运移的方向

前述油、气、水的力场分布，对油气二次运移的方向宏观上起着直接控制作用。油气质点在遇到盖层或其他不渗透的遮挡面之前，分别沿自身的力场强度方向运移。油气遇到遮挡面之后，如果平面状遮挡面和油(或气)等势面平行，即和力场强度方向垂直，则油气停积在遮挡下方，不能继续运移。如果平面状遮挡面和平直的等势面(或力场强度)斜交时，力场强度再分解为平行和垂直遮挡面的两个分量，平行于遮挡面分量控制油气继续运移的可能性和方向。由于遮挡面与力场强度方向的关系不同，可以组合出多种情况来（图 5－19）。如果遮挡面是弯曲状的，那么凸状的遮挡面（断层面或者封盖层底面）有利于使二次运移流线汇聚，形成优势通道；而凹状遮挡面则容易使流线发散、形成分散的运移路径（Hindle，1997）。图 5－20 为一个研究实例，图中油的等势线与构造等高线平行，该图反映了南襄盆地南阳凹陷古近系核桃园组三段顶面距今 2Ma 时构造面貌对石油运移流线的控制作用。

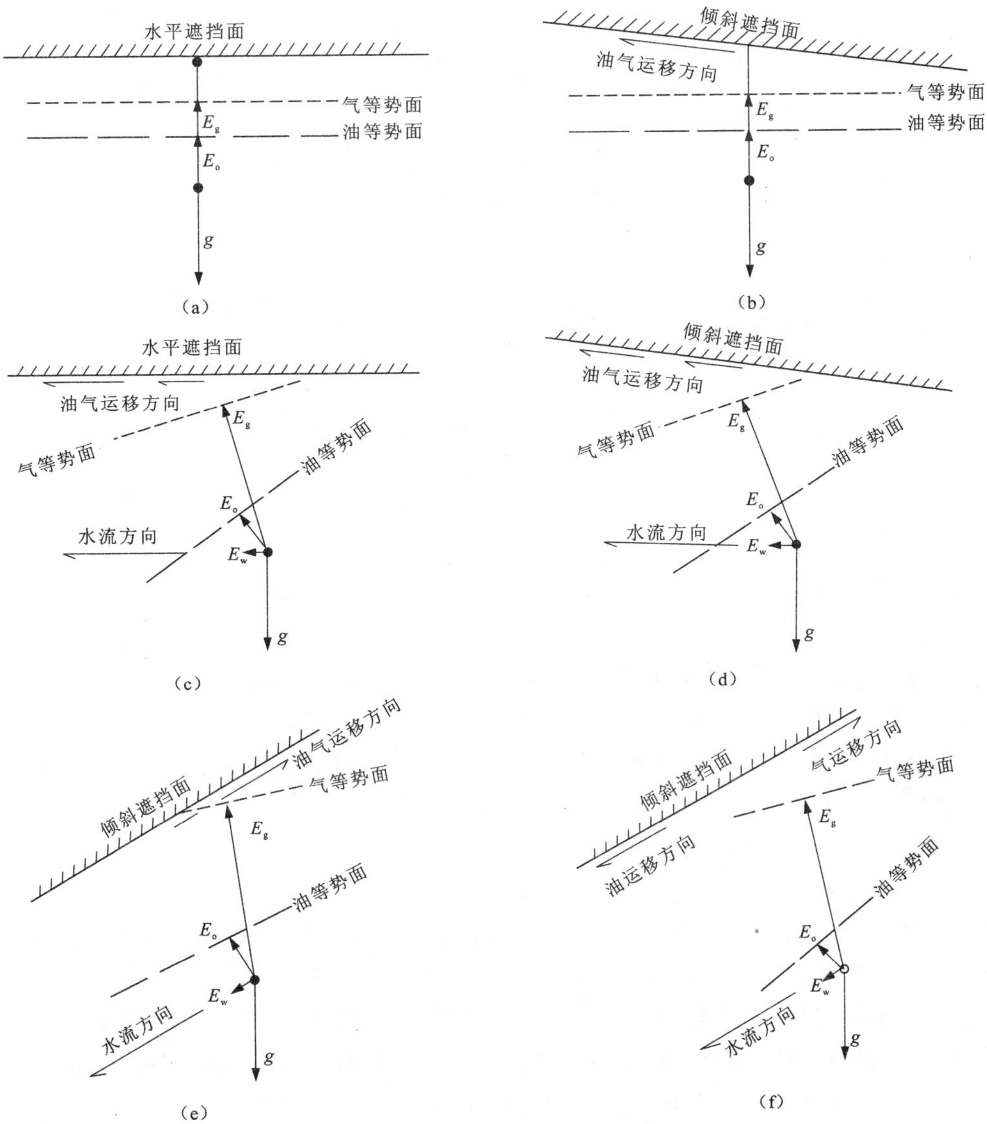

图 5－19　油气二次运移方向示意图

(a)静水条件下水平遮挡，油气停积在遮挡面下；(b)静水条件下倾斜遮挡，油气向上倾方向运移；(c)动水条件下水平遮挡，油气均向水流方向运移；(d)动水条件下倾斜遮挡，油气均向水流方向运移；(e)动水条件下倾斜遮挡，油气均向水流相反方向运移；(f)动水条件下倾斜遮挡，油向水流方向运移，气向水流相反方向运移

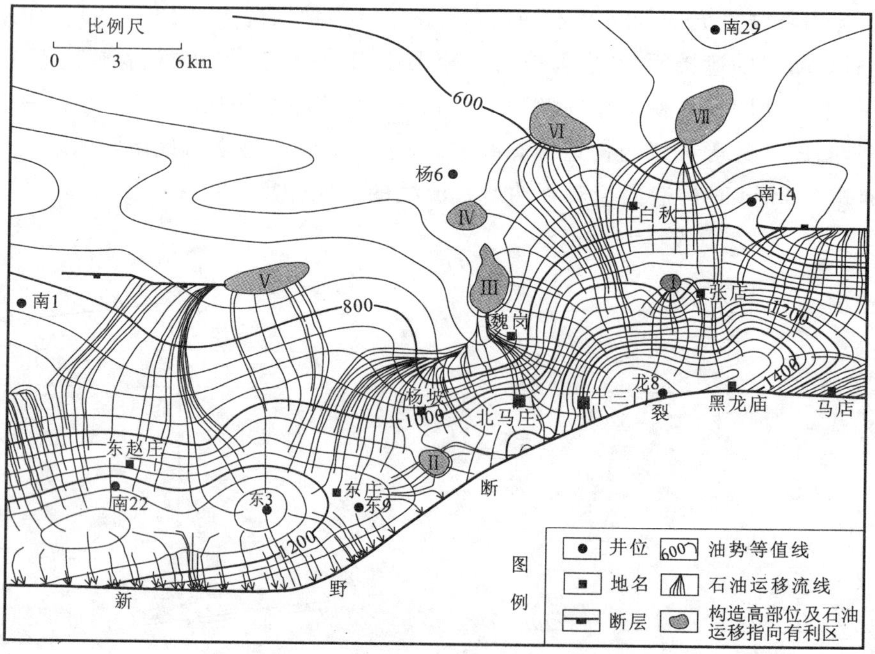

图5-20 南襄盆地南阳凹陷距今2Ma古近系核桃园组三段顶面油势等值线和石油运移流线概略图

（四）二次运移的距离

二次运移的距离是指油气从二次运移发生到进入圈闭形成油气藏所经历的路程。二次运移距离变化范围很大，小到几米，大到数百千米。这取决于运移通道、烃源情况等。

我国陆相含油气盆地中的油田分布大多靠近生油凹陷，运移距离较近，一般在30km之内。以不整合面为通道的运移，只要烃源充足，运移距离常常很远。如我国克拉玛依油田的石油来自其东南的玛纳斯湖凹陷，最大距离约为80km。美国堪萨斯的古潜山带中的石油，来自南方的生油凹陷，最大运移距离约160km。烃源岩中的砂岩透镜体中的石油，实际上只经过了初次运移，二次运移的距离接近为零。

（五）二次运移的结果

油气二次运移的最终结果，便是停止运移，在圈闭中聚集成藏。此外，运移过程中的油气也要发生一些性质和数量上的变化。二次运移中石油的高分子量成分以及极性成分易被矿物表面吸附，轻烃和无极性成分可自由通过，即产生天然的色层效应。色层效应的结果往往是使石油的胶质、沥青质、卟啉及钡、镍等重金属减少，轻组分相对增多，在烃类中烷烃增多，芳烃相对减少，烷烃中低分子烃相对增多，高分子烃相对减少。反映到物理性质上，表现为密度变小、颜色变淡、黏度变稀。以酒西盆地为例：自青西凹陷向鸭儿峡—老君庙—石油沟方向，可见原油正烷烃主峰值和镍卟啉逐渐降低，C_{22}^{-}和C_{23}^{+}正烷烃比值逐渐增加，以及密度、黏度、含蜡量和凝固点逐渐减小。

二次运移中依具体介质环境的变化，还可发生脱气、晶出等其他效应。特别值得注意的是氧化作用，它可使石油的胶状物质增加，轻组分相对减少，环烷烃增加，烷烃和芳烃相对减少，密度、黏度也随之加大，其效果大致与色层效应相反。不过二次运移中的氧化通常要被色层效应所抵消，只有当石油接近地表或当大气借助于断层或地层水而与石油沟通时，氧化作用可占优势。

最后，石油在二次运移的过程中，还会留下原始的微样品——有机包裹体。研究有机包裹体的成分、盐度、均一化温度以及相态，都能够提炼出许多有关油气运移的有用信息，包括运移期次、运移期的温压条件、油气来源、运移方向、运移油气的物理性质及成熟度等。

第六章　油气藏形成与破坏

在任一含油气盆地(或坳陷、凹陷)中油气藏的形成及产出状态，是含油气盆地系统演化的结果。它涉及多种因素，其中最主要的应包括：①成烃坳陷和充足油气源；②有利的生储盖组合和油气输导；③有效圈闭和油气聚集；④油气藏保存(或破坏)和油气再分布。

油气作为一种埋藏在地下的天然流体矿产，有其生成、运移、聚集、保存或逸散过程，且该过程必然受到自然界许多因素的制约。油气藏形成是烃类生成后经运移在圈闭中形成的大规模汇聚。石油和天然气在地下多孔介质和通道中的流动过程为物理的渗流过程，它必然遵循流体运动的动力学机理。沉积盆地内的油气富集本质上是沉积有机质由温度和有效受热时间控制的生烃化学动力学过程与由孔隙流体压力、净浮力、水动力及其流体势能控制的地下流体动力学过程综合作用的结果。

与成藏动力学有关的研究最早始于地球动力学中的流体动力学分析。1909 年 Munn 提出油气运移的水力学理论，1940 年、1953 年 Hubbert 提出了流体势的概念，1983 年 Dahlberg 出版了具重要意义的关于流体势分析方法的专著《石油勘探中的水动力学》；20 世纪 90 年代以来，随着盆地分析定量化研究、盆地模拟技术和油藏定量描述技术以及相关学科的发展，在石油地质学家与其他领域专家的共同努力下，逐渐形成和发展了油气成藏动力学理论与研究方法。

所谓油气成藏动力学就是以盆地为背景，以油气为对象，综合利用地质、地球物理、地球化学手段和计算机模拟技术，在烃源岩和流体输导体系的时空格架下，通过能量场演化及其控制的化学动力学、流体动力学和运动学过程分析，研究油气生成、运移、聚集、保存的动力学过程及其控制因素的综合性学科。由此可知，油气成藏动力学的研究基础是盆地构造和沉积演化、烃源岩热演化和流体运移输导系统的模型建立，研究核心是温度场、压力场、应力场以及势能场演化及其控制下的油气成藏过程。

本章首先主要介绍油气藏形成的基本条件(包括油气藏形成时间的确定、油气藏破坏和油气再分布)，然后简要论述油气成藏动力学研究的核心内容之一——油气成藏动力场(温度场、压力场、应力场和势能场)。

第一节　成烃坳陷和充足的油气源

一、成烃坳陷

(一)成烃坳陷的概念及其与油气聚集区的关系

成烃坳陷是指盆地中分布有成熟烃源岩或成烃灶(hydrocarbon kitchens)的深坳陷区。它拥有巨大的成熟烃源岩体积，高有机质丰度(有时兼有类型好)，能提供充足的油气源，足以形成具有工业价值乃至巨大价值的油气聚集。成烃坳陷有时也是良好的油气聚集区，是盆地中油气高潜量区，也是含油气带、希望带(fairways)或靶区(play)比较集中的地区，如松辽盆地中央坳陷[图 6-1(c)]就是这类成烃坳陷的实例，但有不少盆地的成烃坳陷与聚集区有一定的距离[图 6-1(a)、(b)]。多数盆地内的油气多聚集于成烃坳陷及其邻近区[图 6-1(d)]。

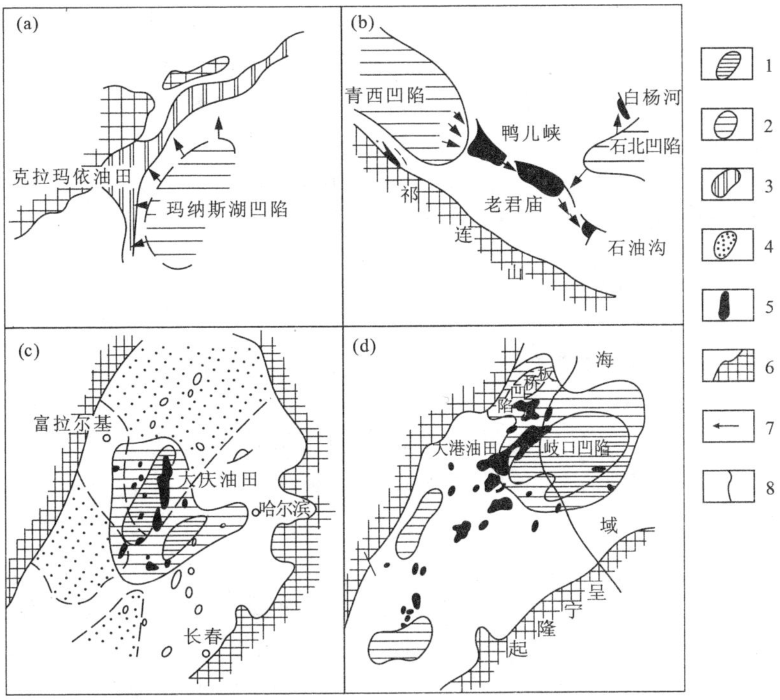

图 6-1　成烃坳陷与油气分布关系图

(据克拉玛依、玉门、大庆、胜利油田研究院汇编)

(a)准噶尔盆地玛纳斯湖成烃坳陷与克拉玛依聚油区；(b)酒西盆地青西成烃凹陷与老君庙油气聚集带；(c)松辽盆地中央成烃坳陷与油气分布；(d)渤海湾盆地黄骅坳陷岐口成烃凹陷与大港油气带；1.生烃中心；2.生烃凹陷；3.油气聚集带；4.储集岩区；5.油田；6.盆地边界；7.油气运移方向；8.海陆界线

(二)成烃坳陷内烃源岩展布型式

由于盆地类型及演化模式不同，成烃坳陷中烃源岩发育和展布型式也是多种多样的。归纳起来大体上有 3 种基本型式：①位于盆地中央地带，如松辽、西西伯利亚、洛杉矶、锡尔特等盆地；②偏于盆地一侧，如波斯湾、墨西哥、伏尔加-乌拉尔、阿尔伯达、金华昆等盆地；③多成烃坳陷，如渤海湾盆地。

成烃坳陷内烃源岩系的发育状况与盆地构造旋回有密切关系。多旋回盆地常发育多套烃源岩系，而单一旋回盆地一般只能有一套烃源岩系。

成烃坳陷在盆地中的位置可以保持不变，也可以发生某种程度、甚至较大距离的转移。一般大型多旋回沉降坳陷，不同时期的成烃坳陷常有位移现象，如波斯湾盆地内二叠纪、侏罗纪、白垩纪和古近纪的成烃坳陷及油气聚集区的位置都各不相同。同样的现象在墨西哥湾、北海、西西伯利亚、伏尔加-乌拉尔等油气盆地内都引人注目。我国四川盆地、鄂尔多斯盆地也存在成烃坳陷位移现象。只有把握成烃坳陷发育和迁移的规律性，才能有效地指导油气勘探。

(三)成气坳陷

与成油坳陷相比，成气坳陷的地质环境具有更大的广泛性。成油坳陷在一定演化阶段，特别是高成熟—过成熟阶段，即转化为成气坳陷。此外，广泛发育滨海含煤岩系的成煤盆地在不断深埋，并有良好的储盖及有效大容积圈闭存在的条件下，常形成巨大的成气坳陷。

（四）非成烃坳陷

需要指出的是，并非所有的沉积盆地，或堆积厚沉积物的沉积盆地都有成烃坳陷存在。有些沉积盆地（坳陷）虽然有厚沉积物堆积，但由于沉积物供给的速率等于或超过沉降速率，使盆地内坳陷区一直处于补偿或过补偿状态，水体浅，甚至有时直接暴露在大气之中，难以形成有利的成烃环境，或仅能生成极有限的油气，潜量极低，通常称为非成烃坳陷。在这样的盆地或坳陷中进行油气勘探，常是风险极大，而收益甚少。因此，确定一个盆地（或坳陷）是否属于非成烃盆地，对降低油气勘探的风险是很有意义的。

二、充足的油气源——油气丰度

确定成烃坳陷的油气丰度，通常有两种途径。

（一）根据已有勘探结果，采用单位面积拥有可采储量来计算

Perodown(1972)采用这种方法将世界主要含油气盆地分为3个等级：①丰富的（$>2\times10^8m^3/km^2$）；②中等的（$0.2\times10^8\sim2\times10^8m^3/km^2$）；③贫乏的（$<0.2\times10^8m^3/km^2$）（图6-2）。

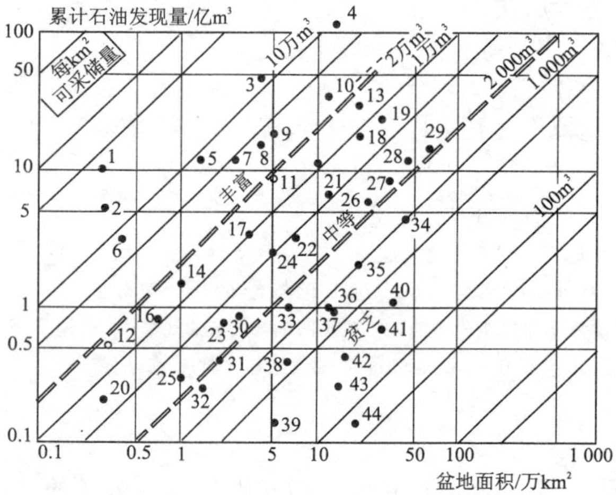

图6-2　含油气盆地的油气丰度图

（据Perodown,1972）

这个划分方法，较突出单位面积丰度这个参数。单位面积丰度高，而面积又大的油气盆地，肯定拥有极为丰富的油气，如波斯湾盆地（图6-2,4）。但有些油气很丰富的盆地，面积偏小，如阿拉斯加北坡（图6-2,18），成为中等丰度的含油气盆地。洛杉矶盆地是一个中等偏小的含油气盆地，但却是油气丰度最高的盆地（图6-2,1）。

这个研究给我们以启示，不仅大型的、持续长期沉降的盆地可以形成丰富的油气聚集，而且那些中等、甚至小型的持续沉积时间不长的沉积盆地，在诸方面有利条件相匹配时，也可形成丰富的油气聚集。如洛杉矶盆地，其面积仅39 000km²，但在晚中新世—更新世的短短20Ma内却沉积了6 000m巨厚的含油岩系，其中成熟烃源岩厚度超过2 000m，储层极好，生储盖匹配，拥有众多背斜及大容积（高层楼房式）的圈闭，形成了4个大油田、50多个中小油田，成为世界上油气丰度最高、聚集效率最高的油气盆地。此外，罗马尼亚的普洛耶什蒂、美国的文图拉都是中小型盆地（图6-2,2、6），但油气丰度也很高。还有我国的酒西盆地、泌阳盆地都是只有数千平方千米的小盆地，但也产出较丰富的油气，它们对我国油气工业早期发展起过重要作用。但与世界重要油气盆地相比，不具重要性。

这种估算方法仅适用于勘探程度较高的地区。

（二）计算盆地成烃潜量，排、聚系数，确定盆地总资源量

这种方法比较全面地把握了盆地总体的资源潜量，涉及油气地质过程定量研究的一系列

重大问题，其中有些仍在探索之中，这里仅介绍若干重要的基本概念。

1. 生烃量和成烃潜量

所谓成烃潜量是指该类烃源岩的最大生烃量。该参数主要通过热解获得，取决于烃源岩中有机质类型和丰度。而生烃量是指该盆地某一层或多层烃源岩在盆地演化过程中到目前为止已生成的烃量，它主要取决于烃源岩的体积、单位体积烃源岩中有机质丰度和类型，以及烃源岩的成熟度。

2. 产烃率和产烃丰度

所谓产烃率是指演化到某一阶段的单位质量(t)有机质所生成烃类的质量或体积。对液态油一般用 kg/t，对天然气一般用 m^3/t。

在计算产烃率时，还有一个常用参数为单位体积源岩的产烃率。该参数主要取决于烃源岩的有机质丰度、类型及成熟度。

所谓产烃丰度是指单位面积(km^2)内烃源岩的产烃量。这个参数主要取决于该面积之内烃源岩的厚度、有机质丰度、类型及成熟度。

在这些参数中，产烃率是最重要的基础参数，它主要依靠热模拟实验获得(图 6-3 和图 6-4)。有了该资料，其他地质参数则可根据地质实测或统计分析和实验数据求取，由此即可获

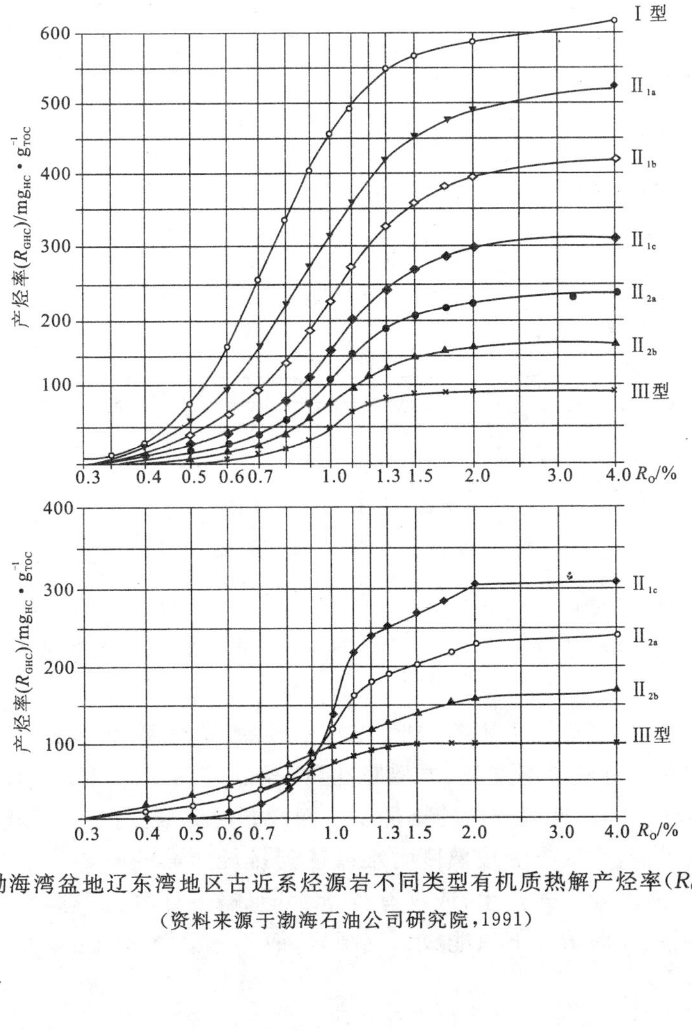

图 6-3　渤海湾盆地辽东湾地区古近系烃源岩不同类型有机质热解产烃率(R_{GHC})曲线图

(资料来源于渤海石油公司研究院，1991)

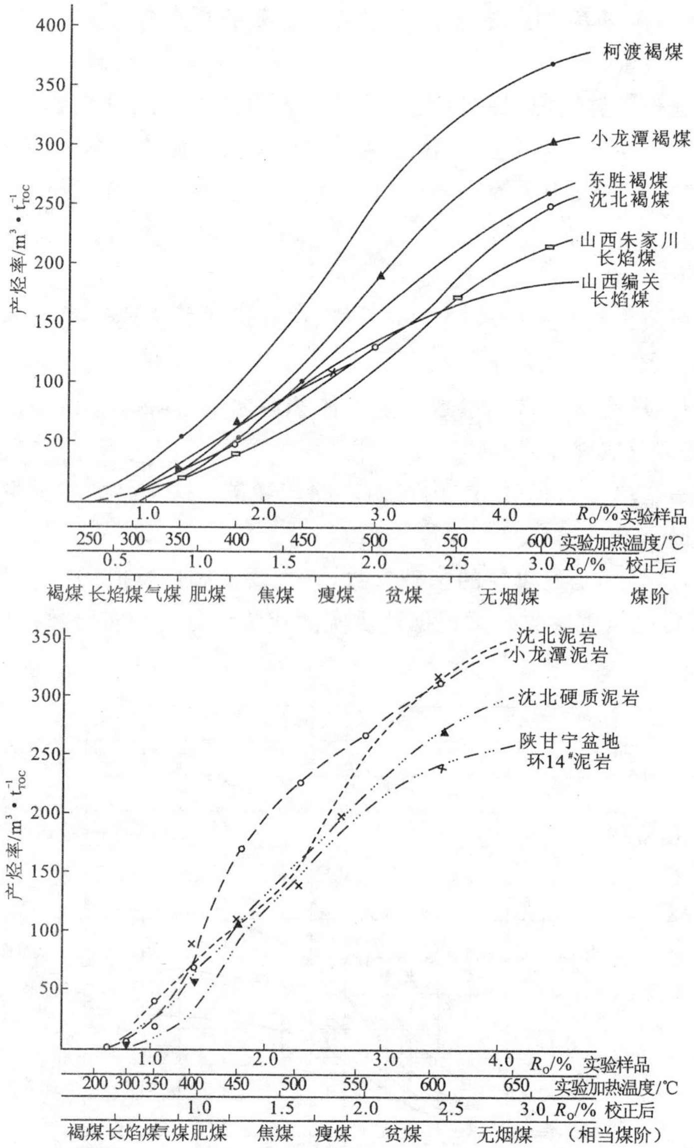

图 6-4 煤和煤系泥岩热模拟实验产气率曲线图

(据戴金星，1985，删去部分曲线)

得单位体积源岩的产烃率和单位面积内油气产率(或油气丰度)，进而利用这些参数就可确定盆地内成烃坳陷和非成烃坳陷的产烃率，为油气评价和进一步勘探提供依据。

3. 排烃和排烃率

近二三十年来的排烃研究结果表明，排烃与成烃速率、成烃量和烃源岩含油饱和度有着直接联系。良好的烃源岩(有机质丰度高、类型好)能在较低成熟度条件下生成较多烃类(图 6-3，Ⅰ、Ⅱ$_1$型)，排烃开始早，且具有较高的排烃率。而较差烃源岩(有机质丰度中一低、类型差)的生烃速率低，生烃量少，在低一中成熟度时难以达到排烃所需的临界含油饱和度，即使达到较高成熟度时也难以液态烃形式排出，或仅有少量(可忽略不计)的液态烃排出。这就不难理解为什么Ⅲ型干酪根在一般情况下只能成为气源岩，而不是油源岩。

前人对排烃率作过多种估计，一般认为液态烃排烃率较低，就个别层段样品分析，最高可达40%～50%（在邻近储层的排烃带，或完全排烃的烃源岩），一般在20%～25%以下；对连续厚度大于50～60m，特别是100m以上欠压实烃源岩，排烃效率恐怕难以超过10%～15%。总之，在多数情况下，烃源岩排烃率难以超过15%。排烃（油）率很大程度上取决于有机质类型和丰度，类型好、丰度高，排油率也高；Ⅲ型且丰度中等以下很难排油。气态烃的排气率可达70%～90%（Welte等，1985）。

4. 排液态烃（油）的临界含油饱和度

众多的油气地质学家反复强调，石油排出时烃源岩的含油饱和度必须达到一定临界值。过去常称临界析出因子（Momper，1966、1978），常以烃源岩抽提物含量表示之。现今比较常用排油的临界含油饱和度，或简称临界含油饱和度。它是指在油、水两相共存条件下，液态烃达到一定的相渗透率，能与水一起运移、排出所必须达到的含油饱和度。

临界含油饱和度的取值，至今尚无统一的认识。早在1940年Botset就提出油水共存的砂岩孔隙中，含油饱和度只有达到20%或更高，油才能有效运移。其后文献大多将20%～30%作为石油有效流动的下限。20世纪70年代以来将这一界限引入烃源岩排烃研究，并以此作为烃源岩排油的临界含油饱和度。Dickey（1975）认为：大多数页岩，特别是富含有机质的页岩，具有亲油性（油湿），而且页岩孔隙水大多为结构水，因此在富集烃类的大孔隙-裂隙系统中可以流动的流体的实际含油饱和度，比烃源岩总孔隙流体的平均含油饱和度要高得多。据此他认为石油呈连续油相运移的临界含油饱和度可能低于10%，最低限为1%。

目前，一般认为成熟烃源岩的平均残余含油饱和度，可视为临界含油饱和度。根据世界各地和我国东部主要含油气盆地烃源岩残余含油饱和度（S_{ro}）的研究，成熟烃源岩的S_{ro}以1%～3%居多，一般不超过10%，油页岩最高可达30%～50%。因此，对不同地区、甚至同一地区不同有机相带的S_{ro}值，都是有差别的，要具体研究，谨慎确定。

5. 聚集系数

聚集系数，也称运聚系数，是指地质储量和生烃量的比值。到目前为止，尚无确切的方法加以计算，大多以勘探和研究程度较高的盆地为实例，计算相应的生烃量和已探明的地质储量，从而获得相应的聚集系数（即运聚系数）。

McDowell（1975）曾分别计算了洛杉矶、二叠纪、西西伯利亚、波斯湾4个盆地的生油量和地质储量，得出相应的运聚系数值，如表6-1所示。

表6-1 4个典型盆地运聚系数简表

典型盆地	生油量/10^8 bbl	地质储量/10^8 bbl	运聚系数
洛杉矶	910	320	0.352
二叠纪	25 000	750	0.030
西西伯利亚	240 000	5 000	0.021
波斯湾	210 000	4 000	0.019

（据McDowell，1975论文所列数据编制，其中西西伯利亚生油量，特别是地质储量估算可能偏高——编者注）

由于前述盆地的研究和勘探程度不等，估计数据的精度不一，不能将前述数据绝对化。但是，这也可看出，不同盆地的运聚系数差别竟如此之大。就多数盆地而言，3%有一定代表性。在各种优越条件配合下，高的可达10%左右，而达到35%是极为罕见的。

天然气与石油相比，具有高的排烃率，但运聚系数普遍偏低。虽然天然气易排出，但更易分散(溶于水和被岩石吸附)和损失(向储层以外及大气中散失)。因此,天然气聚集(运聚)系数一般取0.5%~2%居多,而且大多趋向取偏低值0.5%~1%,少数取1%~2%,在特殊有利条件下取2%~5%。

对于某一地区(特别是勘探程度不高地区)取运聚系数时,主要是与已知地区进行地质类比,然后确定具体数值,且要根据勘探进展适时加以调整。

第二节 有利的生、储、盖组合和油气输导

一、有利的生、储、盖组合

(一)生、储、盖组合的基本概念和分类

所谓生、储、盖组合,系指烃源层、储集层和盖层的组合型式,而有利的生、储、盖组合,则是指不仅三者本身具有良好的性能,而且在时、空上配置恰当,有利于高效输导、富集并保存大油气藏,有利于勘探和开发。

由上述概念可知,研究生、储、盖组合需要着重解决两个实质性问题:①烃源层中生成的油气向储集层输导的通道和能力;②盖层的质量和有效性。

沟通烃源层和储集层的通道(或输导层)有3种基本形式:孔隙-裂缝系、不整合面和断裂系统(断层或断层系)。当烃源层和储集层呈垂向或侧向直接相连接时,孔隙系统(或孔隙-裂缝系)是输导油气的主通道;当两者在时、空上不相连时,不整合面和断裂系统可以成为沟通两者的主通道。因此,输导层的型式及其性能对输导能力起重要作用。一般来说,烃源层和储集层直接接触的面积愈大,管道孔径愈粗大、两端压差愈大、形状愈简单,输导能力就愈大。反之,输导能力就差,但这并不否定不整合面和断裂系统的输导能力。断裂型输导层虽然生、储层未接触,但导管粗大,输导效率较高,在某种程度上起一定弥补作用;而不整合面不仅导管粗大,而且呈区域性展布,与烃源层和储集层均有一定规模的接触面积,对输导和富集油气起重要作用,是不少大油气田的重要输导层。

输导能力强,生、储、盖配置有利于聚集油气的部位,常常也是形成大油气田的有利部位。因此,这就不难理解为什么生烃坳陷与大油气田聚集区之间存在多种输导型式。而且有一点也是共同的,即大油气田分布的主要部位都是生、储、盖在时空上组合、配置恰当,是位于油气输导主方向上的有利油气聚集区。而油气输导的次要方向,即使发育良好的圈闭,也可能仅有小型油气田,甚至缺少工业价值的油气。

以往常用的生、储、盖组合的分类(如下伏式、上覆式、互层式和侧变式),实际上仅仅反映了生、储、盖在时空上连续的组合类型,而没有包括那些在时、空上不连续的组合类型。

朱夏先生早在1963年就指出:从时间和空间发展关系考虑,为构造运动所控制的生、储、盖组合可以分为:①旋回性的;②侧变型的;③间断性的;④孤立性的。

陈荣书(1986)认为:在进行生、储、盖组合分类时,可依据生、储层在时间和空间上的分布和接触关系,将生、储、盖层组合分为两大类:①连续的或相邻的生、储、盖组合;②不连续的或间断性的生、储、盖组合。再根据接触的方式和通道的特征,将各类组合进一步划分出若干具体的型式(图6-5)。

连续的生、储、盖组合的基本特点是三者存在于连续沉积的地层单位中,生、储层以不同型

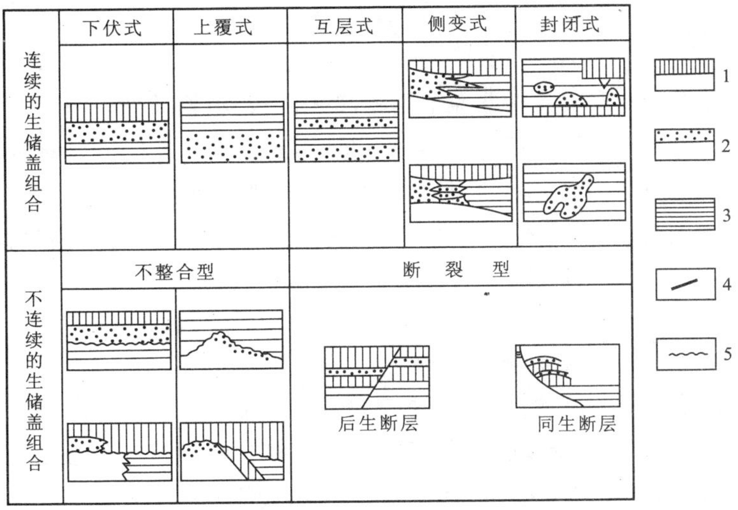

图 6-5　生储盖组合方式分类模式图

1. 盖层；2. 储集层；3. 烃源层；4. 断层；5. 不整合

式直接相接触。接触方式可以是面接触、带接触或体接触。无论哪一种接触方式，输导油气的通道都是以孔隙或孔隙-裂缝系为主。由于生、储层直接相接触，且界面的排替压力差极大，生油气层逸出点上的油气可无阻挡地向储集层运移。

不连续或间断性组合的生、储层在时间上是不连续的，在空间上可以是直接接触的，也可以是分隔的，但两者都被不整合面或断层面连接起来。在这类组合中，上覆式、下伏式的不整合组合，生、储层都是呈面接触，不仅接触面大，而且通道（输导层）的输导能力强。而断层连接的，除低角度滑动断层以外，接触面积一般不大，但通道输导能力强。因此，无论不整合面型还是断层型生、储、盖组合，都是较好的组合型式。

但必须指出，无论是连续沉积的生、储层直接接触，还是由不整合面型断层沟通的，仅仅依靠接触面、带供给的油气是不够的，还必须在更大的源区内，依靠不同通道联合输送。对于多数油气田，特别是构造复杂的大油气田来说，输导层常是复合型的。

（二）生、储、盖组合的评价

对生、储、盖组合的定性评价可综合如表 6-2 所示。

表 6-2　生、储、盖组合定性评价简表

评价 组合特点	最　好	较　好	较　差
组合型式	互层式 指状交叉式 不整合型 复合型式	上覆式 下伏式 侧变式 断裂式 储集体较大的透镜型	储集体较小的透镜型和距离较远的侧变式
烃源层总厚及单层烃源层的连续厚度		总厚度较大，单层连续厚度为 50～200m	烃源层总厚度小，或总厚度虽大，但为连续巨厚的烃源层
砂岩百分率 20%～60% 地带与烃源区的关系		分布在烃源区附近，或不太远的地带	分布在烃源区以外较远地带

二、油气输导型式

油气进入输导层或储集层后并非原地聚集起来，而是根据流体特性由高油气势向低油气势方向沿不同型式的通道作不同规模(距离)运移，直到聚集成规模不等的油气藏，或向地表逸散为止。因此，可以根据生、储、盖组合类型、输导层的型式和运移的距离，将二次运移划分为3种基本型式，加上复合型，共4种：①短—中距离侧向运移；②较长距离侧向运移；③沿断裂或断裂系垂向运移；④复合型运移。

(一)短—中距离侧向运移

1. 连续组合内的短—中距离侧向运移

在连续生、储、盖组合内，烃源层和储集层可以呈上覆式、下伏式、互层式、侧变式和封闭式。如果在成烃灶范围内存在有利的组合及良好的圈闭，油气进入储层后，经较短距离($n$km～$n\times10$km)侧向运移，形成较大规模、大规模，甚至特大规模的油气聚集。如我国的大庆长垣油田，该区在成烃灶范围内，在主要烃源层青山口组之上发育巨大的砂体储集体，其上被广泛发育的区域性盖层(能部分成为烃源)嫩江组所覆盖，在两个成烃凹陷之间发育中央背斜带——大庆长垣，而且生、输、储、圈、保匹配，形成了特大油气田(图6-6)。

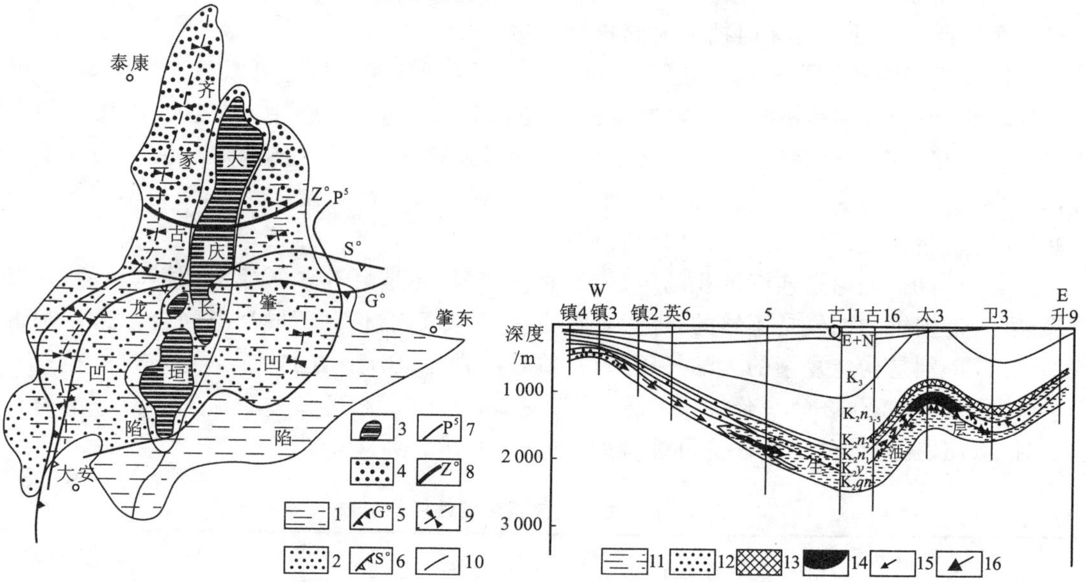

图6-6 松辽盆地齐家古龙—大庆长垣—三肇地区生、储、输关系平、剖面图

(据杨万里，1982)

1. 生油层分布范围；2. 输导层与储集层分布范围；3. 大庆油田范围；4. 砂岩体前缘；5. 高台子油层砂岩等值线；6. 萨尔图油层砂岩等值线；7. 葡萄花油层砂岩5m等值线；8. 萨、葡、高油层砂岩75m等值线；9. 沉降轴线；10. 二级构造分区线；11. 生油层；12. 储集层；13. 盖层；14. 油藏；15. 油气运移方向；16. 地下水流动方向

如果在成烃灶范围内不发育储集体，仅有零星透镜状砂岩体，则只能形成小型的岩性油气聚集。齐家、古龙和三肇地区存在众多透镜型岩性油气藏，就是典型实例之一。

2. 不连续组合内的短—中距离侧向运移

如华北冀中坳陷深凹陷内的潜山油藏，大多属于这种型式，深凹陷的主要烃源层为古近系沙河街组，而储集层为下古生界或震旦亚界的碳酸盐岩潜山，烃源层直接覆于潜山之上或位于潜山一侧，油气沿不整合面和断裂经短—中距离侧向和垂向运移，聚集于潜山高部位的储集体中(图 6 - 7)。

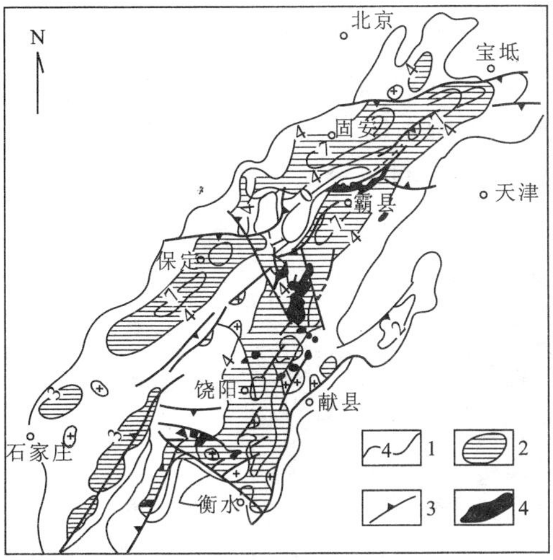

图 6 - 7　华北盆地冀中坳陷深凹陷与潜山油气藏分布图

(据吴继龙，1986)

1. 坳陷界线；2. 大于 3～4km 的深凹陷；3. 断层；4. 潜山油藏

(二)较长距离侧向运移

1. 连续型组合内较长距离侧向运移

连续型组合，特别是发育于区域均斜背景上，储层横向分布较稳定、侧向输导能力强，无论上覆式或下伏式，油气均可向上倾方向作较长距离(数十到数百千米)运移，在适当部位聚集成规模不等的油气聚集。在某种情况下(上倾方向封闭条件差或不封闭时)，油气可向地表逸散，而遭受不同程度的破坏。这种运移型式的实例，国内外都有许多。我国辽河坳陷西斜坡上的曙光大油田和准噶尔盆地克-乌斜坡带大油田的形成，这种运移方式起了主导作用。图 6 - 8 例举了 3 种不同类型盆地中以较大规模侧向运移形成的油气聚集以及生、输、储、圈、保配置的情况。这种运移型式形成的油气聚集一般以分布在成烃灶上方或上倾方向为主，仅有一部分或较少部分存在于成烃灶范围内。

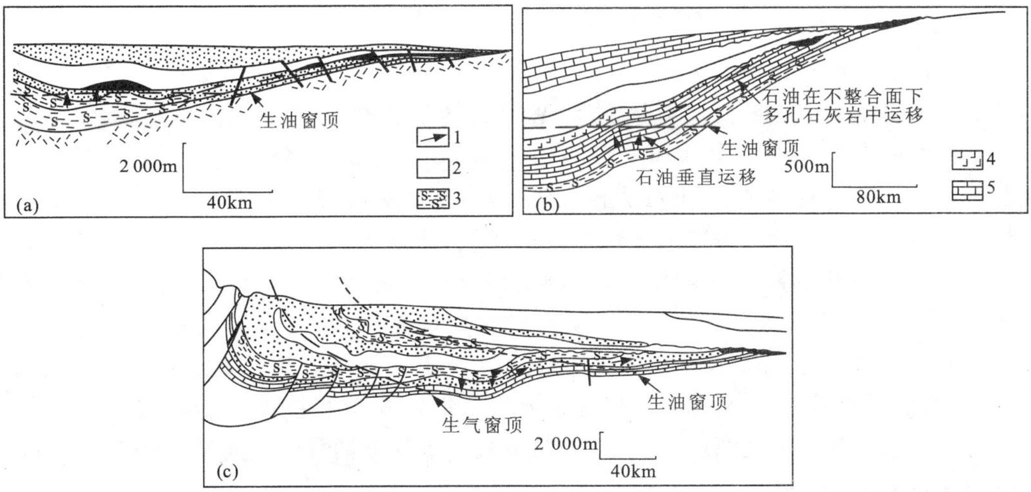

图 6 - 8　东委内瑞拉前陆盆地(a)、威利斯顿盆地(b)和阿拉斯加北坡(c)的连续组合内较长距离油气侧向运移剖面图

(据 Demaison 和 Huizinga，1991 略作修改)

(a)、(b)为低封闭；(c)为高封闭；1. 油气运移方向；2. 页岩封闭；3. 烃源岩；4. 蒸发岩；5. 碳酸盐岩

2. 不连续型组合的较长距离侧向运移

以不整合面为输导层的不连续型组合，烃源岩中形成的油气，先输导到不整合面，然后向上倾方向作侧向运移。当油气被不整合面输导到孔-渗储集体，并具适当圈闭时，聚集成藏。在这一型式中，油气既可聚集于比烃源岩层位年轻的储层内，也可聚集于比源岩老或老得多的沉积岩中，甚至结晶变质基岩内。阿尔及利亚哈西迈萨乌得油田可作为向较老储集层(潜山储集体)运移型式的典型实例之一。据 Balducchi 和 Pommier(1970)研究，分布在该油田以西 40km 的晚志留世黑色页岩为母岩，该源岩在泥盆纪—二叠纪遭受部分剥蚀，埋深较浅，直到三叠纪页岩和蒸发岩沉积后埋深加大使志留系页岩二次成烃，形成的烃类运移到不整合面，然后沿不整合面向上倾方向运移到不整合面下寒武统—奥陶系的多孔砂砾岩中聚集成藏(图 6-9)。这种观点稍后被 Tissot 等对志留系页岩成烃作用的定量研究所证实。

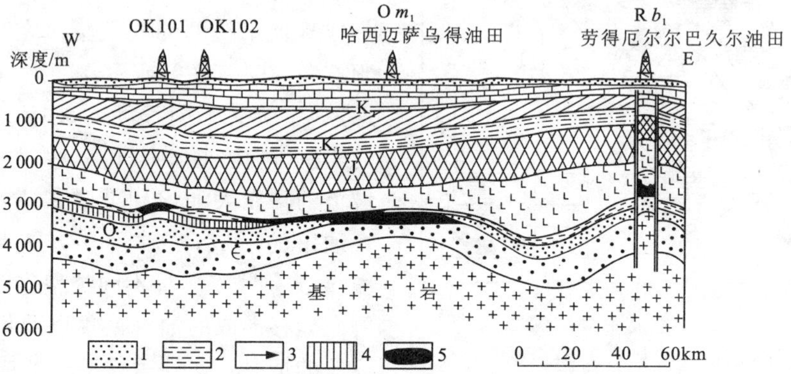

图 6-9 阿尔及利亚奥得米亚盆地东西向剖面图

(据 Balducchi 和 Pommier，1970 修改)

油自西向东沿不整合面运移

1. 挽近系；2. 下三叠统；3. 油气运移方向；4. 志留系；5. 油

(三)沿断裂或断裂系垂向运移

沿断裂垂直运移，是断裂发育区最常见的油气运移型式之一。图 6-10 分别为巴西 Reconcavo 盆地、美国洛杉矶盆地和墨西哥 Campeche-Reforma 盆地的剖面图。这些盆地的储集层可以与烃源层直接接触，也可能相距较远，由于断裂输导层的存在，使油气可以在烃源层成烃灶上方具有良好封闭条件的圈闭中聚集成藏，而封闭条件差或不封闭地区则难以形成油气聚集。垂直运移的距离一般比侧向运移的要小，只有几十到几百米的垂距，但亦有较大的，可达千余米甚至数千米。如第三章中介绍的加奇萨兰油田，其产油层有 3 套：阿斯马里灰岩(E_3—N_1)、萨尔维克灰岩(K_2)和卡米灰岩(J_3)，由于阿斯马里灰岩之上有巨厚膏盐层作盖层，其下灰岩缺乏良好盖层，油气向阿斯马里灰岩富集形成高产主力油层，油柱高度达 2 100m 以上。对于以卡米灰岩为烃源层来说，阿斯马里灰岩中部分油气的垂向运移达千米以上。

(四)复合型油气运移

所谓复合型油气运移是指成藏过程中油气运移不是以某种型式为主导，而是综合前述两种或两种以上基本型式，才能完成的运移。如酒西盆地的主要烃源层为下新民堡群(J_3—K_1)，生烃凹陷以青西发育最为良好，是主要烃源区，油气主要聚集在鸭儿峡-老君庙-石油沟等油田组成的前山背斜带，储集层以白杨河组的 K、L、M 层为主，其次为下新民堡群中透镜状砂岩体和前泥盆系变质基岩的裂缝性储层，在不同类型储层上方均有封闭性良好的盖层，主要油气田的生、储、盖组合属不连续型，油气经不整合面和断裂，向上运移到白杨河组储层发育区，再经侧向运移到鸭儿峡→老君庙→石油沟，形成一系列油田(图 6－11)。

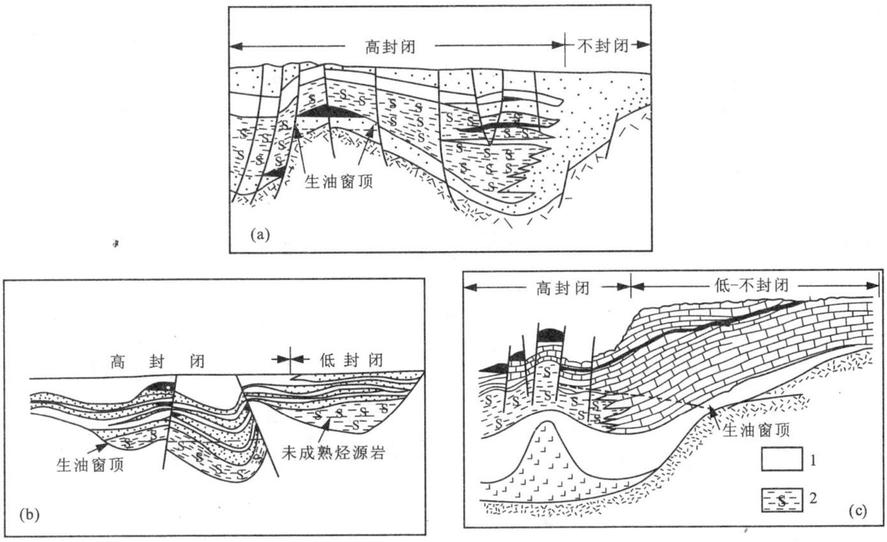

图 6－10　若干盆地油气沿断裂垂向运移，油气聚集与成烃灶、封闭条件的关系图

(据 Demasion 和 Huizinga，1991)

(a)巴西 Reconcavo 盆地；(b)美国洛杉矶盆地；(c)墨西哥 Campeche－Reforma 盆地

1. 页岩封闭；2. 烃源岩

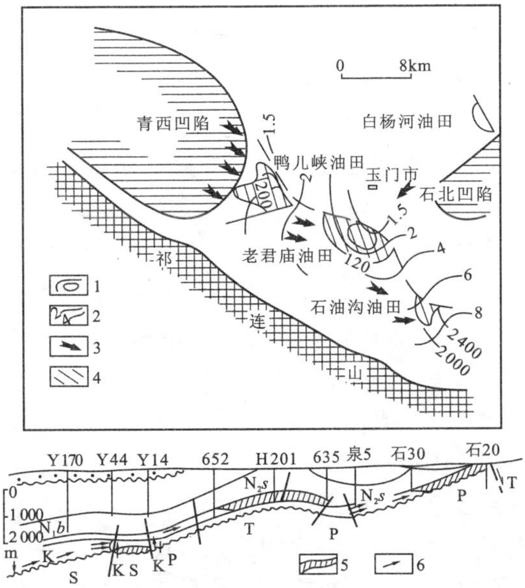

图 6－11　酒西盆地前山背斜带平面及剖面油气运移方向示意图

(据沈平等，1977)

1. 构造等高线/m；2. $\frac{\sum C_{22}以前}{\sum C_{22}以后}$等值线；

3. 油气运移方向；4. 油田；5. 油；6. 油气运移的主要方向

第三节 油气聚集和有效圈闭

一、油气聚集

油气在储集层中从高势区向低势区运移的过程中遇到圈闭时，进入其中的油气就不能继续运移，而聚集起来形成油气藏。油气在圈闭中积聚形成油气藏的过程，称为油气聚集。油气聚集包括单一圈闭和系列圈闭的油气聚集。

(一)单一圈闭的油气聚集

单一圈闭中最简单、最常见的是背斜圈闭。其基本特点是：储集层顶板呈拱形，由顶向四周倾，其上为非渗透性盖层所封闭。在充满水的储集层中运移的油气，在静水条件下进入背斜圈闭时，首先在最高部位聚集起来，较晚进入的依次由较高的向较低的部位聚集，一直到充满整个圈闭为止。在圈闭中，油、气、水按密度分异。气居上，油居中，水在底下(图 6－12，Ⅰ)。这时，该圈闭的聚油作用阶段已经结束。若再有油经过时，就通过溢出点向上倾方向溢出；但对天然气则不同，由于气比油轻，它可以继续进入圈闭，并排替原被石油所占据的那部分储集空间，这一过程一直进行到圈闭的整个容积完全被天然气所占据为止(图 6－12，Ⅱ、Ⅲ)。至此，对单一圈闭来说，油气聚集的过程已完成。

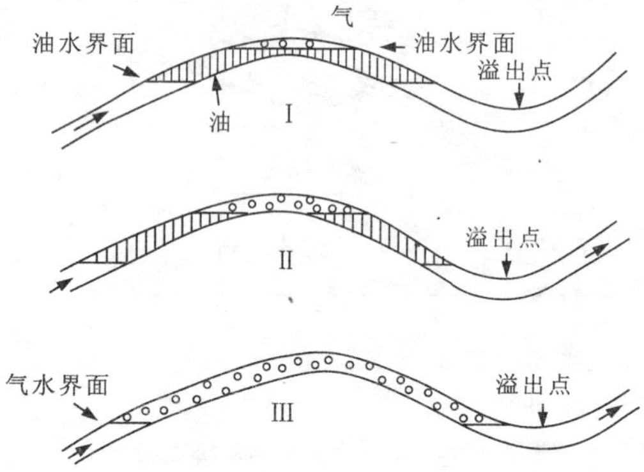

图 6－12 单一背斜圈闭中的油气聚集和油气藏
(据 Gussow，1951)

背斜圈闭之所以能在其拱起部分聚集油气，是因为该处储集层上方被非渗透性岩层所封闭，下方被油气高势区或/和非渗透岩层联合封闭形成一闭合的油气低势区，油气在其中可以建立较稳定的平衡状态。

非背斜圈闭与背斜圈闭的主要区别在于，除顶、底板非渗透性岩层封闭外，在储集层上倾方向还存在不同类型的非渗透性遮挡，其闭合区是由储集层上倾方向的封闭线和储集层顶面的构造等高线联合构成的。因此，非背斜圈闭的油气聚集过程，与背斜圈闭基本上是一致的。

(二)系列圈闭中的油气聚集(差异聚集)

任一油气盆地中，圈闭常成带、成群分布，即存在系列圈闭(指溢出点自下倾方向向上倾方向递升的若干圈闭)。同一系列中的各个圈闭，由于存在与烃源区相对位置、圈闭形成条件和历史的差异性，各圈闭聚集烃类的机会也是不同的。

下面着重分析与油气源区相垂直或斜交的系列圈闭油气聚集(即差异聚集)的基本特点。

对于发育于区域均斜背景上(即与油气源区垂直或斜交的)系列圈闭油气聚集的基本原理，最早由加拿大石油地质学家 Gussow(1951 — 1954 年)所阐明，并称之为油气差异聚集原理。Gussow 首先分析了静水压力条件下单一圈闭中的油气聚集(如前所述)。继之，将前述原理应用于系列圈闭(图 6－13)。在图 6－13(a)中，当圈闭Ⅰ被油气充满时，继续进入的天然气可以通过排油在圈闭中聚集，直到整个圈闭被气充满为止，而排出的油通过溢出点，向上倾方向的圈闭Ⅱ中聚集；若油气源充足，上述过程相继在圈闭Ⅲ和Ⅳ中发生，如图6-13(b)、(c)所示；如油气源不足，上倾方向(即距油源区较远)的圈闭则不产油气，仅产水，称之为空圈闭。在系列背斜圈闭中，自上倾方向的空圈闭向下倾方向变为纯油藏→油气藏→纯气藏的油气分布特征，这是由油气差异聚集造成的。

Gussow认为：油气差异聚集在世界各主要产油区均有典型实例，其中以加拿大阿尔伯达盆地的瑞姆彼—圣·阿尔伯达线状礁带最为典型(图6-14)。

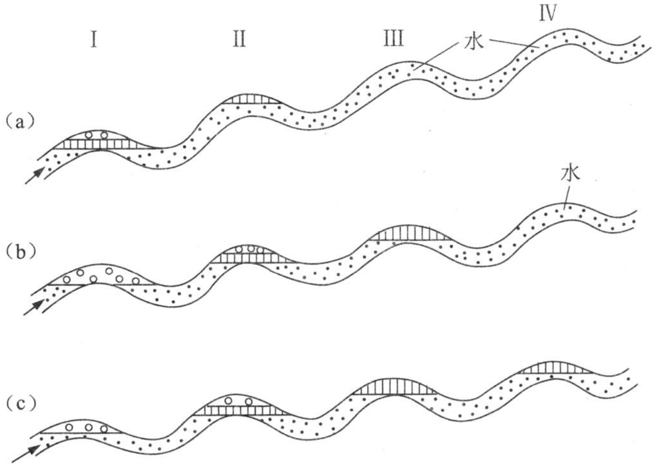

图6-13　在相连的系列背斜圈闭中的油气聚集图

(据Gussow，1954略加补充)

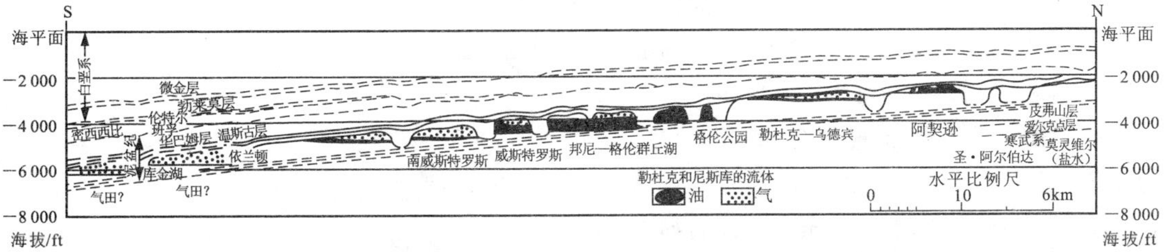

图6-14　加拿大阿尔伯达盆地瑞姆彼—圣·阿尔伯达线状礁型油气田带纵剖面图

(据Gussow，1954简化)

图6-14为礁带的南北向纵剖面。油源区位于西南侧盆地深坳陷区。油气进入该带后自南而北向上倾方向作区域性运移，礁带储集层具有良好孔渗性且彼此连通，形成一系列圈闭。

在该系列圈闭中，原生气藏仅分布在南威斯特罗斯及其以南的圈闭中，向北为油气藏(威斯特罗斯)、油藏(邦尼—格伦群丘湖—格伦公园)，但在其以北的勒杜克-乌德宾油田内重新出现气顶，这是因为勒杜克圈闭的埋深比格伦公园浅914.4m，进入其中的石油因压力下降使溶解气游离出来，并将超过溢出点的石油挤到上倾方向的阿契逊和圣·阿尔伯达礁块中，更北的莫灵维尔等礁圈闭因供油不足，成为只产盐水的空圈闭。

在系列圈闭中，一旦上倾方向最高的圈闭被油气充满后，该系列圈闭的油气聚集基本上业已完成。如果这时油源区继续生成、供给油气，而又不能向上倾方向溢出，天然气将排挤油和水，并使之向储集层下倾方向回流。在这种情况下，天然气将占据最高背斜的顶部，甚至充满整个背斜圈闭，而油则占据向斜部分，形成向斜油藏。Gussow 认为：美国弗吉尼亚州西部林肯县的格列飞斯维尔(Griffithsville)向斜油藏(图 6－15)就是这样形成的。该油藏上倾方向的达姆萨特背斜和上倾方向的岩性圈闭完全被天然气所充满，而向斜的较高部位则聚集石油，水分布于向斜更低部位。

系列背斜圈闭可以是轴向基本一致的背斜带上的若干相邻圈闭，也可以是轴向不一致若干相邻的背斜圈闭。这些背斜圈闭是由递升的溢出点联系在一起的，而与圈闭距油源区的平距并无确定的关系。

油气差异聚集原理归纳起来可简述如下：在油气源区形成的油气，进入饱含水的储集层后，沿一定的路线(由溢出点所控制)向储集层上倾方向运移，位于运移路线上的系列圈闭将被油气所充满，那些不在运移路线上的圈闭仍被水所充满；被油气充满的圈闭依然可以聚集天然气，但被天然气充满的圈闭就不能再聚集油了。油气差异聚集的结果，造成天然气分布于靠近源区一侧的圈闭中，向上倾方向依次为油气藏、纯油藏和空圈闭。

这一原理的主要意义在于：指明油气运移的方向和路线，为我们选择勘探对象时提供一方面的依据，减少盲目性。

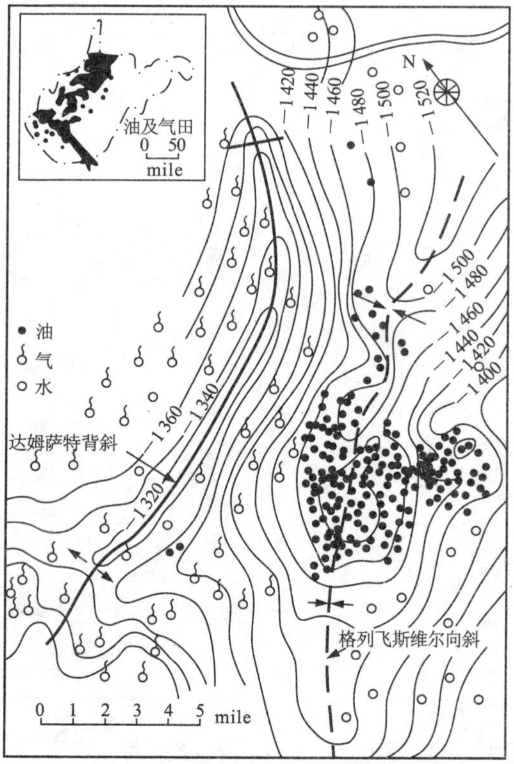

图 6－15　弗吉尼亚州西部林肯县的格列飞斯维尔向斜油藏的构造图及油气分布图

(据 Davis 和 Steveson，1929 重绘)

该图等高线均为海平面下/m

在自然界中，不同油气层的埋深、温度、压力是不一致的。若储集层下倾方向埋深太大，压力高，达到或超过泡点压力时，油藏中只有溶解气，而不存在游离气顶，就无法形成纯气藏分布区，或纯气藏出现于上倾方向适当部位的圈闭中。此外，水动力作用、地壳运动的影响都可使油气分布变得更为复杂。因此，在许多油气区内油气实际分布情况与油气差异聚集原理所阐明的分布特点并不完全一致，甚至有很大差别。在许多油气盆地中，油气分布于油气源区内或相邻的背斜带中，运移距离短，差异聚集作用并不显著。

二、有效圈闭

所谓有效圈闭是指曾经聚集并保存具有工业价值油气藏的圈闭。根据这一定义，有效圈闭必须具备下列基本特征。

(一)大容积

单个圈闭容积的大小，主要取决于该圈闭的闭合面积、闭合高、储集层的有效厚度和有效孔隙率等参数。一个大容积圈闭，通常具有较大的闭合面积，较厚的储集层，较高的孔隙率，但闭合度的变化范围可能较大。

在一个油气田的含油面积范围内，圈闭的有效容积可以是由单一层状储集层圈闭的容积，也可以是由相互连通的储集体内形成的巨大的容积，还可以由多个圈闭（可以是同一类型，也可以是不同类型）在垂向上叠合或连片叠合而形成的。要成为大油气藏（田），必须拥有巨大的圈闭容积，这是一个先决条件。

据对15个特大油气田（油田9个，储量在13.9×10^8t以上；气田6个，储量在$10^{12}m^3$以上）含油气面积（有些为闭合面积）的统计，最小为$340km^2$，最大可能达1万km^2，中值约为2 000km^2；除面积外，油层的有效厚度亦较大，最小为50m，最厚达2 100m（裂缝性灰岩裂缝带的垂直厚度），一般在100～400m之间；油层的有效孔隙率大多在20%以上，少数裂缝性储集层岩样的有效孔隙率可能很低，但裂缝带的实际渗透率，甚至有效孔隙率均相当高。

但前述诸参数并不是在所有油气田上都具有最佳配合。一般来说，圈闭面积巨大的比较容易形成巨大油气藏，但闭合度一般较小，如西西伯利亚众多大油气田的闭合度以≤200m占绝对优势，而费尔干纳含油气田的闭合度大多较大（210～5 060m），中值约1 500m，但相应圈闭的面积较小，少数成为大油气田，大多为中小油气田。有些油气田，圈闭面积较小，且闭合度亦不大，但储集层数多，垂向累积的油柱高度大，垂向叠合的圈闭容积可以相当大，而成为大油气田，如洛杉矶盆地的圣塔飞泉大油田（Sante Fe Springs）。但是，对大容积圈闭的勘探结果表明，并非所有大容积圈闭都能有效地聚积油气。对聚集条件不同的圈闭进行对比分析表明，一个有效圈闭除大容积外，还应具备：距烃源区近，形成时间早，闭合度高和保存条件好等基本条件。

（二）距烃源区近

所谓距烃源区近，是指圈闭不仅在空间位置上距源区近，更重要的是与烃源层之间有良好的通道（即输导层），圈闭位于油气运移的路线上。只有在上述意义上的距源区近的圈闭，才具有优先聚集油气的能力。下面以美国堪萨斯州尼马黑潜脊上几个穹隆圈闭聚油情况为例说明距源区远近的真实含义（图6-16）。

该区有5个发育良好的穹隆，其中爱尔平、庇迪博、克凡尔脱·赛拉斯近南北向展布，以爱尔平距源区最近，其东侧有佛罗伦斯和本斯穹隆。就地理位置而言，本斯穹隆比克凡尔脱·赛拉斯、佛罗伦斯更近源区，但依照溢出点的高程而言，爱尔平穹隆被油气充满后，只能向庇迪博溢出，然后依次溢向克凡尔脱·赛拉斯和佛罗伦斯。即使油气供给充分，当油气充满佛罗伦斯后，只能继续向东北方向溢出，而不可能折向本斯穹隆。因为它与佛罗伦斯或爱尔平之间的溢出点太低，油气无法进入，纵使其圈闭条件最好（面积大、储层发育、盖层和保存条件都好），且距源区的地理位置并不远，也不能聚集油气，而成为无效的圈闭。

（三）形成时间早

所谓形成时间早，是指圈闭形成的时间下限应与大规模生烃、排烃期同步。因此，与大规模生烃、排烃期同步或更早些形成的圈闭都属于形成时间早之列。所以，判断圈闭形成时间是否有利于聚集油气，一方面要确定圈闭本身的形成时间，另一方面要对圈闭形成时间与区域性大规模成烃、排烃期进行对比。

（四）圈闭的闭合度高

当油水界面倾斜时，如果两端的高程差大于静水状态时的闭合度（h_c），或油水界面倾角大于储集层顶面的倾角，这个在静水状态存在的圈闭，在流（动）水作用下已不再存在。因此，也就不可能有效地聚集油气。

再者，如果圈闭的闭合度小于油水过渡带的厚度，即使圈闭内有油气聚集，也不可能产出

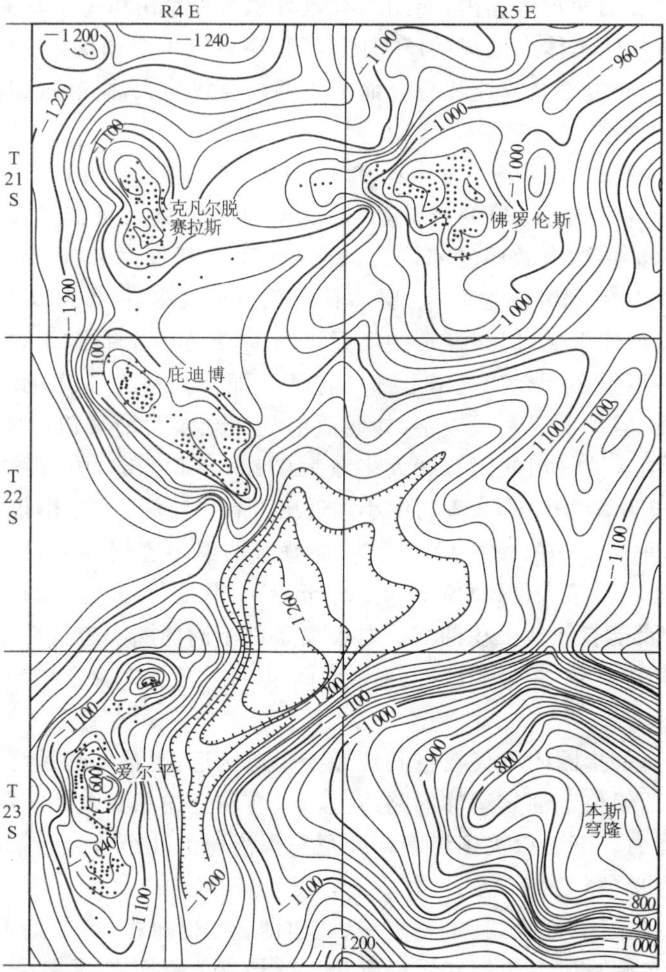

图 6-16 美国堪萨斯州尼马黑潜脊西翼爱尔平-庇迪博-克凡尔脱·赛拉斯-佛罗伦斯-本斯诸穹隆上油气田分布图

(据 Tomas,1929,引自 Gussow,1951)等高线单位(m)

纯油,只能同时产出油水,因而也不能算作有效圈闭。

将圈闭闭合度(h_c)作为控制烃柱的最大高度(H_{CHM})是以盖层能封闭的烃柱高度(h_{CRS})大于或远大于闭合度,以及油水过渡带厚度($h_{o/w}$)趋近于零为前提的。实际上,任一圈闭能控制的烃柱最大高度,存在下列两种情况:①$h_{CRS}>h_c$时,$H_{CHM}=h_c-h_{o/w}$;②$h_{CRS}<h_c$时,$H_{CHM}=h_{CRS}-h_{o/w}$。

(五)保存条件

任一圈闭的储集层上方都应有封闭性良好的盖层,没有盖层或它的封闭性遭到不同程度的破坏,都会影响圈闭的有效性。这一点对天然气来说,尤为重要。没有很好的封闭条件,很难聚集并保存大油气藏,特别是大气藏。

综上所述,能形成巨大油气藏的有效圈闭必须具备:大(容积)、近(距源区近、在运移路线上)、早(形成时间早)、高(闭合度)及保(封闭性好)这 5 个基本条件。

第四节 油气藏形成时间的确定

深埋于地下的油气藏是在地质历史中一定时间(时期)内油气运聚的结果。油气藏形成时间的确定无论对优选勘探目标、提高勘探成功率,还是对丰富与深化油气成藏理论,均具重要的意义。目前,国内外对油气藏形成时间(成藏年代学)的研究都相当重视,并正在不断的探讨、深入与发展之中。广义的油气成藏时间(期)包括油气开始生成并运移到圈闭中聚集成藏的整个时间,即包括油气生成期、排烃期和二次运移与聚集期;对次生油气藏而言,还包括油气的再运移和聚集期。狭义的油气成藏时间(期)可以理解为油气在圈闭中聚集形成油气藏的时期,而通常所说的油气充注期应指自油气进入输导层至运移进入圈闭中聚集成藏的这段时间。

归纳起来,目前用于确定油气藏形成时间的方法,主要分为传统的地质分析法和近年发展起来的储集岩成岩矿物分析法两大类。

一、地质分析法

主要从以下几个方面来分析确定油气藏形成的时间。

1. 基于圈闭形成时间确定油气藏形成的最早时间

圈闭是油气藏赋存的场所,油气藏是单一圈闭中的油气聚集,也即只有圈闭形成了,油气才有可能在圈闭中聚集成藏。因此,该方法确定的是油气藏形成的最早时间。

圈闭可以是在储集层之上盖层沉积后不久形成(如透镜型岩性圈闭),也可以是在储集层被埋藏相当长的地质时期后经构造运动改造而成;它既可以是在某一地质时期某一幕构造运动所形成的,也可以是在漫长的地质历史时期内经多次改造而形成。

对于构造圈闭,特别是背斜圈闭的形成时间,可以通过古构造研究中的构造发育史的恢复重建来确定它的开始、发育和定型的主要时期。对于断层圈闭,可以根据断层与地层的相互切割或限制关系来确定它的形成时间。Levorsen(1954)曾拟定了一个确定圈闭形成相对顺序的示意剖面图(图 6 - 17),但对这些圈闭形成的绝对时间,需要根据古构造、岩相古地理和绝对年龄的测定等方面的研究成果加以综合确定。

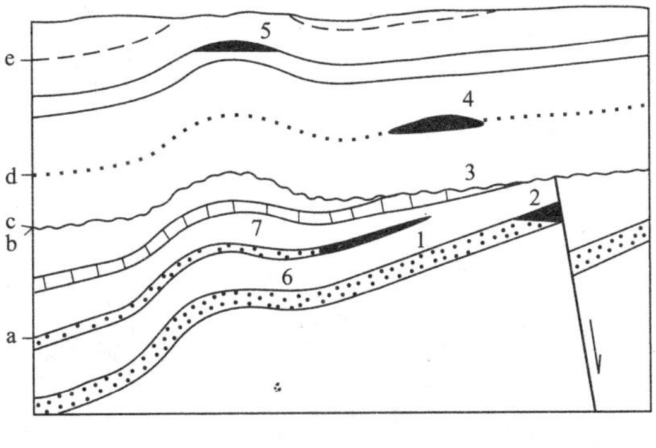

图 6 - 17 确定圈闭形成时间顺序的示意剖面图

(据 Levorsen,1954)

a～e 为地层时代符号;1. a 上覆泥岩沉积后形成的尖灭型岩性圈闭;2. b～c 之间造成不整合的构造变动形成的断层圈闭;3. c 沉积后形成的不整合面下的不整合圈闭;4. 其上盖层沉积后形成的透镜型岩性圈闭;5～7. e 沉积后经褶皱形成的背斜圈闭

2. 基于烃源岩的主要生排烃期确定油气藏形成的最早时间

油气藏是油气生成、运移和聚集的结果。没有油气的生成与排出,就不可能形成油气藏。因此,该方法确定的也是油气藏形成的最早时间。

确定烃源岩主要生烃期和排烃期的方法有很多,目前多采用盆地模拟技术来定量实现,其方法原理详见本书第八章。

3. 基于区域倾斜发生的时期确定油气藏形成的最早时间

油气在储层中受到浮力、重力和毛细管力的综合作用。当地层发生倾斜时，浮力将分解为垂直层面和平行层面的两个分力，只有当油柱的高度和储集层的倾角达到一定的大小时，平行层面的浮力分力才能克服毛细管阻力的作用，从而驱使油气发生向上倾方向的运移，也即油气才有可能作区域性侧向运移并形成油气藏。Berg 于 1975 年提出了计算油气向上倾方向运移的临界油柱高度的公式：

$$Z_o = \frac{2\gamma\left(\frac{1}{r_t} - \frac{1}{r_p}\right)}{g(\rho_w - \rho_o)} \tag{6-1}$$

$$Z_o = l \cdot \sin\alpha \tag{6-2}$$

式中：Z_o为临界油柱高度；γ 为油水界面张力；r_t为小孔隙半径；r_p为大孔隙半径；ρ_w为水的密度；ρ_o为油的密度；α 为储集层倾角；l 为油柱长度。

早在 1955 年，Gussow 就曾用该方法推断了加拿大阿尔伯达盆地上泥盆统中油气藏的形成时间(图 6-18)。他根据盆地中上泥盆统储集层从沉积起到早石炭世末为水平层，到二叠纪末由于阿伯拉契亚运动的影响，发生了微弱的西倾，但至侏罗纪末仅有 3.9′～13′的倾角，而后内华达和拉拉米造山运动使地层倾角迅速增大，到始新世达到 52′～1°28′，由此认为该区上泥盆统中油气藏的形成时间不可能早于始新世。

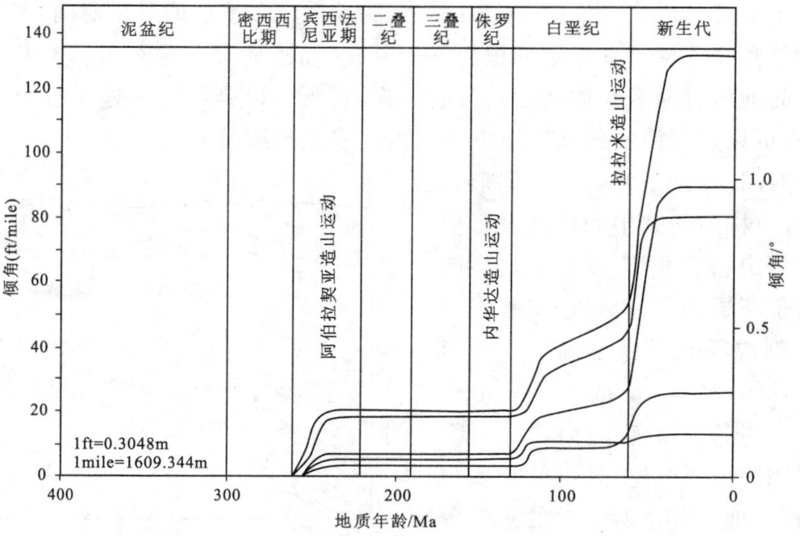

图 6-18 加拿大阿尔伯达盆地上泥盆统储集层区域倾斜时间分析图

(据 Gussow,1954)

4. 基于饱和(露点)压力确定油(气)藏形成的时间

油藏中通常都或多或少地含有气体，且不少油藏被气体饱和或接近饱和。当石油被天然气饱和时，石油的比重最小，浮力最大，黏度最小，流动性最强，因而运移和聚集作用也最活跃。在这种情况下形成的油藏，其饱和压力等于地层压力。如果假设油藏的饱和压力在地质历史时期保持不变，那么可根据现今油藏的饱和压力来计算该油藏形成时的埋藏深度，进而推算出其形成时间。

根据饱和压力计算油气藏形成时埋藏深度的公式为：

$$H = \frac{100P}{\rho_w \cdot g} \tag{6-3}$$

式中：H 为油藏形成的埋藏深度，m；P 为油藏的饱和压力，MPa；ρ_w 为水的密度，一般可取为 $1/10^3 kg/m^3$；g 为重力加速度，$9.8m/s^2$。

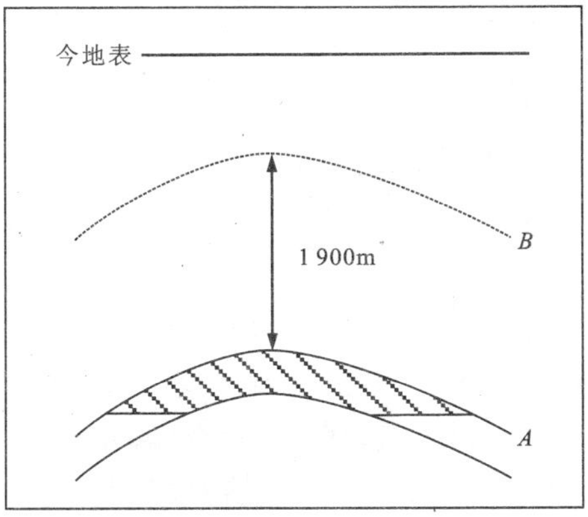

图 6-19 饱和压力计算油藏形成时间示意图
（据窦立荣，2001 修改）

假如某油藏的饱和压力为 20MPa，则其形成时的埋藏深度为 $H=(100\times20)\div1=2\ 000$(m)；由于油藏形成后的埋藏压实作用，假设2 000m地层被压实后的厚度为1 900m，则由油藏的现今顶面 A 上推 1 900m至 B 处，即可认为该油藏是在地层 B 沉积时形成的（图 6-19）。

对凝析气藏而言，基于同样的原理和方法，根据其露点压力可确定凝析气藏的形成时间。

5. 基于圈闭容量确定气藏形成的时间

假设气藏形成时天然气充满整个圈闭，并在之后的地质历史时期内圈闭容积和温度保持不变，且压力增加不大，同时气藏中的天然气也没有渗漏和散失，则气藏中天然气的体积和压力关系符合波义尔定律：

$$P_0V_0 = P_1V_1 \tag{6-4}$$

式中：P_0、V_0分别为气藏形成时的地层压力和气体体积（以圈闭容积表示）；P_1、V_1分别为现时气藏的地层压力和气体体积。

且有：

$$P_0 = H\rho_w \tag{6-5}$$

式中：H 为气藏形成时的埋藏深度；ρ_w为水的密度。

将式 6-5 代入式 6-4 中并整理后，可得：

$$H = \frac{P_1V_1}{V_0\rho_w} \tag{6-6}$$

在知道了气藏现今压力、现今体积和圈闭容积及地层水的密度后，即可利用上式求得气藏形成时的埋藏深度，再通过压实校正后可推算出气藏的形成时间。

6. 基于油气水界面变化确定油气藏形成的时间

除不规则的岩性油气藏和水动力油气藏外，规则油气藏的现今油水界面或气水界面一般为水平的，且这类油气藏最初形成时的油气水界面也大多呈水平状态，只是因后来受构造变动等因素的影响，油气水界面可能发生变迁，直至新的构造稳定期，其油气水界面又重新演变成水平面。因此，只要能够确定出现今油气藏的油气水界面（即水平面）在地质历史时期最早出现的时间，就可以确定出成藏期。具体做法是，首先编制大比例尺圈闭发育史剖面图，然后采用盆地模拟中的反演技术（如“回剥法”），计算出现今油气藏的油气水界面在各地质历史时期的古埋深，并标于各相应时期的剖面图上，再将同一油藏的古油气水界面进行连线，则水平界面的最早出现时间即代表了油气藏开始形成的时间或最早成藏时间。

二、储集岩成岩矿物分析法

油气运聚成藏的成岩记录是利用岩石学和地球化学方法反演成藏过程的基础，其理论基础是烃类流体—水—岩石(矿物)之间的相互作用。伴随着烃类流体注入储层，一方面，储层胶结物及其中的流体包裹体记录了成藏条件(如温度、压力、流体成分和相态等)；另一方面，随着储层中含油气饱和度的增加，使孔隙流体与矿物之间的反应受到抑制(如石英次生加大)或中止(如自生伊利石、钾长石的钠长石化等)。因此，基于这些直接记录了沉积盆地油气成藏条件和过程的化石，可以重塑油气藏的形成和演化历史。

自 Eadington 等于 1991 年提出“流体历史分析”这一概念以来，基于“成岩矿物作为油气成藏纪录”的学术思想，采用矿物学尺度的直接观察、测量与数值模拟相结合的方法，来确定油气成藏期次和时间，在国内外受到了广泛的重视和应用。主要包括以下三个方面：

1. 基于自生伊利石定年确定油气藏形成的时间

自生伊利石多呈片状或丝发状广泛存在于砂岩储层孔隙之中，且自生伊利石仅在富钾的碱性水介质环境中生长，当油气进入储层后，由于水介质环境的改变，伊利石便会停止生长；此外，伊利石含有放射性同位素(如^{40}K)，可用于同位素测年。因此，在储层中分离获得油气注入之前最新形成的伊利石后，通过同位素测年(K - Ar 法)即可确定油气注入的时间，其代表油气成藏的最早时间。Hamilton 等(1989)曾拟定了几种理想化的油藏内油层和水层中自生伊利石 K - Ar 年龄随深度变化的典型剖面(图 6 - 20)，将自生伊利石生长的年龄随深度变化划分为恒定型、上老下新型、两期型、多期型、波动型和增加型 6 种基本类型，不同类型的剖面指示着不同的成因。

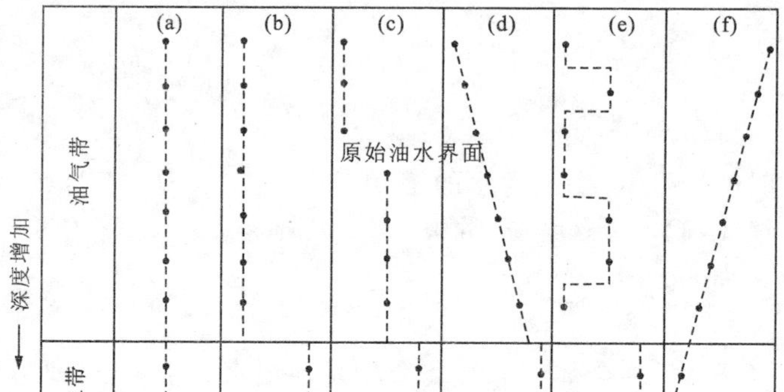

图 6 - 20 不同类型自生伊利石年龄变化剖面

(据 Hamilton 等，1989)

(a)恒定型：伊利石在水层和油气层中同时停止生长，可能油气充注很快，或构造隆起使热体制发生变化，或伊利石的生长与油气充注无关；(b)上老下新型：油气层中的自生伊利石年龄一致，且比水层中的年龄大，可能油气充注很快、水层中的伊利石长期生长，或伊利石经历了油气充注之前和之后两个明显不同的成岩过程；(c)两期型：油气层中自生伊利石具有两个明显不同的值，但均比水层中的年龄老，代表两期油气充注；(d)多期型：油层中自生伊利石年龄随深度增加而减小，代表多期油气充注，或一个缓慢而长期的油气聚集过程；(e)波动型：油层中自生伊利石年龄新老交替，指示较老的年龄可能代表深部热流体的侵入作用，而较年轻的可能没有受到外来热流体的影响，是一种正常的成岩过程；(f)增加型：自生伊利石的年龄随深度的增加而加大，可能伊利石的停止生长与油气充注无关，或孔隙流体化学成分随深度渐变需要注意的是，在利用自生伊利石 K－Ar 测年技术确定油气成藏的时间时，需要避免自生伊利石样品受原生含钾矿物的污染和后期绿泥石化作用等的影响，以保证所测年龄的真实性；同时，K－Ar 法的测年结果存在多解性，需要结合地质分析和其他技术，以综合确定油气藏的形成时间。

2. 基于流体包裹体测试资料确定油气藏形成的时间和期次

流体包裹体是在矿物生长过程中，被矿物晶格的缺陷或窝穴所包裹的成岩成矿流体。作为成岩成矿流体保存至今的原始微小样品，流体包裹体纪录了烃类流体和孔隙水的性质、组分及物理化学条件，且在形成之后一般没有外来物质的加入，因而能够反映成藏时的条件。若对所研究地区进行水平和垂直方向上有规律地取样，对储集岩成岩矿物中的流体包裹体进行颜色、大小、分布、类型、丰度、均一温度、压力、盐度和组合等的系统检测，并结合储层埋藏史和热演化史的定量恢复，就可确定储层烃类流体运移聚集的期次、时间、方向、相态、通道及动力学状况。

目前，基于流体包裹体测试资料来分析油气藏形成时间的方法主要可划分为两个方面（层次）：一是相对定年，主要基于储层流体包裹体均一化温度的测试资料，结合埋藏史与热演化史重建成果，将已知今埋深样品的各期次盐水包裹体的均一温度“投影”到标有等温线的地层埋藏史图上，来估算油气被捕获的期次和时间（图 6－21），这是当前油气成藏期分析中最常用、也是最简便的方法。二是绝对定年，通过 Rb－Sr 法和 $^{40}Ar/^{39}Ar$ 法对流体包裹体定年分析获得其绝对地质年龄，分析对象包括石英和方解石等各类胶结物。如 Shepherd 等早在 1981 年就应用 Rb－Sr 法对英格兰 Cumbria 地区 Carrock Fell 钨矿中的流体包裹体进行了绝对年龄的测定，得出成矿流体的成矿年龄为 392±5Ma，这与应用 K－Ar 法对石英脉中云母测得的年龄（387±6Ma）基本一致，有效地验证了流体包裹体 Rb－Sr 等时年龄的可靠性；在我国，周雯雯等（2000）对珠江口盆地珠三坳陷文昌 A 凹陷第二期流体包裹体进行了 Rb－Sr 等时线年龄测试，得出其代表的烃类运移时间为 6Ma。

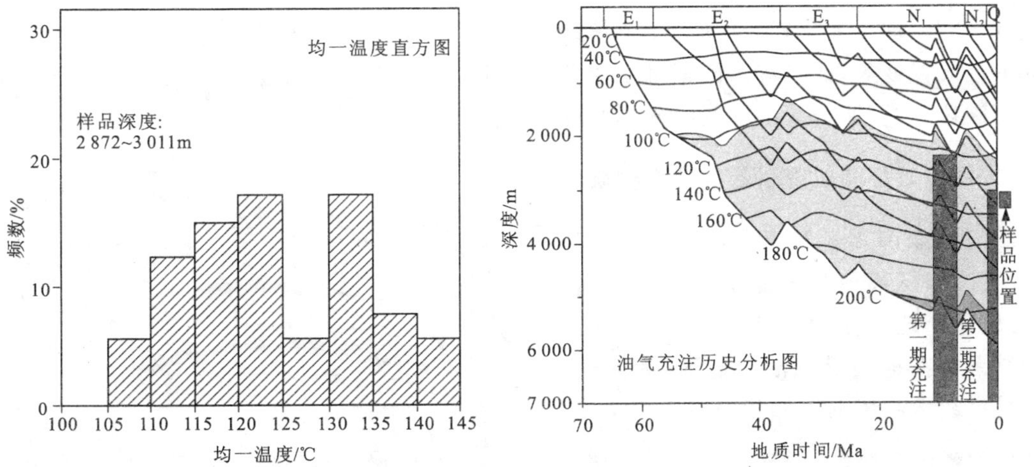

图 6－21　利用流体包裹体均一温度确定某油气藏形成时间分析图

3. 基于储层固体沥青反射率确定油气藏形成的时间

储层固体沥青是油藏中石油蚀变的产物，记录了油藏被改造、破坏的信息，可视作一类特殊的“成岩矿物”。固体沥青反射率反映了烃类流体转变为固体沥青后所经历的热历史。因此，基于储层固体沥青反射率和沥青反射率化学反应动力学，结合储层埋藏史和热演化史定量分析，可确定油藏被破坏的时间。此外，储层固体沥青中含有一定数量的铀矿物，利用同位素地质年代学方法（如 U－Pb 法）可确定固体沥青形成的绝对地质年龄，为油气成藏历史的分析提供有益信息。

总之，以确定油气藏形成时间为核心内容的油气成藏年代学是现代石油天然气地质学研究的热点之一，目前已形成了多种研究方法和技术，并在不断的探索与发展之中。不同方法基于的原理和出发点不尽一致，各有优点，但又均具一定局限性。因此，在具体应用时，必须从研究区的实际地质情况和资料状况出发，优选出切实可行且有效的分析方法，并注重多种方法的相互结合与校验，以得出合乎实际的认识，更好地为油气勘探实践服务。

第五节 油气藏破坏和油气再分布

一、油气藏破坏和油气再分布的概念

圈闭中聚集的油气，其四周被非渗透性岩层、高油气势区单独或联合封闭处于稳定的低势区，具有较高的稳定态；在油气藏内油气水按密度分异，与承压地层水之间建立了相对的平衡状态；油气藏中地层水和烃类流体存在于缺氧、低温环境中，它们之间仅有弱的相互作用，烃类流体具有化学上稳定性。但是，油气藏这种业已建立的物理、化学上的稳定性和平衡状态是相对的、有条件的。一旦这些条件发生变化，油气藏的稳定性和油气水的平衡状态就会遭到破坏。油气藏中的烃类流体可能被逸散、遭氧化，也可能在新的环境下油气分布发生某种改变，建立新的平衡，形成新的油气藏。尽管这两者是相互联系的，有时很难区分，但在多数情况下两者仍有明显差别，前者是单纯性破坏，后者则偏重于再分布。

引起油气藏破坏和油气再分布的因素很多，如圈闭的盖层和储层被侵蚀或封闭性变差，容积改变、断开、埋深变化；油层压力及流体动力学环境的改变；因热变质、化学和微生物降解而引起的油气蚀变等，而且许多因素都是相互联系的。但是，考虑到行文方便，下面将分别论述因圈闭破坏、改变所引起的油气藏破坏和油气再分布以及烃类流体蚀变作用。

二、圈闭破坏和改变引起的油气藏破坏

圈闭可能因多种地质作用造成不同程度的破坏，从而使油气藏中烃类流体逸散、被氧化。地下油气藏遭受某种程度破坏的结果常在地表形成油气显示，为油气勘探提供线索和依据。如我国新疆克拉玛依油田的发现井就是打在黑油山油泉和沥青丘下倾方向，从而发现了大油田。柴达木盆地油砂山曾是跃进一号油田发现的先导（图 6－22）。

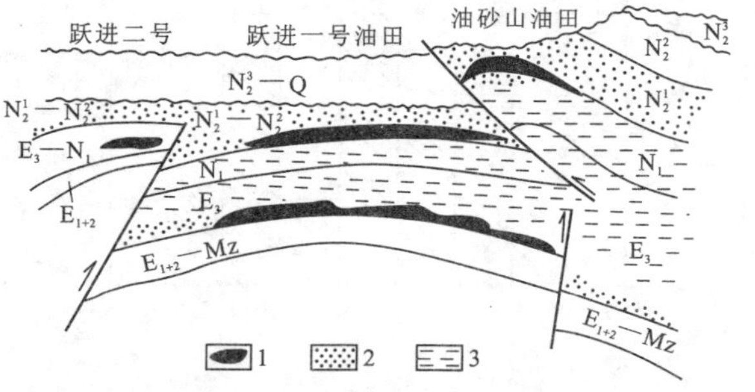

图 6－22 柴达木盆地跃进一号油田剖面图

（据青海石油管理局，1983，简化，引自童崇光，1985）

1. 油层；2. 储层；3. 生油层

这种单纯性油气逸散造成的油气藏破坏，一般仅使油气数量损失，但并不明显改变油气分布。

三、引起油气再分布的地质作用

促使油气再分布的地质作用很多，但以断裂最为重要。

(一)断裂对油气再分布的作用

断裂能使储集层断开并发生相对位移。它能改变油气藏中原有的压力平衡状态，促使油气向新的低势区输导。除向地表溢出外，更为重要且常见的作用是使油气在不同储层间进行再分布。它可以在统一油气藏内重新分配，使油气更多向高断块集中，而低断块则相应减少。各断块的原始油水界面和压力系统仍是单一的。

断裂结果，可以使单一富集的油层，分解为若干个油气藏(图 6－23)。这种再分布的结果，导致油气聚集规模和经济价值均相应地降低。

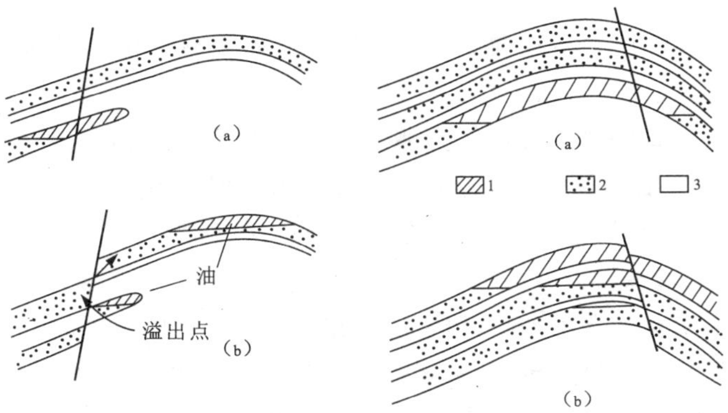

图 6－23　两种不同类型的断层对油气再分布示意图
(据 Hobson,1956)
1.油;2.储层;3.泥岩(隔层)

断裂结果，也可以使多油层向主力油层富集。如波斯湾扎格罗斯山前带许多巨大油气田，在上侏罗统、中白垩统和古近系灰岩中都有油气藏。其上侏罗统和中白垩统油层上方缺乏封闭性能良好的盖层，而古近系阿斯马里灰岩上方有巨厚的膏、盐蒸发岩系作盖层。这三套灰岩中断裂发育，使油气大部向阿斯马里灰岩集中，形成高产主力油层。这种油气再分布的结果，尽管仍有部分油气残留在中白垩统和上侏罗统产层中，但主力油层和总体的经济价值均有较大幅度提高。这就是说，油气再分布的结果与单纯性逸散不同，在一定条件下还有可能增值。

(二)其他地质因素对油气再分布的作用

储集(油)层不均衡掀起作用，可以使原有圈闭的高点(或溢出点)位移，容积减少。如果油气藏中油气已充满或接近充满圈闭时，将使油气溢出，向上倾方向运移，并在运移路线上最先经过的圈闭中聚集成新的油气藏。

储集(油)层因构造运动上升变浅时，油层压力相应地下降。油内溶解气将析出形成游离气顶，并将石油挤出圈闭。溢出的石油向上倾方向运移，并在遇有适合圈闭时，形成新的油藏。若油层上倾方向直通地表，则将逸散、氧化形成稠油或沥青类。

水动力作用不仅造成油水界面倾斜，而且明显改变圈闭的大小和位置。它可以使原有圈闭容积减小，甚至消失；也可以在原先不存在圈闭之处形成新的圈闭。因此，在水动力作用下，可以使原有油气藏中的油气发生再分布。

四、油气藏中烃类流体的蚀变

油气藏中烃类流体的损失和蚀变，均可引起油气藏破坏。就烃类流体而言，除前已提及的直接向地表逸散和油气再分布外，石油的氧化变质、热变质和天然气的扩散作用最为重要。

（一）石油的氧化变质作用

石油的氧化变质作用是指油气藏中的石油在低温压条件下，因蒸发、氧化和微生物降解（也有人称之为物理、化学和微生物降解），轻组分大量消耗，重组分特别是含硫、氧、氮杂原子的重组分不断增加，成为稠油和沥青类矿物的演化过程。其结果是使油气藏大大降低或丧失其工业价值。

石油的氧化变质作用依其强度大致可分为：①油储（藏）内的降解作用；②地表充气条件下的变质作用。这里着重讨论油贮内原油的降解作用。

油气藏中原油的降解作用是在油层水和地表大气降水有一定的连通条件下发生的。这种油层水一般含有少量[$(1\sim8)\times10^{-6}$]溶解氧气及多种微生物。

微生物降解作用对油所起的破坏较为明显。据估计世界上约有原油总储量的10%为微生物所消耗，另有10%左右的原油因微生物降解而变差。但是，在某些情况下，微生物降解作用对地下油气的保存起有益作用。例如，当油层一部分裸露于地表或近地表的氧化带时，微生物降解和氧化作用形成的沥青塞（封闭）可以使其下石油得以保存；又如，在油水界面上存在的“沥青垫”也是微生物降解和氧化作用的产物，但它的存在又可对其上的石油起一定的保护作用。

我国辽河坳陷西斜坡上的重质油、新疆克拉玛依油田斜坡上倾方向的重质油和辽东湾馁中36-1油田的重质油，都是属于微生物降解和氧化作用形成的大型重质油田。

微生物降解重质油与正常原有油有明显差别：正烷烃含量显著减少；植烷/正十八烷、姥鲛烷/正十七烷比值明显增大（图6-24）；含硫、氧、氮重杂原子化合物含量显著增加，旋光性明显增强；各组分的碳同位素类型曲线形态非线性化成为曲线。

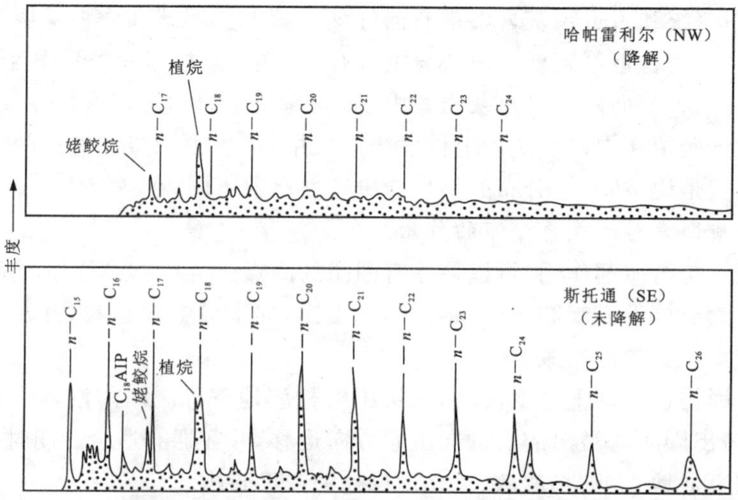

图6-24 威利斯顿盆地密西西比系密森峡谷段原油饱和烃的气相色谱图

（据Bailey，1973）

氧化和水洗作用是使原油降解的另一类作用。氧化作用主要是游离氧气、溶解氧气和氧化物与烃类作用，使烃变为醇、酮和有机酸的反应；而水洗作用主要是指水中溶解氧气、氧化物和微生物与原油中烃类的作用。因此，微生物降解、氧化和水洗作用，通常是相互联系、不可分割的，但各有侧重。

（二）原油热演化变质作用

所谓原油热演化变质作用，系指油气藏中原油在热力作用下向降低自由能，具有更高化学稳定性方向变化，其结果是使原油中高分子组成通过聚合形成沥青类矿物（即储层沥青），而较大部分烃类向低碳数烷烃和甲烷方向演化。在热演化变质作用的早期，破坏作用不明显，少量储层沥青析出，有助于改善石油的品质，但更高阶段，特别是达到甲烷化阶段，则可对油气藏起明显的破坏作用，大大降低其工业价值。

油气藏中石油的热演化与自然界的一切物质一样，都具有方向性。而这种方向性首先是由该物质能量变化的方向性所决定的。任何物质的物理化学变化，都是在一定条件下朝自由能不断降低的方向发展，变化的产物应具有更高的稳定性。

油气藏中原油的热演化变质作用，是在缺氧的封闭系统中进行的，因而系统中的化学反应保持物质平衡状态。

上述基本原则决定了热演化变质作用的方向和产物。

对于烃类来说，不同碳原子数或同一碳原子数而结构不同的烃类，具有不同的自由能。在常压下，$C_1 \sim C_8$的烷烃、环烷烃、芳香烃和烯烃的自由能和温度的关系如图 6－25 所示。

从图 6－25 可知：

（1）烷烃的自由能随碳数增加而增大，甲烷的自由能最低、稳定性最高。

（2）碳数相同（C_6）的烃类，自由能由大到小的次序为：芳烃＞环烷烃＞烷烃，或者说热稳定性的次序为：烷烃＞环烷烃＞芳烃。

（3）芳香烃与环烷烃、烷烃的自由能大小次序比较复杂，在低－中温条件下（小于250～300℃），芳烃＞环烷烃＞烷烃；而在高温条件下（大于 250～300℃），环烷烃＞烷烃＞芳烃。考虑到油气藏中热演化变质作用都是在低－中温条件下进行的，因此就油气藏中烃类而言，烷烃最稳定，环烷烃次之，芳烃稳定性较差。

（4）芳烃的稳定性多环比单环高。

根据上述资料，烃类热演化变质作用的变化方向，应该是：①芳烃向环烷烃，再向烷烃直至甲烷方向进行；②缩合反应。

其中，甲烷化演化方向是加氢反应。以苯为例：

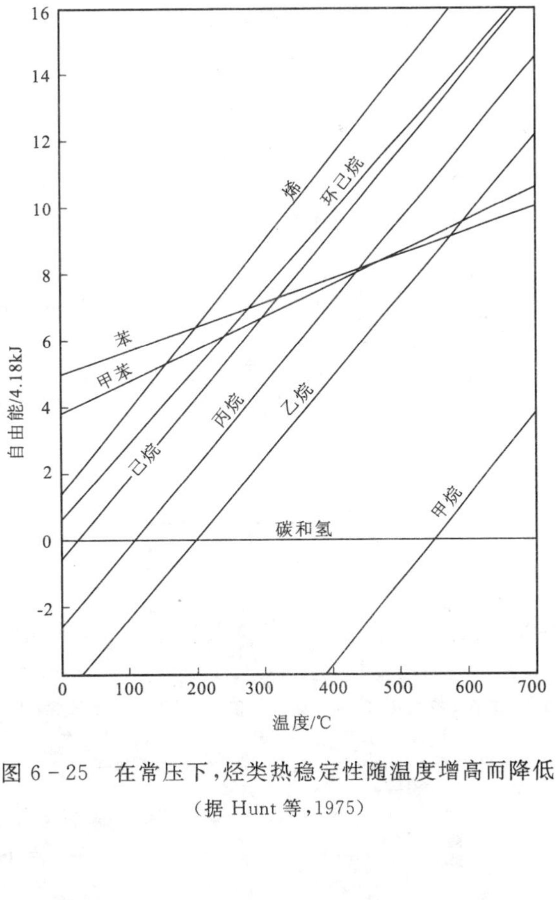

图 6－25　在常压下，烃类热稳定性随温度增高而降低

（据 Hunt 等，1975）

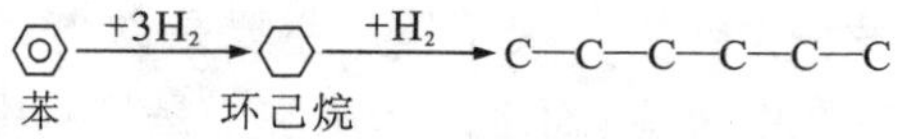

而在油气藏并不存在游离氢源，氢都是与烃或烃类衍生物结合在一起的。要使前述反应得以实现，除了芳烃的环烷化反应，环烷的烷烃化以及高碳数链烷裂解为低碳数链烷的反应（这些都是加氢反应）外，必然还同时存在环烷的芳构化反应和芳烃缩合反应（这些都是放氢反应）。两者在该系统中保持平衡。因此，该系统中的化学反应不是简单的、单一方向的反应，而是复杂的、多向的反应，但反应的总趋势是向降低自由能方向进行。

芳烃缩合反应的产物——多环稠合的含N、S、O化合物，在液态烃中的溶解度急剧降低，最后必将或早或迟地变为固体析出，成为储层沥青而离开这个系统。而烷烃化和甲烷化的结果将使液态原油变轻，成为轻质凝析油直至甲烷气。

根据上述分析，油藏中石油的变化可以归纳为如图6-26所示。

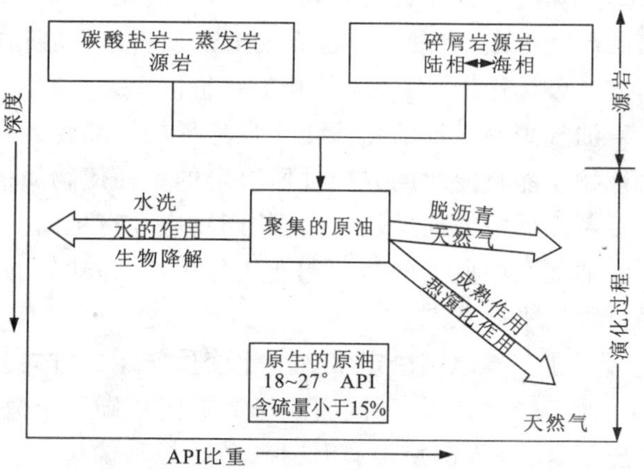

图6-26 油藏中石油化学成分变化模式图
（据Barker，1979）

（三）天然气的次生变化和破坏

地下储气层或油气藏中产出的天然气，可能由于各种原因使天然气成分和同位素组成发生程度不同的改变，也可能因扩散和渗漏而遭受不同程度的破坏。这些原因，大致可归纳如下。

1. 氧化和微生物降解作用

当地壳运动使气藏埋深变浅，与大气降水有某种联系时，氧气和微生物就可通过多种途径进入气藏，在游离氧和微生物作用下，气藏就有可能逐渐被破坏。由于在游离氧和甲烷起化学反应的过程中，^{13}C被优先氧化为CO_2，使得残留的CH_4变轻。因此，较重的CO_2和较轻的CH_4就成为遭受轻度氧化的天然气藏中天然气同位素组成的基本特征。

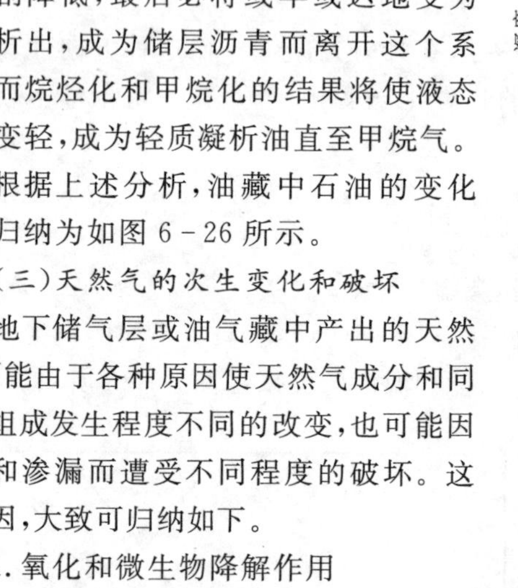

图6-27 细菌蚀变和正常天然气的碳同位素类型曲线对比图
（据James，1983、1984资料编制）
1.迈迪辛汉特气田；2.利亚诺萨气田；3.锡里厄斯1号井；4.伊恩特拉特1号井；5.埃尔姆沃思气田；1、2为生物或成岩气为主的热成因气，3、4、5为细菌蚀变热成因气

微生物蚀变是比较复杂的生物化学过程，不同菌种对优先选择消耗对象也是有差别的。据James（1984）研究，在相当多情况下，细菌蚀变初期优先消耗丙烷，使湿气中丙烷含量最先减少，而残留的$\delta^{13}C_3$值明显增大，使受细菌蚀变的与正常天然气的C_1～C_4同位素组成有明显差别（图6-27）。随着蚀变深入，湿气其他成分也被消耗，出现湿气干气化。这种天然气仅根据化学成分，极易与过熟干气相混，但

它的 $\delta^{13}C_1$ 值一般仍保持低于 $-40‰$。此外，常见有低 $\delta^{13}C_{CO_2}$ 值。埃尔姆沃思气田中伴有 $\delta^{13}C_{CO_2}$ 值为 $-37.84‰$ 的 CO_2 气，也是细菌蚀变天然气的重要标志之一。

据 Калцев 的估算，储量为 $1\times10^{10}m^3$ 的气藏要完全被氧化，微生物蚀变所破坏的时间约为 0.06～60Ma，这完全取决于氧供给量和微生物的数量。而缺乏游离氧或供氧不充分的单纯性细菌蚀变而使气藏遭到完全破坏的实例，尚未见诸报道。

2. 渗漏和扩散作用

如果盖层封闭性欠佳，导致渗漏，这是气藏遭受破坏的重要原因之一。至于扩散作用对气藏的可能破坏作用，在运移部分已作过讨论，这里不再重复。但这里想再强调一点，扩散作用无论在运移或油气藏破坏中的作用，可能被夸大，仅仅由于扩散作用而使气藏遭到完全破坏是非常难的。

第六节　油气成藏动力场

一、温度场

正如 Anderson 等(1991)所指出的那样，沉积盆地实际上是一个巨大的低温热化学反应器，地温是决定有机质成烃演化的最重要控制因素，与油气形成关系密切，是盆地含油气远景评价中的主要参数之一；并且，对油气的保存与破坏，地温也是具普遍意义的控制因素。沉积盆地的地温场主要受地幔热流、地层放射性热源、热传导、热对流、热辐射、岩石热导率、流体热导率、岩石组成等多种因素的综合影响，其中热传导是沉积盆地中热能传递的基本方式，控制着区域地温场，传导热流的强弱主要取决于盆地形成演化的深部过程、动力学机制及沉积盖层非均质性引起的基底热流的再分配；热对流常常导致局部地温异常，热辐射则影响着地表温度。

盆地的温度状况对油气藏的形成与分布也具有极其重要的意义。现有的油气勘探实践表明，世界上一些重要的中新生代含油气盆地均具有较高的地温梯度，且含气区的地温梯度多大于含油区的地温梯度。据统计，前苏联大多数气田发育区的地温梯度为 3.0～3.5℃/100m，北美大多数气田区为 3.5～4.5℃/100m，日本名古屋气田区为 4.5℃/100m，我国台湾省气田区为 4.0～6.3℃/100m；前苏联大多数油田区地温梯度为 1.0～1.5 及 2.5～3.0℃/100m。在我国，东部含油气盆地的地温梯度一般大于西部含油气盆地的地温梯度。

地下温度、地温梯度和大地热流是表征地温场特征的三个基本参数。

1. 地下温度

来源于钻井测量的地下温度数据是研究地温场的最基础和第一手资料，钻井资料的测温数据包括稳态测温、准稳态测温、静态测温、瞬时测温和流温等，其中稳态测温资料最为重要，它是钻井井孔温度经过恢复达到平衡以后所测量的井温，其准确程度决定了地温场研究的可信性与真实性。需要指出的是，由于钻井泥浆温度一般低于地下井底温度，通常测量井温要比真正地下温度低 1.11～26.67℃，因此在实际研究中应利用采油温度来校正电测温度。

2. 地温梯度

地温梯度反映了地温随深度的变化，并可用于反映地温在平面上的分布状况，是描述地温场的重要地质—地球物理参数，计算公式为：

$$G=\frac{T_H-T_0}{H}\times 100 \tag{6-7}$$

式中：G 为地温梯度，℃/100m；T_H 为 H 处的温度，℃；T_0 为地表恒温带（地球内热与太阳辐射热的相互影响达到平衡的地带）的温度，℃；H 为测温点与恒温带深度之差，m。对某一地区，如果尚未取得地表恒温带的深度和温度资料，也可暂时不考虑恒温带的影响，直接从地表开始起计算地温梯度，一般地不会造成太大的计算误差，地温场不会受到明显的歪曲。

3. 大地热流

大地热流表示的是地球内部在单位时间内向地球表面单位面积上传递的热量，是地壳深部热特征的反映，能从本质上揭示地温场的固有特性，是表征地温场特征的最重要地质—地球物理参数之一，其在数值上等于地温梯度与岩石热导率的乘积，即：

$$Q=K\times G \tag{6-8}$$

式中：Q 为大地热流，mW/m^2；K 为岩石热导率，W/m·℃；G 为地温梯度，℃/km。

地温场研究的主要任务就是在查明现今地温场特征的基础上，确定古地温场。

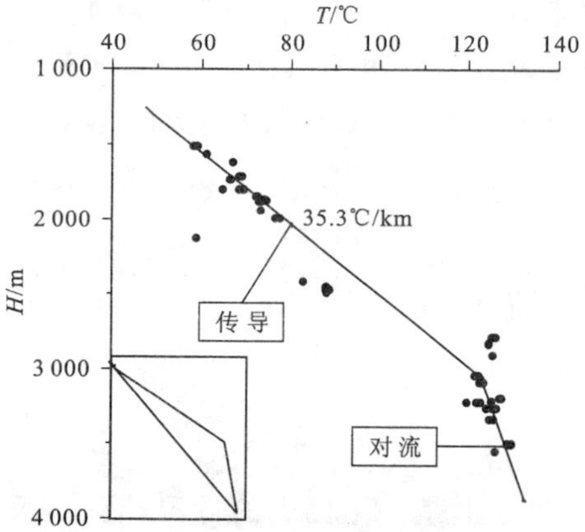

图 6-28 渤海湾盆地歧口凹陷钻井温度-深度综合剖面图

盆地的今地温场一般根据钻井实测地温及大地热流测试资料确定。以渤海湾盆地歧口凹陷为例，通过综合研究区内 8 口钻井 70 余个测试点的 DST 测温资料，可将其温度-深度综合剖面划分为上部斜率正常段和下部斜率陡立段两部分（图 6-28），其中上部正常段的斜率（3.55）与地层地温梯度相近，为受热传导影响的层段；下部陡立段表现为高地温低地温梯度，为受强烈对流影响的层段。这反映歧口凹陷深部与浅部的热体制间存在着较大的差别，进而指示深部和浅部地层（烃源岩）的受热过程和状态等存在差异，因此在成藏动力学的研究思路与方法上也应有所不同。

对古地温场的确定，目前主要是应用镜质体反射率、自生成岩矿物、流体包裹体、同位素组成、矿物裂变径迹、牙形石色变指数、煤阶、有机地球化学等资料来指示地质作用过程中曾经历过的温度，或从盆地形成和演化的动力学机制以及地球内部热传播方式出发，建立热史模型，正演恢复沉积盆地的古地温。其中油气田有机包裹体技术近年来发展迅速。流体包裹体是在矿物结晶过程中一部分介质溶液被包裹在矿物晶格缺陷或窝穴中而形成的。流体包裹体的均一温度反映了砂岩在成岩作用过程中胶结物和自生矿物的结晶温度及当时介质的流体温度，其在指示沉积盆地古地温方面具有独特的功效。例如，通过对歧口凹陷 QK18-1-1 井的流体包裹体测温数据的研究发现，该井各样品的均一温度总体上可划分为三个温度段，分别反映了当时成岩胶结的温度、下部油源的上侵和深部热流体的活动，说明该区的古地温场受多种因素的制约与影响，经历了复杂的演化过程，存在多期复杂的热事件，且古地温梯度明显高于现今地温梯度。较高的古地温梯度对盆地内烃源岩的成熟、油气生成特别是天然气的生成无疑是有利的。再如，比较东海陆架盆地西湖凹陷内的三个主要含油气区块——平北、平湖与苏堤的单井温度场特征可知（图 6-29），平北区的地温梯度最低（小于 3.4℃/100m），平湖区的地温梯度次之（约为 3.4℃/100m），苏堤区的地温梯度最高（大于 3.4℃/100m），即区域上地温梯度自北向南有逐渐增大的趋势。同时，图 6－29 反映出该区的地下热流场主要由热传导控制，而受热对流场的影响较小。

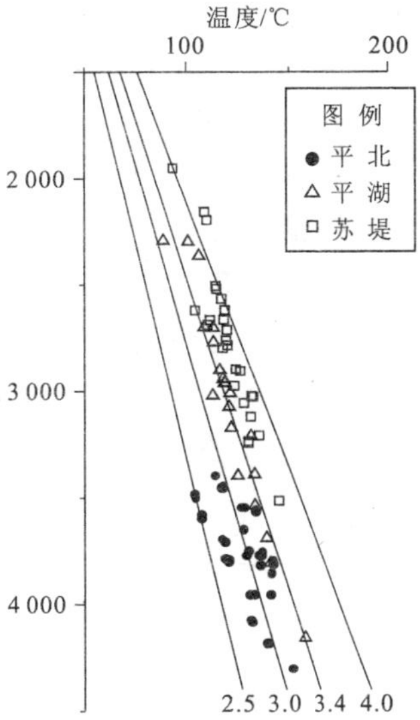

图 6－29　东海陆架盆地西湖凹陷温度-深度关系图

二、压力场

大量的油气勘探与开发实践表明，压力是油气排出、运移和聚集的前提与基础，且与油气生成、保存及成岩一成矿流体的关系十分密切。以地层的静水柱压力为标准，可将沉积盆地内部的压力场区分为异常低地层压力（简称“负压”）、正常地层压力（简称“常压”）和异常高地层压力（简称“超压”）三种基本类型。其中异常高流体压力研究是成藏动力学的主要研究内容之一，已成为现今一系列石油地质理论问题的生长点。1878年，俄国学者 Gulishambaror 在描述阿塞拜疆巴库附近 Balakhany 油田的石油喷泉时首次提出并讨论了异常压力的概念；1953年，Dickinson 对美国墨西哥湾岸地区的异常压力开展了系统研究，从而揭开了异常压力研究的时代序幕并延续至今。

理论上，大于静水柱压力或压力系数（实测压力/静水压力）大于 1 的地层压力即为异常高压，其顶、底或四周一般被封隔层所包围。据不完全统计，世界范围内已发现超压盆地 180 多个，其中 160 多个富含油气，超压油气田约占全球油气田的 1/3 左右，我国主要油气田都发育或曾经发育异常压力，且随着油气勘探程度的逐渐提高和向深处勘探的不断进军，必将发现更多的超压含油气盆地和油气田。因此，超压系统的区域分布状况和特征已成为目前油气勘探与评价以及油气运移地下流体动力学研究的基础之一。此外，由于表征地层压实的重要物理参数是岩石孔隙度的大小，虽然在压实过程中有诸如沉积速率、地质时间、地下温度、构造应力、地下水活动及次生矿物形成和胶结作用等因素也影响孔隙度的变化，但其主要与埋深和地层压力有关。因此，研究地层压力对油气勘探实践也具有很强的现实指导意义。

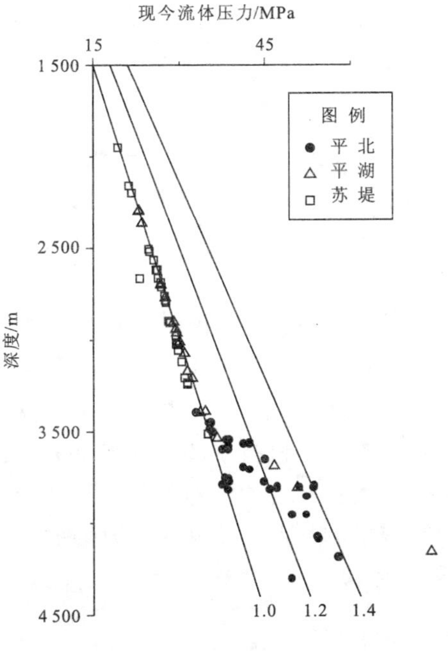

图 6－30　东海陆架盆地西湖凹陷深度-压力关系图

迄今为止，有多种资料和方法可用于研究和预测地下流体压力场，但就其应用的广泛性和重要性而言，以声波测井、实测地层压力（DST、RFT、FMT 等）和地震速度资料最为重要。其中前两种方法仅适用于已钻探地区，后者则可应用于凹陷深部和未钻探地区的压力场研究和预测，为钻探提供钻前预测服务，并使压力场和超压系统的研究得以在盆地（凹陷）级规模上纵、横向展开。

综合对比分析东海陆架盆地西湖凹陷平湖、平北和苏堤地区的测压（DST）资料（图 6－30）可知，平北区现今地下流体压力场大致以 3 600m 深度（位于始新统平湖组中部）为界，之上为常压（压力系数为 1.0

左右），而之下则表现为超压（压力系数明显大于1.0）；苏堤区的现今地层压力系数较小，多为正常压力；平湖区压力系数变化较大，其在深部具较高的异常压力。不同的地层压力系统指示着地下流体驱动能量的差异。

一般地，对一个具体工区的压力场研究而言，首先根据钻井资料，利用声波测井和地层压力测试数据来定量标定单井压力场的特征，划分单井纵向压力分带；然后根据地震资料，在剖面和平面上研究压力场的展布特征，划分压力系统；最后，应用数值动态模拟的方法，正演恢复超压系统的时间序列演化史，并探讨超压系统的形成机制。

对于异常压力的形成机制，前人曾提出不同的认识，虽争议较大，但可归结为三大类：①与应力有关：主要包括不均衡压实和构造应力两种；②与流体体积膨胀有关：如水热增压、黏土矿物脱水、烃类生成及石膏/硬石膏转化等；③与流体流动及浮力有关：如浓差作用、逆浓差作用、浮力、深部气体充填封存箱的分隔与抬升、水势面的不规则性等。实际上，不同地区、不同压力系统的主导成压机制往往各异，因此，在研究特定地区的压力场展布状况时，应结合具体的地质特征识别不同成因的压力系统，并对烃源岩系与输导体系的空间配置、断层与不整合面的流体行为予以特别关注。

三、构造应力场

构造应力场分析是含油气盆地构造演化及其动力学研究的一个重要课题与方向，主要研究内容为在确定各地的点应力状态（时间、大小和方向）的基础上，于一定区域范围内厘定各构造活动时期的构造应力分布。构造应力场是影响油气运移、聚集乃至保存和破坏的重要因素之一，构造应力不仅形成了油气运移的通道与油气聚集的圈闭，而且不连续状态的瞬间构造应力和连续状态的长期构造应力为油气运移提供了驱动力。所以，构造应力场的研究无论是对划分盆地构造演化阶段与认识盆地构造的发育规律和油气运移聚集特征，还是对油气田的开发都有着十分重要的意义。从区域上看，构造应力场控制了生烃深凹陷、油气聚集带、沉降中心以及烃源岩系的展布；而在局部上，构造应力场则在一定程度上影响着含油气构造和油气田的分布。

应力场与油气藏形成和分布的关系主要体现在：①有机质成熟生烃的力学一化学反应；②油气运移、聚集的重要动力；③形成各类背斜、断层等构造圈闭；④形成二级构造带；⑤形成断层、裂缝、微裂缝；⑥有助于形成各种地层不整合；⑦有助于形成储集层的次生孔隙带；⑧有助于形成刺穿构造；⑨强烈应力作用可破坏油气田。

盆地构造应力场分析可以从地质分析和模拟分析两个途径入手，其中传统的地质分析方法是构造应力场研究的基础，其主要是根据各种构造形变、岩石力学实验资料、生物化石、同位素资料及数学解析、物理模拟、井壁崩落法、凯赛效应法、震源机制解释、声发射法和水力压裂法等来对构造应力场进行定时、定向和定量。近年来，随着电子计算机技术的迅速发展和广泛应用，构造应力场的数值模拟研究取得了长足的进展，为模拟和重建含油气盆地的古构造应力场及其发展演变特征提供了有效的途径，其中有限元法数值模拟就是分析构造应力场的有效方法之一，目前已成为构造应力场定量研究的一个最重要的手段。

四、流体势能场

油气在储层（输导层）中的运移即为二次运移，油气二次运移是在饱含水的多孔介质中（断层、不整合面和相互连通的孔隙-裂缝系)发生的以独立相态为主的位置迁移。在同一输导系统内,对油气运聚起控制作用的主导因素是油气的势能。虽然早在20世纪40年代初,Hubbert就对流体势的概念、理论与方法进行了较为全面的阐述,1953年又作了补充完善,但当时并未很好地应用于油气勘探。直到20世纪80年代初,Dahlberg出版了具重要意义的关于流体势分析方法的专著《石油勘探中的水动力学》后,势能理论才开始引起人们足够的重视并被广泛地应用于油气勘探之中。近年来,随着定量研究方法和计算机技术的不断发展,使流体势分析方法逐步走向成熟与实用,并在油气勘探实践中发挥着愈来愈巨大的作用,成为油气勘探专家的重要思维工具。

流体势的定义有多种,目前应用较广泛的有两种。一种为Hubbert(1940、1953)提出的概念,他将单位质量流体所具有的机械能的总和定义为势,其由位能、压能和动能三大部分构成,数学表达式为:

$$\Phi = gz + \int_0^P \frac{dP}{\rho} + \frac{q^2}{2} \tag{6-9}$$

式中:Φ为流体势,J;g为重力加速度,m/s^2;z为测压点高程(从选定的基准面算起),m;P为孔隙流体压力(地层压力),Pa;ρ为地下流体的密度,kg/m^3;q为流体的流动速度,m/s。

另一种为England(1987)提出的定义,他将流体势定义为从基准面(点)传递单位体积流体到研究点所必须作的功,或相对于基准面单位体积流体所具有的总势能,其考虑了毛细管力作用对油气运移的影响,数学表达式为:

$$\Phi = -\rho gz + \int_1^P \frac{dP}{\rho} + \frac{2\sigma\cos\theta}{r} \tag{6-10}$$

式中:Φ为流体势,J;ρ为地下流体的密度,kg/m^3;g为重力加速度,m/s^2;z为地层埋深(从选定的相对基准面算起,向下为正),m;P为孔隙流体压力,Pa;σ为界面张力,N/m;θ为润湿角;r为深度z处的岩石孔隙毛管半径,m。

式(6-10)中第一项为单位体积流体相对基准面($z=0$)所具有的重力势能(位能);第二项为单位体积流体所具有的弹性势能(压能);第三项为单位体积流体所具有的界面势能。

根据上面所述原理计算得出的流体势在整个空间或者是常数,或者是连续变化的,前者构成一个等势空间,单位质量的流体受到的合力为零,该流体处于平衡状态;后者可看作空间被一系列等势面所分割,单位质量的流体从高势面流向邻近的低势面,所减少的势能为两个等势面间的差值,其在充满流体的地层空间中存在着一个与等势面正交的力场。地下流体正是在这种力的作用下,沿势梯度的方向运移,而单位质量的流体在力场中所受的力即为力场强度。油、气、水力场强度的差异实质上是由密度引起的差异,它是浮力的表现,所以当用油气的力场强度来分析油气的运移和聚集时,浮力因素已包含在内。实际上,上覆负荷压力已包括上覆的流体压力,在地层空间中形成的一定势梯度就是由上覆负荷压力造成的。因此,在分析流体受力运移时,只要用流体势梯度即可,流体势梯度变化的方向即为油气运移的主要方向。

由流体运动的力学原理可知,流体(油、气、水)总是从其自身的高势能区向低势能区运移,并最终在闭合的低势能区聚集,形成油气藏。需要注意的是,在进行流体势能场分析时,应注重在三维烃源岩体和流体输导体系发育的格架下,模拟恢复流体运移期的古流体势,以确定与输导体系相连通的最有利的聚油气构造。

压力和势能场与油气形成分布的关系主要表现在(张厚福,1998):

(1)地静压力、压实作用：为油气初次运移的驱使因素之一，促进初次运移。

(2)流体势：决定油气初次和二次运移的方向，可指明油气有利聚集部位。

(3)异常地层压力：形成流体压力封存箱。

(4)压力与温度：改变气在油、水中的溶解度，影响烃类物系的相态变化，控制油气藏的形成与分布。

(5)异常压力带与欠压实带。

(6)压实背斜圈闭的形成与分布。

(7)盐丘、泥丘等刺穿构造的形成与分布。

需要说明的是，不仅构成地下流体动力场的温度场、压力场、势能场和构造应力场内部的各因素间存在着相互联系、彼此耦合的关系，而且各场之间也常常彼此影响、相互制约。例如，温度场影响着流体的黏度、密度和溶解度，并通过水热增压、有机质成烃、黏土矿物转化等形成异常高压，且温度差异常常导致流体热对流；异常压力的存在对岩石的热导率、流体的热容、有机质成烃速率等都有重要的影响作用，且压能是势能的组成要素之一，压力的变化会改变流体的势能场分布；流体高势能区大多位于高应力区，而低势能区常常与低应力区相对应，构造应力场对流体势能场具有直接的影响作用，高应力和低应力分别是形成高势能区和低势能区的必要条件。因此，在地下流体动力场研究时，不仅要采用动态、定量的动力学方法，而且必须应用整体、耦合的观点进行系统研究。

第七章　油气聚集单元与油气分布

油气藏是地壳上油气聚集的最基本单元。实际上，地壳上油气藏不会孤立存在。由构造或地层因素控制的一定面积上油气藏的总和，叫做油气田。而受一定区域地质条件（包括构造和沉积）控制的油气田带（群）又称为油气聚集带，是更高一级的油气聚集单元。含油气系统则强调了各种石油地质条件的组合，不是单纯的油气聚集单元。

含油气盆地是指有过油气生成，并运移、聚集成为工业性油气藏（田）的沉积盆地。一个含油气盆地内可发育一个或多个油气聚集带。一个含油气盆地内同样也可划分出一个或几个含油气系统。

油气藏是油气聚集的最基本地质单元，含油气盆地是发生油气生成、运移、聚集等地质作用的基本地质单元，油气聚集带是勘探施工评价的重要地质单元，油气田是开发建设的主要地质单元。

第一节　含油气盆地的概念与分类

一、含油气盆地的概念

盆地是指地壳上具有相同或相似发育特征（包括沉积特征、应力环境、发育时间和过程）的统一沉陷单元。

当盆地中发育相当厚度沉积物且中心比周围厚得多时，则称其为“沉积盆地”。当地壳表面具有明显的地形凹地时，称为“地貌盆地”。地貌盆地可以有较厚沉积，也可以只有少量沉积物。纯粹由后期构造作用改造而成的盆地叫“构造盆地”，其中沉积物厚度与周围比较没有明显差别，是在构造盆地发生之前就沉积的，实际上是封闭的区域向斜。

石油与天然气是一种沉积矿产，主要赋存于沉积盆地之中，“没有盆地，就没有石油”。含油气盆地是指有过油气生成，并运移、聚集成为工业性油气藏（田）的盆地。实践证明，不同类型盆地的油气分布规律是有差异的。因此通过盆地分类研究，掌握类似盆地的特点和聚油规律，可以指导新区油气勘探工作，并为在老区寻找新的储量提供理论依据。

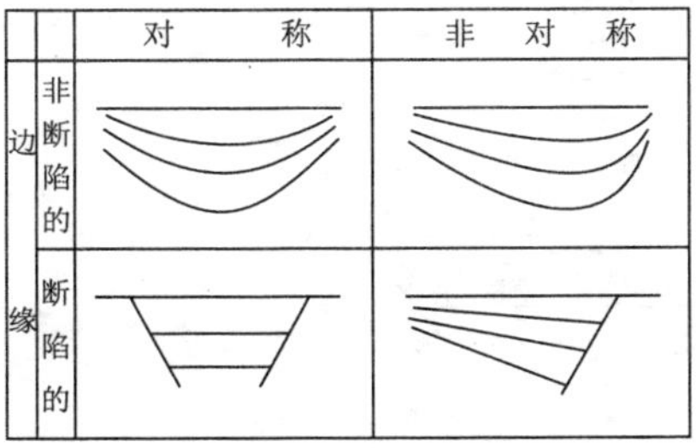

图 7－1　盆地的简单形态分类

（据 Chapman，1976）

二、盆地分类概述

盆地分类原则的不同，可能使同一盆地有不同的名称。如根据盆地规模可分为：超巨型（＞100 万 km^2）、巨型（50 万～100 万 km^2）、大型（10 万～50 万 km^2）、中型（1 万～10 万 km^2）、小型（＜1 万 km^2）；据盆地的平面形态则有：圆形、椭圆形、长条形、三角形、菱形等；据盆地的剖面形态则分：对称的和不对称的盆地；据盆地边缘性质可分为：断陷型和非断陷（坳陷）型（图 7－1），前者又分为单断(箕状)和双断(地堑)型;据沉积作用与盆地形成时间的配置关系可分为:先成盆地、同生盆地和次生盆地,或地貌盆地、沉积盆地和构造盆地;据盆地形成的地质时代或构造阶段可称作:元古宙、古生代、中生代、中新生代盆地等,或加里东期、华力西期、印支期、燕山期、喜马拉雅山期盆地等;据盆地下伏地壳结构可分为:陆壳、洋壳和过渡壳上的盆地,薄壳和厚壳盆地等;据盆地发育经历的旋回性有:单旋回盆地和多旋回盆地等;据盆地发育时充填补偿情况分:过补偿盆地、补偿盆地和补偿不足盆地(饥饿盆地)。

但是,多数地质学家较普遍采用的是以大地构造理论为基础的盆地成因分类。早期的盆地分类多以固定论(槽台说)为基础,近期则以地球动力学、板块构造理论为基础进行盆地分类。

(一)固定论的盆地分类

固定论(即槽台理论)认为地壳构造运动以垂直方式为主。它在20世纪70年代前颇为盛行。Weeks(1952)和Успенская(1967)把含油气盆地划分为“地台区”(稳定区)和“活动区”两大类。

在我国石油勘探中应用最广的是Брод(1965)的盆地分类:地台平原型盆地、山前坳陷和山间坳陷。

(二)以板块构造理论为基础的盆地分类

20世纪70年代以来,板块构造理论不断完善,其中Dickinson(1976)的分类观点被广泛采纳。

Dickinson把盆地分为“裂谷型”和“造山型”两大类,前者以离散板块运动和张性构造为主,由于地壳变薄发生下沉作用;后者以聚敛板块运动和压性构造为主,由于板块俯冲而引起地壳下沉,也可能由于沉积负荷加大而促进地壳下降。然后又细分为16种盆地。

(三)以地球动力学为基础的盆地分类

20世纪80年代以来,许多学者在岩石圈动力学研究基础上提出了相应的盆地分类方案。认为盆地内沉积及构造样式的演化是受地球动力学环境所控制,含油气盆地在不同地质历史时期遭受各种应力作用(图7-2),据此将盆地划分为4大类:张裂环境、压缩环境、剪切环境和重力环境。然后再依据盆地所处的地壳结构和大地构造位置进一步细分。

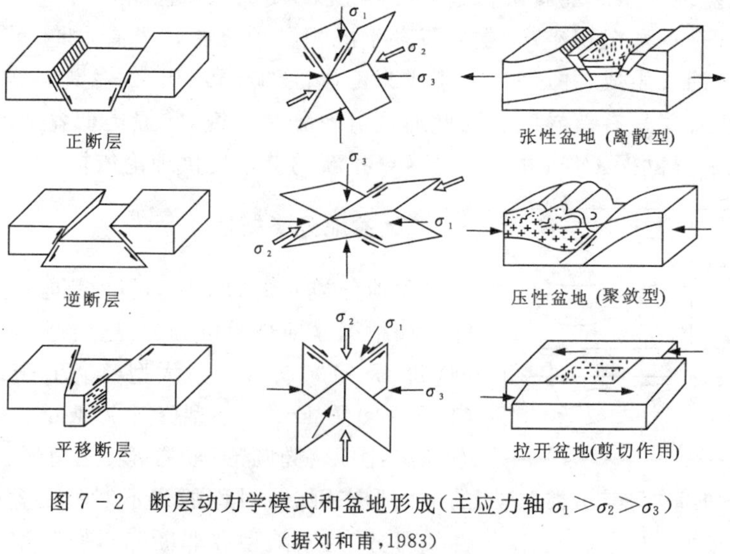

图7-2 断层动力学模式和盆地形成(主应力轴 $\sigma_1>\sigma_2>\sigma_3$)

(据刘和甫,1983)

第二节 含油气盆地的类型与特点

如前所述，根据盆地发育的地球动力学环境，可把含油气盆地分为4大类，并以张性盆地、压性盆地和拉分盆地较为常见和重要，并且依据盆地所处的大地构造位置和发育特征，可细分为若干亚类。其中，陆内裂谷、大陆边缘和前陆盆地是最重要的油气聚集区。

不同时期、不同类型的盆地可以在时间和空间上叠合，从而形成更加复杂的叠加盆地，如塔里木盆地。

一、张性环境发育的含油气盆地

就目前的统计资料来看，张性环境发育的含油气盆地是最重要的产油盆地。如我国2006的原油产量(约1.84亿t)中有近70%产自张性含油气盆地。

该类盆地的形成往往与岩石圈减薄、破裂有关；地幔上涌和岩石圈内部的韧性剪切(Morley,1989)可能是引起岩石圈减薄的主导因素。

(一)内陆裂谷盆地

所谓裂谷是指由区域性断裂所控制的地壳或岩石圈上的纵长形沉降谷。断裂常作为该沉降谷的边界。

内陆裂谷位于陆壳板块内部，由于地幔物质上涌使岩石圈减薄，在地壳上部产生张性破裂，并逐渐演变成裂谷盆地。由于处于大陆扩张初期，岩石圈并未拉开，只是当裂陷发育到一定程度时，地幔物质趋于稳定，裂谷的发育也由断陷阶段转化为坳陷阶段(热沉降阶段)(图7-3)。

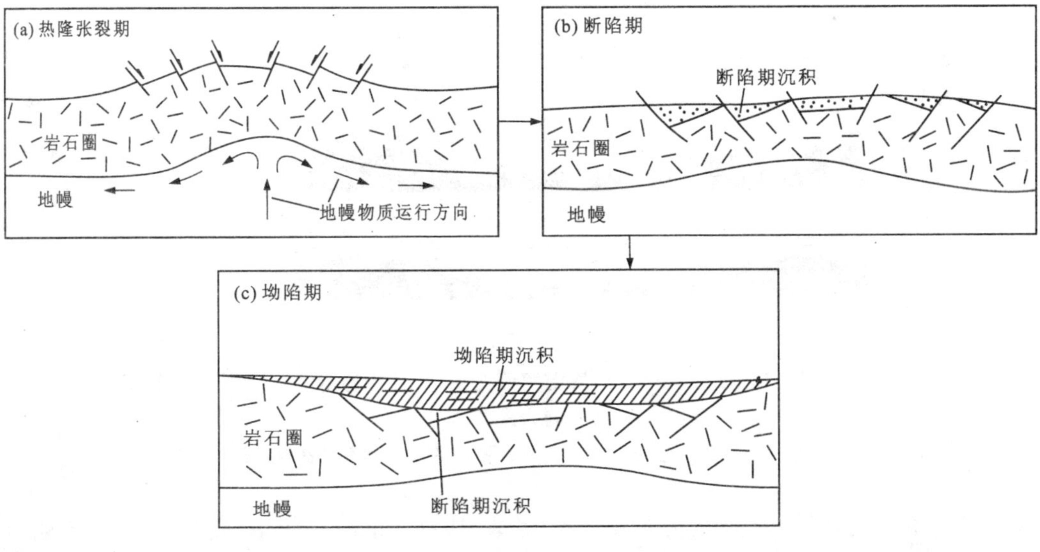

图7-3 裂谷盆地演化示意图

该类盆地的一般特点是：①位于大陆板块内部；②沉积盖层常具有双层结构——下部的断陷期沉积和上部的坳陷期沉积，后者的范围一般超越了断层的控制范围；③地温梯度高(一般大于30℃/km)，裂谷初期常有基性喷出岩；④同沉积正断层控制着断陷及盆地格架，断层常为铲型，控制的断陷形态有箕状和地堑式；⑤主要圈闭类型有滚动背斜、抬斜断块、底辟及地层圈闭。当后期受到挤压或走滑应力作用时，可发育挤压背斜或雁列褶皱。我国目前最大的产油区——大庆长垣即是在这样的构造中。

不同发育阶段的裂谷有不同的形态特征。如东非裂谷、莱茵地堑仅经历了裂谷期；而北海盆地、松辽盆地、渤海湾盆地均经过了从断陷到坳陷的演化过程。两类裂谷形态存在明显差异，后一类盆地对油气聚集更有利。

（二）内陆坳陷盆地

这类盆地位于克拉通内部，平面上呈近圆形，剖面上为碟状（图 7－4），构造一般比较简单，主要为长垣隆起和穹隆。沉积特征是：在剖面的最下部和最上部及局部边缘为非海相地层，中部发育典型的浅海相碳酸盐岩和碎屑岩沉积；沉积厚度可小可大（如美国的伊利诺斯盆地、密执安盆地、威利斯顿盆地等一般为 3 000～4 000m，而西西伯利亚盆地中新生界就厚达 4 000～8 000m）。其含油气性主要与沉积岩厚度、生油岩及其埋深有关。

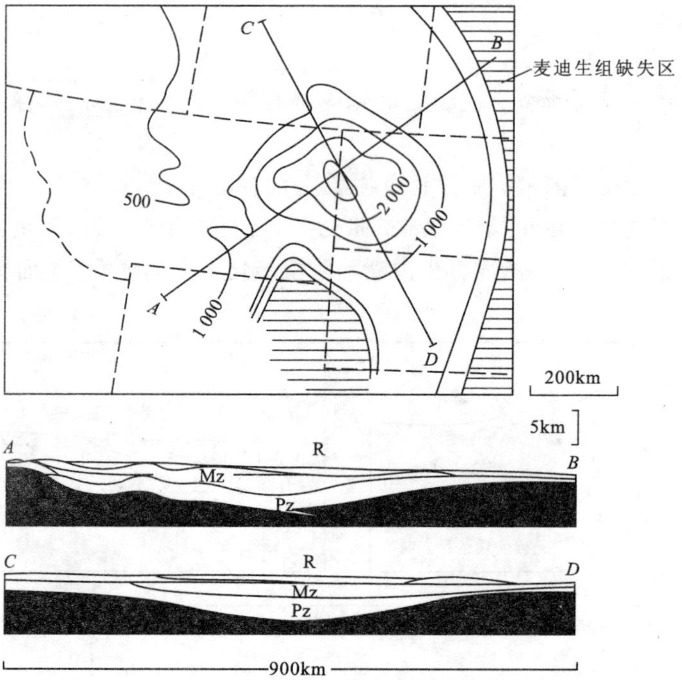

图 7－4　威利斯顿盆地麦迪生灰岩（密西西比系）顶部构造等高线图与横剖面图

（转引自陈发景，1982）

顶部构造等高线（m）图显示盆地平面上呈近圆形，横剖面表示充填盆地的各时代地层

关于这类盆地的成因，有人认为是重力作用结果，Dickinson（1976）则把其归因于地幔上涌。开始它可使地壳隆起并形成张裂地堑，但并未继续裂开发育成裂谷，而是整体下沉接受坳陷型沉积。地幔上涌形成的地堑张裂常显示三叉形式，其后热沉降影响的区域是以地幔柱为中心的圆形，因此此类盆地呈近圆形。盆地坳陷深度与地幔上涌的强度和持续时间成正比。一般来说，该类盆地地温梯度较低。

（三）大陆边缘盆地

位于离散型板块边缘，也称被动大陆边缘或大西洋型大陆边缘。在被动大陆边缘的滨岸区、陆架区和陆坡区，常发育良好的含油气盆地。其下部常为裂谷期陆相沉积，上部为向海推进的陆相或浅海相陆源碎屑、碳酸盐岩、三角洲和水下扇。Dickinson 把这种陆缘沉积称为冒地斜棱柱体（图 7－5）。

大陆边缘盆地的演化经历了内陆裂谷、陆间裂谷、窄大洋和大西洋 4 个阶段。

这类盆地具有良好的生、储、盖组合和圈闭条件，因而有丰富的油气资源。圈闭类型与裂谷盆地基本一致，而生物礁的发育更增加了其油气潜力。陆缘盆地主要分布在大西洋沿岸，南中国海北缘的珠江口盆地和莺-琼盆地，已证明具有丰富的油气资源。

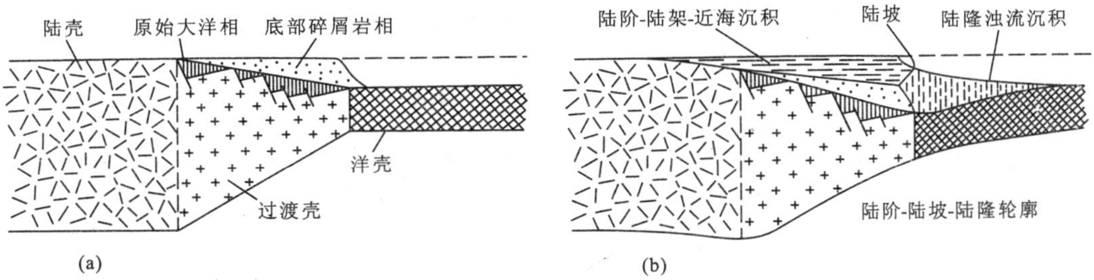

图 7－5　冒地斜棱柱体演化图解

（据 Dickinson，1976）

(a)从早期过渡型地壳快速下沉时底部为碎屑岩相；

(b)进一步发展到以挠曲下沉为主的三角洲碎屑沉积和藻滩碳酸盐沉积

（四）陆间裂谷盆地

当内陆裂谷进一步拉开，地壳强烈减薄，形成过渡壳时，内陆裂谷就演变成陆间裂谷；当陆壳完全分开时，裂谷轴部可有部分洋壳（图 7－6），因此也称为原始大洋裂谷。如果进一步扩张，就形成了洋盆。

较典型的陆间裂谷盆地有红海裂谷和加里福尼亚湾。该类盆地早、中期演化同内陆裂谷早、中期。地层为沉积岩和熔岩、蒸发岩，当有河流在裂谷末端注入时，三角洲或浊流沉积会代替蒸发岩。总体来看，陆间裂谷盆地缺乏良好生油岩，沉积岩薄，不易形成大的油气田。

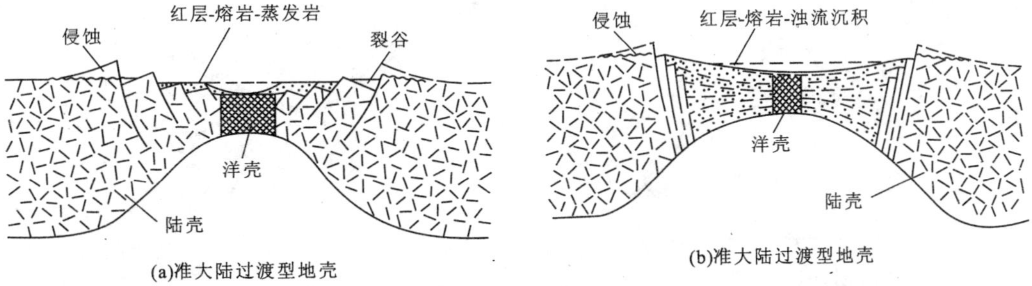

图 7－6　原始大洋裂谷示意图解

（据 Dickinson，1976）

(五)新生洋盆

当大陆完全被拉开,形成以洋壳为基底的新生盆地称为新生洋盆。洋中脊的不断扩张使洋盆不断扩大,大洋岩石圈逐渐下沉形成宽阔平坦的坳陷,沉积很薄,但从洋中脊向外逐渐加厚,可形成浊积深海平原。该类盆地的石油地质意义不大。

二、压性环境发育的含油气盆地

挤压型盆地主要发育在汇聚板块边界及周围。如大洋岩石圈向大陆岩石圈之下俯冲形成的沟弧系,可发育弧后前陆盆地、弧前盆地;当大陆岩石圈相互碰撞时会发育碰撞造山带,在造山带两侧和克拉通边缘可形成周缘前陆盆地;碰撞造山带演化后期存在残留洋盆;造山带内和造山带之间可发育山间盆地。

压性盆地主要发育压性构造,如逆冲断裂带、推覆体、挤压断块、不对称背斜、压扭性构造等。前陆盆地和山间盆地具有丰富的油气资源。

(一)前陆盆地

位于造山带侧翼与克拉通边缘。盆地横剖面为由造山带侧翼向克拉通减薄的不对称楔状(图7-7、图7-8),平面上平行于造山带展布。前陆盆地造山带一侧发育向前陆区逆冲推覆的褶皱—冲断层带,主要断面为倾向造山带的铲形或阶梯状,常呈叠瓦状组合;盆地近克拉通一侧可发育正断层。沉积组合常见的有洪积-河流-三角洲相和浅海相,有时有浊积岩,碎屑物源主要来自造山带,克拉通为次要物源区。沉降中心常逐渐向克拉通方向迁移。

前陆盆地的成因可能是因为碰撞造山带尤其是向前陆推覆叠置的褶皱冲断层带产生的巨大构造负荷促使岩石圈均衡调整,从而形成不对称楔状沉降区(Jardan,1981)。

前陆盆地具有丰富的油气资源,如北美洲落基山西侧的前陆盆地是美国、加拿大主要产油区之一,中东的扎格罗斯造山带前陆盆地是伊拉克、科威特、伊朗西南部主要产油区,我国西北地区的酒泉-民乐盆地为祁连山北缘前陆盆地,酒泉西部盆地的玉门油田是我国最老的石油工业基地;昆仑山、天山、祁连山等造山带前缘均发育有新生代前陆盆地。

根据前陆盆地所处的大地构造位置可分为周缘前陆盆地(图7-7)和弧后前陆盆地(图7-8)。

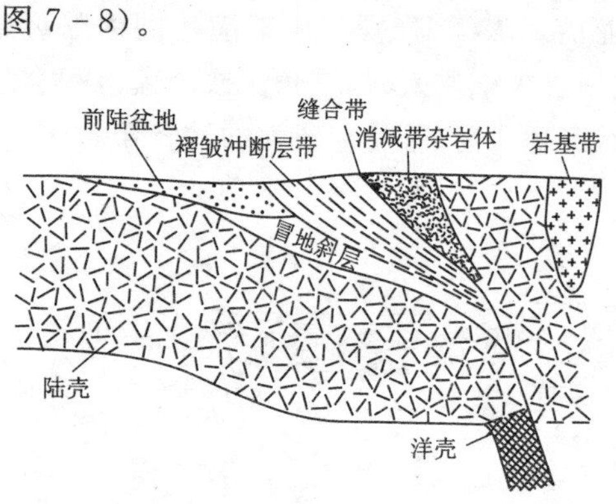

图7-7 与碰撞造山带毗邻的周缘前陆盆地简图
(据 Dickinson,1976)

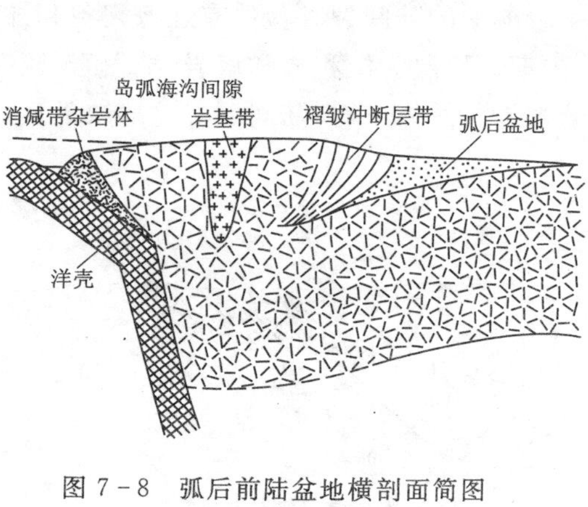

图7-8 弧后前陆盆地横剖面简图
(据 Dickinson,1976)

(二)山间盆地

位于造山带内部(如吐鲁番-哈密盆地)或多个造山带之间(如准噶尔、柴达木等盆地)。盆地形态受四周山系所限；造山带附近仍发育向盆内逆冲的褶皱—冲断带，规模可能比前陆区的小，山前可以呈向盆内减薄的楔状，但影响范围不大；四周均为物源区，沉积组合主要为冲积、河流、湖相及浅海相。山间盆地除受挤压作用外，走滑断层也常常发育，如柴达木盆地西缘的阿尔金走滑断裂带的活动使盆地内发育典型压扭构造。山间盆地也具有良好的油气富集条件。

由于造山带一侧向盆内逆冲推覆，可能在褶皱冲断带下掩覆了前陆盆地或山间盆地一部分。

（三）弧前盆地

位于岛弧与海沟之间（图 7－9），其基底性质取决于岛弧与海沟间地壳的性质，可以是陆壳，也可以是洋壳或过渡壳。弧前盆地沉积主要来自岩浆岛弧的碎屑物，水深取决于盆地性质与补偿关系。下伏为残留洋壳时水可能较深，可沉积含火山灰的深水细浊积岩和浅水粗浊积岩、陆棚砂岩和三角洲砂岩。物源也可以是非火山高地侵蚀碎屑；赤道区盆缘可形成珊瑚礁。

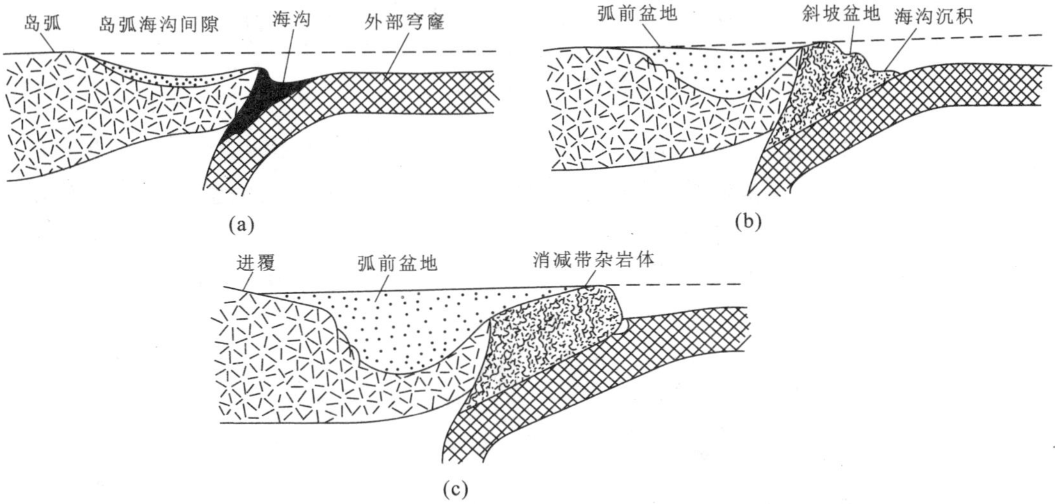

图 7－9　海沟、斜坡盆地和弧前盆地发育示意图
（据 Dickinson，1976）
(a)、(b)、(c)表示时间从早到晚

弧前盆地近岛弧一侧为脆性破裂，发育正断层；近海沟一侧挤压性褶皱、冲断层发育。当斜向俯冲时也可产生走滑断层。

除秘鲁、厄瓜多尔的塔拉拉区石油可采储量可观（约 10 亿桶）外，大部分弧前盆地未找到大量油气。主要原因可能是沉积速度快、相变大、储集性差、烃源岩多为腐殖型且不成熟等。

（四）残留洋盆

在洋壳板块消减末期，陆壳板块发生碰撞，碰撞缝合线走向上结合的时间不一致，使部分地带残存老洋盆，这种收缩大洋盆地叫残留洋盆（图 7－10）。盆缘形成大型三角洲体系，向海盆发育海底扇并覆于远洋沉积之上；这种浊积岩就是前造山期复理石。

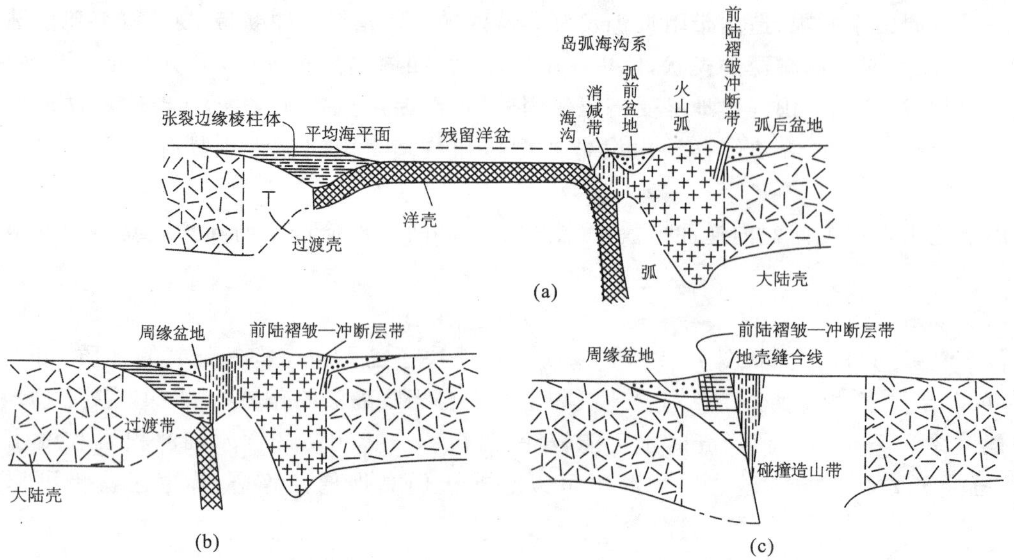

图 7－10 在地壳碰撞造山带形成的陆间缝合带所伴生的沉积盆地演化简图

(据 Dickinson，1976)

(a)、(b)、(c)表示时间从老到新

由喜马拉雅山沿构造走向出现恒河三角洲和孟加拉湾海底扇就是这种侧向变化和穿时相发育的表现(图 7－11)。随着俯冲、碰撞继续，残留洋盆逐渐缩小、封闭消失，同时前陆盆地不断扩大，磨拉石覆于复理石沉积之上。

这种盆地沉积往往与前陆盆地叠合成为油气勘探目标层系，具有一定的潜力。

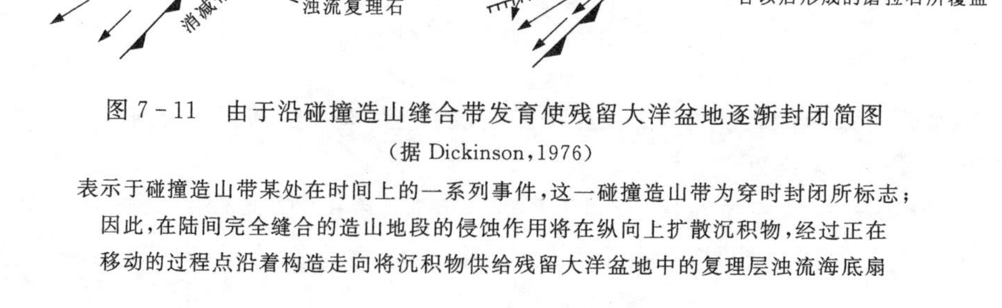

图 7－11 由于沿碰撞造山缝合带发育使残留大洋盆地逐渐封闭简图

(据 Dickinson，1976)

表示于碰撞造山带某处在时间上的一系列事件，这一碰撞造山带为穿时封闭所标志；因此，在陆间完全缝合的造山地段的侵蚀作用将在纵向上扩散沉积物，经过正在移动的过程点沿着构造走向将沉积物供给残留大洋盆地中的复理层浊流海底扇

三、剪切环境发育的含油气盆地

拉分盆地(pull－apart basin)发育于区域性走滑断裂带附近，由于两侧断块的相向运动而形成。这种盆地平面上常呈菱形，走滑断层为两个长边边界，正断层为短边边界(图 7－12)。由于强烈走滑运动使地壳下弯，因此在走滑断层一侧往往为沉降中心。

拉分盆地不仅在转换型板块边界发育，而且在汇聚型板块边界和大陆板块内部均可产生。沉积速率高（可达 100cm/ka），因此岩相变化大，盆地周缘以冲积扇、洪积扇和河流三角洲相为主，向盆地中央迅速过渡为较深-深湖（海）相为主，并夹有大量的重力流沉积。从这些沉积条件可知，拉分盆地具有油气聚集的基本条件，走滑运动可提供良好的构造圈闭。

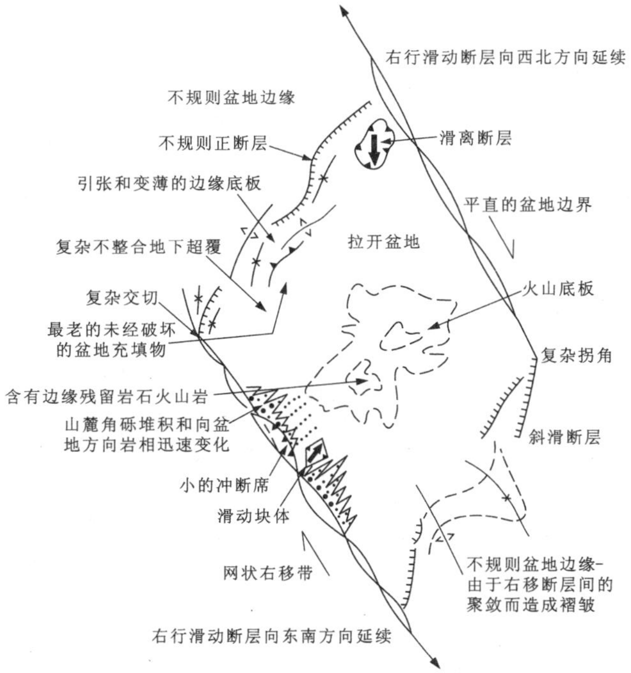

图 7-12　理想的拉分盆地简图

（据 Crowell，1974）

实际上，无论是张性还是压性含油气盆地，走滑运动和局部平移均可存在。如果走滑运动对盆地演化起一定控制作用，则可形成张扭性或压扭性盆地，盆内也可发育扭动构造。

四、盆地的叠加

在油气勘探实践中，人们早就发现许多盆地经历了不同性质的演化阶段，甚至不同类型的盆地在平面上有重叠现象。不同类型、不同演化阶段的盆地在性质、沉积组合、构造样式上可能有较大的差异。因此，研究盆地时，首先应研究其发展历史，从而分析不同阶段、不同类型盆地的特点，进而指导评价和勘探。

第三节　油气聚集带

一、油气聚集带的基本概念和分类

（一）油气聚集带的基本概念

所谓油气聚集带是指受一定区域地质条件（包括构造和沉积）控制的油气田带（群），其中各油气田具有相似的地质构造特征或相似的沉积条件和油气藏形成条件。油气聚集带的范围相当于盆地内三级构造单元，但不是盆地内所有的三级构造单元都能成为油气聚集带。

油气聚集带是油气聚集的场所，而非油气生成的地带。油气聚集带内的油气是由相邻的生烃区内汇集起来的，油气聚集带的周围可能都是它的汇油面积，也可能汇油面积仅仅存在于油气聚集带的一侧或某一方向。该带之所以能聚集丰富的油气，还与它具有良好的油气聚集条件有密切的关系。

（二）油气聚集带的分类

由于控制油气聚集带的地质因素比较复杂，不同学者从不同角度提出了多种分类方案，繁简也不甚一致。根据油气聚集带形成过程中起决定性作用的地质因素，大致可分为 3 大类 9 种主要类型；每一类还可细分为若干具体型式（表 7-1）。当然这些型式不一定代表了所有类型。

表 7-1 油气聚集带分类表

大类	主要类型	具体型式	实例
构造类	背斜型油气聚集带	1. 中—强褶皱背斜带 2. 长垣、平缓背斜带 3. 穹隆背斜群	1. 扎格罗斯山前背斜带、柴达木盆地冷湖背斜带 2. 大庆长垣、加瓦尔长垣、杜依玛兹长垣等 3. 罗马什金、苏尔古特隆起南部背斜群、扶余背斜带
	断裂型油气聚集带	1. 断块或断阶带 2. 同生正断层和逆牵引背斜带 3. 逆冲断裂带 4. 同生逆断层带 5. 扭断裂带	1. 渤海湾盆地北大港港中油田带 2. 尼日尔三角洲、维尔斯堡断裂带 3. 落基山东侧逆掩断裂带、克拉玛依西北逆冲断裂带、酒西盆地老君庙逆冲断裂带 4. 柴达木盆地阿拉尔断裂带 5. 美国洛杉矶盆地
	底辟型油气聚集带	1. 盐底辟带 2. 泥底辟带 3. 火成岩底辟带	1. 滨墨西哥湾 2. 渤海湾盆地东营凹陷 3. 苏北盆地南部
地层类	潜山型油气聚集带	1. 与碳酸盐岩有关的 2. 与碎屑岩潜山有关的 3. 与结晶基岩潜山有关的	1. 任丘、铁尔斯顿等 2. 哈西-迈萨乌德 3. 克拉夫特-普鲁萨基岩潜山油田带
	与碎屑岩有关的油气聚集带	1. 河道砂油气聚集带 2. 滨岸砂坝油气聚集带 3. 三角洲指状砂体油气聚集带	1. 布奇、喀特班克等 2. 绿林县契罗基组鞋带状油气藏带 3. 大港油田
	与碳酸盐岩有关的油气聚集带	1. 上倾尖灭型 2. 溶蚀白云岩化型	1. 霍戈登气田带 2. 春吞油气田带
	礁型油气聚集带	1. 环礁型 2. 马碲礁型 3. 线状礁（堤礁）型 4. 点礁型	1. 墨西哥湾黄金巷油气田带 2. 二叠纪盆地 3. 瑞姆彼—圣·阿尔伯达 4. 加拿大阿尔伯达盆地雨虹区
复合类	断层-地层型油气聚集带	1. 滨岸同生断层-三角洲 2. 断层-底辟	1. 得克萨斯州南部滨墨西哥湾岸 2. 墨西哥湾
	背斜-地层型油气聚集带	1. 背斜-潜山型 2. 压实背斜-不整合面型	1. 任丘潜山油田带 2. 利比亚锡尔特盆地萨里尔油田带

二、油气聚集带的主要类型

油气聚集带的控制因素及各因素所起作用不同，会产生复杂的组合类型和具体型式。下面仅对常见的主要油气聚集带的基本特征作一简单介绍。

(一)背斜型油气聚集带

所谓背斜型油气聚集带，系指该油气田带(群)构造上为一背斜带(群)，其中油气藏形成很大程度上受背斜构造所控制。这一类型油气聚集带，根据背斜构造的特征，可进一步分为：强烈—中等褶皱的背斜带、长垣和平缓背斜带以及穹窿背斜群。

1. 强烈—中等褶皱的背斜油气聚集带

这种油气聚集带主要分布在地壳中不同时代褶皱带的山前带、山间盆地和地台边缘坳陷区等活动性较大的地带。该类背斜带的褶皱较强，背斜闭合度大，背斜带延伸长度大。以波斯湾扎格罗斯山前带为例，它由一系列强烈到中等褶皱的背斜带组成，每个背斜带可长达数百千米；该带向波斯湾一侧，为生烃深坳陷，储层厚度亦大，具有良好的生、储、盖组合。因此，这种背斜带常拥有巨大的油气储量。如伊朗可采储量达十亿吨以上的阿贾加里、加奇萨兰、马伦等特大油气田和几十个大油气田，伊拉克的基尔库克、巴伊哈桑、阿因扎列、布特马赫、卡伊阿拉、扎布尔等特大和大油气田，都位于这种背斜带(图 7-13)中。

2. 长垣和平缓背斜型油气聚集带

“长垣”这一构造术语，是前苏联石油地质学家在研究乌拉尔—伏尔加含油气盆地过程中提出来的。所谓长垣，系指巨大而狭长的不对称背斜构造带。根据乌拉尔—伏尔加盆地的资料，长可达 40～360km，宽 5～20km；闭合度为 40～200m；缓翼倾角平均为 $0°30'$～$1°$，不超过 $6°$，陡翼倾角为 $3°$～$20°$，最大可达 $60°$，陡翼大多向着邻近的坳陷。褶皱平缓，呈带状分布的一系列背斜组成的背斜带，称为平缓背斜带。平缓背斜两翼倾角常小于 $1°$，有时可达 $2°$～$5°$。

松辽盆地大庆长垣为一巨型平缓背斜带，其中有 7 个构造高点，分别形成了 7 个含油构造。大庆长垣位于松辽盆地中央坳陷区—生烃区内，且由稳定的三角洲砂岩体发育，生、储、盖组合良好，从而形成了含油总面积达数千平方千米，是目前我国最大的油气聚集带。

此外，沙特阿拉伯的加瓦尔长垣、西西伯利亚的下普尔、尤比列依等长垣，都是拥有巨大油气储量的长垣油气聚集带的典型代表。

3. 穹隆背斜型油气田群

穹隆背斜群是构造运动不强烈的含油气盆地中较重要的油气聚集带类型之一。该类穹隆背斜大多是在大型基底隆起的背景上形成的，局部背斜没有一定的方向性，如前苏联罗马什金特大油田属于这一类型。

最后，应指出，并不是背斜带(群)中的所有背斜构造都必定含油。由于各种原因而未含油的背斜，称空(或干)背斜构造。

(二)断裂型油气聚集带

依断裂的性质和特点，大致可分为 4 种主要类型：断块(断层)型、同生正断层-逆牵引背斜型、同生逆断层型和逆冲断裂型。

1. 断块型油气聚集带

断块型油气聚集带包括与正断层有关的、与逆断层有关的和与扭断层有关的断块型油气聚集带。其共同点是断层全部或部分封闭了该类油气聚集带中的断块。

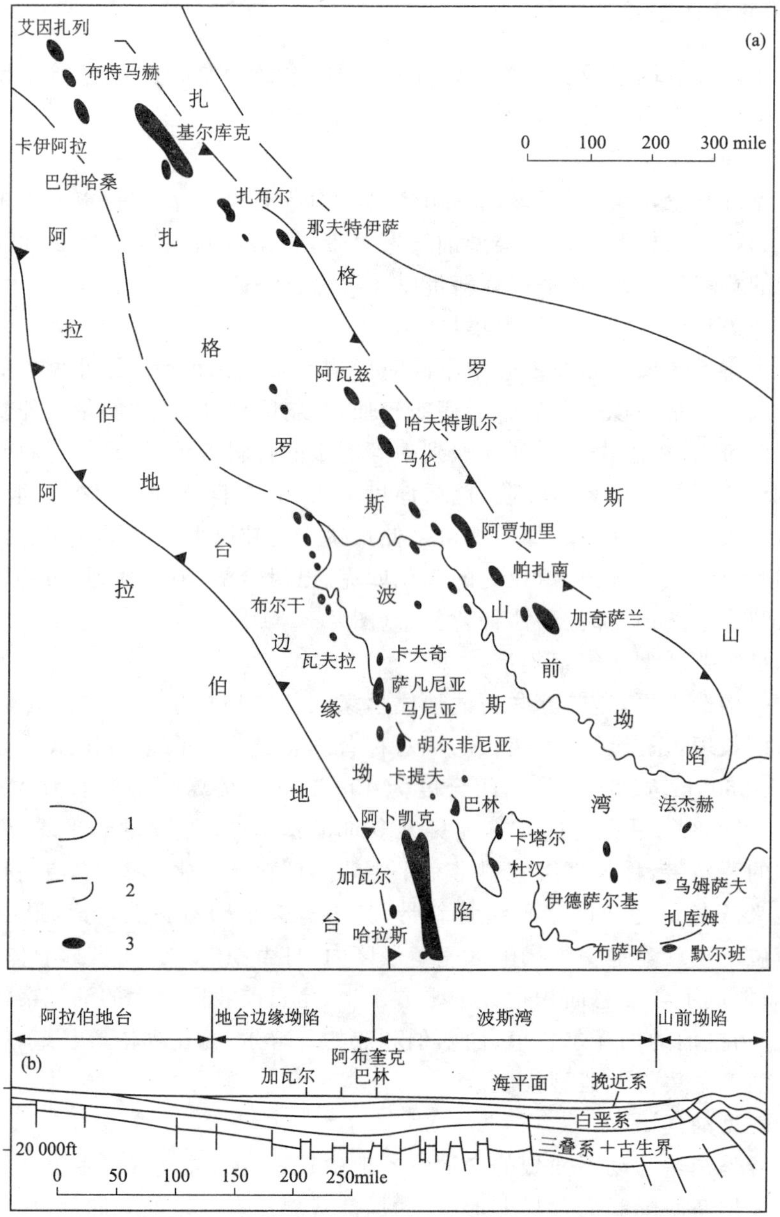

图 7-13　波斯湾盆地构造和油气田分布略图

（转引自潘钟祥，1986）

1.盆地范围；2.构造单元界线；3.主要油气田

2.同生正断层-逆牵引背斜型油气聚集带

在同沉积正断层控制下，沿断裂走向上在其下降盘常发育一系列逆牵引背斜（又叫滚动背斜），逆牵引背斜的成因主要与尚未完全固结的下降盘地层于断裂发育过程中在自重作用下的“回顾”，或和铲形断层在深部顺层滑动有关。该类油气聚集带一般均能形成丰富的油气聚集，如我国东部的渤海湾等盆地、墨西哥湾、尼日尔三角洲（图 7-14）。

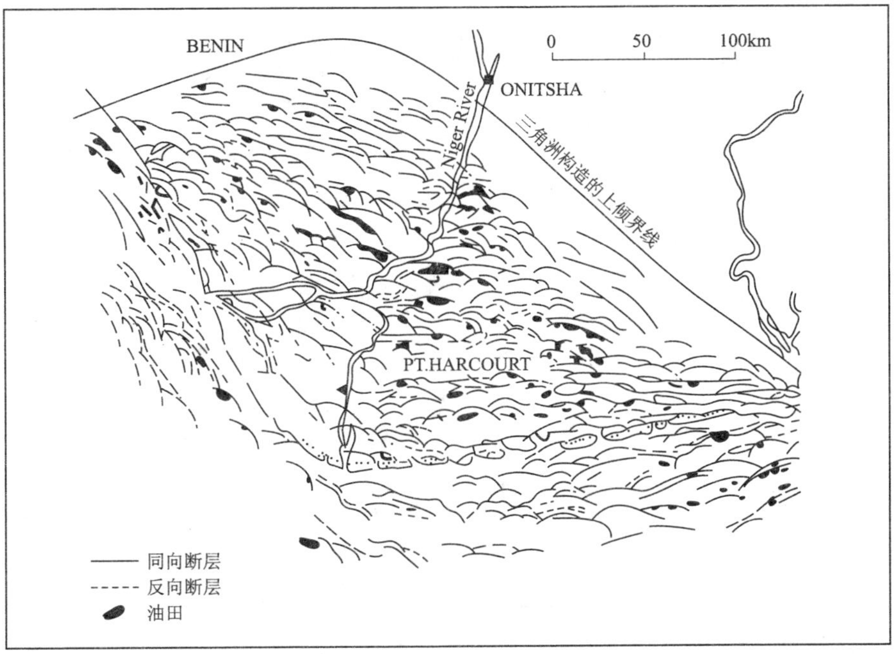

图 7-14　尼日尔三角洲生长断裂及滚动背斜油田分布图
（转引自王燮培等，1991）

其油气聚集的有利因素主要有：①其下倾方向即为烃源区，能提供丰富的油气源；②下降盘砂层数增多、厚度增大；③圈闭形成时间早，滚动背斜在沉积期间即开始发育；④断层可作为油气通道使深部的油气向上运移，也可起封闭作用。

3.同生逆断层-挤压背斜型油气聚集带

近年来在压性盆地中发现逆断层或逆冲断层也可以同沉积活动，在其上升盘常发育挤压型背斜或鼻状构造，它们也可以成为良好的油气聚集带。如柴达木盆地西南部发育的阿拉尔逆冲断层，其控制着阿拉尔凹陷的南界，上升盘分布着 3 个背斜型圈闭，其中两个（东、西跃进 2 号）聚集有油（图 7-15），油源为下降盘的阿拉尔凹陷。

4.逆冲断裂型油气聚集带

多位于山前带，由于区域挤压（或重力滑动）造成盆地内地层发生褶皱、冲断。尤其是前陆盆地中发育的褶皱-冲断层带位于生油区内，可在背斜和断层型圈闭内聚集丰富的油气。北美落基山东倾的怀俄明-犹他逆冲断裂带已发现了数十个油气田。落基山东侧的逆冲断层带在构造上十分复杂，大体上是由 5～6 条自西向东推覆的逆掩断层组成。断层先在西部发生（侏罗纪），向东推移，大致在始新世结束。断层的最大特点是断层面呈犁式，在相当大的范围内非常平缓近于顺层面滑动。水平位移很惊人，整个逆冲断层带缩短了约 110km。石油产自奥陶系至白垩系不同层位，以三叠系和侏罗系为主要产层（图 7-16）。

20 世纪 80 年代的勘探成果也证明准噶尔盆地西北缘的克乌断裂带和酒西盆地南部的老君庙逆冲断裂带（图 7-17）均为良好的油气聚集带，它们形成了克拉玛依油田和玉门油田这两个中国最早的石油工业基地。

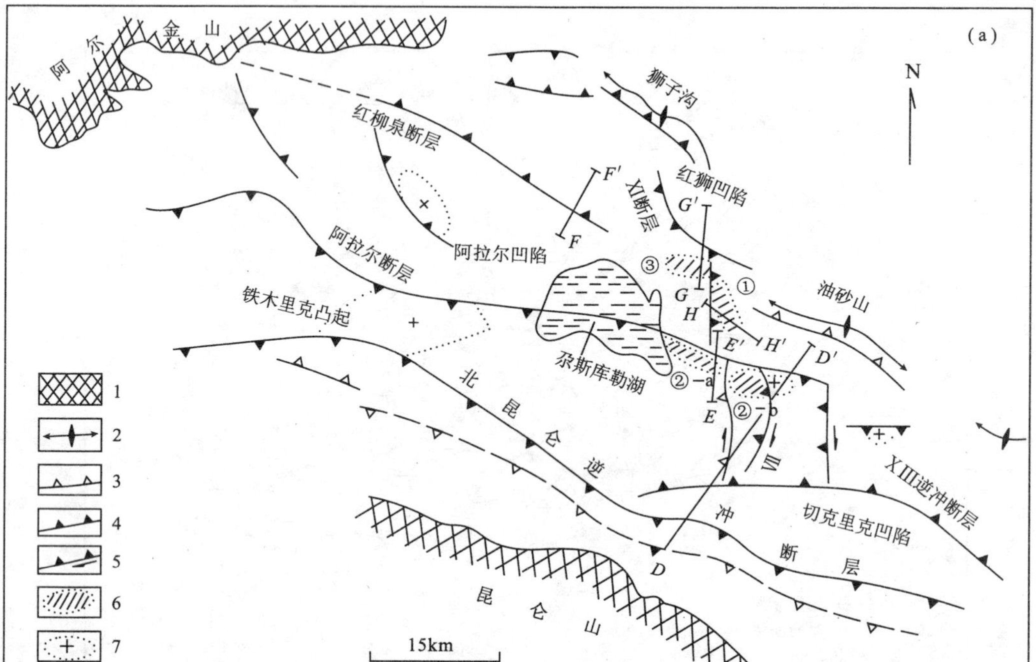

图 7-15 柴达木盆地南部阿拉尔同沉积逆断层带构造简图及跃进 2 号油田平剖面图

(据宋廷光、王燮培,1993)

1.古生界;2.地面褶皱;3.逆冲断层;4.同沉积逆断层;5.压扭性同沉积断层;

6.油田;7.圈闭;8.含油面积;9.井;10.油运移方向

(三)礁型油气田(藏)带

礁型油气藏带按其形成条件和展布特征,可分为:环礁、马蹄礁、线型(或堤)礁和补丁(或点)礁。其中环礁、马蹄礁和点礁前已作过介绍。现仅以加拿大的瑞姆彼—圣·阿尔伯达线型礁为例(图 7-18),简介如下。

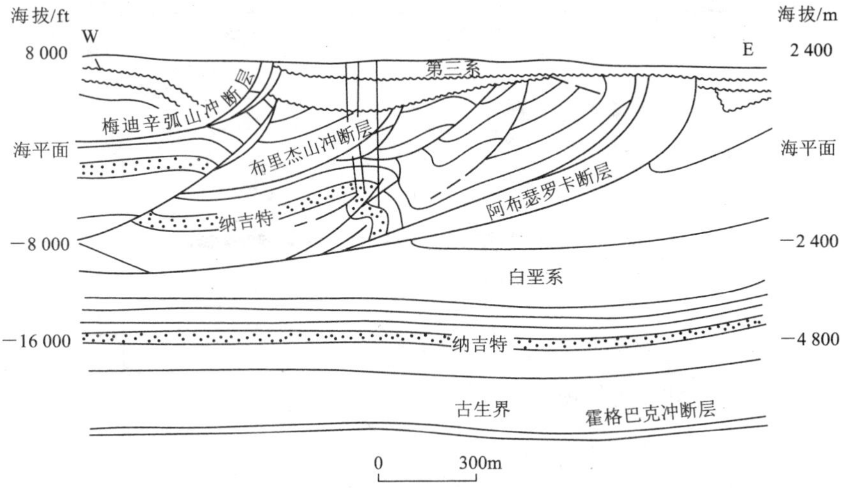

图 7－16　美国怀俄明逆冲断裂带、佩因特・雷泽瓦油田东西向构造剖面图

（据 Lamb，1980）

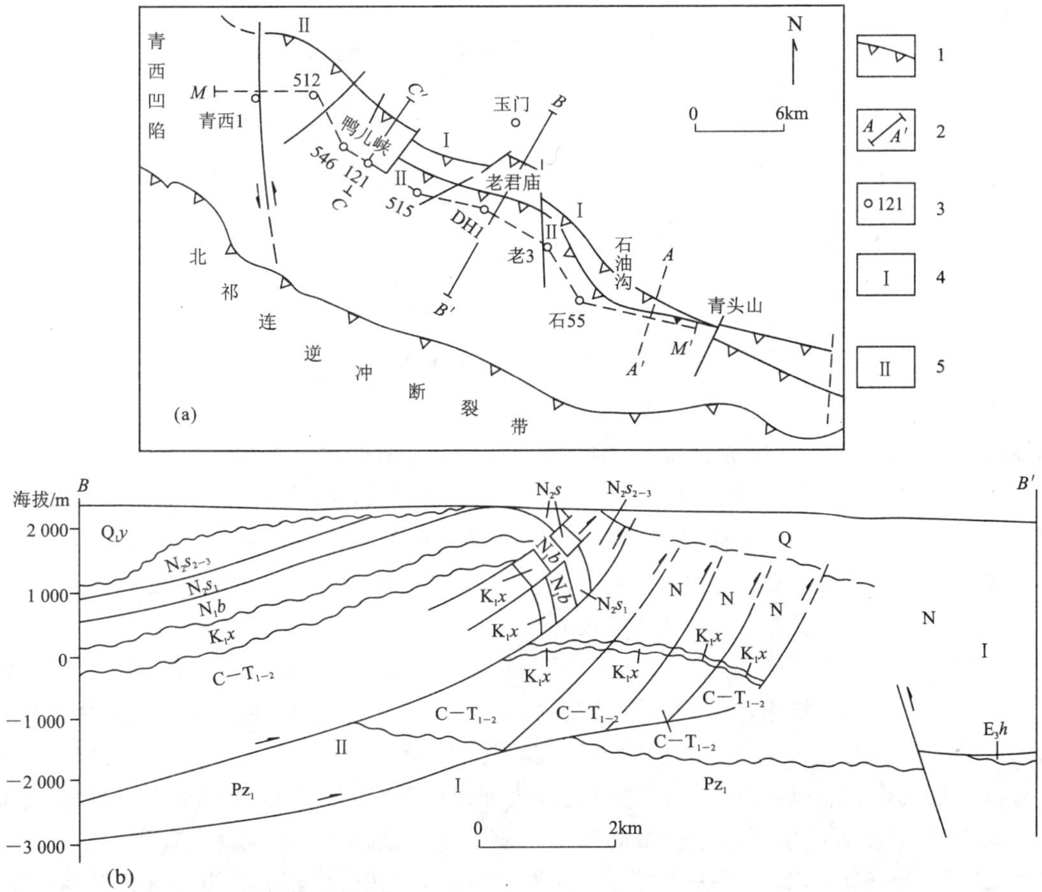

图 7－17　酒西盆地南部老君庙逆冲断裂带油气田带(a)及老君庙油田剖面图(b)

（据宋廷光，1989）

1. 逆冲断层；2. 剖面位置；3. 井位；4. 庙北逆冲断层；5. 老君庙逆冲断层

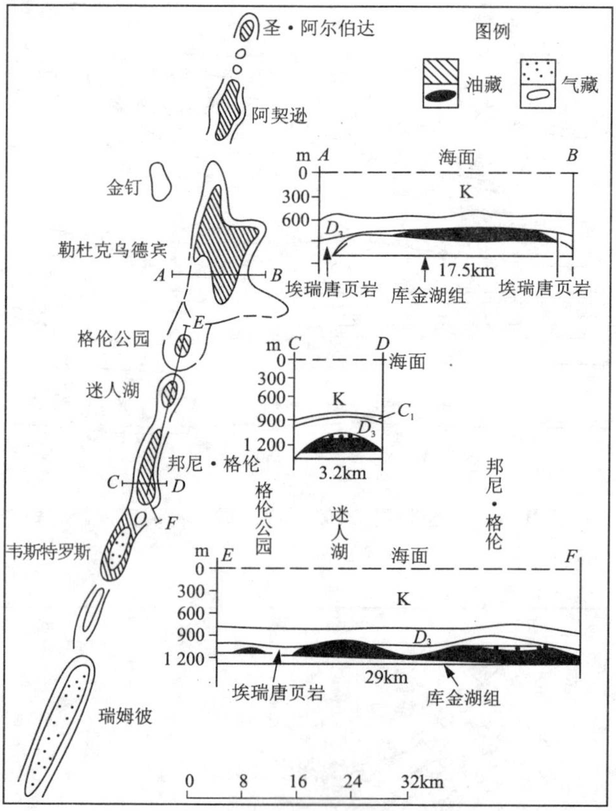

图 7－18　加拿大瑞姆彼—圣·阿尔伯达线状礁带油田分布及剖面图

（据 Gussow，1951）

该礁带位于阿尔伯达盆地南部，呈北北东向延伸，总长达 250km；地质储量 2.7×10^8t，可采储量 1.23×10^8t，是阿尔伯达的主要产油气区之一。

该礁带是在库金湖组（中泥盆统）台地上发育起来的，晚泥盆世的弗兰期（D_3^1）为主要成礁期。礁体主要由珊瑚、藻类、层孔虫及苔藓虫等造礁生物组成；由于强烈的白云岩化作用，礁组合内部岩相分带已不明显。该带的产油层有两个，弗兰期的勒杜克和尼斯库组，但以勒杜克为主。储集层的孔隙类型是在原生礁格架及粒间孔隙的基础上，加上强烈的白云岩化和溶蚀作用所形成的次生孔隙。孔隙性、渗透性均较好。

多孔的勒杜克礁块周围和上方被埃瑞唐页岩（上泥盆统）所覆盖。上覆较年轻的上泥盆统到白垩系由于差异压实作用，形成平缓的背斜构造。因此，该带除以礁型油气藏占优势外，在个别油田（阿契逊）上覆白垩系砂岩层中也形成背斜油气藏。

对该带油气藏的形成条件前人已进行过较为深入的研究。认为覆于礁块之上的埃瑞唐页岩为主要生油层，主要油源区位于该带的西南一侧。在埃瑞唐页岩沉积后，直到石炭纪末，埋藏深度仅有 500～600m，其上缺失二叠纪—侏罗纪沉积，直到白垩纪和古近纪才沉积巨厚的沉积岩层，使埃瑞唐页岩完全成熟。油气藏形成的主要时期应是晚白垩世和挽近纪。再者，从区域构造运动的角度分析，晚白垩世开始地层倾角才达到 1°以上，为油气运移提供初步条件。古近纪继续加强，并形成整个油气藏趋向带。该带的油气分布具明显的差异聚集特征。

第四节　油气田

一、油气田的概念及分类

“油气田”这一术语，在石油地质学中应用非常广泛，许多石油地质学家都曾对它下过定义。他们所下的定义以及所作的解释，一般都包括两方面的内容：①油气田是指一定产油气面积内油气藏的总和；②这一定的产油气面积是受一定的构造或地层因素所控制的地质单位。

对于后一内容，不同学者有着不同的理解。有的强调单一的构造（或地层）因素；有的则认为可以是单一的，也可以是多种因素所构成的综合（复合）地质体（或称地质单位）。

通过上述分析，编者认为：油气田是指一定（连续）的产油气面积上油气藏的总和，该产油气面积可以是受单一的构造或地层因素所控制的地质单位，也可以是受多种因素所控制的复合地质单位。

所谓一定的产油气面积，是指不同层位的产油气层叠合连片的产油气面积。在叠合连片范围内不同层位的产油气层，可以存在于同一构造或地层因素所控制的单一地质体中，如背斜、断块、单斜构造中的地层不整合和岩性尖灭等；也可以存在于受多种因素控制的复合地质体，如礁型、盐（泥）丘及古潜山等与上覆地层的背斜叠合所形成的多因素控制的复合地质体。

但有些油气田的若干单个产油气面积并不直接相连，只是位置接近，而且产油气层位、储集层类型和特征，以及圈闭形成机理都相似，也常可看作一个油气田。

根据控制产油气面积的地质因素，油气田可分为下列三大类型，各类又可进一步划分为若干亚类。

（1）构造型油气田：①背斜型油气田；②断层型油气田。

（2）地层型油气田：①不整合和岩性尖灭油气田；②透镜状和不规则岩性型油气田；③礁型油气田（只有单一礁型油气藏）。

（3）复合型油气田：①盐（泥）丘型油气田；②礁型油气田（存在多种类型油气藏）；③潜山复合型油气田；④侧向复合型油气田。

二、构造型油气田

所谓构造型油气田，系指产油气面积上受单一的构造因素所控制的，如褶皱和断层。在通常情况下，褶皱常伴生断层，但以褶皱为主称为背斜油气田；有时则主要受断层控制，称断层或断块油气田。

（一）背斜油气田

背斜油气田中控制产油气面积的地质单位，是褶皱变形所形成的背斜构造。背斜的褶皱变形一般可以垂直穿过很厚的沉积岩层，在背斜范围内的储集层只要上方被盖层所覆，具有良好的封闭条件，都可形成背斜圈闭。因此，多油气层在垂向上叠合，形成巨厚的含油气层组常常是背斜油气田最显著的特点之一。由于巨厚的含油气组可以补偿含油气面积的不足，可使一些面积不太大的背斜油气田成为大油气田。如果一个背斜油气田，同时兼有巨大的含油气面积和较厚的含油气组，则常形成特大油气田。基于上述原因，背斜型油气田在整个油气田中占有极为重要的地位。据 Halbouty 等（1970）所列的 266 个大油气田的统计资料，背斜油气田为 185 个,占大油气田总数的 70%以上,其中 10 个特大油田的石油储量相当世界石油可采储量的 45%;10 个特大天然气田储量占世界天然气总储量的 33.3%。

必须指出,并不是所有背斜构造在垂向上不同深度的构造形态都是一致的,即背斜的高点位置及褶皱的形态可以随深度而改变。

其次,背斜油气田的含油面积由背斜的闭合面积所控制。一般来说,它是受单一背斜的闭合面积所控制的,但有时相邻若干个在成因上有密切联系的背斜构造,虽然含油气面积不完全连片,我们也把它当作同一油气田,如布尔干油田、大庆油田等。它们实际上是油气聚集带。

背斜油气田的褶皱形态可以是多种多样的。它可以是强烈褶皱,甚至是倒转的;也可以是中等甚至平缓的褶皱,背斜两翼的倾角仅几度,甚至不到 1°。一般来说,褶皱强烈的,垂向影响的沉积岩厚度大,具有较高的闭合度,但闭合面积都为中等大小;而比较平缓的背斜构造闭合度一般较小,闭合面积大小悬殊,大者可达数千平方千米,最小的甚至不到 $1km^2$。褶皱越平缓、面积愈小的褶皱,继承性愈差,穿过沉积岩层的厚度亦小。褶皱形态不同的背斜油气田在空间分布上有一定的规律性。一般在褶皱山系的山前地带,靠近褶皱山系方向褶皱的强度较大,向地台方向褶皱减弱。而大陆内部的地台区,一般褶皱较平缓。从克拉通区向褶皱山系方向褶皱逐步加强。

背斜油气田储集层的岩石类型可以是碎屑岩,亦可以是碳酸盐岩。碎屑岩储集层以中—细砂岩为主,且具有良好的孔隙性、渗透性,横向较为稳定;而碳酸盐岩储集层,可以是孔隙型的粒屑灰岩(如加瓦尔油田、泽勒坦油田等),但大多数是孔隙-裂缝型或裂缝-孔隙型储集层。有些油气田既有碳酸盐岩储集层,又有碎屑岩储集层,如伏尔加-乌拉尔含油气盆地中的阿尔兰油田和库列绍夫油田(图 7-19)。

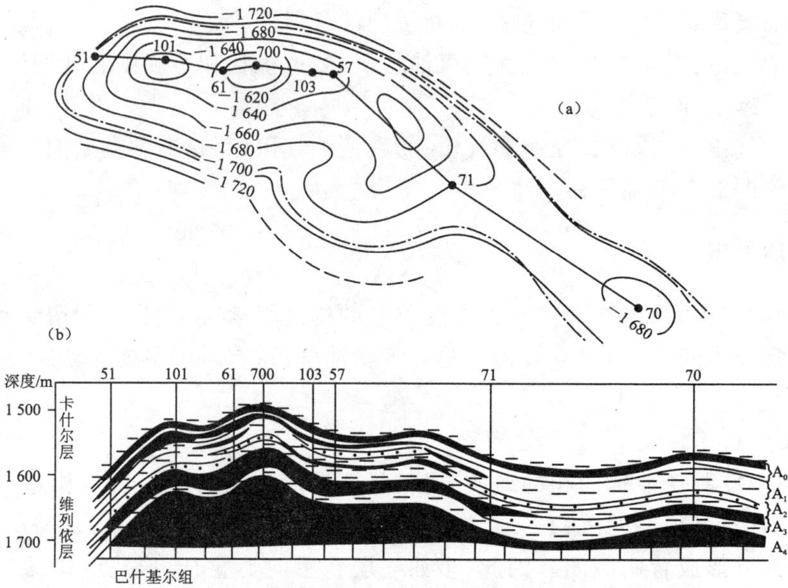

图 7-19 库列绍夫油田构造等高线图(a)和油田剖面田(b)

(据 Максимов 等,1970)

1.砂岩;2.石灰岩;3.泥岩;4.油藏;5.含油边界

背斜油气田中的油气藏类型，通常是以背斜型为主，但亦常见有其他类型的油气藏，如断层型、岩性型等。有些油气田仅由单一的背斜油气藏所组成，如圣特弗泉油田和乌廉戈依气田。但无论哪一种情况，不同层位的含油气面积，在垂向上均以楼房式叠合方式为主。

（二）断块油气田

所谓断层（断块）油气田，系指在区域均斜背景上，其上倾方向，或各个方向都由断层控制所形成的油气田。

这类油气田常见于：①地堑或半地堑型断陷（或裂谷）盆地，如苏伊士、红海、阿曼地堑、莱茵地堑、马格达莱纳盆地以及我国渤海湾盆地中的断层（断块）油气田；②盆地斜坡带或挠曲带，如墨西哥湾沿岸的断裂挠曲或同生断层带，尼日尔三角洲的同生断层带。

这种油气田中的主断层常常是同生断层，它不仅构成油气田的一侧边界，而且对生油层和储集层、油气圈闭的形成都起着重要的控制作用。

断层油气田一般以中小型为主，储量达到大油气田的寥寥无几，如奥菲西纳（委内瑞拉）油田等。

三、地层型油气田

所谓地层型油气田，系指在区域均斜或单斜构造背景上，由地层（不整合和岩性）因素所控制的含油气面积。

地层型油气田中，油气藏类型以不整合和岩性油气藏为主，亦可存在断层和复合油气藏。不整合型油气藏包括不整合面上的支撑砂岩和不整合面下的单斜型油气藏，以及潜山油气藏。岩性油气藏可以是碎屑岩或碳酸盐岩中岩性（上倾尖灭和透镜体）油气藏。由单一生物礁油气藏构成的礁型油气田亦属地层型油气田。对一个地层型油气田来说，油气藏可以全部或主要是不整合油气藏组成的，如东得克萨斯油田（图7-20）；也可以完全是岩性油气藏，如霍戈登气田、绿林县的鞋带状油田等。但亦有一些油气田是由不整合和岩性油气藏复合而成的，如玻利瓦尔油田。

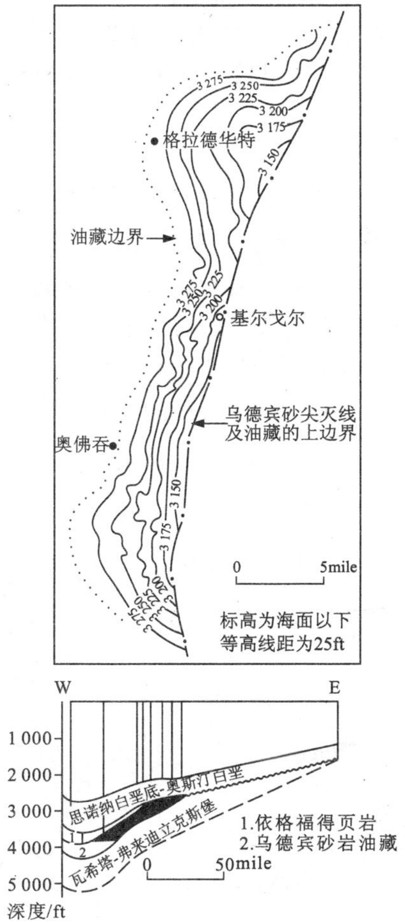

图7-20　东得克萨斯油田构造图及剖面图
（据 Miner 和 Hauna，1941）

地层型油气田在分布上与古海（湖）岸带有密切关系。该带海（湖）水频繁进退，形成削蚀、超覆、尖灭及多种砂岩或碳酸盐岩储集体。不同时期岸线变迁，可以叠合连片，形成大面积的油气田。如霍戈登气田的含气面积达16 000km^2，玻利瓦尔油田的面积达5 000km^{2}以上。

四、复合型油气田

复合型油气田，系指在油气田范围内不同层位和深度的油气藏受构造、地层和水动力诸因素中两种或两种以上因素控制的油气田。它可分为以下几种。

(一)盐(泥)丘型复合油气田

在刺穿的盐(泥)丘油气田中,由于盐核刺穿储油气层,除形成盐核、盐帽遮挡以及盐帽内的透镜体油气藏外,常使储层断裂、尖灭,甚至削蚀,可形成断层、不整合和岩性等多种油气藏。这是一种典型的复合油气田。半刺穿的还可在盐丘上方形成背斜。无论刺穿或隐刺穿盐(泥)丘构造,只要存在构造和地层两大类油气藏复合而形成的油气田,都称之为盐(泥)丘型复合油气田。如果只在单一构造因素控制下形成多种油气藏,则不能称为复合油气田。

(二)礁型复合油气田

在礁型油气田中,有些深部为礁型油气藏,浅部(礁上方)为礁生长过程形成的同生背斜或压实背斜油气藏,或强烈褶皱背斜中形成的背斜油气藏,这种油气田才称为礁型复合油气田。其中以美国二叠纪盆地中斯库瑞县的斯奈德-斯克雷礁型复合油气田较为典型。若仅有礁型油气藏,而礁上方没有构造类油气藏,则属于地层型礁型油气田。

(三)潜山型复合油气田

潜山型复合油气田的深部为一潜山油气藏,而其上覆岩层则可能由于披覆、压实形成背斜油气藏、断层油气藏,在不整合面上还可能伴有向潜山尖灭或超覆的地层型油气藏。总之,不整合面下的潜山和其上无论在地质结构还是在油气藏类型上均有重大差别。如果仅有叠合的地质体,而没有不同类型油气藏的叠合,则不能称之为潜山型复合油气田。有些油气田在潜山上方(即不整合面之上)存在不同类型(如地层和构造)油气藏的叠合,但潜山中不存在油气藏的,亦属于复合油气田,但不能称之为潜山型复合油气田。潜山型复合油气田的模式剖面如图7-21所示。

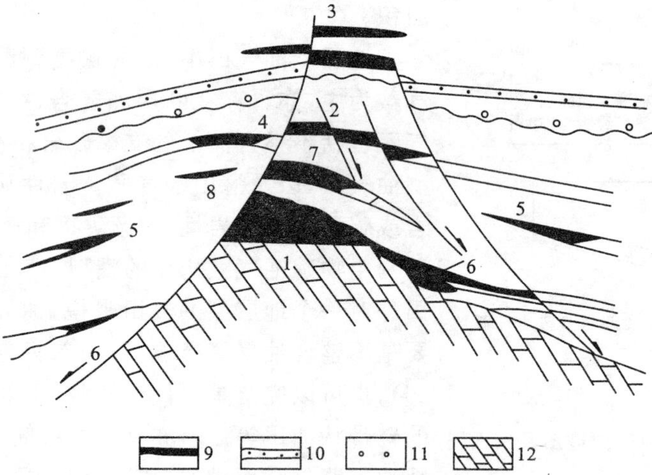

图7-21 与潜山有关的油田模式剖面图

(据华北石油会战指挥部,1978)

1.潜山油藏;2.潜山上被断层切割的压实背斜油气藏;3.浅层背斜和断层油气藏;4.断阶或逆牵引油气藏;5、6.地层退覆油气藏;7.潜山上方压实背斜油气藏;8.岩性油气藏;9.油藏;10.砂岩;11.砾岩;12.灰岩

(四)侧向叠合型复合油气田

侧向叠合型复合油气田,系指在油田不同层位中以构造型为主的油气藏和以地层型为主

的油气藏不是垂向叠合，而是侧向毗连，或含油气面积有一定的叠合，而构成统一的油气田。加利福尼亚的日落-中途油田就是这类油气田的典型实例之一。该油田（图7－22）的西南部在不整合面下有斯贝拉赛背斜油气藏（N_1^1）和不整合型油气藏（N_1^2，次要），而不整合面上则为不整合支撑砂岩油气藏。两者含油面积虽未叠合连片，但却紧相毗连，存在统一地质体中，可以定为侧向叠合型复合油气田。

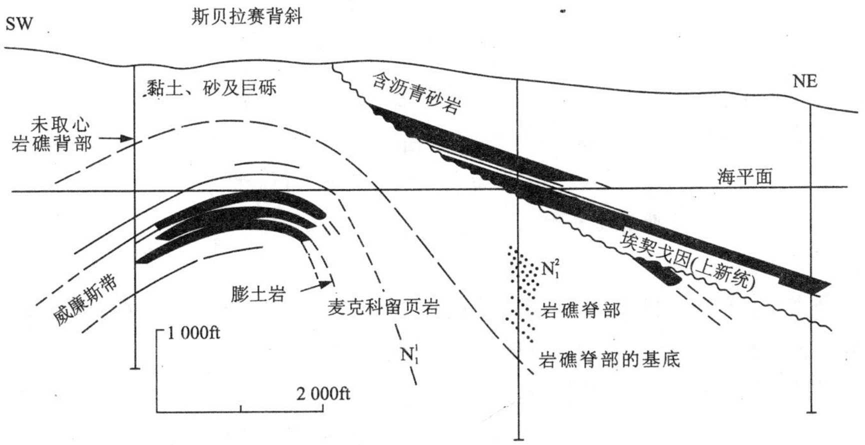

图7－22　加利福利亚中途油田威廉斯及二十五山区构造剖面图

（引自 Levorsen，1954）

上新统中的油藏属于不整合面上的支撑砂岩层圈闭

第五节　油气分布及其控制因素

世界上油气储量分布在地层、地区和深度（时、空、深）上具有明显不均一性。在早期，这种现象被认为是勘探程度不均一造成的，或是主要原因之一。然而，近几十年来的油气勘探几乎已遍及地球表面各个大陆（包括极地和沙漠）和海洋（陆缘海和大陆架），尚未勘探的沉积盆地已愈来愈少，而油气分布的明显不均一性，已成为普遍公认的基本事实；这种不均一性，主要表现在以下几个方面。

一、油气在层位上分布特征

油气产出的地层年代范围很宽，自震旦系直到第四系都有原生油气藏。四川威远震旦系灰岩中的原生天然气藏已生产多年；东西伯利亚勒拿—通古斯盆地里菲系（晚元古界，大体相当于我国的震旦系）亦有巨大的原生凝析油气藏和气藏。在东南亚的文莱—沙巴盆地内2个大气田的储层时代为上新统。20世纪50年代末和60年代初（Atwater，1959；Andrews和Stipe，1961），在加利福尼亚文图拉盆地和路易斯安那沿岸滨海地区，相继发现可能属于第四纪沉积中的原生油藏。在某些盆地基底的变质基岩也有油气产出。因此，产出油气的地层层位具有很大的广泛性。若干有代表性的统计数据见表7－2所示。

表 7-2 对大油气田层位分布的若干具代表性的统计数据

油气田	大油田/%			大气田/%			
作者及年份	Halbouty 等，1970	Нестеров 等，1975	油气杂志，1986	Halbouty 等，1970	Нестеров 等，1975	张子枢，1989*	
挽近系	29.0	32.9	30.2	10.0	10.5	10	16.9
中生界	63.0	59.1	62.6	65.0	73.5	56.4	53.0
古生界	8.0	8.0	7.1	25.0	16.0	33.4	30.0
前古生界	—	—	0.1	—	—	0.2	0.1

* 左列是 $1\ 000\times10^8\ m^3$ 以上巨型气田(114 个)的百分比，右列为 $500\times10^8\ m^3$ 以上气田(306 个)的百分比。

据表 7-2 大油气田探明储量的时代分布数据可知，石油储量以中生代白垩系最丰富，其次为挽近系，再次为侏罗系；古生界中大油田仅占有 7.12%，主要分布在泥盆系—二叠系及寒武系。大气田个数则以挽近系最多，其次为白垩系，再次为侏罗系和二叠系；但天然气储量则以二叠系最丰富，其次为白垩系，再次为挽近系，古生界占有 30.0%～33.4%，是挽近系的 2～3 倍。

但是，必须指出，油气储量的地层分布，既有某种联系和一致性，也存在某些明显的差异。如白垩系和挽近系的油气都较丰富，而侏罗系则油多气少，二叠系及整个古生代则气多油少。相比之下，似乎差异点比共同点更多些。

表 7-3 中不同年份、不同作者的统计数据虽略有出入，但基本含义是一致的。石油以中、新生界为主，占有全部储量的 92%～94.88%，古生界仅占 5.13%～8%；在中、新生界中，中生界占有明显优势。天然气则以中、古生界为主，占总储量的 90%，古生界所占比例明显高于新生界(挽近系)。

表 7-3 世界上石油最终可采储量和大油气田探明储量的时代分布概况

油气储量		石油储量时代分布/%		天然气田个数和储量时代分布/%	
		最终可采储量	大油田储量	大气田个数	占总储量的百分比
代表作者及年份		Klemme 等，1991	油气杂志，1986	白国平、郑磊，2007	
地层	新近系	26.90	30.21	62	9.21
	古近系			40	5.91
	白垩系	28.21	42.48	95	29.85
	侏罗系	14.33	19.39	58	7.65
	三叠系	9.95	0.72	30	6.78
	二叠系	10.45	2.13	32	32.41
	石炭系	5.80	1.74	7	4.02
	泥盆系	1.73	1.81	9	2.40
	志留系	1.11	0	0	0.00
	奥陶系	0	0.24	6	0.35
	寒武系	1.3	1.20	1	0.54
	前寒武系	0.25	0.08	9	1.33
总计		100.00	100.00	349	100.00
备注		估算最终可采储量约为 $3\ 015\times10^8$ t	以 156 个储量≥ 10^9 bbl 大油田，总储量＝$1\ 270\times10^8$ t 1t≈7.33bbl	天然气储量 ＞$850\times10^8\ m^3$ (截至 2002 年)	349 个储量≥ $850\times10^8\ m^3$ 的气田，天然气总储量约为 $153\times10^{12}\ m^3$

二、油气在地区上分布特征

(一)不同级别油气田中油气储量的分布

据统计，自1860年以来，全球已在70多个国家和地区发现油田共约41 000个，天然气田共约26 000个。截止到2002年底，全球共发现储量超过5×10^8bbl(油当量，折合油6 820×10^4t，气850×$10^8$$m^3$)大油气田877个，其中大油田522个，探明可采储量约1 520×10^8t；大气田355个，探明可采储量约158×$10^{12}$$m^3$(邹才能、陶士振，2007)。522个大油田的探明可采储量约占世界累计探明石油可采储量的48%，355个大气田的探明可采储量约占世界累计探明天然气可采储量的64%。

上述数据说明在世界众多油气田中，大油气田占有极为突出的重要地位，油气资源分布虽然具有广泛性，但却极其不均一。

(二)盆地及盆地带中的油气储量分布

油气主要存在于盆地内，Perrodon(1980)指出："没有盆地，就没有石油。"但是，还应指出，即使是盆地，含油气情况也是极不相同的。据Halbouty(1984)统计，全球有600多个沉积盆地，已在160余个盆地中发现了约40 000个油田，有68个盆地发现了324个大型、特大型(最终可采储量>6.82×10^8t油，>8 500×$10^8$$m^3$气)到巨型油气田(最终可采储量>68.2×$10^8$t油，>8.5×$10^{12}$$m^3$气)。据张爱卿和甘克文(1994)统计，世界上517个沉积盆地中，有75个盆地发现大油田311个和大气田127个，合计438个，有137个盆地发现了中小型油气田，有48个盆地仅发现了重要的油气显示，剩下的259个盆地未发现油气。

按照国际大油气田储量标准(石油最终可采储量>6 820×10^4t，天然气最终可采储量>850×$10^8$$m^3$)，截止2002年底，全球共发现大油气田877个，这些大油气田集中分布于27个地区，在中东地区的波斯湾盆地和扎格罗斯盆地发现的大油气田最多达202个，其次是俄罗斯的西西伯利亚盆地共发现大油气田93个(白国平、郑磊，2007)。对于不同的含油气盆地，油气储量丰度也有很大差别，如洛杉矶盆地油气储量丰度为7.42×10^4t/km^2；威利斯顿盆地油气储量丰度低至123t/km^2；南襄盆地泌阳凹陷油气储量丰度可达27×10^4t/km^2；东营凹陷油气储量丰度可高达34.2×10^4t/km^2。

最终可采储量≥50×10^9bbl(6.82×10^8t)的盆地全球有25个，占盆地总数的4.2%，但却集中了世界最终可采储量的90%左右。无论这25个主要盆地，或是更多的次要含油气盆地，它们在地壳中不是孤立存在，而是有规律地存在于现代地壳巨大沉降带中。对于地壳中巨大沉降带(或盆地带、坳陷带)的划分，不同学者的划分原则和方案有相当大的差别。本书采用Klemme和Ulmishek(1991)的方案，可分4大油气盆地带(图7-23)：①北方大陆带；②特提斯海带；③南方大陆带；④太平洋带。各盆地带主要油气盆地的地域分布及各油气带的面积、占有储量百分比及单位面积拥有的储量百分比如表7-4和表7-5所示。

特提斯海带和北方大陆带为世界的两个巨大盆地带，但以前者更丰富。相比之下，前者更富集石油，约占世界石油储量的68%，天然气与石油相比稍低些，占世界天然气总储量的30%左右。而北方大陆带的石油仅占世界总储量的23%，天然气则更丰富些，约占世界天然气总储量的65%～70%。

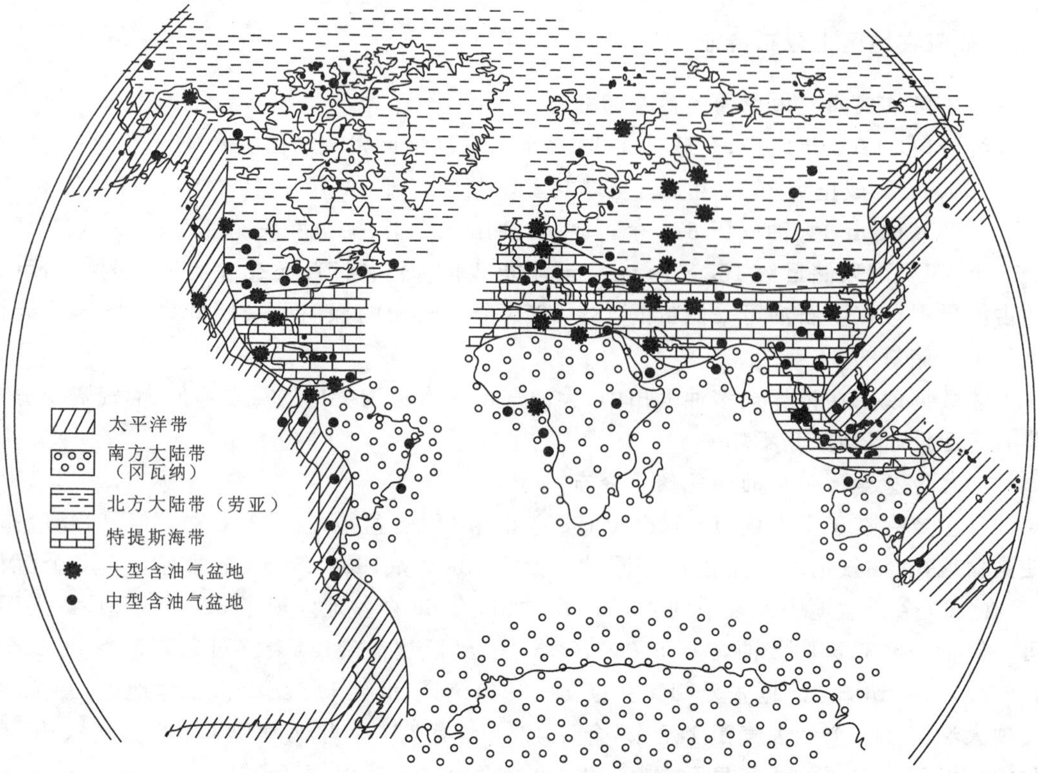

图 7-23 世界油气盆地带及主要油气盆地分布略图

（据 Klemme 和 Ulmishek，1991）

表 7-4 世界 25 个大油气盆地在地域和构造上分布

（据 Klemme 等，1991 分带意见及 Magara，1992 表 1 资料编制而成）

地区 / 盆地带	美洲	前苏联	中东	欧洲	非洲	亚太	合计
北方大陆带	4	4		2		1	11
特提斯海带	3	1	2		2	1	9
南方大陆带	1				2		3
太平洋带	2						2
合　计	10	5	2	2	4	2	25

表 7-5 各油气盆地面积和石油储量分布

（据 Klemme 等，1991 资料，最右一栏为编者补充计算）

项目 / 盆地带	占有总面积/%	占有原始石油储量/%	1%面积占有储量/%
北方大陆带	28	23	0.821
特提斯海带	17	68	4.000
南方大陆带	38	4	0.105
太平洋带	17	5	0.294

(三)按纬度油气储量分布

按纬度统计油气分布概况,以前苏联的 Тамразян 等(1987 — 1988 年)的研究较为系统。图 7-24 为该研究的主要成果图件之一。据此,对油气按古纬度分布及不同时代由南向北位移的概况,归纳如下:

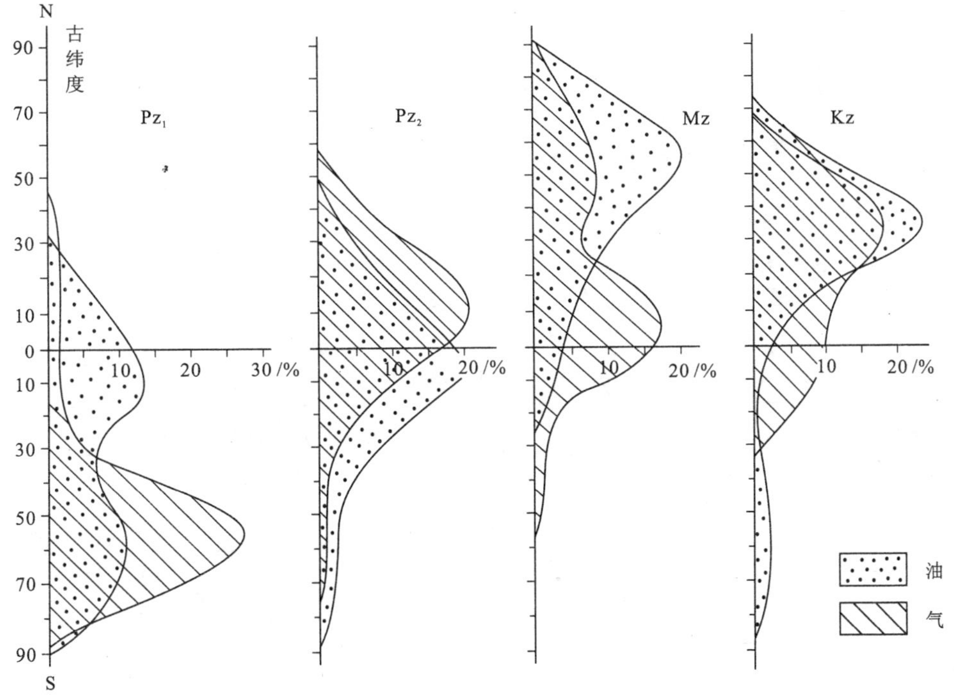

图 7-24 地壳中油、气按古纬度分布格局及随时代向北位移的模式图

(据 Тамразян 和 Овнатанов, 1988)

1. 早古生代(∈ — S)

该时代地层系统中的石油 98%集中在南半球,仅南纬 50°～70°范围内就集中了 87%;天然气虽然仍以南半球为主,占有该时代地层系统中天然气的 76%,但在南纬 50°～70°范围内仅集中 42%,集中度比石油低,而且呈双峰分布,另一个峰区位于南纬 20°～北纬 10°之间。

2. 晚古生代(D — P)

该时代地层系统中油气按古纬度分布呈单峰型。石油分布的峰区在南纬 10°～北纬 30°之间,集中度为 92%;天然气分布的峰区在南纬 20°～北纬 20°之间,集中度为 88%,峰值位置比石油向南位移 10°,与早古生代相比,油气富集纬度带明显向北位移。

3. 中生代(T — K)

该时代地层系统中的油气在古纬度分布型式不完全一致。石油呈不对称双峰型,主峰位于 0°～北纬 12°之间,集中度为 57.2%,次峰位于北纬 54°～66°之间,仅占 13.6%;天然气呈单峰型,90%以上分布在北半球,其中北纬 54°～66°之间集中度为 60%。油、气主峰的纬度相差约 50°。与晚古生代相比,石油主峰位置没有明显变化,而次峰和整体均呈向北位移;天然气无论主峰和总体均向北明显位移。

4.新生代(E—N)

该地层系统中的油气分布较为广泛,从北纬70°到南纬90°均有。油主峰在北纬30°~50°之间,集中度为50%左右,次峰在南纬12°到北纬12°之间,约占该期石油的20%以上,与中生代相比,明显向北位移;天然气则富集于北纬30°~50°,集中度约70%,与中生代相比,则向南位移了20°左右。但油、气峰值(区)的纬度具有明显的一致性(北纬35°~40°)。

5.从现今纬度来看

油气储量的96%集中在北半球,其中石油更富集于北纬24°~36°带,而天然气则更富集于北纬60°~70°带。

三、油气在深度上分布特征

(一)石油储量的深度分布特征

一些油气地质学家对油气资源或油气藏储量的深度分布作过统计。Gardner(1971)曾对546个大油田的石油探明储量的深度分布进行了统计,结果见表7-6。

表7-6 大油田的石油储量深度分布(据Gardner,1971)

深度/m	大油田数	最终储量/10^8t	储量百分比/%	备 注
1 524	340	339.43	47.75	原统计以桶为单位,按1t=7.3桶换算
1 524~3 048	184	338.30	47.59	
≥3 048	22	33.18	4.66	
总 计	546	710.91	100.00	

该统计表明,47.75%的石油储量存在小于1 500m的浅部储层内,95%(95.34%)的石油储量存在小于3 000m的浅—中埋深的储层内,而大于3 000m的深部储层中所拥有的石油储量不足5%。随着向深层勘探的进展,浅—中层石油储量的比率会有所下降。据Meyer等(1986)估计,浅层最终石油可采储量约占35%,但浅于3 000m的浅—中埋深占优势的格局不会改变。Tissot等(1978)曾对12 018个油藏的埋深作过统计见表7-7和图7-25。

表7-7 油藏的平均深度(据Tissot等,1978)

油藏统计类别	油藏数	平均深度/m	深度分布的标准偏差/m
全部样品	12 018	1 465	903
挽近系	2 609	1 552	891
潘农和维也纳盆地的挽近系	231	1 195	662
西非白垩系—挽近系	445	1 362	766
加里福尼亚挽近系	288	1 509	991
委内瑞拉、哥伦比亚、特立尼达和多巴哥等国的挽近系	93	1 513	810
阿尔伯达泥盆系	241	1 630	712
中东白垩系—挽近系	115	1 901	942
墨西哥湾沿岸挽近系	1 038	1 959	820

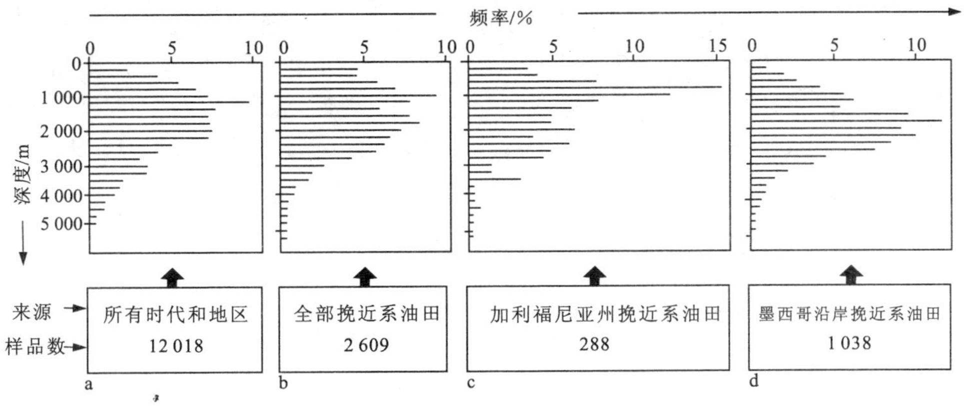

图 7－25　油藏深度分布图
（据 Tissot 和 Welte，1978）

从上述资料可知，所统计的全部油藏的平均深度仅为 1 465m，各个盆地的平均深度从 1 195m（潘农和维也纳盆地）～1 959m（墨西哥湾沿岸挽近系）不等。各个统计范围油藏数的高峰深度为 800～1 800m，在3 000m以下明显减少。在地温梯度较低的盆地，油气藏的埋深可达6 000m以下。美国路易斯安那州南部华盛顿湖油田油藏深度为6 542.6m，塔里木盆地东河 14 号石炭系砂岩油藏埋深6 131m，准噶尔盆地腹部侏罗系油藏深度达6 090m，美国墨西哥湾凯罗岛新近系油藏凝析油藏深度为6 663m；美国得克萨斯州南部气藏深度达8 088m。一般来讲，在具有正常地温梯度的盆地，4 000m以下以凝析油气藏和气藏为主。

（二）天然气储量的深度分布

虽然天然气分布的深度范围较宽，甚至有人预测，在 10～15km 深度带可能是天然气的另一富集带。但就目前已探明的大气田而言，无论在全世界，还是在天然气资源和探明储量最丰富的前苏联，天然气储量主要分布在小于 3 000m 深度区间内，深度大于 3 000m 的储量仅占少部分（表 7－8）。

对比表 7－8 和表 7－9 可以看出，天然气在大于 3000m 的深部地层中所占有的储量比石油高 6.6%。随着深部勘探的增多，深部天然气占有的比例和重要性可能还会有所提高。对比表 7－8 和表 7－9 还可发现，前苏联与世界主要气田天然气储量分布相比，似乎更浅一些，即浅部天然气储量所占的比例更高些，而深部所占比例更低些。出现这种情况，可能既有前苏联产气区的具体地质条件等自然因素，也可能因前苏联对深部天然气藏的勘探程度较低而导致的结果。

表 7－8　世界主要气田原始储量按深度分布表

（据 Васиньев 等，1983，统计到 1980 年初）

深度/m	储量/$10^8 m^3$	百分比/%
<1 500	291 185	38.8
1 500～3 000	373 743	49.9
3 001～5 000	79 012	10.5
>5 000	6 060	0.8
总　计	750 000	100.0

表 7－9　前苏联主要气田原始储量按深度分布表

（据 Васиньев 等，1983，统计到 1980 年初）

深度/m	储量/$10^8 m^3$	百分比/%
<1 200	188 697	55.8
1 201～3 000	134 410	39.1
3 001～5 000	19 643	5.8
>5 000	526	0.1
总　计	343 276	100.8

根据全球355个大气田的气层埋深范围统计(截至2002年底),大气田主力气层的埋深分布范围介于150～6 210m,新几内亚前陆盆地内H ides气田主力气层埋深为150m,阿塞拜疆的南里海盆地内Shah Deniz气田埋深达6 210m;大气田埋深主要集中在500～4 000m的深度范围,而在1 500～3 000m的深度范围内大气田个数最多(白国平、郑磊,2007)(表7-10)。这与前述的结论基本一致,也说明了随着向深层天然气勘探的加强,埋深大于3 000m的深层天然气储量所占比率将会有所提高。

表7-10 全球304个大气田的气层埋深范围统计表(据白国平、郑磊,2007)

埋深/m	大气田个数	埋深/m	大气田个数
0～500	5	3 000～3 500	30
500～1 000	26	3 500～4 000	22
1 000～1 500	37	4 000～4 500	11
1 500～2 000	52	4 500～5 000	8
2 000～2 500	54	>5 000	6
2 500～3 000	53	深度不详	51

四、油、气、煤分布的相关性

煤型气和煤成油的研究和勘探业已取得了许多重要的进展,根据已有的油、气、煤资源在分布上的相关性研究给出一些基本的分析。

(一)油、气、煤在时间上的相关性

据Bestougeff(1980)的研究(图7-26),世界上煤储量以二叠纪—石炭纪地层中最为丰富,其次为侏罗纪—白垩纪地层,挽近纪地层更次之。与石油的时代分布有显著的差别,其中古生代的差别较为显著,而中、新生代差别相对较小。煤与天然气在时间上分布似乎比油更密切些。二叠纪—石炭纪是地壳中煤资源最丰富的时代,相应也是天然气(煤型气占有很大比例)较丰富的时代;中、新生代天然气和煤都较丰富,但天然气丰度可能更高些。唯有泥盆纪及其之前,陆生植物尚未形成或大量繁盛,不存在煤资源,而天然气和石油都占有一定份额,显然它们的形成与成煤作用完全无关。

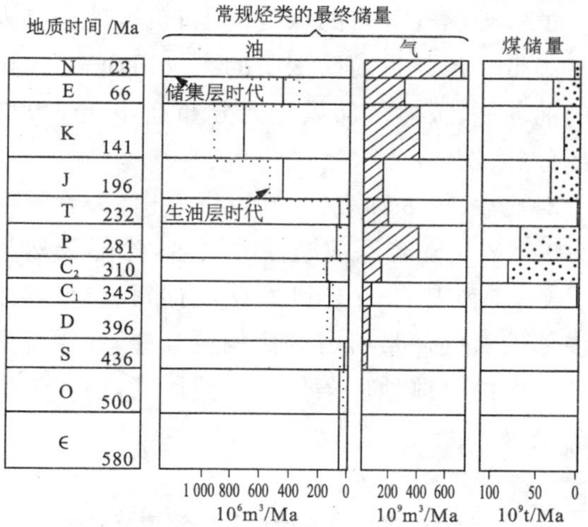

图7-26 天然气、石油、煤在不同时代地层中的分布图

(据Bestougeff等,1980,转引自Bois等,1982)

(二)油、气、煤在纬度分布上的相关性

据Тамралян(1988)研究,与油气一样,煤储量的90%以上集中在北半球,总体上说明北半球更适于油、气、煤有机可燃矿产的形成。但进一步分析煤和油气分布关系,可以发现它们之间又存在明显的差异。煤主要分布在北纬48°～57°(占煤储量的56%),其次为北纬36°～48°(占32%);而北纬24°～36°和60°～70°范围分别是以石油为主和以天然气为主的油气聚集带和气油富集带。最大煤聚集带与最小油聚集带具有较大的一致性,但与天然气聚集

带的关系较为密切(主峰区不重合,但与聚气带在纬度分布上有一定的重叠)。

综上所述,煤和油气都是有机可燃矿产,它们都是在有利于有机质大量繁殖的条件下,在一定地质环境下富集或成藏,这是它们的共性。但煤和油气的形成富集条件存在较大的差异,有利于煤生成和保存的环境,不一定是油、气富集和保存的有利环境;煤和煤系有机质,特别是富含类脂组,可能是石油的重要来源之一,但与煤的母质来源有重要的差异。即使是与煤关系更为密切的天然气(煤型气),它的成藏和保存条件也是许多煤盆地所不能满足的。因此,在确定某一煤盆地中是否存在油气资源,特别是丰富油气聚集和大油气田时,不能仅着眼于是否有煤资源,而更重要的是应需着眼于是否存在油气富集成藏和保存的条件。

五、控制油气分布的主要因素

从有机成烃说的观点出发,地壳中油气资源的存在和丰度取决于成烃、成藏及保存诸因素的有机配合。地壳中这三方面具备最佳组合的盆地带,就成为油气最富集的地带;同样,在同一盆地带内,不同盆地的油气丰度,或是同一盆地内不同构造单元或油气聚集带内油气富集的程度,也要取决于这三个条件的有机配合。本节将从这三个基本条件有机配合的角度,论述控制油气分布的若干问题。

(一)关于成烃的若干问题

1.烃源岩及原生油气藏存在的上、下限

所谓原生油气藏,是指烃源岩及相邻近或一定距离储集层中,油气第一次聚集形成的油气藏。烃源岩存在的前提条件是沉积物中具有足够的有机质丰度。这主要受控于低等水生生物和高等植物的演化。确定烃源岩存在最早时间的关键是地史发展过程中什么时期才开始在水盆地中大量繁殖适合成油的藻类植物或大量形成有机质。

对于生物进化,一般认为有3次重大突破。一是从异养到自养;二是从二极(绿色植物和菌类)到三极(植物、菌类和动物);三是从水生到陆生。从二极到三极过程,也是绿色植物(蓝、绿藻类)达到繁殖高峰的时期。因此,也应该是形成烃源岩的最早的时期。目前已证实存在的原生油气藏,其烃源岩的地层年龄大多晚于距今6~7亿年。据此,我们可以将动物可能出现、藻类大规模繁殖的时期(7~10亿年)作为烃源岩和原生油气藏可能存在的最早时期。不应乞求在更老的地层中去寻找原生油气藏。目前在世界各地或我国于太古宇变质基岩中发现的少量基岩油藏,都是从上覆年轻烃源岩中生成的油气,向下或侧向运移而聚集在基岩中的油气而形成的油气藏。

那么成藏最短要经历多长时间呢?对于成熟油气来讲,根据晚期成油说,有机质达到一定埋深和温度后才能大量成烃,一般要经历5~10Ma,长的可达几千万到几亿年。但近年来研究表明,某些类型有机质,在微生物作用下可以在低温条件下生成石油(早期生油),生成石油的时间也大大缩短。这样就不难理解为什么在某些地区的第四系或浅部低温地层中亦可存在原生油藏这一事实。但是,要在较短的时间内形成规模巨大的原生油藏,是很难甚至是不可能的。

2.有效烃源岩的层位分布和成熟时间

前已得出自10亿年前到第四纪都有可能存在烃源岩,但这并不是说烃源岩均等地出现在所有地史时期。据Klemme等(1991)研究,有效烃源岩主要集中于6个地层段中:①志留系;②上泥盆统—杜内阶;③宾夕法尼亚系(C_2)—下二叠统;④上侏罗统;⑤中白垩统;⑥渐新统—中新统。它们仅占显生宇时间的1/3,但却形成了占世界石油总储量的91.5%(或90%以上),这6个地层段主要烃源岩中的①、②、④和⑤是在全球海进阶段沉积的,而③和⑥则是在全球海退阶段沉积的。这说明有效烃源岩不完全是由旋回性地质作用造成的。它的形成实际上是旋回性的地质作用、古气候、水文地质和生物演化等诸因素有利结合的综合结果。

这些烃源岩成熟的时间,特别是古生代烃源岩中的一部分,可能在石炭纪—三叠纪期间就已成熟,但绝大部分(包括部分古生代源岩)是在白垩纪以后,特别是挽近纪以来才成熟的。几乎占世界油气原始储量的70%是在晚白垩世以后形成的,其中约50%是在渐新世以后形成油气并被圈闭成藏。

3.二次成烃问题

二次生油(Webb,1976)是指烃源岩在二次沉降过程中生成的石油。所谓二次成烃,是指烃源岩在二次沉降过程中的时、温效应达到的成熟度超过一次沉降时最大埋深曾达到的成熟度,由递增成熟度所生成的烃类(可以是油或气)。一次沉降时,烃源岩曾达到的成熟度可以是未成熟,也可以是成熟。一次沉降达到的成熟度低,递增的成熟度大,则二次成烃量也愈大。这个观念对于油气勘探,特别是不整合面下油气藏的评价和勘探有着十分重要的意义。

过去大家常认为不整合面下的烃源岩由于经过抬升,长期剥蚀和风化,其中的油气均已散失,不利于成藏。但油气勘探实践表明,在不整合面下常有油气藏存在。二次生油(成烃)概念,就使这种矛盾归于统一。经研究,许多不整合面下的烃源岩在一次沉降过程中埋探很浅,在未达到生油前就已抬升,侵蚀掉的只是上覆的部分烃源岩,而大量保存下来的烃源岩,在二次沉降过程中,才逐渐生成油气,并在适当的圈闭中形成油气藏。如阿尔及利亚的哈西迈萨乌德大油田,志留系烃源岩经历晚古生代抬升剥蚀,中生代开始二次沉降直到早白垩世末(100Ma前)才开始大量生油,挽近纪才达到生油高峰,并形成油气藏(图7-27)。从烃源岩沉积开始到大量生烃经历了近4亿年。生成的石油聚集在不整合面下的圈闭中,形成大油田。

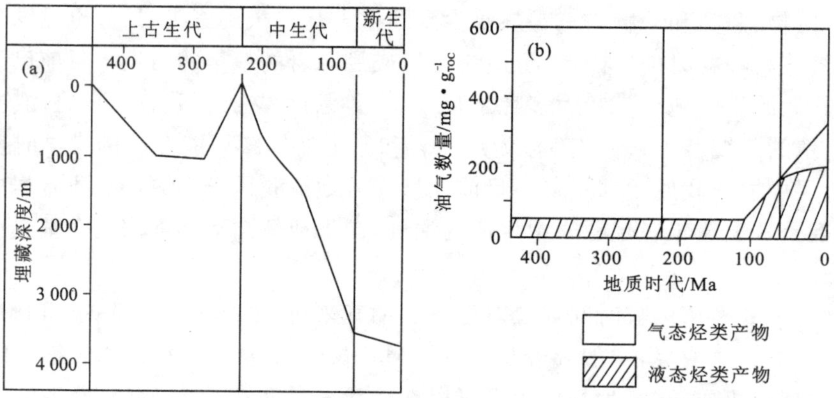

图7-27 哈西迈阿乌德区上志留统烃源岩底界埋藏历史(a)和成烃作用(b)
(据Tissot等,1975)

潘钟祥教授生前十分注意不整合面下的油气藏勘探,认为对我国华北地区应加强二次成烃研究,有可能找到这一类型大油气田。近年来,靖边大气田的发现,充分证明了潘老生前的预测。

(二)控制盆地带油气富集的主要因素

前已论述,地壳中油气约有90%集中在古特提斯海及邻近的油气盆地带和北方大陆油气盆地带。因此，研究控制这两大带油气富集的因素，对于了解油气富集的区域地质条件有着重大意义。

1. 特提斯海及邻近地区盆地带油气富集的地质因素

位于南北大陆之间的特提斯海区，自古生代以来，至少经历了三次以上大的张、合周期交替，形成多期次，多种有利的生、储、盖组合。其中主要烃源岩系有志留系石灰岩、早—中侏罗统、早—中白垩统的海相页岩和碳酸盐岩及古近系海相页岩。前三个时期烃源岩为海进层序，后者为海退层序。以Ⅰ—Ⅱ型有机质为主的油型烃源岩占有明显优势。晚二叠世—三叠纪、中—晚侏罗世和挽近纪晚期普遍发育区域性蒸发岩或厚层泥质岩，形成良好的盖层。在海进、海退层序中于烃源岩的下或上方广泛发育多种碎屑岩、碳酸盐岩和礁型储集体，储集性能良好。新近纪褶皱形成众多巨大的背斜及其他圈闭，使油气得到充分的富集。该区虽然面积不大，但持续多旋回沉降，烃源岩的有效厚度大，成油效率和富集程度均较高，而且保存良好，因此，成为世界上油气资源，特别是石油资源最丰富的油气盆地带。该带石油储量占全球总储量的68%，但天然气储量比北方大陆带低，占30%左右。

2. 北方大陆带油气富集的主要因素

北方大陆带位于北半球纬度较高部位，大部分地区是在前寒武系基底之上形成的稳定沉积盆地，部分是在古生代褶皱基底上形成的中、新生代沉积盆地。海相古生代沉积厚度一般较薄，中、新生代以海相、海陆过渡相为主，且新生代沉积大多欠发育。除志留纪、侏罗纪—早白垩世海相沉积有机质Ⅰ—Ⅱ型普遍发育外，其他各时代，特别是 C_3—P_1、K_1—K_2则以Ⅰ—Ⅲ、Ⅳ型和煤占优势。因此，气源岩比油源岩更为发育，这是北方大陆盆地带天然气比石油更丰富的基本原因。

(三)控制盆内油气富集的地质因素

1. 成烃坳陷和油气聚集的关系

关于成烃坳陷与油气聚集的关系，在第六章中已作过详细讨论。这里只强调一点，确定成烃坳陷是否存在及其位置，对于油气勘探有着十分重要的意义，这一工作简称“定坳”。

2. 含油岩系的层序及古环境

确定含油岩系层序和沉积环境，对于确定油气在垂向和平面上的聚集位置有重要意义。

从沉积学观点出发，沉积盆地的海(湖)进、海(湖)退是经常发生的，海退层序一般生油层在下，储集层在上；而海进层序一般储集层在下，生油层在上。这种不同的层序组合，不仅直接影响储层的具体部位，而且影响初次运移时排烃方向。对于海退层序一般以向上排烃为主，而对海进层序，排烃常以向下方向为主。因此，那种习惯上认为油气比水轻，排烃一定是向上运移的认识是片面的，也是与地质实际情况不相符合的。

古环境的研究，特别是古岸线的确定，对于掌握各种砂岩储集体和碳酸盐岩储集体在平面上的展布有着重要意义。在成烃坳陷内和邻近地区与烃源岩接触或相连通的各类储集体常是油气优先聚集的场所。

3. 三角洲、冲积扇、水下扇和深海扇等砂岩体与油气聚集

三角洲是由河流供给的沉积物在海或湖的滨岸地带所形成的沉积体系。它之所以拥有丰富的油气聚集，是各种有利的成藏条件良好配合的结果。

第一，三角洲体系中能形成体积巨大的烃源岩。河流携带大量的有机质和矿物质进入海(湖)盆，为前三角洲区水体提供丰富的营养物质，有利于各类生物大量繁殖，从而为形成良好

烃源岩提供物质基础。

第二，三角洲区地壳活动性较大，沉积速率高，页岩发育，地层热导率低，地温梯度较高，有利于有机质保存和早熟。上述各项条件的结合，使得前三角洲区成为良好的烃源岩发育区，可提供丰富的油气源。

第三，三角洲区分布多种良好的砂岩体，如分流河道砂、河口堤砂、三角洲前缘砂等。由于三角洲区的前积和水进作用交替发生，不同类型沉积物有规律地排列，加上同生断层发育，故可形成各种有利的生、储、盖组合，具有良好的输导油气能力，为充分排烃、就近聚集创造了有利条件。

第四，三角洲区因砂、页岩频繁交替造成地层超覆，岩性尖灭；巨厚的超压页岩和同生断裂发育可以形成多种与底辟、滚动背斜有关的聚油圈闭（包括背斜、断层、逆牵引背斜、底辟、不整合及多种复合圈闭）。

但是，三角洲区能否形成巨大的油气聚集，在很大程度上取决于是否存在具有巨大容积的圈闭。否则，只能形成中小油气藏（田）。

除三角洲外，对陆相冲积扇、水下扇、扇三角洲以及海底扇中的油气聚集条件也需注意研究。

我国新疆克拉玛依油田的二叠系和三叠系砂砾岩储集层，就是典型的冲积扇沉积。泌阳凹陷的双河等油田的储集砂岩体则被认为是由近源洪水携带大量陆源碎屑直接进入深水湖而形成的扇三角洲和水下扇沉积。

在我国有许多深水湖泊边缘地带，都发育若干大小不等的近源冲积扇或水下扇。凡是与烃源区相邻近的各种扇形储集体，都是应予以关注作为找油领域开展研究。

海底扇主要是由重力流和部分滑塌作用在海底峡谷出口处形成深海水下扇形堆积体。洛杉矶盆地新近系油层和北海盆地上古新统油层都是属于浊积砂岩体。该类砂岩体或与深海页岩互层，或为深海页岩（烃源岩）所包围，形成良好的生、储、盖组合。洛杉矶盆地这套岩系总体达 800～1 000m 厚，加上盆地内发育众多的背斜圈闭，使其成为世界上油气聚集效率最高的油气盆地。

4.蒸发岩与油气聚集

世界上有许多油气盆地都有蒸发岩，而且与油气聚集关系十分密切。其主要原因如下。

第一，蒸发岩常与生油岩共存。在相当多含油气盆地中，蒸发岩沉积前为半封闭-封闭微咸水沉积，非常有利于烃源岩形成。当然，蒸发岩也可能与烃源岩无关。

第二，蒸发岩是极好的盖层，油气常富集在蒸发岩系之下的储集层中。如波斯湾（伊拉克和伊朗）古近系阿斯玛里石灰岩，其上就是因为存在巨厚的膏盐蒸发岩，使下伏多层碳酸盐岩油层的油气向蒸发岩下主力油层富集，德国—荷兰盆地中下二叠统赤底组砂岩之上存在巨厚的膏盐蒸发岩系，它能使上石炭统煤系气在其中富集，而那些不存在蒸发岩的地区，尽管煤系和赤底组同样存在，仍难以形成巨大的气田。在北纬 36°～57°集中了煤储量的 88%，但天然气储量仅占 10%，尽管原因是复杂的，但缺乏膏盐蒸发岩作盖层可能是主要原因之一。

第三，蒸发岩发育区和非蒸发岩相之间常存在一个过渡区，这是礁、砂坝、粒屑灰岩发育的有利地带，常常是生油层、储集层和盖层呈指状交叉的地带，也是油气聚集的有利地带。江汉盆地渐新世早—中期（潜江组四段）盐湖沉积（图 7-28）就是一例。

第四，蒸发岩具有较大可塑性和流动性，可形成与塑性流动有关的各种圈闭，为油气聚集提供良好条件。东濮凹陷文留油气田的构造圈闭就是与盐运动有密切关系的实例之一（图 7-29）。

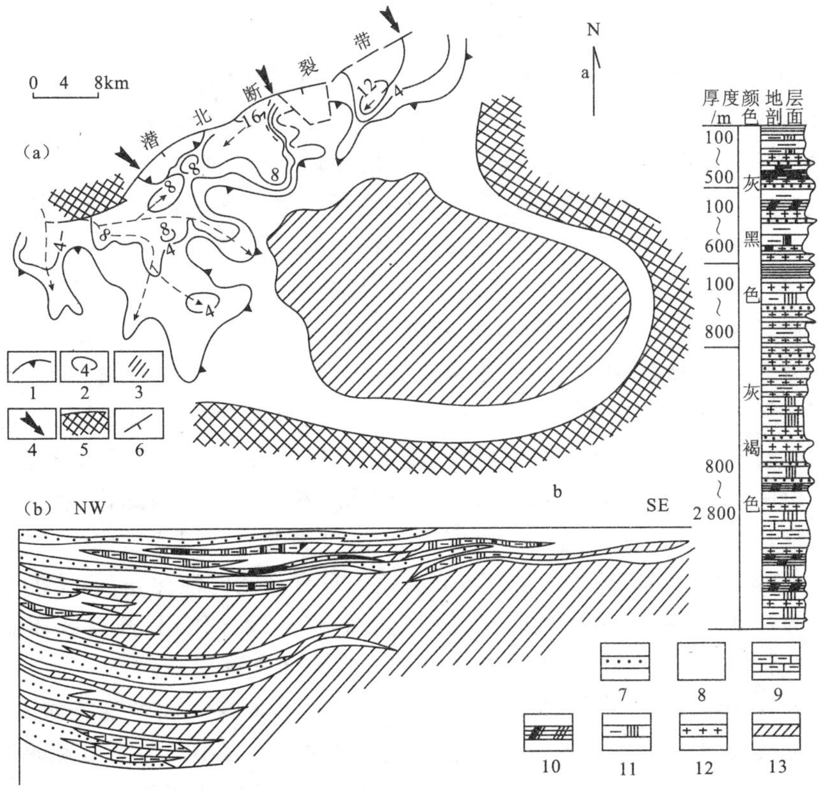

图 7－28　江汉盆地渐新世早—中期(潜江组四段)盐湖沉积分布图

(据江继刚,1981)

(a) 潜江凹陷潜四油组沉积体系示意图;(b) 潜江凹陷潜江组北西—南东向岩性剖面图

1. 砂岩尖灭线;2. 砂岩等厚线(m);3. 膏岩区;4. 沉积物源;5. 剥蚀区;6. 断层;

7. 砂岩;8. 泥岩;9. 泥灰岩;10. 油页岩;11. 泥膏岩;12. 岩盐;13. 膏盐

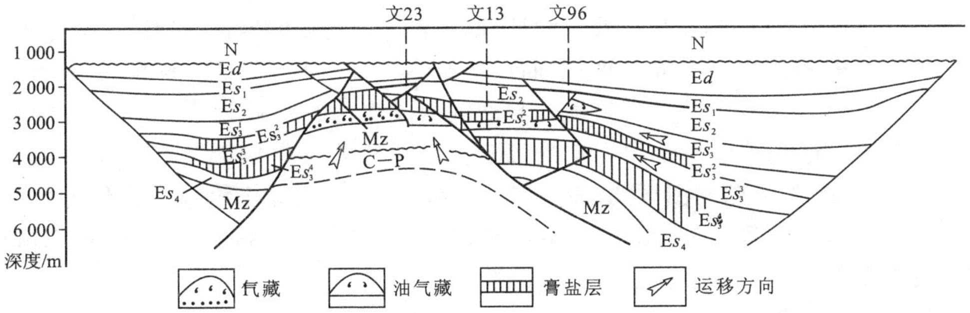

图 7－29　东濮凹陷文留油气田的构造剖面图

(据朱家蔚等,1983)

5. 断层与油气运移、聚集的关系

断层是油气输导通道的主要类型之一,无疑是油气运移的重要通道。但油气田中实际存在的情况常常是作为遮挡,不仅是逆断层,而且绝大多数正断层也具有遮挡性能。断层既可以成为油气运移的输导通道，又可作为油气聚集的遮挡条件，如何认识断层也是起输导油气，还是起遮挡油气这两种不同性质的作用呢？

一般来说，断裂发生时对其两侧地层中流体的压力和势均衡状态起破坏作用，流体（包括烃类）将遵循由高势向低势方向运移，断层起着明显的通道作用。但输导流体（含油气）能力的大小和经历时间的长短在很大程度上取决于断层的性质（挤压或拉张）、断层两侧对接的岩性（非渗透性，或渗透性岩层）、断层角砾岩和断层泥是否存在以及断裂发生的时限。

一般挤压断层与拉张断层相比输导流体能力相对弱一些，时间较短一些；上倾方向与非渗透岩层对接时仅在断层保持张裂时期，存在一定输导能力，当断层闭合时，则难以输导流体；如存在断层泥则输导能力差，若存在角砾则输导能力强，而且保持时间亦较长。

当断层活动开启作为通道时或断层面两侧对接岩性以及断层面有输导能力时，油气可沿断层面发生垂向运移或穿断层发生侧向运移，但是，无论具有什么性质和特征的断层，作为输导流体通道的时间是有限的，一旦通道闭合或堵塞，断层就成为良好的遮挡条件。这就是为什么现在所有油田中看到的断层，大多以遮挡性质出现的基本原因。因此，断层起通道作用是有条件的，而且是有时限的，断层起遮挡作用更为经常，更为普遍。但业已成为遮挡的断层，在一定条件下断层也可以再活动，成为油气运移的通道。只有从动态演化角度，才能正确认识地质历史时期断层的双重角色。这样才能正确认识断裂既能起输导作用，开启破坏业已形成的油气藏，又能起封闭作用，形成多种与断裂有关的油气藏和油气聚集带。

断层的开启性与封闭性，早在 1966 年，Smith 就从分析断层封闭性的本质入手，建立了断层封闭性的理论模型，其基本含义为：目的盘岩层中的排替压力小于与之对置的另一盘地层的排替压力时，断层则封闭；所以，目的砂层与对盘泥岩层对置时，断层是封闭的。若断层两盘为砂岩与砂岩对置时，断裂带内的断层泥可能起到封堵作用。Smith 在 1980 年发表的文章中，利用油田实例证实了断层两侧砂泥对置断层出现封闭的正确性，并通过对野外的实际观察，证实了断层泥的存在。后来人们所做的工作，基本都是从不同角度证实了 Smith 模型的正确性，并以断层两盘砂泥对置作为断层封闭的主要标准应用于判断实际断层的封闭性。事实上，影响断层封闭性或评价断层封闭性的变量有多种，归纳起来主要有：①断层两侧岩层的岩性对置关系，断层面上黏土涂抹层的厚度以及连续性，断裂带中填充物的岩性、物性；②断层的力学性质（张性、压性或扭性）及断层分布密度；③断层的基本特征，如断面的紧闭程度、断层的产状、断距、活动强度、埋深等；④断层的形成演化与油气形成演化的关系等等。断层的开启性与封闭性的研究方法有定性描述判断和半定量评价方法。目前比较成熟并广泛使用的方法有：①岩性对接，Allan(1989)断面图；②断面正应力分析；③页岩或黏土涂抹系数分析 SSF(shale smear factor)（Lindsay 等，1993）；④断层泥比率法 SGR（shale gouge ratio）（Yielding 等，1997）分析；⑤排驱压力对比等方法。

6. 不整合与油气聚集

世界上有许多重要油气田都与不整合有密切关系。1936 年，Levorsen 较深入地阐述了不整合的意义，认为不整合是石油地质中很重要的现象，指出不整合与油气聚集的密切关系在于可改造储层物性，形成超覆、削蚀不整合油气藏。潘钟祥(1983)比较系统地指出了不整合对油气成藏的影响主要表现在对储层、圈闭和油气运聚等方面。宋国奇（2007－2009，讲学）系统研究了济阳坳陷不整合结构层和岩性组成以及测井识别方法，提出了济阳坳陷挽近系底部不整合结构类型平面分布和空间展布特征，指出不整合在油气聚集成藏中的作用在于遮挡油气、改善储层、便于输导，但在陆相湖盆中的不整合面很难作为油气长距离运移的输导通道。不整合的地质特点及其在油气成藏中的作用可归纳如下：

(1)不整合能将非储层改造成储层：不整合代表地壳抬升，地层遭受风化侵蚀和淋滤溶解，可以极大改善储层物性，甚至将非储层改造为储层。

(2)不整合是良好油气输导通道：不整合能在不连续型生储盖组合的烃源岩和储层之间架设桥梁。如酒泉西部盆地的下白垩统黑色页岩中的油气就是沿着它与志留系之间的不整合面向东运移，再垂直运移到白杨河(N)砂岩中聚集成油气藏的；阿尔及利亚哈西迈萨乌德油田寒武系—奥陶系砂岩中的石油来自西北的上志留统页岩，两者相距在 40km 以上，海西期形成的区域不整合面则是沟通的桥梁；美国堪萨斯中央隆起上许多寒武系—奥陶系碳酸盐岩油气藏的油气源来自阿纳达利坳陷的宾夕法尼亚系烃源岩，两者相距 160km 以上，时间间隔 120～150Ma，完全依靠不整合面才将它们构成统一的生、储、盖组合，也包括对碳酸盐储层的改造，才能形成堪萨斯中央隆起上的油气聚集。

(3)不整合面是遮挡面：不整合面可以形成多种与不整合有关的圈闭和油气藏。区域不整合代表大范围的沉积间断，是地层、岩相的突变界面，是良好的遮挡面；可形成众多地层型油气聚集带，如潜山带、滨岸油气藏带等。

(4)不整合对油气破坏不大：过去常认为不整合抬升和侵蚀作用使其下油气藏被破坏，这是一种误解。按照大多数石油晚期生成说，烃源岩埋深较浅时石油尚未生成，不可能遭受大的破坏和损失。

综上所述，不整合对油气聚集起较大促进作用，破坏性甚少，是与油气聚集关系极为密切的地质因素。这就不难理解为什么存在众多的与不整合有关的油气聚集带。

但这并不是说，盆地内不整合愈多油气丰度也愈大。据 Нестеров 等(1975)研究，区域不整合数量增多，虽然含油组合的数量也相应增多[图 7 - 30(a)]，但储量集中度在超过三次不整合后明显降低[图 7 - 30(b)]。因此，对一个油气盆地来说，最早的烃源岩形成后，不整合次数以不超过 2～3 次为宜。

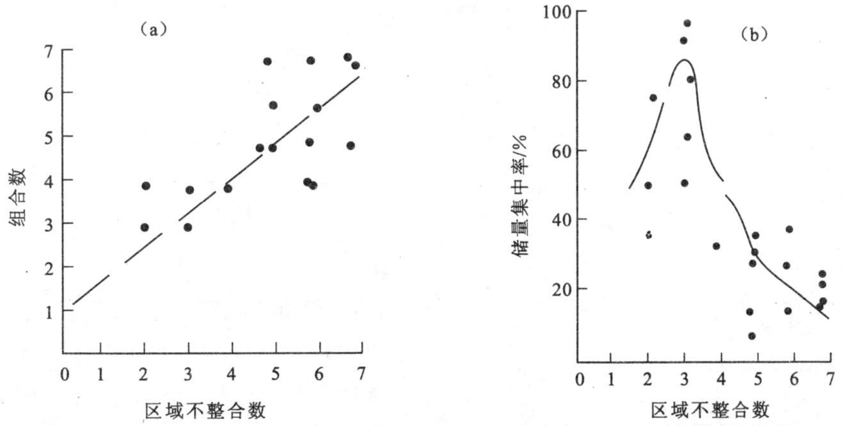

图 7 - 30　区域不整合数与含油气组合数(a)及储量集中度(b)相关曲线图

(据 Нестеров 等，1975 略作修改)

7. 枢纽带是油气富集的有利地带

所谓枢纽带一般是指由沉积岩系较薄的稳定区到沉积岩系巨厚的活动区之间的大斜坡上的厚度剧变带，也可以指盆地内部隆起和坳陷之间斜坡上的过渡带。

无论是区域性的巨大斜坡，或是盆地内部的斜坡，其枢纽带都是值得高度重视的找油领域。这是因为，枢纽带在活动性大的一侧，常是良好的生油深坳陷区，具有丰富的油源；而斜坡带，特别是枢纽带附近，则常是巨大楔状沉积体明显减弱、分叉和尖灭地带，或者是不整合、超覆和岩相突变地带，有利于形成多种圈闭，是油气聚集的有利场所。

对于枢纽带与油气分布的规律，早在 1952 年，Weeks 总结北美地台油气分布特点时，就已指出它的重要性。美国习惯把北美地台稳定性和四周地槽系之间的坳陷带称为大斜坡带。他把墨西哥湾称为南坡，阿巴拉契亚为东坡，阿拉斯加为北坡，落基山区东侧称为西坡。这些大斜坡带都是美国油气聚集最丰富的地带。这种情况，不仅存在北美地台及周围地区，在世界其他地区亦如此。

Максимов(1964)、Успиiская(1955)、Бакиров(1964)和 Нестеров(1975)等在总结巨大的伏尔加—乌拉尔和西西伯利亚油气盆地时亦指出，碎屑岩最大厚度及厚度剧变带是油气富集的有利地带。

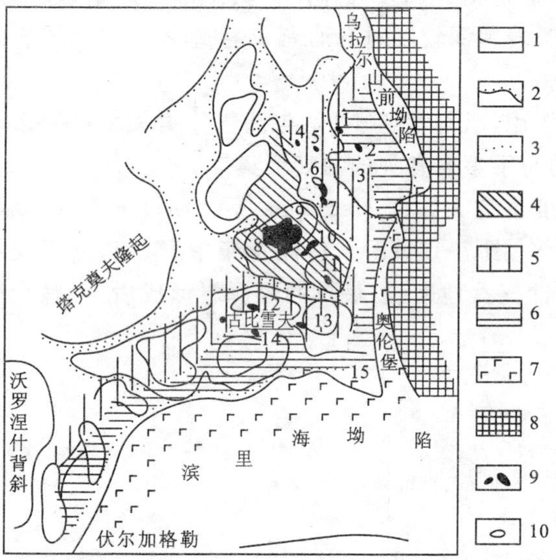

图 7-31 伏尔加—乌拉尔盆地不同时代油气田分布图
(据 Максимов,1964)
1. 盆地边界；2. 隆起边界；3. 油气带界线；
4. 泥盆系大油气田分布带；5. 下石炭统大油气田分布带；
6. 上石炭统大油气田分布带；7. 下二叠统大油气田分布带；
8. 乌拉尔褶皱带；9. 大油田；10. 大气田

盆地内不同时代的地层厚度剧变带不都是固定的，常常是向一定方向偏移。确切地说，随深坳陷位移的改变而偏移。因此，不同时代的油气富集的地带亦随之而变动。图 7-31 为伏尔加—乌拉尔盆地不同时代大油气田分布图，表明自泥盆纪到二叠纪期间，有利油气聚集区的位置自盆地西侧(靠近俄罗斯地台区一侧)向东、南靠近乌拉尔和滨里海坳陷一侧有规律地迁移。类似的分布特点，在墨西哥湾和波斯湾盆地亦很明显。

8. 背斜构造与油气聚集

随着勘探技术的发展，地层圈闭、复合圈闭愈来愈多地被发现；在勘探成熟盆地，主要勘探目标已转移到岩性圈闭、不整合圈闭以及认识和勘探难度较大的隐蔽圈闭。但是对那些处于勘探早—中期阶段的盆地，背斜圈闭及油气藏和背斜型油气田、油气聚集带的研究与勘探仍具有明显优势。背斜圈闭最明显的优势在于它能使其下储层形成众多楼房式的多油层圈闭(若背斜变形不随深度变化)，容易形成巨大圈闭容积。因此，背斜带，特别是面积巨大的背斜带与其他成藏条件的有效匹配，是巨大油气聚集最常见的类型之一。

综上所述，可以得出如下结论：成烃作用的普遍性和大油气田成藏条件的苛刻性，是造成油气分布广泛性和不均一性的根本原因。

第八章　含油气系统与盆地模拟

发展到20世纪70年代，石油及天然气地质研究开始向定量化、动态化、综合化和系统化方向迈进。计算机技术的快速发展和广泛应用使得盆地数值模拟成为可能，盆地模拟技术的出现是石油及天然气地质学走向定量化和动态综合研究的重要里程碑；而含油气系统概念和理论的提出，则是石油及天然气地质学研究进入系统化发展阶段的显著标志。

兴起于20世纪70年代末的盆地模拟技术，现已在油气勘探和油气地质综合研究中发挥着越来越重要的作用。其主要功能在于模拟复杂的油气生成—运移—聚集作用过程。含油气系统的概念，将所有与油气藏形成相关的地质要素和作用有机结合起来，运用系统论的思想开展油气成藏研究。

第一节　含油气系统

一、含油气系统的概念

(一)含油气系统概念的提出与发展

近二十年来，在国内外刊物及会议上有关“含油气系统”的文献与报告十分丰富，形成了一个含油气系统研究的热点，并促进了这一概念的不断发展和完善。

有关含油气系统的概念最早起源于Amoco公司设于美国Oklahoma州的科学实验室内，但“油气系统”一词的正式提出则最先见于1972年美国学者Dow在丹佛(Denver)举行的AAPG年会的论文摘要上，1974年该论文全文在AAPG杂志上发表，称之为石油系统(oil system)。虽然Dow当时并未给其以明确的定义，但指出可以通过油-岩对比和油-油对比的方法来鉴别含油气系统，并以Williston盆地为例，认为每个石油系统中应包含一套烃源岩和储集岩，且被蒸发盐岩封闭而与其他系统分隔，由此奠定了含油气系统概念的雏形。此后，许多学者相继都给含油气系统赋予了大体相似的含义或提出类似的概念。1980年，Perrodon在其著作《石油地质动力学》中首次使用了含油气系统(petroleum system)这一术语并进行了论述，认为一个含油气系统是由具有相似天然要素组成的，且具备相似功能的构造地质体；其后该概念又经历了“生烃盆地”(generative basin)(Demaison，1984)、石油生成器(hydrocarbon machine)(Meissner等，1984)、独立含油气系统(independent petroliferous system)(Ulmishek，1986)、含油气系统(Magoon，1987、1988、1989；Magoon和Dow，1990、1992、1994)等发展阶段，尤其是1994年Magoon和Dow主编出版了《Petroleum System - from Source to Trap》一书，对含油气系统的概念、识别特征、研究方法及其在勘探上的应用作了系统性的总结，并介绍了包括世界东、西半球的近二十个研究实例，标志着含油气系统研究正日趋成熟。

在我国，对于“Petroleum System”这个术语，不同人赋予不同的定义或译名，如成油系统、石油系统、油气系统、油气成藏系统、成油体系、石油体系等，并基于我国含油气盆地的独特特征，提出了“复合含油气系统”、“复式含油气系统”等概念。

（二）含油气系统的定义

Magoon 和 Dow(1994)将含油气系统定义为："一个自然的烃类流体系统，其中包含活跃的烃源岩、所有与其相关的石油和天然气以及形成油气聚集所必需的地质要素和作用。"其中"活跃烃源岩"包括目前可能已不再有效或已耗尽（油气已排出）的源岩；"油气"包括聚集在一起的：①在常规油气田、气水合物、致密气田、裂缝性页岩和煤中发现的热成因与生物成因气；②在自然界发现的凝析油、原油和沥青；"系统"则指相互依存并制约油气成藏的各种地质要素、作用及其组合关系。

二、含油气系统的组成

一个含油气系统的基本组成包括地质要素和成藏作用两大部分，其中地质要素包括烃源岩、储集层、盖层和上覆岩层，地质作用包括圈闭的形成和油气的生成—运移—聚集。

烃源岩是指在微生物作用或主要在地温作用下，于特定时刻能够生成油气并具有连续分布范围的富含有机质的岩石。烃源岩可能是正在生油的，或是在地质时期中曾经是有效烃源岩而现在已经消耗殆尽的岩石。有效的烃源岩是含油气系统存在及演化的基础，可以根据有机相（数量、质量和成熟度）来确定。

储集层是指具有任一成因的孔洞及裂缝以容纳流体的岩层，一般是多孔的粗粒碎屑岩和碳酸盐岩。储集层是一切形式油气的载体，可以根据储集层中含有油气的多寡来区分主要储集层和次要储集层。主要储集层除了具有良好的储集性能及广泛的分布以外，常常是位于与烃源岩有良好联系的圈闭中，而次要储集层的运移通道效率较差，油气捕集数量较少。

盖层是指能够阻止油气通过的非渗透性封闭层。油气系统中存在两类盖层，即阻挡烃类运移的区域盖层和限制油气聚集的局部盖层。它们控制着运移通道和相关的油气藏分布范围，所以成为含油气系统的有效边界。作为盖层的必要条件是地层中最小排驱压力（毛细管压力差）必须大于油气藏内油气柱的浮力。其次，泥岩特别是富含有机质的厚层泥岩中发育的异常流体压力也十分有利于油气的封闭。因此，有效的盖层主要是大范围连续分布的细粒碎屑岩和蒸发岩系。

上覆岩层是指上覆于烃源岩、储集岩和盖层的岩层（主要是上覆于烃源岩的岩层）。在烃源岩内有机质热降解生成油气的过程中，上覆岩系及其相关的温压场条件（厚度、热导率、热流值和地表温度等）均起着决定性的作用。上覆岩层的发育反映了烃源岩沉积后的盆地动力学特性。

圈闭形成研究主要是对有效捕集油气目标的分析。

油气生成—运移—聚集研究包括对有效烃源岩进入生烃门限、生烃高峰的时间及其生烃量，油气运移方向、路径及总量，油气成藏期次及时间等的综合分析。

这些要素及作用必须要有适当的时空配置，才能使其有机地关联；这些成藏作用有序地发生，最终形成油气聚集；这些基本要素和成藏作用存在与发生的地方就是含油气系统所在的位置。

三、含油气系统的命名及分类

（一）含油气系统命名

1. 可靠性水平区性

可靠性水平用于描述某一特定烃源岩生成的油气提供给油气聚集的可能性。基于资料和研究程度,含油气系统可划分为三个可靠性级别(表 8-1),即已知的(known)、可能的(hypothetical)和推测的(speculative),分别以(!)、(·)和(?)表示。对于一个已知的含油气系统,成熟烃源岩与油气聚集之间存在良好的地球化学可比性;对于一个可能的含油气系统,应用地球化学资料识别出了烃源岩,但烃源岩与油气聚集之间尚未确定有地球化学可比性;对于一个推测的含油气系统,烃源岩和油气的存在则完全是根据地质或地球物理资料推测的。

表 8-1 含油气系统可靠性水平的定义

可靠性水平	标记符	判别标准
已知的	(!)	油-源岩对比或气-源岩对比
可能的	(·)	缺乏油气-源岩对比,地化资料指示了油气的成因
推测的	(?)	仅存在一般的地质或地球物理证据

2. 含油气系统的名称

含油气系统的名称包含了烃源岩、主要储集岩名称以及用符号表示的该系统的可靠性水平。例如,Deer-Boar(·)代表一个可能的含油气系统,它由泥盆系 Deer 页岩和 Boar 砂岩组成,其中 Deer 页岩为烃源岩,Boar 砂岩为主要储集岩。主要储集岩中储存有该含油气系统内最多的油气。实际上,含油气系统的命名与其分类有关。

(二)含油气系统分类

迄今为止,国内外不同研究者从不同角度对含油气系统提出了数十种分类方案,但以成因、构造为主要分类依据的方案较多。相比较而言,目前以下几种分类方案较常见和重要。

(1)Perrodon(1984、1992)根据沉积盆地的地球动力学环境,按含油气盆地的性质将全球的含油气系统分为三大类(图 8-1):①存在于大陆裂谷盆地中的大陆裂谷型含油气系统;②存在于克拉通盆地内部或大陆离散边缘盆地中的地台型含油气系统;③存在于挤压和活动边缘盆地中的,尤其是弧前盆地和前陆盆地前渊中的造山带型含油气系统。

(2)Magoon(1989)根据上覆岩层的复杂程度(单一的或混合的)、储集层岩性(硅质碎屑岩或碳酸盐岩)和干酪根类型(Ⅰ型、Ⅱ型或Ⅲ型)对美国的含油气系统进行了分类。1992 年,Magoon 又根据烃源岩的地质年代对同样的含油气系统再次进行了分类。

(3)Magoon 和 Dow(1994)根据导致烃源岩成烃的主控因素(热源)的不同将含油气系统划分为"典型的"(图 8-2)与"非典型的"(图 8-3)两大类,其中典型的含油气系统是指由于上覆岩层的增加,致使烃源岩埋深增大并发生热成熟生烃作用而产生的油气系统,非典型的含油气系统则指油气是经过其他途径生成的,如火成岩侵入、大洋中脊与裂谷深部热流或生物作用等。

(4)Demaison 和 Huizinga(1991、1994)根据油气充注程度(过充注、正常充注、欠充注)、运移排烃方式(垂向排烃、侧向排烃)与捕集方式(高阻抗、低阻抗)对含油气系统进行分类(图 8-4),一共可分出 12 种类型。

(5)我国学者窦立荣等(1996)根据油气相态在纵向上的分布规律,将含油气系统分为含生物气系统、含油系统、含凝析油气系统和含干气系统。

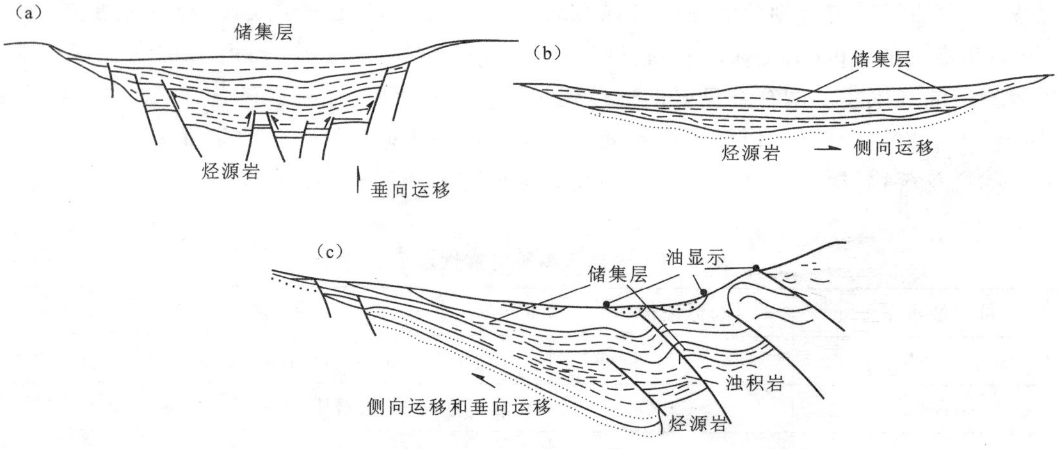

图 8-1 伏尔加含油气系统的沉积盆地动力学分类

(据 Perrodon,1992)

(a)大陆裂谷型含油气系统,具垂向运移和不同层次储集岩;

(b)地台型含油气系统,具侧向运移和单个储集层;(c)造山带型含油气系统,具侧向和垂向运移

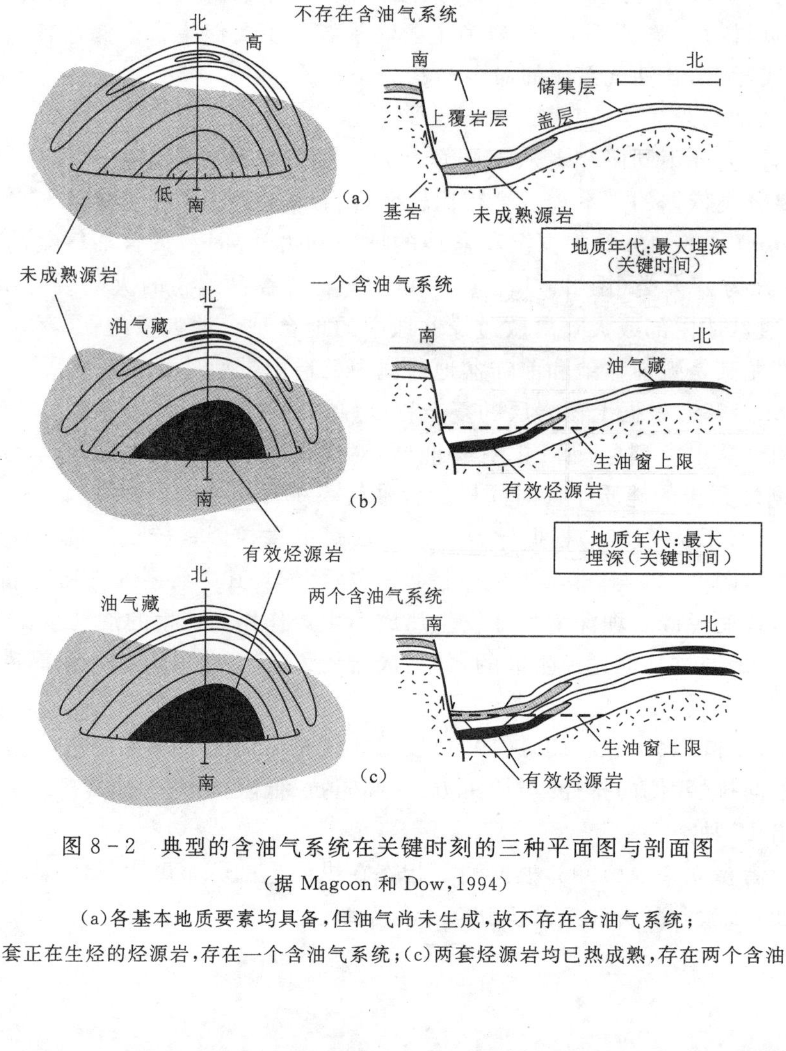

图 8-2 典型的含油气系统在关键时刻的三种平面图与剖面图

(据 Magoon 和 Dow,1994)

(a)各基本地质要素均具备,但油气尚未生成,故不存在含油气系统;

(b)有一套正在生烃的烃源岩,存在一个含油气系统;(c)两套烃源岩均已热成熟,存在两个含油气系统

(6)赵文智等(1996)根据油气充注程度(超充注、正常充注、欠充注)、储盖组合(重叠式、侧变式、包裹式)、运移样式(垂向、侧向)、圈闭类型(高阻抗、低阻抗)与保存条件(无改造型、微弱改造型、强烈改造型)进行组合分类,共划分出108种基本类型。

(7)宋建国和张光亚(1996)依据沉积盆地类型、演化及烃源岩形成的古地理、古气候条件等,将中国油气系统划分为古生界克拉通型、中—新生界前陆-陆内挠曲坳陷型和中—新生界裂谷-伸展坳陷型,共三大类五小类。

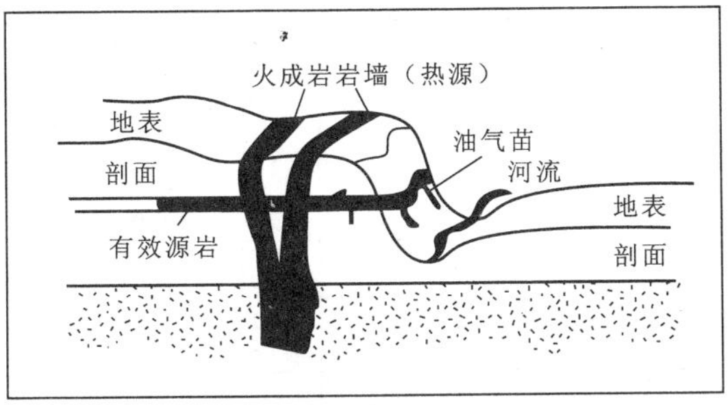

图8-3　非典型的含油气系统

(据Magoon和Dow,1994)

烃源岩在火成岩岩墙的作用下热成熟生烃

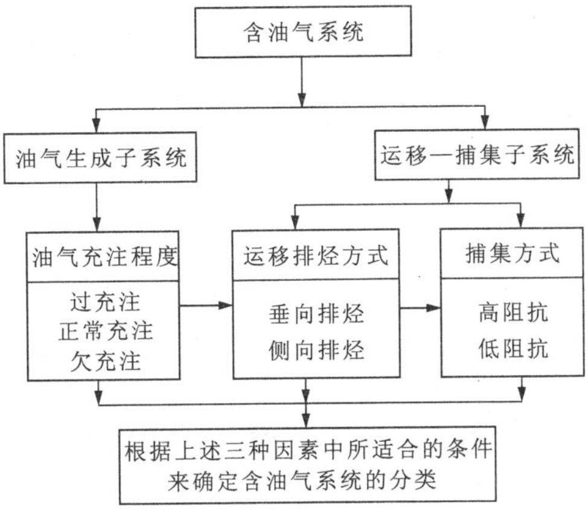

图8-4　含油气系统成因分类流程图

(据Demaison和Huizinga,1991)

四、含油气系统的研究

(一)含油气系统的确定

每一项研究都需要有一个合适的起点,对含油气系统的研究而言,是从已发现的油气聚集开始,但与油气聚集的规模无关。证实一个含油气系统存在的依据是有油气的存在,哪怕只有一股气或一滴油(体积小而丰度高)。一般而言,对任何地区,只要有富含有机质岩层的存在,且其被沉积埋藏到足以生成油气的深度,就应当存在含油气系统。因此,含油气系统的确定关键在于烃源岩的存在。

含油气系统具有特定的地区、地层与时间范围,可通过关键时刻、展布范围、基本要素、持续时间、保存时间等参数来确定。

关键时刻是指含油气系统中大部分油气生成—运移—聚集的时间。通常在源岩处于最大埋深稍晚的时刻,即为关键时刻。区域展布范围由活跃生烃洼陷及所有来源于该洼陷的油气显示、油气苗和油气聚集的界线圈定,并用关键时刻的平面地层展布图来显示。基本要素包括源岩、储层、盖层和上覆岩层。源岩、储层、盖层是含油气系统存在的最基本要素,上覆岩层除了提供源岩成熟所需负荷之外,还对下伏岩层中运移通道及圈闭的几何形态产生显著的影响。持续时间是指形成一个含油气系统所需要的时间。含油气系统需要经过足够的地质时期方能具备所有的基本要素和完成形成油气藏所必要的那些地质作用。如果源岩是沉积的最初要素,且源岩成熟所需的上覆岩层是最后要素,那么最初和最后要素之间的时间差就是该含油气系统的持续时间。保存时间是指烃类在该系统内被保存、改造或被破坏的时间段,它从油气生成—运移—聚集作用完成之后开始。

（二）含油气系统的描述

作为一个地质实体，含油气系统具有特定的地理、地层和时间范围。Magoon 和 Dow（1994）认为可以用“四图一表”来较好地描述与说明含油气系统。

1. 油气聚集统计表

以表格形式列出与某一特定含油气系统有关的所有油气聚集（表 8－2）及其相关资料，它为质量平衡方程提供了数据，且是含油气系统评价的基础。

表 8－2　在虚拟的 Deer－Boar 含油气系统内的油气田（据 Magoon 和 Dow，1994）

油气田名称	发现时间	储集层	原油比重（°API）	累计原油产量/×10⁶ bbl	剩余储量/×10⁶ bbl
Big Oil	1954	Boar 砂岩	32	310	90
Raven	1956	Boar 砂岩	31	120	12
Owens	1959	Boar 砂岩	33	110	19
Just	1966	Boar 砂岩	34	160	36
Hardy	1989	Boar 砂岩	29	85	89
Lucky	1990	Boar 砂岩	15	5	70
Marginal	1990	Boar 砂岩	18	12	65
Teapot	1992	Boar 砂岩	21	9	34

2. 埋藏史图

用以说明在特定地区的含油气系统形成的关键时刻、具体时间及基本地质要素，一般应包含地质时代与绝对年龄、岩性柱、岩层名称、深度、烃源岩、储集层、盖层、上覆岩系等项目，并在埋藏史曲线上标注生油窗项、生气窗项及油气系统形成的关键时刻。如图8-5所示，说明了

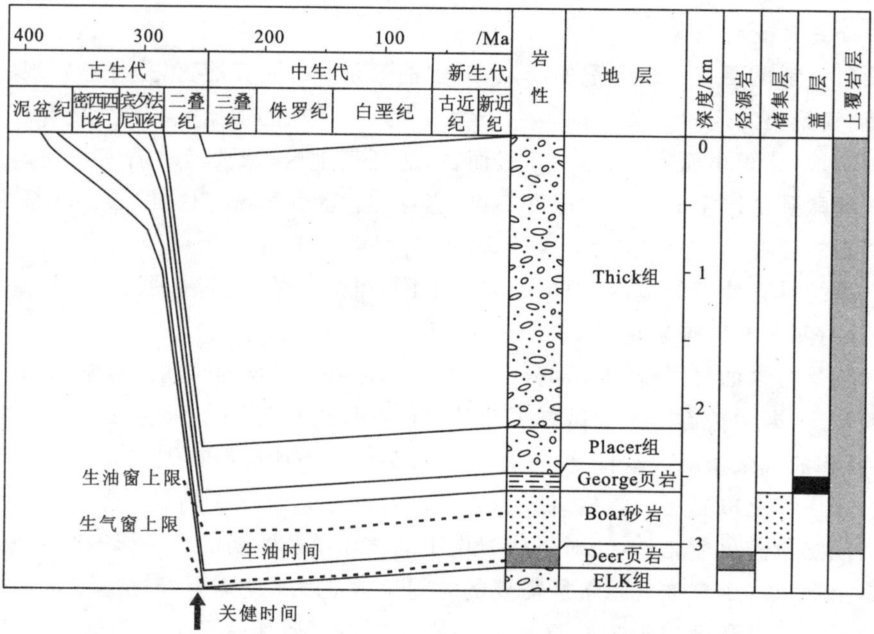

图 8－5　Deer－Boar 含油气系统的埋藏史图

（据 Magoon 和 Dow，1994）

Deer 页岩为 Deer - Boar(·)含油气系统的烃源岩，Boar 砂岩为储集层，George 为盖层，烃源岩层 Deer 页岩之上的所有地层构成了该含油气系统的上覆岩层，并且还显示 Deer 烃源岩在距今 260Ma 时开始进入生油窗，在 255Ma 达到最大埋深，250Ma 为该含油气系统形成的关键时刻(含油气系统中大部分油气生成—运移—聚集的时间)，油气生成、运移、聚集的时间为 260～240Ma，这也是该含油气系统的年龄。

3. 剖面图

用以显示油气系统形成关键时刻时各基本要素的几何分布，限定了含油气系统的地层展布范围，一般应包括基底、上覆沉积盖层、边界断裂、构造起伏、烃源岩、储集层、盖层、上覆岩系、生油窗项、生气窗项、油气藏、埋藏史井位、油气系统的地理分布范围及地层展布范围等(图 8-6)。

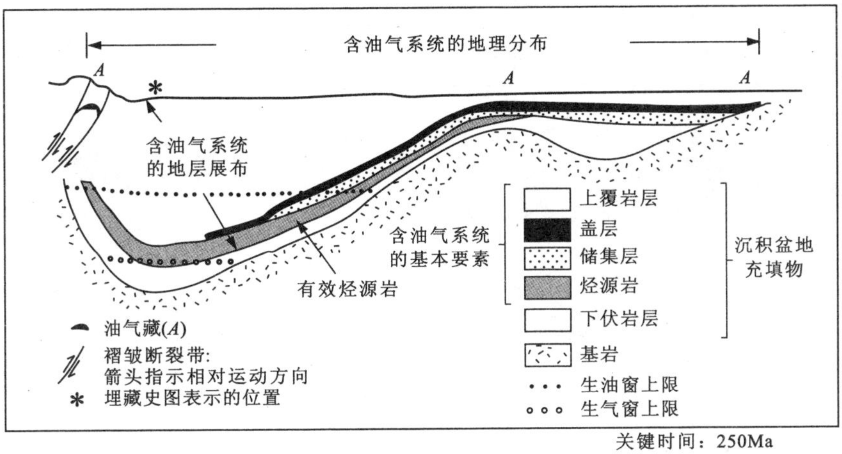

图 8-6 Deer - Boar 含油气系统在关键时刻(250Ma)的地质剖面图

(据 Magoon 和 Dow，1994)

未熟源岩位于生油窗的上倾方向，成熟源岩位于生油窗的下倾方向

4. 平面图

在平面上勾绘含油气系统在关键时刻的地理分布范围(图 8-7)，一般根据成熟烃源岩及产自该烃源岩的油气显示、油气苗和油气聚集的展布范围来加以圈定。图件内容包括烃源岩分布、生油窗项范围、生气窗项范围、储集层分布、储集层尖灭线、边界断裂、次级断层线、倾伏背斜、倾伏向斜、油气运移方向、已知油气藏及其类型、地表油气苗、埋藏史图井位、横剖面图位置、油气系统的地理分布范围等。

5. 含油气系统事件图

用以说明各基本要素和各成藏作用间的时间关系、含油气系统的保存时间及关键时刻等(图 8-8)。圈闭形成时间主要基于地球物理资料和构造地质分析来确定，油气生成—运移—聚集时间则在地层学、油气地球化学及埋藏史分析的基础上来确定。保存时间是指发生在油气生成—运移—聚集之后，含油气系统中的油气被保存、改造或破坏的时间，如果含油气系统中发生的生成—运移—聚集过程一直延续至今，则无保存时间，认为含油气系统中的油气极少被生物降解或破坏，绝大部分都被保存下来。

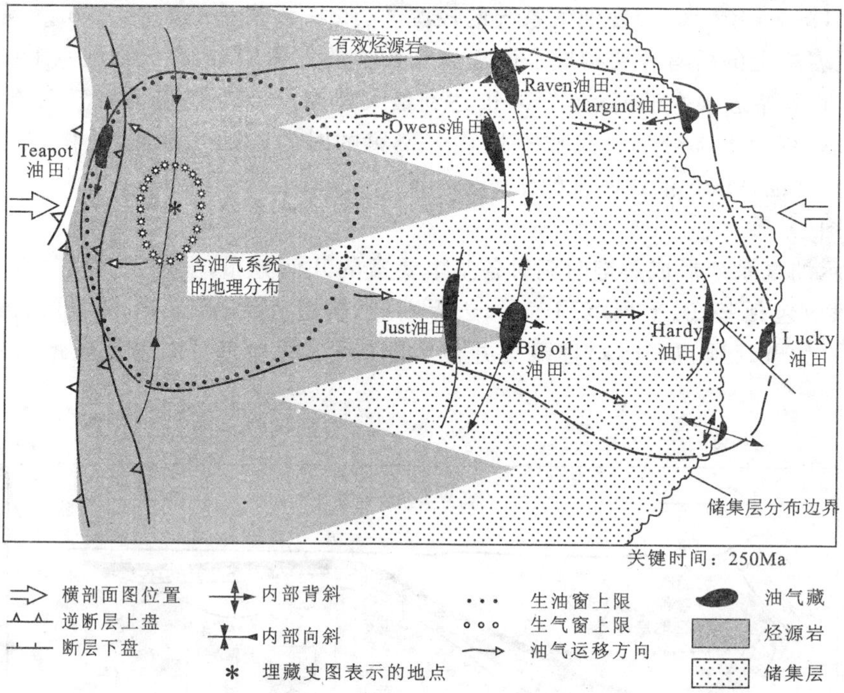

图 8-7 Deer-Boar 含油气系统在关键时刻的平面分布图

（据 Magoon 和 Dow，1994）

未成熟的源岩在生油窗之外，成熟源岩在生油窗之内

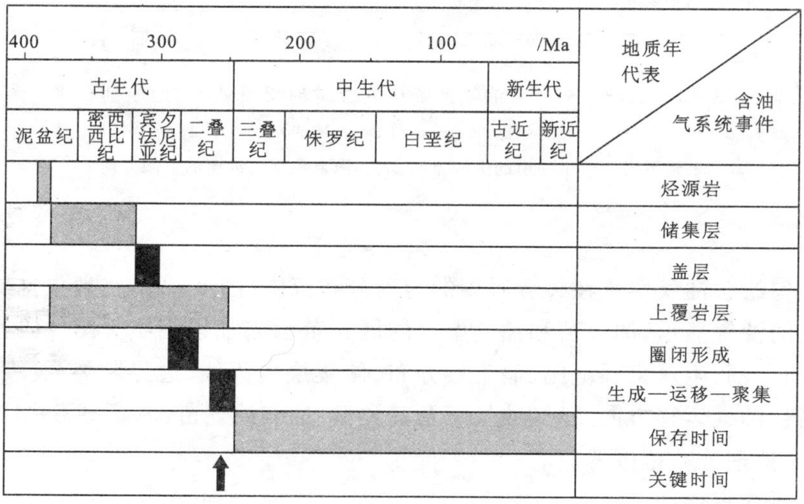

图 8-8 Deer-Boar 含油气系统事件图

（据 Magoon 和 Dow，1994）

（三）含油气系统的评价

1. 油气充注能力

没有油气生成，就没有含油气系统。对某一特定的含油气系统而言，其在一个区域的油气丰度主要取决于充注量(charge)的大小，该因素必须足够大，并能给系统内运移—捕集部分提

供充足的油气量。因此，这一因素的重要性是显而易见的。

Sluijk 和 Nederlof(1984)将油气充注量定义为圈闭空间可以捕集到的烃类体积，油气充注的体积则等于来自成熟生烃洼陷的油气体积减去排烃过程及二次运移过程油气损失的体积。因此，油气的区域充注程度主要取决于烃源岩的丰度及成熟生烃洼陷的体积。由于地下情况的复杂性及不均一性，上述各参数常常难以准确确定，其可操作性较差。Demaison 和 Huizinga(1994)认为可采用一种简化的统计指标——源岩潜力指数(*SPI*)来确定。Tissot 等(1980)将 *SPI* 定义为地下 $1m^2$ 面积的烃源岩柱内能生成油气的最大量，计算公式为：

$$SPI = h(S_1 + S_2)\rho/1\ 000 \qquad (8-1)$$

式中：h 为源岩的净厚度，m；$S_1 + S_2$ 为源岩的平均生烃潜力，$kg_{烃}/t_{岩石}$，可由 Rock - Eval 热解实验获得；ρ 为源岩密度，一般取为 $2.5t/m^3$。

根据世界范围 *SPI* 的测量统计，在垂直排烃的含油气系统中，*SPI* 可分为低级($SPI<5t/m^2$)、中级($5t/m^2 \leqslant SPI < 15t/m^2$)和高级($15t/m^2 \leqslant SPI$)三级；而在以侧向排烃为主的含油气系统中，*SPI* 的分级值可相应降低：低级($SPI<2t/m^2$)、中级($2t/m^2 \leqslant SPI < 7t/m^2$)和高级($7t/m^2 \leqslant SPI$)。在广泛勘探过的地区，烃源岩 *SPI* 值的大小通常与该含油气系统中有关的油气储量呈正相关关系。一般地，含高级 SPI 源岩的地区常与大储油层或巨型油气田的产层有关；相反，含低级 *SPI* 源岩的地区则多与小储油层或次巨型油气田的产层有关，也可能与非产层有关。因此，基于 *SPI* 值可以半定量地描述一个含油气系统内可被捕获的油气总量，也可据此进行含油气系统的比较性研究。

2. 含油气系统效率

通过计算某一含油气系统的油气生成聚集效率(generation - accumulation efficiency，简称 GAE)(某系统所发现的原始地质储量与其有效源岩生成的油气总量之百分比)来评价含油气系统的效率。一般地，一个含油气系统的油气生成聚集效率(*GAE*)主要受以下几个因素所影响：①沿主要(一级)运移通道的油气滞留；②沿次级(和三级)运移通道的油气滞留；③油气向非商业聚集的散失量；④圈闭形成之前，烃源岩有效生烃期间生成的油气通过诸如地表油气苗等方式从该系统中的散失量；⑤因为圈闭能力的不充分造成在有效生成期间油气从该系统的散失量；⑥在保存期间油气藏中的散失量。以上任何或所有这些方式的散失都将降低系统的综合效率。

通常认为，*GAEs*>10%为非常有效的含油气系统，1%～10%为中等有效的含油气系统，而<1%的则为低效的含油气系统。值得注意的是，产油最多的含油气系统其效率未必是最高的。

3. 含油气系统规模

Klemme(1994)根据可采储量的大小将含油气系统的规模分为四级：①超巨型含油气系统[$>100\times10^9$ bbl(油当量)]；②巨型含油气系统[$20\times10^9 \sim 100\times10^9$ bbl(油当量)]；③大型含油气系统[$5\times10^9 \sim 20\times10^9$ bbl(油当量)]；④有效含油气系统[$0.2\times10^9 \sim 5\times10^9$ bbl(油当量)]。

4. 含油气系统类型

通常由可采油气储量计算的气/油比(*GOR*)(ft^3/bbl)可以把含气系统与含油系统区别开来。一般地，把 *GOR* 小于 20 000($3\ 562m^3/m^3$)的系统称为天然气系统，位于 5 000～20 000($891 \sim 3\ 562m^3/m^3$)范围内的称为凝析油系统，而大于 5 000($891m^3/m^3$)的则称为石油系统。

概括起来，一个完整的含油气系统研究的组成如表 8 - 3 所示。

表 8-3 一个完整的含油气系统研究的组成

图或表	要求的信息	目 的
图	确定系统中所包含的油气田位置；指明是油还是气；表明系统中包括的地表和地下油或气显示；表明油气运移方向及有效烃源岩的分布	由围绕有效烃源岩及油气运移的外界所指示的关键时刻含油气系统的地理范围；有效烃源岩的名称；含油气系统埋藏史图的位置
表	列出含油气系统所有油气田；以地层为单位的圈闭类型，储集层名称、年代和岩性，以及盖层名称、时代和岩性所表示的发现储量和地层油气	为质量平衡计算的地层油气；含地层油气百分比最高的储集层名称；在圈闭中最常见的盖层；平均 *GOR* 的油气区
横剖面	构造和地层信息；表明生油窗和生气窗；表明油气显示和聚集；标出关键时间；表明油气运移方向和通道	确定关键时间含油气系统的地层范围；含油气系统的地理范围；表示的有效烃源岩；表示的上覆岩层；含油气系统埋藏史图位置
埋藏史图	钻井钻穿的地层单元；岩石单元的沉积时间、厚度、名称、岩性；现今热成熟度剖面；现今地温梯度；确定生油窗和生气窗时间与深度的计算机程序；表明含油气系统的基本要素	由图中确定的含油气系统事件图信息；所示的含油气系统的基本要素；在关键时间横剖面上的生油窗和生气窗深度
事件图	含油气系统基本要素的年代；圈闭形成的开始和结束时期；油气生、运、聚的开始和结束时期；含油气系统的保存时间和关键时间	含油气系统事件图是在一张图上概括系统的基本要素和作用以及保存时间和关键时间
油-气对比关系	地球化学证据，例如用整体性质、生物标志物和同位素资料来表示来自同样烃源岩的一个以上的油气聚集	用与有效烃源岩和附近圈闭构造与地层一致的地球化学对比关系建立含油气系统的地理和地层范围
油-源对比关系	地球化学证据，例如生物标志物和同位素资料，可用来表示肯定是由特别烃源岩生成的油气	用地质和地球化学证据建立的可靠性水平表明特别烃源岩排出一定油气的置信度
质量平衡计算	*TOC* 和烃源岩热解分析资料；烃源岩密度；有效烃源岩体积	生成的油气量来确定含油气系统的油气生成-聚集效率(*GAE*)

第二节 盆地模拟

一、盆地模拟概述

从定性分析到定量计算、从静态描述走向动态模拟是所有科学发展的总趋势和必由之路，油气地质科学也不例外。作为一项重要的含油气盆地定量分析评价技术，盆地模拟是从 20 世纪 70 年代末开始逐渐发展起来的，现已在油气勘探和油气地质综合研究中发挥着越来越重要的作用。世界上第一个盆地模拟系统于 1978 年诞生于德国，是由原西德尤利希(Jurich)核能研究有限公司与石油有机地球化学研究所联合研制而成的；在我国，胜利油田于 1980 年引进了西德的一维盆地模拟的方法并移植了相应的软件系统，以后又作了改进，从而建立了我国第一个一维盆地模拟系统。近 30 年来，随着油气地质理论及计算机技术与数值模拟方法的迅速发展，经过广大地质工作者和软件工程师等的协同攻关与艰苦努力，盆地模拟技术取得了长足的进展,在空间上,由一维模型发展成二维模型,正朝着三维模型方向发展;在相态上,由笼统的单相发展成二相、三相,正朝着多组分方向发展;在功能上,从单一、简单的模拟计算向地质家综合评价应用平台方向发展。

所谓盆地模拟(basin modeling),简言之就是对沉积盆地内所有地质要素和作用过程进行定量模拟;具体地,就是在现代油气地质理论指导下,以计算机技术为主要手段,以一个独立的油气生聚单元为对象,基于油气地质的物理化学机理,经过地质建模、数学建模、软件研制、模拟技术和综合研究等阶段,在时空格架下定量模拟重建含油气盆地的形成、演化历史和油气的生成、运移、聚集过程与数量及位置等,为油气勘探实践服务。作为指导油气勘探的一种手段或工具,盆地模拟是一种技术;作为解决地质问题的一种思维或方式,盆地模拟是一种研究方法(张庆春等,2001);从模拟系统的角度,盆地模拟则是一个综合软件系统。

一个完整的盆地模拟系统由地史、热史、生烃史、排烃史和运移聚集史 5 个模型(子系统)有机组成(石广仁,1994、1999、2004),5 个子系统结构上相对独立,在系统内依次排列、彼此耦合。前置子系统是后续子系统的前提与条件,其对后续子系统的运行有制约与控制作用;后续子系统是前置子系统的延展与推进,对前置子系统的运行应有反馈作用。

在软件研制与应用方面,目前国际上较为流行 4 套盆地动态数值模拟系统,分述如下。

1. Petromod

德国有机地球化学研究所研制(www. ies. de),由 PetroMod 1D(PetroMod 1D、PetroMod 1D Express)、PetroMod 2D(PetroGen 2D、PetroFlow 2D)和 PetroMod 3D(PetroCharge、PetroGen 3D、PetroFlow 3D)等子系统组成。

2. Basin2

由美国 Illinois 大学与政府实验室及阿莫科、阿科和雪佛龙公司等 20 个单位合作研制(www. geology. uiuc. edu),侧重于沉积盆地内地下水流动地质演化历史的模拟恢复。

3. Temispack

法国国家石油研究院(IFP)研制(www. beicip. com),包括 EasyDepth、Locace、Genex、Ceres2D、Temis2D 及 Temis3D 等模拟系统。

4. BasinMod

美国 Platte River 公司(PRA)研制(www. platte. com),包括 BasinMod 1D、BasinMod 2D、BasinFlow 及 Petroleum System、BasinRisk 等子系统。

从内涵上,盆地模拟包括沉积盆地模拟和含油气系统模拟,其中含油气系统模拟的目的是重建一特定系统内的烃类演化史,而沉积盆地模拟则经常同时涉及几个含油气系统。虽然沉积盆地模拟与含油气系统模拟在模拟的时间和空间范畴及重点上有所差别(Waples,1994),但两者的基本原理和方法是一致的。

二、埋藏史和沉降史模拟

作为整个盆地模拟系统基础的地史模拟,其功能是重建含油气盆地的沉积埋藏史和构造沉降史,并为盆地模拟系统中的后续部分——热史、生烃史、排烃史和聚烃史等的模拟提供重要参数和时空范围。

(一)沉积埋藏史

沉积埋藏史是指盆地中的某一沉积单元或一系列单元自沉积开始至现今或某一地质时期

的厚度和埋藏深度的变化历史,通常由沉积埋藏史曲线表示。埋藏史曲线一般以深度为纵坐标,地质时间为横坐标。

埋藏史恢复可用正演和反演两种方法,其中正演是指在已知初始状态的前提下,按一定的动力学或运动学机制再现其历史演化过程,即从古至今模拟沉积物沉积埋藏过程;反演则是从现今状态出发,按一定的动力学或运动学机制恢复出沉积物在不同历史时期的状态,即由今溯古恢复沉积物沉积埋藏历史。

埋藏史分析中最重要的模型是地层压实校正模型和不整合处理模型。

1. 地层压实校正模型

埋藏史模拟的关键是恢复地层的古厚度,也即地层压实校正。压实校正是指把某一地层单元的现今实测厚度恢复到沉积时或埋藏中途某一时刻的厚度,因此压实校正实际上是"去压实"过程,也称为"沉积压实原理"。

基于"沉积压实原理"的埋藏史恢复方法技术有多种,其中以回剥技术和超压技术最为常用和重要。

(1)回剥技术:"回剥法"(Backstripping)属反演方法的范畴,其原理基于沉积物在压实过程中,地层骨架体积和横向宽度始终保持不变(除非遭受抬升剥蚀和断层等事件),地层体积的变小由孔隙流体排出、孔隙度变小所致,且假设地层压实程度由埋深所决定,并具不可逆性,即:如果地层埋深不超过其之前所经历过的最大古埋深时,地层压实程度保持不变。这样,地层体积的变化就可归结为厚度的变化。

根据地层沉积压实原理,岩石骨架厚度与孔隙度关系可表示为:

$$H_s = \int_{z_1}^{z_2} [1 - \varphi(z)] \mathrm{d}z \tag{8-2}$$

式中:z_1、z_2分别为地层的顶界与底界埋深,m;H_s为岩石骨架厚度,m;$\varphi(z)$为地层的孔隙度,%。且有:

$$\varphi(z) = P_s \varphi_s(z) + P_m \varphi_m(z) + P_c \varphi_c(z) \tag{8-3}$$

式中:P_s、P_m和P_c分别为砂岩、泥岩和碳酸盐岩的含量(假定该地层单元由砂岩、泥岩和碳酸盐岩构成),$P_s + P_m + P_c = 1$;$\varphi_s(z)$、$\varphi_m(z)$和$\varphi_c(z)$分别为砂岩、泥岩和碳酸盐岩的孔隙度,%。

根据 Athy(1930)和 Hedberg(1936)基于正常压力提出的孔隙度-深度关系方程,认为孔隙度与埋深呈指数关系,即:

$$\varphi = \varphi_0 \exp(-Cz) \tag{8-4}$$

式中:φ为埋深z时的孔隙度,%;φ_0为地表孔隙度,%;C为压实因子,m^{-1},岩性不同其取值不同;z为地层埋深,m。

将式(8-3)、式(8-4)代入式(8-2)中并对其求积分,可得:

$$\begin{aligned} H_s = z_2 - z_1 &+ P_s \frac{\varphi_{0s}}{C_s}[\exp(-C_s z_2) - \exp(-C_s z_1)] \\ &+ P_m \frac{\varphi_{0m}}{C_m}[\exp(-C_c z_2) - \exp(-C_m z_1)] \\ &+ P_c \frac{\varphi_{0c}}{C_c}[\exp(-C_c z_2) - \exp(-C_c z_2) - \exp(-C_c z_1)] \end{aligned} \tag{8-5}$$

式中:φ_{0s}、φ_{0m}、φ_{0c}分别为砂岩、泥岩及碳酸盐岩的原始地表孔隙度,%;C_s、C_m、C_c分别为砂岩、泥岩及碳酸盐岩的压实因子,m^{-1};其他参数意义同前。φ_0和C在同一地区对特定的岩性而言，可近似地看作一个常数。

由式(8－5)可导出：

$$z_2 = H_s + z_1 - P_s \frac{\varphi_{0s}}{C_s}[\exp(-C_s z_2) - \exp(-C_s z_1)]$$
$$- P_m \frac{\varphi_{0m}}{C_m}[\exp(-C_c z_2) - \exp(-C_m z_1)]$$
$$- P_c \frac{\varphi_{0c}}{C_c}[\exp(-C_c z_2) - \exp(-C_c z_2) - \exp(-C_c z_1)] \quad (8-6)$$

式(8－6)中只有 z_2 为未知，方程形式为 $z_2 = f(z_2)$，用牛顿叠代法可求解出 z_2，即可得出各地层在不同时代的古埋深，从而求得各地层单元在地质历史时期的古厚度。

回剥技术的优点是精度高，速度快，但仅适用于正常压实带。欠压实带的古厚度恢复应运用超压技术。

(2)超压技术：超压技术属正演法的范畴，即从地层开始沉积埋藏开始，计算一个地层的古超压史，同时算出相应的古厚度史，直至现今。

超压技术的关键是超压层的古超压方程与古厚度方程的建立及其求解。

石广仁(1999)经过推导，得出的超压方程为：

$$\frac{\partial P_a}{\partial t} = G_\sigma \frac{\partial h}{\partial t} + \frac{G_\sigma}{\bar{c}} \cdot \frac{1}{h_s} \cdot \frac{(1-\varphi)^2}{\varphi_1} \cdot \frac{\partial h}{\partial t} \quad (8-7)$$

式中：φ_1 为生油层顶界的孔隙度；c 为地表至生油层顶界的岩石平均压实系数，$\bar{c} = P_s \overline{c_s} + P_m \overline{c_m} + P_c \overline{c_c}$；$\varphi$ 为生油层中某一点的孔隙度；h 为生油层的厚度；h_s 为生油层的骨架厚度，$G_\sigma = [\overline{\rho_s}(1-\bar{\varphi}) + \overline{\rho_f \varphi} - \rho_f]g$。

基于达西定律，古厚度方程为：

$$\frac{\partial h}{\partial t} = -\left[\frac{K_1}{\mu_1} \cdot \frac{P_a - P_{a1}}{0.5(h+h_1)} + \frac{K_2}{\mu_2} \cdot \frac{P_a - P_{a2}}{0.5(h+h_2)}\right] \quad (8-8)$$

式中：K_1、K_2 分别为地层顶、底界的渗透率；μ_1、μ_2 分别为地层顶、底界的流体黏度；h 为地层厚度；h_1、h_2 分别地层上一层、下一层的厚度；P_a 为地层中点的超压；P_{a1}、P_{a2} 分别为地层上一层、下一层的超压。

利用差分法可对古超压方程和古厚度方程进行求解，从而得到超压层的超压演化史和古厚度变化史。

2.不整合处理模型

在盆地的发展与演化历史中，一个很重要的事件就是地壳被抬升剥蚀所造成的不整合。对不整合的假设与处理影响到不整合面下各地层单元达到最大古埋深的时间与深度及其孔隙度和古厚度的演化途径，因此，在埋藏史分析中不整合的处理不容忽视。

Van Hinte(1978)认为，至少有3种方法可模拟不整合(图8－9)：

(1)将不整合视为既无沉积也无剥蚀的沉积间断。

(2)将不整合视为沉积时间和剥蚀时间相等的地质过程。剥蚀时间和厚度可根据区域地质资料和镜煤反射率与密度测井等资料确定。

(3)将不整合过程视为不整合物质的沉积速率等于不整合之前物质的沉积速率，而不整合物质的侵蚀速率等于不整合之后物质的沉积速率。

显然，三种方法均有一定的局限性。如采用方法1，则忽略了不整合物质的沉积与剥蚀，

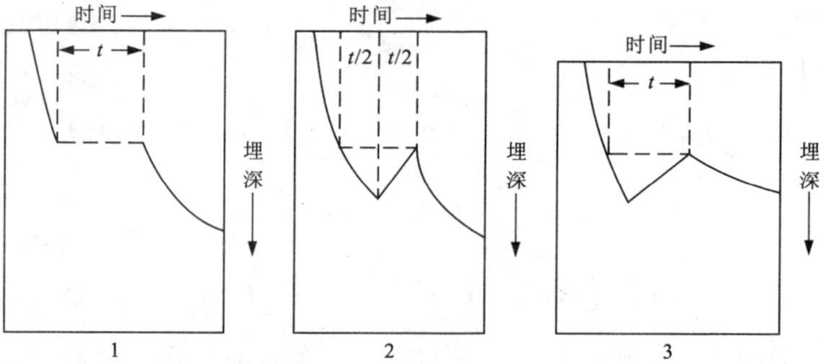

图 8-9 对不整合界面处理的三种方法

(据 Guidish 等,1984)

1.示沉积间断,其间并无剥蚀发生,取界面上、下沉积岩的绝对年龄算出沉积间断的时限即可;2.示有剥蚀发生的不整合,该时限内一半是沉积期,一半是剥蚀期;3.该时限内被剥蚀的沉积岩的沉积速率等于不整合面以下岩层的沉积速率,而剥蚀速率等于不整合面以上岩层的沉积速率

认为地层孔隙度持续减小,地层现今埋深即为最大埋深,这在没有强烈褶皱运动,但振荡运动较强的沉积区会经常出现。一般地,对于界面上下岩性差异明显、间断时间较长的界面是能够确定出其绝对时限的,而对于时限很短的沉积间断往往无法确定其绝对年龄,对此只有根据具体地质资料作出假定。方法 2 的精度依赖于地质专家对区域地质资料的熟悉程度、研究水平和对剥蚀时间求取的准确性;对于这种不整合时期内被剥蚀岩层的厚度显然是容易算出的,即取 1/2 的不整合时限乘以下伏岩层的沉积速率即可。方法 3 要求被模拟地区的沉积物补偿稳定,且地壳运动具明显的旋回性,其剥蚀时间与剥蚀量可据下式算出:

$$AGE_E = (v_1 \cdot AGE_1 + v_2 \cdot AGE_2)/(v_1 + v_2) \tag{8-9}$$

$$H_E = v_1 \cdot (AGE_E - AGE_1) \tag{8-10}$$

式中:AGE_E为开始剥蚀的年龄;AGE_1为不整合面上覆沉积岩的年龄;AGE_2为不整合面下伏沉积岩的年龄;v_1为不整合面上覆沉积岩的沉积速率;v_2为不整合面下伏沉积岩的沉积速率;H_E为剥蚀厚度。

相比而言,方法 1 和方法 3 与实际地质过程相差较大,模拟精度较低,目前多采用方法 2 来处理不整合现象。

(二)构造沉降史

在盆地的充填演化过程中,正是由于基底的沉降才使盆地得以形成和发展。自 Sleep 于 1971 年研究得出大西洋被动大陆边缘的基底沉降随时间的变化符合指数函数规律后,基底沉降分析已成为大陆边缘和板内张性盆地成因研究的重要途径之一。实际上,基底沉降由构造沉降和负载沉降两部分构成,从基底沉降中剔除负载沉降即为构造沉降。

总括起来,引起沉积盆地沉降的主要机制有局部均衡(Isostasy)、挠曲均衡(Flexure)和热沉降三种。

1.局部均衡模型

局部均衡模式基于阿基米德(Archimedes)原理,认为岩石圈没有任何弹性,各个沉积柱间相互独立运动(图 8-10),又称为点补偿模式或 Airy 模式。数学模型为:

$$D_t = \left[S\frac{(\rho_m - \rho_s)}{(\rho_m - \rho_w)} - \Delta S_L \frac{\rho_w}{(\rho_m - \rho_w)}\right] + (W_d - \Delta S_L) \tag{8-11}$$

$$\rho_s = \frac{\sum_i [\varphi_i \times \rho_w + (1-\varphi_i)\rho_{sg\,i}]S_i}{S} \tag{8-12}$$

式中：D_t为盆地在过去某一时间的构造沉降幅度(由水充填)，m；ρ_s为沉积层的平均密度，g/cm^3；S为经压实校正后的地层厚度，m；W_d为沉积古水深，m；ΔS_L为相对现今水位的海平面升降值，以高水位为正值，m；ρ_m为地幔密度，g/cm^3；ρ_w为水密度，g/cm^3；ρ_i为第i层的孔隙度；ρ_{sgi}为第i层的岩石骨架密度，g/cm^3；S_i为第i层经压实校正后的厚度，m。

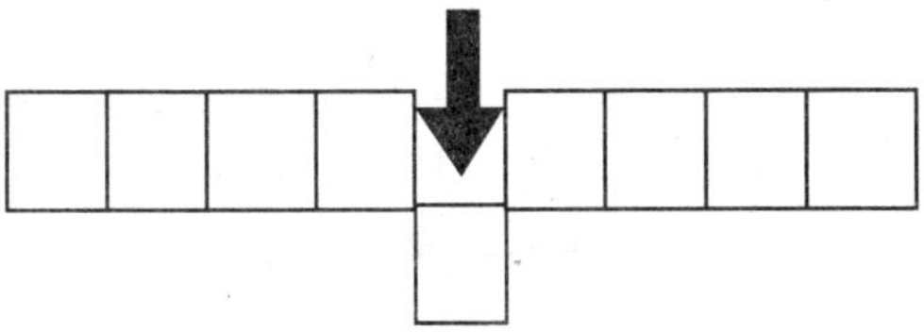

图 8-10　局部均衡模式示意图

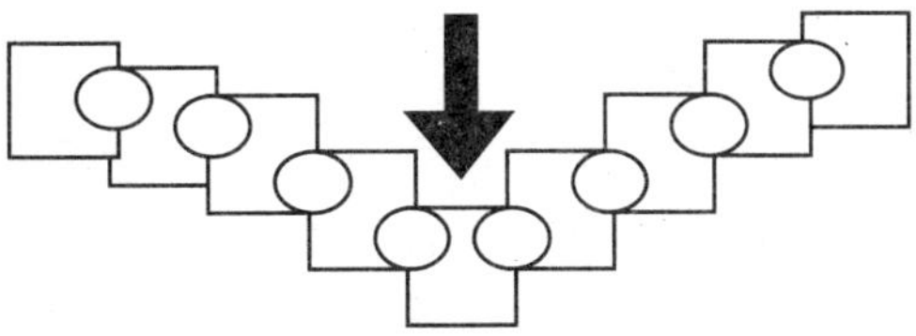

图 8-11　挠曲均衡模式示意图

2. 挠曲均衡模型

挠曲模式也基于阿基米德原理，但把基底对负载的响应看成材料力学中受力弯曲的弹性板，认为均衡补偿不仅发生在负荷点，而且分布在一个比较宽的范围之内(图 8-11)，又称为区域均衡模式。数学模型为：

$$D_t = [\cos(\lambda x) + \sin(\lambda x)]\left[S\frac{(\rho_m - \rho_s)}{(\rho_m - \rho_w)} - \Delta S_L \frac{\rho_w}{(\rho_m - \rho_w)}\right] + (W_d - \Delta S_L) \tag{8-13}$$

式中：λ为岩石圈弯曲系数；x为计算点距盆地中心的距离，m；其他参数意义同前。

3. 热沉降模型

Mckenzie(1978)首次提出了拉张盆地形成机制的纯剪切模型(图 8-12)，认为热效应导致岩石圈发生沉降，因为岩石圈增温快(如岩浆侵入)，冷却则慢得多，而冷却岩石的密度和浮力比炽热岩石的低。一般地，由热机制导出的沉降分初期快速沉降(由于岩石圈变薄)和后期缓慢沉降(由于岩石圈冷却收缩)两个阶段，McKenzie(1978)称早期沉降为初始沉降，晚期沉降为热沉降。Royden 和 Keen(1980)将初始沉降和热冷却沉降的总和称为构造沉降。

初始沉降(S_i)的数学表达式为：

$$S_i = \frac{a\left[(\rho_m - \rho_c)\frac{t_c}{a}\left(1 - \frac{\alpha T_1 t_c}{2a}\right) - \frac{\alpha T_1 \rho_0}{2}\right]\left(1 - \frac{1}{\beta}\right)}{\rho_0(1 - \alpha T_1) - \rho_w} \tag{8-14}$$

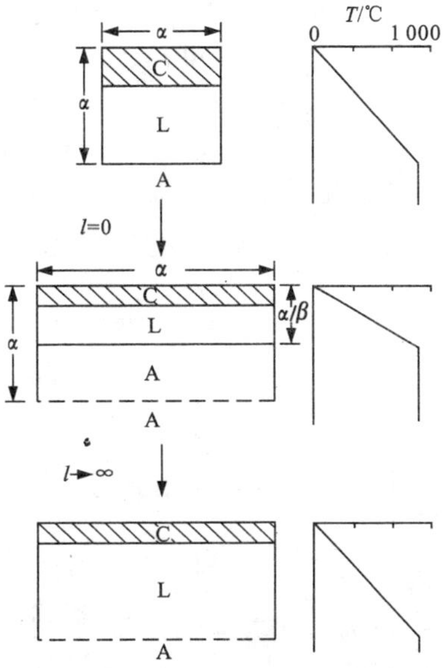

图 8-12　McKenzie 拉张模型原理图

C. 地壳；L. 岩石圈；A. 软流圈

式中：a为岩石圈厚度，km；t_c为陆壳初始厚度，km；ρ_0、ρ_c、ρ_w分别为地幔、陆壳和海水的密度，kg/m^3；T_1为软流圈顶界温度，℃；α为岩石圈热膨胀系数，℃$^{-1}$；β为地壳的伸展因子或拉伸系数值，无量纲。

热沉降(S_h)的数学表达式为：

$$\begin{cases} S_h = e(0) - e(t) \\ e(t) = \dfrac{a\rho_0 \alpha T_1}{\rho_m - \rho_w}\left\{\dfrac{4}{\pi^2}\sum_{m=0}^{\infty}\dfrac{1}{(2m+1)^2}\left[\dfrac{\beta}{(2m+1)\pi}\sin\dfrac{(2m+1)\pi}{\beta}\right]\exp\left(-\dfrac{(2m+1)^2 t}{\tau}\right)\right\} \end{cases} \tag{8-15}$$

式中：π 为圆周率；t 为盆地沉降时间，Ma；τ 为热松弛时间，Ma；其他参数意义同前。

三、地热史和成熟史模拟

(一)地热史模拟

地热在沉积物的成岩、成烃演化过程中起着重要的作用，各种岩石化学变化和矿物转化都以环境的温度为重要条件。地热史模拟的主要功能是重建含油气盆地的古热流史和古温度史，并为以后的生烃史、排烃史和聚烃史模拟提供温度场。

研究含油气盆地古地温、古热流变化的方法有很多，如地质类比法、地质温度计法和数值模拟法等，其中数值模拟法又有正演法和反演法两种。

1. 正演法

正演法主要是基于盆地形成的地球物理模式，通过求解热流方程来恢复古温度史和古热流史，比较著名的有 Mckenzie 法和 Falvey 法。

(1)Mckenzie 法：如图 8-12 所示，在地球上选取一个单元，设该单元在拉张前、后面积守衡，为 α^2。当发生拉张作用时，其长度增加为 $\beta\alpha$($\beta>1$)，厚度则减小为 α/β。由于均衡补偿作用，软流圈抬升，其顶界深度减小至 α/β，即软流圈高温热源抬升，导致从地表至软流圈的地温梯度增大；随着软流圈向下缩回，热扰动逐渐衰减，导致下沉，形成拉张型的裂谷盆地。根据这一原理，即可建立相关的热流方程：

$$\frac{\partial T(z,t)}{\partial t} = \chi \frac{\partial^2 T(z,t)}{\partial z^2} \tag{8-16}$$

式中：T 为古地温，℃；z 为以岩石圈底界为原点，直至地表的垂直坐标，cm；t 为以拉张发生时间为零算起直至今天的时间坐标，s；χ 为岩石圈的热扩散率，cm^2/s。

由此可得地温 T 的计算表达式为：

$$\frac{T(z,t)}{T_1} = 1 - \frac{h-z}{h} + \frac{2}{\pi}\sum_{n=1}^{\infty}\frac{(-1)^{n+1}}{n}\left[\frac{\beta}{n\pi}\sin\left(\frac{n\pi}{\beta}\right)\right] \exp\left(-\frac{n^2\pi^2\chi t}{h^2}\right)\sin\left(\frac{n\pi(h-z)}{h}\right) \tag{8-17}$$

并可进一步得到热流的计算公式为：

$$Q(t) = \frac{KT_1}{h}\left\{1 + 2\sum_{n=1}^{\infty}\frac{\beta}{n\pi}\sin\left(\frac{n\pi}{\beta}\right)\exp\left(-\frac{n^2 t}{\tau}\right)\right\} \tag{8-18}$$

式中：Q 为沿 z 方向的热流值，HFU；K 为岩石圈的热导率，μcal/(cm·s·℃)。

该方法只考虑了热的传导方式，仅适用于拉张型盆地。

(2)Falvey 法：Falvey 法考虑了热的传导和对流两种方式，但仅在孔隙流体流动时考虑了对流，其既适用于拉张型盆地，也适用于挤压型盆地。热流方程的数学表达式为：

$$10^{-4}\frac{\partial}{\partial z}\left(K_t\frac{\partial T}{\partial z}\right) - 10^4\rho_f c_f\frac{\partial}{\partial z}(v_z T) + 10^{-2}\frac{\partial Q}{\partial z} = 10^6 c\rho\frac{\partial T}{\partial t} \tag{8-19}$$

式中：T 为古地温，℃；t 为时间，s，地表开始沉积时间为零；z 为垂直向上的坐标，m，以盆地基底为原点；K_t 为地下孔隙介质的热导率，μcal/(cm·s·℃)；ρ、ρ_f 分别为地下孔隙介质密度和孔隙流体密度，g/cm^3；c、c_f 分别为孔隙流体比热和地下孔隙介质比热，cal/(g·℃)；Q 为沿 z 方向的热流值，HFU；v_z 为孔隙流速沿垂直方向的分量，cm/s。

利用差分法可求解出古地温史 T。

2. 反演法

Lerche 等(1984)提出利用热化学反应中的时间-温度综合作用指数与热传导原理相结合的方法来重建古地温史和古热流史，属"反演法"的范畴，即从盆地现今的热流或地温资料出发，反推古热流史和古地温史，并用实测的镜质体反射率资料来检验。计算古地温 $T(t,z)$ 的数学表达式为：

$$T(t,z) = T_0 + Q(t)\int_0^z \frac{1}{K(z)}\mathrm{d}z \tag{8-20}$$

式中：T_0 为地表温度；$Q(t)$ 为随地史时间(t)变化的古热流，假设古热流与现今热流 Q_0 呈线性关系，即 $Q(t)=Q_0(1+\beta_t)$，其中 β 为古今热流关系因子；$K(z)$ 为随古埋深(z)变化的地层热导率。

由此，重建古热流史与古地温史的方法就归结为寻求最佳的 β 参数值，使利用实测资料计算的时间-温度综合作用指数与根据模型推算的理论值之间的偏差达到极小。

(二)成熟史模拟

成熟度是有机质在地质历史演化进程中对时、温增加的综合效应。衡量成熟度的指标有很多，如镜质体反射率(R_o)、时温指数(TTI)、牙形石色变指数、煤阶指数、干酪根颜色指数、正烷烃碳优势指数(CPI)、饱和烃奇偶指数(OEP)等等。在盆地模拟中，常用于定量恢复成熟度史的模型主要有 TTI 模型和 Easy %R_o 模型。

1. TTI 模型

TTI 法由前苏联学者 Lopatin 于 1971 年首先提出，后经 Waples(1980)修改，其基于"温度每升高 10℃，反应速度增加一倍"的基本假设，数学模型为：

$$TTI = \int_0^t 2^{[T(z,t)-105]/10}\mathrm{d}t \tag{8-21}$$

式中：t 为埋藏时间，Ma；$T(z,\ t)$ 为古地温，由热史模拟确定。

大量实际资料表明，油气的生成和保存界线同 TTI 值有较明显的对应关系(表 8-4)，利用最小二乘法建立 R_o- TTI 间的拟合关系式，且可用实测的 R_o 值来检验计算的 TTI 值的精确性与可靠性。

表 8-4 原油生成与保存重要阶段的 *TTI* 值(据 Waples，1980)

阶　段	TTI	R_o/%	TAI
生油开始	15	0.65	2.65
生油高峰	75	1.00	2.9
生油结束	160	1.30	3.2
API 比重小于 40°的原油保存的上限	≈500	1.75	3.6
API 比重小于 50°的原油保存的上限	≈1 000	2.0	3.7
湿气保存的上限	≈1 500	2.2	3.75
干气保存的最新界限数据	65 000	4.8	>4.0
Lone Star Basen1 井中的液态硫(干气以下)	972 000	>5.0	>4.0

2. Easy%R_o模型

1990 年,Sweeney 和 Burnham 在 1989 年提出的 VITRMAT 模型及综合前人研究成果的基础上,推导出了一种计算%R_o的简化、实用的动力学模型,简称为"Easy %R_o"模型。该模型以热模拟实验为基础,将镜质体的成熟反应分为四个主要的平行化学反应,即脱 H_2O、CO_2、CH_4及高碳数烃。

计算 R_o的数学表达式为:

$$R_o = \exp(-1.6 + 3.7F_j) \qquad (j=1,2,3,\cdots,\text{直到现在}) \tag{8-22}$$

式中:F_j为某一地层底界的第 j 个埋藏点的化学动力学反应程度,其取值范围为 0～0.85。

Easy %R_o简单易行,适用于不同的受热条件,R_o的变化范围广(0.3%～4.7%),且计算精度较高。

四、生烃史和排烃史模拟

生、排烃史模拟是盆地模拟的重要组成部分,生烃史模型的主要功能是计算盆地烃源岩的油气生成量及其成烃历史,排烃史模型的主要功能则是重建含油气盆地的油气初次运移史。

(一)生烃史模拟

实质上,模拟计算烃源岩生烃史的核心是确定现今岩石中的有机质重量和有机质在成烃转化过程中的转换率。目前理论基础较扎实、应用广泛的油气生成量计算模型主要有三种。

1. R_o-生烃率模型

该模型以岩石热解模拟实验资料为基础,根据在成熟度史中求得的 TTI 与 R_o拟合关系,结合模拟实验得出的 R_o-生烃率关系或 R_o-裂解率关系,求取烃源岩在不同地质历史阶段的生油强度和生气强度,从而定量研究盆地的成烃史。由于热解模拟样品直接来自实际研究地区,针对性强,模拟结果与实际情况吻合,可信度较高,但对缺少热模拟实验数据的地区,模拟精度则受到限制,且不适用于以生物化学作用为主的有机质成烃模拟。

2. 化学动力学模型

该模型基于干酪根热降解成烃的化学动力学原理,在埋藏史模拟所得的地层埋藏史和热史模拟所得的烃源岩古地温史的基础上,通过求解化学动力学方程组,计算出干酪根的降解率史,进而求得烃源岩的生烃史。该模型所需的参数相对较少,适用性较广,但其计算结果不如 R_o-生烃率模型可靠。

3. 物质平衡模型

物质平衡法最早由前苏联学者 Успенский(1954)提出。其基于物质平衡原理,认为有机质在转化前的初始重量等于转化后残余物质的重量与各种产物的重量之和。

Schmoker(1994)在讨论含油气系统中有效烃源岩生烃量的计算时,综合考虑简单性、精确性、适用性及资料获取的可行性等,提出了一种有关生烃量近似计算的质量平衡模型。该方法的计算流程分为四步(图 8-13)。

(1)识别含油气系统的烃源岩并确定其分布范围边界,如有必要的话,将它划分成多个物理和地球化学特征均一的制图单元。这样,先计算每一单元的生烃量,其总和即为含油气系统的生烃总量。

(2)计算每一烃源岩单元内的有机碳质量 $M(g_{TOC})$:

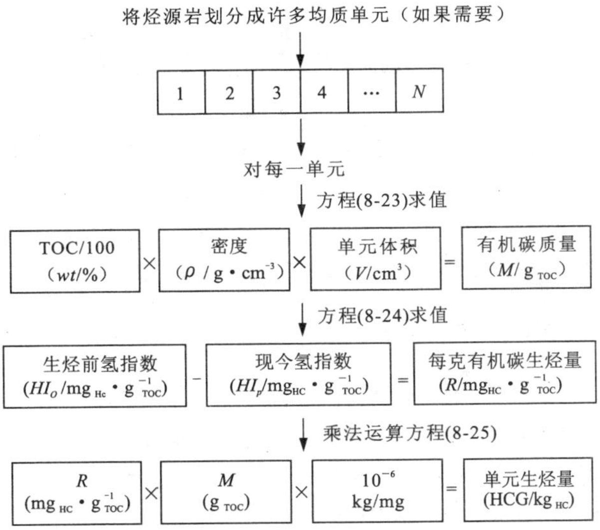

图 8－13　生烃量近似计算方法的流程图

$$M(g_{TOC})=(TOC/100)\times\rho\times V \qquad (8-23)$$

式中：TOC、ρ、V 分别为所计算单元内烃源岩的平均有机碳含量（$wt/\%$）、平均密度（g/cm^3）和体积（cm^3）。TOC 通常可由烃源岩热解分析获得，也可据低孔隙度富有机质页岩的自然电位测井确定；ρ 取决于矿物基质、孔隙度和 TOC 的大小；V 根据厚度和面积确定。

（3）计算每一单元内每单位有机碳的烃类生成量 $R(mg_{HC}/g_{TOC})$：

$$R=I_{H0}-I_{Hp} \qquad (8-24)$$

式中：I_{H0}、I_{Hp}分别为烃源岩在油气生成之前的原始氢指数和现今氢指数，mg_{HC}/g_{TOC}。I_{H0}可由未成熟样品的热解分析获得，或从 Van Krevelen 图解的一般趋势中估计得到；I_{Hp}由热解资料获得。

（4）计算每一烃源岩单元内的生烃量 $HCG(kg_{HC})$：

$$HCG=R\times M\times 10^{-6} \qquad (8-25)$$

最后把各单元的生烃量累加即为该含油气系统的生烃总量。

需要指出的是，从理论上说，利用上述方法得到的生烃量为含油气系统中烃源岩生成的最小量。这是因为，首先，该方法没有考虑在未成熟源岩中的已有烃量；其次，在烃源岩生烃过程中，随着部分烃类的排出，I_{Hp}与 I_{H0}的分母（g_{TOC}）不同，式（8－24）计算的 R 趋向于最小值；再次，烃源岩单元中的原始有机碳量 $M_0(g_{TOC})$近似于现今的有机碳量 M_p，但 $M_0>M_p$；此外，比 $C_5\sim C_{10}$轻的残留烃在实验测量 TOC 的过程中丢失了。

（二）排烃史模拟

排烃（初次运移）模拟是目前盆地模拟研究中的难点和最薄弱的环节。长期以来，学术界对诸如排烃相态、排烃模式及控制因素等争议较大，这主要是因为烃类自源岩中排出机理的复杂性和实验观察的困难性。现在大多数油气地质工作者相信烃主要以独立相的形式排出，烃从烃源岩中排出很大程度上取决于孔隙空间中烃的饱和度，并且越来越多的人承认微裂缝在油气排烃中所起的重要通道作用。

根据油气初次运移的相态、动力及排烃机制，目前主要有以下 4 种模拟方法较为常用。

1.残留烃法

基于物质平衡原理，认为排烃量等于生烃量与残留在烃源岩中的烃量之差，即：

$$Q_{排} = Q_{生} - Q_{残} \tag{8-26}$$

生烃量可由生烃史模拟中求得，残烃量一般可由岩石热解实验资料近似获得。

2.压实法

该方法基于沉积物压实排烃原理，假设烃源岩孔隙度的减少完全是孔隙流体排出的结果。根据油相连续运移模式，计算某烃源岩单元排烃强度 E_{eo}($10^4\,t/km^2$)的数学表达式为：

$$E_{eo} = H(\frac{\varphi - \varphi_1}{1-\varphi}) \cdot S_o \rho_o \tag{8-27}$$

式中：H 为计算单元的烃源岩平均厚度，km；φ 为烃源岩在生烃开始后某时刻(压实前)的孔隙度，%；φ_1 为烃源岩在压实后的孔隙度(小数)；ρ_o 为石油的地下密度，$10^4\,t/km^3$；S_o 为含油饱和度，一般以目前烃源岩中的残余油饱和度来代表排油时的饱和度。

该方法要求参数少，简便易行，适用于盆地勘探初期，但只能模拟油的排出，且仅适用于正常压实地区。

3.压差法

与压实法相似，压差法也是基于沉积物压实排烃原理，也只能计算排油量，但不同的是它还引入了烃源岩与储集岩之间的压差排烃机理，适用于异常压实区。排烃强度 E_{ex}($10^4\,t/km^2$)计算的数学表达式为：

$$E_{ex} = E_o \cdot \frac{\rho_m \rho_s (\varphi_{cm} \varphi_s - \varphi_{cs} \varphi_m) + \rho_s \varphi_{cs} (\rho_m \varphi_m + \rho_s \varphi_s) S_o}{(\rho_m \varphi_m + \rho_s \varphi_s)(\rho_m \varphi_{cm} + \rho_s \varphi_{cs} S_o)} \tag{8-28}$$

式中：E_o 为烃源岩的生烃强度，$10^4\,t/km^2$，可由生烃史模拟获得；ρ_m、ρ_s 分别为地层的泥岩与砂岩含量，%；φ_{cm}、Φ_{cs} 分别为生油门限时泥岩与砂岩的孔隙度，%；φ_m、φ_s 分别为生油门限以下某时刻的泥岩与砂岩的孔隙度，%；S_o 为生油层进入生油门限后任一时刻的含油饱和度，%。

4.微裂缝法

该方法假设由烃源岩内各种增压机制(主要包括欠压实、烃类生成等)联合作用产生的异常高压为烃源岩排烃提供动力，并使岩石产生微裂缝，成为烃类排出的唯一通道，且干酪根降解成烃过程遵循质量平衡和体积守衡准则。排烃强度 E_{ehc}(kg/m^3)模拟计算的数学表达式为：

$$E_{ehc} = c \times \rho \times \Delta P \times V \tag{8-29}$$

式中：c 为烃类压缩系数，Pa^{-1}；ρ 为烃类在地下温压条件下的密度，kg/m^3；ΔP 为烃源岩孔隙流体压力与源岩临界破裂压力之差，Pa；V 为排烃前单位体积烃源岩内烃类占据的体积，m^3。

五、运移聚集史模拟

油气聚集模型的功能是重建含油气盆地油气二次运移史，计算烃类聚集量，指出可能的油气聚集部位。世界上不同学者从不同角度出发，探讨了多种用于油气运聚史模拟的技术与方法。相比较而言，下述三种方法较为常用。

(一)流体势分析方法

流体势分析法是利用渗流力学原理，定量或半定量研究油气二次运移的有效途径之一。

流体势的定义有多种。早在20世纪40—50年代，Hubbert(1940、1953)就用流体势的概念深入阐述了地下流体(油、气、水)的运动规律。他把单位质量流体所具有的机械能总和定义为势，其数学模型为：

$$\Phi = gz + \int_0^P \frac{dP}{\rho} + \frac{q^2}{2} \tag{8-30}$$

式中：Φ为流体势，J；g为重力加速度，m/s^2；z为测压点高程(从选定的基准面算起)，m；P为孔隙流体压力(地层压力)，Pa；ρ为地下流体的密度，kg/m^3；q为流体的流动速度，m/s。

式(8-30)表明，流体的势由位能、压能和动能三项机械能组成。由于地下流体流动的速度比较缓慢，可将其动能忽略不计。

对油、水而言，由于其压缩性极小，于是，计算油势和水势的公式可简化为：

$$\Phi = gz + \frac{P}{\rho} \tag{8-31}$$

对于天然气而言，由于气体密度是一个随深度(压力、温度)变化非常明显的函数，所以其积分号不能省略。

由以上分析可知，处于地下某一空间位置的流体，其流体势大小取决于流体压力、高程、密度以及所在地区的重力加速度等因素，其中以流体压力最为重要。一般地，在研究中可根据盆地内钻井实测的地层压力(DST、RFT、MDT等)、声波测井及地震层速度等资料，来预测盆地内的地层异常高压及其分布，然后将压力转换成流体势，作出流体势平面图；从图上可分析油气二次运移的方向、距离和范围，再结合各种圈闭性质及其所在位置的地质分析，来推测可能的油气聚集的有利部位，为勘探实践服务。

(二)二维二相流体流动模拟

Ungerer等(1990)提出了一个利用修改后的达西定律来计算两相流体(油-水或气-水)在孔隙介质中渗流速率的模型，其数学表达式为：

$$V_w = -\frac{K \times K_{rw}}{\mu_w}(\nabla P - \rho_w g) \tag{8-32}$$

$$V_h = -\frac{K \times K_{rh}}{\mu_h}[\nabla(P + P_c) - \rho_h g] \tag{8-33}$$

式中：V_w、V_h分别为水和烃的渗流速度，m/s；K为岩石的原始渗透率，m^2；K_{rw}、K_{rh}分别为水和烃类的相对渗透率；ρ_w、ρ_h分别为水和烃类的密度，kg/m^3；μ_w、μ_h分别为水和烃类的黏度，Pa/s；P为孔隙压力，Pa；P_c为毛细管压力，Pa；g为重力加速度，m/s^2。

由于输导层岩石具有较高的渗透率，因此，在油-水两相流动中，油运移的临界饱和度较低。输导层顶面的残余油饱和度一般都大于底面。将排烃量减去二次运移过程中的残烃量即为聚集量。

(三)二维三相流体流动模拟

我国学者石广仁(1999)提出了一种有关二维三相流体流动历史模拟的差分法，该模型从地下渗流力学原理出发，运用了连续方程、流动势、达西定律和状态方程等流体运动基本方程组，考虑了沉积压实、排烃、流体势、浮力和毛细管力等主要驱动力，据此计算得到水、油、气在不同历史时期的剖面压力史和饱和度史，进而可计算出流体势史，再由流体势史可推出流体运移速度史和运移流线史。

第九章 非常规含油气系统和非常规油气资源

第一节 概 述

非常规含油气系统是相对于常规的油气藏的形成条件和分布规律、成藏机理和模式而言的。随着人类社会经济的发展、科学技术进步和对能源需求的增大，从20世纪70年代以来，人们认识到非常规含油气系统中天然气资源的巨大潜力，进而加强研究其特殊的形成和聚集条件，并用于指导勘探。Law和Curtis(2002)编辑的AAPG Bulletin第11期提出了煤层气、盆地中心气(深盆气、致密砂岩气)、裂缝型页岩气、浅层生物气四类非常规含气系统。Hill和Jarvie(2007)编辑的AAPG Bulletin第4期系统介绍了位于Texas州中北部和Oklahoma州西南部的Fort Worth盆地内Mississippian（下石炭统）Barnett裂缝型页岩气富集条件和勘探开发研究成果。非常规天然气系统如盆地中心气虽品位较低，但资源量巨大(表9-1)，可作为重要的接替能源。常规含油气系统特点主要表现为：天然气从烃源岩生成和排出后经浮力驱动发生二次运移，并在构造、地层或复合圈闭中聚集形成气藏。而非常规含气系统的油气生、运、储、封条件和聚集过程以及分布规律与常规气藏不同，且具有隐蔽性。在盆地中心气(深盆气)系统中，储层致密低孔渗，天然气运移、聚集、封闭机理和气-水关系以及天然气分布明显有别于常规含油气系统。在煤层气和裂缝型页岩气系统中，煤层和页岩既是气源岩又是储集层，储层孔隙微小，裂缝系统发育，吸附气占有重要地位。Schmoker(1996)用连续型天然气聚集(continuous gas accumulation)一词概括深盆气、煤层气和裂缝型页岩气等含气区带呈大面积连续弥散分布的天然气聚集系统，这种类型的大型天然气聚集区带可出现在构造下倾部位或凹陷深部。邹才能等(2009)称这类非常规油气聚集为连续型分布的非常规圈闭油气藏。

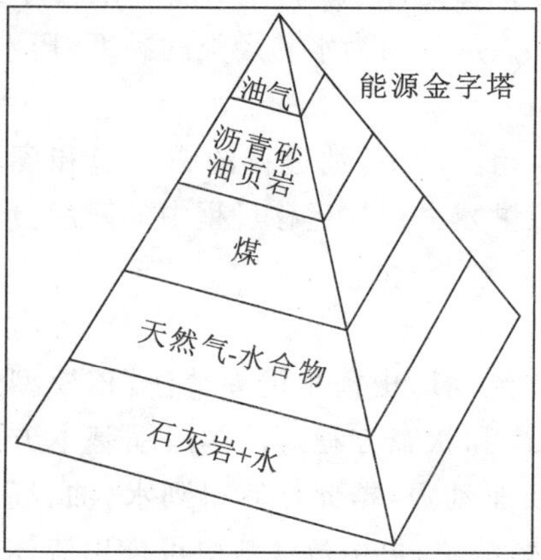

图9-1 烃类能源金字塔图
(据Deming,2001)

Deming (2001)撰文讨论了地球上非常规的烃类资源即可直接或间接用来转化为油气的非常规油气资源，目前主要包括沥青砂、油页岩、煤和天然气-水合物等；也包括了含碳、氢元素的石灰岩和水资源，它们可被用来作为人工合成烃类化合物的最终基础资源(图9-1)。从9-1可得到概念性的认识是常规油气资源仅占具烃类能源金字塔中很有限的塔顶部分，而与非常规油气资源的巨大规模和潜力是无法类比的。很显然，非常规油气资源可保障人类未来更加长远的时间持续发展和进步对能源的需求。然而，能源资源的过度消耗的负面影响已造成了对环境的严重污染，引起的全球性气候变化已带来了不能继续容忍的灾难性的后果，迫切地要求人类更加合理地开发利用能源，节约能源，实现可持续发展。

20 世纪 80 年代以来，非常规油气资源的研究在不断加强。在高油价、优惠政策和科技进步的推动下，沥青砂和油页岩业已实现经济开采。非常规油气资源潜力巨大，将逐步成为接替的能源资源。我国沥青砂显示地区很多，分布非常广泛。据估计我国沥青砂矿石油资源量约 70×10^8 t。页岩油资源量约 200×10^8 t；据专家预测，南海陆坡和陆隆近 1×10^6 km^2 范围有天然气-水合物资源量，此外青藏高原多年冻土区可能蕴藏着大量的天然气-水合物。

表 9-1　全球非常规天然气资源量统计表（据 Rogner，1997；Kawata 和 Fujita，2001）

地区	盆地中心气/10^{12} m^3	煤层气/10^{12} m^3	页岩气/10^{12} m^3	合计/10^{12} m^3
北美	38.8	85.4	108.7	232.9
拉丁美洲	36.6	1.1	59.9	97.6
西欧	10.0	4.4	14.4	28.8
中欧和东欧	2.2	3.3	1.1	6.7
前苏联	25.5	112.0	17.7	155.2
中东和北非	23.3	0.0	72.1	95.4
撒哈拉以南非洲	22.2	1.1	7.8	31.0
中亚和中国	10.0	34.4	99.8	144.2
太平洋地区（经合组织）	20.0	13.3	65.5	98.7
其他亚太地区	15.5	0.0	8.9	24.4
南亚	5.5	1.1	—	6.7
全球	209.6	256.1	456.0	921.4

图 9-2 示意了常规含油气系统与非常规含油气系统及非常规油气资源分布关系，本章主要介绍深盆气、煤层气和裂缝型页岩气三类非常规含气系统以及沥青砂、油页岩和天然气-水合物等非常规油气资源。

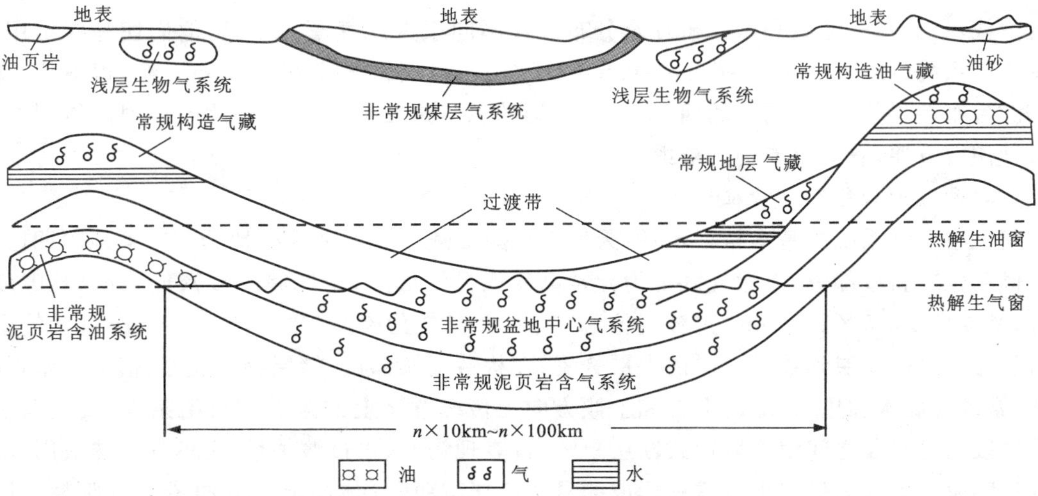

图 9-2　常规含油气系统与非常规含油气系统及非常规油气资源分布关系示意图
（据陈更生等，2009 有修改）

第二节 非常规含油气系统

一、盆地中心气(深盆气)系统

20世纪70年代中期，在加拿大阿尔伯达(Alberta)盆地西部重新认识和发现了牛奶河(milk river)、埃尔姆沃斯(Elmworth)和霍得利(Hoadley)等巨型深盆气(盆地中心气)聚集，探明天然气储量达$1.9\times10^{12}m^3$。天然气主要产自盆地深部中生界致密砂岩层中，完全不同于常规圈闭的天然气藏。从20世纪20年代中期至80年代，美国相继在12个大型盆地，例如圣胡安(San Juan)、尤因塔(Uinta)、皮申斯(Piceance)、丹佛(Denver)、大绿河(Greater Green River)、粉河(Powder River)、风河(Wind River)等盆地发现巨大的深盆气资源，并投入开采和利用。

(一)深盆气与盆地中心气系统

深盆气(deep basin gas)一词最早由Masters(1979)提出，是指分布在盆地深部的，聚集机制有别于常规气藏的天然气聚集；事实上，深盆气作为一类非常规天然气聚集的现今埋深从几百米到几千米不等，并非都分布在盆地深部。如加拿大阿尔伯达盆地牛奶河深盆气埋深仅几百米，艾尔姆华士深盆气深度小于3 000m；美国圣胡安盆地深盆气的主要产层深度浅于914m，丹佛盆地瓦腾伯格深盆气埋深在2 300～2 600m，大绿河盆地深盆气埋深在2 400～6 100m。因而，深盆气这一名词字面上显得不太恰当。由于深盆气的储层是致密低孔渗储集层，Spencer和Mast(1986)又称深盆气为致密储层气(tight gas reservoirs)或致密砂岩气(tight gas sands)；然而，致密储层气一词也被用来描述低渗储层的常规天然气藏，不具有专属性。Schmoker(1996)提出了连续型天然气聚集(continuous gas accumulation)的术语概念，尽管该术语可用来描述深盆气的某些性质和分布特点，但其还包含了煤层气系统和页岩气系统，也不具有专属性。Law和Curtis(2002)指出深盆气的分布往往与展布在盆地中心凹陷范围的气源岩密切相关，现今气藏区应在天然气聚集期埋藏深度相对较大，但若后期遭受抬升剥蚀则深度变浅，且天然气运聚和保存机理及分布规律不同于常规气藏。于是，他们还是提出用“盆地中心气系统(basin-centered gas systems)”称谓该类非常规天然气聚集系统，以取代“深盆气”和“致密储层气”等名词。然而，深盆气一词的油气地质含义或专属性已在国内得到共识，而且使用较方便，看来可能仍会被继续采用。

(二)盆地中心气系统特征

盆地中心气系统的基本特征包括：天然气聚集呈连续性巨大规模地分布在盆地深凹区、构造下倾部位或斜坡部位；天然气区常为异常高压或异常低压；聚气储层致密低孔渗(孔隙度$<13\%$；渗透率$<0.1\times10^{-3}\ \mu m^2$)，被气饱和，其中含有高孔渗体(甜点，Sweet spot)；含气层厚度可从几米厚的单层到数千米厚的多层叠置；在构造上倾部位，储层物性变好，但只含水，气水倒置，常缺少底水和边水；气区上方和上倾方向无传统意义上的盖层和封闭条件(直接系统)，即含气段与含水段之间没有岩性或断层阻隔，仅表现为气、水过渡关系；天然气为热成因气，天然气运移驱动力为天然气生成增压形成的异常高压，高压气体向上倾方向或上方驱替储层中的毛细管水，直到驱气高压与气水两相毛细管力相平衡；天然气聚集区上方和上倾方向为毛细管力封闭。

1.盆地中心气系统的分布特征

根据Price(1994)对含油气盆地的分类,北美地区盆地中心气系统发育的盆地主要为不对称克拉通盆地和前陆盆地,前者如圣胡安、丹佛和大绿河盆地,后者如阿尔伯达盆地。从北美地区盆地中心气系统的分布特征来看,它可以发育在构造活动相对稳定的地区,也可以发育在后期构造活动改造比较强烈的地区。美国和加拿大发现的盆地中心气系统多大面积连续分布于凹陷深处或向斜轴部以及构造斜坡区和下倾部位。按盆地中心气系统发育的构造背景,可将其分为斜坡型、前渊型和深凹型(图9-3)。

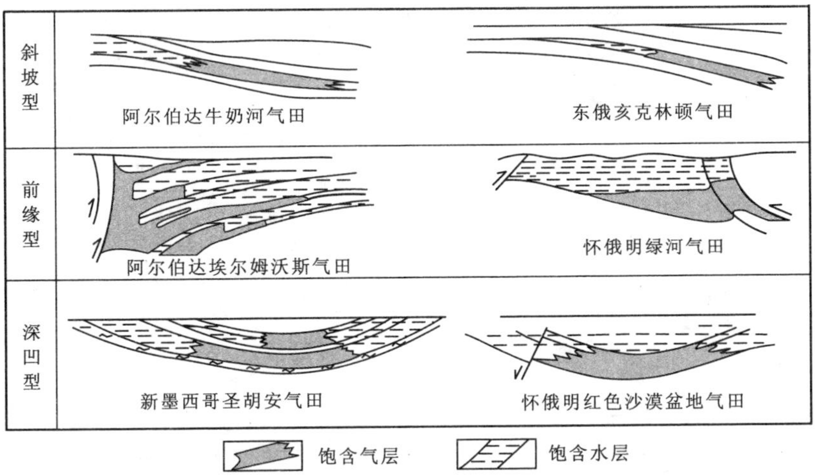

图9-3　北美地区盆地中心气系统分类图

(引自钱基等,2001)

2.盆地中心气系统的气水倒置特征

气水倒置是盆地中心气系统的重要标志之一。盆地中心气系统表现为在同一储层中在构造下倾方向或下部为含气层,上倾方向或上部为含水层,气层与水层之间存在气水过渡带,气水过渡带的宽度受储层物性控制,气层除了向构造上倾方向渐变为水层外,无底水和边水存在,气水边界不受构造等高线控制。

阿尔伯达盆地西侧深盆区分布有巨大的天然气资源,含气储层主要是下白垩统致密砂岩,在构造下倾方向上,储层物性较差,饱含气;在构造上倾方向上,储层物性变好,但饱含水(图9-4)。气层段和水层段之间没有岩性或断层阻隔,仅表现为气、水含量百分比的逐渐过渡。气水过渡带的平面宽度在10km左右,深度范围一般在760～1 370m之间。深盆区整个中生界从大约1 000m以下全部为含气层,天然气蕴藏在最大厚度达3 000m的狭长状楔形地层体内。阿尔伯达盆地牛奶河气田北部下倾方向的含气粉砂岩向南经过约9.6～16km的气水过渡带进入上倾含水层(图9-5)。下倾气层的孔隙度约为14%,渗透率低于$1\times10^{-3}\mu m^2$,上倾含水层多为常规储层,孔隙度约25%,渗透率约$100\times10^{-3}\mu m^2$。这类圈闭和油气藏研究和勘探程度均较低。美国圣胡安盆地下白垩统砂岩中发育有向斜深盆气藏,该气藏位于圣胡安盆地大向斜轴部,被气饱和梅萨维达砂岩和达科他砂岩均为低孔隙渗透性砂岩,孔隙度约为10%,渗透率仅$(1\sim2)\times10^{-3}\mu m^2$,向东北方向储层物性变差,变为非渗透性,西北和南翼物性较好,孔隙度约为20%,渗透率为$15\times10^{-3}\mu m^2$,但被水饱和(图9-6)。

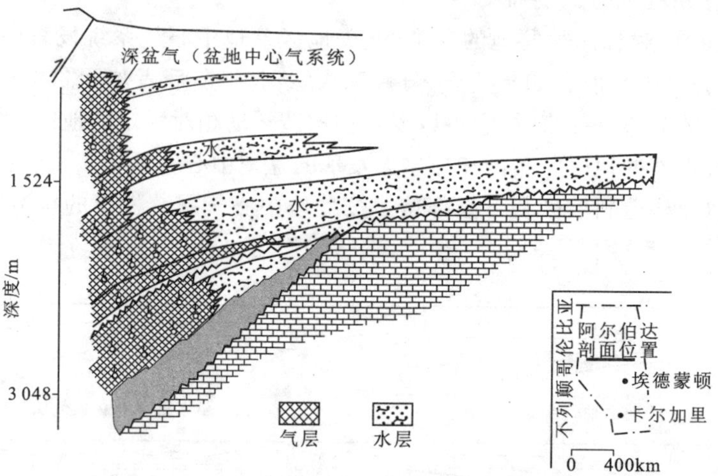

图 9-4 阿尔伯达盆地盆地中心气系统地质剖面图

（据 Masters，1979）

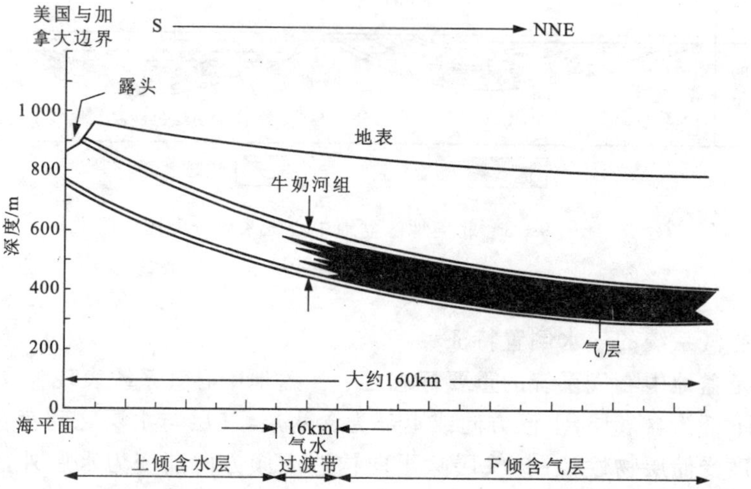

图 9-5 加拿大阿尔伯达盆地西部牛奶河盆地中心气系统气水分布剖面图

（据 Masters，1979；Berkenpas，1991）

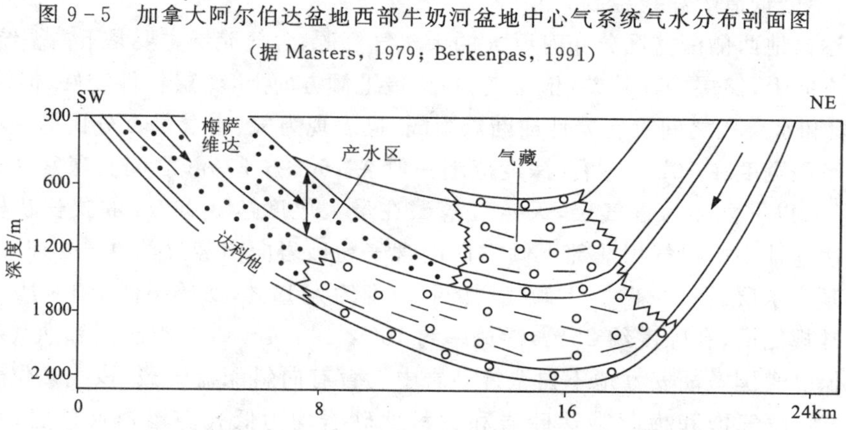

图 9-6 美国圣胡安盆地梅萨维达向斜型盆地中心气系统剖面图

（据 Masters，1979）

3. 盆地中心气系统的异常压力特征

从已发现的世界范围内盆地中心气系统气层压力特征来看，多数具有异常地层压力。如北美地区已发现的盆地中心气系统气层压力总是低于区域静水压力或者高于区域静水压力，等于区域性静水压力的情况较少。阿尔伯达盆地、圣胡安盆地和丹佛盆地的白垩系盆地中心气系统多具异常低压特征；大绿河盆地、皮申斯盆地和尤因塔盆地的白垩系—挽近系盆地中心气系统多具异常高压特征(图 9-7)。

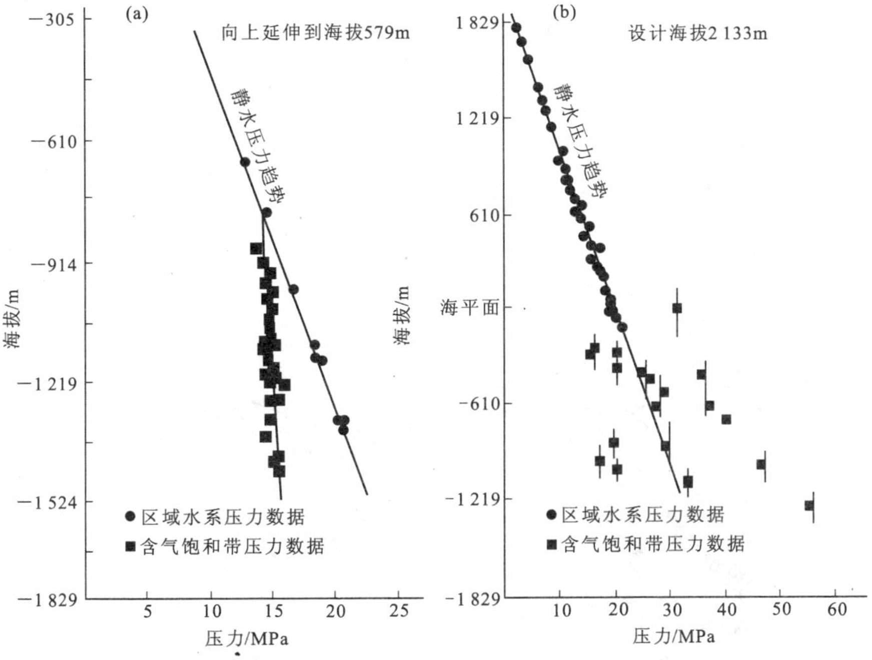

图 9-7 深盆气系统压力-深度曲线显示气层压力低于区域静水压力或者高于区域静水压力

(a)阿尔伯达盆地埃尔姆沃斯气区 Father A 层异常低压(据 Masters,1979)；

(b)大绿河盆地挽近系和上白垩统异常高压(据 Law 和 Dickinson,1985)

4. 盆地中心气系统的储层特征和封闭条件

盆地中心气系统的气水倒置关系要求构造的上、下倾方向储层存在物性差异，沿构造上倾方向储层孔隙度、渗透率变好，在构造下倾方向为物性很差的低孔渗性致密储层。盆地中心气系统碎屑岩储层的主要岩性为砾岩、砂岩，主要砂体沉积相有冲积扇、河道砂、三角洲砂体、海相砂坝及海侵砂岩。其中，海相砂坝和海侵砂岩可以发育成广布型砂岩层，而河道砂、三角洲砂体的分布范围相对比较局限。从沉积相带来看，盆地中心气系统可以发育在陆相、海陆过渡相及海相地层，以陆相沉积为主，包括有冲积扇、泛滥平原、曲流河、沼泽及湖泊相；海陆过渡沉积主要有泻湖、障壁岛、风成砂丘、三角洲、潮间沼泽和泥坪相；海相沉积包括有浅海相和滨海砂坝等。沉积作用决定着碎屑岩储层的岩性、砂体展布及原生孔渗条件，而成岩作用造成储层致密和物性差异；盆地中心气系统储层多为致密储层，但并不都是致密低孔渗储层，由于沉积相带和成岩作用的差异，盆地中心气系统内也常发育有富气的相对高孔渗体或高孔渗带，被称之为“甜点”，例如阿尔伯达盆地中心气系统内发育有大量的相对高孔渗层，在深盆区海滩相的粗粒砂岩与砾岩储层孔隙度可达 15%，平均渗透率大于 $2\times10^{-3}\,\mu m^2$。在储层下倾方向致密砂岩气的聚集范围内，富气的相对高孔渗砂岩储层发育带多以孔隙型为主，局部发育孔隙-裂隙型和裂隙型。

就直接的含气系统而言，致密储层孔隙中气-水间的界面张力导致的高毛细管压力以及储层物性差异是盆地中心气系统封闭和保存的重要机制，成岩作用是造成此种封闭条件的重要原因，而且要求天然气大规模生成和充注之前完成储层致密化。

（三）盆地中心气系统聚集机理和模式

Law 和 Dickinson(1985)在对美国落基山地区深盆气研究后，提出了低渗透储层中异常压力气聚集的机理和成因模式，这个气聚集过程可划分为四个阶段(图 9 - 8)：

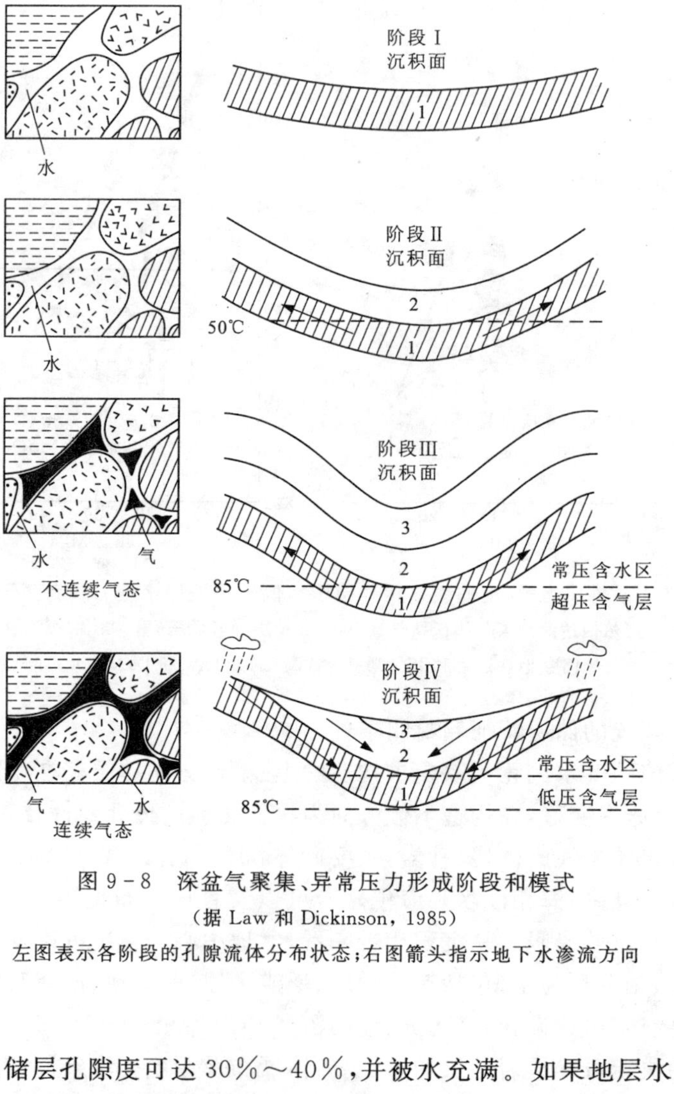

图 9 - 8　深盆气聚集、异常压力形成阶段和模式

(据 Law 和 Dickinson，1985)

左图表示各阶段的孔隙流体分布状态；右图箭头指示地下水渗流方向

1. 阶段Ⅰ

早期埋藏阶段，储层孔隙度可达 30%～40%，并被水充满。如果地层水可正常排出，则地层压力为正常压力，如果地层水排出不畅出现欠压实，则地层压力为超压。机械压实作用可造成孔隙度快速降低。

2. 阶段Ⅱ

为中期埋藏阶段，地温 50～85℃，储层中的大气渗入水减弱，来自煤层及泥岩中的压实水流进入储层孔隙系统中，砂岩储集层中可出现溶蚀和胶结等的成岩作用。若以胶结作用为主，则使砂岩储集层孔渗性变差。

3. 阶段Ⅲ

随着埋深和地温的增加，砂岩储层出现低孔渗和致密化，而地温达到85℃以上时，盆地深部的煤系地层有机质将产生大量的热成因天然气，并在其中形成异常高压，高压烃类气体向上覆低孔渗储层充注，将孔隙水向上和上倾方向排驱，并在致密储层中细小喉道的气-水两相的毛细管压力与气体异常高压达到平衡的地带形成气-水过渡带。气-水过渡带之下为天然气所饱和，饱含气层中的孔隙流体压力为异常高压，其内深盆气为高压气；气-水过渡带之上为水所饱和，饱含水层中的压力为常压。由于储集层的非均质性极强，造成气-水过渡带空间分布复杂，宽度较大，如图 9－3 所示的加拿大阿尔伯达盆地西部牛奶河深盆气区上倾方向气-水过渡带分布最宽达 16km。

4. 阶段Ⅳ

由于构造运动，使盆地回返抬升，地层遭受剥蚀，地层降温降压，原来的高压深盆气聚集将成为低压含气区，此时低压深盆气藏仍有较好的保存条件，因为只要含气储层本身未被直接暴露剥蚀，低孔渗储层中的高气-水两相毛细管压力可有效地阻止地表水的渗入，使低压气藏得以长期保存。

2002 年 Law 提出了盆地中心气系统的概念，并把盆地中心气系统分为直接系统和间接系统。直接系统的天然气聚集过程被划分为四个阶段，其主要条件是：气源岩的有机质为Ⅲ型干酪根，在标志有机质热演化的 $R_o>0.6\%$的条件下，Ⅲ型干酪根将产生大量的天然气，并由于气体的膨胀形成异常高压；气源岩中的异常高压是气体克服低孔渗储层的毛细管阻力，排替孔隙水，注入储层形成聚集的最主要的驱动力；地层压力演化旋回为：常压或超压（阶段Ⅰ，$R_o<0.6\%$）→超压（阶段Ⅱ，$R_o>0.6\%$）→低压（阶段Ⅲ）→常压（阶段Ⅳ）（图 9－9）。间接系统的天然气聚集过程也被划分为四个阶段，其主要条件是：气源岩的有机质为Ⅰ/Ⅱ型干酪根，在 R_o为 0.6%～1.35%之间时，Ⅰ/Ⅱ型干酪根将大量产生液态油和少量天然气；在 $R_o>1.35\%$的条件下，先前生成的液态油和残余的Ⅰ/Ⅱ型干酪根中的有机质将热裂解产生大量的天然气，并形成异常高压，异常高压是气体充注和形成盆地中心气聚集的驱动力；地层压力演化过程为：常压或超压（阶段Ⅰ，$R_o<1.35\%$）→超压（阶段Ⅱ，$R_o>1.35\%$）→低压（阶段Ⅲ）→不确定（阶段Ⅳ）（图 9－9）。

（四）盆地中心气系统形成条件

1. 气源条件

盆地中心气系统源岩主要是Ⅲ型或 $Ⅱ_B$ 型成气有机母质。从北美地区已发现的盆地中心气系统的气源岩可知，主要是富含成气有机质的煤系地层，岩性包括炭质泥岩、暗色泥岩、粉砂质暗色泥岩和煤层。深盆气源岩的形成环境是多样的，海相、海陆过渡相到陆相均有，但以海陆过渡相含煤层系为主。平面上含煤层系的厚度中心与深盆气主体分布区常常相吻合。国内外盆地中心气系统发育的盆地中，一般煤层发育厚度大、分布广、层位多，Ⅲ型或 $Ⅱ_B$ 型干酪根的成熟度达到 $R_o=0.6\%$时可开始大量生成天然气，天然气生成高峰时的 R_o为 0.8%～0.9%。另外，Ⅰ型或 $Ⅱ_A$ 型成油有机母质在热演化程度进入高成熟热裂解干气阶段（$R_o>1.35\%$）也可作为盆地中心气系统的源岩。

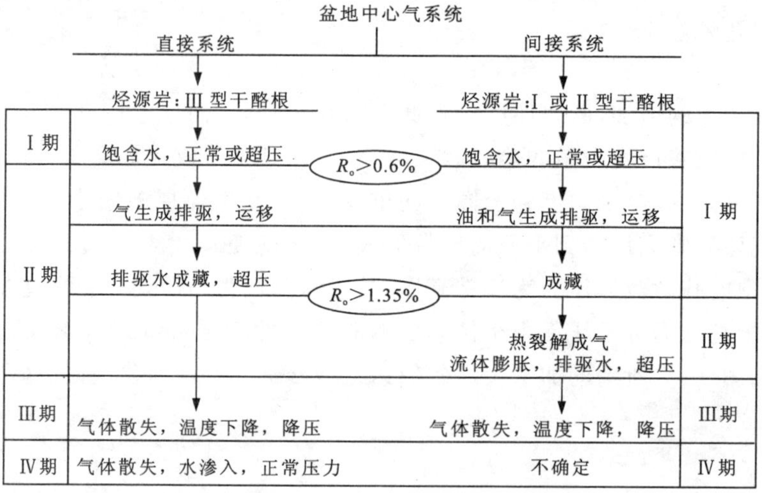

图 9-9 直接和间接盆地中心气系统各自演化阶段和特征图表

（据 Law，2002）

2. 储层条件

盆地中心气系统储层以低孔、低渗为特征，也是盆地中心气系统形成的前提条件。源岩排出的天然气在高压驱动下整体向上排驱致密储层中的毛细管水，形成大规模广覆式（连续型）的盆地中心气系统分布。低孔渗储层内发育的相对高孔、高渗富气储层是盆地中心气系统最有利勘探地区。根据对国外盆地中心气系统的储集物性统计，一般储层孔隙度范围在 6%～15%，渗透率范围在（0.1～2）$\times 10^{-3}\mu m^2$。当然，盆地中心气系统储层的低孔、低渗造成含气丰度低，开发成本高。

3. 封存条件

由图 9-10 可知，直接盆地中心气系统上方和上倾方向没有非渗透性盖层和遮挡条件，气区的上方和上倾方向边界为气-水过渡带。间接盆地中心气系统上方有非渗透性岩层封闭，而

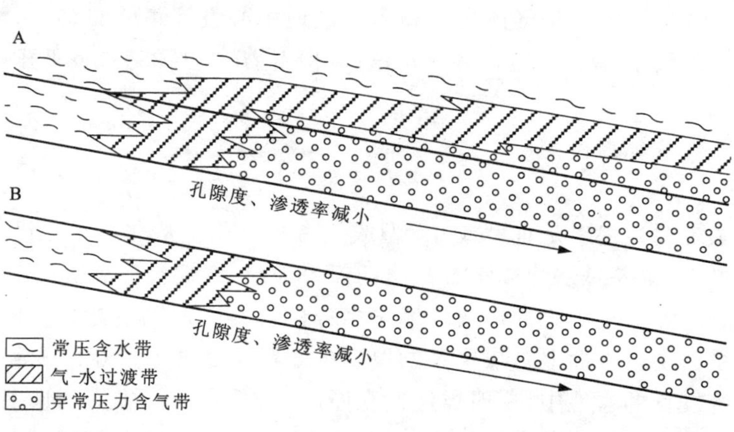

图 9-10 直接和间接盆地中心气系统的常压饱水带、气-水过度带和异常压力饱含气带示意图

（据 Law，2002）

A 为直接盆地中心气系统；B 为间接盆地中心气系统

气层上倾方向边界为气-水过渡带。由于深盆气系统的储层致密低孔渗，在气-水两相存在下，非常细小的孔喉中会产生非常大的毛细管压力，这种毛细管压力可有效地阻止天然气的散失，起到保存天然气的封存作用。盆地中心气层上方和上倾方向的气-水过渡带是储层的物性、毛细管压力和下部及下倾方向异常压力气体之间的动态平衡的结果，毛细管压力对盆地中心气系统的封闭有效性可长达几十个百万年，甚至更长。盆地中心气系统的勘探实践表明，当该系统演化为异常低压系统阶段后，气-水过渡带及气-水两相毛细管压力仍可长期有效地阻止地表水向深盆气层的渗入，起到封存作用。

二、煤层气系统

（一）煤层气的概念及勘探和开发现状

1.煤层气的概念

煤层气(coalbed gas)是指赋存在煤储层中的，以吸附态甲烷气为主的煤层气，这里主要指具有工业价值的煤层气；煤层气的气体成因是煤在热演化变质作用过程中的中—高煤阶煤或在生物化学作用带内低煤阶煤产出的以甲烷为主的气体。煤层气的主要成分是甲烷，含量可高达90%以上，还有少量重烃气、二氧化碳和惰性气体。煤层气主要是以吸附态赋存于煤储层中的非常规天然气，在煤层裂隙(割理)中以及煤层水中也存在少量的游离气和溶解气。

2. 煤层气勘探和开发现状

煤层气作为洁净和高效能源，它的环境意义、经济价值和巨大规模直到20世纪80年代早期才被真正认识。近十年来，全世界范围的煤层气勘探和开发得到进一步重视，估计煤层气总资源量约为$260\times10^{12}m^3$，其中埋深浅于2 000m的煤层气总资源量约为$240\times10^{12}m^3$。世界主要产煤国如美国、俄罗斯、加拿大、澳大利亚等国煤层气的开发利用起步较早，80年以前，主要是通过煤矿井下瓦斯抽放系统抽出煤层气。80年代初美国试验利用地面钻井开采煤层气取得成功，从1983年至1995年，美国煤层气产量从$1.7\times10^8m^3$增至$270.7\times10^8m^3$，2000年煤层气产量达$390.5\times10^8m^3$，2005年煤层气产量约达$500\times10^8m^3$，占当年天然气总产量的9%。目前，在美国的12个含煤层气盆地中已有20 000多口井正在开采煤层气。

我国具有极丰富的煤炭资源，陆上含煤盆地残留面积$405\times10^4km^2$，据不完全统计含煤层气盆地有57个，含煤层气盆地群有7个；含煤层气盆地指具有工业价值煤层气生成、聚集和保存条件的含煤盆地；含煤层气盆地群指一定区域范围内具有多个有工业价值煤层气生成、聚集和保存条件的含煤盆地，如海拉尔和二连含煤盆地群。中国大陆含煤盆地集中分布在塔里木、华北板块、华南板块及准噶尔-兴安活动带的构造活动相对稳定的陆块或地块上，形成时代主要为石炭纪—二叠纪、晚三叠世—早白垩世和挽近纪。依据所处大地构造域位置及沉积构造特征，大体分为板内克拉通型与陆内断陷、坳陷型。我国古生界与中—新生界含煤层气盆地改造程度不同；古生代华南、华北聚煤盆地经历了印支、燕山、喜马拉雅等构造运动多次改造，多数煤区构造复杂，盆地原始面貌不复存在，使得煤层气形成与赋存的基本地质构造单元—含煤层气盆地改造程度不一，既包括有明显边界的含煤沉积盆地(聚煤盆地)，也包括由于后期构造变动和剥蚀作用而被分割的、边界不易确定的含煤残余盆地(群)；中—新生代聚煤盆地多且保存完整，集中分布在东北、新疆和内蒙古等地区以及鄂尔多斯盆地(孙万禄等，2005；赵靖舟等，2008)。据新一轮全国油气资源评价(2004 — 2006年)对42个主要含煤层气盆地的估算，我国埋深小于2 000m的煤层气地质资源量为$36.8\times10^{12}m^3$，埋深小于1500m的煤层气地质资源

量为 $24.9\times10^{12}m^3$，可采资源量为 $10.9\times10^{12}m^3$，主要来源于煤的热降解和高煤阶的热裂解气，表9-2为我国煤层气资源分布统计表(据车长波等，2008)。近10年我国广泛开展了含煤盆地中煤层气的勘探开发和地质研究，业已取得了明显的成效。截至2009年全国煤层气探明地质储量 $1\ 023\times10^8m^3$，累计完成煤层气钻井3 600多口，商业产量约 $7\times10^8m^3$，产能达 $25\times10^8m^3$。

表9-2 我国煤层气资源分布统计表(据车长波等，2008)

资源量分布		地质资源量/$10^{12}m^3$	可采资源量/$10^{12}m^3$
大区分布	东部	11.3	4.3
	中部	10.5	2.0
	西部	10.4	2.9
	南部	4.7	1.7
	青藏	/	/
层系分布	新生界	/	/
	中生界	20.5	6.2
	上古生界	16.3	4.7
深度分布	风化带~1 000m	14.3	6.3
	1 000~1 500m	10.6	4.6
	1 500~2 000m	11.9	/

(二)煤层气系统的概念和特征

煤层气系统(coalbed gas system)是指含煤盆地中具有工业价值煤层气的生成、运聚和保存的天然系统。它与常规含油气系统在气源岩及煤层气生成和运移、煤储层及储集性能、气体赋存状态、聚集和保存机理以及开发技术方面均有区别。

(1)气源和储层:煤层气的气体主体为煤层自身生成，自生自储、煤储层中也含有少量运移来的热解气、生物气或混源气。煤层气大部分被吸附在煤层微孔表面，只有少量的煤层气以游离态储存在裂隙中或以溶解态赋存在孔隙水中。在所有的含煤层气盆地中，工业性煤层气产气区带明显受煤阶、裂隙系统、煤储层物理和化学性质的控制，煤储层物理和化学性质主要指煤层物性变化和煤分子化学结构等。

(2)压力和盖层:在地层压力条件下，煤层微孔表面甲烷气吸附作用是煤层气储集的重要机理，维持地层流体压力和地层水含量是阻止煤层气系统内气体解吸和分子扩散的重要条件，当然煤层顶板盖层不可缺少。煤层气的保存是在地层温压和应力条件下，气-水-固(煤层)三相之间的相互作用，是吸附态、溶解态、游离态气体和分子扩散的各相态转变的动态平衡过程。

(3)裂隙(割理)和渗透率:煤层水和煤层气在煤层中主要通过裂隙(割理)流动。割理是广泛存在于煤层中对煤层气的产出具有重要意义的内生裂隙系统，是煤层经过干缩作用、煤化作用、成岩作用和构造应力等多种内外地质过程共同作用形成的天然裂隙。割理被分为面割理和端割理，它们相互大致垂直，并都与煤层层面正交或陡角相交;面割理是延伸较长的主要割理，端割理延伸受面割理的限制，割理渗透性具有明显的各向异性。由于上覆地层压力作用，煤层的渗透性随深度而降低。因此，美国的煤层气多产自埋深小于1 200m的煤层。

(4)美国存在两种煤层气聚集模式：美国圣胡安盆地和粉河盆地分别代表了煤层气系统的两种聚集模式。圣胡安盆地为高阶、自生热裂解气模式，超压和水动力封闭结合形成了高产区(图9-11)，世界上煤层气产量最高的区带位于美国圣胡安盆地深部的Fruitland带；粉河盆地的Fort Union带为低煤阶、生物气模式，地下水通过厚层、高渗透的煤层运动，在低压系统形成生物气含气带(图9-12)。

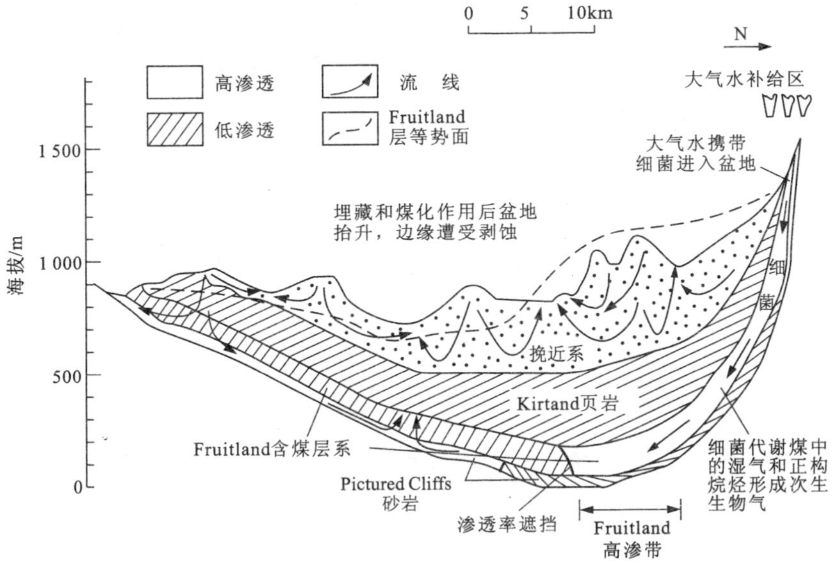

图9-11 美国圣胡安盆地煤层气系统剖面图

(据Walter和Ayers，2002)

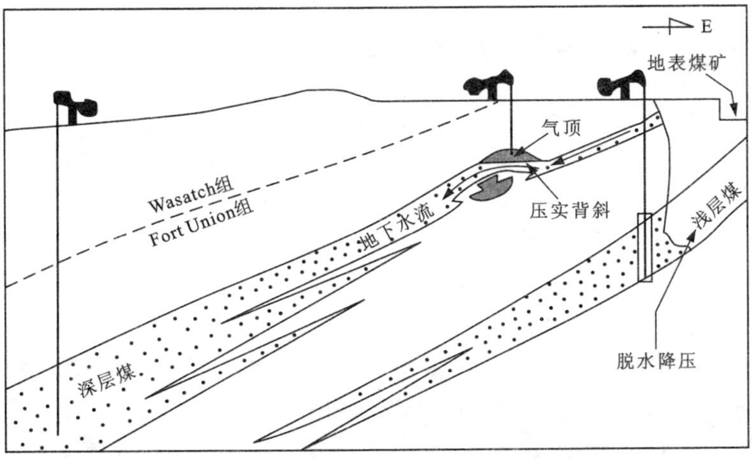

图9-12 美国粉河盆地煤层气系统剖面图

(据Walter和Ayers，2002)

早期对煤层气的勘探强调热裂解气的重要性。近年来，对 Fort Union 低煤阶生物气的成功开发修改和补充了煤层气系统勘探和开发的概念。2000 年，美国圣胡安盆地煤层气产量占美国的 80%以上；而粉河盆地的 Fort Union 带是美国发展最快的气带之一，它的年产量从 1997 年的 $3.92\times10^8\,m^3$ 增长到 2000 年的 $41.24\times10^8\,m^3$，占当年美国煤层气产量的 10.7%，2001 年的产量高达 $68.52\times10^8\,m^3$。

(三)煤层气系统的形成条件

1. 煤层气生成条件

在煤层气系统中煤层亦是气源层，煤变质程度即煤级或称煤阶(图 9－13)、显微组分和灰分是直接影响煤层生气量的重要因素。从褐煤到无烟煤的整个煤的变质作用过程中，每吨煤可生成甲烷 $142\sim200m^3$，在地质演化过程中大部分气体将被排出煤层，仅有约 10%保存在煤层中。一般地高镜质组含量和低灰分含量的煤则甲烷生成量和吸附量高。

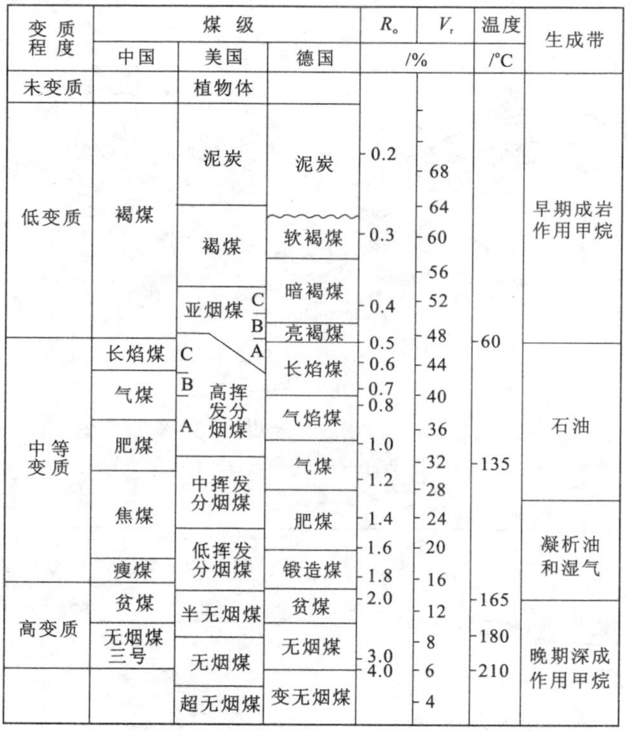

图 9－13　煤级划分与煤变质程度对应关系图

2. 煤层气储集条件

煤层气系统中煤亦是储层，煤层气的富集程度主要取决于吸附在煤岩微孔表面的气体吸附量。所以，煤储层的储集能力主要取决于煤储层中的微孔发育程度。煤储层孔隙度一般小于 10%，孔隙有微孔、小孔、中孔和大孔，孔径分别为＜10nm、10～100nm、100～1 000nm 和＞1 000nm；微孔是主要的吸附孔隙，甲烷吸附量与总孔隙体积没有明显关系，而与孔隙比表面积呈正相关关系，煤层孔隙比表面介于 $50\times10^{-3}\sim250\times10^{-3}\,m^2/kg$；煤储集层为孔隙-裂隙的双重介质，中孔和大孔发育程度一般反应煤储层的渗透能力，煤层渗透率大多不超过 10×

$10^{-3}\mu m^2$，一般在 $1\times10^{-3}\mu m^2$ 左右。

3. 煤层气赋存的影响因素

煤层气在煤储层中有吸附、溶解和游离三种赋存状态，其中吸附态占 70%～90%，游离态和溶解态占 10%～30%。煤层吸附气含量除受煤储层微孔比表面影响外，还主要受地层流体压力和地层温度、煤阶和煤岩显微组成以及含水情况等内外因素影响。

(1)煤层气吸附量仍然可粗略地用 Langmuir(1918)等温吸附模型进行描述(图 9-14)，通常条件下，煤层甲烷吸附量随压力增加而增大，随温度升高而减小即随温度降低而增大[图 9-14(a)]；然而温度与吸附量的这种关系，又使得压力与吸附量的关系局限于较浅的埋藏深度；当压力大于 6MPa 时，压力对煤层吸附量影响已经不明显，相应的煤层埋深 600～800m；当煤层埋深超过 1 500m 时，温度升高的消极影响将超过压力增加对煤层吸附性的积极影响(陈润等，2009)。等温吸附曲线上的吸附量为饱和吸附量，低于该吸附量时为欠饱和吸附状态，等温排水降压吸附甲烷气将被解吸附。图 9-14(b)示意了等温吸附曲线、饱和吸附和欠饱和吸附以及临界解吸压力的含义。

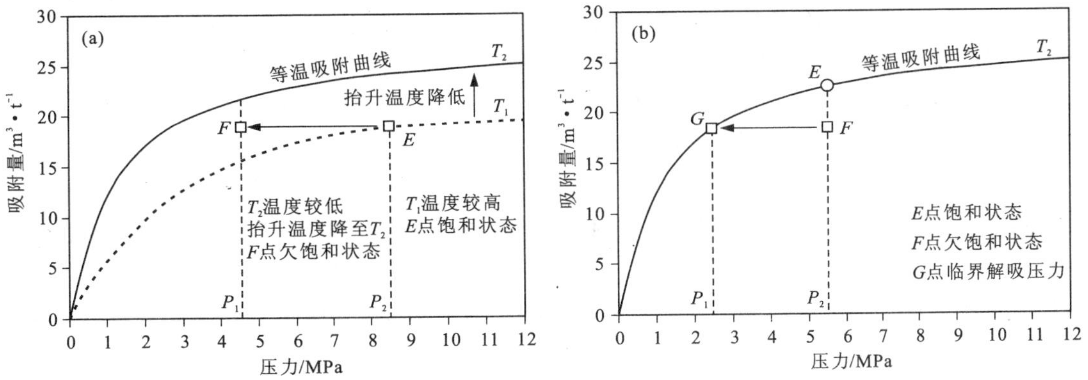

图 9-14　煤层 Langmuir 等温吸附模型示意图

(2)煤层甲烷气含量一般随煤阶(图 9-13)的增加而增加，低煤阶的含气量一般为 2.5～$7m^3/t$，高煤阶的含气量可达 $25m^3/t$ 以上。低煤阶的褐煤、长焰煤甲烷吸附气含量相对较低，中煤阶的气煤、肥煤、焦煤有时含重烃气，高变质程度的瘦煤、贫煤、无烟煤的甲烷吸附气含量高，但解吸附能力差。镜质组的吸附能力最强，其次是惰质组，壳质组的吸附能力最差。

(3)煤层含水情况对煤层气吸附能力的影响认识较为统一，在煤层达到水饱和状态以前，随着含水量的增加，煤层气吸附量相应降低。这是因为水在煤孔隙表面的吸附能力比甲烷强，而煤孔隙表面被水占据的吸附有效位与水的含量有关，被水占据的越多，可供甲烷吸附的有效位就越少，甲烷吸附量就会减小。但是地层流体压力与含水情况有密切关系，相对较高的甲烷吸附量与地层压力和水的含量应该存在最佳的平衡关系。

3. 压力对煤层甲烷气吸附和解吸的影响

无论是煤层甲烷的储集(吸附)、还是运移(解吸附)都直接与压力的变化有关；煤储集层中的吸附态甲烷，一般不发生运移或不发生明显的运移；而煤层甲烷的运移大多与煤层压力的变化有关。

当压力变化时煤层气的赋存相态也随之变化，并导致吸附相与游离相处于动态平衡的过程。一般地讲，当煤层埋深增加时，压力增加，游离相转变为吸附相，煤层的吸附甲烷气量增加；而当煤层抬升时，压力降低，吸附相转变为游离相，煤层中游离甲烷气量增加。

煤层气运移方式主要有分子扩散和渗流两种。当煤层排水降压时，煤层甲烷从煤的微孔表面解吸出来，在浓度差作用下通过微孔和小孔（孔径＜10～100nm）中的分子扩散进入割理（裂隙）系统（孔径＞100nm）中成为游离气体，在含水煤层的气势差作用下发生单相或气、水两相渗流而被采出。煤层气的运移过程主要是煤储层微孔中的解吸扩散与裂隙中的渗流排出。煤层割理（裂隙）越发育、渗透性越好，则越易于煤层气解吸附和开采。

4.工业性煤层气分布的影响因素

工业性煤层气分布的宏观和微观主要影响因素十分复杂，如煤层的甲烷气生成能力、吸附解吸能力、顶板封闭能力、煤品和煤阶、裂隙系统、压力和温度、构造应力、地下水流情况等等。我国在对煤层气资源分类时采用了单层煤厚、含气量、煤层埋深、煤层渗透率和煤层压力等五项参数进行综合评价。由于地下煤层的各种性质，各部位的地质条件差异，将导致煤层中各处甲烷吸附量有很大差异，并非所有煤层都具有工业价值的煤层气，但是煤层气的工业性品位标准也是与对能源资源的需求和技术进步相关的和动态的感念。

工业性煤层气分布还需要良好的区域地质条件，煤层要有适宜的区域性产状，大面积的连续分布，总厚度一般＞10m，具有一定的埋深且埋藏深度＜1 500m，一般是在含煤盆地的斜坡带上，这样的煤层不仅含气量高而且还能保持较好的孔渗性便于开采；构造变动要适中，这样煤层既可形成构造裂缝使煤岩的渗透率$>0.5\times10^{-3}\mu m^2$，又不会因强烈变动造成煤层气大量散失；区域性的水动力和流体压力条件最好是封闭性承压环境，保持或增加煤层甲烷气较高的吸附量，避免水循环对煤层气聚集的破坏；煤层顶底板需要有区域性的有效封盖，以减少甲烷的分子扩散或沿裂隙渗漏而散失。李明诚（2007）结合我国实际情况，将煤层气藏划分为承压水封堵、压力封闭、顶板微渗滤水封堵和构造封闭等四种类型，其中以承压水封堵型富气条件最为优越，我国沁水盆地环状斜坡带上的石炭系—二叠系煤层就属这种类型。

实际上，煤层气系统的形成条件和演化过程要比上述所讨论的各个方面可能会复杂的多，比如煤层甲烷在正常的煤储层温度和压力条件下呈超临界状态吸附赋存（甲烷临界温度为191K），应用界面化学和量子化学的理论和方法已使得煤层气吸附机理和模型的研究取得了可喜的进展。深入的研究仍然在继续，只有不断地提高研究水平，推动技术进步，才能更有效地探明和开发煤层气资源。

三、裂缝型页岩气系统

裂缝型页岩气系统（fractured shale - gas system）是指天然气的生成、聚集和保存（部分情况）条件和过程发生在页岩系统内，以游离态和吸附态赋存于页岩基质孔隙或裂缝中的，具有工业价值的热解成因和/或生物成因的非常规天然气。

裂缝型页岩气的资源量巨大，据估计全球页岩气资源量相当于致密砂岩气和煤层气的总和（表 9 - 1）。北美是最早发现页岩气，并大规模勘探开发页岩气的地区，目前北美地区已发现近 30 个发育页岩气的盆地。截至 2008 年底，美国已发现页岩气可采储量约 $7.5\times10^{12}m^3$，2008 年页岩气年产量超过 $600\times10^8m^3$，约占美国当年天然气总产量的 10％；加拿大西部沉积盆地页岩气可采资源量约 $24.4\times10^{12}m^3$，2008 年页岩气产量超过 $9.5\times10^8m^3$；2008 年北美地区的页岩气产量约占北美地区天然气总产量的 13％。

（一）裂缝型页岩气系统特征

裂缝型页岩气系统天然气富集条件和作用过程均发生在页岩地层内，富含有机质的暗色页岩既是气源岩，又是储集岩，也可能作为盖层。根据有关裂缝型页岩气系统的地质研究归纳如下：

1. 气源岩及气成因

气源岩为富含有机质暗色页岩和炭质页岩，有机碳含量 0.4%～10%，有机质类型Ⅰ、Ⅱ、Ⅲ型均有，有机质成熟度（R_o）范围可在 0.4%～4%；天然气成因类型可为生物成因气，也可为热解成因气以及混合成因气，以热成因气最为重要，成熟度（R_o）＞1.1%；有机质丰度和热演化程度是控制页岩气藏富集的重要因素。

2. 裂缝型页岩储气层和盖层

储层为低孔低渗裂缝性页岩，页岩基质孔隙度 2%～5%，基质渗透率一般低于 $10^{-6}\times10^{-3}\mu m^2$；页岩成分脆性矿物如石英和长石富集，石英含量一般在 40%～50%有利于产生天然或诱导裂缝，形成页岩内微裂缝网络系统，储气空间为基质孔隙和微裂隙，页岩产层厚度可以是几米到上百米；气的赋存方式有游离气和吸附气两种，游离气储集于基质（粒间）孔隙和天然裂隙中，吸附气可吸附在干酪根或黏土颗粒的表面，页岩含气量一般在 1～10m^3/t，吸附气含量一般占总含气量的 20%～80%；图 9－15 为美国 Fort Worth 盆地内钻井岩心获得的等温条件下 Barnett 裂缝型页岩总含气量和吸附气量，分别为 4.8～7.1 m^3/t 和 1.7～3.5 m^3/t（油藏压力 26.2 MPa）。

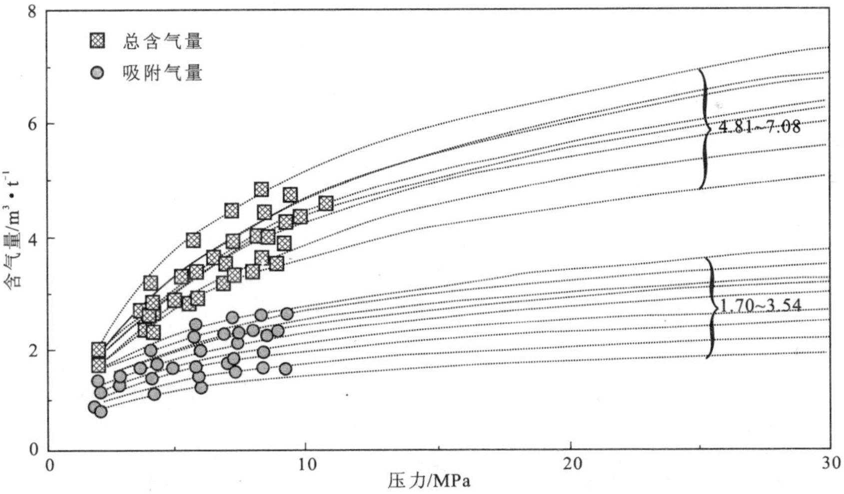

图 9－15　美国 Fort Worth 盆地内钻井岩心获得的等温条件下 Barnett 裂缝型页岩总含气量和吸附气量图

（据 Montgomery 等，2005）

页岩气层的天然宏观裂缝多被方解石等矿物充填，页岩本身具备封盖能力。

3. 裂缝型页岩气分布

页岩气藏主要赋存于盆地凹陷区或盆地斜坡区，深度范围跨度很大，可在几百米到几千米，为自生自储型，富气范围受有效气源岩分布的控制，具有连续大面积、相对低品位分布的特点。

页岩内微裂缝网络系统发育程度是控制页岩气藏高产的重要因素，页岩气开采区块是能够被压裂的页岩层带，开采时吸附气同煤层气一样，需降压使吸附气解吸成游离气。

(二)我国裂缝型页岩气勘探前景

我国古生界海相地层大面积发育暗色泥页岩，而且中生界和新生界陆相盆地也广泛发育大套湖相暗色泥页岩，形成裂缝型页岩气富集的物质基础雄厚，资源潜力可能十分可观。南方海相地区有下寒武统、志留系海相泥页岩，华北地区有下古生界海相泥页岩，塔里木盆地有寒武系—奥陶系海相泥页岩和中生界陆相泥页岩，松辽盆地有白垩系湖相泥页岩，渤海湾地区发育有古近系泥页岩，鄂尔多斯盆地发育有石炭系—二叠系海陆交互相泥页岩和上三叠统湖相泥页岩，准噶尔盆地发育有上二叠统海陆交互相和中—下侏罗统湖相泥页岩，吐哈盆地发育有中—下侏罗统湖相炭质泥页岩等可能都是未来裂缝型页岩气潜在的勘探领域。目前有关页岩气富集机理和规律以及页岩气资源潜力评价的研究仍然较为薄弱，直接影响着页岩气的勘探。国内外有关页岩气研究和评价所涉及的参数有四大类即地质的、地球化学的、类似储层性质的和流体的，包括了十多个参数，其中主要的有：页岩埋深、厚度、有机碳含量、有机质热演化程度——镜质体反射率、游离气和吸附气含量、孔隙度和渗透率、孔隙和裂缝结构、流体性质和饱和度以及地层压力等。

第三节　非常规油气资源

一、沥青砂资源

世界许多地方在地表或近地表浅处发现大量的沥青砂，其中大量的烃类物质即沥青储集在砂岩的孔隙和裂缝中，沥青的 API 度大多介于 5°～15°之间(相对密度 1.037～0.966)，有些地区的沥青 API 度低到 1°～2°(相对密度约 1.068～1.060)。由于近年油价的持续升高和沥青砂资源量的巨大潜力，沥青砂油开采和利用引起国际石油公司和世界许多国家的积极关注，已成为新的矿业投资勘探热点。

(一)沥青砂的概念和形成

沥青砂(Tar Sands)是指地表或近地表浅处含稠油碎屑岩或碎屑沉积物，其中的稠油黏度 $>1.0\times10^4$ mPa·s，相对密度 >1.0。

沥青砂产生有两种地质作用：一是油气藏被抬升导致盖层部分或全部被剥蚀，使得油层与大气沟通或直接暴露地表，原油遭受氧化、水洗淋滤和微生物降解；二是深处油气藏中的原油运移到近地表浅处或表面，使得原油遭受氧化、水洗淋滤和微生物降解。这样石油随之变得愈来愈重、愈稠，最终成为半固态、固体沥青。

加拿大阿尔伯达沥青砂矿可能是目前世界上有关沥青砂矿最好的研究实例之一。该矿发育于下白垩统的河流三角洲相的砂岩中。区域上、下白垩统地层为一向西倾斜、褶皱非常平缓，源岩位于西部，而三角洲砂岩展布于盆地东部。常规原油(35°～40°API)产自盆地西部，而沥青砂出现在盆地东部边缘地层尖灭带和褶皱与地层尖灭的复合圈闭中。

马达加斯加 Bemolanga 沥青砂矿是世界第三大沥青砂矿。沥青砂层为三叠系，面积为 388km²，覆盖层最大厚度为 100m，沥青砂层平均厚约 30m。沥青砂层所在的构造为一个复杂的断背斜，Bemolanga 沥青砂矿之上的泥岩盖层已被全部剥蚀。沥青储层砂岩发育有交错层理的河流相粗砂岩，局部由于白垩纪的侵入岩影响而发生变质，研究认为沥青砂层的下伏页岩提供了油源。

特立尼达 La Brea 沥青湖是由于聚集于白垩系背斜圈闭中的石油因封闭性差，原油向上运移至地表。沥青砂位于凹陷内的中新统砂岩中，伴随近代泥火山活动，原油还在向地表流出。沥青的 API 度可低至 1°～2°，含硫量达 6%～8%。沥青湖面积约 0.51km²，预测储量 8.22×10^6t。

中国沥青砂主要产于中、新生代的陆相地层，少量产于古生代的海相地层。储集层以碎屑岩为主，具高孔、高渗、胶结疏松的特征。其沥青砂的形成常与石油的二次运移有关，运移距离愈远，原油的稠变程度愈高。因此，往往与常规原油有共生关系。在一个油气聚集带中，从凹陷向边缘，原油可由常规油变为重质油或沥青砂；从深层至浅层也可如此。沥青砂主要分布在盆地边缘斜坡、凸起边缘、凸起之上或凹陷中断裂背斜带的近地表浅处。

（二）沥青砂资源及分布

据估计全世界油砂资源量中约含 $5\ 195\times10^8$t 沥青油，其中加拿大位居第一，约 $4\ 030\times10^8$t 沥青油；俄罗斯位居第二，约 970×10^8t 沥青油；美国位居第三，约 96×10^8t 沥青油。已知世界上重要的沥青砂矿有加拿大阿尔伯达省沥青砂矿（Alberta Tar Sands）和萨斯喀彻温省沥青砂矿（Saskatchewan Tar Sands）、委内瑞拉的奥里诺科带沥青砂矿（Orinoco Tar Sands）、俄罗斯西伯利亚奥勒乃克沥青砂矿（Olenek Tar Sands）、美国堪萨斯州沥青砂矿（Kansas Tar Sands）和加利福尼亚州沥青砂矿（California Tar Sands）以及犹他州沥青砂矿（Utah Tar Sands）、马达加斯加百木兰加沥青砂矿（Bemolanga Tar Sands）、特立尼达岛拉布雷亚沥青砂矿（La Brea Tar Sands）、罗马尼亚德尔纳沥青砂矿（Derna Tar Sands）和阿尔巴尼亚塞勒尼扎沥青砂矿（Selenizza Tar Sands）。据估计加拿大和委内瑞拉的露采沥青砂矿资源量为 $4\ 775\times10^8$t(Dusseault,2001)，其中加拿大艾伯塔盆地的阿萨巴斯卡（Athabaska）沥青砂资源量约达 $1\ 270\times10^8$t 沥青油，有关专家研究认为加拿大的 API 度小于 20°（相对密度约 0.934）的露采沥青资源量约有 $2\ 700\times10^8$t 沥青油；俄罗斯的沥青砂资源主要分布在东西伯利亚盆地，约 900×10^8t 沥青油；美国 5×10^8t 以上的沥青砂矿共有沥青砂资源量为 90×10^8t 沥青油。委内瑞拉的奥里诺科带约有 360×10^8t 沥青油，这与沙特阿拉伯的原油剩余可采储量相当。

我国沥青砂资源相当丰富，但未经系统勘查，目前已知准噶尔盆地、吐哈盆地、塔里木盆地，柴达木盆地、松辽盆地西部、二连盆地、中口子盆地、四川盆地、西藏羌塘盆地、广东三水盆地和茂名盆地、云南景谷盆地、广西百色盆地和楚雄盆地、贵州麻江和翁安等地区均有分布。与国外沥青砂资源相比，我国沥青砂资源的特点是分布分散、层位多、厚度小和含油率低。目前我国在该领域研究程度较低，大部分盆地沥青砂资源量不清楚，基本查清的少数盆地沥青砂资源量达 56×10^8t 沥青油（单玄龙等，2007）。

二、油页岩资源

（一）油页岩概念及特征

油页岩(oil shale)是指特别富含有机质且成熟度低，加热干馏产出的页岩油数量达到一定工业标准（含油率＞3.5 %）的纹层状或薄层状泥质岩或泥灰岩称为油页岩。

油页岩俗称油母页岩，经加热干馏（500～600℃，在隔绝空气条件下）分解可获得相当数量的类似天然石油的页岩油；我国油页岩的有机碳含量一般为 6%～33%，含油率为 3.5%～

25%(表 9-2,图 9-16),含油率与有机碳含量呈正相关关系,含油率达到 3.5%时,有机碳含量一般不低于 6%(图 9-16);油页岩的颜色呈黄褐、灰褐、褐黑、灰黑及黑色;油页岩的无机矿物成分常见的有石英、长石、黏土、碳酸盐、菱铁矿和硫铁矿等,还含有钡(Ba)、锌(Zn)、锆(Zr)、锶(Sr)、铬(Cr)、铷(Rb)、钒(V)、镍(Ni)、铌(Nb)、钴(Co)、钼(Mo)、锑(Sb)、铯(Cs)、铋(Bi)等几十种微量元素,无机矿物的质量占 40%~90%,属于高灰分的固体可燃有机岩;油页岩的有机组成分为两类:一类为油母(干酪根),另一类为可溶沥青,相对含量较低,一般不超过百分之几;油母是一种具有三维结构的有机大分子聚合物,其元素组成见表 9-3,油母的类型主要可分为腐泥型和混合型,也有腐殖型。

表 9-2 我国若干矿区油页岩有机碳含量、含油率和成熟度数据统计表

矿区	有机碳/%	含油率/%		灰分平均值/%	R_o/%	T_{max}/℃
		范围	平均值			
广东茂名	14.31~29.82	6.00~13.66	6.47	74.20	0.51~0.58	428~433
辽宁抚顺	8.43~20.03	3.50~11.81	7.61(15)	76.10	0.43~0.56	429~446
吉林桦甸	12.31~33.46	3.50~24.80	8.59	69.37	/	443
吉林农安	6.07~12.45	3.69~12.10	5.92(23)	82.55	/	/
吉林罗子沟	8.08~17.58	3. 50~14.37	7.54(26)	76.39	0.48	437
黑龙江依兰	2.82~18.02	3.50~11.12	7.50(7)	/	/	/
黑龙江达连河	/	3.50~9.12	6.85	84.35	0.46~0.50	423~444
新疆	/	3.50~14.92	7.00	77.35	0.51~0.60	435~442
山东黄县	28.63	14.4~18.49	13.82	58.45	0.43	/
陕西铜川	/	3.50~9.25	6.53	74.05	0.51	432

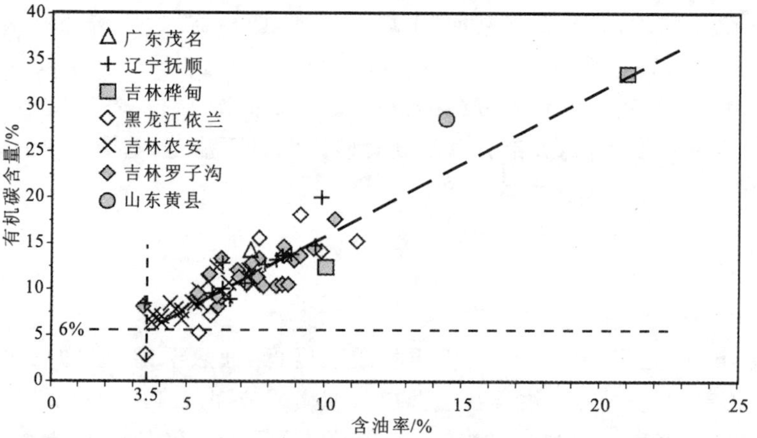

图 9-16 我国某些典型油页岩的含油率与有机碳含量的关系图

表 9-3 我国若干矿区和国外油页岩的油母(干酪根)平均元素组成统计表

矿区	C/%	H/%	O/%	N/%	S/%	H/C(原子比)	O/C(原子比)
广东茂名	68.73	12.36	10.36	2.77	5.78	1.128	0.015
辽宁抚顺	67.92	8.25	14.03	1.96	7.84	1.458	0.013
吉林桦甸	74.37	9.11	9.55	0.85	6.12	1.470	0.008
黑龙江依兰	71.41	6.71	16.86	1.34	3.68	2.158	0.009
国外	78.25	9.26	9.52	1.33	1.64	1.420	0.008

(二)世界油页岩资源及分布

油页岩资源在世界许多地区都有分布,但分布不均匀,主要分布在西半球,其中北美和南美分别占53%和20%,在美国大约75%的油页岩集中在科罗拉多州、犹他州和怀俄明州。按目前的统计资料拥有丰富的油页岩资源的国家主要有美国、中国、俄罗斯、刚果(金)、巴西、摩洛哥、加拿大、约旦、澳大利亚等国家(表 9-4)。若将全球油页岩资源折算成页岩油,可达到 $4\ 750\times10^8$ t,相当于目前世界天然原油探明可采剩余储量的 2.5 倍。从世界石油资源的评价现状来看,油页岩储量在某些国家,如美国、俄罗斯、爱沙尼亚等已经详细勘查,但在很多国家油页岩储量尚未详细勘查,仅有粗略估计。根据柳蓉和刘招君(2006)的资料,现将储量超过 10×10^8 t 页岩油资源的国家列出,见表 9-4。

油页岩沉积环境从海相到陆相都有分布,但国外以海相为主。在海洋泻湖和大陆架地区及海水相对封闭的内陆海是油页岩沉积最有利的环境;陆相的油页岩主要在深水和半咸水湖以及停滞水盆地中形成。按沉积环境可将油页岩分为 3 类:一是海相地台型油页岩,常与碳酸盐岩、硅质岩和含磷酸盐的岩系伴生,含油率高可达 20%以上,但一般厚度很薄;二是深湖-半深湖相油页岩,厚度大,但含油率较低,一般 10%以下;三是与煤层伴生的油页岩,包括海陆交替相和沼泽相沉积环境形成的油页岩,分布在煤层的顶、底部或煤层之间,厚度相对较薄,含油率相对较高。

表 9-4 世界油页岩储量较多的国家

(柳蓉和刘招君,2006)

国家	折算成页岩油资源/10^8 t	评估年份
美国	3 035.66	2003
中国	476.44	2006
俄罗斯	387.7	2002
扎伊尔	143.10	1958
巴西	117.34	1994
摩洛哥	81.67	1984
加拿大	63.00	1997
约旦	52.33	1999
澳大利亚	45.31	1999
爱沙尼亚	24.94	1998
意大利	14. 31	2000
法国	10.02	1978

世界油页岩分布的时代广泛,从寒武纪、奥陶纪、泥盆纪、石炭纪、二叠纪、三叠纪、侏罗纪、白垩纪到挽近纪都有分布(表 9-5)。其中以古生代和中生代油页岩为主,古生代油页岩以海相油页岩与碳酸盐岩共生,以分布面积大,厚度薄和含油率高为特征;中新生代油页岩则以湖相沉积或与煤层共生为主,以分布面积较小,厚度和含油率变化较大为特征。

表9-5 国外主要油页岩分布时代及其环境特征(柳蓉和刘招君,2006补充)

时代		油页岩分布	形成环境及特征
新生代	新近纪	美国加利福尼亚南部、意大利西西里岛、俄罗斯高加索	海相,与硅藻土和稠油共生
	古近纪	美国(绿河、皮申斯盆地)	湖相
		巴西南部、捷克、俄罗斯南部、澳大利亚昆士兰中部	陆相与煤共生
中生代	白垩纪	以色列、约旦、叙利亚和阿拉伯半岛南部、澳大利亚昆士兰西部	海相地台型、浅海沉积型
	侏罗纪	美国阿拉斯加州、法国北部巴黎盆地、东欧、南欧、亚洲东部	海相、陆相湖泊沉积,与煤共生
	三叠纪	刚果金的斯坦利维亚盆地、东欧、南欧、美国阿拉斯加州	海相
古生代	二叠纪	澳大利亚(昆士兰东部)	浅海
		澳大利亚(南威尔士的悉尼盆地、昆士兰东部)	陆相与煤共生
		美国(蒙大拿州)	湖相
		巴西巴拉那盆地、南非卡罗盆地	海相
		法国(奥顿、圣希拉尔、特洛特、苏尔莫林)	陆相与煤共生
	石炭纪	美国(犹他、堪萨斯等)	海相
	泥盆纪	巴西亚马逊地区	海相
		美国(中部和东部各州)	湖相
		俄罗斯(伏尔加—乌拉尔地区)	海相
	志留纪	阿尔及利亚东部	海相
	奥陶纪	爱沙尼亚波罗的海盆地(中奥陶世)	海相
		美国(阿巴拉契亚盆地)	海相
		加拿大哈得逊湾	海相
	寒武纪	俄罗斯(西伯利亚地台东北部安纳巴尔河和勒拿河的奥列尼尧克盆地)	与海相钙质、泥质、硅质沉积物共生
元古宙	前寒武纪	美国(密执安、威斯康星州)	海相

(三)我国油页岩资源及分布

1.油页岩资源概况

我国油页岩资源丰富,储量排在世界前列。根据车长波等(2008)研究,2004—2006年首次全国油页岩资源评价结果表明,我国油页岩主要分布在20个省(市、区)47个盆地,80个含矿区,埋深浅于1 000m的油页岩资源储量约为7 199 $\times10^8$t,页岩油资源储量约为476$\times10^8$t。从大区、层系、深度和品位分布上看,全国油页岩资源分布特征见表9-6和图9-17。

我国油页岩盆地有松辽、鄂尔多斯、伦坡拉、准噶尔、羌塘、茂名、柴达木、大杨树和抚顺等9个盆地;油页岩资源丰富的盆地主要有松辽、鄂尔多斯、准噶尔三个盆地,共占全国油页岩资源储量的76.8%以上;已进行油页岩开发的地区主要有辽宁抚顺、广东茂名、吉林桦甸、敦密和罗子沟、山东龙口;2007年,全国油页岩年产量超过35$\times10^4$t。

油页岩在我国广泛分布,各个时代油页岩均有所发现,但以中生代为主。我国古生代油页岩主要分布在山西地区;中生代三叠系油页岩主要分布在鄂尔多斯盆地和滇西断陷带,侏罗系油页岩主要分布在西北地区和东北地区,白垩系油页岩主要分布于天山、祁连山、秦岭到淮河以北的广大地区;新生代挽近系油页岩平面上分布于我国东部和中部地区,东部自北向南为东北地区、华北地区、鲁西地区、鲁东地区、苏浙皖地区和两广地区，中部为晋东南地区、洛阳地区、南阳地区、江汉地区、赣湘粤地区到雷琼地区。中国油页岩沉积环境为陆相湖泊、海相以及海陆交互相，但以陆相为主。

表 9-6　中国油页岩资源分布统计表（车长波等，2008）

资源量分布		油页岩地质资源储量/10^8t	页岩油可回收资源储量/10^8t
大区分布	东部	3 442.48	43.09
	中部	1 609.64	24.02
	西部	749.43	19.46
	南方	194.61	4.73
	青藏	1 203.20	28.48
层系分布	新生界	1 052.31	26.88
	中生界	5 597.92	77.65
	上古生界	549.14	15.27
深度分布	0～500m	4 663.51	84.18
	500～1 000m	2 535.86	35.62
品位分布	3.5<ω≤5	3 268.09	38.46
	5<ω≤10	2 664.35	46.73
	ω>10	1 266.93	34.60

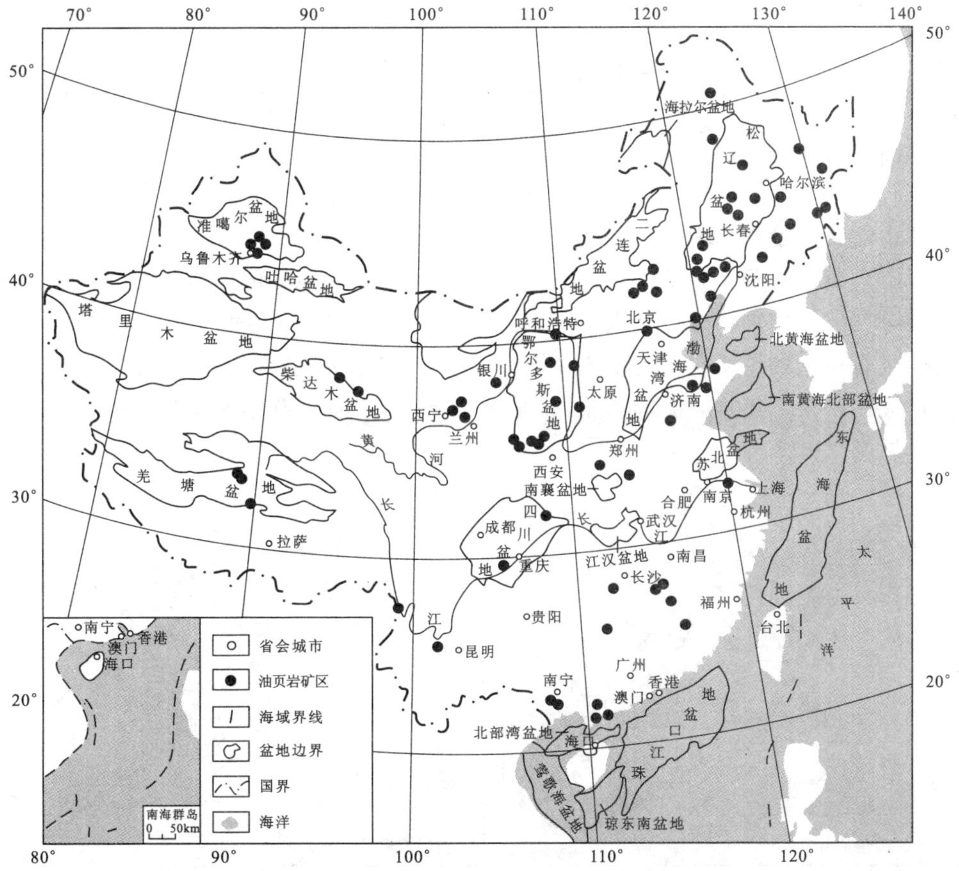

图 9-17　2004—2006 年首次全国油页岩资源评价获得的油页岩资源分布略图
（据刘招君等，2006）

我国陆相油页岩形成主要受构造、沉积环境、气候等因素控制。也有学者提出我国松辽盆地油页岩形成与海侵事件有关。对于陆相断陷盆地而言，气候和构造运动对内陆盆地油页岩的形成、赋存和分布起着重要的控制作用，很大程度上决定了油页岩矿产的成因和分布规律。中生代油页岩赋存的沉积盆地以坳陷湖盆为主，新生代以断陷湖盆为主。表 9－7 列举了几个我国部分不同时代油页岩矿床的地质特征。

表 9－7　我国部分不同时代油页岩矿床的地质特征统计表

时代		代表性矿床	盆地类型	沉积环境	油页岩特征			
					厚度/m	含油率/%	查明储量/10^8t	
							油页岩	页岩油
新生代	新近纪	广东茂名	断陷	湖泊或滨海沼泽	10.00～49.0	6.00～13.66	55.15	3.63
	古近纪	吉林桦甸	断陷	内陆湖	1.00～4.50	6.00～24.80	13.38	1.15
		辽宁抚顺	坳陷	内陆湖	48.00～190.0	3.50～11.81	43.94	2.65
		山东黄县	断陷	内陆河湖	2.00～15.00	9.00～22.00	2.78	0.41
中生代	晚白垩世	吉林农安	坳陷	内陆湖（海侵）	1.00～10.00	3.50～7.00	168.94	9.51
	早白垩世	吉林汪清	断陷	内陆河湖	0.30～3.00	3.50～7.44	1.95	0.14
	中侏罗世	甘肃炭山岭	坳陷	内陆湖	0.70～34.5	5.00～17.00	2.56	0.191
		青海小峡	坳陷	内陆湖	1.15～6.30	5.22～10.52	0.17	0.02
	晚三叠世	陕西彬县	坳陷	内陆湖	0.54～15.00	4.15～8.47	1.57	0.14
晚古生代	早二叠世	新疆妖魔山	前陆盆地	浅海	2.00～25.00	4.65～18.91	2.17	0.15

2.典型油页岩矿区举例

（1）广东省茂名矿区。广东省茂名矿区位于广东省西南，东起电白县羊角公社的禾塘岭，往西经茂名市的金塘圩、砥山和高州县的石鼓圩，西止于化州县的连界圩。矿区呈西北—南东走向，似新月形，走向绵延 50km，南北宽 3～10km，总面积 400km^2。根据地理条件及矿层构造等特征，本矿区又划分为羊角、金塘、石鼓、沙田、新圩、砥山（又称低山）6 个矿。

茂名矿区有价值的油页岩产于古近系油柑窝组上部和新近系尚村组底部。矿体呈单斜状产出，倾角平缓，矿层的走向与倾向变化不大，构造简单。油柑窝组和尚村组油页岩厚度变化及分布情况见图 9－18。

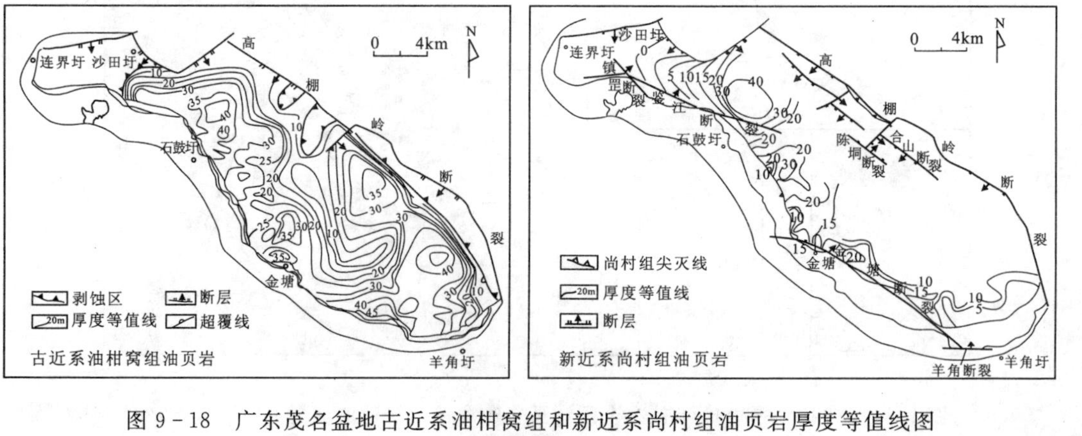

图 9－18　广东茂名盆地古近系油柑窝组和新近系尚村组油页岩厚度等值线图

（据李殿超等，2006）

矿区油页岩一般成一单独矿层，其岩性松软，剥离容易，颜色呈深褐色，日晒后呈淡灰色。垂直于层面方向页岩仅有颜色深浅之变化，而很少有显著的夹石层隔开。页岩结构致密，沿层面有良好的页理。形成环境属滨海沼泽。

茂名矿区为我国最早查明的规模大、质量好、地质情况清楚的主要矿区之一。油柑窝组油页岩含油率和厚度均好于尚村组，油柑窝组为主体矿层，厚度 19.2～46.5m，平均含油率 5.71%～8.39%，最高可达 11.9%；尚村组油页岩厚度 10～40m，但分布不连续，平均含油率为 3.5%～4%，最高为 6.26%；该矿区油页岩可采储量 41.7×10^8t。矿区构造简单，埋藏浅，适于大规模露天开采。金塘矿是正在开采的矿床，位于茂名矿区的中部，沿走向长 7km，宽 3km，面积 21km^2。油页岩产于古近系油柑窝组上部，为一构造简单的独立矿层。

(2) 吉林省桦甸矿区。吉林省桦甸油页岩矿区在桦甸县境内，是我国 20 世纪 50 年代基本查明的油页岩矿区，是吉林省油页岩含油率最高的矿区。桦甸盆地是位于东北聚煤盆地敦密断裂带主干断裂带北侧的小型断陷盆地。盆地内两组断裂将平缓的单斜构造切割为公郎头断块、大城子断块和北台子断块[图 9-19(a)]。公郎头矿位于桦甸盆地东部，大城子矿位于桦甸盆地中心，北台子矿位于桦甸盆地西端台地上，桦甸南部矿位于大城子及北台子矿以南。

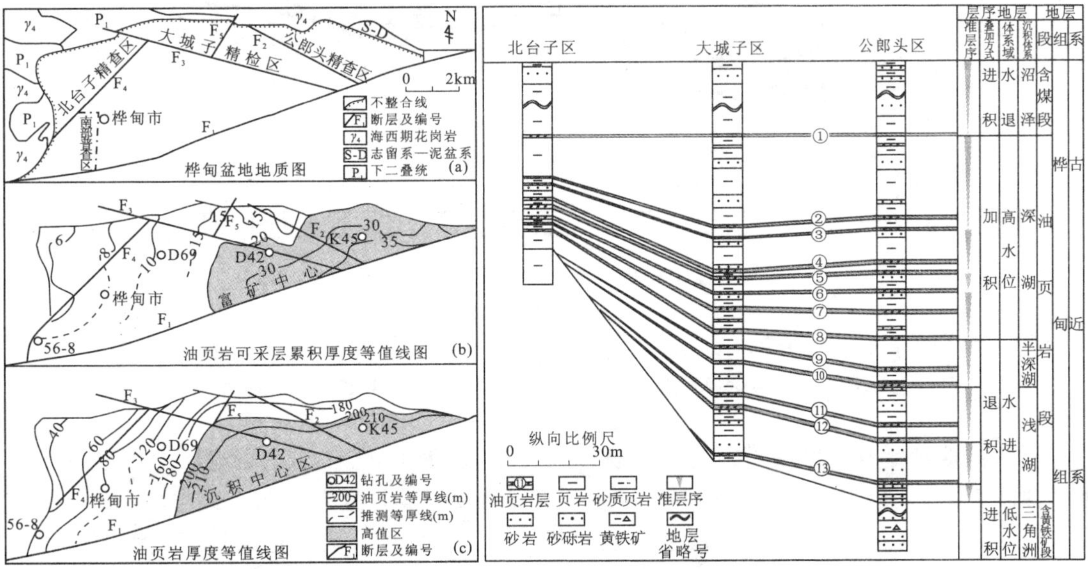

图 9-19　吉林省桦甸盆地油页岩分布和桦甸组沉积层序图

(据王永莉等，2005)

桦甸矿区油页岩产于古近系桦甸组地层，在盆地广泛出露，埋深在 0～500m。该组地层中部主要为油页岩层夹砂岩，下部为含黄铁矿段，上部为含煤段，总厚度 65～244m，共有油页岩 13 层，其中第 1～8 层油页岩全区发育品质好，第 4 层分布稳定品质最好，平均含油率达 14%，各矿层总体沿走向自东往西厚度及层数逐渐变薄变少，但含油率变化则由东往西有逐渐增高的趋势，就垂向变化而言，上部层稳定，下部油页岩层变薄而至尖灭。桦甸油页岩资源储量为 13.38×10^8t，含油率一般为 8%～13%。

桦甸油页岩的形成主要受气候和断裂构造的控制。油页岩形成于古近纪桦甸组，桦甸组共有三段：下部黄铁矿段($E_{2-3}h_1$)、中部油页岩段($E_{2-3}h_2$)、上部含煤段($E_{2-3}h_3$)。油页岩与煤共生，形成于潮湿气候下的浅湖和沼泽环境。盆地内边界同沉积大断裂控制盆地的构造格局和沉积以及页岩富集带的分布，中小型断裂对页岩矿体的厚度影响不大。桦甸油页岩段沉积时盆地为半地堑式箕状断陷，沉积中心位于断裂带 F_1 的公郎头—大城子区一侧，厚度为180～240m，沉降中心与沉积中心一致，油页岩富矿带位置也与沉积中心一致[图 9－19(b)、(c)]，显示了边界同沉积断裂对油页岩矿形成、赋存和分布的控制作用。

(3)辽宁省抚顺矿区。辽宁省抚顺矿区也是我国最早查明的油页岩主要矿区之一，已有50多年的工业开采历史。矿区位于沈阳以东的抚顺地区，东西长达18km，南北宽2～3km。抚顺矿区油页岩出露情况见图 9－20。

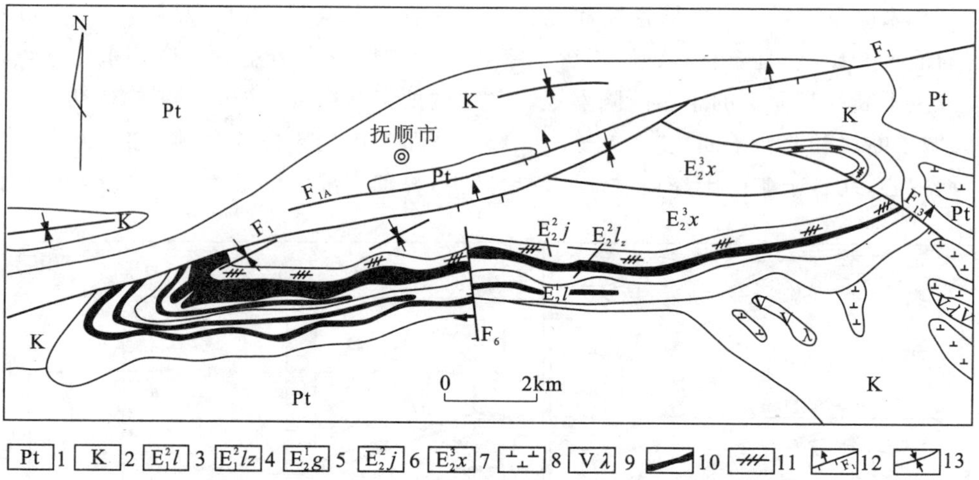

图 9－20 辽宁省抚顺盆地地质图和油页岩出露情况图

(据厚刚福等，2006)

1.元古宇片麻岩；2.白垩系；3.老虎台组；4.栗子沟组；5.古城子组；6.计军屯组；7.西露天组；8.安山岩；9.辉绿岩；10.煤层；11.油页岩；12.断层；13.向斜轴

抚顺盆地位于郯庐断裂带北延东支抚顺-密山断裂带上，矿区油页岩地层为古近系计军屯组和西露天组，直接覆盖在古近系古城子组含煤地层之上，上覆为第四系地层，下伏白垩系地层，白垩系之下为花岗片麻岩，构成了盆地的基底。油页岩可分为古近系计军屯组上部和西露天组富矿层和计军屯组下部贫矿层，油页岩层的厚度变化大，为70～200m，中部夹有0.5～0.8m的煤层；富矿层有机碳含量一般介于8.5%～13.0%，平均为11.4%，有机碳含量达到6%时，含油率才能达到3.5%；油页岩干酪根类型为Ⅰ—Ⅱ型。矿区油页岩总储量为 43.94×10^8 t，含油率为3.5%～12%，平均约为6%。

抚顺矿区油页岩与含煤地层共生，储量大，覆盖层薄，矿层厚而稳定，地层倾斜坡缓。虽然油页岩含油率偏低，但矿区西部的油页岩覆盖在厚煤层上部(图 9－20)，是露天采煤时必须预先剥离的页岩层，开采成本低。抚顺矿区还有三个煤矿，油页岩加热干馏后的页岩残渣可作为矿井的充填材料。

(四)油页岩资源前景分析

1.油页岩油可接替常规石油

全球油页岩资源丰富，开发潜力大，利用时间也较早，但一直没有得到快速发展，主要受油页岩工业成本、开采和利用技术以及环境污染等因素的制约。

油页岩最主要的工业潜力是提炼页岩油。在传统石油供给不足时，页岩油可望成为石油的替代品，或者是在缺少石油资源或石油资源量不足时，为了降低对外依存度，可以用页岩油替代石油，满足经济发展的需要。油页岩可直接用于发电，当煤炭的价格较高时，用油页岩发电才是经济可行的。油页岩除了用于提炼页岩油和发电外，在矿产、化工、医药、建筑和农业方面具有许多可供综合利用的潜在用途。油页岩加热干馏、燃烧和灰渣利用技术的改进和创新，走炼油—化工—发电—多金属提取—建材一体化和综合利用的产业化途径，是实现油页岩的广泛利用和经济、高效、节能、环保及可持续发展的前提。

提取页岩油可通过地面干馏或地下干馏技术，但对环境都会产生污染；页岩油生产过程中放出的热、气、废水和半焦炭物质也可能引起环境问题；环境污染问题需要新的技术创新来加以解决。

能源资源是现代人类社会发展至关重要的条件，在可预见的未来页岩油将可作为重要的油气资源替代产品。据不完全统计，油页岩蕴藏资源量约有 10×10^{12} t，比煤炭资源量多 40%。随着常规原油价格的升高，常规和非常规石油资源量的成本差距将会缩小。最终由于价格上升和技术发展等因素综合作用可使页岩油资源量转化为常规石油资源量。

2. 我国油页岩资源前景分析

我国油页岩资源丰富，油页岩勘探、开采、加工历史悠久，在某些技术上具有自己的优势，随着国民经济发展对能源需求的不断增加，常规油气产量将出现较大的缺口；这将促进油页岩炼油技术的革新和页岩油成本的降低，页岩油与常规油气资源之间的价格差距将会缩小和消失，进而推动油页岩的勘探、开采和综合利用。通过干馏法提炼页岩油，炼油后的半焦作为热电厂燃料，伴生的页岩瓦斯可被利用发电和民用，电厂的灰渣还可以用于微量元素提取和生产建筑材料以及用作混合材料生产水泥，油页岩的综合开发利用和循环经济前景十分广阔。

三、天然气-水合物资源

（一）天然气-水合物的概念和性质

天然气-水合物是在较低温度与较高压力条件下由天然气与水分子 $M\cdot nH_2O$（M 代表气体分子，n 为水合指数）形成的类似冰的笼形结构化合物，又称固态气-水合物。其笼形结构由氢键连接水分子，化学性质亚稳定，标准状态下分解快，遇火燃烧，故又称可燃冰。

天然气-水合物中水分子是主体分子，形成所谓空间点阵结构，气体分子充填于点阵间孔隙中，气体分子与水分子间没有化学计量关系；点阵结构水分子间以较强的氢健结合，气体水分子间以范德华力结合。已经发现天然气-水合物形成的 3 种基本笼型晶体空间结构是立方体型结构，菱形立方体型结构，六方体 H 型结构。3 种结构晶体有 5 种晶穴空间：Ⅰ型为 512 和 51262 两种晶穴空间，Ⅱ型为 512 和 51264 两种晶穴空间，H 型为 512、435663 和 51268 三种晶穴空间。其中，Ⅰ型晶体结构在自然界分布最广泛，仅能容纳甲烷（CH_4）、乙烷（C_2H_6）两种小分子烃及 N_2、CO_2、H_2S 等非烃分子，这种天然气-水合物甲烷普遍构成 $CH_4\cdot5.75H_2O$ 的几何格架；Ⅱ型结构天然气-水合物除包容 CH_4、C_2H_6 等小分子以外，菱型立方晶体结构中水分子间孔隙较大，形成较大的笼形，可容纳丙烷（C_3H_8）、异丁烷（iC_4H_{10}）等烃类；H 型结构笼形最大，甚至可以容纳直径超过异丁烷（iC_4H_{10}）的分子，如 iC_5H_{12}。天然气-水合物以上 3 种笼形空间结构可以容许直径在 7.6～10.4Å（$1Å=10^{-10}$ m）之间的分子进入，其中，实测 H

型结构的笼形直径达到10.4Å。Ⅱ型和H型比Ⅰ型结构天然气-水合物化学性质稳定。H型结构天然气-水合物早期仅发现于实验室，1993年才在墨西哥湾大陆斜坡发现其天然产物。除墨西哥湾以外，在格林大峡谷地区也发现了Ⅰ、Ⅱ、H型3种结构的天然气-水合物共存的现象。天然气-水合物中含甲烷分子超过99%者可称甲烷水合物(methane hydrate)，但是在无确切资料情况下一般还是应以天然气-水合物相称。天然气-水合物气体组成以CH_4为主，含C_2H_6、C_3H_8、C_4H_{10}等同系物。它们完全区别于CO_2、N_2、H_2S等与水形成的非烃系列水合物。

由于独特的晶体结构与分子空间构型决定了天然气-水合物独特的高浓集气体的能力，在标准状态下，单位体积天然气-水合物最多可释放出164m^3甲烷气体。

目前从自然界中发现的天然气-水合物多见白色、淡黄色、浅灰色、暗褐色，呈亚等晶轴状、层状、针状晶体。具有4种以上存在方式：①结核晶体状，出现在粗粒岩石孔隙之间；②球粒状，分散于细粒岩石之中；③薄层状，存在于沉积物或填充于裂缝中；④厚层大块状，分布于沉积层中或海底。

（二）天然气-水合物形成条件

由图9-21(a)可知天然气-水合物形成的温压条件，当温度在0～20℃，所需压力在2～25MPa，温度越低所需压力越小；图9-21(b)说明在永久冻土区天然气-水合物稳定的深度和温度范围以及温度和深度(压力)关系。天然气-水合物广泛分布于极地和高纬度地区的永久冻土带和大陆边缘外海域。全球天然气-水合物主要发现于上述两类地区：①永久冻土(Permafrost)地区占全球陆地面积27%，可存在于地下130～2 000m的深度范围内，如北极地区永久冻土带一般厚250～600m，可形成1 000m的天然气-水合物带，南极冰盖区可形成2 000m的天然气-水合物带；②大陆边缘外占大洋面积的10%，水深300～3 000m的海底沉积物内可形成几百米到上千米的天然气-水合物带。大量的地球物理资料显示近海大陆边缘海底以下天然气-水合物有异常的地震反射和测井响应特征，海底以下含天然气-水合物地层底界地震反射界面称为似海底反射(bottom - simulating Reflectors，BSR)，BSR主要出现在天然气水合物稳定带的底部(图9-22)，深度范围在100～1 100m。

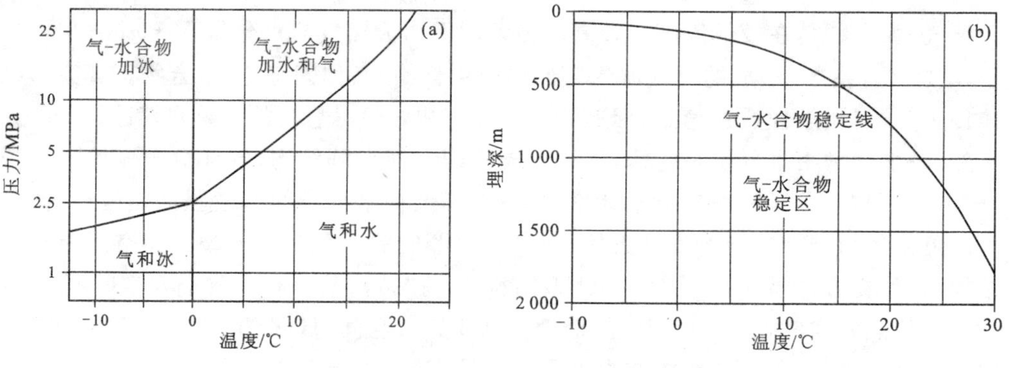

图9-21 天然气-水合物形成的温压条件图

(据Holder *et al.*，1987；Perrodon，1993)

天然气-水合物的形成环境需要有大量的天然气供给，根据Kvenvolden(1996)研究，全球天然气-水合物样品中的甲烷碳同位素$\delta^{13}C_1$值分布在-57‰～-73‰，这可能说明了天然气-水合物中甲烷主要是生物成因的，而热成因和混合成因的天然气可能仅占有次要地位。

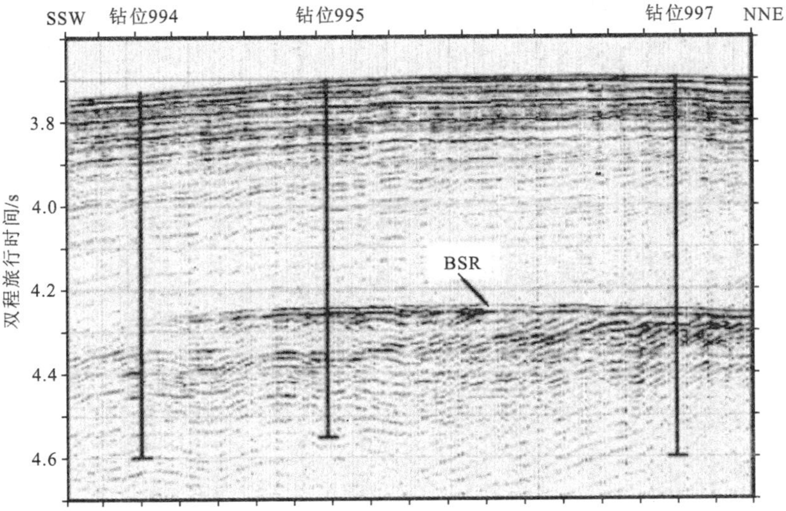

图 9-22 海底以下含天然气-水合物地层底界似海底反射界面
(据 Collett,2002)

(三)天然气-水合物资源分布和资源量

(1)天然气-水合物资源分布:根据20世纪90年代以来多次估算,全球天然气-水合物的总量换算为甲烷气体可高达$(1\sim20)\times10^{15}m^3$。图9-23说明全球天然气-水合物所占有的有机碳是全球石油、天然气和煤炭等化石燃料有机碳的两倍。

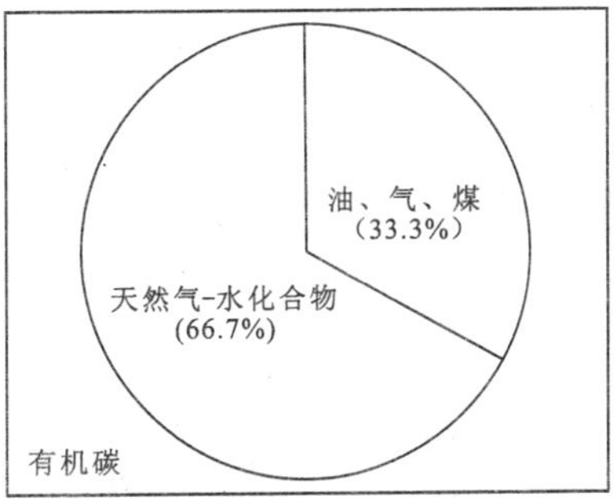

图 9-23 全球天然气-水合物与石油、天然气和煤炭的有机碳含量对比图
(据 Kvenvolden,1993)

从大地构造的角度来讲,天然气-水合物主要分布在聚合大陆边缘大陆坡、被动大陆边缘大陆坡、内陆海及边缘海深水盆地和海底扩张盆地等构造单元中。海底天然气水合物通常分布在水深200~800m以下,主要赋存于陆坡、岛坡和盆地的浅层沉积物或沉积岩中。陆地上的天然气-水合物主要分布于高纬度极地永久冻土带之下,或者大陆边缘的斜坡和隆起处,例如,在格陵兰和南极地带巨厚的冰川盖层之下和西西伯利亚、加拿大马更些三角地永久冻土带之下。

目前,全球已发现116处潜在的天然气-水合物产地(图9-24)。其中,美国和加拿大沿海地区、危地马拉海岸、印度洋、日本海域和俄罗斯的鄂霍茨克海等15处通过钻井取样确认。中国的东海海域、南海海域和青藏高原也具有天然气-水合物分布的广阔前景;20世纪90年代初,我国在实验室人工合成了甲烷气-水合物;2007年5月我国在南海成功钻探获取天然气-水合物样品。

(2)全球天然气-水合物资源量:地球上的天然气-水合物资源量到底有多少尚无定论,1977—1988年,仅根据形成天然气-水合物的低温高压条件来推断其地理分布和估算其资源量,指出世界上约有27%的陆地和90%的海域可能有天然气-水合物分布,得出天然气-水合物资源量为全球化石燃料(石油、天然气和煤)资源量两倍的结论,且绝大多数分布在海洋中。

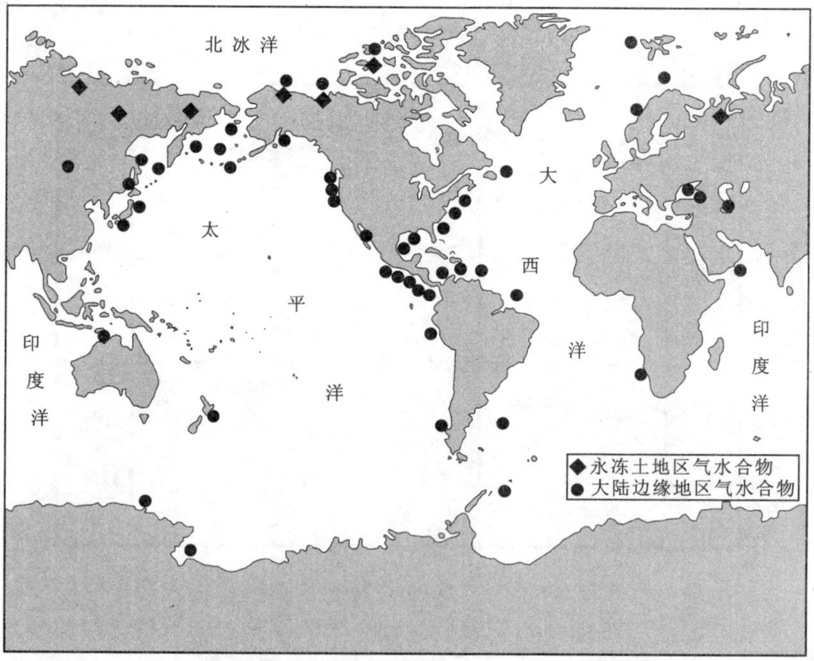

图 9-24 在大陆边缘的海洋沉积物中和永冻土地区已知的和推测的气体水合物分布图
（据 Kvenvolden,1993）

这样的估算显然可靠性较低，因为低温高压条件只是天然气-水合物形成的必要条件，满足于这些条件的区域还要具备良好的其它配置条件才能形成天然气-水合物的聚集。1968 — 1983 年实施的深海钻探计划(deep - sea drilling program,DSDP)和 1988 — 2003 年实施的大洋钻探计划(ocean drilling program,ODP)极大地促进了天然气-水合物的研究，不同研究机构和学者对天然气-水合物资源量进行了多次重新估算，但计算结果出入较大，这说明确切地估算天然气-水合物的资源量仍有相当大的难度。2000 年以来估算的资源量比较早期估算的资源量相差了 1～n 个数量级(表 9-8)；尽管如此，天然气-水合物的资源量仍然相当巨大，只要总

表 9-8 不同学者对全球天然气-水合物甲烷资源量估计值统计表

海域甲烷气量/$10^{15}m^3$	陆地甲烷气量/$10^{15}m^3$	资料来源
2.5～5	0.057	Trofimuk, 1977
3.1	0.31	Mclver, 1981
	0.14	Meyer, 1981
7.6	0.034	Dobrynin, 1981
400		Kvenvolden 和 Claypool, 1988
176		Kvenvolden 和 Grantz, 1990
19.5	0.75	MacDonald, 1990
19.82*		Kvenvolden K. A. , 1993
26.4～139		Gornitz and Fung, 1994
21～40		Max M. D. ,1998
0.38*		Collett Timothy S. ,2000
20*		Collett Timothy S. ,2002
0.38～1*		Soloview V. A. , 2002

注：* 为海洋和陆地的总资源量。

资源量的一少部分是经济可采储量，其也将成为一种巨大的能源资源。据估计仅我国的南海陆坡区面积 $59\times10^4 km^2$ 海域的天然气-水合物总资源量就可达 $845\times10^8 t$ 油当量，其资源总量大约是全国石油与天然气远景资源总量的 1/2（全国石油远景资源量 $1\ 086\times10^8 t$；天然气远景资源量 $45\times10^{12} m^3$）。据美国能源部估计，仅美国（海域＋陆地）的天然气-水合物资源量可达 $(2\ 830\sim8\ 490)\times10^{12} m^3$。

从全球环境和能源战略角度考虑，推进洁净、高效、资源量巨大的天然气-水合物的研究和勘探开发及利用，使其成为广泛使用的替代能源，对保障 21 世纪的能源供给，减少 CO_2 排放对大气造成的影响及温室效应，都将具有现实的和长远的意义。

第十章 油气勘探与油气资源评价

油气是重要的战略能源资源，无论油气生产国还是消费国对油气资源的多少及分布状况都十分关注。据英国BP世界能源统计评论(2003)、美国国家地质调查局(USGS,2000)油气资源评价结果，世界待发现的石油、天然气、凝析油资源量分别为984.95×10^8t、$147.161\ 7\times10^{12}m^3$、$292.42\times10^8$t；在已发现油气田储量的增长潜量中，石油、天然气、凝析油资源量分别为916.91×10^8t、$103.642\ 7\times10^{12}m^3$、$75.34\times10^8$t。世界石油、天然气和凝析油总资源量分别为$4\ 109\times10^8$t、$436\times10^{12}m^3$、$441\times10^8$t。我国是一个油气资源非常丰富的国家，自20世纪80年代以来，我国已先后开展过三轮油气资源评价工作(分别于1987年、1994年和2006年完成)。截至2004年底，我国共发现油田595个，探明石油地质储量246.8×10^8t，可采储量67.34×10^8t，发现气田208个，探明天然气地质储量$4.38\times10^{12}m^3$，可采储量$2.77\times10^{12}m^3$。据第三次(新一轮)常规油气资源评价结果，我国石油远景资源量为$1\ 086\times10^8$t，石油地质资源量765×10^8t，石油可采资源量212×10^8t，天然气远景资源量$56\times10^{12}m^3$，天然气地质资源量$35\times10^{12}m^3$，天然气可采资源量$22\times10^{12}m^3$。我国非常规油气资源潜力也很可观，埋藏深度小于1 500m的煤层气资源量为$(32\sim34)\times10^{12}m^3$；油砂显示很多，分布广泛，油砂矿石油资源量为$70\times10^8$t左右；页岩油资源量约200多亿t；有专家预测南海陆坡和陆隆近$100\times10^4km^2$范围内蕴藏着丰富的天然气水合物资源。此外，青藏高原多年冻土区也可能含有大量的天然气水合物。

油气资源勘探是一项高风险、高技术、高投入和高回报的商业经济活动，也是一项庞大而复杂的系统工程。精细的地质评价和多学科的综合分析工作是油气勘探成败的关键。油气资源评价是油气地质工作的一项重要研究内容，作为油气地质勘探和综合研究与系统工程技术相结合的产物，它是20世纪50年代以后发展起来的一门新型综合性的应用学科，可为国家决策部门编制油气发展规划提供重要依据，对油气公司和国家等各级生产、管理部门制定中、长期发展规划，确定投资规模与方向，布置勘探战略等具有重要参考价值。

本章主要是在已经全面掌握《石油及天然气地质学》基本原理和方法的基础上，简要介绍油气勘探和油气资源评价的基本概念、任务、层次、内容和方法。

第一节 油气勘探

油气勘探是寻找油气过程中各种技术、方法和手段的总称。

一、油气勘探的任务、程序和方法技术

(一)任务

从某种意义上讲，油气勘探过程实质上是不同勘查技术手段的合理组织与实施，是不断获取、处理、分析油气地质信息并对油气资源的分布情况作出合理和科学评价的过程。

（二）程序

油气勘探工作是一个连续的过程，具有完整但又有相对独立的勘探程序。各个勘探阶段之间的相互关系和工作的先后顺序称为勘探程序。

勘探程序按工作的精度要求和工作部署的先后次序可区分为：盆地区域普查阶段、区带详查阶段、圈闭预探阶段和油气藏勘探评价阶段。

从广泛到具体、从粗略到精细，油气勘探过程是一个阶段性很强的工作。从盆地区域普查阶段→区带详查阶段→圈闭预探阶段→油气藏勘探评价阶段，其评价目标分别是盆地、区带、圈闭和油气藏，勘探精度越来越高，研究工作越来越具体，评价结果可信度随评价目标的缩小和工作量的增加而逐步提高。

（三）方法技术

油气勘探涉及多种方法技术，主要包括地面地质调查、卫星遥感遥测、重力、磁法和电法勘探、地球化学勘探、地震勘探、钻井、测井、综合录井、井下测试及试井等。

1. 地面地质调查

对一个特定含油气盆地进行普查和勘探，首先考虑的工作是地面地质调查，因为地面地质调查是所有勘查技术手段中最基础，同时也是最直接、最可靠和最经济的方法。

地面地质调查以查明盆山体系的大地构造属性、构造格架、地层分布和沉积环境以及油气显示为主要任务，同时考察区内的政治、人文、地理、气候及经济环境等，为进一步勘探及其他勘探手段的运用提供意见和建议。地面地质调查可以分阶段安排地质点、路线以及中、大比例尺的地质填图、探槽、浅钻等工作，同时要完成野外点的标记以及样品的采集工作。地面地质调查可以安排在勘探的不同阶段，但主要在盆地勘探的早期进行。

2. 卫星遥感遥测

卫星遥感遥测技术建立在各种遥感图像特殊处理的基础上，通过提取与油气信息有关的“渲晕状”亮区，达到识别油气信息的目的。具体地，是指利用遥感图像对区域构造的反映，从解译与含油气构造有关的断裂和局部构造入手，通过分析区域地质构造的分布和组合特征，研究其形成、发展和演化规律，进而预测有利的含油气区和含油气构造，为盆地的勘探服务。

3. 重力、磁法和电法勘探

重力勘探是以地壳中不同岩石之间的密度差异为基础，通过观测和研究天然重力场的变化规律以查明地下结构及构造的一种物理勘探方法。重力野外测量需按一定的测网和一定的精度要求进行，区域重力调查中的基本比例尺有1∶1000 000、1∶500 000、1∶200 000和1∶100 000四种。前两种主要研究区域构造和地壳深部构造；后两种主要用于油气普查。当对沉积盆地进行深入研究时，如基底断裂、局部构造等，可采用1∶50 000和1∶25 000的比例尺。

磁法勘探是观测地壳内部各种岩石之间因磁性差异而引起的磁场变化，以查明地下结构及构造的一种物理勘探方法。在油气的普查阶段，磁测资料主要用来研究基底的起伏、结晶基底的结构，确定沉积盆地的范围，圈定深大断裂和火成岩的分布，也可以直接找油。

电法勘探是通过研究地下岩层的电性差异和电场分布，来寻找可能的储油构造并确定其埋深、几何形态和面积大小的技术方法。它可分为直流电法勘探、交流电法勘探和固定源建场测深法三类。

4. 地球化学勘探

石油和天然气在形成与运移过程中，总会在岩石、水体、土壤、气体和生物体中留下痕迹，利用这种痕迹形成的地球化学异常进行石油和天然气勘探的技术手段，就是石油天然气地球化学勘探（简称油气化探）。目前，这一技术分析的主要指标有：游离烃、吸附烃、土壤蚀变碳酸岩、热释汞、紫外光谱、氢气、二氧化碳、铀、碘等。

5. 地震勘探

地震勘探是通过人工方法激发地震波，研究地震波在地下岩层中的传播特点，以查明地下地质特征，为寻找油气藏服务的一项技术。地震勘探以其分辨率高和效果突出为主要特点，包括折射波勘探、反射波勘探、横波勘探、转换波勘探以及多波勘探，其中反射波勘探是使用最广的一种。按震源与观测点的相对位置可分为：地面（海上）地震勘探、垂直地震勘探（VSP）、井间地震勘探（CT）。地震勘探主要用于油气详查阶段，以确定局部构造，探明构造类型，圈定油气藏边界，进行层序地层研究和储层及油藏描述。地震勘探的全过程包括野外施工、地震资料处理和解释。地震勘探是油气勘查中运用最普遍、也是最重要的一种勘探技术。

6. 钻井

钻井是利用机械设备，将地层钻成具有一定深度的圆柱形孔眼的工程。钻井技术是油气勘查中最直接和最有效的手段，具有高成本、高效率、获取资料多、可验证性等特征，其目的是确切了解地下地质情况，正确判断储油构造，直接揭示油气层存在与否，为编制油田开发方案提供第一手资料，并形成油气到地面的通道，也可作为油田开采后期注水或注气井。

7. 测井

测井，也叫地球物理测井或石油测井。石油钻井时，在钻到设计井深深度后都必须进行测井，又称完井电测，以获得各种石油地质及工程技术资料，作为完井和开发油田的原始资料。这种测井习惯上称为裸眼测井。而在油井下完套管后所进行的一系列测井，习惯上称为生产测井或开发测井。在油田勘探与开发过程中，测井是确定和评价油、气层的重要手段之一，也是解决一系列地质问题的重要途径，它能直接为石油地质和工程技术人员提供各项资料和数据。与钻井取心相比，它具有施工较简单、效率高、成本低等优点，同时也减轻了工人的劳动强度，提高了石油勘探与开发的效率。

8. 综合录井

录井内容包括钻井地质录井、气测录井、地化录井、钻井液录井、钻井工程参数录井等。主要录井设备包括气测仪、岩石热解色谱仪、P（孔隙度）-K（渗透率）仪、荧光定量分析仪、定量脱气分析仪、二氧化碳检测仪、硫化氢检测仪、岩屑残余气分析仪和 NWD、FEMWE 随钻地层评价仪、连续钻井液滤液矿化度测定仪、钻井振动监测仪，辅以先进的计算机软件、硬件系统，进行现场各种资料的采集、处理、传输，使现场录井与后方基地的管理工作有机地结合，进行动态分析，及时做好地层评价、油气资源评价、地层压力监测、工程施工监测等。

9. 井下测试及试井

地层测试技术是用钻杆传送测试工具，对油气层抽取流体样品、测取压力资料，以及时、准确地取得有关产层特征和技术评价的参数与方法等。通常使用的钻杆测试技术，即中途测试和完井测试，是勘探与开发过程中发现油气层、综合评价描述油气藏的一项不可缺少的配套技术。

二、油气勘探阶段

油气勘探工作是一项具有长期性、交叉性和复杂性的系统工程。如前所述，油气勘探一般可划分为盆地区域普查、区带详查、圈闭预探和油气藏勘探评价等阶段。不同阶段的对象和任务及采用的技术方法是不尽一致的。

（一）盆地区域普查阶段

区域普查必须从整体着眼，查明盆地的区域石油地质条件。评价对象是单一的盆地或在成因、分布和类型上具有相似性的一系列盆地。该阶段的主要任务是圈定有利的生烃坳陷（凹陷），优选油气聚集的有利地带，预测可能存在的油气圈闭类型，估算远景资源量。因此，该阶段的任务设计应从全盆着手，如何用最少的工作量和投资，在最短的时间内获得最多的基础地质资料，查明盆地的区域地质和油气地质条件。主要技术布置包括：地面地质调查、区域地球物理和地球化学、遥感手段以及区域地震勘探和基准井及参数井部署等。

（二）区带详查阶段

区带详查阶段的对象是盆地中的区带或二级构造单元，它是勘探中进行局部评价的基本单位。区带的评价研究是在盆地研究的基础上进行的，目的是提出有利的含油气区带。在经过圈闭识别和分析研究后所估算出来的所有圈闭内可能的潜在资源量，评价可靠性有所增加，但仍未得到钻井证实，评价结果是预探井部署的重要依据。该阶段的工作重心应放在区带及二级构造单元上，更进一步的地面地质调查要及时开展，精度进一步提高的地球物理综合勘探和少数探井是工作的重点，其中地震勘探是该阶段主要的勘探手段。

（三）圈闭预探阶段

圈闭预探阶段的评价对象是圈闭，是从钻探圈闭直到获得油气发现而进行的资源评价。通过该阶段的工作，要进一步增加对油气地质的认识，最终成果要么是对圈闭作否定的回答，要么提交可能的储量，为下一步是否进行详探提供部署依据或作为开发规划的参考。该阶段以发现油气田为目的，主要技术手段是地震详查和预探井。地震详查的测网密度应达到1km×1km 或 1km×2km，达到预探井井位方案程度，第一口预探井应设计在圈闭最有利的部位。预探井如何科学地用最少的钻探工作量，高效率地发现油气田，这是决定预探工作水平的主要指标。

（四）油气藏勘探评价

该阶段的评价对象是油气藏，在勘探评价过程中以及工作结束后计算所得的储量分别是控制储量和探明储量。控制储量可靠性较高，探明储量可靠程度最高，是油气勘查的最终成果之一。该阶段以详探为主，通过加密井（评价井）和地震精查（0.5km×0.5km 或 0.5km×1km）对所发现的油气藏进行评价。评价井主要是完成查明油气藏的任务，保证油气田迅速投入开发。

第二节　油气资源评价

一、油气资源评价的概念、目的和任务

油气资源评价是指分析和计算某一特定区域（小至圈闭，大至全球）地下油气聚集量的过程。在不同地区、不同阶段、针对不同勘探对象和资料详度，采用不同方法进行评价，并依据不同的经济技术指标测算和分析油气资源（储）量存在的特点、分布状况、规模概率与序列等，为勘探开发整体部署、计划安排、工作量测算以及勘探开发效益分析奠定科学基础，并为石油工

业和国民经济计划提供科学决策依据。

油气资源评价是一项理论性、综合性和实践性很强的研究工作，是整个油气勘探程序的重要组成部分。其目的是进一步了解和掌握油气地质规律，提供相应的、不同级别的储量和资源量分布，为油气勘探与开发的规划部署提供科学依据。油气资源评价除涉及现代油气地质理论和勘探开发技术外，还与数学、地球化学、经济学、系统论、预测学、决策科学、人工智能和计算机等学科和技术紧密相关。因此，油气资源评价是油气地质、勘探开发地质综合研究与系统工程技术相结合的一门综合性很强的应用科学。

油气资源评价的主要任务包括：

(1)油气成藏地质背景和成藏条件研究：包括区域地质背景、盆地构造—沉积演化、油气成藏的必要条件和充分条件。

(2)资源评价方法研究：包括方法的选择和评价参数的确定。

(3)资源赋存场所的条件：勘探对象的类型、形态和含油气状况。

(4)资源的有无：勘探对象是否有油气存在。

(5)资源的数量：规模大小、序列和可信度。

(6)资源的分布：资源的时间和空间分布状况。

(7)风险分析和决策分析：对评价对象进行地质风险分析、勘探风险分析、经济评价和针对不同勘探开发方案的决策分析。

(8)资源的勘探开发：勘探目标的排队、资源分析、优选勘探开发部署建议以及中、长期勘探开发规划的编制。

二、资源和储量

油气资源系指地壳中天然富集的石油和天然气的数量，其中部分是目前或潜在经济条件下可采的。它可以根据石油和天然气的赋存状况和开发经济技术条件分为油气储量和油气资源量两大类。资源分类的原则主要有：①地质把握程度；②经济的还是次经济的；③发现的还是未发现的；④近期可采还是不可采的。

油气储量：已经探明或基本探明的，在目前经济技术条件下可以开采利用的那部分油气数量。

待发现的资源：依据现有的地质资料和油气地质理论或勘探经验推测可能存在的油气数量。

经济(商业)资源：无论已识别的或未发现的资源，在当前技术经济条件下，可以采出和值得采出的油气数量。不包括技术上可采但经济上无盈利的可采量，也不包括太小、太分散、太边远，虽在经济上可采但在当前技术意义上不可采的资源。其同义词是可采资源。

我国目前的油气资源评价将石油和天然气资源分为五级：推测资源量、潜在资源量、预测储量、控制储量和探明储量。

推测资源量：区域勘探阶段中，通过地面地质调查、区域地球物理和地球化学勘探、区域钻探等综合勘探技术，利用盆地分析评价方法，推测出的含油气盆地、含油气区(带)蕴藏的远景资源量。推测资源量还未落实到具体勘探目标，是预探部署的重要依据。

潜在资源量：预探过程中，通过以地球物理勘探手段为主的综合勘探，经过圈闭识别和描述，评价、估算出含油气圈闭可能存在的资源量。潜在资源还未经钻探证实，是部署预探井的重要依据。

可采资源量:根据现有技术经济条件能够被开采出的油气资源量。

预测储量:预探阶段完成后,对已获得商业油气流的圈闭,通过圈闭精细描述评价或油气藏早期描述评价,预测出的油气藏的油气储量。它可为一个含油气圈闭的评价勘探打下基础,并为整个含油气区带的进一步预探提供依据。

控制储量:油气藏勘探评价过程中,通过地震勘探和评价井钻探等综合勘探,经过油气藏描述和评价,计算出的油气藏的油气储量。它是油气藏勘探评价的中间成果。

探明储量:油气藏勘探评价阶段完成后,经过油气藏精细描述和评价,计算出的油气藏的油气储量。它是油气藏勘探评价的最终勘探成果,为油气田开发提供依据。国内外常用的油气资源分类方案见表 10-1、表 10-2、表 10-3。

表 10-1 油气资源国际分类方案

<table>
<tr><td colspan="6">资源(储量)</td></tr>
<tr><td colspan="2">探明储量</td><td colspan="2">未探明储量</td><td colspan="2">潜在的可采储量</td></tr>
<tr><td>开发储量</td><td>未开发储量</td><td>可能储量</td><td>预测储量</td><td>未发现的潜在的可采储量</td><td>未来的潜在的可采储量</td></tr>
</table>

表 10-2 油气资源美国分类方案(据 Mckelvey,1972)

<table>
<tr><td rowspan="3"></td><td colspan="3">验证的</td><td rowspan="3">待发现的</td><td rowspan="6">↑
经济价值增大</td></tr>
<tr><td colspan="2">证明的</td><td rowspan="2">推测的</td></tr>
<tr><td>测定的</td><td>显示的</td></tr>
<tr><td>经济的</td><td colspan="3">储量(Reserves)</td><td></td></tr>
<tr><td>次经济的</td><td colspan="3">资源量(Resources)</td><td></td></tr>
<tr><td colspan="5">←地质保证程度增加</td></tr>
</table>

表 10-3 油气资源中国分类方案

<table>
<tr><td colspan="5">已发现储量</td><td colspan="2">未发现远景资源量</td></tr>
<tr><td colspan="3">探明储量</td><td>控制储量</td><td>预测储量</td><td>潜在资源量</td><td>推测资源量</td></tr>
<tr><td>已开发Ⅰ</td><td>未开发Ⅱ</td><td>基本Ⅲ</td><td></td><td></td><td></td><td></td></tr>
<tr><td colspan="4">详探阶段</td><td>预探阶段</td><td>详查阶段</td><td>普查阶段</td></tr>
</table>

三、油气资源评价的对象

在当前广泛开展的油气资源评价工作中,主要是以下列几种油气作为研究对象。

(1)原油(crude oil):在地下天然储集层中以液态形式存在的烃类,其在大气压力、温度条件下仍为液体。原油中可能含有少量的非烃类液体。

(2)天然气(natural gas):在地下天然储集层中以气态或溶于原油中的状态存在的烃类,其在大气温度、压力条件下仍为气体。包括①伴生气(associated gas):与原油接触或溶于原油的天然气,如气顶气、溶解气等;②非伴生气(non-associated gas):在地下储集层内不与原油接触的天然气。

(3)天然气液(natural gas liquids):天然气在分离器、油田地面设备或气体工厂中回收的那部分烃类液体，包括乙烷、丙烷、丁烷、戊烷、天然汽油和凝析油，也可能含少量的非烃类。天然气液又可细分为气厂产品、液化石油气、凝析油等类型。

除上述几种油气作为研究对象外，还有诸如油页岩、煤层气、致密页岩气和固态气水合物等非常规油气等评价对象。

四、油气资源评价的特点

油气资源评价是在现代技术条件下，运用多学科、多手段、多方面的资料和信息，在系统工程思想指导下，以油气地质研究为主线，对油气的过去、现在和将来状况的综合研究。

(1)油气资源评价是地质学、油气地质学、地球物理和地球化学研究的高度综合，离不开各相关学科的共同支持，同时也有利于促进其他相关学科的发展。要研究基本的油气地质特点就必须从盆地形成、演化以及存在现状出发，对盆地的构造、地层、流体、温压场和动力场进行系统研究。

(2)油气资源评价发展的规律要求其本身必须在发展与应用过程中不断吸纳其他有关学科的理论精髓，通过在应用过程中的适应改造而最终成为自身组构的有机部分。油气资源评价技术目前已发展成为知识面广泛、多学科交叉渗透、理论与实践结合紧密的综合研究技术。以计算机技术为例，油气资源的准确评价得益于现代计算机技术的发展，而资源量计算又促进了地质建模与数学分析方法的改进，促进了人工智能、专家系统、仿真模拟以及条件和随机模拟等技术的快速发展。

(3)油气资源评价是勘探开发与决策规划之间联系的纽带和桥梁。资源评价是对石油勘探开发工作与成果的阶段性总结和归纳，综合反映了各个学科的研究水平、勘探开发进展和资源分布现状、规律与风险概率等，同时它也是评价对象进一步研究、工作计划安排、工作量测算、经济分析、整体可行性研究、勘探开发方案合理规划以及策略制订的参考标准。它在专业技术研究和系统决策规划之间起到了有效的沟通作用。

(4)油气资源评价本身有一套逻辑严密的思想方法体系，在石油与天然气地质学中起着不可忽视的积极作用。由于它具有及时性、针对性和评价结论的螺旋上升性，所以一直是指导油气勘探实践的有效依据，也是油气藏发现的重要方法和手段，各国均把油气资源评价工作放在重要位置。

五、油气资源评价的总体思路及一般程序

油气资源评价自始至终贯穿于油气勘探的整个过程，不管勘探程度的高低、勘探对象的大小，其勘探工作中都必须把油气资源评价工作放在第一位。对于新区，是为了尽可能回避高风险目标，提高勘探成功率和效益，做到有目的、有计划地开辟新的勘探领域，建设和培育后备接替基地；对于老区，则是尽可能减少勘探开发工作量的浪费，降低成本，提高整体效益。

油气资源评价的总体思路并不是固定不变或简单划一的，也不存在处处实用的一般工作程序。评价工作的组织者不同，评价的目的和要求就不同；评价工作实施者经验不同、风格不同，所采取的思路、方法技术也就有所不同；评价工作针对不同的对象，应采取不同的思路和程序。

通常情况下，油气资源评价的组织者可分为三类：一是国际组织；二是国家(往往由某一主管部门代为组织)；三是石油公司及其下属单位。与之相对应，油气资源评价也就分出国际、国家和石油公司三个层面。

国际层面的油气资源评价，主要是通过有关会议组织相关专家进行全球油气资源评价与论证；也可由某一国际组织不定期地开展油气资源评价工作，如CCOP（东亚东南亚地学计划协调委员会）于1987—1991年开展的“东亚沉积盆地分析”项目，组织了包括我国在内的8个成员国对东亚陆地及近海主要沉积盆地的油气资源进行评价；也可由某一非国际机构或有关专家开展油气资源评价工作，如USGS（美国地质调查局）2000年公布了其对全球油气资源评价的结果。总体上讲，国际层面的油气资源评价已由原来的成因法（以盆地或凹陷为单元）向总含油气系统法（TPS，以含油气系统为单元）深化，评价精度和结果可靠性有所提高。但无论采用什么方法，其评价的结果均要反映在当时认识水平下的全球资源总量、分布规律及未探明油气资源潜力，为国际、地区和国家能源结构调整、能源政策的制定和国际资源的充分利用提供依据和方向。

国家层面的油气资源评价，一般是由某一代表国家利益并行使油气资源管理权的机构组织实施。如我国于1992—1994年由当时的石油天然气总公司和海洋石油总公司组织24个单位数百名专家开展了第二次全国油气资源评价工作；2003—2006年国家发展和改革委员会、财政部及国土资源部联合组织开展了由政府研究机构、石油公司和大学等17家单位共同参与的新一轮（第三次）油气资源评价，评价对象包括我国陆地和海域400多个主要含油气盆地。国家层面的油气资源评价，其目的是准确掌握国家油气资源状况，特别是剩余油气资源的分布及品质、勘探开发技术的可行性，为制定国家能源政策，促进国家油气资源的有效管理和利用，推进国家工业布局优化和国民经济可持续发展，为保障国家安全提供保证，为国家制定长远规划提供依据。

石油公司层面的油气资源评价，一般是由公司内部专门机构组织实施，也可聘请外部咨询机构和有关专家实施。总体上讲，石油公司是以盈利为目的，所以其油气资源评价一般规模不大，主要是针对自己拥有矿权的区块和将要争取矿权的区块，从资源总量、资源分布状况、资源品质、技术经济可行性、效益等方面进行全面、系统的分析与目标和方案的评价优选。

上述表明，国际层面和国家层面的油气资源评价比较相近，均以弄清油气资源总量分布规律、剩余非探明资源状况和勘探技术可行性为主要目的。而石油公司层面油气资源评价则不同，其主要的目的不仅是确定油气资源状况和勘探技术可行性，而且特别关注油气资源的品质、勘探开发成本及经济可行性，分析经济效益，优选方案等。相应地，油气资源评价的总体思路及工作程序也有所不同。

（一）国家和国际层面

国家和国际层面油气资源评价的范围广阔，对象复杂，往往是大兵团作战，因此其总体思路是以盆地为基本评价单元，在先进的大地构造理论和油气地质理论指导下，开展区域地质背景研究和盆地类型划分与对比，编制相关基础图件，用统一的原则和方法进行资源评价和汇总（图10-1）。

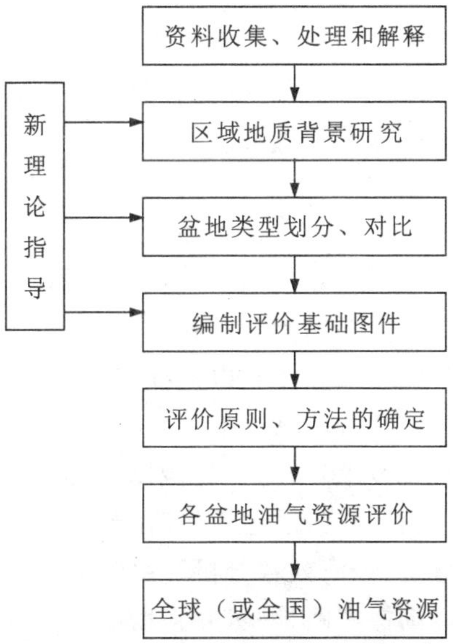

图10-1　国家和国际层面油气资源评价流程略图
（据陈昭年，2005）

其主导思想：一是“动态跟踪”，即每次油气资源评价，不管其方法多么先进，均不可能完全准确地预测油气资源量和分布，达不到一劳永逸的效果，更何况油气资源本身就是一个可随时变化的概念，人类对成藏模式、成藏条件的认识也是逐渐深化，逐渐逼近真理的。所以每隔一段时期，由于成盆、成烃、成藏理论的更新，各地区勘探开发程度和研究程度的加深，新成果、新认识的不断出现，故要求进行新一轮油气资源评价，以紧跟勘探开发形势和人类的认识水平。二是“抓大放小”，在全国乃至全球的资源评价中，理论上所有盆地都应被评价，但实践上办不到，也没有必要。勘探实践表明，少数富烃大盆地的油气资源在全国乃至全球油气资源中所占比例很大。因此，评价中只要抓住这些富烃的大盆地，适当兼顾中型盆地，就能基本上弄清全国乃至全球的资源总量和分布状况，而对占多数的小盆地没有必要进行评价，至少没有必要投入大量人力物力进行精细评价。三是“求同存异”，就是要在评价中，建立统一的评价原则，选择统一的技术方法，确定统一的参数取值准则，以利于结果的进一步汇总和对比分析的开展。对于盆地间成藏模式的差异性等，尽可能地化小或忽略。

在这个层面的油气资源评价中，通常的工作程序是：

第一步：组建评价机构和专家组。

第二步：讨论确定评价的目的、要求和结果的用途。如评价目的是预测中期（5～10 年），还是长期（10 年以上）的油气资源勘探开发潜力；评价对象仅为常规油气资源，还是包括了非常规油气资源；评价范围是全球还是某一特定区域；要求的精度是高是低；结果是用于建立油气资源信息库，还是用于制定能源政策或能源发展规划。

第三步：明确指导思想，制定实施计划。

第四步：召开学术讨论会，组织相应技术培训班，规范术语，统一评价原则、评价方法及参数选取方法。

第五步：收集整理资料，编制基础图表。

第六步：开展盆地分析和含油气系统分析。

第七步：选取参数，进行各盆地油气资源评价。

第八步：进行质量控制，对各盆地评价过程和结果进行分析，改进参数选取方法，提高结果可靠性和可比性。

第九步：汇总，并进行可靠性分析，开展与上次油气资源评价结果的对比分析。

（二）石油公司层面

石油公司层面油气资源评价的范围局限，目标明确，但评价的目的多样。从总体上看，评价的精度和结果的可靠性要求较高，而且评价中基本上都要进行经济可行性分析和决策分析。评价的总体思路是以勘探层（play，也称区带）和勘探目标为基本评价单元，在含油气盆地和含油气系统分析基础上，以先进的成藏理论为指导，先进的技术（甚至包括油藏描述、储层建模及可视化技术等）为工具，对典型油气藏进行深入细致的解剖，建立成藏模式并进而建立评价模型，从含油气性（地质风险）和资源量、资源品质诸方面开展油气资源评价、勘探开发技术可行性分析、经济效益分析和决策分析，筛选有利目标和方案，提出勘探部署建议，评价结果和建议再经勘探实践检验，并将勘探结果等信息反馈给评价人员，以便及时对评价工作进行修正，改进评价模型，使评价结果逐渐逼近客观实际（图 10－2）。

其主导思想：一是在解剖典型油气藏、总结成藏模式和分析成藏条件的基础上建立具体的评价模型，以确保评价结果的可靠性和精度。二是分析油气资源勘探开发技术的可行性，筛选

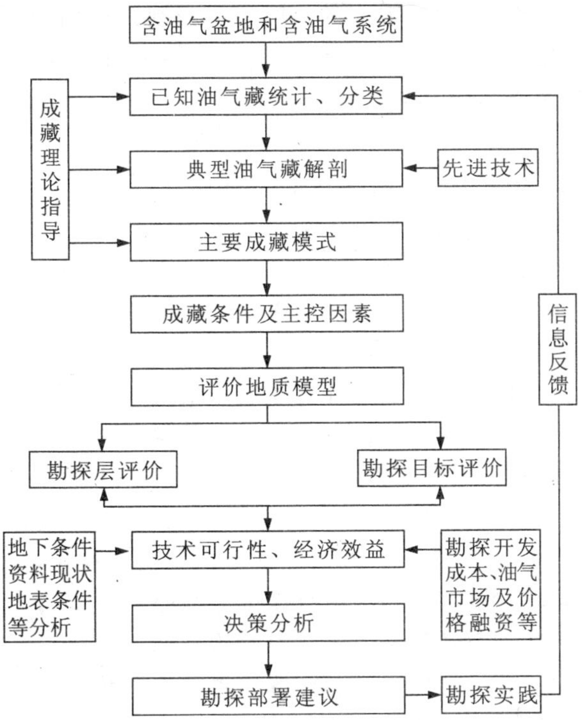

图 10－2 石油公司层面油气资源评价流程略图
（据陈昭年，2005）

可行的勘探层和勘探目标以进行下一步评价。三是分析经济效益，筛选有利可图的勘探层、勘探目标及相应的部署方案，尽可能使勘探回避风险，获得效益。由于各石油公司在油气资源评价方面的概念、目的、思路、技术方法和指标等不同，因而它们在评价的程序方面也千差万别。

六、油气资源评价的层次、内容及方法

目前世界上流行的油气资源评价一般按含油气大区、盆地（坳陷）、区带和圈闭四个层次建立评价程序，对各个层次的油气资源分别进行评价。由于各个层次的规模、对象不同，评价的内容、要求和方法也不同。在油气资源评价中，一般是以盆地为单元，以区带一圈闭为重点，以含油气层系为中心，通过地质评价、油气资源量计算、风险分析、经济分析和决策分析等环节来完成。

（一）含油气大区评价

各个国家为了制定国家油气资源的战略方针和策略，往往在全国范围内划分出若干个评价区。我国在第一次全国油气资源评价中，以油气地质特征和分布规律为基础，结合行政区划、经济地理条件和能源供销规划配置等，将全国划分为东北区、华北区、江淮区、南方区、西北区、青藏区和海域七个评价区；在新一轮油气资源评价中，则将全国划分为东部、中部、西部、南方、青藏和近海六个大区。

含油气大区可以是一个大的地质构造单元，也可以是一个地质、地理甚至与行政区划有关的单元，还可以指一个巨型盆地或一群盆地，这些盆地在地质成因、结构或含油气层系上具有一定相似性，也可以是石油经济性质有共性的地区。

含油气大区评价是一个石油大国或大的跨国公司为制订远期勘探规划而进行的，其目的在于分析、对比含油气大区的含油气特征。含油气大区评价的主要内容包括石油地质综合研究、资源量预测和经济决策分析三部分。

(二)盆地评价

盆地(basin)评价是区域性评价的基本单元，是国家或石油公司为制定中期战略规划而进行的工作。盆地评价是在含油气大区研究的前提下进行的，盆地资源评价是在对盆地勘探地质条件(包括盆地类型、构造、沉积、地热等)、盆地油气地质条件(包括烃源岩、储集层、盖层、圈闭等静态要素和生烃史、排烃史、热史和运聚史等动态作用过程)综合分析的基础上，建立地质模型并求取相关的评价参数，估算油气资源量。

目前油气资源的估算一般是通过资源评价系统来实现的，而不是由单一的方法完成。其主要途径是统计模拟、数字模拟、专家系统三类。常用的盆地资源量计算方法可分为体积法、地球化学法、勘探效果分析法及类比法四大类。

1.体积法

体积法主要包括体积丰度法、体积速度法和体积累加法。体积丰度法就是将资源量作为盆地面积、沉积岩厚度和丰度系数的函数，在具体运算过程中，先将盆地按不同的地层单元、不同的深度单元详细划分为若干个油气资源特征相对均一的区块，而后分别进行各细小区块的资源量估算，最后将各区块的资源量进行汇总；体积速度法是根据盆地内油气资源量与盆地内沉积物充填速度(体积速度)的函数关系对油气资源量进行估算；体积累加法则是由圈闭开始，以区带为单元分别估算各级资源量，最后累加成为盆地的资源量。

2.地球化学法

地球化学法在油气资源的估算中占有重要地位。资源评价的地球化学法是从生烃量计算入手进行资源量估算，其研究途径是从生烃量到排烃量再到聚集量。目前生烃量计算的方法很多，其中最常用的方法主要有氯仿沥青“A”法、干酪根降解数学模型、数字化积分法和热模拟法等。

3.勘探效果分析法

勘探效果分析法是基于实际资料，以历史资料为基础的一种经验外推法。这类方法主要适用于勘探程度较高的地区。目前勘探效果分析法主要包括经验外推法、油田规模序列法、储产量分析法等。

经验外推法是在一个盆地发现高峰已经过去，随着储量发现时间或钻井进尺的累积量增长，而呈现出下降趋势的曲线，据此曲线推测油气资源量；油田规模序列法是根据自然现象的概率分布特征估算资源量；储产量分析法是一种利用累计发现量与累计生产量之间的关系，求得最终累计发现量的方法。

4.类比法

类比法是资源评价中一种常用的方法，它可用于盆地范围内的类比，也可用于一口井甚至某些实验数据的类比。类比法主要包括类比系数法、评分法、比分法等，此类方法适用于任何勘探阶段和地质条件，但多用于勘探早期阶段的油气资源评价之中。类比法的基本过程是首先在已知区(刻度区)建立油气资源定量模型，然后寻找在地质格局上类似已知区的地区(评价区)，最后用已知区的定量模型外推到评价区，从而估算出评价区的资源量。

此外，还有成因评价法、历史统计外推法、特尔菲法与专家系统等。

盆地早期评价主要以盆地整体以及内部二级构造单元为主体研究对象，在基本油气地质理论的指导下，综合运用地面地质、遥感、重力、磁法、电法、化探、区域地震大剖面、水文地质调查以及煤田地质钻孔等一切可利用的资料，开展以盆地构造背景、地层发育、结构组合以及成油气地质基本条件为主导内容的综合研究，比较分析各二级构造单元之间油气地质条件的优劣性，分析建立盆地整体的基本地质概念模型。盆地早期评价的主要目的是分析盆地的基本地质特点，了解烃源岩的发育和分布情况，预测油气资源前景，为盆地评价研究工作的进一步展开和勘探部署中提供地震与参数井布置的科学依据。

（三）区带评价

区带(play)是盆地内具有相同成因联系和成藏条件的所有圈闭或潜在勘探目标的总和，是盆地内油气聚集的基本场所，是为适应局部的油气勘探和评价而产生的过渡性地质单元。从规模上考虑，它是介于盆地(或坳陷、凹陷)与圈闭之间的地质单元。因此，区带可以进一步描述为存在于盆地同一构造带中，具有相同成因联系和油气生、运、聚规律并在地域分布上相邻的一系列圈闭与已发现油气藏(田)的统一组合。其中的圈闭或油气藏可以具有不同的地质特点，或以一类为主，或几类相互组合。它们可以在平面上成带状或块状分布，在剖面上交错叠加。

区带评价是盆地勘探发展到一定阶段后自然产生的、适宜于局部评价和预测的分析方法，它有利于提高对评价对象分布规律以及资源量和储量分析预测的准确性，有利于勘探区块选择和规划部署。区带分析方法已在油气勘探评价中得到了广泛的应用，是石油公司具体操作和把握的基本方法。

我国对区带的研究由来已久，目前认为区带的具体形式有二级构造带、局部构造组合带、有利砂岩储集带以及复式油气聚集(区)带等。在成因类型上，区带有构造型和地层型两种。构造型区带主要依赖于盆地的构造背景和构造演变史，是盆地勘探中最容易圈定、分布最广泛的基本类型；地层型区带则主要依赖于盆地地层发育背景和构造—地层沉积演变，在盆地勘探中具有隐蔽性的特点。两种类型区带在盆地中通常形成复杂组合(表 10－4)。

表 10－4 常见区带分类表

构造型	非构造型(地层型)	混合型(复合型)
披覆背斜带	砂岩上倾尖灭带	构造-岩性带
逆牵引背斜带	透镜体区带	断层岩性带
底辟/盐丘/泥丘构造带	生物礁区带	地层-断层带
挤压背斜带	潜山带	
断块/断阶/断鼻/裂缝带	地层不整合圈闭带	
长垣构造带	地层超覆带	
穹隆背斜带		

区带评价研究是在盆地研究的基础上进行的，同时又丰富和充实了盆地研究。区带评价除了要研究勘探区带所处的区域构造位置、沉积特点、地质演化史、生储油特征外，还必须指出有利的含油气区带圈闭的个数、层位以及圈闭规模和资源的分布概率。

在内容上，区带评价包括构造、生烃、储集层和盖层评价以及勘探效果研究。构造研究的基础是区域地层，在地层对比研究的基础上，进行构造模式的研究和评价。生烃研究是根据有机地球化学理沦，通过对评价区带的沉积相和有机质丰度、类型、成熟度等的相关研究，建立有机地球化学剖面，估算生烃量和排烃量。

依据区带对油气聚集的特殊性和资源量计算的精度要求，目前应用于区带资源量计算的方法主要有圈闭体积法、生-供烃单元法和综合分析法等。

1. 圈闭体积法

其基本原理是对区带内所有圈闭按体积进行资源量计算，然后求和得到区带资源量。对区带资源量计算影响较大的因素包括资料条件和地质条件两种，两者共同构成了风险分析要素。因此资源量计算应按油气聚集类别、圈闭落实程度和圈闭条件依次进行计算，分别乘以不同的条件系数，然后加总并乘以可采系数，最后得到区带分类的可采资源量总和，若乘以风险分析系数则得到风险资源量。

2. 生-供烃单元法

该方法的基本原理是认为含油气层系范围内所生成的烃类将就近运移聚集于含油气区带内。根据地质构造或沉积发育特征划分供烃面积单元，并按其生烃量计算所得的聚集烃量即为资源量。这种方法应用的关键问题是对有效的生-供烃面积单元进行合理划分和界定，然后运用概率模型分析方法对源岩的生、排、供烃量进行预测研究，从而计算分析不同条件概率下的油气资源量。

3. 综合分析法

该方法应用不同的方法和手段，将区带作为基本的地质评价单元进行资源量计算，计算方法有区带类比分析法、地质条件分析法和发现过程模型法等。其中，发现过程模型法综合运用了区带内已知圈闭和油气藏的资料，建立了发现模型并作了理论推导，目前已为美国和加拿大的许多大石油公司普遍采用，国内也得到了较大范围的推广。

区带综合评价是在区带油气地质条件分析、资源量计算、地表地质条件等分析的基础上，进行经济评价，其结果可作为勘探部署的依据。

(四)圈闭评价

圈闭(trap)评价是各级油气资源评价中最具体、最实际的工作，也是勘探阶段的最终目标，其目的在于拟定探井井位，直接发现油气田。圈闭评价是从盆地评价优选出的有利含油气区带进行圈闭准备开始，到圈闭预探获得商业性油气流过程中使用的综合性勘探评价方法。它以油气成藏理论为依据，以计算机为手段，以勘探数据库为依托，充分利用地面物化探资料、钻井资料和综合研究资料，进行圈闭油气地质条件综合评价、资源量估算、圈闭优选、待钻圈闭精细描述，并提出预探井部署设计意见以及钻探圈闭的反馈评价。随着资料的逐渐增加、认识的不断深化，圈闭评价是在滚动中完成的。

在阶段上，圈闭评价可划分为圈闭识别、圈闭优选和圈闭精细描述三个阶段；在内容上，圈闭评价主要包括圈闭风险分析、圈闭可采储量估算、圈闭经济评价等方面。

1. 圈闭风险分析

圈闭风险分析的主要目的是判断一个圈闭是否含有油气。目前采用的方法主要有地质风险概率分析法、模糊数学评价法、圈闭综合评价系数法、风险矩阵法等，考虑的主要因素有资料可靠程度、烃源岩、储集层、盖层及配套史几个方面。各个因素又可以分解为若干个定量描述的子参数。现行使用的地质风险评价在评价内容、方法上都有比较统一的规范和技术，对地质评价参数的取值有统一的定量分级评价标准。在地质评价过程中，对具体地质因素的好坏分析较多，但对所用地质资料的可信度分析较薄弱，需要加强。在圈闭风险分析过程中，要特别重视资料置信度对评价结果的影响。

2.圈闭可采储量估算

一般采用统计法，先根据类比原理确定储量丰度，然后计算圈闭可采储量。计算结果的可靠性依赖于圈闭描述和圈闭地质参数的精度。

3.圈闭经济评价

圈闭经济评价是石油公司决定对圈闭是否进行勘探的最主要指标。采用的方法主要是财务经济评价。整个评价过程中考虑的因素比较多，如圈闭勘探的地理—地质条件、目的层埋深、工作量与资金投入、预期产能及效益分析等，所有的因素均能折算到成本或收益，最终能得出不同时期净现值、投资回报率等。在经济评价过程中，还应特别重视参数敏感性分析。参数敏感性分析包括经济评价过程中所用参数可能的变化范围以及资源量政策的稳定性、政治因素等。常用的方法有圈闭勘探投资分析、圈闭预探效益分析、圈闭预探优先排序等。

主要参考文献

白国平,郑磊.世界大气田分布特征[J].天然气地球科学,2007,18(2):161～167.
白国平.世界碳酸盐岩大油气田分布特征[J].古地理学报,2006,8(2):241～250.
包茨.天然气地质学[M].北京:科学出版社,1988.
查明.断陷盆地油气二次运移与聚集[M].北京:地质出版社,1997.
车长波,杨虎林,刘招君,等.我国油页岩资源勘探开发前景[J].中国矿业,2008,17(9):1～4.
车长波,杨虎林,李富兵,等.我国煤层气资源勘探开发前景[J].中国矿业,2008,17(5):1～4.
陈发景,田世澄.压实与油气运移[M].武汉:中国地质大学出版社,1989.
陈更生,董大忠,王世谦,等.页岩气藏形成机理与富集规律初探[J].天然气工业,2009,29(5): 17～21.
陈红汉.油气成藏年代学研究进展[J].石油与天然气地质,2007,28(2):143～150.
陈建渝,熊书权,毕研鹏,等.断陷盆地中含油气系统的特征[J].石油学报, 2000,21(2):36～41.
陈践发,沈平,文启彬.我国凝析油的成因类型及其地球化学特征和意义[J].沉积学报,1995,13(1):32～40.
陈荣书.天然气地质学(第二版)[M].武汉:中国地质大学出版社,1989.
陈荣书.石油及天然气地质学[M].武汉:中国地质大学出版社.1994.
陈润,秦勇,杨兆彪,等.煤层气吸附及其地质意义[J].煤炭科学技术,2009,37(8):103～107.
陈昭年,石油与天然气地质学[M].北京:地质出版社,2005.
陈振林,许浚远.背斜—水动力复合油(气)藏油(气)水界面产状[J].地球科学,2007,32(1):89～92.
程克明等.烃源岩地球化学[M].北京:科学出版社.1995.
戴金星,裴锡古,戚厚发.中国天然气地质学(卷一)[M].北京:石油工业出版社,1992.
戴金星,秦胜飞,陶士振.中国天然气工业发展趋势和天然气地学理论重要进展[J].天然气地球科学,2005,16(2):127～142.
戴金星等.天然气地质学概论[M].北京:石油工业出版社,1989.
戴金星等.中国天然气地质学(卷二)[M].北京:石油工业出版社,1992.
单玄龙,车长波,李剑,等.国内外油砂资源研究现状[J].世界地质, 2007,26(4):459～464.
窦立荣.油气藏地质学概论[M].北京:石油工业出版社,2001.
方杰,顾连兴,刘宝泉,等.二连盆地稠油地球化学及其成因探讨[J].地质论评,2002,48(3):304～312.
费琪.成油体系分析与模拟[M].北京:高等教育出版社,2001.
付广,陈章明,吕延防,等.泥质岩盖层封盖性能综合评价方法探讨[J].石油实验地质,1998,20(1):80～86.
付孝悦,张修富.西藏高原石油地质[M].北京:石油工业出版社,2005.
傅家谟,刘德汉,盛国英.煤成烃地球化学[M].北京:科学出版社,1990.
傅家谟,刘德汉,天然气运移、储集及封盖条件[M].北京:科学出版社,1992.
傅家谟,秦匡宗.干酪根地球化学[M].广州:广东科技出版社,1995.
傅家谟,盛国英,江继纲.膏盐沉积盆地形成的未成熟石油[J].石油与天然气地质,1985,6(2):150～158.
高岗,黄志龙.油气成藏期研究进展[J].天然气地球科学,2007,18(5):661～666.
关德师,戚厚发,钱贻伯,等.生物气的生成演化模式[J].石油学报,1997,18(3): 31～36.
郭秋麟,米石云,石广仁等.盆地模拟原理方法[M].北京:石油工业出版社,1998.
郭天民等译.石油和天然气的性质(Pedersen,K. S.等著,1989)[M].北京:中国石化出版社,1992.
郭小文,何生,侯宇光.板桥凹陷沙三段油气生成、运移和聚集数值模拟[J].地球科学, 2010,35(1):1～10.
郭旭升,施泽进,李国雄,等.复杂储层识别及预测[M].北京:地质出版社,2006.
国际能源署.世界能源展望[M].北京:地质出版社,2002.
郝芳,等.超压盆地生烃作用动力学与油气成藏机理[M].北京:科学出版社,2005.

郝芳,邹华耀,龚再升,等.新(晚期)构造运动的物质、能量效应与油气成藏[J].地质学报,2006,80(3):424～431.
何生,杨智,何治亮,等.准噶尔盆地腹部超压顶面附近深层砂岩碳酸盐胶结作用和次生溶蚀孔隙形成机理[J].地球科学,2009,34(5):759～768.
何生,何治亮,杨智,等.准噶尔盆地腹部侏罗系超压特征和测井响应以及成因[J].地球科学,2009,34(3):457～470.
何治亮,罗传容,龚铭,等.塔里木多旋回盆地与复式油气系统[M].武汉:中国地质大学出版社,2001.
何治亮,顾忆,高山林.中国西部多旋回演化与油气聚集[J].石油实验地质,2005,27(5):433～438.
何治亮,高山林.中国西部燕山运动及其对油气成藏的控制[J].石油与天然气地质,2008,29(4): 419～427.
厚刚福,董清水,于文斌,等.抚顺盆地油页岩地质特征及其成矿过程[J].吉林大学学报(地球科学版),2006,36(6): 991～995.
胡朝元,廖曦.成油系统概念在中国的提出及其应用[J].石油学报,1996,17(1):10～16.
胡济世.异常高压、流体压裂与油气运移(上)[J].石油勘探与开发,1989,16(2):16～23.
胡济世.异常高压、流体压裂与油气运移(下)[J].石油勘探与开发,1989,16(3):16～23.
胡见义,黄第藩,等.中国陆相石油地质理论基础[M].北京:石油工业出版社,1991.
胡见义,等.非构造油气藏[M].北京:石油工业出版社,1986.
胡见义,等.石油地质学前缘[M].北京:石油工业出版社,2002.
黄传炎,王华,肖敦清,等.板桥凹陷断裂陡坡带沙一段层序样式和沉积体系特征及其成藏模式研究[J].沉积学报,2007,25(3):386～391.
黄第藩,等.陆相有机质演化和成烃机理[M].北京:石油工业出版社.1984.
黄第藩,等.煤成油地球化学新进展[M].北京:石油工业出版社,1992.
黄志龙,赵宝顺,肖中尧,等.盖层微渗漏散失机理与定量模型[J].天然气地球科学,2007,18(1):37～40.
贾振远,等.储集层地质学和封盖条件研究的进展[J].地质科技情报,1992,11(2):47～52.
蒋有录,查明.石油天然气地质与勘探[M].北京:石油工业出版社,2006.
金之钧,张一伟,等.油气成藏机理与分布规律[M].北京:石油工业出版社,2003.
金之钧,朱东亚,胡文瑄,等.塔里木盆地热液活动地质地球化学特征及其对储层影响[J].地质学报,2006,80(2): 245～253.
金之钧.中国典型叠合盆地油气成藏研究新进展(之二)——以塔里木盆地为例[J].石油与天然气地质,2006,27(3): 281～294.
李纯泉,陈红汉,张希明,等.塔河油田奥陶系储层流体包裹体研究[J].石油学报,2005,26(1):42～46.
李殿超,朱建伟,严焕榕,等.广东省茂名盆地油页岩的沉积特征及分布规律[J].吉林大学学报(地球科学版),2006,36(6): 939～943.
李国玉,金之钧,等.世界含油气盆地图集[M].北京:石油工业出版社,2005.
李明诚.石油与天然气运移(第二版)[M].北京:石油工业出版社,1994.
李明诚.石油与天然气运移(第三版)[M].北京:石油工业出版社,2007.
李明宅,张洪年,部建军.生物气的生成演化模式和初次运移特征[J].石油实验地质,1995,17(2):147～155.
李丕龙.隐蔽油气藏形成机理与勘探实践[M].北京:石油工业出版社,2004.
李四光.从大地构造看我国石油资源勘探远景,中国石油天然气勘查与发现[M].北京:地质出版社,1954.
李泰明.石油地质过程定量研究概论[M].东营:石油大学出版社,1989.
李泰明译.大油气田在地壳中的分布规律,(Нестеровь,И. И. 等著,1975)[M].北京:石油工业出版社,1980.
林文庄,王秉忱译.油田水地球化学[M]/(美)A. G. 柯林斯(A. G. Collins)著.北京:石油工业出版社,1984.
刘德汉.包裹体研究-盆地流体追踪的有力工具[J].地学前缘,1995,2(3/4):149～154.
刘德来,等译.油气圈闭勘探[M].北京:石油工业出版社,2002.
刘和甫.含油气盆地的地球动力学环境分析,中国新生代盆地构造和演化[M].北京:科学出版社,1983.

刘孟慧，赵徵林. 碎屑岩储层成岩演化模式[M]. 东营：石油大学出版社，1993.
刘琼，何生，陈振林，等. 江汉盆地西南缘白垩系渔洋组砂岩储集层成岩作用和孔隙演化[J]. 矿物岩石，2007，27(2)：78～85.
刘延莉，等. 岩性地层圈闭研究综述[J]. 世界地质，2006，25(4)：401～406.
刘招君，董清水，叶松青，等. 中国油页岩资源现状[J]. 吉林大学学报（地球科学版），2006，36(6)：869～876.
刘招君，孟庆涛，柳蓉. 中国陆相油页岩特征及成因类型[J]. 古地理学报，2009，11(1)：105～114.
柳蓉，刘招君. 国内外油页岩资源现状及综合开发潜力分析[J]. 吉林大学学报（地球科学版），2006，36(6)：892～898.
卢松年等. 黄骅盆地板桥坳陷凝析气地球化学特征及成因（第四届有机地球化学会议论文集）[M]. 武汉：中国地质大学出版社，1990.
卢松年，张刚. 一种新的凝析油形成模式[J]. 中国科学（B辑），1994，24(1)：81～86.
吕正谋. 山东东营凹陷下第三系砂岩次生孔隙研究[J]. 沉积学报，1985，3(2)：47～561
罗梯夫，罗景琪，译. 石油流体性质[M]（威廉，D. 和麦凯恩，J. R. 著，1973）. 北京：石油工业出版社，1984.
罗蛰谭，王允诚. 油气储层的孔隙结构[M]. 北京：科学出版社，1986.
罗志立，童崇光. 板块构造与中国含油气盆地[M]. 武汉：中国地质大学出版社，1989.
马安来，张水昌，张大江，等. 油气成藏期研究新进展[J]. 石油与天然气地质，2005，26(3)：271～276.
马启富，等. 超压盆地与油气分布[M]. 北京：地质出版社，2002.
马永生，田海芹. 碳酸盐岩油气勘探[M]. 北京：石油工业出版社，1999.
马永生，等. 中国海相油气勘探[M]. 北京：地质出版社，2007.
梅博文. 储层地球化学（译文集）[M]. 中国石油天然气总公司，石油科技专辑(6). 西安：西北大学出版社，1992.
潘钟祥. 不整合对于油气运移聚集的重要性及寻找不整合面下的某些油气藏[J]. 地质评论，1983，29(4)：374～381.
潘钟祥. 石油地质学[M]. 北京：地质出版社，1986.
庞雄奇，陈章明，陈发景. 含油气盆地地史、热史、生留排烃史数值模型研究与烃源岩定量评价[M]. 北京：地质出版社，1993.
庞雄奇，等. 隐蔽油气藏的概念与分类及其在实际应用中需要注意的问题[J]. 岩性油气藏，2007，19(1)：1～8.
彭平安，盛国英，傅家谟，等. 高硫未成熟原油非干酪根成因的证据[J]. 科学通报，1998，43(6)：636～638.
秦建中，等. 中国烃源岩[M]. 北京：科学出版社，2005.
邱南生，胡圣标，何丽娟. 沉积盆地热体制研究的理论与应用[M]. 北京：石油工业出版社，2004.
裘怿楠. 储层地质模型[J]. 石油学报，1993，12(4)：55～62.
石宝珩. 石油史研究辑录[M]. 北京：地质出版社，2003.
石广仁. 油气盆地数值模拟方法（第三版）[M]. 北京：石油工业出版社，2004.
寿建峰，朱国华. 砂岩储层孔隙保存的定量预测研究[J]. 地质科学，1998，32(2)：244～250.
宋国奇，金强，王力，等. 东营凹陷深层沙河街组天然气生成动力学研究[J]. 石油学报，2009，30(5)：672～677.
宋国奇，卓勤功，孙莉. 济阳坳陷第三系不整合油气藏运聚成藏模式[J]. 石油与天然气地质，2008，29(6)：716～720，732.
宋芊，金之钧. 大油气田统计特征[J]. 石油大学学报（自然科学版），2000，24(4)：11～20.
宋岩，徐永昌. 天然气成因类型及其鉴别[J]. 石油勘探与开发，2005，32(4)：24～29.
宋一涛，廖永胜，王忠. 济阳坳陷盐湖沉积环境高硫稠油的特征及成因[J]. 石油学报，2007，28(6)：52～65.
孙万禄，陈召佑，陈霞，等. 中国煤层气盆地地质特征与资源前景[J]. 石油与天然气地质，2005，26(2)：141～146，154.
陶一川. 油气运移的流体动力学机理问题[J]. 石油与天然气地质，1983，4(3)：254～268.
陶一川. 沉积盆地流体运移研究的某些进展[J]. 地质科技情报，1987，6(3)：77～84.

童晓光,牛嘉玉.区域盖层在油气聚集中的作用[J].石油勘探与开发,1989,4:1～8.
妥进才.深层油气研究现状及进展[J].地球科学进展,2002,17(4):565～571.
王才良.世界石油工业140年[M].北京:石油工业出版社,2005.
王才良,周珊.石油科技史话[M].北京:石油工业出版社,2006.
王大锐.油气稳定同位素地球化学[M].北京:石油工业出版社,2000.
王飞宇,金之钧,吕修祥,等.含油气盆地成藏期分析理论和新方法[J].地球科学进展,2002,17(5):754～762.
王芙蓉,何生,何治亮,等.准噶尔盆地腹部永进地区砂岩储层中碳酸盐胶结物特征及其成因意义[J].岩石矿物学杂志,2009,28(2):169～178.
王涵云,杨天宇.原油热解成气模拟实验[J].天然气工业,1982,2(3):28～33.
王华,王方正,周海民,等.渤海湾盆地南堡凹陷演化的热动力学和成藏动力学[M].武汉:中国地质大学出版社,2002.
王华,陆永潮,任建业,等.层序地层学基本原理、方法与应用[M].武汉:中国地质大学出版社.2008.
王华,白云风,黄传炎,等.歧口凹陷古近纪东营期古物源体系重建与应用[J].地球科学,2009,34(3):448～456.
王启军,陈建渝.油气地球化学[M].武汉:中国地质大学出版社,1988.
王尚文.中国石油地质学[M].北京:石油工业出版社,1983.
王铁冠,钟宁宁,侯读杰,等.低熟油形成机理与分布[M].北京:石油工业出版社,1995.
王铁冠,钟宁宁,候读杰,等.中国低熟油的几种成因机制[J].沉积学报,1997,15(2):75～83.
王燮培,费琪,张家骅.石油勘探构造分析[M].武汉:中国地质大学出版社,1990.
王行信,周书欣.泥岩成岩作用对砂岩储层胶结作用的影响[J].石油学报,1990,13(4):20～30.
王行信,周书欣.砂岩储层黏土矿物与油层保护[M].北京:地质出版社,1992.
王英民,邓林,贺小苏,等.海相残余盆地成藏动力学过程模拟理论与方法[M].北京:地质出版社,1998.
王永莉,刘招君,荆惠林,等.桦甸盆地古近系桦甸组油页岩矿床沉积特征[J].吉林大学学报(地球科学版),2005,35(6):720～724.
吴景富,孙玉梅,席小应,等.一种有效的油气成藏研究手段一有机包裹体生物标志物分析:以渤海中部沙东南构造带为例[J].岩石学报,2003,19(2):348～354.
吴胜和,王仲林.陆相储层流动单元研究的新思路[J].沉积学报,1999,17(2):252～256.
肖无然等.天然气盖层的研究方法,石油与天然气地质文集第1集[M].北京:地质出版社,1988.
肖贤明,刘德汉,傅家谟,等.应用沥青反射率推算油气生成与运移的地质时间[J].科学通报,2000,45(19):2123～2127.
解习农,刘晓峰,赵士宝,等.异常压力环境下流体活动及其油气运移主通道分析[J].地球科学,2004,29(5):589～595.
解习农,殷鸿福,谢树成.海相烃源岩的正反演对比分析[J].地球科学,2007,32(6):861～867.
邢卫新,费永涛,杨永毅,等.含油气盆地成藏期分析方法及进展[J].石油地质与工程,2006,20(6):12～15.
徐思煌,梅廉夫,袁彩萍.成烃增压数值模拟[J].石油实验地质,1998,20(3):287～291.
徐永元,等译.石油形成和分布(第二版)(Tissot B. P. 和 Welte D. H. 著,1984)[M].北京:石油工业出版社,1989.
许浚远.再论流体势及其与圈闭和油气藏关[J].地质科技情报,2007,26(1):57～64.
杨天宇,王涵云.原油和干酪根热演化下限模拟实验在研究高变质地区中的应用[J].天然气工业,1984,6(3):21～25.
杨万里.松辽盆地陆相油气生成、运移和聚集[M].哈尔滨:黑龙江科学技术出版社,1985.
杨绪光.论含油气盆地的地下水动力环境的研究[J].石油学报,1989,10(3):27～34.
杨绪光.含油气区地下温压环境[M].东营:石油大学出版社,1993.
杨永才,张枝焕.高蜡凝析油或轻质油的分布特征与成因机理[J].地质科技情报,2005,24(3):55～59.

杨智,何生,何治亮等,准噶尔盆地腹部超压层分布与油气成藏[J].石油学报,2008,29(2):199~205.
姚光庆,孙尚如,周锋德.非常规陆相油气储层[M].武汉:中国地质大学出版社,2004.
姚光庆,蔡忠贤.油气储层地质学原理与方法[M].武汉:中国地质大学出版社,2005.
叶德胜.塔里木盆地东北地区震旦系—奥陶系白云岩的储集性[J].石油实验地质,1992,14(2):125~138.
叶加仁,杨香华,孙永传,周士科,武文来.歧南断阶带温度压力场研究[J].中国海上油气(地质),1997,11(3):161~167.
叶加仁,王连进,邵荣.油气成藏动力学中的流体动力场[J].石油与天然气地质,1999,20(2):182~185.
叶加仁,赵鹏大,陆明德.鄂尔多斯盆地下古生界油气地质动力学研究[J].中国科学(D辑),2000,30(1):40~46.
叶加仁,郝芳,陈建渝.辽河盆地大民屯凹陷流体动力场特征[J].石油与天然气地质,2001,22(2):128~132.
叶加仁,顾惠荣.东海陆架盆地西湖凹陷油气成藏动力学[J].天然气工业,2005,25(12):5~8.
叶加仁,陈海红,陈景阳,顾惠荣.东海西湖凹陷成藏流体历史分析[J].天然气工业,2006,26(9):40~43.
袁明生,潘懋,童享茂,等著.低渗透裂缝性油藏勘探[M].北京:石油工业出版社,2000.
翟光明,高维亮.中国石油地质学[M].北京:石油工业出版社,2005.
张博全.压实在油气勘探中的应用[M].武汉:中国地质大学出版社,1992.
张厚福.石油地质学新进展[M].北京:石油工业出版社,1998.
张厚福,等.石油地质学[M].北京:石油工业出版社,1999.
张金亮,常象春.深盆气——地质理论及应用[M].北京:地质出版社,2002.
张庆春,石广仁,田在艺.盆地模拟技术的发展现状与未来展望[J].石油实验地质,2001,23(3):312~317.
张树林,田世澄.油气初次运移研究方法的探讨[J].地球科学,1990,15(1):87~92.
张树林,费琪,叶加仁.渤海湾盆地边缘凹陷的构造意义[J].石油实验地质,2006,28(5):409~413.
张水昌,梁狄刚,张宝民,等.塔里木盆地海相油气的生成[M].北京:石油工业出版社,2004.
张文昭.当代中国油气勘探重大发现[M].北京:石油工业出版社,1999.
张文昭.中国大油气田勘探实践[M].北京:石油工业出版社,2002.
张义刚,等.天然气的生成聚集和保存[M].南京:河海大学出版社,1991.
张义纲.天然气动态平衡成藏的四个基本条件[J].石油实验地质,1991,13(3):210~221.
张子枢.世界大气田概论[M].北京:石油工业出版社,1990.
赵澄林,陈丽华,涂强,等.中国天然气储层[M].北京:石油工业出版社,1999.
赵靖舟.油气水界面追溯法——研究烃类流体运聚成藏史的一种重要方法[J].地学前缘,2001,8(4):373~378.
赵靖舟.油气成藏年代学研究进展及发展趋势[J].地球科学进展,2002,17(3):378~382.
赵靖舟,宋立军,时保宏.中国大陆区煤层气盆地划分原则与方案探讨[J].地质学报,2008,82(10):1402~1407.
赵孟军,宋岩,潘文庆,等.沉积盆地油气成藏期研究及成藏过程综合分析方法[J].地球科学进展,2004,19(6):939~946.
赵文智.石油地质综合研究导论[M].北京:石油工业出版社,1999.
赵文智.石油地质理论方法进展[M].北京:石油工业出版社,2003.
赵霞飞.陆相低渗透储层形成机制与区域评价[M].北京:地质出版社,2002.
赵旭东.石油资源定量评价[M].北京:地质出版社,1988.
周江羽,吴冲龙.鄂尔多斯盆地的地热场特征与有机质成熟史[J].石油实验地质,1998,20(1): 20~24.
周雯雯,张伙兰.珠三坳陷有机包裹体应用研究[J].岩石学报,2000,16(4):677~686.
朱光有,张水昌,梁英波.四川盆地深部海相优质储集层的形成机理及其分布预测[J].石油勘探与开发,2006,33(2):161~166.
朱建辉,江兴歌,徐旭辉,等.盆地模拟实践与进展[M].北京:石油工业出版社,2005.

朱夏.试论中国中新生代油气盆地的地球动力学背景,《中国中新生代盆地构造和演化》[M].北京:科学出版社,1983.

邹才能,陶士振.中国大气区和大气田的地质特征[J].中国科学D辑:地球科学,2007,37(增刊Ⅱ):12~28.

邹才能,赵文智,贾承造,等.中国沉积盆地火山岩油气藏形成与分布[J].石油勘探与开发,2008,35(3):257~271.

邹才能,陶士振,袁选俊,等."连续型"油气藏及其在全球的重要性:成藏、分布与评价[J].石油勘探与开发,2009,36(6):669~682.

Allen P. A. and Allen J. R. Basin analysis: principles and applications[M]. Oxford, England: Blackwell Scientific Publications,1990.

Anderson R. N. ,He W. and Hobart M. A. . Active fluid flow in the Eugene Island Area,offshore Louisiana [J]. Geophysics,1991,10(4):6.

Athy L. F. Density,porosity,and compaction of sedimentary rocks[J]. AAPG Bulletin,1930,14(1):1~24.

Ayers Jr W. B. Coalbed gas systems,resources and production and a review of contrasting cases from the San Juan and Powder River basin[J]. AAPG Bulletin,2002,86(11):1853~1890.

Berg R. R. Capillary pressures in stratigraphic traps[J]. AAPG Bulletin,1975,59(6):939~956.

Bethke C. M. A numerical model of compaction - driven groundwater flow and heat transfer and its application to the paleohydrology of intracratonic sedimentary basin[J]. Journal of Geophysical Research,1985,90: 6817~6828.

Burnham A. K. and Sweeney J. J. A chemical kinetic model of vitrinite maturation and reflectance[J]. Geochimica et Cosmochimica Acta,1989,53,2649~2657.

Chapman R. E. Petroleum Geology[M]. New York: Elsevier Science Publishing Company INC,1983.

Chen H. H. ,Chen C. M. ,Pang X. ,*et al*. Natural gas sources,migration and accumulation in the shallow water area of the Panyu lower uplift: An insight into the deep water prospects of the Pearl River Mouth Basin, South China Sea[J]. Journal of Geochemical Exploration,2006,89(1—3):47~52.

Collett T. S. Energy resource potential of natural gas hydrates[J]. AAPG Bulletin,2002,86(11):1971~1992.

Curtis J. B. Fractured shale - gas systems[J]. AAPG Bulletin,2002,6(11):921~1938.

Deming D. Oil: are we running out? in M. W. Downey,J. C. Threet and W. A. Morgan,eds. ,Petroleum provinces of the twenty - first century[J]. AAPG Memoir,2001,74:45~55.

Dickey P. A. Possible primary migration of oil from source rock in oil phase[J]. AAPG Bulletin,1975,59(2): 337~345.

Dow W. G. Application of oil correlation and source rock data to exploration in Williston Basin[J]. AAPG Bulletin,1974,58(7):1253~1262.

Dow W. G. Kerogen studies and geological interpretations[J]. Journal of Geochemical Exploration,1977,7 (2):77~79.

Downey M. W. Evaluating seals for hydrocarbons accumulation[J]. AAPG Bulletin,1984,68(11):1752~1763.

Düppenbecker S. J. and Lliffe J. E. (eds.). Basin modelling: practice and progress[M]. London: the Geological Society. 1988.

Eadington P. J. ,Hamilton P. J. and Bai G. P. Fluid history analysis - A new concept for prospect evaluation [J]. the APEA Journal,1991,31(1):282~294.

England W. A. ,Mackenzie A. S. ,Mann D. M. ,*et al*. The movement and entrapment of petroleum fluids in the subsurface[J]. Journal of the Geological Society,1987,144(2):327~347.

England W. A. and Fleet A. J. Petroleum Migration[M]. London: The Geological Society. 1995.

Feng Y. ,Chen H. H. ,He S. ,*et al*. Fluid inclusion evidence for a coupling response between hydrocarbon charging and structural movements in Yitong Basin,Northeast China[J]. Journal of Geochemical Exploration,2010,106(1－3):84～89.

Fuex A. N. The use of stable carbon isotopes in hydrocarbon exploration[J]. Journal of Geochemical Exploration,1977,7(1):155～188.

Hamilton P. J. ,Kelly S. and Fallick A. E. K－Ar dating of illite in hydrocarbon reservoirs[J]. Clay Minerals, 1989,24(2):215～231.

Hao F. ,Guo T. L. ,Zhu Y. M. ,*et al*. Evidence for multiple stages of oil cracking and thermochemical sulfate reduction in the Puguang gas field,Sichuan Basin,China [J]. AAPG Bulletin,2009,92(5):611～637.

Hao F. Zhou X. H. ,Zhu Y. M. ,*et al*. Charging of the Neogene Penglai 19－3 field,Bohai Bay Basin,China: Oil accumulation in a young trap in an active fault zone[J]. AAPG Bulletin,2009,93(2):155～179.

Hao F. ,Zhou X. H. ,Zhu Y. M. ,*et al*. Mechanisms of petroleum accumulation in the Bozhong sub－basin,Bohai Bay Basin,China. Part 1:Origin and occurrence of crude oils[J]. Marine and Petroleum Geology, 2009,26(8):1528～1542.

He S. ,Middleton M. and Tang Z. H. Characteristics and origin of underpressure system in the Shiwu Fault Depression,south－east Songliao Basin,China[J]. Basin Research,2000,12:147～158.

He S. and Middleton M. Heat flow and thermal maturity modelling in the Northern Carnarvon Basin of the North West Shelf,Australia[J]. Marine and Petroleum Geology,2002,19:1073～1088.

He S. and Middleton M. Pressure seal and deep overpressure modelling in the Barrow Sub－basin,Northern Carnarvon Basin of the North West Shelf,Australia[J]. In Keep,M. & Moss,S. J. (eds.),The Sedimentary Basins of Western Australia,2002,3:531～549.

Hogg A. J. C. ,Hamilton P. J. and Macintyre R. M. Mapping diagenetic fluid flow within a reservoir K－Ar dating in Alwyn area (UK North Sea)[J]. Marine and Petroleum Geology,1993,10(2):279～294.

Hubbert M. K. Entrapment of petroleum under hydrodynamic conditions[J]. AAPG Bulletin,1953,37(8): 1954～2026.

Hunt J. M. Petroleum geochemistry and geology[M]. San Francisco:W. H. Freeman and Company. 1979.

Hunt J. M. Generation and migration of petroleum from abnormally pressured fluid compartments[J]. AAPG Bulletin,1990,74(1):1～12.

Hunt J. M. Petroleum geochemistry and geology (2nd ed.)[M]. San Francisco:W. H. Freeman and Company,1996.

Klemme H. D. and Ulmishek G. F. Effective petroleum source rocks of the world:stratigraphic distribution and controlling depositional[J]. AAPG Bulletin,1991,75(12):1809～1851.

Law B. E. Basin－centered gas systems[J]. AAPG Bulletin,2002,86(11):1891～1919.

Lerche I. *et al*. Determination of paleoheat flux from vitrinite reflectance data[J]. AAPG Bulletin,1990,68 (11):1704～1717.

Lerche I. Basin analysis:Quantitative methods[M]. Academic Press. San Diego. 1990.

Levorsen A. I. Geology of petroleum (2nd ed.)[M]. San Francisco,W. H. Freeman and Company. 1967.

Levorsen A. I. Geology of petroleum－San Francisco[M]. W. H. Freeman and co. 1956.

Levorsen A. I. The obscure and subtle trap[J]. AAPG Bulletin,1966,50(10):2058～2067.

Leythaeuser D. ,Schaefer R. G. ,Radke M,*et al*. Recognition of migration and its effects with in two core holes in shale/sandstone sequences from Sualbord,Norway[J]. Advance in Organic Geochemistry,1981,136～146.

Li Maowen,Yongsong Huang,Mark Obermajer,*et al*. Hydrogen isotopic compositions of individual alkanes as a new approach to petroleum correlation:case studies from the Western Canada Sedimentary Basin[J]. Organic Geochemistry,2001,32:1387～1399.

Luo X. R. ,Wang Z. M. ,Zhang L. Q. ,*et al*. Overpressure generation and evolution in a compressional tectonic setting,the southern margin of Junggar Basin,northwestern China[J]. AAPG Bulletin,2007,91(8):1123 ～1139.

Luo X. R. ,Zhou B. ,Zhao S. X. ,*et al*. Quantitative estinmates of oil losses during migration,Part I:the saturation of pathways in carrier beds[J]. Journal of Petroleum Geology,2007,30(4):375～387.

Luo X. R. ,Yan J. Z. ,Zhou B. ,*et al*. Quantitative estimates of oil losses during migration,Part II:measurement of residual oil saturation in migration pathways[J]. Journal of Petroleum Geology,2008,31(2):179 ～190.

MacDonald G. J. The many origin of natural gas,in W. J. Gwilliam,ed. ,Deep Source Gas Workshop Technical Proceeding[J]. Morgantwo Energy Center,1982,17～47.

Magara K. Compaction and fluid migration[M]. Developments in Petroleum Science, No. 9, New York, Elsevier Scientific Publishing Co. 1978.

Magara K. Efficiency of petroleum concentration in major petroliferous basins. Journal of Petrol[J]. Geol. 1982,15 (1):71～86.

Magoon L. B. and Dow W. G. (eds.),Petroleum system - from source rock to trap[J]. AAPG Memoir,1994, 60.

Martin R. L. ,Winters J. C. and Williams J. A. Distribution of n - paraffins in crude oils and their implications to origin of petroleum[J]. Nature,1963,199:1190～1193.

Miall A. D. Principles of sedimentary basin analysis (second ed.)[M]. Springer - Verlag. 1990.

Miller R. G. The global oil system:the relationship between oil generation,loss,half - life,and the world crude oil resource[J]. AAPG Bulletin,1992,76(4):489～500.

Nelson R. A. Geologic analysis of naturally fractured reservoirs - Houston[M]. Gulf pub. Co. ,1985.

Nils Einar Aase,Per Arne Bjφrkum,Paul H. Nadeau. The effect of grain - coating Microquartz on preservation of reservoir porosity [J]. AAPG Bulletin,1996,80(10):1654～1673.

North F. K. Petroleum geology[M]. Boston,Allen and Unwin,1985,607.

Osborne M. J. and Swarbrick R. E. Diagenesis in North Sea HPHT elastic reservoirs consequences for porosity and overpressure prediction[J]. Marine and Petroleum Geology,1999,16(4):337～353.

Peters K. E. and Moldowan J. M. The biomarker guide:interpreting molecular fossils in petroleum and ancient sediments[M]. Englewood Cliffs,New Jersey:Prentice Hall. 1993.

Peters K. E. ,Walters C. C. and Michael Moldowan. The biomarker guide[M]. United Kingdom,Cambridge University Press. 2005.

Ping H. W. ,Chen H. H. ,Song G. Q. ,*et al*. Oil cracking of deep petroleum in Minfeng sag in north Dongying depression,Bohai Bay basin,China:Evidence from natural fluid inclusions[J]. Journal of Earth Science, 2010,21(4):455～470.

Rice D. D. Biogenic gas:controls,habitats,and resource potentials//Howell,D. G. [J]. The future of energy gases. US Geological Survey Professional Paper 1570,1993:583～606.

Roehl P. O. and Choquette P. W. (eds.). Carbonate petroleum reservoirs (Casebooks in earth science)[M]. Springer - Verlag,New York. 1985。

Schmidt V. and Mcdonald D. A. The role of secondary porosity in the course of sandstone diagenesis[M]. SEPM Special publication. 1979.

Schmoker J. W. Empirical relation between carbonate porosity and thermal maturity - an approach to regional porosity prediction[J]. AAPG Bulletin,1984,68(11):1697～1703.

Schmoker J. W. and Gautier D. L. Sandstone porosity as a function of thermal maturity an approach to porosity comparison and prediction[J]. Geology,1989,16(11):1697～1703.

Schmoker J. W. and Gautier D. L. Compaction of basin sediments - modeling based on time - temperature history[J]. Journal of Geophysical Research - Solid Earth and Planets,1989,94(B6):7379～7386.

Schmoker J. W. and Gautier D. L. Compaction of basin sediments - modeling based on time - temperature history - reply[J]. Journal of Geophysical Research - Solid Earth and Planets,1990,95(B4):5155～5157.

Schoell M. The hydrogen and carbon isotopic composition of methane from mature gases of various origins[J]. Geochimica et Cosmochimica Acta,1980,44(5):1033～1049.

Schoell M. Genetic characterization of natural gases[J]. AAPG Bulletin,1983,67(12):2225～2238.

Selley R. C. Element of petroleum geology(second edition)[M]. San Diego:Academic Press Limited,1998.

Shepherd T. J. and Darbyshire D. P. F. Fluid inclusion Rb - Sr isochrones for dating mineral deposit[J]. Nature,1981,290(5807):578～579.

Snowden L. R. and Powell T. G. Immature oil and condensate - Modification of hydrocarbon generation model for terrestrial organic matter[J]. AAPG Bulletin,1982,66(6):775～788.

Stahl W. J. Carbon Isotope fractionations in natural gases[J]. Nature,1974,251(5471):134～135.

Stahl W. J. Carbon isotopes in petroleum geochemistry[C]. In:E. Jager and J. Hunziker (eds.),Lectures in isotope geology,Springer - Verlag. 1979.

Sweeney J. J. and Burnham A. K. Evaluation of a simple model of vitrinite reflectance based on chemical kinetics[J]. AAPG Bulletin,1990,74(10):1559～1570.

Tissot B. P. and Welte D. H. Petroleum formationand occurrence[M]. Berlin,DEU:Springer - Verlag. 1978.

Tissot B. P. and Welte D. H. Petroleum formation and occurrence (2nd ed.)[M]. Berlin,DEU:Springer - Verlag. 1984.

Ungerer P. ,Burrus J. ,Doligez B. ,*et al*. Basin evaluation by integrated two - dimensional modeling of heat transfer,fluid flow,hydrocarbon generation and migration[J]. AAPG Bulletin,1990,74(3):309～335.

Waples D. W. Time and temperature in petroleum formation:Application of Lopatin's method to petroleum exploration[J]. AAPG Bulletin,1980,64(6):916～926.

Waples D. W. Thermal models for oil generation[C]. In:Advances in Petroleum Geochemistry,1984.

Welte D. H. *et al*. Petroleum origin and accumulation in basin evolution - A quantitative model[J]. AAPG Bulletin,1981,65(8):1387～1396.

Welte D. H. ,Horsfield B. and Baker D. R. Petroleum and basin evaluation[M]. Berlin:Springer Verlag. 1997.

Wenger L. M. and Isaksen G. H. Control of hydrocarbon seepage intensity on level of biodegradation in sea bottom sediments[J]. Organic Geochemistry,2002,33:1277～1292.

Wenger L. M. ,Davis C. L. and Isaksen G. H. Multiple controls on petroleum biodegradation and impact on oil quality[J]. SPE Reservoir Evaluation and Engineering,2002,5:375～383.

Wilkinson M. ,Haszeldine R. S. and Fallick A. E. Hydrocarbon filling and leakage history of a deep geopressured sandstone,Fulmar Formation,United Kingdom North Sea[J]. AAPG Bulletin,2006,90(12):1945～1961.

Xiao Q. L. ,He S. ,Yang Z. ,*et al*. Petroleum secondary migration and accumulation in the central Junggar Basin,northwest China:Insights from basin modeling[J]. AAPG Bulletin,2010,94(7):937～955.

Xie X. N. ,Jiao J. J. ,Tang Z. H. ,*et al*. Evolution of abnormally low pressure and its implications for the hydrocarbon system in the southeast uplift zone of Songliao basin,China[J]. AAPG Bulletin,2003,87(1):99～119.

Ye J. R,Qing H. R. ,Stephen L. B. and Huirong Gu. Petroleum systems in the offshore Xihu Basin on the continental shelf of the East China Sea[J]. AAPG Bulletin,2007,91(8):1167～1188.